1,000,000 Books

are available to read at

Forgotten Books

www.ForgottenBooks.com

Read online
Download PDF
Purchase in print

ISBN 978-0-332-21783-3
PIBN 11005954

1 MONTH OF
FREE
READING

at
www.ForgottenBooks.com

By purchasing this book you are eligible for one month membership to ForgottenBooks.com, giving you unlimited access to our entire collection of over 1,000,000 titles via our web site and mobile apps.

To claim your free month visit: www.forgottenbooks.com/free1005954

MINISTERIO DE FOMENTO

DIRECCION GENERAL DE ESTADISTICA

Á CARGO DEL

DR. ANTONIO PEÑAFIEL

CENSO GENERAL DE LA REPÚBLICA MEXICANA

Verificado el 20 de Octubre de 1895.

\ ? '

MÉXICO
OFICINA TIP. DE LA SECRETARIA DE FOMENTO
Calle de San Andrés número 15.

1897

CENSO

DEL

ESTADO DE SONORA.

RESUMEN DE LAS HA:

DISTRITOS.	HABITACIONES.					DEPARTAMENTOS.			
	Casas de un piso.	Casas de dos pisos.	Casas de tres pisos.	Casas de cuatro pisos.	Totales.	Viviendas.	Cuartos independientes para habitacion.	Accesorias.	
Hermosillo............................	4,936	39	1	...	4,976	5,034	139	142	5
Guaymas...............................	3,013	26	1	...	3,040	3,088	53	15	3
Alamos.................................	9,674	27	.....	...	9,701	9,778	150	30	9
Ures.....................................	5,109	21	1	...	5,131	5,496	277	214	5
Arizpe..................................	2,629	......	.....	...	2.629	2,629	....	....	2
Sahuaripa..............................	2,210	13	.....	...	2,223	2,293	36	36	2
Moctezuma.............................	2,575	6	.....	...	2,581	2,729	87	116	2
Magdalena.............................	2,638	17	.....	...	2,655	2,767	264	160	3
Altar....................................	2,448	......	.....	...	2,448	2,470	16	68	2
SUMAS............	35,232	149	3	...	35,384	36,284	1,022	781	38

NOTA.—Los dos templos que aparecen en la columna *Otros cultos* son de protestantes.

CIONES POR DISTRITOS.

| | MORADAS COLECTIVAS. | | | | | | | TEMPLOS. | | | | | | | | |
| | | | | | | | | Cultos católicos.—Su categoría. | | | | | | Otros cultos.—Su categoría. | | |
Colegios de internos.	Cuarteles.	Hospitales.	Prisiones.	Asilos.	Hoteles.	Casas de huéspedes.	Mesones.	Catedrales.	Parroquias.	Capillas.	Oratorios.	En construcción.	Sin culto ó ruina.	Catedrales.	Templos.	Totales.
2	.....	2	7	1	5	...	1	1	5	5	...	...	...	.....	1	1
.....	18	2	7	.....	8	...	1	...	2	6	...	...	...	.....	1	1
2	2	1	17	.....	3	...	...	1	...	21	...	...	...	.....	.....	.....
.....	1	.....	19	1	2	...	...	...	10	19	...	...	...	.....	.....	.....
.....	.....	.....	10	.....	.....	...	...	...	1	10	...	...	...	.....	.....	.....
.....	.....	.....	13	.....	.....	...	...	...	1	14	...	...	...	.....	.....	.....
.....	.....	.....	9	.....	.....	...	...	...	1	8	1	...	...	.....	.....	.....
.....	2	.....	8	.....	6	...	...	...	1	7	...	...	...	.....	.....	.....
.....	.....	.....	7	.....	.....	...	...	...	2	6	...	...	...	.....	.....	.....
4	23	5	97	2	24	...	2	2	23	96	1	...	...	.....	2	2

PRE?

DISTRITOS.	POBLACION POR SEXOS.					
	NÚMERO DE HABITANTES.			De 0 á 1 año.		
	Hombres.	Mujeres.	Totales.	H.	M.	T
Hermosillo.............................	14,009	13,913	27,922	616	562	1
Guaymas..............................	10,038	8,842	18,880	424	384	
Alamos................................	25,459	25,218	50,677	1,147	956	2
Ures...................................	12,669	13,143	25,812	644	553	1
Arizpe................................	6,690	6,627	13,317	318	293	
Sahuaripa............................	5,665	5,765	11,430	260	202	
Moctezuma...........................	6,921	6,700	13,621	317	346	
Magdalena............................	6,779	6,731	13,510	317	332	
Altar..................................	7,372	6,617	13,989	344	308	
SUMAS....................	95,602	93,556	189,158	4,387	3,936	8

DE

Hermosillo.............................	93	79	172	3	2	
Guaymas..............................	349	109	458	2	....	4
Alamos................................	181	81	262	2	4	
Ures...................................	336	144	480	5	1	
Arizpe................................	114	34	148	2	3	
Sahuaripa............................	19	11	30	1	....	
Moctezuma...........................	124	27	161	1	2	
Magdalena............................	184	152	336	6	7	
Altar..................................	58	18	76	....	....	....
SUMAS....................	1,458	665	2,123	22	19	

AU?

Hermosillo.............................	200	71	271	1	2	
Guaymas..............................	326	109	435	2	....	
Alamos................................	343	164	507	7	2	
Ures...................................	358	187	545	9	4	
Arizpe................................	277	76	353	2	3	
Sahuaripa............................	115	113	228	1	3	
Moctezuma...........................	300	134	434	6	3	
Magdalena............................	345	106	451	....	5	
Altar..................................	245	94	339	6	2	
SUMAS....................	2,509	1,054	3,563	34	24	

E S

POBLACION POR EDADES.

	De 2 años.		De 3 años.			De 4 años.			De 5 años.		
	M.	Total.	H.	M.	Total.	H.	M.	Total.	H.	M.	Total.
31	374	805	403	372	775	363	352	715	448	389	837
19	221	440	250	230	480	236	246	482	253	222	475
73	655	1,328	663	632	1,295	779	678	1,457	738	689	1,427
66	397	763	385	353	738	325	385	710	379	383	762
15	220	435	218	220·	438	198	187	385	249	216	465
69	155	324	158	146	304	149	157	306	167	137	304
96	175	381	240	207	447	186	202	388	252	229	481
91	200	391	190	201	391	213	206	419	221	200	421
98	191	399	205	225	430	200	211	411	232	167	399
78	2,588	5,266	2,712	2,586	5,298	2,649	2,624	5,273	2,939	2,632	5,571

S O

3	....	3	....	....	....	3	2	5	1	1	2
5	2	7	4	1	5	4	....	4	1	....	1
...	3	3	....	....	....	1	1	2	....	2	2
3	3	6	3	2	5	1	2	3	4	5	9
...	....	....	2	....	2	2	1	3	1	1	2
...	....	....	....	1	1	1	....	1	....	....	....
1	....	1	....	1	1	2	1	3	2	....	2
5	4	9	1	6	7	3	3	6	3	7	10
1	....	1	....	....	....	....	....	....	2	....	2
18	12	30	10	11	21	17	10	27	14	16	30

'E S

1	....	1	1	2	3	1	1	2	2	....	2
2	1	3	1	2	3	3	1	4	....	1	1
3	2	5	1	1	2	2	4	6	5	5	10
6	1	7	3	4	7	4	4	8	4	4	8
...	....	....	3	4	7	4	1	5	1	1	2
2	4	6	1	1	2	5	1	6	....	2	2
...	3	3	3	1	4	4	3	7	4	3	7
1	2	3	7	2	9	4	1	5	1	7	8
2	1	3	5	1	6	3	2	5	2	1	3
17	14	31	25	18	43	30	18	48	19	24	43

PRES

DISTRITOS.	De 6 á 10 años.			De 11 á 15 años.		
	H.	M.	Total.	H.	M.	Tot
Hermosillo	1,849	1,746	3,595	1,513	1,535	3,
Guaymas	1,158	1,015	2,173	915	932	1,
Alamos	3,870	3,503	7,373	2,948	2,820	5,
Ures	1,911	1,878	3,789	1,562	1,437	2,
Arizpe	1,009	939	1,948	778	749	1,
Sahuaripa	794	769	1,563	740	692	1,
Moctezuma	960	905	1,865	925	853	1,
Magdalena	1,004	959	1,963	752	726	1,
Altar	1,030	1,008	2,038	801	723	1,
SUMAS	13,585	12,722	26,307	10,934	10,467	21,

DE

Hermosillo	6	8	14	2	5	
Guaymas	14	10	24	15	9	
Alamos	9	8	17	9	6	
Ures	27	22	49	19	12	
Arizpe	3	2	5	7	2	
Sahuaripa	1	2	3	2	2	
Moctezuma	2	1	3		3	
Magdalena	14	12	26	10	14	
Altar	5	1	6	3	2	
SUMAS	81	66	147	67	55	

AUS

Hermosillo	9	3	12	14	10	
Guaymas	12	6	18	13	5	
Alamos	21	17	38	37	13	
Ures	27	22	49	29	18	
Arizpe	13	10	23	16	6	
Sahuaripa	16	14	30	15	13	
Moctezuma	20	9	29	21	13	
Magdalena	14	10	24	27	11	
Altar	13	14	27	12	8	
SUMAS	145	105	250	184	97	

E S

LACION POR EDADES.

	16 á 20 años.	De 21 á 25 años.			De 26 á 30 años.			De 31 á 35 años.		
M.	Total.	H.	M.	Total.	H.	M.	Total.	H.	M.	Total.
1,911	3,383	1,310	1,367	2,677	1,297	1,274	2,571	782	731	1,513
1,304	2,304	1,257	865	2,122	1,297	914	2,211	739	462	1,201
3,247	5,929	1,999	2,376	4,375	2,299	2,657	4,956	1,304	1,182	2,486
1,656	2,944	1,078	1,160	2,238	917	1,123	2,040	588	582	1,170
762	1,401	580	574	1,154	530	559	1,089	342	331	673
738	1,373	484	500	984	487	515	1,002	272	297	569
816	1,557	640	596	1,236	531	560	1,091	368	307	675
831	1,488	553	580	1,133	485	592	1,077	405	340	745
802	1,588	718	607	1,325	576	555	1,131	416	353	769
12,067	21,967	8,619	8,625	17,244	8,419	8,749	17,168	5,216	4,585	9,801

O

M.	Total.	H.	M.	Total.	H.	M.	Total.	H.	M.	Total.
10	16	12	15	27	11	12	23	17	4	21
22	63	70	17	87	67	12	79	36	9	45
14	32	33	9	42	20	13	33	16	6	22
23	69	52	15	67	54	15	69	26	5	31
4	18	21	3	24	14	7	21	14	4	18
1	3	2	1	3	4	1	5	1	....	1
9	29	30	3	33	16	5	21	11	1	12
15	30	29	14	43	16	22	38	23	5	28
5	11	10	3	13	8	....	8	5	1	6
103	271	259	80	339	210	87	297	149	35	184

ES

M.	Total.	H.	M.	Total.	H.	M.	Total.	H.	M.	Total.
14	42	47	5	52	30	9	39	11	4	15
25	75	91	15	106	58	21	79	24	6	30
35	80	62	20	82	44	23	67	24	3	27
30	88	64	22	86	51	18	69	21	8	29
13	61	65	13	78	41	13	54	20	1	21
22	35	14	7	21	16	9	25	4	3	7
29	85	73	20	93	31	10	41	16	10	26
16	57	75	17	92	55	9	64	29	5	34
7	49	51	18	69	44	10	54	20	4	24
191	572	542	137	679	370	122	492	169	44	213

PRE

DISTRITOS.	De 36 á 40 años.			De 41 á 45 años	
	H.	M.	Total.	H.	M.
Hermosillo	1,059	1,081	2,140	576	445
Guaymas	764	656	1,420	375	293
Alamos	1,991	1,946	3,937	861	860
Ures	876	943	1,819	431	452
Arizpe	412	472	884	256	207
Sahuaripa	416	446	862	190	219
Moctezuma	409	425	834	238	231
Magdalena	519	440	959	282	262
Altar	515	408	923	305	240
SUMAS	6,961	6,817	13,778	3,514	3,209

D I

Hermosillo	12	7	19	4	2
Guaymas	43	7	50	16	6
Alamos	20	5	25	14	5
Ures	35	10	45	13	3
Arizpe	10	1	11	8	1
Sahuaripa	1	......	1	1	......
Moctezuma	16	3	19	5	1
Magdalena	16	7	23	11	8
Altar	6	2	8	2	......
SUMAS	159	42	201	74	26

A U

Hermosillo	16	5	21	6	2
Guaymas	34	6	40	9	3
Alamos	29	11	40	20	8
Ures	19	11	30	13	9
Arizpe	26	4	30	7	2
Sahuaripa	9	12	21	2	5
Moctezuma	24	11	35	7	3
Magdalena	38	4	42	18	7
Altar	14	8	22	8	3
SUMAS	209	72	281	90	42

E S

LACION POR EDADES.

46 á 50 años.		De 51 á 55 años.			De 56 á 60 años.			De 61 á 65 años.		
M.	Total.	H.	M.	Total.	H.	M.	Total.	H.	M.	Total.
675	1,329	275	206	481	467	438	905	157	124	281
406	808	147	137	284	247	251	498	102	72	174
1,155	2,428	429	362	791	918	743	1,661	254	171	425
659	1,267	290	235	525	492	502	994	172	132	304
330	626	174	120	294	241	225	466	98	90	188
300	551	132	94	226	159	190	349	66	54	120
309	613	151	128	279	217	215	432	101	71	172
349	667	188	125	313	223	190	413	111	72	183
291	603	196	148	344	214	186	400	123	70	193
4,474	8,892	1,982	1,555	3,537	3,178	2,940	6,118	1,184	856	2,040

0

M.	Total.	H.	M.	Total.	H.	M.	Total.	H.	M.	Total.
6	13	1	....	1	3	4	7	....	....	....
5	19	3	3	6	6	2	8	4	1	5
2	16	11	2	13	6	....	6	1	....	1
9	25	5	5	10	14	9	23	7	2	9
3	11	3	....	3	2	2	4	2	....	2
2	3	....	....	....	2	....	2	....	....	....
3	9	4	4	8	1	....	1	2	....	2
10	22	7	6	13	4	5	9	3	2	5
2	4	....	....	....	5	....	5	1	2	3
42	122	34	20	54	43	22	65	20	7	27

E S

M.	Total.	H.	M.	Total.	H.	M.	Total.	H.	M.	Total.
6	18	3	1	4	12	4	16	3	...:....	3
4	16	2	5	7	5	5	10	2	1	3
12	31	3	....	3	8	7	15	4	1	5
12	26	9	3	12	14	7	21	3	2	5
2	15	6	1	7	8	1	9	....	1	1
6	15	1	3	4	7	4	11	....	1	1
11	26	6	3	9	5	1	6	6	....	6
2	17	6	....	6	6	4	10	6	1	7
5	13	2	2	4	7	4	11	3	1	4
60	177	38	18	56	72	37	109	27	8	35

PRE

DISTRITOS.	De 66 á 70 años.			De 71 á 75 años	
	H.	M.	Total.	H.	M.
Hermosillo	155	180	335	64	52
Guaymas	113	108	221	45	24
Alamos	274	295	569	77	88
Ures	184	142	326	54	59
Arizpe	81	70	151	21	29
Sahuaripa	53	74	127	37	28
Moctezuma	65	58	123	31	28
Magdalena	80	57	137	31	25
Altar	86	48	134	41	27
SUMAS	1,091	1,032	2,123	401	360

D I

Hermosillo	....	1	1	....	....
Guaymas	1	1	2	....	....
Alamos	3	....	3	....	....
Ures	3	....	3	1	1
Arizpe	....	....	....	....	....
Sahuaripa	....	....	....	....	....
Moctezuma	1	....	1	2	....
Magdalena	2	4	6	1	....
Altar	2	....	2	....	....
SUMAS	12	6	18	4	1

A U

Hermosillo	2	....	2	1	....
Guaymas	1	1	2	2	....
Alamos	5	....	5	2	....
Ures	1	2	3	4	3
Arizpe	3	....	3	1	....
Sahuaripa	....	1	1	....	....
Moctezuma	2	1	3	....	....
Magdalena	2	1	3	....	1
Altar	2	....	2	....	2
SUMAS	18	6	24	10	6

TES

POBLACION POR EDADES.

	De 76 á 80 años.			De 81 á 85 años.			De 86 á 90 años.			De 91 á 95 años.		
H.	M.	Total.	H.	M.	Total.	H.	M.	Total.	H.	M.	Total.	
80	62	142	13	13	26	21	11	32	1	3	4
51	51	102	11	16	27	18	18	36	6	6	12
157	110	267	33	28	61	59	38	97	15	6	21
67	62	129	24	21	45	16	16	32	7	7	14
23	24	47	5	6	11	3	....	3	2	4	6
26	32	58	11	5	16	5	6	11	2	3	5
22	21	43	3	7	10	5	4	9	4	6	10
21	24	45	5	5	10	5	7	12	2	1	3
36	29	65	13	9	22	10	7	17	3	3	6
483	415	898	118	110	228	142	107	249	42	39	81

SO

2	....	2									
3	2	5									
2	1	3	1	....	1						
1	....	1				1	....	1			
1	....	1				....	1	1			
2	....	2									
1	1	2	2	....	2						
12	4	16	3	....	3	1	1	2			

TES.

	2	2									
1	1	2	2	....	2						
1	....	1									
1	1	2	1	....	1						
	2	2									
....	....		1	....	1						
	1	1									
1	1	2									
4	8	12	4	....	4						

PRE

POBLACION P

DISTRITOS.	De 96 á 100 años.			De más de 100 años		
	H.	M.	Total.	H.	M.	T
Hermosillo	2	8	10	....	....	....
Guaymas	6	6	12	....	....	....
Alamos	10	16	26	5	4	
Ures	2	4	6	2	2	
Arizpe	....	....	....	2		
Sahuaripa	2	4	6	....	2	
Moctezuma	5	....	5	....	1	
Magdalena	5	2	7	....	2	
Altar	1	1	2	1	....	
SUMAS	33	41	74	10	11	

DE

DISTRITOS.						
Hermosillo	....	....	....	....	....	....
Guaymas	....	....	....	....	....	....
Alamos	....	....	....	....	....	....
Ures	....	....	....	....	....	....
Arizpe	....	....	....	....	....	....
Sahuaripa	....	....	....	....	....	....
Moctezuma	....	....	....	....	....	....
Magdalena	....	....	....	....	....	....
Altar	....	....	....	....	....	....
SUMAS	....	....	....	....	....	....

AU

DISTRITOS.						
Hermosillo	....	....	....	....	....	....
Guaymas	....	....	....	....	....	....
Alamos	....	....	....	....	....	....
Ures	....	....	....	....	....	....
Arizpe	....	....	....	....	....	....
Sahuaripa	....	....	....	....	....	....
Moctezuma	....	....	....	....	....	....
Magdalena	....	....	....	....	....	....
Altar	....	....	....	....	....	....
SUMAS	....	....	....	....	....	....

!S

.D E S.

Entidad política de la República á que pertenece el lugar del nacimiento.

				Aguascalientes.			Campeche.		
se ignora.		TOTAL							
M.	Total.	GENARAL.	H.	M.	Total.	H.	M.	Total.
2	3	27,922	3	1	4	....	....	....
3	6	18,880	34	11	45	1	2	3
1	2	50,677	1	2	3	....	....	....
....	1	25,812	10	....	10	....	....	....
....	....	13,317	....	....	....	....	....	....
....	....	11,430	....	....	....	....	....	....
....	....	13,621	....	....	....	....	....	....
3	4	13,510	1	....	1	....	....	....
....	....	13,989	1	....	1	....	....	....
9	16	189,158	50	14	64	1	2	3

).

....	....	172	....	....	....	2	....	2
....	....	458	1	....	1	....	....	....
....	1	262	....	....	....	....	....	....
....	....	480	1	....	1	....	....	....
....	....	148	....	....	....	....	....	....
....	....	30	....	....	....	....	....	....
....	....	161	....	....	....	....	....	....
....	....	336	1	....	1	....	....	....
....	....	76	....	....	....	....	....	....
....	·1	2,123	3	....	3	2	....	2

!S

1	1	271	....	....	....	....	....	....
....	....	435	2	....	2	....	....	....
....	1	507	....	....	....	....	....	....
2	5	545	....	....	....	....	....	....
....	....	353	....	....	....	....	....	....
....	....	228	....	....	....	....	....	....
....	....	434	....	....	....	....	....	....
....	....	451	....	....	....	....	....	....
....	....	339	....	....	....	....	....	....
3	7	3,563	2	....	2	....	....	....

PRES

DISTRITOS.	ENTIDAD POLITICA DE LA					
	Coahuila.			Colima.		
	H.	M.	Total.	H.	M.	Total
Hermosillo	2	6	8	6	6	
Guaymas	1	1	2	49	19	
Alamos	....	1	1	1	....	
Ures	....	....	....	1	2	
Arizpe	....	....	....	1		
Sahuaripa	1	....	1	....	....	......
Moctezuma	1	....	1	....	....	......
Magdalena	2	2	4	5	3	
Altar	1	1	2	1	....	
SUMAS	8	11	19	64	30	

DE

Hermosillo	....	....	....	3	....	
Guaymas	....	....	....	5	1	
Alamos	....	....	....	....	....	......
Ures	....	....	....	....	....	......
Arizpe	....	....	....	....	....	......
Sahuaripa	....	....	....	....	....	......
Moctezuma	....	....	....	....	....	......
Magdalena	....	....	....	....	....	......
Altar	....	....	....	....	....	......
SUMAS	....	....	....	8	1	

AUS

Hermosillo	....	....	....	....	....	
Guaymas	....	....	....	2	....	......
Alamos	....	....	....	....	....	......
Ures	....	....	....	....	....	......
Arizpe	....	....	....	....	....	......
Sahuaripa	....	....	....	....	....	......
Moctezuma	....	....	....	....	....	......
Magdalena	....	....	....	....	....	......
Altar	....	....	....	....	....	......
SUMAS	....	....	....	2	....	

ES

ICA A QUE PERTENECE EL LUGAR DEL NACIMIENTO.

Chiapas.		Chihuahua.			Durango.			Guanajuato.		
M.	Total.	H.	M.	Total.	H.	M.	Total.	H.	M.	Total.
......	......	36	37	73	18	14	32	10	6	16
3	4	111	87	198	84	29	113	233	41	274
......	......	64	75	139	4	2	6	2	1	3
......	......	16	8	24	3	3	6	3	2	5
......	......	17	3	20	1	......	1	2	......	2
......	......	173	112	285	6	2	8	2	1	3
......	......	109	67	176	8	1	9	4	1	5
1	2	19	17	36	7	3	10	4	2	6
......	......	16	......	16	7	3	10	......	1	1
4	6	561	406	967	138	57	195	260	55	315

O.

......	......	1	......	1	......	......	......	1	......	1
......	1	7	1	8	3	3	6	6	......	6
......	......	10	7	17	1	......	1	......	......	......
......	......	3	1	4	......	......	......	3	......	3
......	......	3	......	3	2	......	2	2	......	2
......	......	1	......	1	......	......	......	......	......	......
......	......	4	4	8	1	......	1	......	......	......
......	......	7	......	7	1	......	1	......	......	......
......	......	2	1	3	......	......	......	......	......	......
......	1	38	14	52	8	3	11	12	......	12

ES

......	......	1	......	1	1	......	1	......	......	......
......	......	2	......	2	4	......	4	5	1	6
......	......	3	1	4	1	......	1	......	......	......
......	......	......	......	......	......	......	......	......	......	......
......	......	......	......	......	1	......	1	......	......	......
......	......	1	2	3	......	......	......	......	......	......
......	......	......	......	......	......	......	......	1	......	1
......	......	......	......	......	4	4	8	1	......	1
......	......	......	......	......	1	......	1	......	......	......
......	......	7	3	10	11	5	16	7	1	8

PRE:

DISTRITOS.	ENTIDAD POLITICA DE LA					
	Guerrero.			Hidalgo.		
	H.	M.	Total.	H.	M.	Tot
Hermosillo	2	6	8	3	....	
Guaymas	38	13	51	20	8	
Alamos	....	....	....	....	....	.....
Ures	....	....	....	....	....	.....
Arizpe	....	....	....	....	....	
Sahuaripa	2	....	2	....	....	
Moctezuma	....	....	....	....	....	
Magdalena	1	....	1	1	2	.....
Altar	....	....	....	....	....	.....
SUMAS	43	19	62	24	10	

D E

Hermosillo	....	....	....	....	....	
Guaymas	4	....	4	2	....	
Alamos	....	....	....	....	....	.....
Ures	....	....	....	1	....	.....
Arizpe	....	....	....	....	....	.....
Sahuaripa	....	....	....	....	....	
Moctezuma	....	....	....	....	....	
Magdalena	....	....	....	....	....	
Altar	....	....	....	....	....	
SUMAS	4	....	4	3	....	

A U S

Hermosillo	....	1	....	1	....	....	
Guaymas	1	....	1	3	....	
Alamos	....	....	....	....	....	
Ures	....	....	....	....	....	
Arizpe	....	....	....	....	....	
Sahuaripa	....	....	....	....	....	
Moctezuma	....	....	....	....	....	
Magdalena	....	....	....	1	....	
Altar	....	....	....	....	....	.....
SUMAS	1	....	1	4	....	

'ES

LICA A QUE PERTENECE EL LUGAR DEL NACIMIENTO.

	Jalisco.		México.			Michoacan.			Morelos.		
	M.	Total.	H.	M.	Total.	H.	M.	Total.	H.	M.	Total.
;0	35	115	4	2	6	3	2	5	2	1	3
:2	117	559	59	16	75	68	8	76	11	5	16
:7	16	43	....	....	....	2	1	3	....	....	....
:3	3	26	....	....	....	....	....	....	....	....	....
5	....	5	2	....	2	....	....	....	2	....	2
7	....	7	....	....	....	3	....	3	....	....	....
:3	36	79	....	....	....	....	....	....	....	....	....
:4	13	37	....	....	....	3	....	3	....	....	....
9	2	11	....	....	....	1	....	1	....	....	....
50	222	882	65	18	83	80	11	91	15	6	21

O.

	Jalisco.		México.			Michoacan.			Morelos.		
9	8	27	1	....	1	1	....	1	....	....	....
6	1	17	4	1	5	3	....	3	1	....	1
2	....	2	....	....	....	....	....	....	....	....	....
9	4	13	....	....	....	1	....	1	....	....	....
..	....	....	....	....	....	....	....	....	....	....	....
4	1	5	....	....	....	....	....	....	....	....	....
2	1	3	....	....	....	1	....	1	....	....	....
..	....	....	....	....	....	....	....	....	....	....	....
2	15	67	5	1	6	6	....	6	1	....	1

'ES.

	Jalisco.		México.			Michoacan.			Morelos.		
0	4	24	4	....	4	6	....	6	....	....	....
1	....	1	....	....	....	....	....	....	....	....	....
..	....	....	....	....	....	....	....	....	....	....	....
1	....	1	....	....	....	....	....	....	....	....	....
..	....	....	....	....	....	....	....	....	....	....	....
..	....	....	....	....	....	1	....	1	....	....	....
2	4	26	4	....	4	7	....	7	....	....	....

PRE

ENTIDAD POLITICA DE LA

DISTRITOS.	Nuevo Leon.			Oaxaca.		
	H.	M.	Total.	H.	M.	T
Hermosillo	3	....	3	2	1	
Guaymas	13	5	18	86	22	
Alamos	3	....	3	1	....	
Ures	....	....	....	....	1	
Arizpe	....	....	....	5	....	
Sahuaripa	1	....	1	1	....	
Moctezuma	1	....	1	....	....	...
Magdalena	1	....	1	11	1	
Altar	1	....	1	4	....	
SUMAS	23	5	28	110	25	

DE

Hermosillo	1	....	1	....	....	...
Guaymas	....	....	....	3	....	
Alamos	....	3	3	....	....	...
Ures	....	....	....	....	....	...
Arizpe	....	....	....	....	....	...
Sahuaripa	....	....	....	....	....	...
Moctezuma	....	....	....	....	....	...
Magdalena	....	....	....	....	....	...
Altar	....	....	....	....	....	...
SUMAS	1	3	4	3	....	

AUS

Hermosillo	....	....	....	....	....	...
Guaymas	2	....	2	....	....	...
Alamos	....	....	....	....	....	...
Ures	....	....	....	....	....	...
Arizpe	....	....	....	....	....	...
Sahuaripa	....	....	....	....	....	...
Moctezuma	....	....	....	....	....	...
Magdalena	....	....	....	....	....	...
Altar	....	....	....	....	....	...
SUMAS	2	....	2	....	....	...

TES.

UBLICA A QUE PERTENECE EL LUGAR DEL NACIMIENTO.

Puebla.			Querétaro.			San Luis Potosí.			Sinaloa.		
H.	M.	Total.	H.	M.	Total.	H.	M.	Total.	H.	M.	Total.
7	1	8	3	1	4	10	3	13	145	113	258
66	19	85	40	18	58	101	15	116	426	427	853
3	4	7	2	......	2	3	......	3	494	539	1,033
......	......	......	3	1	4	1	1	2	27	12	39
2	......	2	......	......	......	1	......	1	11	5	16
......	......	......	1	......	1	1	......	1	32	9	41
1	......	1	......	......	......	......	......	......	21	9	30
1	1	2	......	......	......	1	......	1	31	34	65
2	......	2	......	......	......	5	1	6	10	2	12
82	25	107	49	20	69	123	20	143	1,197	1,150	2,347

SO

H.	M.	Total.	H.	M.	Total.	H.	M.	Total.	H.	M.	Total.
2	1	3	......	......	......	......	......	......	2	5	7
1	1	2	......	......	......	......	......	......	53	6	59
......	......	......	......	......	......	......	......	......	21	10	31
1	......	1	1	......	1	1	......	1	2	......	2
......	......	......	......	......	......	1	1	2	5	2	7
......	......	......	......	......	......	......	......	......	......	......	......
......	......	......	......	......	......	......	......	......	2	1	3
1	......	1	......	......	......	1	......	1	4	1	5
......	......	......	......	......	......	......	......	......	1	......	1
5	2	7	1	......	1	3	1	4	90	25	115

TES

H.	M.	Total.	H.	M.	Total.	H.	M.	Total.	H.	M.	Total.
......	......	......	......	......	......	......	......	......	3	1	4
6	......	6	......	......	......	1	......	1	24	8	32
......	......	......	......	......	......	......	......	......	14	8	22
......	......	......	......	......	......	......	......	......	1	......	1
......	......	......	......	......	......	......	......	......	......	......	......
......	......	......	......	......	......	......	......	......	1	......	1
......	......	......	......	......	......	......	......	......	3	3	6
......	......	......	......	......	......	......	......	......	1	......	1
6	......	6	......	......	......	1	......	1	47	20	67

PRE$

ENTIDAD POLITICA DE LA $

DISTRITOS.	Sonora.			Tabasco.		
	H.	M.	Total.	H.	M.	T¢
Hermosillo	13,144	13,506	26,650	....	....	....
Guaymas	7,357	7,596	14,953	2	....	....
Alamos	24,765	24,549	49,314	....	....	....
Ures	12,496	19,069	25,565	....	....	....
Arizpe	6,548	6,606	13,154	....	....	....
Sahuaripa	5,389	5,636	11,025	....	....	....
Moctezuma	6,567	6,513	13,080	....	....	....
Magdalena	6,369	6,500	12,869	....	....	....
Altar	7,229	6,566	13,795	....	....	....
SUMAS	89,864	90,541	180,405	2	....	

DE

Hermosillo	50	56	106	....	....	....
Guaymas	144	74	218	....	....	....
Alamos	142	57	199	....	....	....
Ures	271	115	386	....	....	....
Arizpe	93	28	121	....	....	....
Sahuaripa	17	11	28	....	....	....
Moctezuma	110	30	140	....	....	....
Magdalena	139	132	271	....	....	....
Altar	52	17	69	....	....	....
SUMAS	1,018	520	1,538	....	....	

AU$

Hermosillo	187	67	254	....	....	....
Guaymas	195	82	277	....	....	....
Alamos	314	155	469	....	....	....
Ures	345	186	531	....	....	....
Arizpe	270	76	346	....	....	....
Sahuaripa	112	111	223	....	....	....
Moctezuma	290	134	424	2	....	....
Magdalena	316	95	411	....	....	....
Altar	238	89	327	....	....	....
SUMAS	2,267	995	3,262	....	....	

ES.

LICA A QUE PERTENECE EL LUGAR DEL NACIMIENTO.

Tamaulipas.			Tlaxcala.			Veracruz.			Yucatan.		
	M.	Total.	H.	M.	Total.	H.	M.	Total.	H.	M.	Total.
3	5	8	....	....	....	3	1	4	....	....	....
1	10	21	6	1	7	34	6	40	11	....	11
1	6	7	....	....	....	1	....	1	....	....	....
..	....	....	....	....	....	....	....	....	....	....	....
1	1	2	....	....	....	....	....	....	....	....	....
..	....	....	....	....	....	....	....	....	....	....	....
7	....	7	....	....	....	9	3	12	....	....	....
..	....	....	....	....	....	....	1	1	....	....	....
3	22	45	6	1	7	47	11	58	11	....	11

0.

....	....	2	....	....	....	9	....	9	1	....	1
....	1	1	....	....	....	....	....	....	....	....	....
....	....	....	....	....	....	....	....	....	....	....	....
....	....	....	....	....	....	....	....	....	....	....	....
....	....	....	....	....	....	....	....	....	....	....	....
....	....	....	....	....	....	....	....	....	....	....	....
1	3	....	....	....	9	....	9	1	....	1

ES.

....	....	....	1	....	1	1	....	1	....	....	....
....	....	....	....	....	....	1	1	2	....	....	....
1	1	....	....	....	....	....	....	....	....	....	....
....	....	....	....	....	....	....	....	....	....	....	....
....	....	....	....	....	....	....	....	....	....	....	....
....	1	....	....	....	....	....	....	....	....	....	....
....	....	....	....	....	....	....	....	....	....	....	....
1	2	1	....	1	2	1	3	....	....	....

PRE

ENTIDAD POLITICA DE LA

DISTRITOS.	Zacatecas.			Distrito Federal.		
	H.	M.	Total.	H.	M.	Tot
Hermosillo	11	14	25	33	9	
Guaymas	104	17	121	149	57	
Alamos	5	2	7	12	8	
Ures	1	2	3	18	17	
Arizpe	....	....	....	1	....	
Sahuaripa	1	....	1	1	....	
Moctezuma	7	2	9	3	1	
Magdalena	....	....	....	35	18	
Altar	....	....	....	5	1	
SUMAS	129	37	166	257	111	

DE

Hermosillo	....	....	....	1	....	
Guaymas	3	1	4	14	5	
Alamos	....	....	....	1	....	
Ures	5	6	11	1	....	
Arizpe	....	....	....	....	....	.....
Sahuaripa	....	....	....	....	....	.....
Moctezuma	....	....	....	....	....	.....
Magdalena	....	2	2	2	....	.....
Altar	....	....	....	....	....	.....
SUMAS	8	9	17	19	5	

AU

Hermosillo	....	....	....	....	....	.....
Guaymas	....	....	....	12	4	
Alamos	....	....	....	3	....	
Ures	....	....	....	....	....	.....
Arizpe	....	....	....	....	....	.....
Sahuaripa	....	....	....	....	....	.....
Moctezuma	....	....	....	3	....	
Magdalena	....	....	....	....	....	
Altar	....	....	....	....	....	.....
SUMAS	....	....	....	18	4	

ES.

LICA A QUE PERTENECE EL LUGAR DEL NACIMIENTO.

	io de la Baja California.		Térritorio de Tepic.			Se ignora.			TOTAL.
	M.	Total.	H.	M.	Total.	H.	M.	Total.	
9	47	86	12	2	14	....	....	....	27,403
5	212	347	42	28	70	....	....	....	18,528
5	3	8	4	3	7	....	....	....	50,612
2	5	7	....	....	....	....	....	....	25,730
6	....	6	....	....	....	....	....	....	13,220
1	1	2	....	....	....	....	....	....	11,383
2	3	5	1	1	2	....	....	....	13,402
5	9	24	2	....	2	....	....	....	13,159
6	5	21	....	....	....	....	....	....	13,891
1	285	506	· 61	34	95	....	....	....	187,328

O.

1	....	1	....	....	....	....	....	....	153
0	2	22	3	....	3	....	....	....	404
1	....	1	....	....	....	....	....	....	256
1	....	1	....	....	....	....	....	....	427
..	....	....	....	....	....	....	....	....	137
..	....	....	....	....	....	....	....	....	29
..	....	....	....	....	....	....	....	....	157
2	2	4	1	....	1	....	....	....	300
..	....	....	....	....	....	....	....	....	73
5	4	29	4	....	4	....	....	....	1,936

ES

1	....	1	....	....	....	....	....	....	262
4	3	17	2	....	2	2	2	4	414
1	....	1	2	....	2	....	....	....	502
1	....	1	....	....	....	....	....	....	534
..	....	....	....	....	....	....	....	....	348
..	....	....	....	....	....	....	....	....	226
..	....	....	2	....	2	....	....	....	430
..	....	....	....	....	....	....	....	....	430
1	....	1	....	....	....	....	....	....	331
8	3	21	6	....	6	2	2	4	3,477

PR F

NACION O PAIS A QUE

DISTRITOS.	Alemania y colonias.			Austria-Hungr		
	H.	M.	Total.	H.	M.	
Hermosillo	23	2	25	3	....	
Guaymas	21	3	24	1	....	
Alamos	6	....	6	....	....	
Ures	3	....	3	....	....	
Arizpe	1	1	2	1	.. ..	
Sahuaripa	6	1	7	....	....	
Moctezuma	9	3	12	....	....	
Magdalena	11	....	11	....	....	
Altar	1	....	1	....	....	
SUMAS	81	10	91	5	....	

D

DISTRITOS.						
Hermosillo	....	....	....	....	....	
Guaymas	4	1	5	....	....	
Alamos	....	....	....	....	....	
Ures	....	....	....	8	12	
Arizpe	....	....	....	....	....	
Sahuaripa	....	....	....	....	....	
Moctezuma	....	....	....	....	....	
Magdalena	1	....	1	1	....	
Altar	....	....	....	....	....	
SUMAS	5	1	6	9	12	

A U

DISTRITOS.						
Hermosillo	2	....	2	....	....	
Guaymas	2	....	2	....	....	
Alamos	1	....	1	....	....	
Ures	....	....	....	....	....	
Arizpe	....	....	....	....	....	
Sahuaripa	....	....	....	....	....	
Moctezuma	1	....	1	....	....	
Magdalena	2	....	2	....	....	
Altar	....	....	....	....	....	
SUMAS	8	....	8	....	....	

E S

CE EL LUGAR DEL NACIMIENTO DE LOS EXTRANJEROS.

Bélgica.		Colombia.			Chile.			China.		
M.	Total.	H.	M.	Total.	H.	M.	Total.	H.	M.	Total.
....	1	....	....	....	2	1	3	122	9	131
....	....	1	....	1	3	....	3	125	1	126
....	....	....	....	....	....	....	....	27	1	28
....	....	....	....	....	....	....	....	3	....	3
....	....	....	....	....	1	....	1	1	....	1
....	....	....	....	....	....	....	....	....	....	1
....	....	....	....	....	....	....	....	31	....	31
....	....	....	....	....	2	....	2	11	....	11
....	1	1	....	1	8	1	9	321	11	332

).

M.	Total.	H.	M.	Total.	H.	M.	Total.	H.	M.	Total.
....	....	....	....	....	....	....	....	....	1	1
....	....	....	....	....	....	1	1	....	....	....
....	....	....	....	....	1	....	1	....	....	....
....	....	....	....	....	....	....	....	1	....	1
....	....	....	....	....	....	....	....	....	....	....
....	....	....	....	....	1	....	1	....	....	....
....	....	....	....	....	1	....	1	2	....	2
....	....	....	....	....	....	....	....	....	....	....
....	....	....	....	....	3	1	4	3	1	4

:S.

M.	Total.	H.	M.	Total.	H.	M.	Total.	H.	M.	Total.
....	....	....	....	....	1	....	1	....	....	....
....	....	....	....	....	....	....	....	....	....	....
....	....	....	....	....	....	....	....	....	....	....
....	....	....	....	....	....	....	....	....	....	....
....	....	....	....	....	....	....	....	....	....	....
....	....	....	....	....	....	....	....	....	....	....
....	....	....	....	....	1	....	1	....	....	....
....	....	....	....	....	2	....	2	....	....	....

PRE

| | NACION O PAIS A QUE | | | | |
| DISTRITOS. | Dinamarca y colonias. | | | Ecuador. | |
	H.	M.	Total.	H.	M.
Hermosillo........................	....	....	....	3	....
Guaymas..........................	....	....	....	....	....
Alamos............................	....	....	....	....	....
Ures...............................	1	....	1	....	....
Arizpe.............................	....	....	....	....	....
Sahuaripa.........................	....	....	....	....	....
Moctezuma........................	....	....	....	....	....
Magdalena........................	....	....	....	....	....
Altar..............................	....	....	....	....	....
SUMAS.....................	1	....	1	3	....

D I

Hermosillo........................	....	....	....	....	....
Guaymas..........................	....	....	....	....	....
Alamos............................	1	....	1	....	....
Ures...............................	....	....	....	....	....
Arizpe.............................	....	....	....	....	....
Sahuaripa.........................	....	....	....	....	....
Moctezuma........................	....	....	....	....	....
Magdalena........................	....	....	....	....	....
Altar..............................	....	....	....	....	....
SUMAS.....................	1	....	1	....	....

A U

Hermosillo........................	....	....	....	....	....
Guaymas..........................	....	....	....	....	....
Alamos............................	....	....	....	....	....
Ures...............................	....	....	....	....	....
Arizpe.............................	....	....	....	....	....
Sahuaripa.........................	....	....	....	....	....
Moctezuma........................	....	....	....	....	....
Magdalena........................	....	....	....	....	....
Altar..............................	....	....	....	....	....
SUMAS.....................	....	....	....	....	....

¿S

E EL LUGAR DEL NACIMIENTO DE LOS EXTRANJEROS.

	ia y colonias.	Francia y colonias.			Grecia.			Guatemala.		
M.	Total.	H.	M.	Total.	H.	M.	Total.	H.	M.	Total.
2	17	36	3	39	....	....	....	1	....	1
1	25	15	....	15	....	....	....	2	....	2
....	4	5	1	6	....	....	....	....	1	1
....	9	5	....	5	....	....	....	....	....	....
....	3	8	....	8	....	....	....	....	....	....
....	2	2	....	2	....	....	....	....	....	....
....	....	....	1	1	....	....	....	....	....	....
....	9	20	12	32	3	....	3	....	....	....
1	4	4	1	5	....	....	....	1	....	1
4	73	95	18	113	3	....	3	4	1	5

),

		2	....	2	....	....	....	....	1	1
....	7	5	1	6	....	....	....	....	....	....
....	1	....	....	....	....	....	....	....	....	....
....	....	....	....	....	....	....	....	....	....	....
....	....	....	....	....	....	....	....	....	....	....
....	....	....	....	....	....	....	....	....	....	....
....	1	....	....	....	....	....	....	....	....	....
....	9	7	1	8	....	....	....	....	1	1

¿S.

	1	1	....	1	....	....	....	....	....	....
1	3	1	....	1	....	....	....	....	....	....
....	....	1	....	1	....	....	....	....	....	....
....	....	1	....	1	......r.	....	....	....	....	....
....	....	....	....	....	....	....	....	....	....	....
....	....	....	....	....	....	....	....	....	....	....
....	1	2	....	2	....	....	....	....	....	....
....	1	....	....	....	....	....	....	....	....	....
1	6	6	....	6	....	....	....	....	....	....

PRE

NACION O PAIS A QUE

DISTRITOS.	Inglaterra y colonias.			Italia y colonias.		
	H.	M.	Total.	H.	M.	T
Hermosillo...	24	3	27	42	3	
Guaymas..	8	1	9	8	1	
Alamos..	3	....	3	1	....	
Ures...	7	....	7	2	....	
Arizpe..	4	....	4	4	....	
Sahuaripa...	2	....	2	1	....	
Moctezuma..	12	2	14	2	....	
Magdalena...	17	6	23	3	....	
Altar..	3	1	4	1	....	
SUMAS.......................	80	13	93	64	4	

DE

Hermosillo..........	....	....	....	1	1	
Guaymas..	9	2	11	3	1	
Alamos..	....	....	....	1	1	
Ures...	....	....	....	....	....	....
Arizpe..	....	....	....	2	....	....
Sahuaripa...	....	....	....	....	....	....
Moctezuma..	....	....	....	....	....	....
Magdalena...	....	....	....	....	....	....
Altar..	....	....	....	....	....	....
SUMAS.......................	9	2	11	7	3	

AU

Hermosillo...	1	3	4	1	....	
Guaymas..	....	....	....	....	....	....
Alamos..	2	....	2	....	....	....
Ures...•	....	....	....	....	....	....
Arizpe..	....	....	....	....	....	....
Sahuaripa...	....	....	....	....	....	....
Moctezuma..	....	....	....	....	....	....
Magdalena...	1	....	1	1	....	
Altar..	....	....	....	....	....	....
SUMAS.......................	4	3	7	2	....	

S

E EL LUGAR DEL NACIMIENTO DE LOS EXTRANJEROS.

caragua.		Norte América.			Perú.			Portugal y colonias.		
M.	Total.	H.	M.	Total.	H.	M.	Total.	H.	M.	Total.
1	1	147	68	215	....	2	2	....	....	....
....	....	93	42	135	....	....	....	1	....	1
....	....	11	2	13	....	....	....	....	....	....
....	....	33	17	50	....	....	....	....	....	....
....	....	59	11	70	....	....	....	....	....	....
....	....	30	3	33	....	....	....	....	....	....
....	....	128	59	187	....	....	....	....	....	....
....	....	131	104	235	....	....	....	....	....	....
....	....	38	30	68	....	1	1	....	....	....
1	1	670	336	1,006	....	3	3	1	....	1

1	1	7	5	12	....	....	....	....	....	....
....	....	9	3	12	....	1	1	....	....	....
....	....	....	2	2	....	....	....	....	....	....
....	....	25	6	31	....	....	....	....	....	....
....	....	5	3	8	....	....	....	....	....	....
....	....	1	....	1	....	....	....	....	....	....
....	....	2	1	3	....	....	....	....	....	....
....	....	18	14	32	....	....	....	....	....	....
....	....	....	....	....	....	....	....	....	....	....
1	1	67	34	101	....	1	1	....	....	....

S

....	....	....	....	....	....	....	....	....	....	....
....	....	10	3	13	....	....	....	....	....	....
....	....	....	....	....	....	....	....	....	....	....
....	....	10	....	10	....	....	....	....	....	....
....	....	5	....	5	....	....	....	....	....	....
....	....	2	....	2	....	....	....	....	....	....
....	....	2	....	2	....	....	....	....	....	....
....	....	10	4	14	....	....	....	....	....	....
....	....	2	4	6	....	....	....	....	....	....
....	....	41	11	52	....	....	....	....	....	....

PRE

DISTRITOS.	NACION O PAIS A QUE					
	Rusia.			Suecia y Noruegi		
	H.	M.	Total.	H.	M.	'
Hermosillo	2	....	2	....	....	..
Guaymas	....	....	....	....	....	..
Alamos	....	....	....	....	....	..
Ures	....	....	....	....	....	..
Arizpe	....	....	....	....	....	..
Sahuaripa	....	....	....	....	....	..
Moctezuma	....	....	....	....	1	..
Magdalena	2	....	2	....	....	..
Altar	....	....	....	....	....	..
SUMAS	4	....	4	....	1	

D F

Hermosillo	....	....	....	4	....	..
Guaymas	....	....	....	4	....	..
Alamos	....	....	....	....	....	..
Ures	....	....	....	....	....	..
Arizpe	....	....	....	....	....	..
Sahuaripa	....	....	....	....	....	..
Moctezuma	....	....	....	....	....	..
Magdalena	....	....	....	....	....	..
Altar	....	....	....	....	....	..
SUMAS	....	....	....	4	....	

A U

Hermosillo	....	....	....	....	....	..
Guaymas	....	....	....	....	....	..
Alamos	....	....	....	....	....	..
Ures	....	....	....	....	....	..
Arizpe	....	....	....	....	....	..
Sahuaripa	....	....	....	....	....	..
Moctezuma	1	....	1	....	....	..
Magdalena	....	....	....	....	....	..
Altar	....	....	....	....	....	..
SUMAS	1	....	1	....	....	

S.

E EL LUGAR DEL NACIMIENTO DE LOS EXTRANJEROS.

Suiza.		Turquía y Egipto.			Venezuela.			Total de nacidos en el Extranjero.	Total de nacidos en la República.	TOTALES GENERALES.
M.	Total.	H.	M.	Total.	H.	M.	Total.			
......	4	....	....	....	....	....	....	519	27,403	27,922
......	....	....	....	....	1	....	1	352	18,528	18,880
1	3	....	....	....	....	....	....	65	50,612	50,677
......	2	....	....	....	....	....	....	82	25,730	25,812
......	3	....	....	....	....	....	....	97	13,220	13,317
......	....	....	....	....	....	....	....	47	11,383	11,430
......	1	....	....	....	....	....	....	219	13,402	13,621
......	2	....	....	....	....	....	....	351	13,159	13,510
......	....	....	....	....	....	....	....	98	13,891	13,989
1	15	....	....	....	1	....	1	1,830	187,328	189,158

).

......	....	....	....	....	....	....	....	19	153	172
......	....	....	3	3	....	....	....	54	404	458
......	....	....	....	....	1	....	1	6	256	262
......	....	....	....	....	....	....	....	53	427	480
......	....	....	....	....	....	....	....	11	137	148
......	....	....	....	....	....	....	....	1	29	30
......	....	....	....	....	....	....	....	4	157	161
......	1	....	....	....	....	....	....	36	300	336
......	....	....	....	....	....	....	....	3	73	76
......	1	....	3	3	1	....	1	187	1,936	2,123

:S

......	....	....	....	....	....	....	....	9	262	271
......	1	....	....	....	....	....	....	21	414	435
......	1	....	....	....	....	....	....	5	502	507
......	....	....	....	....	....	....	....	11	534	545
......	....	....	....	....	....	....	....	5	348	353
......	....	....	....	....	....	....	....	2	226	228
......	....	....	....	....	....	....	....	°	430	434
......	....	....	....	....	....	....	....	21	430	451
......	....	....	....	....	....	....	....	8	331	339
......	2	....	....	....	....	....	....	86	3,477	3,563

PRE

PO

DISTRITOS.	Menores de edad.			Solteros.	
	H.	M.	Total.	H.	M.
Hermosillo	5,916	4,832	10,748	3,184	3,422
Guaymas	3,656	2,981	6,637	3,204	2,454
Alamos	10,285	8,381	18,666	7,023	7,740
Ures	5,885	4,994	10,879	2,578	3,210
Arizpe	2,602	2,450	5,052	2,133	1,903
Sahuaripa	2,361	1,907	4,268	1,557	1,731
Moctezuma	3,339	2,635	5,974	1,345	1,443
Magdalena	3,138	2,662	5,800	1,555	1,556
Altar	2,891	2,574	5,465	2,265	1,615
SUMAS	40,073	33,416	73,489	24,844	25,074

D

Hermosillo	17	17	34	42	33
Guaymas	69	20	89	159	34
Alamos	16	18	34	94	33
Ures	55	40	95	163	34
Arizpe	11	7	18	68	18
Sahuaripa	7	3	10	6	3
Moctezuma	13	7	20	56	13
Magdalena	40	51	91	77	34
Altar	9	2	11	37	9
SUMAS	237	165	402	702	211

AU

Hermosillo	31	16	47	101	25
Guaymas	39	20	59	178	40
Alamos	65	37	102	168	77
Ures	104	55	159	146	53
Arizpe	32	20	52	172	31
Sahuaripa	36	29	65	39	41
Moctezuma	67	25	92	137	42
Magdalena	58	33	91	192	33
Altar	37	28	65	156	25
SUMAS	469	263	732	1,289	367

ES

SEGUN EL ESTADO CIVIL.

Casados.		Viudos.			Se ignora.			TOTAL GENERAL.
M.	Total.	H.	M.	Total.	H.	M.	Total.	
4.380	8,849	437	1,278	1,715	3	1	4	27,922
2,583	5,493	265	822	1,087	3	2	5	18,880
7,260	14,625	786	1,837	2,623	....	....	....	50,677
3.701	7,371	536	1,238	1,774	....	....	....	25,812
1.761	3,508	208	513	721	....	....	....	13,317
1.563	3,119	191	564	755	....	....	....	11,430
2.059	4,071	225	563	788	....	....	....	13,621
1.863	3,692	257	650	907	....	....	....	13,510
1,953	3,909	260	475	735	....	....	....	13,989
27,123	54,637	3,165	7,940	11,105	6	3	9	189,158

0.

Casados.		Viudos.			Se ignora.			TOTAL GENERAL.
27	58	3	2	5	....	....	....	172
36	139	17	19	36	1	....	1	458
25	94	2	5	7	....	....	....	262
54	162	10	16	26	....	....	....	480
6	37	4	3	7	....	....	....	148
5	11	....	....	....	....	....	....	30
15	63	7	2	9	....	....	....	161
45	101	11	22	33	....	....	....	336
5	15	2	2	4	....	....	....	76
218	680	56	71	127	1	.........,	1	2,123

ES

Casados.		Viudos.			Se ignora.			TOTAL GENERAL.
23	84	5	6	11	2	1	3	271
33	133	9	16	25	....	....	....	435
40	143	7	10	17	....	....	....	507
59	152	15	20	35	....	....	....	545
21	87	7	4	11	....	....	....	353
36	74	2	7	9	....	....	....	228
54	142	8	13	21	....	....	....	434
29	116	8	11	19	....	....	....	451
28	72	8	13	21	....	....	....	339
323	1,003	69	100	169	2	1	3	3,563

PRE

DISTRITOS.	Saben leer y escribir.			Saben sólo leer	
	H.	M.	Total.	H.	M.
Hermosillo	4,020	4,119	8,139	51	87
Guaymas	3,044	2,492	5,536	67	58
Alamos	2,973	3,121	6,094	85	174
Ures	2,898	2,773	5,671	58	154
Arizpe	1,786	1,600	3,386	18	16
Sahuaripa	1,189	785	1,974	65	158
Moctezuma	2,117	1,317	3,434	171	381
Magdalena	2,235	2,047	4,282	41	104
Altar	2,297	1,900	4,197	15	25
SUMAS	22,559	20,154	42,713	571	1,157

D I

Hermosillo	52	49	101	....	1	
Guaymas	227	51	278	4	....	
Alamos	48	34	82	....	1	
Ures	139	29	168	2	4	
Arizpe	56	12	68	....	....	..
Sahuaripa	6	1	7	....	1	
Moctezuma	70	13	83	....	....	..
Magdalena	82	· 60	142	3	3	
Altar	36	8	44	....	....	..
SUMAS	716	257	973	9	10	

A U

Hermosillo	122	40	162	2	1	
Guaymas	178·	57	235	....	....	..
Alamos	' 147	52	199	3	1	
Ures	162	72	234	36	14	
Arizpe	115	22	137	....	....	..
Sahuaripa	19	7	26	1	1	
Moctezuma	144	37	181	3	7	
Magdalena	189	52	241	1	1	
Altar	143	37	180	1	....	
SUMAS	1,219	376	1,595	47	25	

E S

'RUCCION ELEMENTAL.

ben leer ni escribir.		No saben leer ni escribir por ser menores de edad.			Se ignora.			TOTAL GENERAL.
M.	Total.	H.	M.	Total.	H.	M.	Total.	
7.477	15,006	2,409	2,230	4,639	....	....	....	27,922
4,866	10,273	1,520	1,426	2,946	....	....	....	18,880
18.308	36,654	4,055	3,615	7,670	....	....	....	50,677
7.866	15,172	2,407	2,350	4,757	....	....	....	25,812
3.854	7,528	1,212	1,157	2,369	....	....	....	13,317
3,946	7,399	958	876	1,834	....	....	....	11,430
3.686	7,013	1,306	1,316	2,622	....	....	....	13,621
3.314	6,584	1,233	1,266	2,499	....	....	....	13,510
3,540	7,357	1,243	1,152	2,395	....	....	....	13,989
56,857	112,986	16,343	15,388	31,731	....	....	....	189,158

0

24	55	10	5	15	....	....	....	172
53	153	18	5	23	....	....	....	458
37	167	3	9	12	....	....	....	262
93	268	20	18	38	....	....	....	480
18	72	4	4	8	....	....	....	148
9	20	2	....	2	....	....	....	30
20	68	6	4	10	....	....	....	161
61	140	20	28	48	....	....	....	336
10	29	3	....	3	....	....	....	76
325	972	86	73	159	....	....	....	2,123

E S

25	93	8	5	13	....	....	....	271
46	173	21	6	27	....	....	....	435
97	272	18	14	32	....	....	....	507
78	200	38	23	61	....	....	....	545
38	184	16	16	32	....	....	....	353
95	182	8	10	18	....	....	....	228
75	207	21	15	36	....	....	....	434
36	178	13	17	30	....	....	....	451
51	140	12	6	18	....	....	....	339
541	1,629	155	112	267	....	....	....	3,563

PRE$

POBL.

DISTRITOS.	Abogados.	Agentes de negocios.	Arquitectos.	Dentistas.			Farmacéuticos.
				H.	M.	Total.	
Hermosillo	11	4	2	2	...	2	4
Guaymas	9	6	6	...	...	.....	5
Alamos	2	.....	......	...	...	.....	2
Ures	1	3	......	...	...	.....	3
Arizpe	......	1	......	...	...	.....	......
Sahuaripa	.....	1	......	...	...	.....	......
Moctezuma	......	.....	......	...	...	.....	1
Magdalena	......	5	......	...	...	.....	4
Altar	4	.....	......	...	...	.....	......
SUMAS	27	20	8	2	...	2	19

D E

DISTRITOS.	Abogados.	Agentes de negocios.	Arquitectos.	Dentistas.			Farmacéuticos.
				H.	M.	Total.	
Hermosillo	1	.....	......	...	...	.....	.....
Guaymas	2	1	1	...	...	.....	.....
Alamos	......	.....	......	...	...	.....	.....
Ures	......	1	......	...	...	.....	2
Arizpe	......	.....	......	...	...	.....	.....
Sahuaripa	......	.....	......	...	...	.....	.....
Moctezuma	......	.....	......	...	...	.....	1
Magdalena	......	.....	......	...	...	.....	.....
Altar	......	.....	......	...	...	.....	.....
SUMAS	3.	2	1	...	...	.....	3

A U $

DISTRITOS.	Abogados.	Agentes de negocios.	Arquitectos.	Dentistas.			Farmacéuticos.
				H.	M.	Total.	
Hermosillo	......	.....	......	...	...	.....	.....
Guaymas	.....	.....	......	1	...	1	.....
Alamos	1	.....	......	1	...	1	......
Ures	......	.....	......	...	...	.....	.....
Arizpe	......	.....	......	...	...	.....	.....
Sahuaripa	......	.....	......	...	...	.....	.....
Moctezuma	......	.....	......	...	...	.....	.....
Magdalena	......	.....	......	...	...	.....	.....
Altar	......	.....	......	...	...	.....	.....
SUMAS	1	.....	......	1	...	1	......

ES

EGUN LA OCUPACION PRINCIPAL.

PROFESIONES.

Marinos.	Médicos.	Médicos alópatas.			Médicos homeópatas.	Notarios.	Parteras.	Profesores.			Sacerdotes católicos.	Sacerdotes de otros cultos.	Veterinarios.
		H.	M.	Total.				H.	M.	Total.			
......	80	8	...	8	.....	1	3	20	39	59	2	...	......
57	40	9	...	9	.....	......	......	15	21	36	1	...	......
1	28	6	...	6	.....	......	8	16	22	38	2	...	......
......	14	4	...	4	.....	......	6	19	13	32	5	...	1
......	6	2	...	2	.....	......	5	9	6	15	......	...	......
......	6	1	...	1	.....	......	4	6	4	10	......	...	......
......	16	3	...	3	.....	......	5	8	5	13	3	...	......
......	1	7	...	7	.....	......	1	6	13	19	2	...	......
......	12	1	...	1	.....	......	......	9	7	16	......	...	......
58	203	41	...	41	.....	1	32	108	130	238	15	...	1

0.

Marinos.	Médicos.	Médicos alópatas.			Médicos homeópatas.	Notarios.	Parteras.	Profesores.			Sacerdotes católicos.	Sacerdotes de otros cultos.	Veterinarios.
		H.	M.	Total.				H.	M.	Total.			
......	......	1	...	1	.....	......	......	......	......	....	......	...	......
24	10	2	...	2	.....	......	1	......	1	1	......	...	......
......	......	1	...	1	.....	......	......	......	....	....	......	...	......
......	1	3	...	3	1	......	......	1	......	1	......	...	......
......	1	......	...	....	.....	......	......	......	......	....	......	...	......
......	......	......	...	....	.....	......	......	......	......	....	......	...	......
......	1	......	...	....	.....	......	......	......	......	....	......	...	......
......	1	......	...	....	.....	......	......	......	......	....	......	...	......
24	14	7	...	7	1	......	1	1	1	2	......	...	......

ES

Marinos.	Médicos.	Médicos alópatas.			Médicos homeópatas.	Notarios.	Parteras.	Profesores.			Sacerdotes católicos.	Sacerdotes de otros cultos.	Veterinarios.
		H.	M.	Total.				H.	M.	Total.			
......	2	......	...	....	.....	......	......	......	......	....	......	...	......
7	6	......	...	....	.....	......	......	......	......	....	......	...	......
......	......	......	...	....	.....	......	......	1	......	1	......	...	......
......	3	......	...	....	.....	......	......	1	......	1	......	...	......
......	1	......	...	....	.....	......	......	......	......	....	......	...	......
......	......	......	...	....	.....	......	......	......	......	....	1	...	......
......	1	......	...	....	.....	......	......	1	......	1	......	...	......
......	......	......	...	....	.....	......	......	1	......	1	......	...	......
7	13	......	...	....	.....	......	......	4	......	4	1	...	......

P R

P O

DISTRITOS.	Estudiantes.			Empleados pú	
	H.	M.	Total.	H.	M.
Hermosillo	1	1	2	122	....
Guaymas	....	....	....	96	....
Alamos	....	....	....	102	....
Ures	....	....	....	53	....
Arizpe	....	....	....	38	....
Sahuaripa	....	....	....	20	....
Moctezuma	....	....	....	24	....
Magdalena	....	....	....	94	3
Altar	....	....	....	24	....
SUMAS	1	1	2	573	3

D

Hermosillo	....	....	....	3	....
Guaymas	....	....	....	8	....
Alamos	....	....	....	....	....
Ures	....	....	....	....	....
Arizpe	....	....	....	....	....
Sahuaripa	....	....	....	....	....
Moctezuma	....	....	....	1	....
Magdalena	....	....	....	1	....
Altar	....	....	....	....	....
SUMAS	....	....	....	13	....

A

Hermosillo	5	1	6	5	....
Guaymas	....	....	....	10	....
Alamos	....	....	....	7	....
Ures	....	....	....	9	....
Arizpe	....	....	....	3	....
Sahuaripa	....	....	....	1	....
Moctezuma	....	....	....	2	....
Magdalena	....	....	....	3	....
Altar	....	....	....	....	....
SUMAS	5	1	6	40	....

ES.

EGUN LA OCUPACION PRINCIPAL.

ION.			AGRICULTURA.			MINERIA.					
Jefes y oficiales de ejército.	Militares (clase de tropa).	Policía.	Administradores y dependientes de campo.	Peones de campo.	Administradores y empleados de minería.	Mineros, barreteros y pepenadores.			Obreros de las fundiciones y haciendas de beneficio en general.		
						H.	M.	Total.	H.	M.	Total.
......	......	1	672	4,850	......	892	......	892	......	......	......
......	798	40	424	3,595	......	31	......	31	......	......	......
......	3	5	......	14,003	......	249	......	249	......	......	......
......	......	1	1	6,304	......	276	......	276	......	......	......
......	......	3	......	3,474	......	259	......	259	......	......	......
......	......	1	......	3,003	......	388	......	388	......	......	......
......	......	......	......	3,783	......	206	......	206	......	......	......
......	14	2	......	2,927	......	336	2	338	......	......	......
......	......	1	......	3,367	......	426	......	426	......	......	......
......	815	54	1,097	45,306	......	3,063	2	3,065	.	......	......

O.

......	......	......	......	24	......	13	......	13	......	......	......
7	5	......	1	89	......	4	......	4	......	......	......
......	......	......	......	131	......	......	......	......	......	......	......
......	......	......	3	176	......	33	......	33	......	......	......
......	......	......	......	76	......	9	......	9	......	......	......
......	......	......	......	9	......	1	......	1	......	......	......
......	......	......	......	80	......	14	......	14	......	......	......
......	......	......	......	80	......	10	......	10	......	......	......
......	......	......	......	23	......	6	......	6	......	......	......
7	5	......	4	688	......	90	......	90	......	......	......

ES.

......	......	......	......	76	2	21	......	21	......	......	......
......	7	......	......	125	......	6	......	6	3	......	3
......	......	......	......	198	......	10	......	10	......	1	1
......	......	......	......	182	......	34	......	34	......	......	......
......	......	......	......	192	......	39	......	39	......	......	......
......	......	......	......	76	......	8	......	8	......	......	......
......	......	......	......	209	......	17	......	17	......	......	......
......	......	......	......	186	......	30	......	30	......	......	......
......	......	......	......	132	......	40	......	40	......	......	......
......	7	......	......	1,376	2	205	......	205	3	1	4

PRE

POBL

COMERCIO.

DISTRITOS.	Corredores.	Comerciantes.			Dependientes.		
		H.	M.	Total.	H.	M.	
Hermosillo	2	481	160	641	22	......	
Guaymas	......	383	110	493	12	......	
Alamos	......	233	37	270	30	......	
Ures	......	187	101	288	30	......	
Arizpe	......	92	4	96	7	......	
Sahuaripa	......	50	14	64	4	......	
Moctezuma	......	40	2	42	3	......	
Magdalena	......	216	55	271	17	......	
Altar	......	149	3	152	13	......	
SUMAS	2	1,831	486	2,317	138	......	

D E

Hermosillo	......	12	6	18	......	......	..
Guaymas	1	14	2	16	......	......	..
Alamos	......	7	......	7	1	......	
Ures	......	10	......	10	1	......	
Arizpe	......	5	......	5	......	......	..
Sahuaripa	......	......	......	......	......	......	..
Moctezuma	......	2	......	2	......	......	..
Magdalena	......	14	3	17	1	......	
Altar	......	......	......	......	......	......	..
SUMAS	1	64	11	75	3	......	

A U

Hermosillo	......	16	......	16	1	......	
Guaymas	......	29	1	30	3	......	
Alamos	......	10	1	11	1	......	
Ures	......	14	3	17	5	......	
Arizpe	......	3	......	3	......	......	..
Sahuaripa	......	......	1	1	......	......	..
Moctezuma	......	6	......	6	......	......	..
Magdalena	......	21	4	25	2	......	
Altar	......	14	3	17	1	......	
SUMAS	......	113	13	126	13	......	

S.

UN LA OCUPACION PRINCIPAL.

ambulantes. Total.	Banqueros.	Propietarios. H.	M.	Total.	Anticuos.	Acróbatas. H.	M.	Total.	Actores. H.	M.	Total.
					INDUSTRIAS, BELLAS ARTES, ARTES Y OFICIOS.						
6	...	259	124	383	.....	......	......	....	2	1	3
4	...	107	83	190	.....	......	......	....	......	......	....
....	..	336	114	450	.....	......	......	....	......	......	....
....	...	382	117	499	.....	2	3	5	......	......	....
....	...	60	28	88	.....	......	......	....	......	......	....
....	...	145	45	190	.....	......	......	....	......	......	....
....	...	26	12	38	.....	1	......	1	......	......	....
3	...	147	39	186	.....	2	5	7	......	......	....
....	...	445	141	586	.....	......	......	....	......	......	....
13	...	1,907	703	2,610	......	5	8	13	2	1	3
....	...	5	4	9	.....	......	......	....	1	......	1
....	...	3	3	6	.....	......	......	....	7	12	19
....	...	4	......	4	.....	......	......	....	......	......	....
1	...	12	......	12	.....	......	......	....	8	4	12
....	...	3	......	3	.....	......	......	....	......	......	....
....	...	....	......	....	.....	......	......	....	......	......	....
....	...	4	......	4	.....	......	......	....	......	......	....
1	...	6	5	11	.....	7	3	10	......	......	....
....	...	11	......	11	.....	......	......	....	......	......	....
2	...	48	12	60	.....	7	3	10	16	16	32

S

....	...	6	......	6	.....	......	......	....	......	......	....
....	...	2	7	9	.....	......	......	....	......	......	....
....	...	10	1	11	.....	......	......	....	......	......	....
....	...	11	2	13	.....	......	......	....	......	......	....
....	...	2	2	4	.....	......	......	....	......	......	....
....	...	2	......	2	.....	......	......	....	......	......	....
....	...	3	3	6	.....	......	......	....	......	......	....
....	...	18	......	18	.....	2	......	2	......	......	....
....	...	10	4	14	.....	......	......	....	......	......	....
....	...	64	19	83	.....	2	......	2	......	......	....

PRE

POBI

DISTRITOS.	Administradores y empleados de establecimientos industriales.			Albañiles.	Alfareros.	
	H.	M.	Total.		H.	M.
Hermosillo	7	......	7	84	......	6
Guaymas	......	......	....	84	4	......
Alamos	......	......	....	86	2	16
Ures	......	......	....	50	4	......
Arizpe	......	......	....	24	3	1
Sahuaripa	......	......	....	20	......	......
Moctezuma	......	......	....	23	......	......
Magdalena	......	......	....	31	3	......
Altar	......	......	....	32	2	......
SUMAS	7	......	7	434	18	23

D F

Hermosillo	......	......	....	..	......	......
Guaymas	......	......	....	2	......	......
Alamos	......	......	....	3	......	......
Ures	......	......	....	..	1	......
Arizpe	......	......	....	1	......	......
Sahuaripa	......	......	....	..	......	......
Moctezuma	......	......	....	..	......	......
Magdalena	......	......	....	2	......	......
Altar	......	......	....	1	......	......
SUMAS	......	......	. ...	9	1	......

A U

Hermosillo	1	......	1	....	......	......
Guaymas	......	......	....	2	......	......
Alamos	......	......	....	2	......	......
Ures	......	......	....	1	......	......
Arizpe	......	......	....	6	......	......
Sahuaripa	......	......	.....	....	......	......
Moctezuma	......	......	....	..	......	......
Magdalena	......	......	....	7	......	......
Altar	......	......	....	.2	......	......
SUMAS	1	......	1	20	......	......

T E S.

SEGUN LA OCUPACION PRINCIPAL.

RIAS, BELLAS ARTES, ARTES Y OFICIOS.

	Bordadores.			Cantantes.			Canteros.	Carpinteros.	Carroceros.	Cigarreros y cigarreras.			Coloreros.
	H.	M.	Total.	H.	M.	Total.				H.	M.	Total.	
.....	......	10	10	......	......	....	......	188	21	14	23	37	3
1	......	1	1	2	2	4	5	204	12	......	11	11	.....
.....	......	......	....	......	......	....	2	172	......	5	18	23	.....
.....	......	......	....	......	......	....	......	102	1	......	......	....	1
.....	......	......	....	......	......	....	......	44	......	......	......	....	.....
.....	......	......	....	......	......	....	......	33	......	......	......	....	2
.....	......	......	....	......	......	....	......	46	......	......	......	....	2
.....	1	4	5	......	......	....	......	86	......	......	4	4	.....
.....	......	......	....	......	......	....	......	65	1	......	......	....	1
1	1	15	16	2	2	4	7	940	35	19	56	75	9

ASO.

.....	......	......	....	......	......	....	......	3	......	......	......	....	1
.....	......	......	....	......	......	....	1	4	......	......	1	1	.....
.....	......	......	....	......	......	....	......	1	......	......	......	....	.....
.....	......	......	....	......	......	....	......	8	......	......	......	....	.....
.....	......	......	....	......	......	....	......	3	......	......	......	....	.....
.....	......	......	....	......	......	....	......	......	......	......	......	....	.....
.....	......	......	....	......	......	....	......	3	......	......	......	....	.....
.....	......	......	....	......	......	....	......	2	......	......	......	....	.....
.....	......	......	....	......	......	....	......	2	......	......	......	....	.....
.....	......	......	....	......	......	....	1	26	......	......	1	1	1

ITES

.....	......	......	....	......	......	....	......	8	......	......	......	....	.....
.....	......	......	....	......	......	....	......	7	1	......	1	1	.....
.....	......	......	....	......	......	....	......	17	3	......	......	....	.....
.....	......	......	....	......	......	....	......	6	......	......	......	....	.....
.....	......	......	....	......	......	....	......	2	......	......	......	....	.....
.....	......	......	....	......	......	....	......	2	......	......	......	....	.....
.....	......	......	....	......	......	....	......	2	......	......	1	1	.....
.....	......	......	....	......	......	....	......	5	2	......	......	....	.....
.....	......	......	....	......	......	....	......	49	6	......	2	2	.....

PRESI

POBLAC.

INDI

DISTRITOS.	Coleteros.	Curtidores.	Dulceros.			Ebanistas.
			H.	M.	Total.	
Hermosillo.......	3	1	11	4	15	....
Guaymas........	3	36	10	....	10	1
Alamos..........	17	12	1	....	1	....
Ures...........	2	....	....	....	....	....
Arizpe.........	....	....	1	....	1	....
Sahuaripa......	....	....	1	....	1	....
Moctezuma......	....	....	....	....	....	....
Magdalena......	....	....	1	1	2	....
Altar..........	....	....	2	....	2	1
SUMAS.........	25	49	27	5	32	2

DE I

Hermosillo.......	....	....	....	....	....	....
Guaymas........	....	....	3	....	3	....
Alamos..........	....	....	....	....	....	....
Ures...........	....	....	3	....	3	....
Arizpe.........	....	....	....	....	....	....
Sahuaripa......	....	....	....	....	....	....
Moctezuma......	....	....	....	....	....	....
Magdalena......	....	....	....	....	....	....
Altar..........	....	....	....	....	....	....
SUMAS.........	....	....	6	....	6	....

AUSE

Hermosillo.......	....	....	1	....	1	....
Guaymas........	....	1	....	....	....	....
Alamos..........	....	....	....	....	....	....
Ures...........	....	....	....	....	....	....
Arizpe.........	....	....	....	....	....	....
Sahuaripa......	....	....	....	....	....	....
Moctezuma......	....	....	....	....	....	....
Magdalena......	....	....	....	....	....	....
Altar..........	....	....	....	....	....	....
SUMAS.........	....	1	1	....	1	....

E S

SEGUN LA OCUPACION PRINCIPAL.

S, BELLAS ARTES, ARTES Y OFICIOS.

ncuadernadores.		Escritores.			Esquiadores.	Filarmónicos.			Floristas.		
M.	Total.	H.	M.	Total.		H.	M.	Total.	H.	M.	Total.
....	....	2	......	2	......	27	9	36	......	1	1
....	3	2	......	2	......	30	1	31	......	......	....
....	....	......	......	....	......	45	2	47	......	......	....
....	....	......	......	....	......	44	1	45	......	......	....
....	....	......	......	....	......	26	....	26	......	......	....
....	....	......	......	....	......	9	....	9	......	......	....
....	....	......	......	....	......	37	1	38	......	......	....
....	....	4	......	4	1	22	1	23	......	......	....
....	....	......	......	....	......	19	3	22	......	......	....
....	3	8	......	8	1	259	18	277	......	1	1

O

....	....	......	......	....	......	....	....	....	......	......	....
....	....	......	......	....	......	1	....	1	......	......	....
....	....	......	......	....	......	4	....	4	......	......	....
....	....	......	......	....	......	6	....	6	......	......	....
....	....	......	......	....	......	5	....	5	......	......	....
....	....	......	......	....	......	4	....	4	......	......	....
....	....	......	......	....	......	6	....	6	......	......	....
....	....	......	......	....	......	....	....	....	......	......	....
....	....	......	......	....	......	....	....	....	......	......	....
....	....	......	......	....	......	26	....	26	......	......	....

E S

....	....	......	......	....	......	....	....	....	......	......	....
....	1	......	......	....	......	....	....	....	......	......	....
....	....	......	......	....	......	2	....	2	......	......	....
....	....	......	......	....	......	....	....	....	......	......	....
....	....	......	......	....	......	1	....	1	......	......	....
....	....	......	......	....	......	5	....	5	......	......	....
....	....	1	......	1	......	2	....	2	......	......	....
....	....	......	......	....	......	1	....	1	......	......	....
....	1	1	......	1	......	11	....	11	......	......	....

PRESI

POBLAC

IND

DISTRITOS.	Podgrabe.	Pundidores en general.	Panteros.	Herreros.	Hojalateros.	Jaboneros.	Ladrilleros.
Hermosillo	2	1	2	71	15	......	2
Guaymas	5	1	1	69	9	......	2
Alamos	4	......	10	73	9	......	......
Ures	......	......	4	52	3	1	1
Arizpe	......	......	......	18	1	......	......
Sahuaripa	......	......	2	19	......	......	4
Moctezuma	......	......	......	17	4	......	4
Magdalena	......	......	......	33	6	......	1
Altar	......	......	1	41	......	......	......
SUMAS	11	2	20	393	47	1	10

DE P

Hermosillo	......	......	......	1	......	......	......
Guaymas	......	......	......	2	......	......	......
Alamos	......	......	1	1	......	......	......
Ures	......	......	......	4	......	......	......
Arizpe	......	......	......	......	......	......	......
Sahuaripa	......	......	......	......	......	......	......
Moctezuma	......	......	......	1	......	......	......
Magdalena	1	......	......	......	2	......	......
Altar	......	......	......	......	1	......	......
SUMAS	1	......	1	9	3	......	......

AUSE

Hermosillo	1	......	......	8	......	......	......
Guaymas	2	......	......	3	2	......	1
Alamos	1	......	......	......	......	......	......
Ures	......	......	......	5	......	......	......
Arizpe	......	......	......	......	......	......	......
Sahuaripa	......	......	......	......	......	......	......
Moctezuma	......	......	......	3	......	......	......
Magdalena	......	......	......	4	2	......	......
Altar	......	......	......	2	1	......	......
SUMAS	4	......	......	25	5	......	1

ES.

SEGUN LA OCUPACION PRINCIPAL.

\S, BELLAS ARTES, ARTES Y OFICIOS.

Médicos.	Obreros de establecimientos industriales.			Pasadores.	Peluqueros.	Pintores artistas.			Pintores decoradores.	Pintores.
	H.	M.	Total.			H.	M.	Total.		
10	....	....	....	98	25	....	....	....	12	5
7	12	1	13	89	21	....	2	2	8	7
....	....	....	....	31	15	3	1	4	....	8
....	....	....	....	15	3	....	....	....	....	7
....	....	....	....	1	1	....	....	....	....	4
....	....	....	....	2	1	....	....	....	....	....
12	12	....	12	6	....	....	....	....	....	1
6	4	....	4	30	5	....	....	....	1	7
1	....	....	....	4	5	....	....	....	....	4
36	28	1	29	276	76	3	3	6	21	43

O

				Pasadores.	Peluqueros.	H.	M.	Total.	Pintores decoradores.	Pintores.
....	....	....	....	1	....	....	1	1	....	....
....	....	....	....	2	....	....	....	....	....	....
....	....	....	....	2	....	....	....	....	....	1
....	....	....	....	....	....	....	....	....	....	....
....	....	....	....	1	....	....	....	....	....	....
....	....	....	....	2	....	....	....	....	....	....
....	....	....	....	8	....	....	1	1	....	1

ES

				Pasadores.	Peluqueros.	H.	M.	Total.	Pintores decoradores.	Pintores.
....	....	....	....	2	1	....	....	....	1	....
....	....	....	....	2	1	....	....	....	1	....
....	....	....	....	1	2	....	....	....	....	....
....	....	....	....	1	....	....	....	....	....	....
....	....	....	....	1	....	....	....	....	....	....
....	....	....	....	....	....	....	....	....	....	....
....	....	....	....	2	....	....	....	....	....	....
....	....	....	....	9	4	....	....	....	2	....

PRES]

POBLAC

IND\

DISTRITOS.	Pureros.			Relojeros.		
	H.	M.	Total.	H.	M.	Total.
Hermosillo...	....	....	....	6	....	6
Guaymas....................	2	....	2	....	....	....
Alamos...	....	....	....	....	....	....
Ures	....	....	....	1	....	]
Arizpe..	....	....	....	....	....	....
Sahuaripa...	....	....	....	....	....	....
Moctezuma..	....	....	....	1	....	]
Magdalena...	....	....	....	2	....	5
Altar	....	....	....	....	....	....
SUMAS........................	2	....	2	10	....	1(

DE]

Hermosillo...	....	....	....	....	....	....
Guaymas...	1	....	1	....	....	....
Alamos...	....	....	....	....	....	....
Ures	....	....	....	....	....	....
Arizpe..	....	....	....	....	....	....
Sahuaripa...	....	....	....	....	....	....
Moctezuma..	....	....	....	....	....	....
Magdalena...	....	....	....	....	....	....
Altar	....	....	....	....	....	....
SUMAS........................	1	....	1	....	....	....

AUS]

Hermosillo...	....	....	....	....	....	....
Guaymas...	2	....	2	....	....	....
Alamos...	....	....	....	1	....	1
Ures	....	....	....	....	....	....
Arizpe..	....	....	....	....	....	....
Sahuaripa...	....	....	....	....	....	....
Moctezuma..	....	....	....	....	....	....
Magdalena...	....	....	....	....	....	....
Altar	....	....	....	....	....	....
SUMAS........................	2	....	2	1	....	1

E S

EGUN LA OCUPACION PRINCIPAL.

3, BELLAS ARTES, ARTES Y OFICIOS.

Sastres.		Sombrereros.			Talabarteros.	Tapicjeros.	Tejedores.		
M.	Total.	H	M.	Total.			H.	M.	Total.
3	46	2	2	4	42	....	....	....	....
....	58	7	....	7	35	....	18	5	23
....	39	16	24	40	49	....	2	101	103
....	4	10	256	266	20	....	16	101	117
....	2	2	5	7	4	....	....	....	....
....	4	....	2	2	5	....	....	....	....
....	4	....	33	33	5	....	....	2	2
....	4	....	....	....	8	....	....	5	5
....	4	....	....	....	5	....	....	....	....
3	165	37	322	359	173	....	36	214	250

O

....	4	....	....	....	3	....	....	....	....
....	2	....	....	....	2	....	....	....	....
....	1	....	1	1	....	....	....	....	....
....	....	....	....	....	....	....	....	....	....
....	....	....	....	....	1	....	....	....	....
....	....	....	....	....	1	....	....	....	....
....	....	....	....	....	....	....	....	....	....
....	7	....	1	1	7	....	....	....	....

E S

....	1	....	....	....	....	....	....	....	....
....	....	1	....	1	2	....	2	....	2
....	3	....	....	....	....	....	....	....	....
....	1	....	6	6	....	....	....	....	....
....	....	....	....	....	1	....	....	....	....
....	....	....	....	....	....	....	....	....	....
....	....	....	....	....	4	....	....	....	....
....	....	....	....	....	1	....	....	....	....
....	....	....	....	....	....	....	....	....	....
....	5	1	6	7	8	....	2	....	2

PRES

POBL

INDUSTRIAS, BELLAS ARTES, ART

DISTRITOS.	Telegrafistas.			Tipógrafos.	Tenedores.	
	H.	M.	Total.			
Hermosillo	5	....	5	11	....	
Guaymas	6	....	6	32	1	....
Alamos	7	....	7	....	....	....
Ures	....	....	....	1	....	
Arizpe	2	....	2	....	....	
Sahuaripa	....	....	....	....	....	
Moctezuma	....	....	....	....	....	
Magdalena	8	....	8	1	....	
Altar	....	....	....	....	....	
SUMAS	28	....	28	45	1	

DE

Hermosillo	2	....	2	....	....	
Guaymas	....	....	....	....	....	
Alamos	....	....	....	....	....	
Ures	....	....	....	....	....	
Arizpe	....	....	....	....	....	
Sahuaripa	....	....	....	....	....	
Moctezuma	....	....	....	....	....	
Magdalena	1	....	1	....	....	
Altar	....	....	....	....	....	
SUMAS	3	....	3	....	....	....

AUS

Hermosillo	....	....	....	....	....	....
Guaymas	1	....	1	....	....	....
Alamos	....	....	....	....	....	....
Ures	....	....	....	....	....	....
Arizpe	1	....	1	....	....	....
Sahuaripa	....	....	....	....	....	....
Moctezuma	....	....	....	....	....	....
Magdalena	....	....	....	....	....	....
Altar	....	....	....	....	....	....
SUMAS	2	....	2	....	....	....

TES

SEGUN LA OCUPACION PRINCIPAL.

FICIOS.		DIVERSAS OCUPACIONES.								
			Aguadores.							
	Zapateros.	H.	M.	Total.	Arrieros.	Cargadores.	Carretoneros.	Cazadores.	Cocheros.	Costureras.
.....	157	6	....	6	6	1	12	....	36	545
1	181	5	....	5	14	....	2	....	11	233
......	161	....	....	....	....	1	2	1	2	340
......	93	....	....	....	1	....	....	....	1	243
......	24	....	....	....	....	....	8	....	....	86
......	14	....	....	....	....	....	....	....	....	39
......	22	....	....	....	....	....	....	....	....	106
.....	47	....	....	....	....	....	9	....	....	93
......	22	....	....	....	....	....	16	....	....	60
1	721	11	....	11	21	2	49	1	50	1,745

ᴸSO

....	....	....	....	....	....	....	....	....	....	1
....	1	....	....	....	....	....	....	....	....	5
....	3	....	....	....	....	....	7	....	....	3
....	3	....	....	....	....	....	....	....	1	....
....	1	....	....	....	....	....	....	....	....	
....	....	....	....	....	....	....	....	....	....	
....	1	....	....	....	....	....	....	....	....	3
....	2	....	....	....	....	1	....	....	5	6
....	....	....	....	....	....	....	....	....	....	
......	11	....	....	....	....	1	7	....	6	18

TES

.....	2	....	....	....	....	....	....	....	....	4
......	3	....	....	....	4	....	....	....	12	10
......	4	....	....	....	....	....	....	....	....	6
......	3	....	....	....	....	....	2	....	1	1
......	....	....	....	....	....	....	....	....	....	....
......	....	....	....	....	....	....	....	....	....	....
......	4	....	....	....	....	....	....	....	....	5
......	3	....	....	....	....	....	....	....	1	2
......	....	....	....	....	....	....	....	....	....	3
......	19	....	....	....	4	....	2	....	14	31

PRE

POBL

DISTRITOS.	Domésticos.			Empleados particulai		
	H.	M.	Total.	H.	M.	T.
Hermosillo	370	1,086	1,456	125	....	
Guaymas	240	929	1,169	56	....	
Alamos	397	2,231	2,628	31	1	
Ures	117	1,159	1,276	31	2	
Arizpe	25	1,575	1,600	19	....	
Sahuaripa	41	619	660	5	....	
Moctezuma	60	567	627	12	....	
Magdalena	67	619	686	55	....	
Altar	55	137	192	36	....	
SUMAS	1,372	8,922	10,294	370	3	

DE

Hermosillo	4	6	10	1	....	
Guaymas	4	10	14	2	....	
Alamos	1	4	5	....	....	....
Ures	1	1	2	4	....	
Arizpe	1	....	1	2	....	
Sahuaripa	....	....	....	....	....	
Moctezuma	....	7	7	1	....	
Magdalena	2	2	4	5	....	
Altar	....	....	....	2	....	
SUMAS	13	30	43	17	....	

AU

Hermosillo	11	4	15	4	....	
Guaymas	2	8	10	9	....	
Alamos	3	9	12	11	....	
Ures	....	9	9	4	....	
Arizpe	....	30	30	....	....	....
Sahuaripa	....	....	....	....	....	....
Moctezuma	....	17	17	1	....	
Magdalena	....	14	14	7	....	
Altar	....	....	....	5		
SUMAS	16	91	107	41	....	

ξ S

ξGUN LA OCUPACION PRINCIPAL.

DIVERSAS OCUPACIONES.

Jardineros.	Escolares.			Lavanderos y planchadoras.			Marineros.	Matadores.	Mecanicos.	Pescadores.
	H.	M.	Total.	H.	M.	Total.				
....	890	758	1,648	6	149	155	1	55	4	4
....	666	683	1,349	....	90	90	80	35	....	10
....	435	382	817	2	166	168	5	23	....	9
1	757	785	1,542	....	88	88	....	20	....	....
....	124	122	246	....	55	55	....	1	....	....
....	36	50	86	....	16	16	....	4	....	....
....	506	444	950	....	29	29	....	2	....	....
....	339	355	694	....	76	76	....	19	....	....
....	107	106	213	....	86	86	....	7	....	....
1	3,860	3,685	7,545	8	755	763	86	166	4	23

O

Jardineros.	Escolares.			Lavanderos y planchadoras.			Marineros.	Matadores.	Mecanicos.	Pescadores.
....	....	4	4	....	....	....	....	....	....	....
....	2	....	2	....	....	....	104	1	.	....
....	1	....	1	....	....	....	....	/2	....	....
....	....	....	....	....	....	....	....	....	....	....
....	....	....	....	....	....	....	....	....	....	....
....	....	....	....	....	....	....	....	....	....	....
....	4	1	5	....	1	1	....	2	....	....
....	....	....	....	2	....	2	....	....	....	....
....	7	5	12	2	1	3	104	5	....	....

E S

Jardineros.	Escolares.			Lavanderos y planchadoras.			Marineros.	Matadores.	Mecanicos.	Pescadores.
....	2	....	2	....	....	....	....	1	....	....
....	13	2	15	....	....	....	27	2	....	1
....	3	2	5	....	....	....	1	....	....	....
....	14	6	20	....	1	1	....	....	1	....
....	....	....	....	....	....	....	....	....	....	....
....	3	2	5	....	2	2	....	....	....	....
....	2	1	3	....	1	1	....	3	....	....
....	....	1	1	....	....	....	....	....	....	....
......	37	14	51	....	4	4	28	6	1	1

PRE

DISTRITOS.	POBLACION					
	DIVERSAS OCUPACIONES.				Sin ocupacion.	
	Porteros.			Tortilleras.		
	H.	M.	Total.		H.	M.
Hermosillo	......	...	......	7	264	7,131
Guaymas	10	...	10	10	48	4,519
Alamos	......	...	......	73	520	14,149
Ures	1	...	1	......	102	6,261
Arizpe	......	...	......	......	6	2,453
Sahuaripa	......	...	......	......	102	3,321
Moctezuma	......	...	......	......	26	3,576
Magdalena	......	...	......	......	53	3,265
Altar	......	...	......	......	21	3,798
SUMAS	11	...	11	90	1,142	48,473

D F

Hermosillo	......	...	......	......	1	45
Guaymas	......	...	......	......	5	56
Alamos	......	...	......	......	....	56
Ures	......	...	......	......	2	100
Arizpe	......	...	......	......	....	26
Sahuaripa	......	...	......	......	....	9
Moctezuma	......	...	......	......	3	21
Magdalena	......	...	......	......	9	89
Altar	......	...	......	......	....	17
SUMAS	......	...	......	......	20	419

A U

Hermosillo	......	...	......	......	2	47
Guaymas	......	...	......	......	2	70
Alamos	......	...	......	......	1	111
Ures	......	...	......	......	6	105
Arizpe	......	...	......	......	....	27
Sahuaripa	......	...	......	......	2	84
Moctezuma	......	...	......	......	1	87
Magdalena	......	...	......	......	5	54
Altar	......	...	......	......	....	62
SUMAS	......	...	......	......	19	647

E S

| A OCUPACION PRINCIPAL. | | | | | | POBLACION POR CULTOS. | | |
| Sin ocupacion r menores de edad. | | Se ignora. | | | TOTAL GENERAL. | Católicos. | | |
M.	Total.	H.	M.	Total.		H.	M.	Total.
3,834	7,738	....	3	3	27,922	13,730	13,872	27,602
2.131	4,313	....	....	....	18,880	9,744	8,748	18,492
7,533	15,769	....	....	....	50,677	25,427	25,210	50,637
4,007	7,915	....	....	....	25,812	12,640	13,138	25,778
2,287	4,681	....	....	....	13,317	6,667	6,627	13,294
1,651	3,386	....	....	....	11,430	5,646	5,762	11,408
1,906	3,915	....	....	....	13,621	6,794	6,641	13,435
2,184	4,323	....	....	....	13,510	6,656	6,702	13,358
2,275	4,739	....	....	....	13,989	7,350	6,610	13,960
27,808	56,779	....	3	3	189,158	94,654	93,310	187,964

0.

M.	Total.	H.	M.	Total.		H.	M.	Total.
12	31	....	....	....	172	89	77	166
18	45	....	....	....	458	301	106	407
18	30	....	....	....	262	180	81	261
38	81	....	....	....	480	334	144	478
8	15	....	....	....	148	109	31	140
2	6	....	....	....	30	18	11	29
6	11	....	....	....	161	118	37	155
42	64	....	,........	....	336	173	152	325
1	10	....	....	....	76	56	18	74
145	293	....	....	....	2,123	1,378	657	2,035

E S

M.	Total.	H.	M.	Total.		H.	M.	Total.
15	27	....	....	....	271	198	67	265
10	27	....	....	....	435	315	103	418
33	79	....	....	....	507	340	162	502
45	96	3	8	11	545	352	187	539
17	41	....	....	....	353	277	76	353
28	49	....	....	....	228	113	113	226
18	60	....	....	....	434	297	134	431
29	65	....	....	....	451	341	106	447
21	50	....	....	....	339	245	94	339
216	494	3	8	11	3,563	2,478	1,042	3,520

P R F

DISTRITOS.	Protestantes.			Griegos.	
	H.	**M.**	**Total.**	**H.**	**M.**
Hermosillo	101	17	118	1	2
Guaymas	131	86	217	....	....
Alamos	12	6	18	....	....
Ures	22	5	27	....	....
Arizpe	11	....	11	....	....
Sahuaripa	19	3	22	....	....
Moctezuma	104	59	163	....	....
Magdalena	63	18	81	1	....
Altar	13	3	16	....	....
SUMAS	476	197	673	2	2

D

Hermosillo	2	1	3	....	....
Guaymas	21	3	24	....	....
Alamos	....	....	....	....	....
Ures	2	....	2	....	....
Arizpe	4	3	7	....	....
Sahuaripa	1	....	1	●	....
Moctezuma	5	....	5	....	....
Magdalena	8	....	8	....	....
Altar	....	....	....	....	....
SUMAS	43	7	50	....	....

A U

Hermosillo	2	4	6	....	....
Guaymas	10	6	16	....	....
Alamos	3	2	5	....	....
Ures	6	....	6	....	....
Arizpe	....	....	....	....	....
Sahuaripa	2	....	2	....	....
Moctezuma	3	....	3	....	....
Magdalena	3	....	3	....	....
Altar	....	....	....	....	....
SUMAS	29	12	41	....	....

E S

LACION POR CULTOS.

ahometanos.		Budhistas.			Metodistas.			Sin culto.		
M.	Total.	H.	M.	Total.	H.	M.	Total.	H.	M.	Total.
5	27	79	3	82	....	....	....	74	14	88
....	65	41	....	41	....	....	....	57	8	65
....	....	12	....	12	....	....	....	8	2	10
....	2	1	....	1	....	....	....	3	....	3
....	....	....	....	....	....	....	....	12	....	12
....	1	....	....	....	....	....	....	7	....	7
....	....	26	....	26	....	....	....	33	11	44
....	....	....	....	....	3	4	7	6	....	6
5	95	159	3	162	3	4	7	200	35	235

)

....	....	....	1	1	....	....	....	2	....	2
....	1	....	....	....	....	....	....	26	....	26
....	....	....	....	....	....	....	....	1	....	1
....	....	....	....	....	....	....	....	....	....	....
....	....	1	....	1	....	....	....	....	....	....
....	....	....	....	....	....	....	....	1	....	1
....	....	....	....	....	....	....	....	3	....	3
....	....	2	....	2	....	....	....	....	....	....
....	1	3	1	4	....	....	....	33	....	33

S

....	....	....	....	....	....	....	....	1	....	1
....	....	....	....	....	....	....	....	....	....	....
....	....	....	....	....	....	....	....	....	....	....
....	....	....	....	....	....	....	....	....	....	....
....	....	....	....	....	....	....	....	....	....	....
....	....	....	....	....	....	....	....	1	....	1
....	....	....	....	....	....	....	....	....	....	....
....	....	....	....	....	....	....	....	2	....	2

PRES

DISTRITOS.	Poblacion por cultos.						
	Se ignora.			TOTAL GENERAL.	Castellano.		
	H.	M.	Total.		H.	M.	Tot.
Hermosillo	2	...	2	27,922	10,968	11,141	22,
Guaymas	...	...	......	18,880	7,824	6,849	14,
Alamos	...	...	......	50,677	18,087	18,338	36,
Ures	1	...	1	25,812	11,540	12,101	23,
Arizpe	...	...	......	13,317	6,627	6,605	13,
Sahuaripa	...	...	......	11,430	5,543	5,676	11,
Moctezuma	15	...	15	13,621	6,756	6,614	13,
Magdalena	...	...	......	13,510	6,534	6,578	13,
Altar	...	...	......	13,989	6,584	5,965	12,
SUMAS	18	...	18	189,158	80,463	79,867	160,

DE

Hermosillo	...	...	......	172	81	72	
Guaymas	...	...	......	458	295	95	
Alamos	...	...	......	262	160	68	
Ures	...	...	......	480	301	119	
Arizpe	...	...	......	148	106	31	
Sahuaripa	...	...	......	30	18	11	
Moctezuma	...	...	......	161	120	37	
Magdalena	...	...	......	336	172	146	
Altar	...	...	......	76	56	18	
SUMAS	...	...	......	2,123	1,309	597	1,

AUS

Hermosillo	...	...	......	271	191	66	
Guaymas	...	...	......	435	280	103	
Alamos	...	...	......	507	318	156	
Ures	...	...	......	545	342	183	
Arizpe	...	...	......	353	275	76	
Sahuaripa	...	...	......	228	113	113	
Moctezuma	...	...	......	434	297	134	
Magdalena	...	...	......	451	331	104	
Altar	...	...	......	339	245	94	
SUMAS	...	...	......	3,563	2,392	1,029	3,

ES

˚OBLACION SEGUN EL IDIOMA HABITUAL.

	Cahita.			Ópata.			Pápago.			Pima.	
	M.	Total.	H.	M.	Total.	H.	M.	Total	H.	M.	Total.
í13	2,703	5,416	7	7	14	18	17	35	1	....	1
í80	1,971	3,951	1	....	1	....	....	....	1	....	1
í23	6,876	14,199	....	....	....	....	....	....	....	26	54
í69	1,000	2,059	5	13	18	....	....	....	28	26	54
í4	6	10	....	....	....	....	....	....	8	11	19
í40	49	89	23	10	33	....	....	....	27	28	55
í17	18	35	3	3	6	....	....	....	....	....	....
í41	125	266	....	....	....	..°..	....	....	1	1	2
í38	332	770	1	....	1	305	310	615	17	6	23
í15	13,080	26,795	40	33	73	323	327	650	83	72	155

O

í4	2	6	....	....	....	....	....	....	....	....	....
í24	7	31	....	....	....	....	....	....	....	....	....
í20	9	29	....	....	....	....	....	....	....	....	....
í19	13	32	....	....	....	....	...·...	....	....	....	....
..	....	....	....	....	....	....	....	....	....	....	....
í1	....	1	....	....	....	....	....	....	....	....	....
í4	3	7	....	....	....	3	2	5	....	....	....
..	....	....	....	....	....	....	....	....	....	....	....
í2	34	106	....	....	....	3	2	5	....	....	....

ES

í7	5	12	....	....	....	....	....	....	....	....	....
í5	5	40	....	....	....	....	....	....	....	....	....
í1	8	29	....	....	....	....	....	....	....	....	....
í7	4	11	....	....	....	....	....	....	....	....	....
..	....	....	....	....	....	....	....	....	....	....	....
..	....	....	....	....	....	....	....	....	....	....	....
í4	1	5	....	....	....	....	....	....	....	....	....
..	....	....	....	....	....	....	....	....	....	....	....
í4	23	97	....	....	....	....	....	....	....	....	....

PRE$

DISTRITOS.	POBLACION SEGUN EL IDIOMA HABITUAL.					
	Seri.			Zapoteco.		
	H.	M.	Total.	H.	M.	To...
Hermosillo..	1	3	4	....	....	.....
Guaymas..	....	....	....	....	1	
Alamos...	....	....	....	....	....	.....
Ures..	....	....	....	....	....	....
Arizpe...	....	....	....	....	....	....
Sahuaripa..	....	....	....	....	....	
Moctezuma.......................................	....	....	....	....	....	
Magdalena..	....	....	....	....	....	
Altar...	....	....	....	....	....	
SUMAS..................	1	3	4	....	1	

DE

Hermosillo..........	....	....	....	....	....	....
Guaymas..	1	....	1	....	....	....
Alamos...	....	....	....	....	....	....
Ures..	....	....	....	....	....	....
Arizpe...	....	....	....	....	....	....
Sahuaripa..	....	....	....	....	....	....
Moctezuma.......................................	....	....	....	....	....	....
Magdalena..	....	....	....	....	....	....
Altar...	....	....	....	....	....	....
SUMAS..................	1	....	1	....	....	....

AU$

Hermosillo..	....	....	....	....	....	....
Guaymas..	....	....	....	....	....	....
Alamos...	....	....	....	....	....	....
Ures..	....	....	....	....	....	....
Arizpe...	....	....	....	....	....	....
Sahuaripa..	....	....	....	....	....	....
Moctezuma.......................................	....	....	....	....	....	....
Magdalena..	....	....	....	....	....	....
Altar...	....	....	....	....	....	....
SUMAS..................	....	....	....	....	....	....

ES

IDIOMAS EXTRANJEROS.

Aleman.		Chino.			Dinamarques.			Frances.		
M.	Total.	H.	M.	Total.	H.	M.	Total	H.	M.	Total.
1	16	116	9	125	....	....	....	17	6	23
1	17	123	1	124	....	....	....	13	....	13
1	6	26	1	27	....	....	....	5	2	7
....	2	3	....	3	1	....	1	3	....	3
1	6	....	....	....				7	....	7
3	12	1	....	1	....	....	....	1	....	1
....	5	22	....	22	....	....	....	14	10	24
....	1	10	....	10	....	....	....	2	1	3
7	65	301	11	312	1	....	1	62	19	81

30

Aleman.		Chino.			Dinamarques.			Frances.		
....	....	....	1	1	....	....	....	1	....	1
2	5	....	....	....	....	....	....	3	1	4
....	....	....	....	....	....	....	....	....	....	....
....	....	....	1	1	....	....	....	....	....	....
....	....	....	....	....	....	....	....	....	....	....
....	1	....	....	....	....	....	....	....	....	....
....	....	2	....	2	....	....	....	....	....	....
2	6	3	1	4	....	....	....	4	1	5

ES

Aleman.		Chino.			Dinamarques.			Frances.		
....	1	....	....	....	....	....	....	1	....	1
....	2	....	....	....	....	....	....	....	....	....
....	....	....	....	....	....	....	....	1	....	1
....	....	....	....	....	....	....	....	1	....	1
....	....	....	....	....	....	....	....	....	....	....
....	1	....	....	....	....	....	....	....	....	....
....	1	....	....	....	....	....	....	2	....	2
....	5	....	....	....	....	....	....	5	....	5

P·RESI

DISTRITOS.	Griego.			Húngaro.		
	H.	M.	Total.	H.	M.	Total.
Hermosillo	....	....	....	....	....	....
Guaymas	....	....	....	....	....	....
Alamos	....	....	....	....	....	....
Ures	....	....	....	....	....	....
Arizpe	....	....	....	....	....	....
Sahuaripa	....	....	....	....	....	....
Moctezuma	....	....	....	....	....	....
Magdalena	3	....	3	....	....	....
Altar	....	....	....	....	....	....
SUMAS	3	....	3	....	....	....

DE 1

Hermosillo	....	....	....	....	....	....
Guaymas	....	....	....	....	....	....
Alamos	....	....	....	....	....	....
Ures	....	....	....	8	12	20
Arizpe	....	....	....	....	....	....
Sahuaripa	....	....	....	....	....	....
Moctezuma	....	....	....	....	....	....
Magdalena	....	....	....	....	....	....
Altar	....	....	....	....	....	....
SUMAS	....	....	....	8	12	20

AUSE

Hermosillo	....	....	....	....	....	....
Guaymas	....	....	....	....	....	....
Alamos	....	....	....	....	....	....
Ures	....	....	....	....	....	....
Arizpe	....	....	....	....	....	....
Sahuaripa	....	....	....	....	....	....
Moctezuma	....	....	....	....	....	....
Magdalena	....	....	....	....	....	....
Altar	....	....	....	....	....	....
SUMAS	....	....	....	....	....	....

'ES

IOMAS EXTRANJEROS.

Inglés.		Italiano.			Portugués.			Ruso.		
M.	Total.	H.	M.	Total.	H.	M.	Total.	H.	M.	Total.
23	141	33	3	36	1	....	1	1	....	1
18	92	6	1	7	....	....	....	....	....	....
....	12	1	....	1	....	....	....	....	....	....
3	30	1	....	1	....	....	....	....	....	....
5	45	4	....	4	....	....	....	....	....	....
1	26	1	....	1	....	....	....	....	....	....
62	194	2	....	2	....	....	....	....	....	....
17	73	2	....	2	....	....	....	....	....	....
3	17	....	....	....	....	....	....	....	....	....
132	630	50	4	54	1	....	1	1	....	1

SO

7	4	11	....	....	....	....	....	....	....	....	....
18	2	20	1	2	3	....	....	....	....	....	....
			1	4	5	....	....	....	....	....	....
....	....	8	....	....	....	....	....	....	....	....	....
5	3	8	2	....	2	....	....	....	....	....	....
1	....	1	....	....	....	....	....	....	....	....	....
3	....	3	....	....	....	....	....	....	....	....	....
3	1	4	....	....	....	....	....	....	....	....	....
....	....	....	....	....	....	....	....	....	....	....	....
45	10	55	4	6	10	....	....	....	....	....	....

TES

....	....	....	....	....	....	....	....	....	....	....	....
9	1	10	....	....	....	....	....	....	....	....	....
3	....	3	....	....	....	....	....	....	....	....	....
8	....	8	....	....	....	....	....	....	....	....	....
2	....	2	....	....	....	....	....	....	....	....	....
2	....	2	....	....	....	....	....	....	....	....	....
2	....	2	....	....	....	....	....	....	....	....	....
6	1	7	1	....	1	....	....	....	....	....	....
32	2	34	1	....	1	....	....	....	....	....	....

PRESI

IDIOMAS EXTRANJEROS.

DISTRITOS.	Sueco.			Suizo.			Total general.
	H.	M.	Total.	H.	M.	Total.	
Hermosillo	......	......	......	......	......	......	27,92?
Guaymas	......	......	......	......	......	......	18,88?
Alamos	......	......	......	......	......	......	50,67?
Ures	......	......	......	......	......	......	25,81?
Arizpe	......	......	......	......	......	......	13,31?
Sahuaripa	......	......	......	......	......	......	11,43?
Moctezuma	......	......	......	1	......	1	13,62?
Magdalena	......	......	......	1	......	1	13,51?
Altar	......	......	......	......	......	......	13,98?
SUMAS	......	......	......	·2	......	2	189,15?

DE I

	Sueco.			Suizo.			Total general.
	H.	M.	Total.	H.	M.	Total.	
Hermosillo	......	......	......	......	......	......	17?
Guaymas	4	......	4	......	......	......	45?
Alamos	......	......	......	......	......	......	26?
Ures	......	......	......	......	......	......	480
Arizpe	......	......	......	......	......	......	14?
Sahuaripa	......	......	......	......	......	......	3?
Moctezuma	......	......	......	......	......	......	161
Magdalena	......	......	......	1	......	1	33?
Altar	......	......	......	......	......	......	7?
SUMAS	4	......	4	1	......	1	2,12?

AUSI

	Sueco.			Suizo.			Total general.
	H.	M.	Total.	H.	M.	Total.	
Hermosillo	......	......	......	......	......	......	27?
Guaymas	......	......	......	......	......	......	43?
Alamos	......	......	......	......	......	......	50?
Ures	......	......	......	......	......	......	54?
Arizpe	......	......	......	......	......	......	35?
Sahuaripa	......	......	......	......	......	......	22?
Moctezuma	......	......	......	......	......	......	43·
Magdalena	......	......	......	......	......	......	45
Altar	......	......	......	......	......	......	33?
SUMAS	......	......	......	......	......	......	3,56?

TES

POBLACION SEGUN LA NACIONALIDAD.

	Alemana.			Austro–Húngara.			Belga.			Colombiana.	
a.	M.	Total.	H.	M.	Total.	H.	M.	Total.	H.	M.	Total.
19	4	23	3	....	3	1	....	1	....	....	....
18	2	20	....	....	....	....	....	....	1	....	1
3	....	3	....	....	....	....	....	....	....	....	....
2	....	2	....	....	....	....	....	....	....	....	....
1	....	1	1	....	1	....	....	....	....	....	....
6	1	7	....	....	....	....	....	....	....	....	....
8	3	11	....	....	....	....	....	....	....	....	....
5	1	6	....	....	....	....	....	....	....	....	....
1	....	1	....	....	....	....	....	....	....	....	....
63	11	74	4	....	4	1	....	1	1	....	1

ASO

2	1	3	....	....	....	....	....	....	....	....	....
....	....	....	8	12	20	....	....	....	....	....	....
....	....	....	....	....	....	....	....	....	....	....	....
....	....	....	....	....	....	....	....	....	....	....	....
1	....	1	....	....	....	....	....	....	....	....	....
....	....	....	....	....	....	....	....	....	....	....	....
3	1	4	8	12	20	....	....	....	....	....	....

TES

2	....	2	....	....	....	....	....	....	....	....	....
2	....	2	....	....	....	....	....	....	....	....	....
1	....	1	....	....	....	....	....	....	....	....	....
....	....	....	....	....	....	....	....	....	....	....	....
....	....	....	....	....	....	....	....	....	....	....	....
1	....	1	....	....	....	....	....	....	....	....	....
....	....	....	....	....	....	....	....	....	....	....	....
....	....	....	....	....	....	....	....	....	....	....	....
6	....	6	....	....	....	....	....	....	....	....	....

PRE

I

DISTRITOS.	Chilena.			China.		
	H.	M.	Total.	H.	M.	T
Hermosillo	4	3	7	117	9	
Guaymas	2	....	2	123	1	
Alamos	....	....	....	26	1	
Uros	....	....	....	3	....	
Arizpe	1	....	1	....	....	...
Sahuaripa	....	....	....	....	....	...
Moctezuma	....	....	....	1	....	
Magdalena	....	....	....	19	....	
Altar	1	....	1	10	....	
SUMAS	8	3	11	299	11	

D E

Hermosillo	....	....	....	....	1	
Guaymas	....	1	1	....	....	...
Alamos	....	....	....	....	....	...
Uros	1	....	1	....	....	...
Arizpe	....	....	....	1	....	
Sahuaripa	....	....	....	....	....	
Moctezuma	1	....	1	....	....	...
Magdalena	1	....	1	....	....	...
Altar	....	....	....	2	....	
SUMAS	3	1	4	3	1	

A U S

Hermosillo	....	....	....	....	....	...
Guaymas	1	....	1	....	....	...
Alamos	....	....	....	....	....	...
Uros	....	....	....	....	....	...
Arizpe	....	....	....	....	....	...
Sahuaripa	....	....	....	....	....	
Moctezuma	....	....	....	....	....	...
Magdalena	....	....	....	....	....	
Altar	1	....	1	....	....	...
SUMAS	2	....	2	....	....	...

'ES

ION SEGUN LA NACIONALIDAD.

Dinamarquesa.		Española.			Francesa.			Guatemalteca.		
M.	Total.	H.	M.	Total.	H.	M.	Total.	H.	M.	Total.
....	....	13	3	16	28	6	34	....	....	....
....	....	16	1	17	13	....	13	1	....	1
....	....	3	....	3	4	1	5	....	....	....
....	1	8	....	8	2	....	2	....	....	....
....	....	1	....	1	6	....	6	....	....	....
....	....	....	....	....	1	....	1	....	....	....
....	....	....	....	....	....	1	1	....	....	....
....	....	6	....	6	20	8	28	....	....	....
....	....	....	....	....	3	1	4	....	....	....
....	1	47	4	51	77	17	94	1	....	1

O

Dinamarquesa.		Española.			Francesa.			Guatemalteca.		
....	....	....	....	....	3	1	4	....	....	....
....	....	6	....	6	3	1	4	....	....	....
....	1	1	....	1	....	....	....	....	....	....
....	....	....	....	....	....	....	....	....	....	....
....	....	....	....	....	....	....	....	....	....	....
....	....	....	....	....	....	....	....	....	....	....
....	....	....	....	....	....	....	....	....	....	....
....	....	1	....	1	....	....	....	....	....	....
....	1	8	....	8	6	2	8	....	....	....

ES.

Dinamarquesa.		Española.			Francesa.			Guatemalteca.		
....	....	2	....	2	1	....	1	....	....	....
....	....	2	1	3	....	....	....	....	....	....
....	....	....	....	....	1	....	1	....	....	....
....	....	....	....	....	....	....	....	....	....	....
....	....	....	....	....	....	....	....	....	....	....
....	....	....	....	....	....	....	....	....	....	....
....	....	....	....	....	2	....	2	....	....	....
....	....	....	....	....	....	....	....	....	....	....
....	....	4	1	5	4	....	4	....	....	....

PRES

P(

DISTRITOS.	Griega.			Inglesa.		
	H.	M.	Total.	H.	M.	Total
Hermosillo..	....	....	....	24	3	
Guaymas...	....	....	....	14	.2	
Alamos..	....	....	....	1	....	
Ures...	....	....	....	6	....	
Arizpe...	....	....	....	18	....	
Sahuaripa..	....	....	....	5	....	
Moctezuma...	....	....	....	10	1	
Magdalena...	3	....	3	14	5	
Altar..	....	....	....	3	3	
SUMAS......................	3	....	3	95	14	1

DE

DISTRITOS.	Griega.			Inglesa.		
Hermosillo..	....	....	....	....	....	......
Guaymas...	....	....	....	8	2	......
Alamos..	....	....	....	....	....	......
Ures...	....	....	....	....	....	......
Arizpe...	....	....	....	....	....	......
Sahuaripa..	....	....	....	....	....	......
Moctezuma...	....	....	....	....	....	......
Magdalena...	....	....	....	....	.....•.	......
. Altar..	....	....	....	....	....	......
SUMAS......................	....	....	....	8	2	

AUS

DISTRITOS.	Griega.			Inglesa.		
Hermosillo..	....	....	....	1	3	
Guaymas...	....	....	....	....	....	......
Alamos..	....	....	....	2	....	......
Ures...	....	....	....	....	....	......
Arizpe...	....	....	....	....	....	......
Sahuaripa..	....	....	....	....	....	......
Moctezuma...	....	....	....	....	....	......
Magdalena...	....	....	....	....	....	......
Altar..	....	....	....	....	....	......
SUMAS......................	....	....	....	3	3	

ΓES

ION SEGUN LA NACIONALIDAD.

Italiana			Mexicana			Nicaragüense			Norteamericana		
	M.	Total.	H.	M.	Total.	H.	M.	Total.	H.	M.	Total.
36	3	39	13,651	13,852	27,503	....	1	1	109	27	136
8	1	9	9,770	8,819	18,589	....	....	....	70	16	86
1	....	1	25,410	25,215	50,625	....	....	....	9	....	9
2	....	2	12,621	13,139	25,760	....	....	....	22	4	26
1	....	1	6,634	6,621	13,255	....	....	....	25	6	31
1	....	1	5,631	5,763	11,394	....	....	....	21	1	22
2	....	2	6,789	6,643	13,432	....	....	....	109	51	160
3	....	3	6,677	6,712	13,389	....	....	....	29	5	34
...	....	....	7,345	6,613	13,958	....	....	....	9	....	9
54	4	58	94,528	93,377	187,905	....	1	1	403	110	513

ΙO

...	....	....	83	72	155	....	....	....	7	5	12
2	2	4	314	97	411	....	....	....	10	2	12
1	4	5	178	77	255	....	....	....	....	....	....
...	....	....	311	132	443	....	....	....	15	....	15
2	....	2	106	31	137	....	....	....	5	3	8
...	....	....	18	11	29	....	....	....	1	....	1
...	....	....	119	37	156	....	....	....	4	....	4
...	....	....	177	151	328	....	....	....	4	1	5
...	....	....	55	18	73	....	....	....	....	....	....
5	6	11	1,361	626	1,987	....	....	....	46	11	57

ΓES

...	....	....	194	68	262	....	....	....	....	....	....
...	....	....	310	106	416	....	....	....	11	2	13
...	....	....	338	164	502	....	....	....	....	....	....
...	....	....	352	187	539	....	....	....	6	....	6
...	....	....	275	76	351	....	....	....	2	....	2
...	....	....	113	113	226	....	....	....	2	....	2
...	....	....	296	134	430	....	....	....	2	....	2
...	....	....	335	105	440	....	....	....	8	1	9
...	....	....	244	94	338	....	....	....	....	....	....
...	....	....	2,457	1,047	3,504	....	....	....	31	3	34

PRES.

POBL

DISTRITOS.	Peruana.			Portuguesa.		
	H.	M.	Total.	H.	M.	Total.
Hermosillo	....	2	2	1	....	
Guaymas	....	....	....	1	....	
Alamos	....	....	....	....	....	....
Ures	....	....	....	....	....	....
Arizpe	....	....	....	....	....	....
Sahuaripa	....	....	....	....	....	....
Moctezuma	....	....	....	....	....	....
Magdalena	....	....	....	....	....	....
Altar	....	....	....	....	....	....
SUMAS	....	2	2	2	....	

DE

Hermosillo	....	....	....	....	....	....
Guaymas	....	....	....	....	....	....
Alamos	....	....	....	....	....	....
Ures	....	....	....	....	....	....
Arizpe	....	....	....	....	....	....
Sahuaripa	....	....	....	....	....	....
Moctezuma	....	....	....	....	....	....
Magdalena	....	....	....	....	....	....
Altar	....	....	....	....	....	....
SUMAS	....	....	....	....	....	....

AUSI

Hermosillo	....	....	....	....	....
Guaymas	....	....	....	....	....
Alamos	....	....	....	....	....
Ures	....	....	....	....	....
Arizpe	....	....	....	....	....
Sahuaripa	....	....	....	....	....
Moctezuma	....	....	....	....	....
Magdalena	....	....	....	....	....
Altar	....	....	....	....	....
SUMAS	....	....	....	....	

ES

SEGUN LA NACIONALIDAD.

Rusa.		Sueco-Noruega.			Suiza.			Venezolana.			Total general.	NÚMERO DE HOGARES.
M.	Total.	H.	M.	Total.	H.	M.	Total.	H.	M.	Total.		
......	......	......	......	......	3	......	3	......	......	......	27,922	4,826
......	......	......	......	......	......	......	......	1	......	1	18,880	2,685
......	......	......	......	......	2	1	3	......	......	......	50,677	9,382
......	......	......	......	......	2	......	2	......	......	......	25,812	4,619
......	......	......	......	......	2	......	2	......	......	......	13,317	2,678
......	......	......	......	......	......	......	......	......	......	......	11,430	2,048
......	......	......	......	......	2	1	3	......	......	......	13,621	2,351
......	2	......	......	......	1	......	1	......	......	......	13,510	2,614
......	......	......	......	......	......	......	......	......	......	......	13,989	2,141
......	2	......	......	......	12	2	14	1	......	1	189,158	33,344

O

......	......	......	......	......	......	......	......	......	......	......	172	......
3	3	4	......	4	......	......	......	......	......	......	458	......
......	......	......	......	......	......	......	......	1	......	1	262	......
......	......	......	......	......	......	......	......	......	......	......	480	......
......	......	......	......	......	......	......	......	......	......	......	118	......
......	......	......	......	......	......	......	......	......	......	......	30	......
......	......	......	......	......	......	......	......	......	......	......	161	......
......	......	......	......	......	1	......	1	......	......	......	336	......
......	......	......	......	......	......	......	......	......	......	......	76	......
3	3	4	......	4	1	......	1	1	......	1	2,123	......

ES

......	......	......	......	......	......	......	......	......	......	......	271	......
......	......	......	......	......	......	......	......	......	......	......	435	......
......	......	......	......	......	1	......	1	......	......	......	507	......
......	......	......	......	......	......	......	......	......	......	......	545	......
......	......	......	......	......	......	......	......	......	......	......	353	......
......	......	......	......	......	......	......	......	......	......	......	228	......
......	1	......	......	......	......	......	......	......	......	......	434	......
......	......	......	......	......	......	......	......	......	......	......	451	......
......	......	......	......	......	......	......	......	......	......	......	339	......
......	1	......	......	......	1	......	1	......	......	......	3,563	......

RESUMEN.

DISTRITOS.	POBLACION DE HECHO.			POBLACION RESIDENTE.		
	Presentes.	De paso.	Total.	Presentes.	Ausentes.	Total.
Hermosillo.......................	27,922	172	28,094	27,922	271	28,193
Guaymas.........................	18,880	458	19,338	18,880	435	19,315
Alamos	50,677	262	50,939	50,677	507	51,184
Ures.............................	25,812	480	26,292	25,812	545	26,357
Arizpe...............	13,317	148	13,465	13,317	353	13,670
Sahuaripa........................	11,430	30	11,460	11,430	228	11,658
Moctezuma......................	13,621	161	13,782	13,621	434	14,055
Magdalena......................	13,510	336	13,846	13,510	451	13,961
Altar.............................	13,989	76	14,065	13,989	339	14,328
TOTALES...........	189,158	2,123	191,281	189,158	3,563	192,721

MINISTERIO DE FOMENTO

DIRECCION GENERAL DE ESTADISTICA

Á CARGO DEL

DR. ANTONIO PEÑAFIEL

CENSO GENERAL DE LA REPUBLICA MEXICANA

Verificado el 20 de Octubre de 1895.

MEXICO
OFICINA TIP. DE LA SECRETARIA DE FOMENTO
Calle de San Andrés número 15.

1897

CENSO

DEL

ESTADO DE VERACRUZ.

CUADROS.

RESUMEN DE LAS HA:

CANTONES.	HABITACIONES.					DEPARTAMENTOS.			
	Casas de un piso.	Casas de dos pisos.	Casas de tres pisos.	Casas de cuatro pisos.	Totales.	Viviendas.	Cuartos independientes para habitación.	Accesorias.	
Xalapa	12,914	122	1	...	13,037	12,386	1,685	323	14,
Veracruz	13,512	487	84	4	14,087	18,148	9,656	2,919	30,
Orizaba	9,859	63	2	2	9,926	9,967	4,278	820	15,
Córdoba	11,468	65	...	...	11,533	12,854	6,080	402	19,
Jalacingo	10,387	18	1	...	10,406	11,251	143	1,218	12,
Chicontepec	10,666	10	...	...	10,676	11,107	876	2,345	14,
Tantoyuca	11,096	11	2	...	11,109	9,982	6,915	6,007	22,
Tuxpan	9,006	26	1	...	9,033	9,171	4,827	360	14,
Coatepec	8,442	37	...	...	8,479	8,625	8,460	255	17,
Papantla	8,317	23	...	...	8,340	9,658	1,645	1,567	12,
Los Tuxtlas	8,651	10	3	...	8,664	11,363	369	141	11,
Ozuluama	6,813	3	...	...	6,816	7,115	1,002	....	8,
Acayucan	6,310	1	...	...	6,311	6,153	15	....	6,
Huatusco	4,949	6	...	...	4,955	5,586	347	4	5,
Cosamaloapan	5,265	2	...	...	5,267	7,533	2,918	2	10,
Minatitlan	5,166	33	1	...	5,200	5,317	830	406	6,
Zongolica	5,205	4	...	...	5,209	6,304	490	....	6,
Misantla	3,177	12	...	...	3,189	3,554	1,268	118	4,
TOTAL	151,203	933	95	6	152,237	166,074	51,804	16,887	234,

NOTA.—Los ocho templos que aparecen en la columna *Otros cultos* son de protestantes.

CIONES POR CANTONES.

	MORADAS COLECTIVAS.								TEMPLOS.								
									Culto católico.—Su categoría.						Otros cultos.—Su categoría.		
	Colegios de internos	Cuarteles	Hospitales	Prisiones	Asilos	Hoteles	Casas de huéspedes	Número	Custodia	Parroquias	Capillas	Oratorios	En construcción	Sin culto ó ruina	Catedrales	Templos	Totales
5	5	4	2	9	1	4	5	16	1	14	41	1	5	1	.....	2	2
0	4	5	6	8	1	6	7	3	...	9	15	...	5	15	.....	1	1
4	5	.....	2	30	2	5	1	9	...	9	45	1	1	3	.....	2	2
5	1	2	5	8	2	1	...	6	...	8	30	...	...	1	.....	.....	.....
4	.....	3	1	5	.....	3	...	2	...	7	27	...	4	2	.....	.....	.....
4	1	.....	.....	43	.....	.....	...	1	...	8	37	...	...	...	.....	.....	.....
9	.....	.....	1	4	.....	.....	...	...	...	6	7	...	...	...	.....	.....	.....
6	.....	2	1	9	.....	1	...	2	...	4	7	...	1	1	.....	.....	.....
6	4	2	1	4	.....	1	...	6	...	7	32	2	2	1	.....	.....	.....
5	.....	2	.....	10	.....	2	...	2	...	7	17	...	1	1	.....	.....	.....
9	.....	.....	.....	1	.....	.....	...	...	...	1	2	...	2	...	.....	.....	.....
3	.....	.....	.....	9	.....	.....	...	1	...	6	4	...	1	...	.....	2	2
0	.....	.....	1	3	.....	.....	...	...	...	3	5	...	2	...	.....	.....	.....
1	.....	1	2	12	.....	.....	...	...	...	7	26	...	...	...	.....	.....	.....
3	.....	.....	.....	3	.....	.....	...	...	...	3	5	...	...	...	.....	.....	.....
7	.....	.....	1	9	.....	4	...	...	...	3	8	1	1	...	.....	.....	.....
8	1	.....	1	6	.....	1	...	...	...	3	14	...	1	1	.....	.....	1
6	.....	.....	.....	4	.....	.....	...	...	...	3	5	...	2	1	.....	1	1
	21	21	24	177	6	28	13	48	1	108	327	5	28	27	.....	8	8

PRESE

CANTONES.	POBLACION POR SEXOS.					
	NÚMERO DE HABITANTES.			De 0 á 1 año.		
	Hombres.	Mujeres.	Totales.	H.	M.	Total.
Xalapa..........................	35,521	37,156	72,677	2,148	2,036	4,184
Veracruz.......................	46,180	45,160	-91,340	2,738	2,365	5,103
Orizaba ....!	37,309	38,031	75,340	2,080	2,007	4,087
Córdoba........................	35,486	34,557	70,043	2,180	2,218	4,398
Jalacingo......................	30,202	29,993	60,195	2,032	1,766	3,798
Chicontepec..................	26,515	26,331	52,846	1,645	1,582	3,227
Tantoyuca.....................	26,298	25,639	51,937	1,422	1,432	2,854
Tuxpan........................	24,206	23,210	47,416	1,374	1,157	2,531
Coatepec......................	23,758	23,489	47,247	1,470	1,401	2,871
Papantla.......................	22,475	21,807	44,282	1,233	1,207	2,440
Los Tuxtlas...................	20,386	20,724	41,110	1,242	1,183	2,425
Ozuluama......................	19,122	18,387	37,509	1,210	1,049	2,259
Acayúcan	16,187	16,792	32,979	1,062	1,135	2,197
Huatusco......................	15,701	15,113	30,814	975	930	1,905
Cosamaloápan...............	14,303	13,982	28,285	825	750	1,575
Minatitlan....................	13,854	14,120	27,974	851	754	1,605
Zongolica.....................	12,003	12,711	24,714	733	774	1,507
Misantla.......................	8,883	8,301	17,184	496	488	984
SUMAS..................	428,389	425,503	853,892	25,716	24,234	49,950

DE P

CANTONES.						
Xalapa..........................	653	456	1,109	21	23	
Veracruz.......................	819	294	1,113	12	8	
Orizaba	784	533	1,317	29	26	
Córdoba........................	2,059	1,037	3,096	62	58	
Jalacingo......................	390	144	534	4	5	
Chicontepec..................	283	78	361	4	4	
Tantoyuca.....................	90	52	142	3	1	
Tuxpan........................	380	148	528	9	5	
Coatepec......................	282	138	420	2	4	
Papantla.......................	422	99	521	3	1	
Los Tuxtlas...................	477	148	625	9	5	14
Ozuluama............🟌.......	85	62	147	1	2	
Acayúcan	84	48	132	2	2	
Huatusco......................	367	117	484	6	6	
Cosamaloápan...............	188	79	267	4	1	
Á las págs. 84 y 85........	7,363	3,433	10,796	171	151	322

NTES.

POBLACION POR EDADES.

De 2 años.			De 3 años.			De 4 años.			Do 5 años.		
H.	M.	Total.	H.	M.	Total.	H.	M.	Total.	H.	M.	Total.
1,095	1,119	2,214	1,219	1,149	2,368	1,237	1,152	2,389	1,215	1,098	2,313
1,890	1,481	3,371	1,474	1,374	2,848	1,432	1,331	2,763	1,388	1,299	2,687
976	1,124	2,100	1,078	1,104	2,182	1,042	1,106	2,148	1,046	1,063	2,109
1,066	1,015	2,081	1,115	1,165	2,280	1,218	1,151	2,369	1,100	1,200	2,300
1,044	1,020	2,064	1,024	1,016	2,040	1,002	977	1,979	1,001	962	1,963
1,116	978	2,094	1,078	1,065	2,143	1,134	1,083	2,217	1,105	1,015	2,120
1,090	1,031	2,121	1,011	1,058	2,069	1,051	1,036	2,087	1,167	872	2,039
963	919	1,882	962	861	1,823	972	890	1,862	920	796	1,716
765	727	1,492	776	689	1,465	817	799	1,616	730	762	1,492
708	700	1,408	774	745	1,519	726	751	1,477	659	635	1,294
751	699	1,450	692	773	1,465	642	706	1,348	622	605	1,227
757	696	1,453	795	686	1,481	731	667	1,398	707	720	1,427
699	713	1,412	698	663	1,361	569	644	1,213	606	538	1,144
599	555	1,154	562	470	1,032	546	521	1,067	495	456	951
495	506	1,001	599	488	1,087	566	452	1,018	536	490	1,026
562	551	1,113	534	539	1,073	464	467	931	467	473	940
464	495	959	450	498	948	437	451	888	398	412	810
275	269	544	307	264	571	297	267	564	270	285	555
15,315	14,598	29,913	15,148	14,607	29,755	14,883	14,451	29,334	14,432	13,681	28,113

ASO

10	10	20	6	12	18	5	4	9	10	16	26
8	8	16	8	6	14	8	7	15	3	5	8
11	14	25	12	16	28	10	18	28	13	8	21
24	35	59	33	21	54	17	24	41	29	27	56
1	1	2	8	3	11	2	2	4	7	6	13
5	1	6	....	2	2	4	2	6	1	2	3
....	1	1	3	....	3	1	....	1	1	....	1
3	1	4	5	4	9	4	3	7	2	3	5
5	5	10	4	2	6	5	6	11	3	2	5
3	3	6	5	1	6	1	2	3	3	2	5
3	3	6	7	4	11	6	3	9	8	3	11
3	3	6	....	....	....	4	1	5	2	2	4
....	2	2	1	1	2	2	....	2	....	....	....
5	4	9	3	7	10	3	6	9	1	....	1
2	4	6	3	1	4	2	....	2	....	....	....
83	95	178	98	80	178	74	78	152	83	76	159

PRESE

CANTONES.	De 6 á 10 años.			De 11 á 15 años.		
	H.	M.	Total.	H.	M.	Total.
Xalapa	5,253	4,832	10,085	4,441	4,179	8,620
Veracruz	6,447	5,990	12,437	5,486	4,981	10,467
Orizaba	5,058	4,678	9,736	4,537	3,829	8,366
Córdoba	5,121	4,706	9,827	4,160	3,637	7,797
Jalacingo	4,668	4,255	8,923	3,433	3,181	6,614
Chicontepec	4,953	4,302	9,255	2,122	2,135	4,257
Tantoyuca	4,588	4,067	8,655	2,848	2,421	5,269
Tuxpan	4,359	3,706	8,065	2,656	2,475	5,131
Coatepec	3,655	3,132	6,787	2,880	2,553	5,433
Papantla	3,940	3,365	7,305	2,673	2,421	5,094
Los Tuxtlas	3,313	3,123	6,436	2,797	2,621	5,418
Ozuluama	3,255	2,730	5,985	2,260	2,050	4,310
Acayúcan	3,079	2,632	5,711	1,882	1,718	3,600
Huatusco	2,465	2,206	4,671	1,815	1,787	3,602
Cosamaloápan	2,307	2,018	4,325	1,776	1,668	3,444
Minatitlan	2,517	2,201	4,718	1,677	1,574	3,251
Zongolica	1,821	1,910	3,731	1,116	1,165	2,281
Misantla	1,407	1,209	2,616	1,050	985	2,035
SUMAS	68,206	61,062	129,268	49,609	45,380	94,989

DE P

Xalapa	51	28	79	47	49	96
Veracruz	23	13	36	36	25	61
Orizaba	49	50	99	90	52	142
Córdoba	116	93	209	182	114	296
Jalacingo	22	22	44	30	17	47
Chicontepec	19	10	29	10	6	16
Tantoyuca	6	6	12	13	8	21
Tuxpan	19	17	36	27	11	38
Coatepec	16	15	31	22	13	35
Papantla	5	12	17	24	9	33
Los Tuxtlas	18	9	27	34	18	52
Ozuluama	5	2	7	4	2	6
Acayúcan	1	6	7	7	3	10
Huatusco	23	10	33	40	13	53
Cosamaloápan	9	7	16	15	11	26
Á las págs. 86 y 87	382	300	682	581	351	932

NTES

OBLACION POR EDADES.

De 16 á 20 años.			De 21 á 25 años.			De 26 á 30 años.			De 31 á 35 años.		
H.	M.	Total.	H.	M.	Total.	H.	M.	Total.	H.	M.	Total.
3,652	4,407	8,059	2,747	3,325	6,072	2,966	3,718	6,684	1,874	1,862	3,736
4,758	5,557	10,315	3,922	4,317	8,239	4,080	4,401	8,481	2,693	2,262	4,955
4,341	4,542	8,883	3,702	3,814	7,516	3,699	4,170	7,869	2,236	2,046	4,282
3,928	4,153	8,081	3,037	3,226	6,263	3,379	3,570	6,949	1,874	1,684	3,558
3,038	3,647	6,685	2,193	2,667	4,860	2,620	2,882	5,502	1,599	1,467	3,066
2,117	3,192	5,309	1,937	2,273	4,210	2,712	2,848	5,560	1,269	1,024	2,293
2,487	3,230	5,717	2,025	2,253	4,278	2,365	2,510	4,875	1,298	1,104	2,402
1,935	2,677	4,612	1,815	2,014	3,829	2,123	2,215	4,338	1,170	1,059	2,229
2,461	2,996	5,457	1,738	2,163	3,901	2,148	2,458	4,606	1,184	1,077	2,261
2,220	2,700	4,920	1,968	2,012	3,980	2,444	2,353	4,797	1,112	952	2,064
2,108	2,599	4,707	1,625	1,759	3,384	1,808	1,973	3,781	1,051	881	1,932
1,562	1,886	3,448	1,490	1,582	3,072	1,590	1,744	3,334	1,029	910	1,939
1,485	2,066	3,551	1,090	1,294	2,384	1,395	1,599	2,994	650	611	1,261
1,669	1,937	3,606	1,239	1,364	2,603	1,389	1,429	2,818	728	638	1,366
1,473	1,631	3,104	1,072	1,239	2,311	1,045	1,174	2,219	668	764	1,432
1,223	1,656	2,879	932	1,243	2,175	1,210	1,305	2,515	695	699	1,394
996	1,256	2,252	897	1,090	1,987	1,300	1,393	2,693	726	776	1,502
932	978	1,910	823	754	1,577	784	800	1,584	542	428	970
42,385	51,110	93,495	34,252	38,389	72,641	39,057	42,542	81,599	22,398	20,244	42,642

ASO.

78	66	144	83	54	137	98	73	171	59	21	80
111	42	153	129	38	167	114	37	151	115	26	141
124	75	199	97	58	155	107	74	181	70	31	101
339	167	506	314	141	455	323	120	443	203	65	268
47	20	67	60	21	81	48	10	58	53	11	64
25	14	39	18	10	28	64	8	72	21	4	25
11	8	19	13	5	18	11	7	18	10	6	16
51	29	80	68	20	88	60	21	81	43	6	49
29	20	49	43	15	58	51	16	67	36	6	42
70	16	86	83	11	94	88	16	104	47	8	55
65	31	96	96	17	113	87	18	105	40	8	48
9	24	33	16	10	26	15	2	17	5	4	9
10	9	19	19	10	29	6	4	10	12	2	14
72	13	85	53	11	64	53	16	69	29	9	38
31	15	46	24	9	33	27	7	34	12	3	15
1,072	549	1,621	1,116	430	1,546	1,152	429	1,581	755	210	965

PRESE

CANTONES.	De 36 á 40 años.			De 41 á 45 años.		
	H.	M.	Total.	H.	M.	Total.
Xalapa	2,183	2,487	4,670	1,147	1,081	2,228
Veracruz	3,081	2,978	6,059	1,596	1,356	2,952
Orizaba	2,527	2,755	5,282	1,179	1,193	2,372
Córdoba	2,367	2,434	4,801	995	936	1,931
Jalacingo	1,963	1,958	3,921	961	874	1,835
Chicontepec	1,811	1,703	3,514	550	489	1,039
Tantoyuca	1,553	1,488	3,041	763	542	1,305
Tuxpan	1,552	1,416	2,968	685	633	1,318
Coatepec	1,548	1,564	3,112	705	601	1,306
Papantla	1,408	1,336	2,744	555	482	1,037
Los Tuxtlas	1,219	1,227	2,446	537	538	1,075
Ozuluama	1,246	1,196	2,442	554	527	1,081
Acayucan	894	960	1,854	357	319	676
Huatusco	985	970	1,955	416	353	769
Cosamaloapan	871	817	1,688	452	447	899
Minatitlan	897	860	1,757	421	358	779
Zongolica	981	794	1,775	379	348	727
Misantla	569	482	1,051	261	233	494
Sumas	27,655	27,425	55,080	12,513	11,310	23,823

DE P

CANTONES.						
Xalapa	61	37	98	29	9	38
Veracruz	101	24	125	43	12	55
Orizaba	66	38	104	24	15	39
Córdoba	164	63	227	74	24	98
Jalacingo	45	9	54	15	3	18
Chicontepec	54	7	61	15	1	16
Tantoyuca	10	4	14	3	1	4
Tuxpan	29	6	35	12	6	18
Coatepec	28	20	48	8	1	9
Papantla	44	3	47	20	2	22
Los Tuxtlas	49	13	62	23	4	27
Ozuluama	6	3	9	2	2	4
Acayucan	13	1	14	4	2	6
Huatusco	31	9	40	9	4	13
Cosamaloapan	11	6	17	14	2	16
Á las págs. 88 y 89	712	243	955	295	88	383

NTES

POBLACION POR EDADES.

De 46 á 50 años.			De 51 á 55 años.			De 56 á 60 años.			De 61 á 65 años.		
H.	M.	Total.	H.	M.	Total.	H.	M.	Total.	H.	M.	Total.
1,365	1,693	3,058	541	651	1,192	855	1,198	2,053	739	399	1,138
1,690	1,873	3,563	821	709	1,530	942	1,220	2,162	795	532	1,327
1,347	1,814	3,161	522	667	1,189	891	1,033	1,924	428	397	825
1,327	1,343	2,670	501	436	937	824	803	1,627	529	285	814
1,170	1,248	2,418	474	422	896	728	771	1,499	506	269	775
868	942	1,810	240	223	463	720	765	1,485	336	149	485
858	926	1,784	348	315	663	586	661	1,247	347	207	554
868	890	1,758	335	350	685	551	527	1,078	346	194	540
852	979	1,831	329	304	633	700	715	1,415	483	187	670
673	778	1,451	235	211	446	455	575	1,030	218	154	372
631	668	1,299	270	277	547	444	536	980	263	181	444
652	771	1,423	254	270	524	374	448	822	287	167	454
502	646	1,148	163	190	353	410	543	953	220	123	343
531	567	1,098	245	201	446	427	387	814	244	105	349
513	531	1,044	230	207	437	295	349	644	238	127	365
419	508	927	181	172	353	311	358	669	164	111	275
464	455	919	159	178	337	243	353	596	119	90	209
291	326	617	123	138	261	166	197	363	158	65	223
15,021	16,958	31,979	5,971	5,921	11,892	9,922	11,439	21,361	6,420	3,742	10,162

ASO

31	24	55	18	8	26	20	11	31	12	7	19
37	11	48	22	7	29	21	13	34	14	7	21
38	26	64	9	4	13	22	13	35	6	6	12
63	36	99	23	14	37	31	15	46	30	6	36
19	5	24	5	4	9	9	2	11	4	1	5
22	3	25	5	1	6	5	3	8	6	....	6
2	2	4	....	1	1	1	1	2	2	....	2
18	4	22	7	1	8	9	6	15	5	....	5
10	9	19	5	....	5	10	1	11	2	....	2
7	5	12	6	1	7	7	4	11	4	....	4
10	2	12	5	6	11	11	2	13	3	2	5
3	2	5	4	2	6	2	1	3	2	....	2
5	3	8	....	1	1	1	....	1	....	1	1
23	4	27	3	....	3	3	3	6	3	1	4
12	7	19	4	1	5	10	2	12	3	1	4
300	143	443	116	51	167	161	78	239	96	32	128

PRESE

CANTONES.	De 66 á 70 años.			De 71 á 75 años.		
	H.	M.	Total.	H.	M.	Total.
Xalapa	459	386	845	138	124	262
Veracruz	433	462	895	191	182	373
Orizaba	327	298	625	117	119	236
Cordoba	341	227	568	100	93	193
Jalacingo	356	254	610	105	58	163
Chicontepec	316	236	552	88	48	136
Tantoyuca	222	203	425	78	63	141
Tuxpan	244	169	413	106	71	177
Coatepec	263	172	435	54	37	91
Papantla	214	153	367	41	53	94
Los Tuxtlas	193	188	381	79	83	162
Ozuluama	177	124	301	57	57	114
Acayucan	174	193	367	91	44	135
Huatusco	189	104	293	55	26	81
Cosamaloapan	150	123	273	62	62	124
Minatitlan	165	143	308	53	33	86
Zongolica	118	106	224	41	38	79
Misantla	62	61	123	28	14	42
SUMAS	4,403	3,602	8,005	1,484	1,205	2,689

DE P

Xalapa	7	3	10	2	....	2
Veracruz	5	1	6	3	....	4
Orizaba	5	3	8	....	1	2
Córdoba	18	6	24	3	1	4
Jalacingo	5	1	6	2	....	2
Chicontepec	2	....	2	....	....	....
Tantoyuca	....	1	1	....	....	....
Tuxpan	1	3	4	1	....	1
Coatepec	2	1	3	....	....	....
Papantla	1	2	3	1	....	1
Los Tuxtlas	2	....	2	....	....	....
Ozuluama	1	....	1	....	....	....
Acayucan	2	....	2	....	....	....
Huatusco	6	1	7	....	....	....
Cosamaloapan	1	1	2	1	....	1
Á las págs. 90 y 91	58	23	81	13	4	17

NTES.

POBLACION POR EDADES.

De 76 á 80 años.			De 81 á 85 años.			De 86 á 90 años.			De 91 á 95 años.		
H.	M.	Total.	H.	M.	Total.	H.	M.	Total.	H.	M.	Total.
121	145	266	37	39	76	50	39	89	14	11	25
105	191	296	59	78	137	45	64	109	15	19	34
90	134	224	33	57	90	24	39	63	9	16	25
124	94	218	55	58	113	43	41	84	19	7	26
124	117	241	39	39	78	45	33	78	20	5	25
218	144	362	39	41	80	68	42	110	13	7	20
88	109	197	27	15	42	29	26	55	13	4	17
95	65	160	53	32	85	30	16	46	16	4	20
85	86	171	27	29	56	31	24	55	4	9	13
117	104	221	30	39	69	26	21	47	7	6	13
71	63	134	18	17	35	7	14	21	1	8	9
54	52	106	15	6	21	20	11	31	7	1	8
91	82	173	43	19	62	15	22	37	5	19	24
68	52	120	18	7	25	14	8	22	2	3	5
57	64	121	34	20	54	12	21	33	5	7	12
48	55	103	11	25	36	15	19	34	4	3	7
92	74	166	21	13	34	22	18	40	7	3	10
11	20	31	5	9	14	7	3	10	3	5	8
1,659	1,651	3,310	564	543	1,107	503	461	964	164	137	301

ASO

1	......	1	1	......	1	......	......	......	......	......	......
2	1	3	......	......	......	......	......	......	......	......	......
2	......	2	......	1	1	......	3	3	......	......	......
8	1	9	1	......	1	......	......	......	2	......	2
1	......	1	......	......	......	......	......	......	......	1	1
1	......	1	......	......	......	......	......	......	1	......	1
......	......	......	......	......	......	......	......	......	......	......	......
2	......	2	......	......	......	1	1	2	......	......	......
......	2	2	......	......	......	1	......	1	......	......	......
......	1	1	......	......	......	......	......	......	1	......	1
......	......	......	......	......	......	1	......	1	......	......	......
......	......	......	......	......	......	1	......	......	......	......	......
1	......	1	......	......	......	......	......	......	......	......	......
1	......	1	......	......	......	......	......	......	......	......	......
19	5	24	2	1	3	3	4	7	4	1	5

PRESE

POBLACION POR

CANTÔNES.	De 96 á 100 años.			De más de 100 años.		
	H.	M.	Total.	H.	M.	Total.
Xalapa	8	8	16	5	6	11
Veracruz	6	20	26	12	11	23
Orizaba	6	15	21	1	1	2
Córdoba	26	8	34	8	7	15
Jalacingo	14	30	44	6	3	9
Chicontepec	35	23	58	6	5	11
Tantoyuca	3	4	7	3	1	4
Tuxpan	29	19	48	2	3	5
Contepec	14	4	18	4	2	6
Papantla	12	24	36	6	5	11
Los Tuxtlas	....	2	2	2	....	2
Ozuluama	3	2	5	....	3	3
Acayúcan	6	7	13	1	12	13
Huatusco	6	7	13	3	2	5
Cosamaloapan	3	8	11	5	4	9
Minatitlán	5	5	10	....	2	2
Zongolica	11	5	16	1	2	3
Misantla	1	2	3	4	3	7
SUMAS	188	193	381	69	72	141

DE P

Xalapa	1	....	1	....	....	....
Veracruz	....	1	1	....	....	....
Orizaba			....	....	....	....
Córdoba	....			....	....	....
Jalacingo	2	....	2	....	....	....
Chicontepec	....		....	....	....	....
Tantoyuca	....		....	....	....	....
Tuxpan	1	....	1	....	....	....
Contepec	....	....	....	....	....	....
Papantla	....	....	....	....	....	....
Los Tuxtlas	....	....	....	....	....	....
Ozuluama	....	....	....	....	....	....
Acayúcan	....	....	....	....	....	....
Huatusco	....	....	....	....	....	....
Cosamaloápan	....	....	....	....	....	....
Á las págs. 92 y 93	4	1	5	....	....	....

NTES

EDADES.				Entidad politica de la República á que pertenece el lugar del nacimiento.					
Se ignora.			TOTAL GENERAL.	Aguascalientes.			Campeche.		
H.	M.	Total.		H.	M.	Total.	H.	M.	Total.
12	12	24	72,677	8	4	12	20	13	33
81	107	188	91,340	19	9	28	80	69	149
13	10	23	75,340	12	4	16	6	10	16
49	60	109	70,043	2	2	4	.....	1	1
37	72	109	60,195	2	.....	2	2	.....	2
19	17	36	52,846	.....	.....	.....	.....	4	4
28	61	89	51,937	.....	.....	.....	.....	.....	.....
45	52	97	47,416	1	2	3	.....	.....	.....
35	19	54	47,247	1	.....	1	3	.....	3
21	25	46	44,282	1	.....	1	1	2	3
.....	.....	.....	41,110	.....	.....	.....	.....	2	2
36	32	68	37,509	3	.....	3	.....	1	1
.....	.....	.....	32,979	.....	.....	.....	.....	.....	.....
16	28	44	30,814	1	1	2	.....	.....	.....
14	15	29	28,285	.....	.....	.....	1	1	2
28	6	34	27,974	1	1	2	10	4	14
7	14	21	24,714	.....	.....	.....	.....	.....	.....
11	16	27	17,184	.....	1	1	.....	.....	.....
452	546	998	853,892	51	24	75	123	107	230

ASO

2	1	3	1,109	.....	.....	.....	.....	1	1
4	1	5	1,113	.....	.....	.....	28	.....	28
.....	.....	.....	1,317	.....	.....	.....	.....	.....	.....
.....	6	6	3,096	.....	1	1	.....	.....	.....
1	.....	1	534	.....	.....	.....	.....	.....	.....
1	.....	1	361	.....	.....	.....	.....	.....	.....
.....	.....	.....	142	.....	.....	.....	.....	.....	.....
3	1	4	528	1	.....	1	2	.....	2
.....	.....	.....	420	.....	.....	.....	.....	.....	.....
.....	.....	.....	521	.....	.....	.....	8	.....	8
.....	.....	.....	625	.....	.....	.....	1	.....	1
.....	.....	.....	147	.....	.....	.....	.....	.....	.....
.....	.....	.....	132	.....	.....	.....	.....	.....	.....
.....	.....	.....	484	.....	.....	.....	.....	.....	.....
2	1	3	267	.....	.....	.....	.....	.....	.....
13	10	23	10,796	1	1	2	39	1	40

PRESE

ENTIDAD POLITICA DE LA RE

CANTONES.	Coahuila.			Colima.		
	H.	M.	Total.	H.	M.	Total.
Xalapa	1	....	1	1	....	1
Veracruz	7	4	11	13	2	15
Orizaba	2	....	2	6	4	10
Córdoba	5	2	7	1	1	2
Jalacingo	....	....	....	....	....	....
Chicontepec	....	....	....	....	....	....
Tantoyuca	1	....	1	1	....	1
Tuxpan	1	....	1	4	....	4
Coatepec	1	5	6	....	....	....
Papantla	....	....	....	....	....	....
Los Tuxtlas	....	....	....	....	....	....
Ozuluama	....	....	....	....	....	....
Acayúcan	....	....	....	....	....	....
Huatusco	2	....	2	....	....	....
Cosamaloápan	....	....	....	....	....	....
Minatitlan	....	1	1	1	....	1
Zongolica	....	....	....	....	....	....
Misantla	1	4	5	....	....	....
SUMAS	21	16	37	27	7	34

DE P

Xalapa	....	....	....	....	....	....
Veracruz	....	....	....	....	....	....
Orizaba	....	....	....	....	....	....
Córdoba	....	2	2	....	....	....
Jalacingo	....	....	....	....	....	....
Chicontepec	....	....	....	....	....	....
Tantoyuca	....	....	....	....	....	....
Tuxpan	....	....	....	....	....	....
Coatepec	....	....	....	....	....	....
Papantla	....	....	....	....	....	....
Los Tuxtlas	....	....	....	....	....	....
Ozuluama	....	....	....	....	....	....
Acayúcan	....	....	....	....	....	....
Huatusco	....	....	....	....	....	....
Cosamaloápan	....	....	....	....	....	....
Á las págs. 94 y 95	....	2	2	....	....	....

NTES

PUBLICA A QUE PERTENECE EL LUGAR DEL NACIMIENTO.

Chiapas.			Chihuahua.			Durango.			Guanajuato.		
H.	M.	Total.	H.	M.	Total.	H.	M.	Total.	H.	M.	Total.
3	7	10	2	……	2	3	1	4	60	52	112
18	15	33	16	16	32	32	6	38	286	64	350
5	2	7	1	1	2	9	14	23	139	105	244
2	3	5	……	……	……	3	……	3	328	157	485
3	2	5	……	……	……	2	……	2	41	21	62
……	……	……	……	……	……	……	……	……	……	2	2
……	……	……	……	1	1	……	……	……	11	8	19
……	……	……	……	1	1	……	……	……	7	8	15
……	……	……	1	1	2	……	……	……	74	29	103
……	……	……	……	5	5	2	……	2	40	12	52
1	……	1	……	……	……	……	……	……	……	1	1
……	……	……	2	2	4	……	……	……	14	10	24
3	……	3	……	……	……	……	……	……	1	1	2
……	……	……	……	……	……	100	87	187	41	29	70
……	……	……	……	……	……	……	1	1	12	……	12
11	2	13	4	1	5	……	……	……	8	……	8
……	1	1	1	……	1	……	……	……	21	4	25
……	……	……	……	……	……	6	……	6	7	7	14
46	32	78	27	28	55	157	109	266	1,090	510	1,600

ASO

Chiapas.			Chihuahua.			Durango.			Guanajuato.		
……	……	……	……	……	……	2	……	2	8	5	13
1	……	1	2	1	3	……	……	……	13	10	23
1	……	1	……	……	……	1	……	1	7	……	7
……	……	……	……	……	……	1	……	1	66	27	93
……	……	……	……	……	……	……	……	……	……	……	……
……	……	……	……	……	……	……	……	……	1	……	1
……	……	……	……	……	……	……	……	……	2	……	2
……	……	……	……	……	……	……	……	……	7	2	9
1	……	1	……	……	……	1	……	1	8	3	11
……	……	……	……	……	……	……	……	……	……	……	……
1	……	1	……	……	……	……	……	……	1	……	1
……	……	……	……	……	……	……	……	……	2	……	2
……	……	……	……	……	……	……	……	……	3	2	5
4	……	4	2	1	3	5	……	5	118	49	167

PRESE

ENTIDAD POLITICA DE LA RE

CANTONES.	Guerrero.			Hidalgo.		
	H.	M.	Total.	H.	M.	Total.
Xalapa..	2	3	5	31	25	56
Veracruz...	42	17	59	70	20	90
Orizaba..	20	22	42	81	50	131
Córdoba..	14	13	27	17	27	44
Jalacingo..	10	....	10	26	19	45
Chicontepec.....................................	....	....	....	1,369	1,262	2,631
Tantoyuca.......................................	....	22	22	436	360	796
Tuxpan..	2	....	2	164	85	249
Coatepec...	1	1	2	34	27	61
Papantla...	....	2	2	·112	50	162
Los Tuxtlas......................................	....	....	....	....	....	....
Ozuluama..	1	....	1	45	48	93
Acayucan...	....	....	....	....	....	....
Huatusco...	4	2	6	15	12	27
Cosamaloapan....................................	1	3	4	2	....	2
Minatitlan.......................................	1	....	1	1	1	2
Zongolica..	3	4	7	9	3	12
Misantla	....	....	....	7	1	8
SUMAS.........................	101	89	190	2,419	1,990	4,409

DE P

Xalapa..	....	....	....	9	....	9
Veracruz...	....	1	1	1	1	2
Orizaba..	5	....	5	1	....	1
Córdoba..	1	2	3	11	12	23
Jalacingo..	4	....	4	....	....	....
Chicontepec.....................................	....	....	....	171	22	193
Tantoyuca.......................................	....	....	....	6	4	10
Tuxpan..	....	....	....	29	13	42
Coatepec...	....	....	....	2	....	2
Papantla...	3	....	3	40	....	40
Los Tuxtlas......................................	....	....	....	6	1	7
Ozuluama..	....	....	....	3	....	3
Acayucan...	....	....	....	....	....	....
Huatusco...	....	....	....	1	....	1
Cosamaloapan	....	....	....	1	....	1
Á las págs. 96 y 97..................	13	3	16	281	53	334

NTES

PUBLICA A QUE PERTENECE EL LUGAR DEL NACIMIENTO.

Jalisco.			México.			Michoacan.			Morelos.		
H.	M.	Total.	H.	M.	Total.	H.	M.	Total.	H.	M.	Total.
26	•13	39	15	21	36	13	13	26	5	6	11
216	78	294	601	468	1,069	187	78	265	20	6	26
68	54	122	135	84	219	148	94	242	31	20	51
28	36	64	117	103	220	333	139	472	11	15	26
12	8	20	12	5	17	41	11	52	1	2	3
2	4	6	12	10	22	4	1	5	....	....	....
1	1	2	25	33	58	....	1	1	1	....	1
5	1	6	273	162	435	3	1	4	2	....	2
24	12	36	48	36	84	22	12	34	1	1	2
23	5	28	78	42	120	15	4	19	13	....	13
3	1	4	1	....	1	27	3	30	....	....	....
l8	4	12	1	2	3	3	1	4	2	2	4
1	3	4	....	....	....	7	4	11	....	....	....
15	15	30	62	26	88	18	7	25	....	....	....
5	2	7	17	17	34	36	5	41	2	....	2
6	5	11	32	10	42	30	9	39	1	....	1
10	3	13	5	....	5	12	7	19	30	20	50
8	1	9	8	2	10	3	....	3	2	....	2
461	**246**	**707**	**1,442**	**1,021**	**2,463**	**902**	**390**	**1,292**	**122**	**72**	**194**

ASO.

Jalisco.			México.			Michoacan.			Morelos.		
....	1	1	4	4	8	....	....	....	....	....	....
3	4	7	34	15	49	8	2	10	2	2	4
6	....	6	4	....	4	2	3	5	....	1	1
12	6	18	26	10	36	78	16	94	3	....	3
....	....	....	7	....	7	1	....	1	....	....	....
....	....	....	2	....	2	....	....	....	....	....	....
1	....	1	3	1	4	....	....	....	....	....	....
....	....	....	3	1	4	....	....	....	....	....	....
3	1	4	8	1	9	3	....	3	1	....	1
....	....	....	6	4	10	8	....	8	....	....	....
....	....	....	....	....	....	1	....	1	....	....	....
3	....	3	....	....	....	8	1	9	....	....	....
....	....	....	1	....	1	3	....	3	....	....	....
28	**12**	**40**	**98**	**36**	**134**	**112**	**22**	**134**	**6**	**3**	**9**

ENTIDAD POLITICA DE LA RE

CANTONES.

	Nuevo Le		Oaxaca.	
	H.	M.	M.	Total.
Xalapa	1	1	15	45
Veracruz	51	21	426	1,182
Orizaba	·3	6	522	1,332
Córdoba	4	48	347	920
Jalacingo	1	....	1	15
Chicontepec	....	....	...	...
Tantoyuca			...	...
Tuxpan			2	14
Coatepec	...		1	12
Papantla	1	6		
Los Tuxtlas	...	1		
Ozuluama	1	2		
Acayucan	..	...	....	
Huatusco	6	18		
Cosamaloapan		1		
Minatitlan	...	3		
Zongolica		16		
Misantla	...			
SUMAS				

DE P

Xalapa	....	....	....	1	2	3
Veracruz	1	....	1	14	5	19
Orizaba	1	2	3	58	35	93
Córdoba	....	....	....	155	62	217
Jalncingo	....	....	....	3	....	3
Chicontepec	....	....	....	1	....	1
Tantoyuca						
Tuxpan				....	....	....
Coatepec				1	....	1
Papantla				1	....	1
Los Tuxtlas	....	....	....	250	21	271
Ozuluama				....	....	
Acayucan	....	....	....	1	....	1
Huatusco	....	....	....	....	1	1
Cosamaloapan	....	....	....	39	18	57
Á las págs. 98 y 99	2	2	4	524	144	668

NTES

PUBLICA A QUE PERTENECE EL LUGAR DEL NACIMIENTO.

Puebla.			Querétaro.			San Luis Potosí.			Sinaloa.		
H.	M.	Total.	H.	M.	Total.	H.	M.	Total.	H.	M.	Total.
964	909	1,873	13	14	27	22	8	30	1	3	4
860	599	1,459	66	35	101	128	53	181	19	8	27
4,996	4,232	9,228	53	·39	92	46	21	67	......	4	4
3,752	2,730	6,482	31	47	78	. 18	81	99	4	4	8
2,287	1,967	4,254	11	8	19	11	49	60	......	......	......
68	59	127	......	1	1	9	4	13	......	......	......
11	3	14	11	5	16	380	315	695	1	......	1
97	61	158	16	1	17	91	36	127	......	......	......
1,068	600	1,668	14	14	28	10	9	19	......	......	......
2,243	1,651	3,894	36	33	69	47	9	56	......	......	......
26	2	28	6	1	7	5	......	5	......	......	......
9	2	11	26	19	45	622	446	1,068	......	......	......
2	1	3	......	......	......	1	......	1	1	......	1
588	505	1,093	11	2	13	8	3	11	......	......	......
40	26	66	2	......	2	......	......	......	......	......	......
18	7	25	8	1	9	5	2	7	......	......	......
422	444	866	110	7	117	3	2	5	1	1	2
254	154	408	2	2	4	8	3	11	......	2	2
17,705	**13,952**	**31,657**	**416**	**229**	**645**	**1,414**	**1,041**	**2,455**	**27**	**22**	**49**

ASO

Puebla.			Querétaro.			San Luis Potosí.			Sinaloa.		
50	27	77	2	......	2	1	1	2	......	......	......
27	5	32	5	1	6	......	......	......	1	4	5
254	179	433	4	3	7	1	......	1	......	......	......
689	376	1,065	2	3	5	90	11	101	......	......	......
98	27	125	......	......	......	3	6	9	......	......	......
1	......	1	1	......	1	4	......	4	......	......	......
1	......	1	1	......	1	5	5	10	......	......	......
15	3	18	8	1	9	7	4	11	......	......	......
85	26	111	2	......	2	......	......	......	......	......	......
139	25	164	5	1	6	12	2	14	......	......	......
11	2	13	......	......	......	......	......	......	......	......	......
1	......	1	4	......	4	21	6	27	......	......	......
16	......	16	......	......	......	......	......	......	......	......	......
212	53	265	5	2	7	......	......	......	......	......	......
3	2	5	......	......	......	......	......	......	......	......	......
1,602	**725**	**2,327**	**39**	**11**	**50**	**144**	**35**	**179**	**1**	**4**	**5**

PRESE

ENTIDAD POLITICA DE LA RE

CANTONES.	Sonora.			Tabasco.		
	H.	M.	Total.	H.	M.	Total.
Xalapa	5	1	6	9	3	12
Veracruz	10	6	16	65	90	155
Orizaba	1	....	1	4	4	8
Córdoba	1	1	2	4	8	12
Jalacingo	1	....	1	....	....	....
Chicontepec	....	....	....	....	....	....
Tantoyuca	1	....	1	....	....	1
Tuxpan	...,....	1	1	1	....	1
Coatepec	....	....	....	7	8	15
Papantla	....	....	....	19	9	28
Los Tuxtlas	....	....	....	4	2	6
Ozuluama	....	....	....	....	....	....
Acayúcan	1	....	1	11	6	17
Huatusco	1	1	2	2	1	3
Cosamaloápan	....	....	....	6	7	13
Minatitlan	2	....	2	353	278	631
Zongolica	....	....	....	....	1	1
Misantla	1	....	1	5	2	7
SUMAS	24	10	34	490	419	909

DE P

Xalapa	....	....	....	....	....	....
Veracruz	....	....	....	11	1	12
Orizaba	....	....	....	....	2	2
Córdoba	....	....	....	1	1	2
Jalacingo	1	....	1	....	....	....
Chicontepec	....	....	....	....	....	....
Tantoyuca	....	....	....	....	....	....
Tuxpan	....	....	....	4	1	5
Coatepec	....	....	....	....	....	....
Papantla	....	....	....	....	4	4
Los Tuxtlas	....	....	....	....	....	....
Ozuluama	....	....	....	....	....	....
Acayúcan	....	....	....	....	1	1
Huatusco	....	....	....	....	....	....
Cosamaloápan	....	....	....	1	....	1
Á las págs. 100 y 101	1	....	1	17	10	27

TES

BLICA A QUE PERTENECE EL LUGAR DEL NACIMIENTO.

Tamaulipas.			Tlaxcala.			Veracruz.			Yucatan.		
H.	M.	Total.	H.	M.	Total.	H.	M.	Total.	H.	M.	Total.
6	11	17	82	88	170	33,885	35,740	69,625	10	9	19
136	173	309	35	16	51	40,558	42,354	82,912	69	40	109
2	4	6	210	167	377	29,652	31,998	61,650	12	15	27
8	3	11	68	49	117	29,636	30,523	60,159	2	2	4
7	52	59	161	89	250	27,392	27,649	55,041	2	......	2
3	1	4	3	2	5	25,042	24,980	50,022	......	......	......
24	9	33	1	1	2	25,384	24,875	50,259	2	......	2
83	71	154	....	....	....	23,271	22,729	46,000	....	8	8
.....	3	3	53	140	193	22,328	22,562	44,890	2	......	2
31	8	39	8	3	11	19,593	19,903	39,496	2	2	4
.....	....	....	4	....	4	20,146	20,667	40,813	21	20	41
461	397	858	....	....	....	17,875	17,441	35,316	....	....	....
.....	....	....	1	....	1	16,103	16,762	32,865	2	1	3
7	2	9	14	6	20	14,358	14,016	28,374	....	1	1
2	1	3	3	....	3	13,778	13,682	27,460	1	......	1
6	1	7	2	1	3	13,039	13,580	26,619	8	9	17
5	......	5	25	8	33	11,056	12,020	23,076	....	....	....
2	4	6	21	6	27	8,430	8,055	16,485	1	......	1
783	740	1,523	691	576	1,267	391,526	399,536	791,062	134	107	241

ASO

Tamaulipas.			Tlaxcala.			Veracruz.			Yucatan.		
H.	M.	Total.	H.	M.	Total.	H.	M.	Total.	H.	M.	Total.
1	1	2	8	1	9	506	385	691	....	......	....
1	3	4	2	1	3	374	213	587	5	3	8
.....	....	....	34	17	51	357	255	612	2	......	2
4	1	5	24	11	35	834	482	1,316	4	1	5
1	......	1	2	1	3	237	102	339	8	4	12
.....	....	....	....	....	....	102	56	158	....	......	....
6	1	7	....	....	....	69	42	111	....	......	....
10	1	11	....	....	....	260	123	383	2	......	2
.....	....	....	7	....	7	165	109	274	....	......	....
7	....	7	....	3	3	159	57	216	....	......	....
.....	....	....	....	....	....	190	118	308	1	......	1
5	7	12	....	....	....	43	45	88	....	......	....
.....	....	....	1	....	1	58	46	104	....	......	....
.....	....	....	1	2	3	129	53	182	....	......	....
1	....	1	1	....	1	127	57	184	....	......	....
36	14	50	80	36	116	3,610	2,143	5,753	22	8	30

PRESÉ

CANTONES.	ENTIDAD POLITICA DE LA RE					
	Zacatecas.			Distrito Federal.		
	H.	M.	Total.	H.	M.	Total.
Xalapa.............................	4	4	8	133	137	270
Veracruz.........................	51	15	66	193	18	211
Orizaba	30	15	45	517	409	926
Córdoba..........................	9	7	16	193	134	327
Jalacingo........................	6	2	8	29	42	71
Chicontepec....................	....	....	....	1	1	2
Tantoyuca.......................	2	1	3	1	....	1
Tuxpan...........................	4	2	6	8	2	10
Coatepec.........................	....	3	3	14	13	27
Papantla.........................	1	3	4	17	5	22
Los Tuxtlas......................	....	....	....	4	4	8
Ozuluama........................	2	....	2	5	2	6
Acayúcan........................	4	2	6	3	3	7
Huatusco.........................	36	26	62	13	12	25
Cosamaloápan..................	1	....	1	....	3	3
Minatitlan......................	1	....	1	9	3	12
Zongolica........................	....	....	....	36	17	53
Misantla.........................	4	4	8	17	4	21
Sumas......................	155	84	239	1,193	809	2,002

DE P

Xalapa.............................	....	....	....	21	14	35
Veracruz.........................	1	....	1	3	....	3
Orizaba	....	....	....	23	20	43
Córdoba..........................	6	1	7	27	10	37
Jalacingo........................	1	....	1	19	4	23
Chicontepec....................	1	....	1	....	....	....
Tantoyuca.......................	....	....	....	....	....	....
Tuxpan...........................	....	....	....	4	....	4
Coatepec.........................	....	....	....	5	....	5
Papantla.........................	3	1	4	4	1	5
Los Tuxtlas......................	....	....	....	4	2	6
Ozuluama........................	1	....	1	4	1	5
Acayúcan........................	....	....	....	2	1	3
Huatusco.........................	....	....	....	3	4	7
Cosamaloápan..................	....	....	....	....	....	....
Á las págs. 102 y 103..............	13	2	15	119	57	176

NTES

PUBLICA A QUE PERTENECE EL LUGAR DEL NACIMIENTO.

Territorio de la Baja California.			Territorio de Tepic.			Se ignora.			TOTAL GENERAL.
H.	M.	Total.	H.	M.	Total.	H.	M.	Total.	
....	1	1	....	1	1	....	....	....	72,458
7	3	10	8	1	9	....	....	....	89,329
3	1	4	1	1	2	....	....	....	74,905
2	....	2	1	....	1	....	....	....	69,650
....	....	....	....	....	....	....	....	....	60,001
....	....	....	....	....	....	....	....	....	52,844
....	....	....	....	....	....	....	....	....	51,931
2	1	3	....	....	....	....	....	....	47,225
....	....	....	....	....	....	....	....	....	47,196
....	2	2	....	....	....	....	....	....	44,078
....	....	....	....	....	....	....	....	....	41,002
....	....	....	....	....	....	....	....	....	37,463
....	....	....	....	....	....	....	....	....	32,935
....	....	....	....	....	....	....	....	....	30,483
....	....	....	1	....	1	....	....	....	28,194
....	1	1	....	....	....	....	....	....	27,800
....	....	....	....	....	....	....	....	....	24,688
....	....	....	....	....	....	....	....	....	17,048
14	9	23	11	3	14	....	....	....	849,230

ASO.

....	....	....	....	....	....	....	....	....	1,055
....	....	....	....	....	....	....	....	....	809
....	....	....	....	1	1	....	....	....	1,279
1	....	1	....	....	....	....	....	....	3,070
....	....	....	....	....	....	....	....	....	529
....	....	....	....	....	....	....	....	....	361
....	....	....	....	....	....	....	....	....	141
....	....	....	....	....	....	....	....	....	495
....	....	....	....	....	....	....	....	....	415
....	....	....	1	....	1	....	....	....	506
....	....	....	....	....	....	....	....	....	625
....	....	....	....	....	....	....	....	....	142
....	....	....	....	....	....	....	....	....	128
....	....	....	....	....	....	....	....	....	480
....	....	....	....	....	....	....	....	....	259
1	....	1	1	1	2	....	....	....	10,294

PRESE

NACION O PAIS A QUE PER

CANTONES.	África.			Alemania y colonias.		
	H.	M.	Total.	H.	M.	Total.
Xalapa	....	....	....	5	2	7
Veracruz	....	1	1	44	6	50
Orizaba	....	....	....	16	10	26
Cordoba	....	....	....	6	1	7
Jalacingo	....	....	....	3	2	5
Chicontepec	....	....	....	....	....	....
Tantoyuca	....	....	....	....	....	....
Túxpan	....	....	....	5	3	8
Coatepec	....	....	....	1	1	2
Papantla	....	....	....	5	....	5
Los Tuxtlas	....	....	....	3	....	3
Ozuluama	....	....	....	1	....	1
Acayúcan	....	....	....	....	....	....
Huatusco	2	2	4	5	5	10
Cosamaloápan	....	....	....	....	....	....
Minatitlan	....	....	....	4	3	7
Zongolica	....	....	....	1	1	2
Misantla	....	....	....	3	1	4
SUMAS	2	3	5	102	35	137

DE P

Xalapa	....	....	....	3	1	4
Veracruz	....	1	1	21	1	22
Orizaba	....	....	....	1	....	1
Córdoba	....	....	....	3	....	3
Jalacingo	....	....	....	....	....	....
Chicontepec	....	....	....	....	....	....
Tantoyuca	....	....	....	....	....	....
Túxpan	....	....	....	1	....	1
Coatepec	....	....	....	....	....	....
Papantla	....	....	....	3	....	3
Los Tuxtlas	....	....	....	....	....	....
Ozuluama	....	....	....	2	2	4
Acayúcan	....	....	....	....	....	....
Huatusco	....	....	....	....	....	....
Cosamaloápan	....	....	....	....	....	....
Á las págs. 104 y 105	....	1	1	34	4	38

NTES

TENECE EL LUGAR DEL NACIMIENTO DE LOS EXTRANJEROS.

Argentina			Austria-Hungría			Bélgica			Bolivia		
H.	M.	Total.	H.	M.	Total.	H.	M.	Total.	H.	M.	Total.
.....	.....	.....	1	.....	1	.....	.....	.....	.....	.....	.....
1	.....	1	.....	.....	.....	2	.....	2	.....	.....	.....
.....	.....	.....	3	.....	3	.....	.....	.....	.....	.....	.....
.....	.....	.....	1	1	2	2	1	3	.....	.....	.....
.....	.....	.....	.....	.....	.....	.....	.....	.....	.....	.....	.....
.....	.....	.....	.....	.....	.....	.....	.....	.....	.....	.....	.....
.....	.....	.....	1	.....	1	.....	.....	.....	.....	.....	.....
.....	.....	.....	2	.....	2	.....	.....	.....	.....	.....	.....
.....	.....	.....	.....	.....	.....	.....	.....	.....	.....	.....	.....
4	.....	4	3	4	7	.....	.....	.....	1	.....	1
.....	.....	.....	.....	.....	.....	.....	.....	.....	.....	.....	.....
.....	.....	.....	.....	.....	.....	.....	.....	.....	.....	.....	.....
.....	.....	.....	.....	.....	.....	2	3	5	.....	.....	.....
5	.....	5	11	5	16	6	4	10	1	.....	1

ASO

Argentina			Austria-Hungría			Bélgica			Bolivia		
.....	.....	.....	1	.....	1	1	.....	1	.....	.....	.....
.....	.....	.....	2	.....	2	1	.....	1	.....	.....	.....
.....	.....	.....	.....	.....	.....	.....	.....	.....	.....	.....	.....
.....	.....	.....	.....	.....	.....	.....	.....	.....	.....	.....	.....
.....	.....	.....	.....	.....	.....	.....	.....	.....	.....	.....	.....
.....	.....	.....	.....	.....	.....	.....	.....	.....	.....	.....	.....
.....	.....	.....	.....	.....	.....	.....	.....	.....	.....	.....	.....
.....	.....	.....	.....	.....	.....	.....	.....	.....	.....	.....	.....
.....	.....	.....	.....	.....	.....	.....	.....	.....	.....	.....	.....
.....	.....	.....	.....	.....	.....	.....	.....	.....	.....	.....	.....
.....	.....	.....	.....	.....	.....	.....	.....	.....	.....	.....	.....
.....	.....	.....	3	.....	3	2	.....	2	.....	.....	.....

PRESE

NACION O PAIS A QUE PER

CANTONES.	Brasil.			Colombia.		
	H.	M.	Total.	H.	M.	Total.
Xalapa	....	....	....	....	....	....
Veracruz	2	....	2	1	1	2
Orizaba	1	....	1	....	1	1
Córdoba	1	3	4	....	....	....
Jalacingo	....	....	....	....	....	....
Chicontepec	....	....	....	....	....	....
Tantoyuca	....	....	....	....	....	....
Túxpan	....	....	....	....	....	....
Coatepec	....	....	....	....	....	....
Papantla	....	....	....	....	....	....
Los Tuxtlas	....	....	....	....	....	....
Ozuluama	....	....	....	....	....	....
Acayúcan	....	....	....	....	....	....
Huatusco	....	....	....	....	....	....
Cosamaloápan	....	....	....	....	....	....
Minatitlan	....	....	....	4	6	10
Zongolica	....	....	....	....	....	....
Misantla	....	....	....	....	....	....
SUMAS	4	3	7	5	8	13

DE P

	Brasil.			Colombia.		
Xalapa	12	5	17	....	1	1
Veracruz	1	....	1	....	....	....
Orizaba	....	....	....	....	....	....
Córdoba	....	....	....	....	....	....
Jalacingo	....	....	....	....	....	....
Chicontepec	....	....	....	....	....	....
Tantoyuca	....	....	....	....	....	....
Túxpan	....	....	....	....	....	....
Coatepec	....	....	....	....	....	....
Papantla	....	....	....	....	....	....
Los Tuxtlas	....	....	....	....	....	....
Ozuluama	....	....	....	....	....	....
Acayúcan	....	....	....	....	....	....
Huatusco	....	....	....	....	....	....
Cosamaloápan	....	....	....	....	....	....
Á las págs. 106 y 107	13	5	18	....	1	1

NTES.

TENECE EL LUGAR DEL NACIMIENTO DE LOS EXTRANJEROS.

Costa Rica.			Chile.			China.			Dinamarca y colonias.		
H.	M.	Total.	H.	M.	Total.	H.	M.	Total.	H.	M.	Total.
....	....	....	....	....	....	....	....	....	1	....	1
....	....	....	5	....	5	5	....	5	1	....	1
....	... ...	....	1	....	1	1	....	1	....	....	....
....	....	....	....	....	....	2	....	2	....	....	....
....	4	4	....	....	....	....	....	....	....	....	....
....	....	....	....	....	....	....	....	....	....	....	....
....	....	....	....	....	....	....	....	....	....	....	....
....	....	....	....	....	....	....	....	....	....	....	....
....	....	....	....	....	....	2	....	2	....	....	....
....	....	....	....	....	....	....	....	....	....	....	....
....	....	....	....	....	....	....	....	....	....	....	....
....	....	....	....	....	....	....	....	....	....	....	....
....	....	....	1	....	1	....	....	....	....	....	....
....	....	....	1	....	1	3	....	3	....	2	2
....	....	....	....	....	....	....	....	....	....	....	....
....	1	1	....	....	....	....	....	....	....	....	....
....	5	5	8	....	8	13	....	13	2	2	4

ASO

....	....	....	....	....	....	....	....	....	....	....	....
....	....	....	2	....	2	7	....	7	5	....	....
....	....	....	....	....	....	....	....	....	....	....	5
....	....	....	....	....	....	....	....	....	....	....	....
....	....	....	....	....	....	....	....	....	....	....	....
....	....	....	....	....	....	3	....	3	....	....	....
....	....	....	....	....	....	....	....	....	....	....	....
....	....	....	....	....	....	....	....	....	....	....	....
....	....	....	....	....	....	....	....	....	....	....	....
....	....	....	....	....	....	....	....	....	....	....	....
....	....	....	....	....	....	....	....	....	....	....	....
....	....	....	2	....	2	10	....	10	5	....	5

NACION O PAIS A QUE P

CANTONES.		
Xalapa		
Veracruz		
Orizaba		
Córdoba		
Jalacingo		
Chicontepec	... ...	...
Tantoyuca	1	3
Tuxpan	4	72
Coatepec	4	31
Papantla	4	66
Los Tuxtlas	5	82
Ozuluama	... ...	21
Acayúcan	4	28
Huatusco		
Cosamaloápan		
Minatitlan		
Zongolica		
Misantla		
SUMAS		

DE

Xalapa	....	7	2	9
Veracruz	1	70	16	86
Orizaba	....	15	11	26
Córdoba	....	10	1	11
Jalacingo	....	4	....	4
Chicontepec	....	....	....	....
Tantoyuca	....	....	....	....
Tuxpan	....	14	....	14
Coatepec	....	2	....	2
Papantla	....	4	....	4
Los Tuxtlas	....	....	....	....
Ozuluama	....	....	....	....
Acayúcan	....	1	....	1
Huatusco	....	....	....	....
Cosamaloápan	....	5	....	5
Á las págs. 108 y 109	1	132	30	1(

NTES

TENECE EL LUGAR DEL NACIMIENTO DE LOS EXTRANJEROS.

Francia y colonias.			Grecia.			Guatemala.			Holanda y colonias.		
H.	M.	Total.	H.	M.	Total.	H.	M.	Total.	H.	M.	Total.
19	5	24	......	......	......	2	2	4	1	1	2
59	12	71	7	......	7	5	4	9	......	......	......
43	20	63	......	......	......	2	9	11	1	......	1
33	7	40	......	......	......	......	1	1	......	......	......
57	43	100	1	......	1	......	......	......	......	......	......
1	......	1	......	......	......	......	......	......	......	......	......
1	......	1	......	......	......	......	......	......	......	......	......
6	1	7	4	......	4	1	......	1	......	......	......
5	6	11	......	......	......	1	......	1	......	......	......
4	4	8	1	......	1	......	......	......	1	......	1
6	......	6	......	......	......	1	......	1	2	......	2
1	......	1	1	......	1	......	......	......	......	......	......
2	1	3	2	......	2	......	......	......	......	......	......
2	......	2	......	......	......	......	......	......	......	......	......
1	......	1	......	......	......	2	1	3	......	......	......
3	2	5	......	......	......	3	......	3	......	......	......
3	......	3	......	......	......	......	......	......	......	......	......
34	23	57	4	......	4	......	......	......	......	......	......
280	124	404	20	......	20	17	17	34	5	1	6

ASO

Francia y colonias.			Grecia.			Guatemala.			Holanda y colonias.		
3	......	3	......	......	......	......	......	......	1	......	1
5	......	5	1	......	1	2	......	2	......	......	......
......	2	2	......	......	......	......	......	......	......	......	......
1	......	1	......	......	......	......	......	......	......	......	......
......	......	......	......	......	......	......	......	......	......	......	......
......	......	......	......	......	......	......	......	......	......	......	......
1	......	1	......	......	......	......	......	......	......	......	......
2	......	2	1	......	1	2	......	2	......	......	......
3	......	3	......	......	......	......	......	......	......	......	......
......	......	......	......	......	......	......	......	......	......	......	......
......	......	......	......	......	......	......	......	......	......	......	......
......	......	......	......	......	......	......	......	......	......	......	......
1	......	1	......	......	......	......	......	......	......	......	......
......	......	......	......	......	......	......	......	......	......	......	......
......	......	......	......	......	......	......	......	......	......	......	......
16	2	18	2	......	2	4	......	4	1	......	1

PRESI

CANTONES.	NACION O PAIS A QUE PEI					
	Honduras.			Inglaterra y colonias.		
	H.	M.	Total.	H.	M.	Total.
Xalapa	....	....	....	3	6	9
Veracruz	....	....	....	49	13	62
Orizaba	....	11	11	26	11	37
Córdoba	....	....	....	4	....	4
Jalacingo	....	....	....	1	....	1
Chicontepec	....	....	....	....	....	......
Tantoyuca	....	....	....	....	1	1
Tuxpan	....	....	....	4	....	4
Coatepec	....	....	....	....	....	......
Papantla	....	....	....	1	2	3
Los Tuxtlas	....	....	....	1	....	1
Ozuluama	....	....	....	5	4	9
Acayúcan	....	....	....	2	....	2
Huatusco	....	....	....	20	9	29
Cosamaloapan	....	....	....	1	....	1
Minatitlan	1	....	1	25	4	29
Zongolica	....	....	....	....	....	......
Misantla	....	....	....	....	....	......
SUMAS	1	11	12	142	50	192

DE 4

Xalapa	....	....	....	2	....	
Veracruz	....	....	....	117	2	119
Orizaba	....	....	....	....	1	
Córdoba	....	....	....	1	....	
Jalacingo	....	....	....	....	....	....
Chicontepec	....	....	....	....	....	
Tantoyuca	....	....	......	....	....	
Tuxpan	....	....	....	....	....	
Coatepec	....	....	....	....	....	
Papantla	....	....	....	....	....	
Los Tuxtlas	....	....	....	....	....	
Ozuluama	....	....	....	....	....	
Acayúcan	....	....	....	....	....	
Huatusco	....	....	....	....	....	
Cosamaloápan	....	....	....	....	....	
Á las págs. 110 y 111	....	....	....	120	3	1..

TES

NECE EL LUGAR DEL NACIMIENTO DE LOS EXTRANJEROS.

Italia y colónias.			Japon.			Marruecos.			Nicaragua.		
H.	M.	Total.	H.	M.	Total.	H.	M.	Total.	H.	M.	Total.
14	6	20	1	...	1	...	...	...	...	...	...
29	7	36	2	...	2	...	...	...	...	...	...
41	10	51	...	...	...	...	...	...	...	...	...
27	8	35	...	...	...	...	...	...	...	...	...
14	5	19	...	...	...	1	...	1	...	...	...
1	...	1	...	...	...	...	...	...	...	...	...
...	...	...	...	...	...	...	...	...	...	...	...
10	2	12	...	...	...	...	...	...	...	...	...
2	1	3	...	...	...	...	...	...	...	...	...
53	25	78	...	...	...	...	...	...	...	...	...
3	...	3	...	...	...	...	...	...	...	...	...
3	2	5	...	...	...	...	...	...	...	...	...
5	...	5	...	...	...	...	...	...	...	...	...
107	124	231	...	...	...	...	...	...	2	2	4
6	...	6	...	...	...	...	...	...	...	...	...
4	...	4	...	...	...	...	...	...	...	...	...
1	...	1	...	...	...	...	...	...	...	...	...
8	4	12	2	...	2	...	...	...	...	1	1
328	194	522	5	...	2	1	...	1	2	3	5

ASO

Italia y colónias.			Japon.			Marruecos.			Nicaragua.		
4	...	4	...	...	...	...	...	...	...	...	...
4	...	4	...	...	...	...	...	...	...	...	...
...	1	1	1	...	1	...	...	...	...	...	...
4	...	4	...	...	...	...	...	...	...	...	...
1	...	1	...	...	...	...	...	...	...	...	...
...	...	...	...	...	...	...	...	...	...	...	...
...	...	...	...	...	...	...	...	...	...	...	...
1	...	1	...	...	...	...	...	...	...	...	...
...	...	...	...	...	...	...	...	...	...	...	...
1	...	1	...	...	...	...	...	...	...	...	...
...	1	1	...	...	...	...	...	...	...	...	...
...	...	...	...	...	...	...	...	...	...	...	...
3	1	4	...	...	...	...	...	...	...	...	...
...	...	...	...	...	...	...	...	...	...	...	...
18	3	21	1	...	1	...	...	...	...	...	...

NACION O PAIS A QUE PER

CANTONES.

	H.	M.		M.	Total.
Xalapa	12	14		...	...
Veracruz	44	45	89	1	4
Orizaba	17	15·	32	1	2
Córdoba	13	8	21	1	3
Jalacingo	3	3	6	....	
Chicontepec	....	....	....	....	
Tantoyuca	1	....		...	
Túxpan	53	21		...	
Coatepec	....	....			
Papantla	24	14			..
Los Tuxtlas	6	2		....	..
Ozuluama	5	1			..
Acayúcan					
Huatusco				....	
Cosamaloápan					
Minatitlan					...
Zongolica					
Misantla					
SUMAS					

DE P

Xalapa	6	5		
Veracruz	15	2		
Orizaba	6	....		
Córdoba	2	1		
Jalacingo	....	....		
Chicontepec	....	....		
Tantoyuca	....	....		
Túxpan	6	1		
Coatepec	....	....		
Papantla	4	....		
Los Tuxtlas	....	....		
Ozuluama	....	....		
Acayúcan	....	....	....	
Huatusco	....	....	....	
Cosamaloápan	....	....	....	
Á las págs. 112 y 113				

NTES

TENECE EL LUGAR DEL NACIMIENTO DE LOS EXTRANJEROS.

Portugal y colonias.			Rusia.			Salvador.			Santo Domingo.		
H.	M.	Total.	H.	M.	Total.	H.	M.	Total.	H.	M.	Total.
....	....	....	....	....	....	1	3	4	....	....	....
6	....	6	....	....	....	....	....	....	....	....	....
....	....	....	1	....	1	....	....	....	1	....	1
....	....	....	....	....	....	....	....	....	....	....	....
....	....	....	....	....	....	....	....	....	....	....	....
....	....	....	....	....	....	....	....	....	....	....	....
....	....	....	3	....	3	....	....	....	....	1	1
....	....	....	....	....	....	....	....	....	....	....	....
....	....	....	....	....	....	....	....	....	....	....	....
1	....	1	1	....	1	....	....	....	....	....	....
....	....	....	....	....	....	....	....	....	....	....	....
....	....	....	....	....	....	....	....	....	....	....	....
2	....	2	....	....	....	....	....	....	....	....	....
....	....	....	....	....	....	....	....	....	....	....	....
....	....	....	....	....	....	....	....	....	....	....	....
9	....	9	5	....	5	1	3	4	1	1	2

ASO

....	....	....	....	....	....	....	....	....	....	....	....
....	....	....	2	....	2	....	....	....	....	....	....
....	....	....	....	....	....	....	....	....	....	....	....
....	....	....	....	....	....	....	....	....	....	....	....
....	....	....	....	....	....	....	....	....	....	....	....
....	....	....	....	....	....	....	....	....	....	....	....
2	....	2	....	....	....	....	....	....	....	....	....
....	....	....	....	....	....	....	....	....	....	....	....
....	....	....	....	....	....	....	....	....	....	....	....
....	....	....	....	....	....	....	....	....	....	....	....
....	....	....	....	....	....	....	....	....	....	....	....
....	....	....	....	....	....	....	....	....	....	....	....
....	....	....	....	....	....	....	....	....	....	....	....
....	....	....	....	....	....	....	....	....	....	....	....
2	....	2	2	....	2	....	....	....	....	....	....

PRESE

	NACION O PAIS A QUE PERTENECE					
CANTONES.	Suecia y Noruega.			Suiza.		
	H.	M.	Total.	H.	M.	Total.
Xalapa	....	....	....	1	2	3
Veracruz	....	....	....	3	....	3
Orizaba	1	....	1	8	....	8
Córdoba	....	....	....	2	....	2
Jalacingo	....	....	....	1	....	1
Chicontepec	....	....	....	....	....	....
Tantoyuca	....	....	....			
Túxpan	1	....	1	1	....	1
Coatepec	....	....	....	2	....	2
Papantla	1	....	1	....	....	....
Los Tuxtlas	....	....	....	....	....	....
Ozuluama	....	....	....	....	....	....
Acayúcan	....	....	....	....	....	....
Huatusco	....	....	....	....	....	....
Coosamaloápan	....	....	....	....	....	....
Minatitlan	4	....	4	....	....	....
Zongolica	....	....	....	....	....	....
Misantla	....	....	....	....	....	....
SUMAS	7	....	7	18	2	20

DE P

Xalapa	....	....	....	....	....	....
Veracruz	26	....	26	....	....	....
Orizaba	....	....	....	....	....	....
Córdoba	....	....	....	....	....	....
Jalacingo	....	....	....	....	....	....
Chicontepec	....	....	....	....	....	....
Tantoyuca	....	....	....	....	....	....
Túxpan	....	....	....	....	....	....
Coatepec	....	....	....	....	....	....
Papantla	3	....	3	....	....	....
Los Tuxtlas	....	....	....	....	....	....
Ozuluama	....	....	....	....	....	....
Acayúcan	....	....	....	....	....	....
Huatusco	....	....	....	....	....	....
Cosamaloápan	1	....	1	....	....	....
Á las págs. 114 y 115	30	....	30	....	....	....

NTES

EL LUGAR DEL NACIMIENTO DE LOS EXTRANJEROS.

Poblacion segun el Estado Civil.

Turquía y Egipto.			Venezuela.			Total de nacidos en el Extranjero.	Total de nacidos en la República.	TOTALES GENERALES.	Menores de edad.		
H.	M.	Total.	H.	M.	Total.				H.	M.	Total.
4	......	4	......	......	......	219	72,458	72,677	13,246	12,082	25,328
2	......	2	3	7	10	2,011	89,329	91,340	17,503	14,595	32,098
3	4	7	......	......	......	435	74,905	75,340	12,075	11,545	23,620
3	2	5	1	......	1	393	69,650	70,043	14,143	12,031	26,174
......	......	......	......	......	......	194	60,001	60,195	11,931	10,431	22,362
......	......	......	......	......	......	2	52,844	52,846	12,102	10,312	22,414
......	......	......	......	......	......	6	51,931	51,937	11,603	9,639	21,242
2	1	3	......	......	......	191	47,225	47,416	10,923	8,735	19,658
......	......	......	......	......	......	51	47,196	47,247	9,799	7,815	17,614
1	......	1	......	......	......	204	44,078	44,282	9,564	7,792	17,356
......	......	......	......	......	......	108	41,002	41,110	7,653	7,426	15,079
......	......	......	......	......	......	46	37,463	37,509	8,857	6,887	15,744
......	......	......	......	......	......	44	32,935	32,979	5,965	6,424	12,389
......	......	......	......	......	......	331	30,483	30,814	6,512	5,405	11,917
......	......	......	......	......	......	91	28,194	28,285	6,296	4,954	11,250
......	......	......	1	......	1	174	27,800	27,974	6,414	5,066	11,480
......	......	......	......	......	......	26	24,688	24,714	4,849	4,653	9,502
......	......	......	......	......	......	136	17,048	17,184	3,675	2,986	6,661
15	7	22	5	7	12	4,662	849,230	853,892	173,110	148,778	321,888

ASO

......	......	......	......	......	......	54	1,055	1,109	107	95	202
......	......	......	......	......	......	304	809	1,113	58	48	106
......	......	......	......	......	......	38	1,279	1,317	157	136	293
3	......	3	......	......	......	26	3,070	3,096	362	268	630
......	......	......	......	......	......	5	529	534	50	30	80
......	......	......	......	......	......	....	361	361	32	19	51
......	......	......	......	......	......	1	141	142	19	9	28
......	......	......	......	......	......	33	495	528	55	36	91
......	......	......	......	......	......	5	415	420	47	35	82
......	......	......	......	......	......	15	506	521	31	23	54
......	......	......	......	......	......	....	625	625	53	30	83
......	......	......	......	......	......	5	142	147	16	13	29
2	......	2	......	......	......	4	128	132	9	11	20
......	......	......	......	......	......	4	480	484	60	38	98
2	......	2	......	......	......	8	259	267	49	13	62
7	......	7	......	......	......	502	10,294	10,796	1,105	804	1,909

PRESE

POBLACION SEGUN

CANTONES.	Solteros.			Casados.		
	H.	M.	Total.	H.	M.	Total.
Xalapa	13,890	14,824	28,714	7,341	7,289	14,630
Veracruz	20,892	20,416	41,308	6,691	6,372	13,063
Orizaba	12,633	12,378	25,011	11,321	10,252	21,573
Córdoba	10,720	10,571	21,291	9,332	9,204	18,536
Jalacingo	9,263	8,853	18,116	8,106	8,389	16,495
Chicontepec	4,687	5,412	10,099	8,850	8,626	17,476
Tantoyuca	7,058	7,251	14,309	6,705	6,889	13,594
Túxpan	6,195	6,594	12,789	6,102	5,953	12,055
Coatepec	6,885	7,844	14,729	6,286	6,242	12,528
Papantla	6,829	6,858	13,687	5,298	5,161	10,459
Los Tuxtlas	5,604	6,268	11,872	6,590	5,454	12,044
Ozuluama	5,390	5,691	11,081	4,074	4,288	8,362
Acayúcan	4,164	3,730	7,894	5,758	5,187	10,945
Huatusco	4,383	4,628	9,011	4,359	4,097	8,456
Cosamaloápan	5,046	5,451	10,497	2,541	2,522	5,063
Minatitlan	3,416	4,100	7,516	3,622	3,717	7,339
Zongolica	3,316	3,716	7,032	3,364	3,254	6,618
Misantla	3,344	3,064	6,408	1,598	1,652	3,250
SUMAS	133,715	137,649	271,364	107,938	104,548	212,486

DE P

Xalapa	349	228	577	160	91	251
Veracruz	531	130	661	197	80	277
Orizaba	350	171	521	248	172	420
Córdoba	1,014	353	1,367	586	336	922
Jalacingo	228	73	301	89	22	111
Chicontepec	97	35	132	134	21	155
Tantoyuca	46	20	66	23	19	42
Túxpan	234	66	300	78	29	107
Coatepec	149	60	209	77	30	107
Papantla	297	43	340	71	18	89
Los Tuxtlas	285	55	340	113	53	166
Ozuluama	46	32	78	18	12	30
Acayúcan	44	17	61	29	18	47
Huatusco	156	25	181	137	43	180
Cosamaloápan	93	42	135	34	18	52
Á las págs. 116 y 117	3,919	1,350	5,269	1,994	962	2,956

NTES

EL ESTADO CIVIL.   INSTRUCCION ELEMENTAL.

Viudos.			Se ignora.			Total general.	Saben leer y escribir.			Saben sólo leer.		
H.	M.	Total.	H.	M.	Total.		H.	M.	Total.	H.	M.	Total.
1,044	2,961	4,005	......	.....	......	72,677	6,951	4,764	11,715	688	896	1,584
1,094	3,777	4,871	......	.....	......	91,340	14,012	11,119	25,131	583	776	1,359
1,280	3,856	5,136	......	.....	......	75,340	5,150	5,289	10,439	495	870	1,365
1,291	2,751	4,042	......	.....	......	70,043	4,117	2,385	6,502	719	642	1,361
902	2,317	3,219	......	3	3	60,195	3,195	1,990	5,185	306	308	614
876	1,981	2,857	......	.....	......	52,846	1,038	894	1,932	31	30	61
932	1,860	2,792	......	.....	......	51,937	2,018	2,728	4,746	118	98	216
986	1,928	2,914	......	.....	......	47,416	2,287	1,021	3,308	239	149	388
788	1,588	2,376	......	.....	......	47,247	3,879	2,283	6,162	223	194	417
784	1,996	2,780	......	.....	......	44,282	2,851	1,294	4,145	41	40	81
539	1,576	2,115	......	.....	......	41,110	1,739	1,473	3,212	177	238	415
801	1,521	2,322	......	.....	......	37,509	2,503	892	3,395	108	52	160
300	1,437	1,737	......	14	14	32,979	1,558	875	2,433	41	55	96
447	983	1,430	......	.....	......	30,814	2,789	1,683	4,472	469	276	745
420	1,054	1,474	......	1	1	28,285	1,588	1,214	2,802	85	182	267
402	1,237	1,639	......	.....	......	27,974	1,983	1,011	2,994	32	41	73
474	1,088	1,562	......	.....	......	24,714	593	320	913	7	37	44
266	599	865	......	.....	......	17,184	1,013	592	1,605	79	88	167
13,626	34,510	48,136	......	18	18	853,892	59,264	41,827	101,091	4,441	4,972	9,413

ASO

37	42	79	......	.....	......	1,109	237	122	359	48	34	82
33	36	69	......	.....	......	1,113	517	121	638	10	6	16
29	54	83	......	.....	......	1,317	87	111	198	12	12	24
97	80	177	......	.....	......	3,096	380	88	468	15	15	30
23	19	42	......	.....	......	534	101	31	132	23	......	23
20	3	23	......	.....	......	361	59	5	64	2	2	4
	4	6	......	.....	......	142	12	6	18	2	1	3
	17	30	......	.....	......	528	98	13	111	......	3	3
	13	22	......	.....	......	420	106	28	134	2	......	2
2	15	38	......	.....	......	521	130	16	146	1	......	1
25	10	36	......	.....	......	625	65	25	90	5	......	5
5	5	10	......	.....	......	147	21	15	36	2	......	2
2	2	4	......	......	......	132	29	11	40	......	......	......
14	11	25	......	.....	......	484	59	34	93	5	10	15
12	6	18	......	.....	......	267	56	16	72	4	6	10
345	317	662	......	.....	......	10,796	1,957	642	2,599	131	89	220

PRESE

CANTONES.	INSTRUCCION ELEMENTAL.					
	No saben leer ni escribir.			No saben leer ni escribir por ser menores de edad.		
	H.	M.	Total.	H.	M.	Total.
Xalapa	20,965	24,936	45,901	6,917	6,560	13,477
Veracruz	23,467	25,651	49,118	8,118	7,614	15,732
Orizaba	25,344	25,466	50,810	6,320	6,406	12,726
Córdoba	24,022	23,425	47,447	6,628	8,105	14,733
Jalacingo	20,775	21,960	42,735	5,926	5,735	11,661
Chicontepec	19,365	19,699	39,064	6,081	5,708	11,789
Tantoyuca	18,439	17,421	35,860	5,723	5,392	11,115
Tuxpan	16,496	17,488	33,984	5,184	4,552	9,736
Coatepec	15,125	16,735	31,860	4,531	4,277	8,808
Papantla	15,493	16,454	31,947	4,090	4,019	8,109
Los Tuxtlas	15,009	14,636	29,645	3,461	4,377	7,838
Ozuluama	12,316	13,455	25,771	4,195	3,988	8,183
Acayúcan	11,561	11,737	23,298	3,027	4,125	7,152
Huatusco	9,357	10,242	19,599	3,086	2,912	5,998
Cosamaloápan	9,610	9,902	19,512	3,020	2,684	5,704
Minatitlan	8,941	10,306	19,247	2,898	2,762	5,660
Zongolica	8,945	9,772	18,717	2,458	2,582	5,040
Misantla	6,145	6,067	12,212	1,646	1,554	3,200
SUMAS	281,375	295,352	576,727	83,309	83,352	166,661

DE P

Xalapa	317	237	554	51	63	114
Veracruz	258	139	397	34	28	62
Orizaba	610	328	938	75	82	157
Córdoba	1,504	780	2,284	160	154	314
Jalacingo	251	93	344	15	20	35
Chicontepec	206	62	268	16	9	25
Tantoyuca	69	43	112	7	2	9
Tuxpan	259	115	374	23	17	40
Coatepec	156	90	246	18	20	38
Papantla	277	78	355	14	5	19
Los Tuxtlas	373	102	475	34	21	55
Ozuluama	52	39	91	10	8	18
Acayúcan	51	30	81	4	7	11
Huatusco	290	52	342	13	21	34
Cosamaloápan	118	52	170	10	5	15
Á las págs. 118 y 119	4,791	2,240	7,031	484	462	946

NTES

	POBLACION SEGUN LA OCUPACION PRINCIPAL.												
	PROFESIONES.												
Total general.	Abogados.	Agentes de negocios.	Arquitectos.	Dentistas.	Farmacéuticos.	Ingenieros en general.	Maestros de obras.	Marinos.	Modistas.	Médicos alópatas.	Médicos homeópatas.	Notarios.	Parteras.
72,677	35	11	......	2	15	19	1	......	27	12	3	4	6
91,340	16	8	......	6	22	12	2	55	161	12	19	5	22
75,340	14	6	1	5	25	15	......	......	242	12	2	9	15
70,043	14	4	......	......	19	5	1	......	13	12	3	1	3
60,195	6	2	......	8	3	3	......	2	2	3	4	1	8
52,846	......	......	......	......	1	1	......	......	1	......	......	......	......
51,937	2	2	......	......	......	2	......	......	......	3	1	......	1
47,416	4	......	1	......	3	3	......	6	1	5	......	......	2
47,247	4	2	......	2	6	5	......	......	6	8	2	1	4
44,282	6	3	1	......	3	8	......	1	2	4	......	1	5
41,110	......	......	......	......	3	......	......	......	2	7	......	......	5
37,509	1	1	......	......	3	......	......	2	1	3	2	......	5
32,979	......	1	......	......	3	1	1	......	1	4	1	......	1
30,814	5	......	......	......	6	......	......	......	2	3	1	1	2
28,285	2	1	......	1	2	6	......	2	1	2	3	......	9
27,974	5	5	......	......	4	5	......	......	19	3	1	......	3
24,714	2	1	......	......	......	1	......	......	6	......	1	1	......
17,184	3	1	......	......	......	......	......	......	......	3	......	......	2
853,892	119	48	3	24	118	86	5	68	487	96	43	24	93

ASO

1,109	......	3	......	1	......	5	......	......	5	2	......	......	......
1,113	3	4	1	2	......	7	......	37	38	3	......	......	......
1,317	......	......	......	......	......	1	......	......	5	1	......	......	......
2,096	......	2	......	1	......	2	......	1	2	2	2	......	......
534	......	......	......	1	......	......	......	1	1	1	......	......	......
361	......	......	......	......	......	......	......	......	......	......	......	......	......
142	......	......	......	......	......	1	......	......	......	......	......	......	......
528	......	......	......	......	......	4	......	4	4	......	......	......	......
420	......	......	......	......	......	......	1	......	......	......	......	......	......
521	......	1	......	......	......	......	......	3	......	1	......	......	1
625	......	......	......	......	......	......	......	1	......	......	......	......	......
147	......	......	......	......	......	2	......	......	......	......	......	......	......
132	......	......	......	......	......	......	......	......	......	1	......	......	......
484	......	......	......	......	......	......	......	......	......	......	......	......	......
267	......	......	......	......	......	1	......	......	......	......	......	......	......
10,796	3	10	1	5	......	23	1	47	54	11	2	......	1

PRESE

POBLACION

CANTONES.	PROFESIONES.					
	Profesores.			Sacerdotes católicos.	Sacerdotes de otros cultos.	Veterinarios.
	H.	M.	Total.			
Xalapa	125	29	154	28	1	1
Veracruz	113	128	241	10	1	2
Orizaba	94	90	184	26	4	1
Córdoba	52	45	97	9	....	....
Jalacingo	42	19	61	7	1	1
Chicontepec	24	11	35	5	....	....
Tantoyuca	12	3	15	4	....	....
Túxpan	55	11	66	1	1	....
Coatepec	26	15	41	6	....	1
Papantla	16	6	22	4	....	....
Los Tuxtlas	15	6	21	3	....	....
Ozuluama	24	12	36	2	3	1
Acayúcan	18	7	25	3	....	1
Huatusco	32	9	41	2	....	....
Cosamaloápan	20	14	34	3	....	....
Minatitlan	16	7	23	2	....	....
Zongolica	9	4	13	4	....	....
Misantla	5	3	8	1	1	....
SUMAS	698	419	1,117	120	12	8

DE P

CANTONES.						
Xalapa	....	2	2	5	....	4
Veracruz	....	....	....	1	....	....
Orizaba	2	1	3	1	....	....
Córdoba	....	....	....	2	....	....
Jalacingo	1	....	1	3	....	....
Chicontepec	....	....	....	1	....	....
Tantoyuca	....	....	....	....	....	....
Túxpan	2	....	2	....	....	....
Coatepec	....	....	....	....	1	....
Papantla	....	....	....	....	....	....
Los Tuxtlas	1	....	1	....	....	....
Ozuluama	....	....	....	1	....	....
Acayúcan	....	....	....	....	....	....
Huatusco	1	....	1	1	....	....
Cosamaloápan	....	....	....	1	....	....
Á las págs. 120 y 121	7	3	10	16	1	4

NTES

SEGUN LA OCUPACION PRINCIPAL.

Escolares.		Estudiantes.				M.	Total.	
2,619	778	351	127		223	......	223	89
3,431	2,637	243	304		487	......	487	144
2,937	2,527	166	33		342	......	342	146
1,480	754	82	15		53	1	54	66
1,125	480	42	13		53		53	8
786	341	5	3		39		39	7
523	213	17	7		45		45	24
1,496	460	....	....		112	......	112	26
215	87	72	13		53		53	50
36	17		2	21	33	......	33	9
670	424	......	9		43	......	43	16
970	411		6	20	14	......	14	3
994	340		6	18	21	......	21	16
964	487		8	38	72	......	72	30
649	438		......	76	71	......	71	12
863	307		8	35	50	......	50	22
254	103		......	1	32		32	12
			2	7	3	..\...	3	1

A S O

3	9	12	11	11	22	11	......	11	1	......	....	1
1	1	2	3	4	7	12	......	12	1	......	....	......
8	9	17	3	4	7	6	......	6	......	2	....	......
2	1	3	......	1	1	......	....	1	2	......	....	......
......	2	2	1	......	1	1	......	1	......	......	....	......
......	....	....	....	....	....	......	......	....	......	......	....	......
......	....	....	....	....	....	......		......	......	......	....	......
......	....	....	3	......	3	1	......	1	......	......	....	......
1	....	1	2	......	2	1	......	1	......	......	....	......
......	....	....	....	......		2	......	2	......	......	....	......
......	....	....	....	....	......	1	......	1	......	......	....	7
......	....	....	....	....	....	......	......	....	......	......	....	......
......	....	....	....	....	......	......		......	......	......	....	......
2	......	2	1	......	1	1	......	1	......	......	....	......
......	1	1	....	......		3	......	3	......	......	1	......
17	23	40	24	20	44	39	......	39	4	......	1	8

PRESE

CANTONES.	Administradores y dependientes de campo.	Agricultores.			Ganaderos.	Peones de campo.
		H.	M.	Total.		
Xalapa	171	19	....	19	....	14,996
Veracruz	4,129	....	....	....	349	15,879
Orizaba	....	310	....	310	....	11,127
Cordoba	1,667	....	....	....	25	16,028
Jalacingo	2,396	....	....	....	....	14,843
Chicontepec	24	....	.	....	....	14,402
Tantoyuca	510	....	....	....	9	15,177
Túxpan	10	318	....	318	1	11,573
Coatepec	98	102	....	102	....	7,362
Papantla	474	....	....	....	....	10,032
Los Tuxtlas	1,118	....	....	....	....	9,646
Ozuluama	170	399	....	399	31	7,956
Acayúcan	....	123	....	123	....	6,304
Huatusco	487	....	....	....	....	8,662
Cosamaloápan	384	....	....	....	84	6,750
Minatitlan	374	....	....	....	....	5,078
Zongolica	....	111	....	111	....	6,666
Misantla	11	1,013	2	1,015	15	2,908
SUMAS	12,023	1,595	2	1,597	514	185,389

DE P

CANTONES.		H.	M.	Total.		
Xalapa	1	....	....	....	....	214
Veracruz	26	....	....	....	....	145
Orizaba	....	7	....	7	....	471
Córdoba	....	19	....	19	....	1,072
Jalacingo	13	....	....	....	....	226
Chicontepec	....	....	....	....	....	72
Tantoyuca	5	....	....	....	....	32
Túxpan	2	....	....	....	....	232
Coatepec	5	....	....	....	....	67
Papantla	16	....	....	....	....	208
Los Tuxtlas	8	....	....	....	....	389
Ozuluama	1	....	....	....	....	37
Acayúcan	2	....	....	....	....	....
Huatusco	11	....	....	....	....	250
Cosamaloápan	....	3	....	3	....	103
Á las págs. 122 y 123	90	29	....	29	....	3,518

NTES

SEGUN LA OCUPACION PRINCIPAL.

MINERIA.			COMERCIO.								
Administradores y empleados de minería.	Mineros, barreteros y reponedores.	Corredores.	Comerciantes.			Dependientes.			Vendedores ambulantes.		
			H.	M.	Total.	H.	M.	Total.	H.	M.	Total.
....	....	21	487	116	603	97	....	97	33	18	51
....	5	37	1,650	143	1,793	704	2	706	153	9	162
....	....	15	1,071	315	1,386	151	7	158	93	39	132
....	....	7	638	146	784	141	....	141	24	11	35
....	36	....	345	99	444	131	....	131	26	9	35
....	....	2	204	38	242	18	....	18	2	15	17
....	....	....	194	14	208	16	....	16	3	1	4
....	....	3	309	23	332	35	....	35	4	1	5
....	1	4	269	70	339	34	11	45	14	16	30
....	....	....	272	28	300	91	....	91	2	27	29
....	....	1	233	16	249	107	....	107	9	1	10
....	....	1	204	22	226	39	9	48	3	12	15
....	....	....	74	3	77	53	....	53	2	....	2
....	....	....	299	35	334	2	....	2	16	....	16
....	27	....	172	19	191	65	....	65	7	1	8
....	....	3	125	11	136	60	1	61	1	....	1
....	....	....	76	30	106	17	....	17	1	....	1
....	1	1	84	17	101	10	1	11	1	1	2
....	70	95	6,706	1,145	7,851	1,771	31	1,802	394	161	555

ASO

11	2	1	44	....	44	3	....	3	10	20	30
....	1	2	53	3	56	5	....	5	1	....	1
....	....	1	19	3	22	2	....	2	....	1	1
....	....	....	66	7	73	3	....	3	9	....	9
....	....	....	23	....	23	6	....	6	16	3	19
....	....	....	165	2	167	1	....	1	1	....	1
....	....	....	9	....	9	....	....	....	....	....	....
....	....	....	32	....	32	....	....	....	1	....	1
....	....	....	14	3	17	....	....	....	1	....	1
....	....	....	20	1	21	3	....	3	11	2	13
....	....	....	6	....	6	1	....	1	....	....	....
....	....	....	7	1	8	1	....	1	....	....	....
....	....	....	3	....	3	4	....	4	1	....	1
....	....	....	10	4	14	....	....	....	2	....	2
....	....	....	14	....	14	1	....	1	9	....	9
11	3	4	485	24	509	30	....	30	62	26	88

PRESE

POBLACION

CANTONES.	Propietarios.			Activos.	Acróbatas.		
	H.	M.	Total.		H.	M.	Total.
Xalapa	55	72	127	...	1	......	1
Veracruz	115	43	158	...	......	......	......
Orizaba	60	135	195	...	1	1	2
Córdoba	31	73	104	...	......	......	......
Jalacingo	21	128	149	...	1	......	1
Chicontepec	25	......	25	2	......	......	......
Tantoyuca	23	12	35	...	......	......	......
Tuxpan	8	15	23	...	......	......	......
Coatepec	51	67	118	...	......	......	......
Papantla	2	14	16	...	2	......	2
Los Tuxtlas	10	15	25	...	......	......	......
Ozuluama	17	8	25	...	......	......	......
Acayúcan	30	2	32	...	1	......	1
Huatusco	11	11	22	...	......	......	......
Cosamaloápan	23	31	54	...	......	......	......
Minatitlan	31	7	38	...	......	1	1
Zongolica	4	32	36	...	......	......	......
Misantla	10	7	17	...	......	......	......
SUMAS	527	672	1,199	2	6	2	8

DE P

Xalapa	6	5	11	...	......	......	......
Veracruz	10	2	12	...	5	5	10
Orizaba	1	2	3	...	......	......	......
Córdoba	1	......	1	...	25	19	44
Jalacingo	......	......	......	...	......	......	......
Chicontepec	......	......	......	...	......	......	......
Tantoyuca	1	......	1	...	......	......	......
Tuxpan	1	1	2	...	......	......	......
Coatepec	3	1	4	...	......	......	......
Papantla	......	......	......	...	1	......	1
Los Tuxtlas	......	......	......	...	3	4	7
Ozuluama	......	......	......	...	1	......	1
Acayúcan	1	......	1	...	......	......	......
Huatusco	......	......	......	...	......	......	......
Cosamaloápan	1	4	5	...	......	......	......
Á las págs. 124 y 125	25	15	40	...	35	28	63

NTES

SEGUN LA OCUPACION PRINCIPAL.

INDUSTRIAS, BELLAS ARTES, ARTES Y OFICIOS.

Actores.			Administradores y empleados de establecimientos industriales.			Afiladores.	Albañiles.	Alfareros.			Alfileres.
H.	M.	Total.	H.	M.	Total.			H.	M.	Total.	
5	....	5	41	....	41	....	322	113	....	113	....
2	1	3	81	....	81	1	366	55	....	55	....
. 1	1	2	580	....	580	1	505	63	....	63	....
....	....	. ...	3	4	7	1	213	28	2	30	....
....	....	....	7	....	7	....	151	14	....	14	....
....	. ...	....	8	....	8	....	32	2	....	2	....
....	....	....	2	....	2	.. ..	30	9	....	9	....
....	....	....	2	1	3	....	26	10	8	18	....
....	....	....	67	....	67	....	181	8	....	8	....
1	....	1	3	....	3	....	37	11	....	11	....
....	....	....	1	....	1	....	81	2	....	2	....
....	....	....	1	....	1	.. ..	20	2	10	12	....
....	....	....	....	....	....	1	22	7	44	51	... .
....	....	....	....	....	....	....	131	8	11	19	....
....	....	....	5	....	5	....	42	3	....	3	1
....	....	....	2	....	2	....	14	4	....	4	....
... .	....	....	12	....	12	....	21	3	....	3	....
1	....	1	....	....	....	....	25	10	8	18	....
10	2	12	815	5	820	4	2,219	352	83	435	1

ASO

....	....	....	1	....	1	. ...	8	1	....	1	....
6	8	14	....	....	1	....	4	1	....	1	....
8	8	16	15	....	15	....	8	....	....	....	....
3	....	3	....	....	....	....	22	....	....	....	....
....	5	5	2	....	2	....	4	....	....	....	....
....	....	....	....	....	....	....	....	3	....	3	....
....	....	....	2	....	2	....	1	....	....	....	....
10	3	13	3	....	3	....	4	....	....	....	....
....	....	....	....	....	....	....	2	....	....	....	....
....	....	....	....	....	....	....	1	....	....	....	....
....	....	....	....	....	....	....	1	....	....	....	....
....	....	....	....	....	....	....	2	....	....	. ...	....
....	....	....	....	....	....	....	1	....	....	....	....
27	24	51	23	. ...	23	....	58	5	....	5	....

PRESE

POBLACION

INDUS·

CANTONES.	Bordadores.			Cantantes.			Cantores.
	H.	M.	Total.	H.	M.	Total.	
Xalapa	1	....	1	......	......	......	23
Veracruz	....	3	3	......	......	......	4
Orizaba	....	2	2	......	......	......	53
Córdoba	....	2	2	......	......	......	7
Jalacingo	....	....	....	......	......	......	.....
Chicontepec	....	....	....	......	......	......	.....
Tantoyuca	....	....	....	......	......	......	2
Túxpan	....	3	3	......	......	......	21
Coatepec	....	2	2	......	......	......	.....
Papantla	....	1	1	......	......	......	.....
Los Tuxtlas	....	2	2	......	......	......	4
Ozuluama	....	....	....	......	......	......	.....
Acayúcan	....	....	....	......	......	......	7
Huatusco	....	....	....	......	......	......	10
Cosamaloápan	....	....	....	......	......	......	1
Minatitlan	....	....	....	......	......	......	.....
Zongolica	....	....	....	......	......	......	.....
Misantla	....	....	....	......	......	......	3
SUMAS	1	15	16	......	......	......	138

DE P

Xalapa	....	....	....	......	......	......	1
Veracruz	....	....	....	......	......	......	.....
Orizaba	....	....	....	......	......	......	1
Córdoba	....	....	....	......	......	......	.....
Jalacingo	....	....	....	......	......	......	.....
Chicontepec	....	....	....	......	......	......	.....
Tantoyuca	....	....	....	......	......	......	.....
Túxpan	....	....	....	......	......	......	.....
Coatepec	....	....	....	......	......	......	.....
Papantla	....	....	....	......	......	......	.....
Los Tuxtlas	....	....	....	......	......	......	.....
Ozuluama	....	....	....	...:.	1	1	.....
Acayúcan	....	....	....	......	......	......	.....
Huatusco	....	....	....	......	......	......	1
Cosamaloápan	....	....	....	......	......	......	.....
Á las págs. 126 y 127	....	....	....	......	1	1	3

NTES.

SEGUN LA OCUPACION PRINCIPAL.

'RIAS, BELLAS ARTES, ARTES Y OFICIOS.

Carpinteros.	Carroceros.	Cereros.	Cerveceros.	Cigarreros.			Cobreros.	Coheteros.	Curtidores.	Dibujantes.		
				H.	M.	Total.				H.	M.	Total.
274	1	......	6	....	137	137	2	28	66	4	......	4
716	......	......	10,	....	28	28	19	4	11	6	......	6
625	12	......	27	....	203	203	31	64	73	5	58	63
322	......	......	1	....	28	28	11	16	34	......	1	1
229	......	1	......	....	11	11	5	7	19	......	......	......
50	......	......	......	....	4	4	1	1	4	......	......	......
87	......	......	......	18	9	27	6	2	3	......	......	......
129	......	......	......	....	....	....	5	1	1	1	......	1
176	......	......	3	....	....	....	9	33	25	......	......	......
108	......	......	......	....	....	....	....	....	5	......	......	......
194	......	......	......	....	5	5	2	....	....	......	......	......
83	......	......	......	....	....	....	1	2	2	......	......	......
56	......	......	......	....	....	....	....	....	1	......	......	......
183	......	......	1	....	1	1	7	9	11	......	......	......
92	......	......	1	....	2	2	4	....	1	......	......	......
72	......	......	......	....	....	....	1	....	1	1	......	1
40	1	......	......	....	....	....	1	4	....	......	......	......
60	......	......	......	....	1	1	4	....	3	2	......	2
3,496	14	1	49	18	429	447	109	171	260	19	59	78

ASO.

13	......	......	......	....	1	1	10	....	1	......	......	
20	......	......	......	....	....	....	13	3	1	......	......	......
7	......	......	......	....	3	3	3	3	....	......	......	......
32	2	......	......	....	1	1	1	....	....	......	......	......
....	......	......	......	....	2	2	....	....	1	......	......	......
2	......	......	......	....	....	....	....	....	....	......	......	......
1	......	......	......	....	....	....	....	....	....	......	......	......
4	......	......	......	....	....	....	....	....	1	......	......	......
6	......	......	......	....	....	....	....	....	....	......	......	......
4	......	......	......	....	....	....	....	....	....	......	......	......
2	......	......	......	....	....	....	....	....	....	......	......	......
4	......	......	......	....	....	....	....	....	....	......	......	......
2	......	......	......	....	....	....	1	....	....	......	......	......
2	......	......	......	. ...	....	....	....	....	2	......	......	......
99	2	......	......	....	7	7	28	8	4	......	......	......

PRESE

POBLACION

INDUS

CANTONES.	Duraderos.	Dulceros.			Ebanistas.	Encuadernadores.	Escritores.
		H.	M.	Total.			
Xalapa	.....	45	.....	45	.....	5	.....
Veracruz	.....	39	2	41	2	8	8
Orizaba	8	86	.....	86	.....	55	.....
Córdoba	.....	36	.....	36	.....	3	.....
Jalacingo	.....	12	3	15	.....	1	.....
Chicontepec	.....	.....	.....	.....	.....	.....	.....
Tantoyuca	.....	1	.....	1	.....	.....	.....
Túxpan	.....	.....	3	3	.....	.....	.....
Coatepec	.....	7	3	10	.....	1	.....
Papantla	.....	6	.....	6	.....	13	.....
Los Tuxtlas	.....	2	.....	2	.....	.....	.....
Ozuluama	.....	.....	5	5	.....	4	.....
Acayúcan	.....	.....	.....	.....	.....	1	.....
Huatusco	.....	17	2	19	.....	3	.....
Cosamaloápan	.....	.....	.....	.....	.....	1	.....
Minatitlan	.....	3	2	5	.....	.....	.....
Zongolica	.....	.....	.....	.....	.....	1	.....
Misantla	.....	4	.....	4	.....	.....	.....
SUMAS	8	258	20	278	2	96	8

DE P

CANTONES.	Duraderos.	Dulceros.			Ebanistas.	Encuadernadores.	Escritores.
Xalapa	.....	1	.....	1	.....	.....	.....
Veracruz	.....	.....	.....	.....	.....	.....	.....
Orizaba	.....	3	.....	3	.....	.....	.....
Córdoba	.....	3	.....	3	.....	.....	.....
Jalacingo	.....	2	.....	2	.....	.....	.....
Chicontepec	.....	.....	.....	.....	.....	.....	.....
Tantoyuca	.....	.....	.....	.....	.....	.....	.....
Túxpan	.....	.....	.....	.....	.....	.....	.....
Coatepec	.....	.....	.....	.....	.....	1	.....
Papantla	.....	.....	.....	.....	.....	.....	.....
Los Tuxtlas	.....	.....	.....	.....	.....	.....	.....
Ozuluama	.....	.....	.....	.....	.....	2	.....
Acayúcan	.....	.....	.....	.....	.....	.....	.....
Huatusco	.....	1	.....	1	.....	.....	.....
Cosamaloápan	.....	.....	.....	.....	.....	.....	.....
Á las págs. 128 y 129	.....	10	.....	10	.....	3	.....

N·T E S.

SEGUN LA OCUPACION PRINCIPAL.

TRIAS, BELLAS ARTES, ARTES Y OFICIOS.

	Filarmónicos.			Floristas.			Fotógrafos.	Fundidores en general.	Fundidores.	Grabadores.	Herradores.	Herreros.
	H.	M.	Total.	H.	M.	Total.						
2	24	3	27	.....	6	6	9	.....	11	2	15	81
7	67	.....	67	1	.....	1	4	5	1	2	4	99
8	61	.....	61	.....	22	22	9	18	15	5	25	201
5	7	.....	7	.....	2	2	2	.....	26	1	31	48
.....	9	.....	9	.....	4	4	3	.....	.....	1	12	67
.....	1	.....	1	.....	.....	.....	.....	.....	2	.....	1	12
1	4	.....	4	.....	.....	.....	.....	.....	13	.....	.....	17
2	6	.....	6	.....	5	5	.....	.....	.....	.....	1	20
5	13	.....	13	.....	.....	.....	2	.....	1	.....	19	51
5	4	.....	4	.....	.....	.....	.....	.....	1	1	2	16
1	2	.....	2	.....	3	3	.....	.....	1	.....	2	13
.....	1	.....	1	2	1	3	1	.....	4	.....	1	16
.....	3	.....	3	.....	.....	.....	.....	.....	1	.....	1	9
1	8	.....	8	1	.....	1	.....	.....	4	.....	1	33
.....	5	.....	5	.....	.....	.....	1	.....	3	.....	4	11
1	8	.....	8	.....	.....	.....	.....	1	.....	.....	2	13
.....	1	.....	1	.....	.....	.....	.....	.....	.....	.....	.....	4
.....	5	.....	5	.....	.....	.....	.....	.....	1	1	.....	8
38	**229**	**3**	**232**	**4**	**43**	**47**	**31**	**24**	**84**	**13**	**121**	**719**

ASO

.....	1	.....	1	.....	.....	.....	1	.....	.....	.....	.....	2
.....	2	.....	2	.....	.....	.....	3	.....	.....	.....	.....	4
1	6	.....	6	.....	.....	.....	1	1	.....	1	.....	2
.....	.....	.....	.....	.....	.....	.....	.....	.....	.....	1	2	5
.....	.....	.....	.....	.....	1	1	.....	.....	.....	.....	.....	.....
.....	.....	.....	.....	.....	.....	.....	.....	.....	.....	.....	.....	.....
.....	1	.....	1	.....	.....	.....	2	.....	.....	.....	1	2
.....	8	.....	8	.....	.....	.....	3	.....	.....	.....	1	.....
.....	2	.....	2	.....	.....	.....	.....	.....	.....	.....	.....	1
.....	.....	.....	.....	.....	.....	.....	.....	.....	.....	.....	.....	.....
.....	.....	.....	.....	.....	.....	.....	.....	.....	.....	.....	1	.....
.....	.....	.....	.....	.....	.....	.....	1	.....	.....	.....	.....	.....
1	**20**	.....	**20**	.....	**1**	**1**	**11**	**1**	.....	**2**	**5**	**16**

PRESE

POBLACION

INDUS

CANTONES.	Hojalateros.	Jaboneros.	Ladrilleros.	Latoneros.	Litógrafos.	Molinos.
Xalapa	35	10	....	....	4	16
Veracruz	49	6	....	1	3	13
Orizaba	64	12	....	1	....	35
Córdoba	24	....	....	....	....	14
Jalacingo	9	....	....	....	....	9
Chicontepec	3	1	....	....	....	1
Tantoyuca	1	....	....	....	....	1
Tuxpan	11	1	....	....	....	1
Coatepec	33	3	....	....	....	....
Papantla	15	6	....	....	....	3
Los Tuxtlas	11	....	....	....	2	....
Ozuluama	6	....	4	....	....	1
Acayúcan	5	....	....	....	....	2
Huatusco	12	1	....	....	....	1
Cosamaloapan	9	....	....	....	8	2
Minatitlan	6	....	....	....	....	....
Zongolica	4	....	....	....	....	....
Misantla	2	....	....	....	....	7
SUMAS	299	40	4	2	17	106

DE P

Xalapa	2	....	....	....	....	1
Veracruz	1	....	....	....	....	2
Orizaba	....	....	....	....	....	....
Córdoba	1	1	....	....	....	2
Jalacingo	1	....	....	....	....	....
Chicontepec	....	....	....	....	....	....
Tantoyuca	....	....	....	....	....	....
Tuxpan	....	....	....	....	....	....
Coatepec	....	....	....	....	....	....
Papantla	....	....	....	....	3	....
Los Tuxtlas	....	....	....	....	....	....
Ozuluama	....	....	....	....	....	....
Acayúcan	....	....	....	....	....	....
Huatusco	....	....	....	....	....	....
Cosamaloapan	....	....	....	....	....	....
À las págs. 130 y 131	5	1	....	....	3	5

ENTES.

N SEGUN LA OCUPACION PRINCIPAL.

CS TRIAS, BELLAS ARTES, ARTES Y OFICIOS.

Obreros de establecimientos industriales.			Panaderos.			Pasamaneros.	Pasteleros.	Peluqueros.	Pintores artistas.	Pintores decoradores.	Pintores.
H.	M.	Total.	H.	M.	Total.						
262	34	296	252	......	252	......	......	54	2	14	28
5	19	24	384	......	384	......	......	127	10	41	67
1,283	227	1,510	328	......	328	1	......	76	6	78	64
......	......	......	199	......	199	......	......	63	4	21	19
......	1	1	119	2	121	......	......	25	2	5	18
......	2	2	8	......	8	......	......	2	......	2	10
......	......	......	52	22	74	......	......	8	......	1	8
......	......	......	14	40	54	......	......	14	5	2	17
......	4	4	156	......	156	......	1	40	1	8	10
......	......	......	57	......	57	......	......	10	......	3	12
7	......	7	43	......	43	......	......	13	......	7	18
......	......	......	1	34	35	......	......	7	......	1	14
......	......	......	23	......	23	......	......	2	......	1	10
1	......	1	88	......	88	1	......	17	2	6	12
1	......	1	60	......	60	......	......	6	......	3	11
......	......	......	17	......	17	......	......	7	......	2	26
......	......	......	17	......	17	......	......	2	......	3	......
......	38	38	29	2	31	......	......	6	......	......	5
1,559	325	1,884	1,847	100	1,947	2	1	479	32	198	349

ASO.

26	......	26	7	......	7	......	......	......	......	......	3
5	......	5	5	......	5	......	......	5	......	2	1
9	......	9	4	......	4	......	......	2	......	2	......
......	......	......	20	......	20	......	......	1	1	2	......
......	......	......	1	......	1	......	......	......	......	......	......
......	......	......	......	......	......	......	......	......	......	......	1
......	......	......	......	......	......	......	......	......	......	......	......
......	......	......	2	2	4	......	......	3	......	......	......
......	......	......	7	......	7	......	......	......	......	......	4
2	......	2	......	......	......	......	......	......	......	......	......
......	......	......	1	......	1	......	......	......	......	......	......
1	......	1	......	......	......	......	......	......	......	1	......
......	......	......	1	......	1	......	......	......	......	......	2
......	......	......	......	......	......	......	......	......	......	......	......
43	......	43	48	2	50	......	......	11	1	7	11

PRESE

CANTONES.	Plumeros.	Pureros.			Relojeros.	Sastres.
		H.	M.	Total.		
Xalapa	....	480	....	480	11	237
Veracruz	....	836	....	836	6	211
Orizaba	....	262	....	262	18	305
Córdoba	....	89	....	89	4	189
Jalacingo	....	83	5	88	....	110
Chicontepec	....	3	....	3	....	34
Tantoyuca	1	5	....	5	....	16
Túxpan	....	16	....	16	2	47
Coatepec	....	95	....	95	1	106
Papantla	....	16	....	16	3	55
Los Tuxtlas	....	494	....	494	1	14
Ozuluama	....	....	....	....	1	11
Acayúcan	3	13	....	13	....	13
Huatusco	....	65	....	65	7	122
Cosamaloápan	....	120	....	120	1	60
Minatitlan	....	21	....	21	1	29
Zongolica	....	2	....	2	....	12
Misantla	....	44	....	44	....	36
SUMAS	4	2,644	5	2,649	56	1,607

DE P

Xalapa	....	12	....	12	....	5
Veracruz	....	8	....	8	....	4
Orizaba	....	1	....	1	....	5
Córdoba	....	5	....	5	....	13
Jalacingo	....	8	....	8	....	5
Chicontepec	....	....	....	....	....	1
Tantoyuca	....	....	....	....	....	3
Túxpan	....	....	....	....	....	2
Coatepec	....	2	....	2	....	4
Papantla	....	....	....	....	....	2
Los Tuxtlas	....	4	....	4	....	....
Ozuluama	....	....	....	....	....	....
Acayúcan	....	1	....	1	....	3
Huatusco	....	....	....	....	....	....
Cosamaloápan	....	4	....	4	....	....
Á las págs. 132 y 133	....	45	....	45	....	47

TES

GUN LA OCUPACION PRINCIPAL.

AS, BELLAS ARTES, ARTES Y OFICIOS.

	Talabarteros.	Tapiceros.	Taquígrafos.	Tejedores.			Telegrafistas.			Tintoreros.	Tipógrafos.		
				H.	M.	Total.	H.	M.	Total.		H.	M.	Total.
32	35	......	......	74	4	78	19	......	19	5	28	1	29
36	49	......	......	20	......	20	33	......	33	1	55	.....	55
19	98	......	......	364	......	364	19	......	19	1	61	.....	61
4	65	......	......	4	1	5	16	......	16	......	4	......	4
2	15	......	......	37	1	38	13	......	13	1	......	......	......
......	19	......	......	3	3	6	1	......	1	......	......	......	......
23	41	......	......	......	......	....	1	......	1	......	......	......	......
2	19	......	......	......	8	8	5	......	5	......	7	......	7
7	19	......	......	5	......	5	2	......	2	2	3	2	5
1	9	......	......	2	6	8	3	......	3	......	2	......	2
22	2	7	......	......	......	....	4	......	4	......	1	......	1
1	15	......	2	1	......	1	5	......	5	......	2	......	2
19	5	......	......	......	346	346	10	......	10	......	1	......	1
1	36	......	......	2	......	2	2	......	2	4	......	......	......
1	4	......	......	1	10	11	2	......	2	......	2	......	2
......	18	......	......	2	......	2	17	1	18	3	2	......	2
......	3	......	......	......	46	46	1	......	1	......	......	......	......
1	5	......	......	......	......	....	2	......	2	......	1	......	1
171	457	7	2	515	425	940	155	1	156	17	169	3	172

SO

				H.	M.	Total.	H.	M.	Total.		H.	M.	Total.
......	....	......	......	2	......	2	......	......	......	......	......	......	......
......	1	......	......	......	......	....	......	......	......	......	1	......	1
......	1	......	......	4	......	4	......	......	......	......	......	......	......
2	1	......	......	3	......	3	......	......	......	1	1	......	1
......	3	......	......	1	......	1	......	......	......	......	......	......	......
......	....	......	......	......	......	....	......	......	......	......	......	......	......
1	....	......	......	......	......	....	......	......	......	......	......	......	......
......	1	......	......	1	......	1	......	......	......	......	......	......	......
......	5	......	......	......	......	....	......	......	......	......	......	......	......
......	1	......	......	......	......	....	......	......	......	......	......	......	......
......	1	......	......	......	......	....	......	......	......	......	......	......	......
1	....	......	......	......	......	....	1	......	1	......	......	......	......
1	1	......	......	......	......	....	......	......	......	......	......	......	......
4	15	......	......	11	......	11	1	......	1	1	2	.....	2

PRESI

POBLACIOI

INDUSTRIAS, BELLAS ARTES, ARTES Y OFICIO

CANTONES.	Torero.	Toruero.	Veleros.			Vidriero.	Yesero.
			H.	M.	Total.		
Xalapa	1	.....	19	....	19	......	...
Veracruz	....	.....	18	....	18	......	1
Orizaba	1	3	42	....	42	1	...
Córdoba	....	.....	15	....	15	......	...
Jalacingo	4	.....	14	....	14	......	...
Chicontepec	....	.....	....	....	....	......	...
Tantoyuca	....	.....	1	2	3	......	...
Tuxpan	....	.....	....	....	....	......	...
Coatepec	....	.....	14	....	14	......	...
Papantla	....	.....	2	....	2	......	...
Los Tuxtlas	....	.....	5	....	5	......	...
Ozuluama	....	.....	....	1	1	......	...
Acayúcan	. .....	.....	..... .	....	....	......	...
Huatusco	....	.....	10	....	10	......	...
Cosamaloápan	....	.....	1	....	1	......	...
Minatitlan	....	.....	....	....	....	......	...
Zongolica	....	.....	4	....	4	......	...
Misantla	....	.....	1	....	1	......	...
SUMAS	6	3	146	3	149	1	1

DE l

Xalapa	....	.....	1	....	1	......	...
Veracruz	1	.....	....	....	....	......	1
Orizaba	....	.....	....	....	....	......	...
Córdoba	....	.....	4	....	4	......	...
Jalacingo	....	.....	....	....	....	......	...
Chicontepec	....	.....	....	....	....	......	...
Tantoyuca	....	.....	....	....	....	......	...
Tuxpan	....	.....	....	....	....	......	...
Coatepec	....	.....	....	....	. .....	......	...
Papantla	....	.....	....	....	....	......	...
Los Tuxtlas	....	.....	....	....	....	......	...
Ozuluama	....	.....	....	....	....	......	...
Acayúcan	....	.....	....	....	....	......	...
Huatusco	....	.....	....	....	....	......	...
Cosamaloápan	....	.....	....	....	....	......	...
Á las págs. 134 y 135	1	.....	5	....	5	......	...

T E S

GUN LA OCUPACION PRINCIPAL.

		Aguadores.				Billeteros.							
	Adoberos.	H.	M.	Total.	Arrieros.	H.	M.	Total.	Buzos.	Cuaceros.	Carboneros.	Cargadores.	Carretoneros.
DIVERSAS OCUPACIONES.													
506	.....	10	.....	10	86	12	4	16	.....	.....	130	103	4
219	.....	51	.....	51	19	12	3	15	3	...,..	.....	223	76
432	.....	72	.....	72	98	14	11	25	.....	.....	356	44	18
142	.....	3	.....	3	178	4	2	6	.....	.....	.....	50	4
125	.....	4	1	5	206	19	9	28	.....	.....	.....	5	10
40	.....	.....	.....	....	7	.....	.....	.....	.....	.....	.....	.....	4
82	.....	.....	22	22	1	.....	.....	.....	.....	.....	.....	.....	.....
36	.....	2	.....	2	1	.....	.....	.....	.....	.....	.....	1	.....
158	.....	.....	.....	....	55	.....	3	3	.....	.....	.....	17	.....
16	.....	.....	.....	....	19	.....	.....	.....	.....	.....	.....	1	1
23	.....	3	.....	3	57	11	.....	11	.....	.....	.....	17	2
66	.....	.....	.....	....	.....	.....	.....	.....	.....	28	.....	7	.....
11	.....	.....	.....	....	7	.....	.....	.....	.....	15	.....	.....	4
128	8	.....	.....	....	92	.....	.....	.....	.....	.....	.....	1	1
16	.....	8	.....	8	22	2	.....	2	.....	.....	10	1	4
21	.....	4	.....	4	.....	.....	.....	.....	.....	.....	.....	7	1
12	.....	.....	.....	....	18	.....	.....	.....	.....	.....	.....	1	.....
12	.....	5	.....	5	5	.....	.....	.....	.....	.....	.....	1	.....
,045	8	162	23	185	871	74	32	106	3	53	486	479	129

SO

5	.....	.....	.....	....	22	.....	.....	.....	.....	.....	.....	1	.....
3	.....	.....	.....	....	.....	.....	.....	.....	.....	.....	.....	2	.....
10	.....	.....	.....	....	1	.....	.....	.....	.....	.....	.....	5	1
16	.....	2	.....	2	41	.....	.....	.....	.....	.....	.....	3	1
6	.....	.....	.....	....	14	.....	.....	.....	.....	.....	.....	.....	1
1	.....	.....	.....	....	1	.....	.....	.....	.....	.....	.....	.....	.....
-----	.....	.....	.....	....	.....	.....	.....	.....	.....	.....	.....	.....	.....
-----	.....	.....	.....	....	.....	.....	.....	.....	.....	.....	.....	1	.....
1	.....	.....	.....	....	50	.....	.....	.....	.....	.....	.....	.....	.....
1	.....	.....	.....	....	14	.....	.....	.....	.....	.....	.....	.....	.....
3	.....	.....	.....	....	.....	.....	.....	.....	.....	.....	.....	.....	.....
-----	.....	.....	.....	....	.....	.....	.....	.....	.....	.....	.....	.....	.....
1	.....	.....	.....	....	.....	.....	.....	.....	.....	.....	.....	.....	.....
1	.....	.....	.....	....	3	.....	.....	.....	.....	.....	14	1	.....
49	.....	2	.....	2	146	.....	.....	.....	.....	14	.....	13	3

PRES

POBLACI(

CANTONES.	Cazadores.	Cocheros.	Cortadores.	Costureras.	Domésticos.			
					H.	M.	Tot	
Xalapa...	......	9	......	213	380	976	1,9	
Veracruz...	1	2	......	576	655	1,454	2,1	
Orizaba..	......	25	......	418	493	1,221	1,7	
Cordoba.	......	5	......	197	335	916	1,2	
Jalacingo..	......	......	......	195	258	970	1,2	
Chicontepec.......................................	......	......	......	23	28	56		
Tantoyuca...	......	......	118	107	171	132	8	
Túxpan..	......	......	......	169	122	281	4	
Coatepec...	......	......	......	69	176	310	4	
Papantla...	......	......	......	90	97	91	1	
Los Tuxtlas..	......	......	......	150	46	172	2	
Ozuluama..	......	......	......	192	397	361	7	
Acayúcan..	......	......	......	109	71	37	1	
Huatusco...	......	......	......	37	90	102	1	
Cosamaloápan......................................	......	......	......	224	96	302	3	
Minatitlan...	......	......	......	131	58	135	1	
Zongolica..	......	......	......	8	56	114	1	
Misantla	......	......	......	40	57	212	2	
SUMAS........................	1	41	118	2,948	3,586	7,842	11,4	

DE

Xalapa...	......	......	......	7	9	36	
Veracruz...	......	1	......	7	54	26	
Orizaba..	......	......	......	9	13	26	
Córdoba..	......	1	......	2	21	42	
Jalacingo..	......	......	......	1	11	28	
Chicontepec.......................................	......	......	......	......	2	3	
Tantoyuca...	......	......	......	3	4	1	
Túxpan..	......	......	......	5	5	7	
Coatepec...	......	......	......	2	7	15	
Papantla...	......	......	......	1	2	5	
Los Tuxtlas..	......	......	......	1	1	12	
Ozuluama..	......	......	......	3	3	2	
Acayúcan..	......	......	......	2	......	......	......
Huatusco...	......	......	......	......	......	2	
Cosamaloápan	......	......	......	6	3	4	
Á las págs. 136 y 137..............	......	2	......	49	135	209	3

TES

EGUN LA OCUPACION PRINCIPAL.

DIVERSAS OCUPACIONES.

Empleados particulares.			Hortelanos.			Jardineros.	Jornaleros.	Lavanderos.			Marineros.
H.	M.	Total.	H.	M.	Total.			H.	M.	Total.	
186	21	207	......	......	......	......	2,754	2	363	365	......
438	36	474	......	......	......	......	1,694	22	1,338	1,360	281
173	8	181	......	......	......	6	2,561	1	729	730	......
218	......	218	......	......	......	......	564	2	460	462	......
83	2	85	......	......	......	......	653	......	148	148	......
10	1	11	......	......	......	......	......	......	26	26	......
15	2	17	......	......	......	......	433	......	91	91	22
11	......	11	......	......	......	......	......	......	184	184	23
84	1	85	4	5	9	......	5,575	......	189	189	......
23	......	23	......	......	......	......	2,418	......	135	135	......
36	2	38	......	......	......	......	......	2	201	203	......
91	2	93	......	......	......	......	415	......	231	231	......
59	21	80	......	......	......	......	2,613	......	98	98	......
15	......	15	......	......	......	......	906	......	32	32	......
9	......	9	......	......	......	......	334	......	236	236	1
109	......	109	......	......	......	......	1,785	......	271	271	38
43	......	43	......	......	......	......	246	......	22	22	......
61	1	62	......	......	......	......	815	......	83	83	8
1,664	97	1,761	4	5	9	6	23,766	29	4,837	4,866	373

SO

16	......	16	......	......	......	......	69	3	......	3	......
64	......	64	1	......	1	......	19	......	12	12	174
4	......	4	......	......	......	......	......	......	8	8	1
5	......	5	......	......	......	......	328	......	5	5	......
2	1	3	......	......	......	......	3	......	......	......	......
......	......	......	......	......	......	......	......	......	......	......	......
1	......	1	......	......	......	......	16	......	......	......	......
3	......	3	......	......	......	......	......	......	2	2	13
1	......	1	......	......	......	......	45	......	4	4	......
......	......	......	......	......	......	......	63	......	......	......	22
......	......	......	......	......	......	......	......	......	2	2	......
2	......	2	......	......	......	......	5	......	1	1	......
9	......	9	......	......	......	......	46	......	......	......	......
1	......	1	......	......	......	......	59	......	......	......	......
......	......	......	......	......	......	......	......	......	1	1	......
108	1	109	1	......	1	......	653	3	35	38	210

P R E ₍

POBLACI

DIVERSAS OCUPACIONES.

CANTONES.	Mataseros.	Mesillas.	Molenderas.	Prensadores.	Porteras.	Quehaceres de la
Xalapa..	92	35	110	....	....	23,
Veracruz	190	46	87	358	....	28,
Orizaba....................................	136	64	240	....	....	22,
Córdoba......................................	85	....	118	50	....	20,
Jalacingo....................................	61	....	644	7	....	18,
Chicontepec.................................	20	....	....	....	....	15,
Tantoyuca....................................	68	....	....	....	....	17,
Túxpan.......................................	32	7	....	276	....	13,
Coatepec.....................................	83	7	48	3	....	15,
Papantla.....................................	20	....	9	5	....	13,
Los Tuxtlas..................................	34	....	78	31	....	12,
Ozuluama.....................................	39	....	7	63	....	10,
Acayúcan.....................................	10	....	6	....	1	9,
Huatusco.....................................	63	18	....	....	....	11,
Cosamaloápan................................	41	....	....	13	1	8,
Minatitlan...................................	9	....	7	12	....	8,
Zongolica....................................	9	....	9	....	....	7,
Misantla	20	....	187	....	....	4,
Sumas........................	1,012	177	1,550	818	2	263,

D E

Xalapa..	1	....	2	....	....
Veracruz	1	....	....	....	....
Orizaba.......................................	3	....	4	....	....
Córdoba.......................................	1	....	5	....	....
Jalacingo.....................................	....	....	3	....	....
Chicontepec	....	....	....	....	....
Tantoyuca.....................................	2	....	....	....	....
Túxpan..	1	....	....	....	....
Coatepec......................................	1	....	1	....	....
Papantla......................................	1	....	6	....	....
Los Tuxtlas...................................	1	....	3	....	....
Ozuluama......................................	2	....	....	....	....
Acayúcan......................................	1	....	....	....	....
Huatusco......................................	....	....	....	....	....
Cosamaloápan..................................	....	....	....	....	....
Á las págs. 138 y 139..............	15	....	24	....	....	2,

'ES

GUN LA OCUPACION PRINCIPAL.

	Sin ocupacion.			Sin ocupacion por menores de edad.			Se ignora.			TOTAL GENERAL.
	H.	M.	Total.	H.	M.	Total.	H.	M.	Total.	
105	184	10	194	8,424	10,318	18,742	441	24	465	72,677
146	52	1	53	9,876	9,827	19,703	2	....	2	91,340
215	3	....	3	9,763	8,883	18,646	584	....	584	75,340
167	4	3	7	11,906	11,193	23,099	39	....	39	70,043
51	27	1	28	8,588	8,710	17,298	19	6	25	60,195
.....	4	....	4	10,643	9,938	20,581	3	....	3	52,846
.....	47	2	49	8,419	7,990	16,409	4	....	4	51,937
3	23	3	26	9,304	8,317	17,621	5	3	8	47,416
26	2	3	5	8,046	7,133	15,179	16	1	17	47,247
11	1	....	1	8,348	7,656	16,004	1	....	1	44,282
92	2	1	3	7,091	6,603	13,694	181	....	181	41,110
.....	....	....	....	7,796	6,280	14,076	144	....	144	37,509
12	....	5	5	5,341	5,957	11,298	168	....	168	32,979
19	3	....	3	2,944	3,008	5,952	6	1	7	30,814
5	3	1	4	4,906	4,069	8,975	9	16	25	28,285
1	4	2	6	4,827	4,660	9,487	3	2	5	27,974
76	1	....	1	4,281	4,396	8,677	....	....	....	24,714
48	....	....	....	3,466	2,942	6,408	33	....	33	17,184
977	360	32	392	133,969	127,880	261,849	1,658	53	1,711	853,892

SO

	Sin ocupacion.			Sin ocupacion por menores de edad.			Se ignora.			TOTAL GENERAL.
1	4	1	5	73	83	156	7	1	8	1,109
.....	2	....	2	44	40	84	2	....	2	1,113
4	....	....	....	129	132	261	....	....	....	1,317
3	....	....	....	298	249	547	3	....	3	3,096
.....	4	....	4	29	28	57	....	....	....	534
.....	....	....	....	33	18	51	....	....	....	361
.....	....	1	1	13	6	19	1	....	1	142
.....	....	....	....	47	34	81	6	....	6	528
1	1	....	1	38	24	62	1	1	2	420
1	1	5	6	16	24	40	....	....	....	521
1	....	....	....	44	25	69	....	....	....	625
.....	....	....	....	15	11	26	....	....	....	147
.....	....	....	....	5	11	16	1	....	1	132
1	....	1	1	14	22	36	....	....	....	484
.....	....	....	....	19	11	30	....	....	....	267
12	12	8	20	817	718	1,535	21	2	23	10,796

PRESE

CANTONES.	Católicos.			Protestantes.		
	H.	M.	Total.	H.	M.	Total.
Xalapa	33,248	35,146	68,394	129	101	230
Veracruz	43,146	42,490	85,636	207	127	334
Orizaba	35,149	36,007	71,156	69	17	86
Córdoba	33,238	32,311	65,549	50	28	78
Jalacingo	28,172	28,220	56,392	12	6	18
Chicontepec	24,859	24,751	49,610	7	.....	7
Tantoyuca	24,797	24,166	48,963	58	30	88
Tuxpan	22,652	21,947	44,599	163	82	245
Coatepec	22,249	22,055	44,304	38	2	40
Papantla	21,212	20,601	41,813	22	2	24
Los Tuxtlas	18,814	19,469	38,283	320	52	372
Ozuluama	17,710	17,160	34,870	104	96	200
Acayúcan	15,125	15,656	30,781	....	......	....
Huatusco	14,708	14,170	28,878	19	13	32
Cosamaloápan	13,448	13,216	26,664	30	16	46
Minatitlan	12,946	13,352	26,298	48	14	62
Zongolica	11,263	11,936	23,199	7	.....	7
Misantla	8,363	7,776	16,139	21	32	53
SUMAS	401,099	400,429	801,528	1,304	618	1,922

DE P

Xalapa	615	437	1,052	13	6	19
Veracruz	636	281	917	170	5	175
Orizaba	755	506	1,261	....	1	1
Córdoba	1,989	976	2,965	4	2	6
Jalacingo	387	139	526	......	......	....
Chicontepec	277	75	352	1	....	1
Tantoyuca	86	51	137	1	......	1
Tuxpan	352	141	493	11	1	12
Coatepec	273	130	403	3	3	6
Papantla	410	98	508	9	......	9
Los Tuxtlas	464	143	607	4	......	4
Ozuluama	82	60	142	....	......	....
Acayúcan	81	46	127	1	......	1
Huatusco	359	111	470	2	......	2
Cosamaloápan	183	78	261	2	......	2
Á las págs. 140 y 141	6,949	3,272	10,221	221	18	239

NTES

POBLACION POR CULTOS.

Griegos.			Mahometanos.			Budhistas.			Israelitas.		
H.	M.	Total.	H.	M.	Total.	H.	M.	Total.	H.	M.	Total.
						1		1			
						2		2			
3	1	4									
2		2									
						3		3			
									1		1
									1	7	8
5	1	6				6		6	2	7	9

ASO

									1		1
									2		2
						1		1			
						1		1	3		3

PRESE

CANTONES.	POBLACION POR CULTOS.						Total general.
	Sin culto.			Se ignora.			
	H.	M.	Total.	H.	M.	Total.	
Xalapa	2,144	1,909	4,053	.....	...	......	72,077
Veracruz	2,826	2,543	5,369	.....	...	......	91,340
Orizaba	2,091	2,007	4,098	.....	...	......	75,340
Córdoba	2,196	2,218	4,414	.....	...	......	70.043
Jalacingo	2,015	1,766	3,781	.....	...	......	60,195
Chicontepec	1,649	1,580	3,229	.....	...	......	52,846
Tantoyuca	1,443	1,443	2,886	.....	...	......	51,937
Túxpan	1,375	1,181	2,556	14	...	14	47,416
Coatepec	1,471	1,432	2,903	.....	...	......	47,247
Papantla	1,238	1,204	2,442	.....	...	......	44,282
Los Tuxtlas	1,252	1,203	2,455	.....	...	......	41,110
Ozuluama	1,267	1,083	2,350	40	48	88	37,509
Acayúcan	1,062	1,136	2,198	.....	...	......	32,979
Huatusco	974	930	1,904	.....	...	....?.	30,814
Cosamaloápan	825	750	1,575	.....	...	......	28,285
Minatitlan	859	747	1,606	.....	...	......	27,974
Zongolica	733	775	1,508	.....	...	......	24,714
Misantla	499	493	992	.....	...	......	17,184
SUMAS	25,919	24,400	50,319	54	48	102	853,892

DE

Xalapa	24	13	37	.....	...	......	1,109
Veracruz	13	8	21	.....	...	......	1,113
Orizaba	29	26	55	.....	...	......	1,317
Córdoba	63	59	122	1	...	1	3,096
Jalacingo	3	5	8	.....	...	......	534
Chicontepec	5	3	8	.....	...	......	361
Tantoyuca	3	1	4	.....	...	......	142
Túxpan	12	6	18	4	...	4	528
Coatepec	6	5	11	.....	...	......	420
Papantla	3	1	4	.....	...	......	521
Los Tuxtlas	9	5	14	.....	...	......	625
Ozuluama	3	2	5	.....	...	......	147
Acayúcan	2	2	4	.....	...	......	132
Huatusco	6	6	12	.....	...	......	484
Cosamaloápan	3	1	4	.....	...	......	267
Á las págs. 142 y 143	184	143	327	5	:..	5	10,796

NTES

POBLACION SEGUN EL IDIOMA HABITUAL.

Castellano.			Chinanteco.			Huaxteco.			Maya.		
H.	M.	Total.	H.	M.	Total.	H.	M.	Total.	H.	M.	Total.
33,902	35,517	69,419	....	....	....	....	....	....	....	....	....
46,086	45,128	91,214	....	....	....	....	....	....	10	....	10
31,393	31,824	63,217	....	....	....	....	....	....	....	....	....
32,510	31,830	64,340	....	....	....	8	4	12	....	....	....
29,047	28,760	57,807	....	....	....	....	....	....	....	....	....
10,465	10,635	21,100	....	....	....	....	....	....	....	....	....
11,675	11,541	23,216	....	....	....	7,707	7,289	14,996	....	....	....
18,556	17,680	36,236	....	....	....	3,435	3,431	6,866	....	....	....
23,575	23,330	46,905	....	....	....	....	....	....	....	....	....
9,815	9,572	19,387	....	....	....	....	....	....	21	17	38
19,911	20,295	40,206	....	....	....	....	....	....	....	....	....
16,024	15,381	31,405	....	....	....	609	753	1,362	....	....	....
10,307	10,376	20,683	....	....	....	....	....	....	....	....	....
14,195	13,593	27,788	....	....	....	....	....	....	....	....	....
13,287	13,048	26,335	7	2	9	....	....	....	....	....	....
8,667	8,650	17,317	....	....	....	....	....	....	....	....	....
2,738	2,540	5,278	....	....	....	....	....	....	....	....	....
7,396	6,829	14,225	....	....	....	....	....	....	....	....	....
140,549	336,529	677,078	7	2	9	11,759	11,477	23,236	31	17	48

ASO

625	445	1,070	....	......	....	....	....	....	....	....	....
636	288	924	....	......	....	....	....	....	....	....	....
649	528	1,177	....	......	....	....	....	....	....	....	....
1,918	988	2,906	....	......	....	1	1	2	....	....	....
379	144	523	....	......	....	....	....	....	....	....	....
249	67	316	....	......	....	....	....	....	....	....	....
86	51	137	....	......	....	3	1	4	....	....	....
355	145	500	....	......	....	....	....	....	....	....	....
279	138	417	....	......	....	....	....	....	....	....	....
401	93	494	....	......	....	....	....	....	....	....	....
377	144	521	....	......	....	....	....	....	1	....	1
76	59	135	....	......	....	1	....	1	....	....	....
81	47	128	....	......	....	....	....	....	....	....	....
257	117	374	....	......	....	....	....	....	....	....	....
137	64	201	....	......	....	....	....	....	....	....	....
6,505	3,318	9,823	....	......	....	5	2	7	1	....	1

PRES

POB

CANTONES.	Mazateco.			Mexicano..		
	H.	M.	Total.	H.	M.	Tot
Xalapa...	....	....	....	60	35	
Veracruz...	....	....	....	5	....	
Orizaba ....•.............	132	....	....	5,045	5,302	10,
Córdoba..	132	1	133	2,709	2,659	5,
Jalacingo..	....	....	....	941	1,027	1,
Chicontepec	15	....	15	13,000	12,843	25,
Tantoyuca..	....	....	....	6,911	6,804	13,
Tuxpan...	....	16	16	2,042	2,006	4,
Coatepec...	....	....	....	183	159	
Papantla......................,...................	....	....	....	281	283	
Los Tuxtlas.......................................	....	....	....	420	407	
Ozuluama..	....	....	....	2,478	2,250	4,
Acayúcan..	....	....	....	2,729	2,917	5,
Huatusco...	....	....	....	1,498	1,516	3,
Cosamaloapan......................................	58	53	111	222	201	
Minatitlan...	....	....	....	5,111	5,439	10,
Zongolica..	....	2	2	9,087	10,082	19,
Misantla...	....	....	....	250	151	
SUMAS........................	205	72	277	52,972	54,081	107,

DE

Xalapa ..,..	....	....	....	....	....	.....
Veracruz...	....	....	....	1	1	
Orizaba	....	....	....	134	5	
Córdoba..	....	....	....	88	36	
Jalacingo............................ ...	....	....	....	10	....	
Chicontepec	....	....	....	24	11	
Tantoyuca..	....	....	....	....	....	.....
Tuxpan...	....	....	....	....	2	.....
Coatepec............................	....	....	....	....	....	
Papantla..	....	....	....	8	4	
Los Tuxtlas..........	....	....	....	2	2	
Ozuluama...	....	....	....	2		
Acayúcan	....	....	....	....	1	
Huatusco...	....	....	....	103	....	
Cosamaloápan......................................	....	....	....	....	....	.....
Á las págs. 144 y 145................	....	....	....	372	62	

E S

SEGUN EL IDIOMA HABITUAL.

Mixteco.		Otomí.			Popoloco.			Tarasco.		
M.	Total.	H.	M.	Total.	H.	M.	Total.	H.	M.	Total.
....	....	1	1	2	....	....	....	....	....	....
20	39	1	....	1	....	....	....	....	....	....
894	1,682	....	....	....	12	7	19	....	....	....
31	85	5	3	8	10	11	21	1	....	1
....	....	2,399	2,326	4,725	....	....	....	....	....	....
....	....	4	5	9	....	....	....	....	....	....
....	....	1	1	2	....	....	....	....	....	....
....	....	45	2	47	1	....	1	....	....	....
....	20	1	....	1	....	....	....	....	....	....
....	....	....	....	....	3,140	3,498	6,638	....	....	....
13	39	....	....	....	....	....	....	....	....	....
....	....	1	....	1	....	....	....	....	....	....
14	14	94	4	98	14	10	24	....	....	....
....	....	1	....	1	....	1	1	....	....	....
972	1,879	2,553	2,342	4,895	3,177	3,527	6,704	1	....	1

O

Mixteco.		Otomí.			Popoloco.			Tarasco.		
....	....	....	....	....	....	....	....	....	....	....
7	25	12	3	15	6	1	7	....	....	....
....	....	10	....	10	....	....	....	....	....	....
....	....	....	....	....	....	....	....	....	....	....
....	....	....	....	....	....	....	....	....	....	....
2	99	....	....	....	....	....	....	....	....	....
....	....	....	....	....	3	....	3	....	....	....
....	....	7	....	7	....	....	....	....	....	....
....	2	....	....	....	....	....	....	....	....	....
9	126	29	3	32	9	1	10	....	....	....

PRES

POBLACION SEGUN EL IDIO

CANTONES.	Tepehuá.			Totonaco.		
	H.	M.	Total.	H.	M.	Tot
Xalapa	....	....	....	1,521	1,576	3,(
Veracruz	....	....	....	1	....	
Orizaba	....	....	....	....	....	....
Córdoba	....	....	....	6	1	
Jalacingo	....	....	....	....	4	
Chicontepec	636	527	1,163	....	....	....
Tantoyuca	....	....	....	....	....	
Túxpan	....	....	....	96	67	....
Coatepec	....	....	....	....	....	
Papantla	....	....	....	12,298	11,926	24,:
Los Tuxtlas	....	....	....	6	4	
Ozuluama	....	....	....	1	....	
Acayúcan	....	....	....	....	....	....
Huatusco	....	....	....	....	....	
Cosamaloápan	....	....	....	168	196	:
Minatitlan	....	....	....	....	....	....
Zongolica	....	....	....	69	59	
Misantla	....	....	....	1,184	1,317	2,(
Sumas	636	527	1,163	15,350	15,150	30,(

DE

CANTONES.						
Xalapa	....	....	....	....	1	.
Veracruz	....	....	....	....	....	....
Orizaba	....	....	....	....	....	
Córdoba	....	....	....	2	....	
Jalacingo	....	....	....	....	....	
Chicontepec	....	....	....	....	....	
Tantoyuca	....	....	....	....	....	
Túxpan	....	....	....	16	....	
Coatepec	....	....	....	....	....	
Papantla	....	....	....	3	2	
Los Tuxtlas	....	....	....	....	....	....
Ozuluama	....	....	....	....	....	
Acayúcan	....	....	....	....	....	
Huatusco	....	....	....	....	....	....
Cosamaloápan	....	....	....	....	....	....
Á las págs. 146 y 147	....	....	....	21	3	

TES

ABITUAL.	IDIOMAS EXTRANJEROS.										
Zapoteco.			Aleman.			Arabe.			Chino.		
H.	M.	Total.	H.	M.	Total.	H.	M.	Total.	H.	M.	Total.
......	....	....	2	....	2	4	....	4	....	....	....
17	8	25	1	....	1	....	....	....	1	....	1
......	....	....	3	....	3	7.	4	11	2	....	2
3	3	6	2	....	2	3	2	5	2	....	2
......	4	4	2	2	4	....	....	....	....	....	....
......	....	....	....	....	....	....	....	....	....	....	....
......	....	....	5	....	5	2	....	2	....	....	....
......	2	2	....	....	....	1	....	1	....	....	....
......	....	....	....	....	....	....	....	....	....	....	....
5	1	6	1	....	1	....	....	....	....	....	....
......	....	....	1	1	2	....	....	....	....	....	....
519	468	987	....	....	....	....	....	....	....	....	....
9	2	11	6	3	9	....	....	....	2	....	2
......	....	....	....	....	....	....	....	....	....	....	....
31	....	31	2	1	3	....	....	....	....	....	....
584	488	1,072	25	7	32	17	6	23	5	....	5

SO

Zapoteco.			Aleman.			Arabe.			Chino.		
......	....	....	3	1	4	....	....	....	....	....	....
......	....	....	3	1	4	3	....	3	....	....	....
......	....	....	1	....	1	....	....	....	....	....	....
......	....	....	3	....	3	3.	....	3	....	....	....
......	....	....	....	....	....	....	....	....	....	....	....
......	....	....	....	....	....	....	....	....	....	....	....
......	....	....	....	....	....	....	....	....	....	....	....
1	....	1	....	....	....	....	....	....	....	....	....
......	....	....	....	....	....	1	....	1	....	....	....
......	....	....	....	....	....	....	....	....	....	....	....
......	....	....	2	2	4	....	....	....	....	....	....
......	....	....	....	....	....	2	....	2	....	....	....
......	....	....	....	....	....	....	....	....	....	....	....
46	15	61	....	....	....	2	....	2	....	....	....
47	15	62	12	4	16	11	....	11	....	....	....

PRES

CANTONES.	Dinamarqués.			Franceses.		
	H.	M.	Total.	H.	M.	Total.
Xalapa	2	....	2	7	6	
Veracruz	....	....	....	2	....	
Orizaba	....	....	....	16	....	
Córdoba	....	....	....	19	2	
Jalacingo	....	....	....	199	190	3
Chicontepec	....	....	....	....	....	......
Tantoyuca	....	....	....	....	....	......
Túxpan	....	....	....	6	....	
Coatepec	....	....	....			
Papantla	1	....	1	....	3	......
Los Tuxtlas	....	....	....	1	....	
Ozuluama	....	....	....	1	....	
Acayúcan	....	....	....	1	....	
Huatusco	....	....	....	....	....	......
Cosamaloápan	....	....	....	1	....	
Minatitlan	....	2	2	2	1	
Zongolica	....	....	....	1	....	
Misantla	....	....	....	16	2	
SUMAS	3	2	5	272	204	4

DE

Xalapa	....	....	....	1	....	
Veracruz	....	....	....	4	....	
Orizaba	....	....	....	....	....	
Córdoba	....	....	....	1	....	
Jalacingo	....	....	....	....	....	......
Chicontepec	....	....	....	....	....	
Tantoyuca	....	....	....	1	....	
Túxpan	....	....	....	2	....	
Coatepec	....	....	....	3	....	
Papantla	....	....	....	....	....	......
Los Tuxtlas	....	....	....	....	....	......
Ozuluama	....	....	....	....	....	
Acayúcan	....	....	....	1	....	
Huatusco	....	....	....	....	....	......
Cosamaloápan	....	....	....	....	....	......
Á las págs. 148 y 149	....	....	....	13	....	

TES

IOMAS EXTRANJEROS.

	Griego.			Holandés.			Húngaro.			Inglés.	
H.	**M.**	**Total.**	**H.**	**M.**	**Total.**	**H.**	**M.**	**Total.**	**H.**	**M.**	**Total.**
...	...	...	...	...	...	...	...	...	16	19	35
...	...	...	...	...	...	...	...	...	35	4	39
...	...	...	...	...	...	...	...	...	24	...	24
...	...	...	...	...	...	1	...	1	11	9	20
...	...	...	...	...	...	...	...	...	2	...	2
...	...	...	...	...	...	...	...	...	...	...	...
...	...	...	...	...	...	...	...	...	1	...	1
2	...	2	...	...	...	...	...	...	55	9	64
...	...	...	...	...	...	...	...	...	...	...	...
1	...	1	1	...	1	...	...	...	22	13	35
...	...	...	...	...	...	...	...	...	7	1	8
1	...	1	...	...	...	...	...	...	3	2	5
...	...	...	...	...	...	...	...	...	...	...	...
...	...	...	...	...	...	...	...	...	10	1	11
2	...	2	...	1	1	...	...	...	49	22	71
...	...	...	...	...	...	...	...	...	1	...	...
...	...	...	...	...	...	...	...	...	1	...	1
6	...	6	1	1	2	1	...	1	236	80	316

SO

	Griego.			Holandés.			Húngaro.			Inglés.	
H.	**M.**	**Total.**	**H.**	**M.**	**Total.**	**H.**	**M.**	**Total.**	**H.**	**M.**	**Total.**
...	...	...	...	...	...	1	...	1	9	3	12
...	...	...	1	...	1	...	...	...	168	4	172
...	...	...	...	...	...	...	...	...	...	...	...
...	...	...	...	...	...	...	...	...	4	1	5
...	...	...	...	...	...	...	...	...	...	...	...
...	...	...	...	...	...	...	...	...	...	...	...
...	...	...	...	...	...	...	...	...	7	1	8
...	...	...	...	...	...	...	...	...	8	...	8
...	...	...	...	...	...	...	...	...	...	...	...
...	...	...	...	...	...	...	...	...	...	...	...
...	...	...	...	...	...	...	...	...	...	...	...
...	...	...	...	...	...	...	...	...	1	...	1
...	...	...	1	...	1	1	...	1	197	9	206

PRESE

IDIOMAS

CANTONES.	Italiano.			Portugués.		
	H.	M.	Total.	H.	M.	Total.
Xalapa	6	2	8	....	....	....
Veracruz	2	....	2	....	....	....
Orizaba	20	....	20	....	....	....
Córdoba	10	1	11	....	....	....
Jalacingo	11	6	17	....	....	....
Chicontepec	....	....	....	....	....	....
Tantoyuca	....	....	....	....	....	....
Túxpan	5	....	5	1	....	1
Coatepec	....	....	....	....	....	....
Papantla	8	6	14	....	....	....
Los Tuxtlas	....	....	....	....	....	....
Ozuluama	4	1	5	....	....	....
Acayúcan	4	....	4	....	....	....
Huatusco	7	3	10	....	....	....
Cosamaloápan	5	....	5	....	....	....
Minatitlan	2	....	2	3	....	3
Zongolica	....	....	....	....	....	....
Misantla	2	....	2	....	....	....
SUMAS	86	19	105	4	....	4

DE

Xalapa	....	....	....	14	6	20
Veracruz	1	....	1	....	....	....
Orizaba	....	....	....	....	....	....
Córdoba	3	....	3	....	....	....
Jalacingo	1	....	1	....	....	....
Chicontepec	....	....	....	....	....	....
Tantoyuca	....	....	....	....	....	....
Tuxpan	....	....	....	....	....	....
Coatepec	....	....	....	....	....	....
Papantla	....	....	....	....	....	....
Los Tuxtlas	....	....	....	....	....	....
Ozuluama	1	1	2	....	....	....
Acayúcan	....	....	....	....	....	....
Huatusco	....	....	....	....	....	....
Cosamaloápan	....	....	....	....	....	....
Á las págs. 150 y 151	6	1	7	14	6	20

ES

	'RANJEROS.					POBLACION SEGUN LA NACIONALIDAD.					
Ruso.		Sueco.			Total general.	Alemana.			Argentina.		
M.	Total.	H.	M.	Total.		H.	M.	Total.	H.	M.	Total.
......	....	....	......	....	72,677	5	....	5	......	....	....
......	....	....	......	....	91,340	41	6	47	:......	....	....
......	1	....	......	....	75,340	10	10	20	......	....	....
......	....	....	......	....	70,043	5	1	6	......	....	....
......	....	....	......	....	60,195	2	....	2	......	....	....
......	....	....	......	....	52,846	......	....	....	......	....	....
......	....	....	......	....	51,937	......	....	....	......	....	....
......	....	....	......	....	47,416	3	3	6	......	....	....
......	....	....	......	....	47,247	......	1	1	......	....	....
......	....	1	......	1	44,282	5	....	5	......	....	....
......	....	....	......	....	41,110	1	....	1	......	....	....
......	....	....	......	....	37,509	......	....	....	......	....	....
......	....	....	......	....	32,979	1	....	1	......	....	....
......	....	....	......	....	30,814	8	7	15	......	....	....
......	....	....	......	....	28,285	......	....	....	......	....	....
......	....	....	......	....	27,974	4	3	7	2	......	2
......	....	....	......	....	24,714	......	....	....	......	....	....
......	....	....	......	....	17,184	3	4	7	......	....	....
......	1	1	......	1	853,892	88	35	123	2	......	2

O

......	....	....	......	....	1,109	3	1	4	......	....	....
......	....	2	......	2	1,113	29	1	30	......	....	....
......	....	....	......	....	1,317	......	....	....	......	....	....
......	....	....	......	....	3,096	3	....	3	......	....	....
......	....	....	......	....	534	......	....	....	......	....	....
......	....	....	......	....	361	......	....	....	......	....	....
......	....	....	......	....	142	......	....	....	......	....	....
......	....	....	......	....	528	......	....	....	......	....	....
......	....	....	......	....	420	......	....	....	......	....	....
......	....	....	......	....	521	2	....	2	......	....	....
......	....	....	......	....	625	......	....	....	......	....	....
......	....	....	......	....	147	2	2	4	......	....	....
......	....	....	......	....	132	......	....	....	......	....	....
......	....	....	......	....	484	......	....	....	......	....	....
......	....	....	......	....	267	......	....	....	......	....	....
......	....	2	......	2	10,796	39	4	43	......	....	....

PRE$

POB

CANTONES.	Austro-Húngara.			Belga.		
	H.	M.	Total.	H.	M.	Tot
Xalapa	1	....	1	....	....	.....
Veracruz	....	....	....	2	....	
Orizaba	1	....	1	....	....	.....
Córdoba	1	....	1	2	1	.....
Jalacingo	....	....	....	....	....	
Chicontepec	....	....	....	....	....	
Tantoyuca	....	....	....	....	....	
Túxpan	....	....	....	....	....	
Coatepec	1	....	1	....	....	
Papantla	....	....	....	....	....	
Los Tuxtlas	....	....	....	2	....	
Ozuluama	....	....	....	....	....	
Acayúcan	....	....	....	....	....	
Huatusco	4	....	4	....	....	
Cosamaloápan	....	....	....	....	....	
Minatitlan	....	....	....	....	....	
Zongolica	....	....	....	....	....	
Misantla	....	....	....	2	1	
SUMAS	8	....	8	8	2	

DE

CANTONES.	Austro-Húngara.			Belga.		
Xalapa	1	....	1	....	....	.....
Veracruz	1	....	1	1	....	.....
Orizaba	....	....	....	....	....	
Córdoba	....	....	....	....	....	
Jalacingo	....	.....	....	....	....	
Chicontepec	....	....	....	....	....	
Tantoyuca	....	....	....	....	....	
Túxpan	....	....	....	....	....	
Coatepec	....	....	....	....	....	
Papantla	....	....	....	....	....	
Los Tuxtlas	....	....	....	....	....	
Ozuluama	....	....	....	....	....	
Acayúcan	....	....	....	....	....	
Huatusco	....	....	....	....	....	
Cosamaloápan	....	....	....	....	....	
Á las págs. 152 y 153	2	....	2	1	....	.....

ITES

ON SEGUN LA NACIONALIDAD.

	Boliviana.			Brasileña.			Colombiana.			Costarricence.			Chilena.	
H.	M.	Total.	H.	M.	Total.	H.	M.	Total.	H.	M.	Total.	H.	M.	Total.
.....	......	......	......	......	......	1	......	1	.....	.....	......	......	......	......
.....	......	......	2	......	2	1	.....	1	.....	.....	......	2	......	2
.....	......	......	1	......	1	......	1	1	.....	.....	......	1	.....	1
.....	......	......	1	1	2	......	......	......	.....	.....	......	......	......	......
.....	......	......	......	......	......	......	......	......	.....	1	1	......	......	......
.....	......	......	......	......	......	......	......	......	.....	.....	......	......	......	......
.....	......	......	......	......	......	......	......	......	.....	.....	......	......	......	......
.....	......	......	......	......	......	......	......	......	.....	.....	......	......	......	......
.....	......	......	......	......	......	......	......	......	.....	.....	......	......	......	......
.....	......	......	1	......	1	......	......	......	.....	.....	......	......	......	......
.....	......	......	......	......	......	......	6	6	.....	.....	......	1	.....	1
.....	......	......	......	......	......	......	......	......	.....	.....	......	1	.....	1
.....	......	......	......	......	......	......	......	......	.....	.....	......	......	......	......
.....	......	......	5	1	6	1	7	8	.....	1	1	5	.....	5

SO

.....	......	......	14	5	19	......	......	......	.....	1	1	......	......	......
.....	......	......	1	......	1	......	......	......	.....	.....	......	2	......	2
.....	......	......	......	......	......	......	......	......	.....	.....	......	......	......	......
.....	......	......	......	......	......	......	......	......	.....	.....	......	......	......	......
.....	......	......	......	......	......	......	......	......	.....	.....	......	......	......	......
.....	......	......	......	......	......	......	......	......	.....	.....	......	......	......	......
.....	......	......	......	......	......	......	......	......	.....	.....	......	......	......	......
.....	......	......	......	......	......	......	......	......	.....	.....	......	......	......	......
.....	......	......	......	......	......	......	......	......	.....	.....	......	......	......	......
.....	......	......	......	......	......	......	......	......	.....	.....	......	......	......	......
.....	......	......	......	......	......	......	......	......	.....	.....	......	......	......	......
.....	......	......	......	......	......	......	......	......	.....	.....	......	......	......	......
.....	......	......	15	5	20	......	......	......	.....	1	1	2	.....	2

PRE

POB

CANTONES.	China.			Dinamarquesa.		
	H.	M.	Total.	H.	M.	Tot
Xalapa						
Veracruz	5		5	1		
Orizaba						
Córdoba	2		2			
Jalacingo						
Chicontepec						
Tantoyuca						
Túxpan						
Coatepec						
Papantla	2		2			
Los Tuxtlas						
Ozuluama						
Acayúcan						
Huatusco						
Cosamaloápan						
Minatitlan	2		2		2	
Zongolica						
Misantla						
SUMAS	11		11	1	2	

DE

	China.			Dinamarquesa.		
Xalapa						
Veracruz	8		8	2		
Orizaba						
Córdoba						
Jalacingo						
Chicontepec						
Tantoyuca						
Túxpan	3		3			
Coatepec						
Papantla				1		
Los Tuxtlas						
Ozuluama						
Acayúcan						
Huatusco						
Cosamaloápan						
Á las págs. 154 y 155	11		11	3		

ITES

ION SEGUN LA NACIONALIDAD.

Dominicana			Ecuatoriana			Española			Francesa			Guatemalteca		
H.	M.	Total.	H.	M.	Total.	H.	M.	Total.	H.	M.	Total.	H.	M.	Total.
1	.....	1	.....	.....	......	91	9	100	19	5	24	1	......	1
.....	.....	......	.....	.....	......	1,121	279	1,400	49	9	58	4	4	8
.....	.....	......	.....	.....	......	122	39	161	26	22	48	2	9	11
.....	.....	......	.....	.....	......	199	27	226	30	2	32	......	1	1
.....	.....	......	.....	.....	......	40	6	46	202	202	404	......	......	......
.....	.....	......	.....	.....	......	......	......	......	......	......	1	......	......	......
.....	.....	......	.....	.....	......	......	1	1	......	......	......	......	......	......
.....	.....	......	.....	.....	......	64	4	68	6	.....	6	1	......	1
.....	.....	......	.....	.....	......	27	4	31	5	6	11	......	......	......
.....	.....	......	.....	.....	......	47	2	49	2	4	6	......	......	......
.....	.....	......	.....	.....	......	74	6	80	5	.....	5	1	......	1
.....	.....	......	.....	.....	......	15	.....	15	1	.....	1	......	......	......
.....	.....	......	.....	.....	......	23	4	27	2	1	3	......	......	......
.....	.....	......	.....	.....	......	22	8	30	1	.....	1	......	......	......
.....	.....	......	.....	.....	......	55	.....	55	1	.....	1	2	......	2
.....	.....	......	.....	.....	......	33	3	36	4	1	5	2	......	2
.....	.....	......	.....	.....	......	17	1	18	3	.....	3	......	......	......
.....	.....	......	.....	.....	......	33	9	42	33	14	47	......	......	......
1	.....	1	.....	.....	......	1,983	402	2,385	389	267	656	13	14	27

ISO

Dominicana			Ecuatoriana			Española			Francesa			Guatemalteca		
.....	.....	......	.....	.....	......	7	1	8	2	1	3	......	......	......
.....	.....	......	1	.....	1	62	16	78	5	.....	5	2	......	2
.....	.....	......	.....	.....	......	11	11	22	......	2	2	......	......	......
.....	.....	......	.....	.....	......	7	......	7	4	......	4	......	......	......
.....	.....	......	.....	.....	......	4	......	4	......	......	......	......	......	......
.....	.....	......	.....	.....	......	......	......	......	......	......	......	......	......	......
.....	.....	......	.....	.....	......	......	......	......	1	......	1	......	......	......
.....	.....	......	.....	.....	......	9	......	9	2	......	2	1	......	1
.....	.....	......	.....	.....	......	1	......	1	3	......	3	......	......	......
.....	.....	......	.....	.....	......	4	......	4	......	......	......	......	......	......
.....	.....	......	.....	.....	......	......	......	......	......	......	......	......	......	......
.....	.....	......	.....	.....	......	......	......	......	......	......	......	......	......	......
.....	.....	......	.....	.....	......	1	......	1	1	......	1	......	......	......
.....	.....	......	.....	.....	......	......	......	......	......	......	......	......	......	......
.....	.....	......	.....	.....	......	4	......	4	......	......	......	......	......	......
.....	.....	......	1	.....	1	110	28	138	18	3	21	3	.....	3

PRESE

POBLA

CANTONES.	Griega.			Haitiana.		
	H.	M.	Total.	H.	M.	Total.
Xalapa	....	....	....	....	....	....
Veracruz	7	....	7	....	....	....
Orizaba	....	....	....	....	....	....
Córdoba	....	....	....	....	....	....
Jalacingo	....	1	1	....	....	....
Chicontepec	....	....	....	....	....	....
Tantoyuca	....	....	....	....	....	....
Túxpan	4	....	4	....	....	....
Coatepec	....	....	....	....	....	....
Papantla	2	....	2	....	....	....
Los Tuxtlas	....	....	....	....	....	....
Ozuluama	1	....	1	....	....	....
Acayúcan	1	....	1	3	....	3
Huatusco	....	....	....	....	1	1
Cosamaloápan	....	....	....	....	....	....
Minatitlan	3	....	3	....	....	....
Zongolica	....	....	....	....	....	....
Misantla	1	....	1	....	....	....
SUMAS	19	1	20	3	1	4

DE

Xalapa	....	....	....	....	....	....
Veracruz	1	....	1	....	....	....
Orizaba	....	....	....	....	....	....
Córdoba	....	....	....	....	....	....
Jalacingo	....	...v..	....	....	....	....
Chicontepec	....	....	....	....	....	....
Tantoyuca	....	....	....	....	....	....
Túxpan	1	....	1	....	....	....
Coatepec	....	....	....	....	....	....
Papantla	1	....	1	....	....	....
Los Tuxtlas	....	....	....	....	....	....
Ozuluama	....	....	....	....	....	....
Acayúcan	....	....	....	....	....	....
Huatusco	....	....	....	....	....	....
Cosamaloápan	....	....	....	....	....	....
Á las págs. 156 y 157	3	....	3	....	....	....

NTES

ON SEGUN LA NACIONALIDAD.

	M.	Total.	H.	M.	Total.
11	4	15	35,368	37,112	72,480
29	4	33	44,812	44,790	89,602
30	17	47	37,072	37,900	74,972
23	5	28	35,195	34,506	69,701
11	7	18	29,944	29,774	59,718
1	....	1	26,514	26,330	52,844
....	....	....	26,298	25,637	51,935
7	2	9	24,062	23,175	47,237
2	....	2	23,722	23,478	47,200
40	22	62	22,348	21,763	44,111
2	....	2	20,289	20,717	41,006
5	2	7	19,093	18,383	37,476
2	....	2	16,149	16,787	32,936
69	65	134	15,592	15,029	30,621
....	....	....	14,230	13,981	28,211
4	....	4	13,732	14,076	27,808
1	....	1	11,982	12,710	24,692
9	3	12	8,798	8,267	17,065
				424,415	849,615

ASO

					H.	M.	Total.
3	4	....	4		613	444	1,057
123	5	1	6		548	272	820
1	....	1	1		770	518	1,288
1	3	....	3		2,035	1,036	3,071
....	....	....	....		386	144	530
....	....	....	....		283	78	361
....	....	....	....		89	52	141
....	1	....	1		354	147	501
....	....	....	....		278	138	416
....	1	....	1		407	99	506
....	....	....	....		477	148	625
....	1	1	2		82	59	141
....	....	....	....		80	48	128
....	2	....	2		365	117	482
....	....	....	....		181	79	260
	17	3	20		6,948	3,379	10,327

PRES█

POBL█

CANTONES.	Norteamericana.			Persa.		
	H.	M.	Total.	H.	M.	Total.
Xalapa	13	14	27	....	....	....
Veracruz	43	43	86	....	....	....
Orizaba	15	14	29	7	4	11
Córdoba	12	9	21	....	1	1
Jalacingo	2	2	4	....	....	....
Chicontepec	....	....	....	....	....	....
Tantoyuca	....	....	....	....	....	....
Tuxpan	51	23	74	....	....	....
Coatepec	1	....	1	....	....	....
Papantla	26	14	40	....	....	....
Los Tuxtlas	8	1	9	....	....	....
Ozuluama	5	....	5	....	....	....
Acayúcan	4	....	4	....	....	....
Huatusco	4	3	7	....	....	....
Cosamaloápan	13	1	14	....	....	....
Minatitlan	37	25	62	....	....	....
Zongolica	....	....	....	....	....	....
Misantla	4	3	7	....	....	....
SUMAS	238	152	390	7	5	12

DE █

Xalapa	5	3	8	....	....	....
Veracruz	15	....	15	....	....	....
Orizaba	3	....	3	....	....	....
Córdoba	3	1	4	....	....	....
Jalacingo	....	....	....	....	....	....
Chicontepec	....	....	....	....	....	....
Tantoyuca	....	....	....	....	....	....
Tuxpan	7	1	8	....	....	....
Coatepec	....	....	....	....	....	....
Papantla	5	....	5	....	....	....
Los Tuxtlas	....	....	....	....	....	....
Ozuluama	....	....	....	....	....	....
Acayúcan	....	....	....	2	....	2
Huatusco	....	....	....	....	....	....
Cosamaloápan	....	....	....	2	....	2
Á las págs. 158 y 159	38	5	43	4	....	2

TES

ON SEGUN LA NACIONALIDAD.

	Peruana.			Portuguesa.			Rusa.			Salvadoreña.	
H.	M.	Total.	H.	M.	Total.	H.	M.	Total.	H.	M.	Total.
......	....	....	....	....	....	....	....	....	1	3	4
3	1	4	6	1	7	....	....	....	....	....	....
1	1	2	....	....	....	1	....	1	....	....	....
2	....	2	....	....	....	....	....	....	....	....	....
......	....	....	....	....	....	....	....	....	....	....	....
......	....	....	....	....	....	....	....	....	....	....	....
......	....	....	....	....	....	1	....	1	....	....	....
......	....	....	....	....	....	....	....	....	....	....	....
......	....	....	....	....	....	....	....	....	....	....	....
......	....	....	....	....	....	1	....	1	....	....	....
......	....	....	....	....	....	....	....	....	....	....	....
......	....	....	....	....	....	....	....	....	....	....	....
......	....	....	1	....	1	....	....	....	....	....	....
......	....	....	....	....	....	....	....	....	....	....	....
......	....	....	....	....	....	....	....	....	....	....	....
6	2	8	7	1	8	3	....	3	1	3	4

SO

......	....	....	....	....	....	....	....	....	....	....	....
......	....	....	....	....	....	1	....	1	....	....	....
......	....	....	....	....	....	....	....	....	....	....	....
......	....	....	....	....	....	....	....	....	....	....	....
......	....	....	....	....	....	....	....	....	....	....	....
......	....	....	....	....	....	....	....	....	....	....	....
......	....	....	2	....	2	....	....	....	....	....	....
......	....	....	....	....	....	....	....	....	....	....	....
......	....	....	....	....	....	1	....	1	....	....	....
......	....	....	....	....	....	....	....	....	....	....	....
......	....	....	....	....	....	....	....	....	....	....	....
......	....	....	....	....	....	....	....	....	....	....	....
......	....	....	....	....	....	....	....	....	....	....	....
......	....	....	2	....	2	2	....	2	....	....	....

PRES

POB

CANTONES.	Sueco–Noruega.			Suiza.		
	H.	M.	Total.	H.	M.	Tot
Xalapa.................................	....	....	....	•	....	.....
Veracruz.............................	....	....	....	2	....	
Orizaba................................	1	....	1	....	....	.....
Córdoba...............................	....	....	....	3	....	
Jalacingo.............................	....	....	....	....	....	.....
Chicontepec........................	....	....	....	....	....	
Tantoyuca...........................	....	....	....	....	....	
Túxpan................................	1	....	1	....	....	
Coatepec.............................	....	....	....	....	....	
Papantla..............................	....	....	....	....	....	
Los Tuxtlas.........................	....	....	....	....	....	
Ozuluama............................	....	....	....	....	....	
Acayúcan.............................	....	....	....	....	....	
Huatusco..............................	....	....	....	....	....	
Cosamaloápan......................	....	....	....	....	....	
Minatitlan...........................	1	....	1	....	....	
Zongolica.............................	....	....	....	....	....	
Misantla..............................	....	....	....	....	....	
Sumas.......................	3	....	3	5	....	

DE

Xalapa.................................	....	....	....	....	....	.....
Veracruz.............................	12	....	12	....	....	.....
Orizaba................................	....	....	....	....	....	
Córdoba...............................	....	....	....	....	....	.....
Jalacingo.............................	....	....	....	....	....	.....
Chicontepec........................	....	....	....	....	....	
Tantoyuca...........................	....	....	....	....	....	
Túxpan................................	....	....	....	....	....	
Coatepec.............................	....	....	....	....	....	.....
Papantla..............................	....	....	....	....	....	.....
Los Tuxtlas.........................	....	....	....	....	....	
Ozuluama............................	....	....	....	....	....	
Acayúcan.............................	....	....	....	....	....	
Huatusco..............................	....	....	....	....	....	
Cosamaloápan	1	....	1	....	....	.....
Á las págs. 160 y 161...............	13	....	13	....	....	.....

TES.

ON SEGUN LA NACIONALIDAD.

Turca.			Uruguaya.			Venezolana.			Se ignora.			TOTAL GENERAL.	NÚMERO DE HOGARES.
H.	M.	Total.	H.	M.	Total.	H.	M.	Total.	H.	M.	Total.		
4	......	4	......	......	......	......	......	......	......	......	......	72,677	14,023
....	......	......	......	......	......	2	7	9	.....	3	3	91,340	16,725
....	......	......	......	......	......	......	......	......	.....	.....	......	75,340	13,640
3	2	5	1	......	1	......	......	......	.....	.....	......	70,043	15,212
....	......	......	......	......	......	......	......	......	.....	.....	......	60,195	11,484
....	......	......	......	......	......	......	......	......	.....	.....	......	52,846	11,452
....	......	......	......	......	......	......	......	......	.....	.....	......	51,937	13,949
2	......	2	......	......	......	......	......	......	.....	.....	......	47,416	9,510
....	......	......	......	......	......	......	......	......	.....	.....	......	47,247	9,590
....	......	......	......	......	......	......	......	......	1	.....	1	44,282	9,143
....	......	......	......	......	......	......	......	......	.....	.....	......	41,110	8,094
....	......	......	......	......	......	......	......	......	.....	.....	......	37,509	6,581
....	......	......	......	......	......	......	......	......	.....	.....	......	32,979	6,453
....	......	......	......	......	......	......	......	......	.....	.....	......	30,814	5,936
....	......	......	......	......	......	......	......	......	.....	.....	......	28,285	5,116
....	......	......	......	......	......	1	......	1	.....	.....	......	27,974	6,268
....	......	......	......	......	......	......	......	......	.....	.....	......	24,714	5,316
....	......	......	......	......	......	......	......	......	.....	.....	......	17,184	3,175
9	2	11	1	......	1	3	7	10	1	3	4	853,892	171,667

.SO

									Se ignora H.	M.	Total.	TOTAL GENERAL.	
....	......	......	......	......	......	......	......	......	....	.....	.....	1,109	....
....	......	......	......	......	......	......	......	......	3	.....	3	1,113	....
....	......	......	......	......	......	......	......	......	....	.....	.....	1,317	....
....	......	......	......	......	......	......	......	......	3	.....	3	3,096	....
....	......	......	......	......	......	......	......	......	.....	.....	......	534	....
....	......	......	......	......	......	......	......	......	.....	.....	......	361	....
....	......	......	......	......	......	......	......	......	.....	.....	......	142	....
....	......	......	......	......	......	......	......	......	.....	.....	......	528	....
....	......	......	......	......	......	......	......	......	.....	.....	......	420	....
....	......	......	......	......	......	......	......	......	.....	.....	......	521	....
....	......	......	......	......	......	......	......	......	.....	.....	......	625	....
....	......	......	......	......	......	......	......	......	.....	.....	......	147	....
....	......	......	......	......	......	......	......	......	.....	.....	......	132	....
....	......	......	......	......	......	......	......	......	.....	.....	......	484	....
....	......	......	......	......	......	......	......	......	.....	.....	......	267	....
....	......	......	......	......	......	......	......	......	6	.....	6	10,796	....

D E

CANTONES.	POBLACION POR SEXOS.					
	NÚMERO DE HABITANTES.			De 0 á 1 año.		
	Hombres.	Mujeres.	Totales.	H.	M.	T.
De las págs. 6 y 7.......	7,363	3,433	10,796	171	151	
Minatitlan............................	250	80	330	1	5	
Zongolica............................	613	298	911	7	2	
Misantla............................	332	94	426	1	9	
SUMAS	8,558	3,905	12,463	180	167	

A U

	Hombres.	Mujeres.	Totales.	H.	M.	T.
Xalapa................................	888	540	1,428	21	16	
Veracruz............................	497	385	882	18	12	
Orizaba	549	292	841	7	11	
Córdoba..............................	551	310	861	8	14	
Jalacingo............................	271	127	398	2	5	
Chicontepec	287	110	397	3	4	
Tantoyuca.........	154	78	232	6	3	
Tuxpan..............................	422	138	560	3	2	
Coatepec............................	396	194	590	5	5	
Papantla............................	243	122	365	5	5	
Los Tuxtlas........................	172	72	244	2	3	
Ozuluama............................	134	72	206	4	2	
Acayúcan............................	183	80	263	2	3	
Huatusco............................	204	59	263	4	1	
Cosamaloápan......................	249	177	426	3	11	
Minatitlan..........................	229	146	375	4		
Zongolica...........................	540	322	862	17	10	
Misantla............................	91	44	135	3	3	
SUMAS..................	6,060	3,268	9,328	117	114	

ASO

POBLACION POR EDADES.

De 2 años.			De 3 años.			De 4 años.			De 5 años.		
H.	M.	Total.	H.	M.	Total.	H.	M.	Total.	H.	M.	Total.
83	95	178	98	80	178	74	78	152	83	76	159
3	4	7	2	6	8	1	1	2	1	2	3
1	2	3	1	1	2	2	....	2	5	....	5
2	3	5	....	....	....	1	3	4	3	4	7
89	104	193	101	87	188	78	82	160	92	82	174

NTES

De 2 años.			De 3 años.			De 4 años.			De 5 años.		
H.	M.	Total.	H.	M.	Total.	H.	M.	Total.	H.	M.	Total.
10	11	21	7	9	16	10	19	29	6	8	14
8	6	14	5	11	16	9	8	17	10	10	20
5	3	8	1	3	4	3	6	9	2	4	6
4	3	7	4	6	10	7	8	15	8	6	14
....	2	2	3	1	4	6	2	8	1	8	9
3	1	4	2	2	4		2	3	7	2	9
5	3	8	2	1	3		3	6		3	3
3	4	7	2	2	4		1	5	1	7	8
5	1	6	6	4	10	1	3	4	1	7	8
4	8	12	6	1	7		3	7	1	4	5
2	3	5	2		3			5	2	1	3
2	4	6	....		3			3		4	6
1	2	3	1		2			5	4	....	4
1	2	3	2		4			5	1	2	3
5	4	9	5		7			8	3	7	10
3	6	9	4	5	9			9	3	18	21
11	10	21	13	6	19	1	1	23	9	12	21
5	1	6	9	....	9			8	6	2	8
77	74	151	74	60	134	80	89	169	67	105	172

DE P

CANTONES.	De 6 á 10 años.			De 11 á 15 años.		
	H.	M.	Total.	H.	M.	Total.
De las págs. 8 y 9............	382	300	682	581	351	932
Minatitlan...............................	9	8	17	12	2	14
Zongolica...............................	37	23	60	50	24	74
Misantla...............................	10	10	20	25	6	31
SUMAS........................	438	341	779	668	383	1,051

AUSE

Xalapa......................................	55	66	121	91	64	155
Veracruz...................................	28	36	64	46	51	97
Orizaba.....................................	17	17	34	55	33	88
Córdoba....................................	37	33	70	55	33	88
Jalacingo..................................	17	12	29	17	17	34
Chicontepec..............................	15	4	19	11	11	22
Tantoyuca.................................	21	17	38	8	10	18
Túxpan.....................................	24	16	40	28	17	45
Coatepec...................................	15	12	27	36	20	56
Papantla...................................	38	12	50	27	9	36
Los Tuxtlas...............................	11	6	17	14	6	20
Ozuluama..................................	11	7	18	7	9	16
Acayúcan..................................	10	8	18	17	13	30
Huatusco...................................	8	4	12	27	8	35
Cosamaloápan...........................	31	28	59	29	24	53
Minatitlan.................................	20	25	45	24	17	41
Zongolica..................................	38	37	75	33	22	55
Misantla....................................	7	8	15	6	5	11
SUMAS........................	403	348	751	531	369	900

\SO

OBLACION POR EDADES.

De 16 á 20 años.			De 21 á 25 años.			De 26 á 30 años.			De 31 á 35 años.		
H.	M.	Total.	H.	M.	Total.	H.	M.	Total.	H.	M.	Total.
,072	549	1,621	1,116	430	1,546	1,152	429	1,581	755	210	965
32	14	46	29	12	41	51	11	62	28	3	31
101	55	156	113	41	154	108	46	154	45	18	63
46	18	64	47	9	56	·67	10	77	34	9	43
,251	636	1,887	1,305	492	1,797	1,378	496	1,874	862	240	1,102

\NTES

130	94	224	149	64	213	101	64	165	81	31	112
77	44	121	61	54	115	60	44	104	39	28	67
88	43	131	90	30	120	85	50	135	41	25	66
92	60	152	80	34	114	85	35	120	51	15	66
38	21	59	30	11	41	41	11	52	26	4	30
51	22	73	30	12	42	62	22	84	22	3	25
23	14	37	19	5	24	21	4	25	11	8	19
84	17	101	89	21	110	71	19	90	31	7	38
71	44	115	65	18	83	59	23	82	35	12	47
29	20	49	22	9	31	24	12	36	28	11	39
31	11	42	23	10	33	23	8	31	13	3	16
22	13	35	12	5	17	23	8	31	14	4	18
12	12	24	22	11	33·	30	4	34	14	6	20
39	9	48	31	8	39	26	8	34	19	....	19
37	22	59	35	18	53	23	16	39	9	6	15
27	16	43	31	13	44	24	10	34	14	10	24
29	29	58	65	26	91	86	55	141	60	26	86
12	6	18	5	3	8	3	4	7	10	2	12
892	497	1,389	859	352	1,211	847	397	1,244	518	201	719

DE

CANTONES.	De 36 á 40 años.			De 41 á 45 años.		
	H.	M.	Total.	H.	M.	Total
De las págs. 10 y 11................	712	243	955	295	88	3
Minatitlan...................................	25	4	29	20	2	
Zongolica....................................	57	36	93	23	11	
Misantla......................................	39	3	42	21	....	
SUMAS........................	833	286	1,119	359	101	4

AUS

Xalapa...	75	35	110	35	17	
Veracruz.....................................	46	24	70	24	8	
Orizaba	69	22	91	19	11	
Córdoba......................................	35	13	48	11	9	
Jalacingo....................................	25	12	37	19	3	
Chicontepec................................	50	13	63	10	3	
Tantoyuca...................................	15	2	17	7	1	
Tuxpan..	37	5	42	9	4	
Coatepec.....................................	45	15	60	10	5	
Papantla......................................	18	12	30	10	7	
Los Tuxtlas.................................	21	6	27	9	5	
Ozuluama....................................	13	1	14	3	2	
Acayúcan.....................................	28	8	36	12	2	
Huatusco.....................................	13	2	15	11	....	
Cosamaloapan..............................	17	13	30	8	6	
Minatitlan...................................	31	4	35	9	3	
Zongolica....................................	70	30	100	28	4	
Misantla......................................	5	4	9	4	1	
SUMAS........................	613	221	834	238	91	3

ASO

POBLACION POR EDADES.

De 46 á 50 años.			De 51 á 55 años.			De 56 á 60 años.			De 61 á 65 años.		
H.	M.	Total.	H.	M.	Total.	H.	M.	Total.	H.	M.	Total.
300	143	443	116	51	167	161	78	239	96	32	128
14	1	15	7	4	11	4	1	5	4	....	4
31	17	48	9	4	13	9	7	16	5	4	9
12	7	19	10	....	10	4	....	4	7	1	8
357	168	525	142	59	201	178	86	264	112	37	149

ITES

46	18	64	15	3	18	23	10	33	15	4	19
23	16	39	9	6	15	12	9	21	9	8	17
26	8	34	16	8	24	7	10	17	12	6	18
23	17	40	14	5	19	14	12	26	7	1	8
12	5	17	19	5	24	7	2	9	2	....	2
11	4	15	2	1	3	3	2	5	..1	1	2
7	1	8	....	....	....	2	....	2	1	....	1
12	8	20	8	2	10	3	5	8	2	1	3
14	8	22	9	2	11	12	9	21	3	3	6
8	2	10	5	3	8	6	2	8	....	1	1
4	3	7	1	1	2	9	1	10	2	....	2
5	6	11	2	....	2	5	2	7	2	....	2
12	2	14	6	....	6	5	2	7	4	....	4
8	2	10	4	2	6	3	1	4	1	1	2
19	5	24	5	3	8	6	4	10	6	1	7
9	4	13	8	3	11	3	1	4	3	2	5
19	17	36	4	2	6	26	14	40	6	3	9
2	2	4	1	1	2	3	....	3	1	....	1
260	128	388	128	47	175	149	86	235	77	32	109

DE

CANTONES.	De 66 á 70 años.			De 71 á 75 años.		
	H.	M.	Total.	H.	M.	To
De las págs. 12 y 13.................	58	23	81	13	4	
Minatitlan...................................	2	......	2	3	......	
Zongolica....................................	5	2	7	......	2	
Misantla......................................	1	1	2	......	......	....
SUMAS......................	66	26	92	16	6	

AUS

	H.	M.	Total.	H.	M.	To
Xalapa.......................................	8	4	12	5	2	
Veracruz.....................................	6	3	9	1	2	
Orizaba.......................................	2	......	2	2	2	
Córdoba......................................	9	2	11	3	1	
Jalacingo....................................	1	1	2	......	2	
Chicontepec................................	1	......	1	......	......	....
Tantoyuca...................................	3	1	4	......	......	
Túxpan.......................................	2	......	2	1	......	
Coatepec.....................................	1	3	4	1	......	
Papantla.....................................	4	......	4	1	......	
Los Tuxtlas.................................	2	......	2	......	......	....
Ozuluama....................................	3		3	......	......	
Acayúcan....................................	......	4	4	......	......	
Huatusco.....................................	3	1	4	......	1	
Cosamaloápan.............................	3	1	4	1	......	
Minatitlan...................................	2	2	4	1	......	
Zongolica....................................	8	5	13	......	......	....
Misantla......................................	1	......	1	......	......	....
SUMAS......................	59	27	86	16	10	

SO.

BLACION POR EDADES.

	De 76 á 80 años.			De 81 á 85 años.			De 86 á 90 años.			De 91 á 95 años.	
	M.	Total.	H.	M.	Total.	H.	M.	Total.	H.	M.	Total.
19	5	24	2	1	3	3	4	7	4	1	5
....	....	....	....	....	....	1	....	1	....	....	....
2	....	2	1	....	1	....	....	....	....	....	....
1	1	2	1	....	1	....	....	....	....	....	....
22	6	28	4	1	5	4	4	8	4	1	5

TES

	M.	Total.	H.	M.	Total.	H.	M.	Total.	H.	M.	Total.
1	1	2	....	....	....	....	....	....	1	....	1
....	2	2	2	....	2	....	....	....	....	....	....
1	....	1	1	....	1	....	....	....	....	....	....
....	1	1	1	....	1	....	....	....	....	....	....
....	1	1	....	....	....	....	1	1	....	....	....
2	1	3	....	....	....	....	1	1	....	....	....
1	....	1	1	....	1	2	....	2	....	....	....
1	....	1	....	....	....	....	....	....	....	....	....
....	1	1	....	....	....	....	....	....	....	....	....
....	....	....	....	....	....	....	....	....	....	....	....
1	....	1	....	....	....	....	....	....	....	....	....
....	....	....	....	....	....	....	....	....	....	....	....
2	....	2	....	....	....	1	....	1	....	....	....
....	1	1	2	1	3	2	....	2	....	....	....
9	8	17	7	1	8	5	2	7	1	....	1

D I

POBLACION I

CANTONES.	De 96 á 100 años.			De más de 100 añ		
	H.	M.	Total.	H.	M.	
De las págs. 14 y 15................	4	1	5	....	....	..
Minatitlan......................	....	....	....	....	....	..
Zongolica........................	....	....	....	....	....	..
Misantla........................	....	....	....	....	....	..
SUMAS......................	4	1	5	....	....	..

A U

Xalapa	....	....	....	....	....	..
Veracruz	....	....	....	....	....	..
Orizaba	....	....	....	....	....	..
Córdoba	....	....	....	....	....	..
Jalacingo.......................	....	....	....	....	1	..
Chicontepec.....................	....	....	....	....	....	..
Tantoyuca.......................	....	....	....	....	....	..
Tuxpan	....	....	....	....	....	..
Coatepec........................	....	....	....	....	....	..
Papantla........................	....	....	....	....	....	..
Los Tuxtlas.....................	....	....	....	....	....	..
Ozuluama........................	....	....	....	....	....	..
Acayúcan........................	....	....	....	....	....	..
Huatusco........................	....	....	....	....	....	..
Cosamaloápan....................	....	....	....	1	....	..
Minatitlan......................	....	....	....	....	....	..
Zongolica.......................	....	....	....	....	....	..
Misantla........................	....	....	....	....	....	..
SUMAS......................	....	....	....	1	1	

ASO

EDADES.				Entidad política de la República á que pertenece el lugar del nacimiento.					
Se ignora.			TOTAL GENERAL.	Aguascalientes.			Campeche.		
H.	M.	Total.		H.	M.	Total.	H.	M.	Total.
13	10	23	10,796	1	1	2	39	1	40
1	....	1	330	....	....	....	5	....	5
1	3	4	911	....	....	....	....	....	....
....	....	....	426	....	....	....	....	....	....
15	13	28	12,463	1	1	2	44	1	45

NTES

3	....	3	1,428	....	....	....	1	....	1
4	3	7	882	....	....	....	1	1	2
....	....	....	841	....	....	....	1	....	1
3	2	5	861	....	....	....	....	....	....
5	....	5	398	....	....	....	....	....	....
....	....	....	397	....	....	....	....	....	....
....	1	1	232	....	....	....	....	....	....
4	....	4	560	....	....	....	....	....	....
1	....	1	590	....	....	....	....	....	....
3	....	3	365	....	....	....	....	....	....
....	....	....	244	....	....	....	....	....	....
3	....	3	206	....	....	....	....	....	....
....	....	....	263	....	....	....	....	....	....
1	1	2	263	....	....	....	....	....	....
....	1	1	426	....	....	....	....	....	....
....	....	....	375	4	....	4	....	....	....
3	....	3	862	....	....	....	....	....	....
2	....	2	135	....	....	....	....	....	....
32	8	40	9,328	4	....	4	3	1	4

CANTONES.

		M.	Total.	Colima.		
				H.	M.	Total.
De las págs. 16 y 17	....	2	2	....	....	....
Minatitlan	....	....	....	. ...	....	....
Zongolica	....	....	....	....	....	....
Misantla	....	....	....	....	....	....
SUMAS		2	2	....	....	....

A U S E

		M.	Total.	H.	M.	Total.
Xalapa	....	....	....	....	....	....
Veracruz	....	....	....	....	....	....
Orizaba	....	.	....	....	....	....
Córdoba	1	....	1	....	....	....
Jalacingo	1	....	1	. ...	....	....
Chicontepec	....	....	....	....	....	....
Tantoyuca	....	....	....	....	....	....
Túxpan	....	....	....	1	....	1
Coatepec	....	....	....	....	....	....
Papantla	....	....	....	....	....	....
Los Tuxtlas	....	....	....	....	....	....
Ozuluama	....	....	....	....	....	....
Acayúcan	....	....	....	....	....	....
Huatusco	....	....	....	....	....	....
Cosamaloápan	....	....	....	....	....	....
Minatitlan	....	....	....	....	....	....
Zongolica	....	....	....	....	....	....
Misantla	....	....	....	....	....	....
SUMAS	2	....	2	1	....	1

ASO

PUBLICA A QUE PERTENECE EL LUGAR DEL NACIMIENTO.

Chiapas.			Chihuahua.			Durango.			Guanajuato.		
H.	M.	Total.	H.	M.	Total.	H.	M.	Total.	H.	M.	Total.
4	....	4	2	1	3	5	....	5	118	49	167
3	....	3	....	....	....	....	....	....	....	....	....
....	....	....	....	....	....	....	....	....	....	....	....
....	....	....	....	....	....	....	....	....	....	....	....
7	....	7	2	1	3	5	....	5	118	49	167

NTES

....	....	....	....	....	....	....	....	....	3	2	5
1	....	1	....	....	....	....	....	....	1	1	2
....	....	....	....	....	....	....	....	....	1	2	3
....	....	....	....	....	....	....	....	....	5	1	6
....	....	....	....	....	....	....	....	....	....	....	....
....	....	....	....	....	....	....	....	....	....	....	....
....	....	....	....	....	....	....	....	....	....	....	....
....	....	....	....	....	....	....	....	....	1	....	1
....	....	....	....	....	....	2	....	2	2	....	2
....	....	....	....	....	....	....	....	....	....	....	....
....	....	....	....	....	....	....	....	....	....	....	....
....	....	....	....	....	....	....	....	....	9	3	12
....	....	....	....	....	....	....	....	....	....	....	....
1	....	1	....	....	....	....	....	....	....	....	....
....	....	....	....	....	....	....	....	....	....	....	....
....	....	....	....	....	....	1	....	1	1	....	1
2	....	2	....	....	....	3	....	3	23	9	32

DE P

CANTONES.	Guerrero.			Hidalgo.		
	H.	**M.**	**Total.**	**H.**	**M.**	**Total.**
De las págs. 18 y 19	13	3	16	281	53	334
Minatitlan	....	....	....	1	....	1
Zongolica	....	....	....	2	....	2
Misantla	1	....	1	....	....	....
Sumas	14	3	17	284	53	337

AUSE

Xalapa	....	....	....	....	....	....
Veracruz	....	....	....	1	....	1
Orizaba	2	....	2	....	1	1
Cordoba	1	6	7	2	....	2
Jalacingo	....	....	....	....	....	....
Chicontepec	....	....	....	20	8	28
Tantoyuca	....	....	....	10	2	12
Túxpan	1	....	1	2	1	3
Coatepec	....	....	....	....	....	....
Papantla	....	....	....	6	....	6
Los Tuxtlas	....	....	....	....	....	....
Ozuluama	....	....	....	3	....	3
Acayúcan	....	....	....	....	....	....
Huatusco	....	....	....	....	....	....
Cosamaloápan	....	....	....	....	....	....
Minatitlan	....	....	....	....	....	....
Zongolica	....	....	....	....	....	....
Misantla	1	....	1	....	....	....
Sumas	5	6	11	44	12	56

O

LICA A QUE PÉRTENECE EL LUGAR DEL NACIMIENTO.

	Jalisco.		México.			Michoacan.			Morelos.		
	M.	Total.	H.	M.	Total.	H.	M.	Total.	H.	M.	Total.
8	12	40	98	36	134	112	22	134	6	3	9
..	1	1	6	4	10	2	....	2	1	....	1
1	....	1	....	....	....	6	1	7	....	....	....
..	1	1	3	....	3	....	....	....	....	....	....
9	14	43	107	40	147	120	23	143	7	3	10

E S

2	....	2	2	....	2	....	1	1	1	....	1
2	....	2	8	4	12	3	....	3	....	....	....
1	....	1	1	1	2	13	2	15	1	....	1
2	....	2	2	2	4	5	2	7	....	....	....
..	....	....	1	....	1	2	....	2	....	....	....
..	....	....	2	....	2	....	....	....	....	....	....
2	....	2	....	....	....	....	....	....	....	....	....
..	....	....	3	....	3	....	....	....	....	....	....
..	....	....	1	....	1	....	....	....	....	....	....
..	....	....	2	2	4	1	....	1	....	....	....
..	....	....	....	....	....	1	....	1	....	....	....
..	....	....	....	....	....	....	....	....	....	....	....
..	....	....	1	....	1	....	....	....	....	....	....
..	....	....	....	1	1	2	....	2	....	....	....
..	....	....	....	1	1	1	....	1	....	....	....
..	....	....	....	....	....	....	....	....	....	....	....
..	....	....	....	....	....	....	....	....	....	....	....
9	....	9	23	11	34	28	5	33	2	....	2

D E

ENTIDAD POLITICA DE LA

CANTONES.	Nuevo Leon.			Oaxaca.		
	H.	M.	Total.	H.	M.	Tot
De las págs. 20 y 21.................	2	2	4	524	144	(
Minatitlan..................................	....	....	....	18	14	
Zongolica.................................	....	....	....	27	14	
Misantla...................................	....	....	....	....	....	.....
Sumas.......................	2	2	4	569	172	²

A U S

Xalapa....................................	....	....	....	2	1	
Veracruz..................................	....	....	....	4	7	
Orizaba...................................	....	....	....	9	12	
Córdoba..................................	....	4	4	11	5	......
Jalacingo................................	....	....	....	....	....	......
Chicontepec...........................	....	....	....	....	....	......
Tantoyuca...............................	....	....	....	....	....	......
Túxpan....................................	....	....	....	....	3	
Coatepec................................	....	....	....	....	....	
Papantla..................................	....	....	....	....	....	
Los Tuxtlas.............................	....	....	....	2	....	
Ozuluama................................	....	....	....	....	....	
Acayúcan................................	....	....	....	1	....	
Huatusco.................................	....	....	....	1	....	
Cosamaloápan.........................	....	....	....	10	5	
Minatitlan...............................	....	....	....	3	1	
Zongolica................................	....	....	....	4	3	
Misantla...................................	....	....	....	....	....	......
Sumas.......................	....	4	4	47	37	

S O

BLICA A QUE PERTENECE EL LUGAR DEL NACIMIENTO.

	Puebla.			Querétaro.			San Luis Potosí.			Sinaloa.	
.	M.	Total.	H.	M.	Total.	H.	M.	Total.	H.	M.	Total.
02	725	2,327	39	11	50	144	35	179	1	4	5
4	1	5	....	....	....	....	....	....	....	.. ....	....
46	74	320	1	....	1	....	....	....	....	....	....
41	11	52	1	....	1	....	....	....	....	....	....
93	811	2,704	41	11	52	144	35	179	1	4	5

TES

17	24	41	2	....	2	1	1	2	....	....	....
6	2	8	....	....	....	1	....	1	1	....	1
75	61	136	....	....	....	....	....	....	....	....	....
42	32	74	1	....	1	....	....	....	....	....	....
9	7	16	....	....	....	....	....	....	....	....	....
4	4	8	....	....	....	....	....	....	....	....	....
....	....	....	....	....	....	....	....	....	....	....	....
....	....	....	1	....	1	2	....	2	....	....	....
25	9	34	....	....	....	....	....	....	....	....	....
32	18	50	1	....	1	2	....	2	....	....	....
....	1	1	....	....	....	1	....	1	....	....	....
....	....	....	....	....	....	2	1	3	....	....	....
....	....	....	....	....	....	....	....	....	1	....	1
82	13	95	....	....	....	....	....	....	....	....	....
1	....	1	....	....	....	....	....	....	....	....	....
....	....	....	....	....	....	....	....	....	....	....	....
5	1	6	....	....	....	....	....	....	....	....	....
2	....	2	....	....	....	....	....	....	....	....	....
00	172	472	5	....	5	9	2	11	2	....	2

D E

ENTIDAD POLITICA DE LA

CANTONES.	Sonora.			Tabasco.		
	H.	M.	Total.	H.	M.	Total
De las págs. 22 y 23..........	1	....	1	17	10	
Minatitlan................................	....	....	....	7	1	
Zongolica...............................	....	....	....	....	....	......
Misantla................................	....	....	....	....	....	......
SUMAS	1	....	1	24	11	

A U S

Xalapa	....	....	....	....	....	......
Veracruz	....	....	....	....	....	......
Orizaba	....	....	....	1	....	......
Córdoba	....	....	....	....	1	
Jalacingo	....	....	....	....	....	......
Chicontepec	....	....	....	....	....	
Tantoyuca..........	....	....	....	....	....	......
Tuxpan.................................	2	1	3	....	....	......
Coatepec	....	....	....	....	....	
Papantla...............................	....	....	....	....	....	
Los Tuxtlas...........................	....	....	....	....	....	......
Ozuluama..............................	....	....	....	....	....	
Acayúcan	....	....	....	1	....	
Huatusco	....	....	....	....	....	
Cosamaloápan........................	....	....	....	....	....	
Minatitlan.............................	....	....	....	12	3	......
Zongolica..............................	....	....	....	....	....	
Misantla................................	....	....	....	....	....	......
SUMAS.......................	2	1	3	14	4	

O

LICA A QUE PERTENECE EL LUGAR DEL NACIMIENTO.

Tamaulipas.		Tlaxcala.			Veracruz.			Yucatan.		
M.	Total.	H.	M.	Total.	H.	M.	Total.	H.	M.	Total.
14	50	80	36	116	3,610	2,143	5,753	22	8	30
....	1	....	....	....	100	59	159	3	......	3
....	....	1	....	1	322	207	529	....	......	....
....	....	....	....	....	261	82	343	1	......	1
14	51	81	36	117	4,293	2,491	6,784	26	8	34

E S

....	....	1	....	1	834	502	1,336	1	......	1
1	1	....	....	....	426	347	773	....	......	....
....	....	5	1	6	420	208	628	3	......	3
1	1	3	2	5	454	244	698	....	1	1
....	....	....	....	....	256	120	376	....	......	....
....	....	....	....	....	260	98	358	....	......	....
....	1	....	....	....	143	76	219	....	......	....
1	1	....	....	....	401	131	532	....	......	....
....	....	....	....	....	367	185	552	....	......	....
....	1	2	....	2	187	101	288	....	......	....
....	....	....	....	....	164	71	235	....	......	....
8	15	....	....	....	113	61	174	6	2	8
....	....	....	....	....	178	80	258	....	......	....
....	....	....	....	....	109	41	150	....	......	....
....	....	....	....	....	229	170	399	....	......	....
....	....	....	....	....	202	140	342	2	1	3
....	....	....	....	....	530	317	847	....	......	....
....	....	....	1	1	84	43	127	....	......	....
11	20	11	4	15	5,357	2,935	8,292	12	4	16

DE P

ENTIDAD POLITICA DE LA RE

CANTONES.	Zacatecas.			Distrito Federal.		
	H.	M.	Total.	H.	M.	Total.
De las págs. 24 y 25................	13	2	15	119	57	176
Minatitlan...............................	....	....	....	3	....	3
Zongolica................................	....	....	....	7	2	9
Misantla	....	....	....	19	....	19
Sumas......................	13	2	15	148	59	207

AUSE

Xalapa...................................	....	....	....	8	6	14
Veracruz................................	....	....	....	....	3	3
Orizaba.................................	1	....	1	10	2	12
Córdoba................................	....	....	....	10	6	16
Jalacingo...............................	....	....	....	2	....	2
Chicontepec...........................	....	....	....	....	....	....
Tantoyuca..............................	....	....	....	....	....	....
Túxpan..................................	....	....	....	....	....	....
Coatepec................................	....	....	....	1	....	1
Papantla................................	....	....	....	....	....	....
Los Tuxtlas.............................	....	....	....	....	....	....
Ozuluama...............................	2	....	2	....	....	....
Acayúcan...............................	....	....	....	1	....	1
Huatusco...............................	....	....	....	1	2	3
Cosamaloápan.........................	....	....	....	....	....	....
Minatitlan..............................	....	....	....	1	....	1
Zongolica...............................	....	....	....	....	1	1
Misantla................................	....	....	....	....	....	....
Sumas......................	3	....	3	34	20	54

A S O

PUBLICA A QUE PERTENECE EL LUGAR DEL NACIMIENTO.

Territorio de la Baja California.			Territorio de Tepic.			Se ignora.			TOTAL.
H.	M.	Total.	H.	M.	Total.	H.	M.	Total.	
1	....	1	1	1	2	....	....	....	10,294
....	....	....	....	....	....	....	....	....	234
....	....	....	....	....	....	....	....	....	911
....	....	....	....	....	....	....	....	....	421
1	....	1	1	1	2	....	....	....	11,860

N T E S

....	....		....	....	....	....	....	....	1,412
....	....	1	1	....	....	....	....	....	822
....	....	....	....	....	....	....	....	....	834
....	....	....	....	....	....	....	....	....	846
....	....	....	....	....	....	....	....	....	398
....	....	....	....	....	....	....	....	....	396
....	....	....	....	....	....	....	....	....	232
....	....	....	....	....	....	....	....	....	552
....	....	....	....	....	....	....	....	....	589
....	....	....	....	....	....	....	....	. ...	359
....	....	....	....	....	....	....	....	....	240
....	....	....	....	....	....	....	....	....	205
....	....	....	....	....	....	. ...	....	....	262
....	....	....	....	....	....	....	....	....	262
....	....	....	....	....	....	....	....	....	418
....	....	....	....	....	....	....	....	....	372
....	....	....	....	....	....	....	....	....	861
....	....	....	....	....	....	....	....	....	133
....	....	1	1	....	....	....	....	....	9,193

	H.	M.	
De las págs. 26 y 27.................	....	1	
Minatitlan...................................	....	....	....
Zongolica....................................	....	....	....
Misantla......................................	....	....	....
SUMAS........................	....	1	

A U S E

Xalapa..	....	....	....	1	....	1
Veracruz.....................................	....	....	....	5	2	7
Orizaba	....	....	....	....	....	....
Córdoba......................................	....	....	....	....	....	....
Jalacingo....................................	....	....	....	....	....	....
Chicontepec	....	....	....	....	....	
Tantoyuca...................................	....	....	....	....	....	
Tuxpan..	....	....	....	....	....	
Coatepec.....................................	....	....	....	....	....	
Papantla.....................................	....	....	....	1	....	1
Los Tuxtlas.................................	....	....	....	....	....	
Ozuluama....................................	....	....	....	....	....	
Acayúcan	....	....	....	....	....	
Huatusco	....	....	....	....	....	
Cosamaloapan.............................	....	....	....	....	....	
Minatitlan...................................	....	....	....	....	....	
Zongolica....................................	....	....	....	....	....	
Misantla......................................	....	....	....	....	....	....
SUMAS........................	....	....	....	7	2	9

O

ECE EL LUGAR DEL NACIMIENTO DE LOS EXTRANJEROS.

Argentina.		Austria-Hungría.			Bélgica.			Bolivia.		
M.	Total.	H.	M.	Total.	H.	M.	Total.	H.	M.	Total.
....	....	3	....	3	2	....	2	....	....	....
....	....	....	....	....	....	....	....	....	....	....
....	....	....	....	....	....	....	....	....	....	....
....	....	....	....	....	....	....	....	....	....	....
....	....	3	....	3	2	....	2	....	....	....

E S

....	....	....	....	....	....	....	....	....	....	....
....	....	....	....	....	....	....	....	....	....	....
....	....	....	....	....	2	....	2	....	....	....
....	....	....	....	....	....	....	....	....	....	....
....	....	....	....	....	....	....	....	....	....	....
....	....	....	....	....	....	....	....	....	....	....
....	....	....	....	....	....	....	....	....	....	....
....	....	....	....	....	....	....	....	....	....	....
....	....	....	....	....	....	....	....	....	....	....
....	....	....	....	....	....	....	....	....	....	....
....	....	....	....	....	....	....	....	....	....	....
....	....	....	....	....	....	....	....	....	....	....
....	....	....	....	....	....	....	....	....	....	....
....	....	....	....	....	2	....	2	....	....	....

14*

DE

CANTONES.	, NACION O PAIS A QUE P					
	Brasil.			Colombia.		
	H.	M.	Total.	H.	M.	Tota
De las págs. 28 y 29.................	13	5	18	.,........	1	
Minatitlan...	....	....	....	....	....	......
Zongolica...	....	....	....	....	....	......
Misantla	....	....	....	....	....	......
SUMAS...................,........	13	5	18	....	1	

AUS

CANTONES.						
Xalapa...	....	....	....	....	....	......
Veracruz...	....	....	....	....	....	......
Orizaba..	....	....	....	....	....	......
Cordoba	....	....	....	....	....	......
Jalacingo...	....	....	....	....	....	......
Chicontepec...	....	....	....	....	....	......
Tantoyuca...	....	....	....	....	....	......
Túxpan..	....	....	....	....	....	......
Coatepec...	....	....	....	....	....	......
Papantla...	....	....	....	....	....	......
Los Tuxtlas...	....	....	....	....	....	......
Ozuluama...	....	....	....	....	....	......
Acayúcan...	....	....	....	....	....	......
Huatusco..	....	....	....	....	....	.:....
Cosamaloápan..	....	....	....	....	....	......
Minatitlan...	....	....	....	....	....	......
Zongolica...	....	....	....	....	....	......
Misantla	....	....	....	....	....	......
SUMAS.......................	....	....	....	....	....	......

O

ECE EL LUGAR DEL NACIMIENTO DE LOS EXTRANJEROS.

Costa Rica.		Chile.			China.			Dinamarca y colonias.		
M.	Total.	H.	M.	Total.	H.	M.	Total.	H.	M.	Total.
....	....	2	....	2	10	....	10	5	....	5
....	....	....	....	....	10	....	10	....	....	....
....	....	....	....	....	....	....	....	....	....	....
....	....	....	....	....	....	....	....	....	....	....
....	....	2	....	2	20	....	20	5	....	5

E S

....	....	....	....	....	....	....	....	....	....	....
....	....	....	....	....	....	....	....	....	....	....
....	....	....	....	....	....	....	....	....	....	....
....	....	....	....	....	....	....	....	....	....	....
....	....	....	....	....	....	....	....	....	....	....
....	....	....	....	....	....	....	....	....	....	....
....	....	....	....	....	....	....	....	....	....	....
....	....	....	....	....	....	....	....	....	....	....
....	....	....	....	....	....	....	....	....	....	....
....	....	....	....	....	....	....	....	....	....	....
....	....	....	....	....	....	....	....	....	....	....
....	....	....	....	....	....	....	....	....	....	....
....	....	....	....	....	....	....	....	....	....	....
....	....	....	....	....	....	....	....	....	....	....
....	....	....	....	....	....	....	....	....	....	....

CANTONES.

AUSE

Xalapa...........................	....	....	....	5	....	5
Veracruz........................	....	....	....	34	7	41
Orizaba.........................	....	....	....	4	....	4
Córdoba.........................	....	....	....	6	3	9
Jalacingo.......................	....	....	....	....	....	....
Chicontepec.....................	....	....	....	1	....	1
Tantoyuca.......................	....	....	....	....	....	....
Tuxpan..........................	....	....	....	4	....	4
Coatepec........................	....	....	....	1	....	1
Papantla........................	....	....	....	2	....	2
Los Tuxtlas.....................	....	....	....	3	....	3
Ozuluama........................	....	....	....	....	....	....
Acayúcan........................	....	....	....	1	....	1
Huatusco........................	....	....	....	1	....	1
Cosamaloápan....................	....	....	....	5	....	5
Minatitlan......................	....	....	....	1	....	1
Zongolica.......................	....	....	....	1	....	1
Misantla........................	....	....	....	1	....	1
SUMAS........................	....	....	....	70	10	80

.SO

NECE EL LUGAR DEL NACIMIENTO DE LOS EXTRANJEROS.

Francia y colonias.			Grecia.			Guatemala.			Holanda y colonias.		
H.	M.	Total.	H.	M.	Total.	H.	M.	Total.	H.	M.	Total.
16	2	18	2	....	2	4	....	4	1	....	1
2	....	2	....	....	....	2	....	2	....	....	....
......	....	....	....	....	....	....	....	....	....	....	....
1	....	1	....	....	....	....	....	....	....	....	....
19	2	21	2	....	2	6	....	6	1	....	1

TES

......	1	1	....	....	....	....	....	....	....	....	....
......	....	....	....	1	1	....	....	....	....	....	....
......	1	1	....	....	....	....	....	....	....	....	....
......	....	....	....	....	....	....	....	....	....	....	....
......	....	....	....	....	....	....	....	....	....	....	....
......	....	....	....	....	....	....	....	....	....	....	....
......	....	....	....	....	....	....	....	....	....	....	....
1	1	2	....	....	....	....	....	....	....	....	....
1	....	1	....	....	....	....	....	....	....	....	....
......	....	....	....	....	....	....	....	....	....	....	....
......	....	....	....	....	....	2	1	3	....	....	....
......	....	....	....	....	....	1	....	1	....	....	....
......	....	....	....	....	....	....	....	....	....	....	....
1	....	1	....	....	....	....	....	....	....	....	....
3	3	6	....	1	1	3	1	4	....	....	....

CANTONES.

De las págs. 32 y 33.................
Minatitlan..
Zongolica..
Misantla..

SUMAS........................

AUSE

Xalapa..
Veracruz..
Orizaba..
Córdoba..
Jalacingo..
Chicontepec..
Tantoyuca..
Túxpan..
Coatepec..
Papantla..
Los Tuxtlas..
Ozuluama..
Acayúcan..
Huatusco..
Cosamaloápan..
Minatitlan..
Zongolica..
Misantla..

SUMAS........................

ASO

ENECE EL LUGAR DEL NACIMIENTO DE LOS EXTRANJEROS.

Italia y colonias.			Japon.			Marruecos.			Nicaragua.		
H.	M.	Total.	H.	M.	Total.	H.	M.	Total.	H.	M.	Total.
18	3	21	1	....	1	....	....	....	....	....	....
1	....	1	....	....	....	....	....	....	....	....	....
....	....	....	....	....	....	....	....	....	....	....	....
....	....	....	....	....	....	....	....	....	....	....	....
19	3	22	1	....	1	....	....	....	....	....	....

NTES

3	1	4	....	....	....	....	....	....	....	....	....
2	....	2	....	....	....	....	....	....	....	....	....
1	....	1	....	....	....	....	....	....	....	....	....
2	....	2	....	....	....	....	....	....	....	....	....
....	....	....	....	....	....	....	....	....	....	....	....
....	....	....	....	....	....	....	....	....	....	....	....
....	....	....	....	....	....	....	....	....	....	....	....
....	....	....	....	....	....	....	....	....	....	....	....
1	....	1	....	....	....	....	....	....	....	....	....
....	....	....	....	....	....	....	....	....	....	....	....
....	....	....	....	....	....	....	....	....	....	....	....
....	....	....	....	....	....	....	....	....	....	....	....
....	....	....	....	....	....	....	....	....	....	....	....
....	....	....	....	....	....	....	....	....	....	....	....
....	....	....	....	....	....	....	....	....	....	....	....
....	....	....	....	....	....	....	....	....	....	....	....
9	1	10	....	....	....	....	....	....	....	....	....

DE P

CANTONES.	NACION O PAIS A QUE PER					
	Norte América.			Perú.		
	H.	M.	Total.	H.	M.	Total.
De las págs. 34 y 35................	39	9	48	....	....	....
Minatitlan..................................	13	....	13	....	....	....
Zongolica..................................	....	....	....	....	....	....
Misantla...................................	....	....	....	....	....	....
SUMAS......................	52	9	61	....	....	....

AUSE

Xalapa.....................................	3	....	3	....	....	....
Veracruz...................................	....	5	5	....	....	....
Orizaba....................................	....	1	1	....	....	....
Córdoba....................................	1	....	1	....	....	....
Jalacingo..................................	....	....	....	....	....	....
Chicontepec...............................	....	....	....	....	....	....
Tantoyuca.................................	....	....	....	....	....	....
Túxpan.....................................	2	....	2	....	....	....
Coatepec..................................	....	....	....	....	....	....
Papantla...................................	....	....	....	....	....	....
Los Tuxtlas...............................	1	....	1	....	....	....
Ozuluama..................................	....	....	....	....	....	....
Acayúcan..................................	....	....	....	....	....	....
Huatusco...................................	....	....	....	....	....	....
Cosamaloápan.............................	....	....	....	....	....	....
Minatitlan.................................	1	....	1	....	....	....
Zongolica..................................	....	....	....	....	....	....
Misantla...................................	....	....	....	....	....	....
SUMAS......................	8	6	14	....	....	....

ASO

TENECE EL LUGAR DEL NACIMIENTO DE LOS EXTRANJEROS.

Portugal y colonias.			Rusia.			Salvador.			Santo Domingo.		
H.	M.	Total.	H.	M.	Total.	H.	M.	Total.	H.	M.	Total.
2	....	2	2	....	2	....	....	....	....	....	....
....	....	....	....	....	....	....	....	....	....	....	....
....	....	....	....	....	....	....	....	....	....	....	....
....	....	....	....	....	....	....	....	....	....	....	....
2	....	2	2	....	2	....	....	....	.. ...	....	....

NTES

....	....	....	....	....	....	1	....	1	....	....	....
....	....	....	....	....	....	....	....	....	....	....	....
....	....	....	....	....	....	....	....	....	....	....	....
....	....	....	....	....	....	....	....	....	....	....	....
....	....	....	....	....	....	....	....	....	....	....	....
....	....	....	....	....	....	....	....	....	....	....	....
....	....	....	....	....	....	....	....	....	....	....	....
....	....	....	....	....	....	....	....	....	....	....	....
....	....	....	....	....	....	....	....	....	....	....	....
....	....	....	....	....	....	....	....	....	....	....	....
....	....	....	....	....	....	....	....	....	....	....	....
....	....	....	....	....	....	....	....	....	....	....	....
....	....	....	....	....	....	....	....	....	....	....	....
....	....	....	....	....	....	....	....	....	....	....	....
....	....	....	....	....	....	....	....	1	....	1	....	....	....

CANTONES.

De las págs. 36 y 37.................	30	....	30	.:......	....	....
Minatitlan..	6	1	7	....	....	....
Zongolica...	....	....	....	....	....	....
Misantla..	....	....	....	....	....	....
Sumas........................	36	1	37	....	....	....

AUSE

Xalapa...	....	....	....	....	....	....
Veracruz	....	....	....	....	....	....
Orizaba	....	....	....	....	..:......	....
Córdoba...	....	....	....	....	....	....
Jalacingo...	....	....	....	....	....	....
Chicontepec...	....	....	....	....	....	....
Tantoyuca...	....	....	....	....	....	....
Túxpan...	....	....	....	1	1	2
Coatepec..	....	....	....	....	....	....
Papantla..	....	....	....	....	....	....
Los Tuxtlas..	....	....	....	....	....	....
Ozuluama...	....	....	....	....	....	....
Acayúcan	....	....	....	....	....	....
Huatusco..	....	....	....	....	....	....
Cosamaloápan.......................................	....	....	....	....	....	....
Minatitlan..	....	....	....	....	....	....
Zongolica...	....	....	....	....	....	....
Misantla..	....	....	....	....	....	....
Sumas........................	....	....	....	1	. 1	2

ASO

EL LUGAR DEL NACIMIENTO DE LOS EXTRANJEROS.									Poblacion segun el Estado Civil.		
Turquía y Egipto.			Venezuela.			Total de nacidos en el Extranjero.	Total de nacidos en la República.	TOTALES GENERALES.	Menores de edad.		
H.	M.	Total.	H.	M.	Total.				H.	M.	Total.
7	......	7	......	......	......	502	10,294	10,796	1,105	804	1,909
......	......	......	......	......	......	96	234	330	20	25	45
......	......	......	......	......	......	......	911	911	64	28	92
2	......	2	......	......	......	5	421	426	31	27	58
9	......	9	......	......	......	603	11,860	12,463	1,220	884	2,104

NTES

......	......	......	......	......	......	16	1,412	1,428	118	142	260
......	......	......	......	......	......	60	822	882	91	88	179
......	......	......	......	......	......	7	834	841	60	48	108
......	......	......	......	......	......	15	846	861	96	70	166
......	......	......	......	......	......	....	398	398	37	34	71
......	......	......	......	......	......	1	396	397	34	15	49
......	......	......	......	......	......	....	232	232	38	33	71
......	......	......	......	......	......	8	552	560	43	37	80
......	......	......	......	......	......	1	589	590	48	33	81
......	......	......	......	......	......	6	359	365	78	36	114
......	......	......	......	......	......	4	240	244	27	18	45
......	......	......	......	......	......	1	205	206	22	24	46
......	......	......	......	......	......	1	262	263	28	16	44
......	......	......	......	......	......	1	262	263	29	18	47
......	......	......	......	......	......	8	418	426	65	57	122
......	......	......	......	......	......	3	372	375	45	49	94
......	......	......	......	......	......	1	861	862	128	95	223
......	......	......	......	......	......	2	133	135	39	19	58
......	......	......	......	......	......	135	9,193	9,328	1,026	832	1,858

D E

POBLACION SEGUI

CANTONES.	Solteros.			Casados.		
	H.	M.	Total.	H.	M.	Total
De las págs. 38 y 39..........	3,919	1,350	5,269	1,994	962	2,9
Minatitlan............................	149	31	180	70	18	
Zongolica.............................	234	100	334	297	132	4
Misantla..............................	234	40	274	63	16	
Sumas	4,536	1,521	6,057	2,424	1,128	3,5

A U S

Xalapa...............................	500	244	744	245	118	3
Veracruz.............................	284	191	475	100	82	1
Orizaba	290	140	430	168	74	2
Córdoba..............................	291	121	412	146	89	2
Jalacingo............................	153	47	200	71	38	1
Chicontepec.........................	120	41	161	117	49	1
Tantoyuca..........	68	19	87	41	24	
Tuxpan.........✺.....................	277	63	·340	84	19	1
Coatepec............................	198	88	286	122	54	1
Papantla.............................	104	42	146	52	28	
Los Tuxtlas..........................	93	24	117	45	23	
Ozuluama............................	66	20	86	40	21	
Acayúcan............................	79	36	115	75	19	
Huatusco.............................	81	20	101	88	18	1
Cosamaloápan.......................	111	67	178	65	43	1
Minatitlan..,.......................	92	52	144	78	34	1
Zongolica............................	189	87	276	200	110	3
Misantla.............................	31	14	45	15	10	
Sumas...................	3,027	1,316	4,343	1,752	853	2,6

ASO

EL ESTADO CIVIL.   INSTRUCCION ELEMENTAL.

Viudos.			Se ignora.			Total general.	Saben leer y escribir.			Saben sólo leer.		
H.	M.	Total.	H.	M.	Total.		H.	M.	Total.	H.	M.	Total.
345	317	662	......	.....	......	10,796	1,957	642	2,599	131	89	220
11	6	17	......	.....	......	330	148	17	165	3	1	4
18	38	56	......	.....	......	911	55	2	57	1	......	1
4	10	14	......	1	1	426	48	28	76	3	4	7
378	371	749	......	1	1	12,463	2,208	689	2,897	138	94	232

NTES

1	5
2	2
1	1
2	5
69	156

CANTONES.	DIV	
	Matanzeros.	Mensilisa.
De las págs. 60 y 61................	15	....
Minatitlan.....................................	....	....
Zongolica.....................................	....	....
Misantla.....................................	....	....
Sumas........................	15	....

Xalapa.....................................	3	......
Veracruz.....................................	1	.....
Orizaba.....................................	2	....
Córdoba.....................................	3	....
Jalacingo.....................................	....	....
Chicontepec.....................................	3	...
Tantoyuca.....................................	....	...
Túxpan.....................................	....	
Coatepec.....................................	....	..
Papantla.....................................	1	.
Los Tuxtlas.....................................	1	.
Ozuluama.....................................	....	
Acayúcan.....................................	....	
Huatusco.....................................	....	
Cosamaloápan.....................................	1	
Minatitlan.....................................	....	
Zongolica.....................................	....	
Misantla.....................................	....	
Sumas........................	15	

ASO

	POBLACION SEGUN LA OCUPACION PRINCIPAL.												
	PROFESIONES.												
Total general.	Abogados.	Agentes de negocios.	Arquitectos.	Dentistas.	Farmacéuticos.	Ingenieros en general.	Maestros de obras.	Médicos.	Modistas.	Médicos alópatas.	Médicos homeópatas.	Notarios.	Parteras.
10,796	3	10	1	5	......	23	1	47	54	11	2	......	1
330	......	1	......	2	......	2	......	1	11	......	......	......	......
911	......	......	......	......	......	......	......	......	......	......	......	......	......
426	1	......	......	......	......	......	......	......	......	......	......	......	......
12,463	4	11	1	7	......	25	1	48	65	11	2	......	1

NTES.   .

......
1
...
1

...
1
.....
...
2
......
1

6

CANTONES.

De las págs. 42 y 43.................		3	10
Minatitlan..	....	....	....
Zongolica..	....	....	....
Misantla..	....	....	....
SUMAS........................	7	3	10

. AUSE

Xalapa...	6	....	6		....
Veracruz...	1	1	2		....
Orizaba...	3	3	6		....
Córdoba...	....	....	....		....
Jalacingo...	....	....	....		....
Chicontepec...	....	....	....		....
Tantoyuca...	4	....	4		....
Túxpan...	....	....	....		....
Coatepec...	....	....	....		....	....
Papantla...	1	....	1		....	....
Los Tuxtlas...	2	....	2		....	
Ozuluama...	....	....	....		....	....
Acayúcan...	2	....	2		....	....
Huatusco...	....	....	....		....	
Cosamaloápan...	1	....	1		....	
Minatitlan...	....	....	....		....	....
Zongolica...	....	....	....		....	
Misantla...	1	....	1		....	....
SUMAS........................	21	4	25	17	....	....

.S O

EGUN LA OCUPACION PRINCIPAL.

Escolares.			Estudiantes.			ADMINISTRACION.						
						Empleados públicos.			Jefes y oficiales del ejército.	Jefes y oficiales de marina.	Militares (clase de tropa.)	Policía.
H.	M.	Total.	H.	M.	Total.	H.	M.	Total.				
17	23	40	24	20	44	39	......	39	4	......	1	8
......	......	......	1	1	2	......	......	......	......	3	......	......
......	......	......	......	......	......	1	......	1	......	......	......	......
......	......	......	......	......	......	......	......	......	......	......	......	......
17	23	40	25	21	46	40	......	40	4	3	1	8

TES

Escolares.			Estudiantes.			ADMINISTRACION.						
						Empleados públicos.			Jefes y oficiales del ejército.	Jefes y oficiales de marina.	Militares (clase de tropa.)	Policía.
H.	M.	Total.	H.	M.	Total.	H.	M.	Total.				
7	7	14	15	5	20	10	......	10	......	......	11	1
13	10	23	17	5	22	19	......	19	1	......	2	......
7	9	16	35	4	39	30	......	30	1	......	1	......
15	5	20	20	4	24	4	......	4	......	......	1	1
4	4	8	6	3	9	1	......	1	......	......	2	......
......	......	......	6	......	6	1	......	1	......	......	......	......
......	......	......	4	......	4	1	......	1	......	......	......	......
2	4	6	10	1	11	1	......	1	......	......	......	......
1	1	2	14	1	15	2	......	2	......	......	......	......
4	......	4	12	......	12	4	......	4	......	......	2	......
3	1	4	20	1	21	......	......	......	......	......	......	......
......	......	......	1	......	1	......	......	......	......	......	......	......
......	......	......	2	......	2	......	......	......	......	......	......	......
6	......	6	1	......	1	......	......	......	......	......	......	......
4	5	9	......	......	......	......	......	......	......	......	......	......
2	1	3	4	4	8	5	......	5	......	......	......	1
......	......	......	......	......	......	......	......	......	......	......	......	......
4	2	6	......	3	3	......	......	......	......	......	1	......
72	49	121	167	31	198	78	......	78	2	......	20	3

	Sin culto.			Se ign(
	H.	**M.**	**Total.**	**H.**	**M.**

De las págs. 64 y 65...............	184	143	327	5	...
Minatitlan...	4	5	9	.....	...
Zongolica...		2	7		
Misantla...		9	10		
SUMAS		159	353		

AUSE

Xalapa..	21	16	37	.....	...	......	1,428
Veracruz	18	11	29	.....	...	......	882
Orizaba	7	11	18	.....	...	......	841
Córdoba	13	15	28	.....	...	... ..	861
Jalacingo	4	5	9	.....	...	......	398
Chicontepec	2	3	5	.....	...	......	397
Tantoyuca........	6	3	9	.....	...	......	232
Tuxpan..	3	3	6	.....	...	......	560
Coatepec......................................	7	5	12	.....	...	......	590
Papantla.......................................	8	3	11	.....	...	......	365
Los Tuxtlas...................................	2	2	4	.....	...	......	244
Ozuluama.....................................	4	4	8	.....	...	....	206
Acayúcan	1	3	4	.....	...	......	263
Huatusco	4	1	5	.....	...	......	263
Cosamaloápan..............................	3	11	14	.....	...	......	426
Minatitlan....................................	3	3	6	.....	...	......	375
Zongolica.....................................	17	10	27	.....	...	......	862
Misantla.......................................	3	2	5	.....	...	......	135
SUMAS.......................	126	111	237	.....	...	......	9,328

ASO

POBLACION SEGUN EL IDIOMA HABITUAL.

Castellano.			Chinanteco.			Huaxteco.			Maya.		
H.	**M.**	**Total.**	**H.**	**M.**	**Total.**	**H.**	**M.**	**Total.**	**H.**	**M.**	**Total.**
6,505	3,318	9,823	....	....	....	5	2	7	1	....	1
162	79	241	....	....	....	....	....	....	....	....	....
229	75	304	....	....	....	....	....	....	....	....	....
217	76	293	....	....	....	....	....	....	....	....	....
7,113	3,548	10,661	....	....	....	5	2	7	1	....	1

NTES

870	529	1,399	....	......	....	....	....	....	....	....	....
495	385	880	....	......	....	....	....	....	....	....	....
497	281	778	....	......	....	....	....	....	....	....	....
547	309	856	....	......	....	....	....	....	....	....	....
266	127	393	....	......	....	....	....	....	....	....	....
143	64	207	....	......	....	......	....	....	....	....	....
102	40	142	....	......	....	27	20	47	....	....	....
383	116	499	....	......	....	1	....	1	....	....	....
395	194	589	....	......	....	....	....	....	....	....	....
172	83	255	....	......	....	......	....	....	....	....	....
168	72	240	....	......	....	....	....	....	....	....	....
132	72	204	....	......	....	1	....	1	......	....	....
157	76	233	....	......	....	....	....	....	......	....	....
116	46	162	....	......	....	....	....	....	....	....	....
248	175	423	....	......	....	....	....	....	....	....	....
179	142	321	....	......	....	....	....	....	......	....	....
106	34	140	....	......	....	....	....	....	......	....	....
85	42	127	....	......	....	....	....	....	....	....	....
5,061	2,787	7,848	....	......	....	29	20	49	....	....	....

De las págs. 46 y 47................							
Minatitlan..							
Zongolica..							
Misantla...							
SUMAS........................							

A U S E

	Propietarios						
Xalapa...	9	7	16	...	....	....	....
Veracruz..	10	7	17	...	....	....	....
Orizaba	7	4	11	...	1	....	1
Córdoba...	3	3	6	...	....	....	....
Jalacingo...	3	6	9	...	....	....	....
Chicontepec...	1	....	1	...	....	....	....
Tantoyuca..	2	....	2	...	....	....	....
Túxpan..	1	3	4	...	....	....	....
Coatepec..	6	....	6	...	....	....	....
Papantla...	....	....	....	...	1	1	2
Los Tuxtlas..	3	2	5	...	....	....	....
Ozuluama...	....	....	....	...	....	....	....
Acayúcan	....	....	....	...	....	....	....
Huatusco..	....	1	1	...	....	....	....
Cosamaloápan.......................................	1	1	2	...	....	....	....
Minatitlan..	....	1	1	...	....	....	....
Zongolica...	....	....	....	...	....	....	....
Misantla...	....	....	....	...	....	....	....
SUMAS........................	46	35	81	...	2	1	3

A S O

SEGUN LA OCUPACION PRINCIPAL.

INDUSTRIAS, BELLAS ARTES, ARTES Y OFICIOS.

Actores.			Administradores y empleados de establecimientos industriales.			Afiladores.	Albañiles.	Alfareros.			Alfileres.
H.	M.	Total.	H.	M.	Total.			H.	M.	Total.	
27	24	51	23	....	23	....	58	5	....	5	....
....	....	....	....	....	....	....	....	....	....	....	....
....	....	....	....	....	....	....	5	....	....	....	....
....	....	....	....	....	....	....	3	1	....	1	....
27	24	51	23	....	23	....	66	6	....	6	....

NTES

CANTONES.

De las págs. 68 y 69...............							
Minatitlan..							
Zongolica..							
Misantla..							
SUMAS.......................							

AUSE

Xalapa...	....	....	....	12	4	16
Veracruz...	....	....	....	....	....	....
Orizaba...	....	....	....	....	....	....
Córdoba...	....	....	....	1	1	2
Jalacingo...	....	....	....	....	....	....
Chicontepec...	....	....	....	6	....	6
Tantoyuca...	....	....	....	....	....	....
Túxpan...	....	....	....	....	....	....
Coatepec...	....	....	....	....	....	....
Papantla...	....	....	....	67	39	106
Los Tuxtlas...	....	....	....	....	....	....
Ozuluama...	....	....	....	....	....	....
Acayúcan...	....	....	....	2	....	2
Huatusco...	....	....	....	....	....	....
Cosamaloápan...	....	....	....	....	....	....
Minatitlan...	....	....	....	....	....	....
Zongolica...	....	....	....	....	....	....
Misantla...	....	....	....	4	2	6
SUMAS.......................	....	....	....	92	46	138

ISO

SEGUN LA OCUPACION PRINCIPAL.

IAS, BELLAS ARTES, ARTES Y OFICIOS.

Carpinteros.	Carreros.	Caseros.	Cerreros.	Cigarreros.			Coheteros.	Colchoneros.	Curtidores.	Dibujantes.		
				H.	M.	Total.				H.	M.	Total.
99	2	......	......	....	7	7	28	8	4	......	......	......
3	......	......	1	....	....	....	....	....	....	......	......	......
4	......	......	......	....	....	....	....	....	....	......	......	......
3	......	......	......	....	....	....	....	....	....	......	......	......
109	2	......	1	....	7	7	28	8	4	......	......	......

ITES

15	......	......	......	....	2	2	2	....	1	......	......	......
9	......	......	......	....	....	....	2	....	....	......	......	......
20	1	......	1	....	....	....	....	....	....	1	......	1
17	......	......	......	....	....	....	....	....	1	......	......	......
5	......	......	1	....	....	....	....	....	....	......	......	......
6	......	......	......	....	....	....	....	....	....	......	......	......
......	......	......	......	....	....	....	....	....	....	......	......	......
6	......	......	......	....	....	....	....	....	....	......	......	......
10	2	......	......	....	....	....	1	....	1	......	......	......
7	......	......	......	....	....	....	....	....	....	......	......	......
9	......	......	......	....	....	....	3	....	....	......	......	......
2	......	......	......	....	....	....	....	....	....	......	......	......
5	......	......	......	....	....	....	....	....	1	......	......	......
4	......	......	......	....	....	....	....	....	1	......	......	......
3	......	......	......	....	....	....	....	....	....	......	......	......
3	......	......	......	....	....	....	....	....	....	......	......	......
1	......	......	......	....	....	....	....	....	....	......	......	......
1	......	......	......	....	....	....	....	....	....	......	......	......
123	3	......	2	....	2	2	8	....	5	1	......	1

D E

POBLACI

IN

CANTONES.	Doradores.	Dulceros.			Ebanistas.	Encuadernadores.	
		H.	M.	Total.			
De las págs. 50 y 51...............	......	10	......	10	......	3	..
Minatitlan.................................	......	......	......	....	......	....	
Zongolica.................................	......	......	......	....	......	....	.
Misantla..................................	......	......	......	....	......	3	..
Sumas......................	......	10	......	10	......	6	

A U S

Xalapa...................................	......	3	......	3	......	1	..
Veracruz	......		......		......	....	..
Orizaba..................................	......	1	......	1	......	....	..
Cordoba.	......		......	....	......	1	..
Jalacingo................................	......	2	......	2	......	....	..
Chicontepec.............................	......	......	......	....	......	....	..
Tantoyuca................................	......	......	......	....	......	....	
Túxpan...................................	......	......	1	1	......	....	..
Coatepec	......	......	......	....	......	....	..
Papantla..................................	......	1	......	1	......	....	..
Los Tuxtlas..............................	......	......	......	....	......	....	..
Ozuluama.................................	......	1	......	1	......	....	..
Acayúcan.................................	......	1	......	1	......	....	..
Huatusco.................................	......	......	......	....	......	....	..
Cosamaloápan............................	......	......	......	....	......	....	
Minatitlan...............................	......	......	......	....	......	....	..
Zongolica................................	......	......	......	....	......	1	..
Misantla	......	......	......	....	......	....	..
Sumas......................	......	9	1	10	......	3	..

O

GUN LA OCUPACION PRINCIPAL.

S, BELLAS ARTES, ARTES Y OFICIOS.

	Filarmónicos.			Floristas.			Telégrafo.	Fundidores en general.	Pintores.	Grabadores.	Herradores.	Herreros.
	H.	M.	Total.	H.	M.	Total.						
1	20	......	20	......	1	1	11	1	....	2	5	16
..	1	......	1	......	......	....	....	....	....	......	1	....
..	......	......	....	......	......	....	....	....	....	......	....	....
..	......	......	....	......	......	....	....	....	....	......	....	....
1	21	......	21	......	1	1	11	1	....	2	6	16

E S

.	......	......	....	......	......	....	....	....	......	......	2	7
..	1	......	1	......	......	....	4	....	......	......	....	...
..	3	......	3	......	1	1	....	....	1	......	....	4
..	......	......	....	......	......	....	....	....	......	......	2	1
..	......	......	....	......	1	1	....	....	......	......	......	3
..	......	......	....	......	......	....	....	....	......	2	......	1
..	......	......	....	......	......	....	....	....	......	......	......	1
..	1	......	1	......	......	....	....	....	......	......	1	....
..	......	......	....	......	......	....	....	....	......	......	......	2
..	......	......	....	......	......	....	....	....	......	......	......	....
..	......	......	....	......	......	....	....	....	......	......	......	....
..	......	......	....	......	......	....	....	....	......	......	......	2
..	......	......	....	......	......	....	....	....	......	......	......	....
..	......	......	....	......	......	....	....	....	......	......	......	....
..	5	......	5	......	2	2	4	......	1	2	5	22

DE P

IDIOMAS

CANTONES.	Italiano.			Portugués.		
	H.	**M.**	**Total.**	**H.**	**M.**	**Total.**
De las págs. 72 y 73.................	6	1	7	14	6	20
Minatitlan.............................	1	....	1	....	....	....
Zongolica.............................	....	....	....	....	....	....
Misantla..............................	....	....	....	....	....	....
SUMAS......................	7	1	8	14	6	20

AUSE

Xalapa...............................	....	1	1	....	....	....
Veracruz.............................	1	....	1	....	....	....
Orizaba..............................	....	....	....	....	....	....
Córdoba..............................	....	....	....	....	....	....
Jalacingo............................	....	....	....	....	....	....
Chicontepec..........................	....	....	....	....	....	....
Tantoyuca............................	....	....	....	....	....	....
Tuxpan...............................	....	....	....	....	....	....
Coatepec.............................	....	....	....	....	....	....
Papantla.............................	....	....	....	....	....	....
Los Tuxtlas..........................	....	....	....	....	....	....
Ozuluama.............................	....	....	....	....	....	....
Acayúcan.............................	....	....	....	....	....	....
Huatusco.............................	....	....	....	....	....	....
Cosamaloápan.........................	....	....	....	....	....	....
Minatitlan...........................	....	....	....	....	....	....
Zongolica............................	....	....	....	....	....	....
Misantla.............................	....	....	....	....	....	....
SUMAS......................	1	1	2	....	....	....

S O

GUN LA OCUPACION PRINCIPAL.

AS, BELLAS ARTES, ARTES Y OFICIOS.

eros de establecimientos industriales.			Panaderos.			Panaderos.	Pasteleros.	Peluqueros.	Pintores artistas.	Pintores decoradores.	Pintores.
L.	M.	Total.	H.	M.	Total.						
43	....	43	48	2	50	....	....	11	1	7	11
....	....	....	....	....	....	....	....	....	....	....	5
....	....	....	....	....	....	....	....	....	....	....	....
....	....	....	1	....	1	....	....	....	....	1	1
43	....	43	49	2	51	....	....	11	1	8	17

TES

...	....	....	12	....	12	....	....	1	....	4	1
...	....	....	4	....	4	....	....	2	....	....	....
...	....	....	5	....	5	....	....	4	1	3	1
...	....	....	12	....	12	....	....	3	....	....	1
...	....	....	1	....	1	....	....	....	....	....	....
...	....	....	....	....	....	....	....	....	....	....	....
...	....	....	2	....	2	....	....	....	....	....	1
...	....	....	5	....	5	....	....	1	....	1	....
...	1	1	2	....	2	....	....	1	....	....	1
...	....	....	....	....	....	....	....	....	....	....	1
...	....	....	....	....	....	1	....	....	....	1	1
...	....	....	....	....	....	....	....	1	....	....	....
...	....	....	1	....	1	....	....	....	....	....	1
...	....	....	....	....	....	....	....	....	....	....	....
...	....	....	....	....	....	....	....	....	....	....	....
...	1	1	44	....	44	1	....	13	1	9	8

De las págs. 54 y 55.................
Minatitlan...
Zongolica..
Misantla..

Sumas........................

A U S Í

Xalapa...............................	30	
Veracruz.............................	13	....
Orizaba..............................	12	....
Córdoba..............................	4	...
Jalacingo............................	2	....
Chicontepec.........................	... ...	
Tantoyuca...........................	1	....
Tuxpan...............................	... ...	...
Coatepec.............................	2	...
Papantla.............................	1	....
Los Tuxtlas.........................	17	....
Ozuluama............................	1	....
Acayúcan............................	....	...
Huatusco............................		...
Cosamaloápan........................		....
Minatitlan..........................		
Zongolica...........................		
Misantla............................		

Sumas........................

5 O

GUN LA OCUPACION PRINCIPAL.

S, BELLAS ARTES, ARTES Y OFICIOS.

			Tejedores.			Telegrafistas.				Tipógrafos.		
			H.	M.	Total.	H.	M.	Total.		H.	M.	Total.
4	15	......	......	11	......	11	1	......	1	1	2	.....	2
..	....	......	......	......	......	....	3	......	3	......	......	......	....
..	1	......	......	......	......	....	......	......	......	......	......	......	......
..	......	......	......	......	......	......	......	......	......	......	......	......	......
4	16	......	......	11	......	11	4	......	4	1	2	.....	2

5 E S

..	1	......	......	2	......	2	1	......	1	......	......	.....	......
..	....	......	......	......	......	......	......	......	......	......	......	.....	......
..	4	......	......	8	......	8	1	......	1	......	2	.....	2
..	1	......	......	......	......	....	3	......	3	......	1	.....	1
..	1	......	......	......	......	....	1	......	1	......	......	......	......
..	1	......	......	......	......	....	5	......	5	......	......	......	......
..	....	......	......	1	......	1	......	......	......	1	......	......	......
..	1	......	......	......	......	......	......	......	......	......	......	......	......
..	....	......	......	......	......	....	4	......	4	......	......	......	......
..	....	......	......	......	......	....	4	......	4	......	......	......	......
..	....	......	......	......	......	....	......	......	......	......	......	......	......
..	....	......	......	......	......	....	4	......	4	......	......	......	......
..	....	......	......	2	......	2	......	......	......	......	......	......	......
..	10	......	......	10	3	13	23	......	23	1	3	.....	3

D E

POBLAC:

CANTONES.	Suma.	Termos.	Veleros.			Vidriero.
			H.	M.	Total.	
De las págs. 56 y 57	1	......	5	....	5	......
Minatitlan	....	......	....	....	....	......
Zongolica	....	......	....	....	....	......
Misantla	....	......	....	....	....	......
SUMAS	1	......	5	....	5	......

A U S

Xalapa	....	......	1	......	1	......
Veracruz	....	......	....	....	....	......
Orizaba	....	......	....	....	....	......
Córdoba	....	......	....	....	....	......
Jalacingo	....	......	1	....	1	......
Chicontepec	....	......	....	....	....	......
Tantoyuca	....	......	....	....	....	......
Túxpan	....	......	....	....	....	......
Coatepec	....	......	....	....	....	......
Papantla	....	......	....	....	....	......
Los Tuxtlas	....	......	....	....	....	......
Ozuluama	....	......	....	....	....	......
Acayúcan	....	......	....	....	....	......
Huatusco	....	......	....	....	....	......
Cosamaloápan	....	......	....	....	....	......
Minatitlan	....	......	....	....	....	......
Zongolica	....	......	....	....	....	......
Misantla	....	......	1	....	1	......
SUMAS	....	......	3	....	3	......

. S O

:EGUN LA OCUPACION PRINCIPAL.

		Aguadores.				Billeteros.							
Zapateros.	Adoberos.	H.	M.	Total.	Arrieros.	H.	M.	Total.	Buzos.	Cazoeros.	Carboneros.	Cargadores.	Carreteoreros.
49	......	2	......	2	146	......	......	......	......	14	......	13	3
......	......	......	......	....	......	......	......	......	......	......	......	......	......
......	......	......	......	....	8	1	......	1	......	......	......	......	......
......	......	......	......	....	4	......	......	......	......	......	......	......	......
49	......	2	......	2	158	1	......	1	......	14	......	13	3

:TES

11	......	......	......	......	6	......	......	......	......	......	......	1	......
2	......	1	......	1	......	......	......	......	......	......	......	2	4
6	......	......	......	....	2	......	......	......	......	......	......	1	......
4	......	......	......	....	14	......	2	2	......	......	......	1	2
1	......	......	......	....	3	......	1	1	......	......	......	3	......
2	......	......	......	....	1	......	......	......	......	......	......	......	......
1	......	......	......	....	......	......	......	......	......	......	......	......	......
1	......	......	......	....	......	......	......	......	......	......	......	......	......
5	......	......	......	....	3	......	......	......	......	......	......	......	......
......	......	......	......	....	3	......	......	......	......	......	......	......	......
......	......	......	......	....	1	......	......	......	......	......	......	......	......
......	......	......	......	....	......	3	......	3	......	......	......	......	......
......	......	......	......	....	......	......	......	......	......	......	......	......	......
1	......	......	......	....	1	......	......	......	......	......	......	......	1
......	......	......	......	....	......	......	......	......	......	2	......	......	......
......	......	......	......	....	......	......	......	......	......	......	......	......	1
......	......	......	......	....	4	......	......	......	......	......	......	......	......
34	......	1	......	1	38	3	3	6	......	2	......	8	8

CANTONES.

	M.	Total.
De las págs. 58 y 59.................	209	344
Minatitlan..	2	8
Zongolica..	...	1
Misantla..	5	5
SUMAS........................	216	358

A U S E

Xalapa...		
Veracruz		
Orizaba		
Córdoba...		
Jalacingo		
Chicontepec		
Tantoyuca..		
Túxpan..		
Coatepec..		
Papantla...		
Los Tuxtlas..		
Ozuluama...		
Acayúcan		
Huatusco..		
Cosamaloápan...		
Minatítlan..		
Zongolica...		
Misantla...		
SUMAS........................		

₁S O

SEGUN LA OCUPACION PRINCIPAL.

DIVERSAS OCUPACIONES.

Empleados particulares.			Hortelanos.			Jardineros.	Jornaleros.	Lavanderos.			Marineros.
H.	M.	Total.	H.	M.	Total.			H.	M.	Total.	
108	1	109	1	....	1	....	653	3	35	38	210
10	....	10	....	....	....	....	8	....	2	2	59
3	....	3	....	....	....	....	....	....	....	....	....
4	....	4	....	....	....	....	4	....	1	1	....
125	1	126	1	....	1	....	665	3	38	41	269

ITES

15	1	16	....	....	....	....	17	....	2	2	....
10	....	10	....	....	....	....	16	....	11	11	26
14	1	15	....	....	....	....	....	....	12	12	1
7	....	7	....	....	....	....	19	....	5	5	....
2	....	2	....	....	....	....	22	....	....	....	....
1	....	1	....	....	....	....	81	....	....	....	....
....	....	....	....	....	....	....	....	....	....	....	....
2	....	2	....	....	....	....	....	....	....	....	5
3	....	3	....	....	....	....	79	....	7	7	....
4	....	4	....	....	....	....	33	....	2	2	....
2	....	2	....	....	....	....	....	....	....	....	....
4	....	4	....	....	....	....	10	....	1	1	....
7	....	7	....	....	....	....	11	....	....	....	....
....	....	....	....	....	....	....	....	....	2	2	....
....	....	....	....	....	....	....	....	....	....	....	....
12	....	12	....	....	....	....	79	....	1	1	2
....	....	....	....	....	....	....	4	....	....	....	....
2	....	2	....	....	....	....	....	....	....	....	....
85	2	87	....	....	....	....	371	....	43	43	34

D E

POBLACI

DIVERSAS OCUPACIONES.

CANTONES.	Maiz.	Mezclilla.	Molenderas.	Panaderos.	Porteras.	Quehaceres de la
De las págs. 60 y 61................	15	....	24	 1	....	2,1
Minatitlan..................................	....	....	....	1	....	2
Zongolica...................................	....	....	....	....	....	
Misantla.....................................	....	....	1	....	....	
SUMAS........................	15	....	25	1	....	2,5

A U S

Xalapa.......................................	3	....	1	....	....	3
Veracruz....................................	1	....	1	2	....	2
Orizaba......................................	2	2	2	....	....	1
Córdoba.....................................	3	....	4	....	....	1
Jalacingo...................................	....	....	....	....	....	
Chicontepec..............................	3	....	....	....	....	
Tantoyuca..................................	....	1	1	3	....	
Túxpan.......................................	....	....	....	....	....	1
Coatepec....................................	....	....	2	....	....	
Papantla.....................................	1	....	....	....	....	
Los Tuxtlas................................	1	....	....	....	....	
Ozuluama...................................	....	....	....	....	....	
Acayúcan	....	....	....	....	....	
Huatusco....................................	1	....	....	....	....	1
Cosamaloápan...........................	1	....	....	....	....	
Minatitlan..................................	....	....	....	....	....	2
Zongolica...................................	....	....	....	....	....	
Misantla.....................................	....	....	....	....	....	
SUMAS........................	15	3	11	5	....	2,1

SO

GUN LA OCUPACION PRINCIPAL.

Tortilleras	Sin ocupacion.			Sin ocupacion por menores de edad.			Se ignora.			TOTAL GENERAL.
	H.	M.	Total.	H.	M.	Total.	H.	M.	Total.	
12	12	8	20	817	718	1,535	21	2	23	10,796
....	....	....	....	12	23	35	....	....	....	330
....	....	....	....	49	26	75	2	....	2	911
....	....	....	....	19	28	47	....	....	....	426
12	12	8	20	897	795	1,692	23	2	25	12,463

TES

1	2	2	4	92	120	212	8	1	9	1,428
....	1	....	1	65	56	121	2	....	2	882
....	....	....	....	44	37	81	9	....	9	841
....	9	....	9	57	64	121	5	....	5	861
....	2	....	2	15	14	29	....	....	....	398
6	....	....	....	26	17	43	....	....	....	397
....	....	4	4	28	22	50	....	....	....	232
2	....	....	....	36	34	70	....	....	....	560
1	....	....	....	23	22	45	....	....	....	590
1	....	....	....	54	33	87	1	....	1	365
....	....	....	....	19	16	35	1	....	1	244
....	....	....	....	23	19	42	....	....	....	206
....	....	....	....	12	14	26	....	....	....	263
....	....	....	....	11	11	22	....	....	....	263
....	....	....	....	49	47	96	....	....	....	426
....	....	....	....	32	39	71	1	....	1	375
....	....	....	....	106	88	194	....	....	....	862
....	....	....	....	16	15	31	1	....	1	135
11	14	6	20	708	668	1,376	28	1	29	9,328

D E

POI

CANTONES.	Sueco–Noruega.			Suiza.		
	H.	M.	Total.	H.	M.	To
De las págs. 82 y 83..................	13	....	13	....	....	....
Minatitlan............:......................................	2	....	2	....	....	....
Zongolica..	....	....	....	....	....	....
Misantla ...:..	....	....	....	....	....	....
SUMAS........................	15	....	15	....	....	....

A U S

Xalapa...	....	....	....	.. ..	....	....
Veracruz	....	....	....	....	....	....
Orizaba..	....	....	....	....	....	....
Córdoba..	....	....	....	....	....	....
Jalacingo	....	....	....	....	....	....
Chicontepec..	....	....	....	....	....	....
Tantoyuca..	....	....	....	....	....	....
Túxpan..	....	....	....	1	....	
Coatepec...	....	....	....	....	....	....
Papantla..	....	....	....	....	....	....
Los Tuxtlas...	....	....	....	....	....	....
Ozuluama...	....	....	....	....	....	....
Acayúcan	....	....	....	....	....	....
Huatusco	....	....	....	....	....	....
Cosamaloápan...	....	....	....	....	....	....
Minatitlan..	....	....	....	....	....	....
Zongolica...	....	....	....	....	....	....
Misantla	....	....	....	....	....	....
SUMAS........................	....	....	....	1	....	

SO

N SEGUN LA NACIONALIDAD.

Turca.		Uruguaya.			Venezolana.			Se ignora.			TOTAL GENERAL.	NÚMERO DE HOGARES.
M.	Total.	H.	M.	Total.	H.	M.	Total.	H.	M.	Total.		
..	......	......	......	......	......	......	......	6	.....	6	10,796	....
..	......	......	......	......	......	......	......	.....	.....	......	330	....
..	......	......	......	......	......	......	......	.....	.....	......	911	....
..	......	......	......	......	......	......	......	.....	.....	......	426	....
..	......	......	......	......	......	......	......	6	.....	6	12,463	....

TES

..	......	......	......	......	......	......	......	.....	.....	......	1,428	....
..	......	......	......	......	......	......	......	.....	.....	......	882	....
.	......	......	......	......	......	......	......	.....	.....	......	841	....
..	......	......	......	......	......	......	......	.....	.....	......	861	....
..	......	......	......	......	......	......	......	.....	.....	......	398	....
..	......	......	......	......	......	......	......	.....	.....	......	397	....
..	......	......	......	......	......	......	......	.....	.....	......	232	....
..	......	......	......	......	......	......	......	.....	.....	......	560	....
..	......	......	......	......	......	......	......	.....	.....	......	590	....
..	......	......	......	......	......	......	......	.....	.....	......	365	....
..	......	......	......	......	......	......	......	.....	.....	......	244	....
..	......	......	......	......	......	......	......	.....	.....	......	206	....
..	......	......	......	......	......	......	......	.....	.....	......	263	....
..	......	......	......	......	......	......	......	.....	.....	......	263	....
..	......	......	......	......	......	......	......	.....	.....	......	426	....
..	......	......	......	......	......	......	......	.....	.....	......	375	....
..	......	......	......	......	......	......	......	.....	.....	......	862	....
..	......	......	......	......	......	......	......	.....	.....	......	135	....
..	......	......	......	......	......	......	......	.....	.....	......	9,328	....

RESUMEN.

CANTONES.	POBLACION DE HECHO.			POBLACION RESIDENTE.		
	Presentes.	De paso.	Total.	Presentes.	Ausentes.	Total.
Xalapa............................	72,677	1,109	73,786	72,677	1,428	74,105
Veracruz.........................	91,340	1,113	92,453	91,340	882	92,222
Orizaba	75,340	1,317	76,657	75,340	841	76,181
Córdoba..........................	70,043	3,096	73,139	70,043	861	70,904
Jalacingo........................	60,195	534	60,729	60,195	398	60,593
Chicontepec.....................	52,846	361	53,207	52,846	397	53,243
Tantoyuca..........	51,937	142	52,079	51,937	232	52,169
Tuxpan...........................	47,416	528	47,944	47,416	560	47,976
Coatepec.........................	47,247	420	47,667	47,247	590	47,837
Papantla.........................	44,282	521	44,803	44,282	365	44,647
Los Tuxtlas.....................	41,110	625	41,735	41,110	244	41,354
Ozuluama........................	37,509	147	37,656	37,509	206	37,715
Acayúcan	32,979	132	33,111	32,979	263	33,242
Huatusco.........................	30,814	484	31,298	30,814	263	31,077
Cosamaloápan........	28,285	267	28,552	28,285	426	28,711
Minatitlan.......................	27,974	330	28,304	27,974	375	28,349
Zongolica........................	24,714	911	25,625	24,714	862	25,576
Misantla.........................	17,184	426	17,610	17,184	135	17,319
SUMAS............	853,892	12,463	866,355	853,892	9,328	863,220

MINISTERIO DE FOMENTO

DIRECCION GENERAL DE ESTADISTICA

Á CARGO DEL

DR. ANTONIO PEÑAFIEL

CENSO GENERAL DE LA REPÚBLICA MEXICANA

Verificado el 20 de Octubre de 1895.

I

MÉXICO

OFICINA TIP. DE LA SECRETARIA DE FOMENTO

Calle de San Andrés número 15.

1899

CENSO

DEL

ESTADO DE MÉXICO.

CUADROS.

CUADROS.

RESUMEN DE LAS HABIT

DISTRITOS.	HABITACIONES.						DEPARTAMENTOS.			
	Casas de un piso.	Casas de dos pisos.	Casas de tres pisos.	Casas de cuatro pisos.	Casas de cinco pisos.	Totales.	Viviendas.	Cuartos independientes para habitación.	Accesorias.	Totales.
Cuautltlan	6,064	44	1	...	...	6,109	6,109	857	1,074	8,040
Chalco	10,856	95	1	...	...	10,952	5,068	2,195	1,374	8,637
Ixtlahuaca	14,946	70	...	...	...	15,016	15,377	213	243	15,833
Jilotepec	11,513	43	...	...	...	11,556	11,563	1,924	131	13,618
Lerma	7,777	50	...	...	...	7,827	8,328	540	687	9,555
Otumba	6,610	11	...	...	...	6,621	7,515	1,529	190	9,234
Sultepec	9,389	111	4	2	...	9,506	3,862	3,019	753	7,634
Temascaltepec	5,958	42	1	...	...	6,001	7,954	1,853	2	9,809
Tenancingo	11,961	31	...	...	...	11,992	12,689	371	80	13,140
Tenango	11,140	43	...	...	...	11,183	11,660	889	38	12,587
Texcoco	11,678	55	...	...	...	11,733	12,754	1,921	439	15,114
Tlalnepantla	10,048	43	...	...	...	10,091	10,091	795	524	11,410
Toluca	17,298	466	1	...	...	17,765	18,590	3,861	1,612	24,063
Valle de Bravo............	8,646	117	...	...	...	8,763	8,811	2,910	456	12,177
Zumpango.................	5,950	15	...	...	...	5,965	5,980	515	176	691
TOTAL............	149,834	1,236	8	2	...	151,080	146,351	23,392	7,779	177,522

NOTA.—Las veintitres capillas y trece oratorios que aparecen en la columna *Otros cultos*, son de protestantes.

ONES POR DISTRITOS.

Colegios de internos.	Cuarteles.	Hospicios.	Prisiones.	Asilos.	Hoteles.	Casas de huéspedes.	Número.	Catedrales.	Parroquias.	Iglesias.	Capillas.	Oratorios.	En construcción.	Sin culto ó ruina.	Capillas.	Oratorios.	Totales.
.....	1	1	1	...	...	...	9	...	6	...	22	...	2	6	.....	.....	.....
1	22	1	48	...	4	..	14	...	18	...	79	1	1	17	8	.....	8
1	.....	2	1	...	1	...	20	...	7	...	100	452	1	...	.....	.....	.....
.....	.....	1	1	...	...	...	18	...	9	...	70	22	3	1	3	.....	3
.....	2	.....	3	...	...	...	4	...	6	...	42	...	4	1	.....	1	1
.....	.....	1	16	...	...	...	5	...	5	...	54	...	1	1	1	1	2
.....	1	1	9	...	2	...	2	...	7	...	96	...	4	...	.....	.....	.....
.....	.....	1	1	...	...	...	14	...	2	...	36	...	2	3	.....	.....	.....
1	1	1	1	...	1	...	22	...	8	...	32	2	1	...	2	.....	2
.....	12	1	3	...	3	...	9	...	18	...	38	...	5	4	.....	3	3
.....	3	2	12	...	1	...	5	...	13	...	129	...	1	1	7	.....	7
15	3	2	10	...	...	...	21	...	6	...	85	1	1	1	.....	.....	.....
9	5	3	6	1	7	...	40	...	6	...	148	12	8	5	.....	8	8
.....	1	2	1	...	...	...	22	...	8	...	43	64	11	14	.....	.....	.....
47	1	1	4	...	...	...	9	...	6	...	38	1	1	1	2	.....	2
74	52	20	117	1	19	...	214	...	125	...	1,012	555	46	55	23	13	36

PRESE

DISTRITOS.	De 6 á 10 años.			De 11 á 15 años.		
	H.	M.	Total.	H.	M.	Total.
Cuautitlan	2,278	2,102	4,380	1,732	1,667	3,399
Chalco	4,914	4,620	9,534	3,833	3,551	7,384
Ixtlahuaca	6,036	6,100	12,136	3,261	2,516	6,777
Jilotepec	5,557	5,143	10,700	2,836	2,910	5,746
Lerma	3,857	3,416	7,273	2,119	1,929	4,048
Otumba	2,643	2,389	5,032	1,860	1,694	3,554
Sultepec	5,193	4,180	9,373	2,786	2,608	5,394
Temascaltepec	3,405	2,873	6,278	2,100	1,903	4,003
Tenancingo	4,971	4,554	9,525	3,539	3,204	6,743
Tenango	5,068	4,946	10,014	3,691	3,327	7,018
Texcoco	2,263	2,276	4,539	2,671	2,725	5,396
Tlalnepantla	3,775	3,568	7,343	3,097	2,896	5,993
Toluca	8,691	8,456	17,147	5,834	5,967	11,801
Valle de Bravo	3,413	3,038	6,451	1,953	1,924	3,877
Zumpango	2,220	2,045	4,265	1,692	1,424	3,116
SUMAS	64,284	59,706	123,990	43,004	41,245	84,249

DE P

Cuautitlan	....	....	....	2	1	3
Chalco	6	6	12	12	9	21
Ixtlahuaca	2	3	5	10	2	12
Jilotepec	10	14	24	10	9	19
Lerma	4	4	8	3	3	6
Otumba	1	....	1	3	1	4
Sultepec	4	7	11	8	4	12
Temascaltepec	5	1	6	23	2	25
Tenancingo	16	13	29	17	19	36
Tenango	24	12	36	19	10	29
Texcoco	....	2	2	1	1	2
Tlalnepantla	8	1	9	11	2	13
Toluca	5	8	13	13	11	24
Valle de Bravo	37	1	38	3	8	11
Zumpango	2	....	2	3	....	
SUMAS	124	72	196	138	82	220

Sigue en las páginas 76 y 77.

NTES.

POBLACION POR EDADES.

De 16 á 20 años.			De 21 á 25 años.			De 26 á 30 años.			De 31 á 35 años.		
H.	M.	Total.	H.	M.	Total.	H.	M.	Total.	H.	M.	Total.
1,407	1,639	3,046	1,191	1,308	2,499	1,484	1,628	3,112	875	806	1,681
2,716	3,599	6,315	2,544	2,824	5,368	3,005	3,382	6,387	1,745	1,593	3,338
2,692	4,242	6,934	2,526	3,419	5,945	4,173	4,646	8,819	1,948	1,790	3,738
2,463	3,494	5,957	2,072	2,549	4,621	3,079	3,632	6,711	1,481	1,443	2,924
1,689	2,428	4,117	1,472	1,735	3,207	2,237	2,471	4,708	1,156	1,049	2,205
1,577	1,657	3,234	1,373	1,389	2,762	1,713	1,886	3,599	969	750	1,719
2,127	2,807	4,934	1,696	2,058	3,754	2,549	2,904	5,453	1,104	1,115	2,219
1,675	2,244	3,919	1,306	1,641	2,947	2,061	2,388	4,449	924	908	1,832
2,762	3,511	6,273	2,111	2,597	4,708	2,865	3,323	6,188	1,519	1,391	2,910
2,681	3,451	6,132	1,954	2,618	4,572	3,059	3,682	6,741	1,610	1,546	3,156
2,708	2,467	5,175	2,478	2,594	5,072	2,896	2,775	5,671	2,243	2,158	4,401
2,506	2,836	5,342	2,331	2,401	4,732	2,595	2,661	5,256	1,705	1,660	3,365
4,381	6,403	10,784	3,856	5,343	9,199	5,782	7,016	12,798	3,059	2,963	6,022
1,735	2,365	4,100	1,614	2,037	3,651	2,486	2,586	5,072	1,016	916	1,932
1,336	1,467	2,803	1,093	1,237	2,330	1,469	1,485	2,954	798	694	1,492
34,455	44,610	79,065	29,617	35,750	65,367	41,453	46,465	87,918	22,152	20,782	42,934

ASO

4	2	6	1	....	1	12	2	14	5	....	5
14	8	22	19	12	31	26	14	40	24	8	32
20	4	24	28	12	40	36	11	47	28	3	31
32	13	45	34	7	41	43	16	59	29	9	38
8	8	16	6	3	9	11	4	15	3	2	5
10	1	11	14	4	18	19	4	23	10	3	13
22	3	25	30	7	37	33	4	37	10	1	11
28	4	32	35	4	39	45	1	46	25	3	28
56	29	85	33	7	40	64	34	98	30	11	41
25	15	40	32	11	43	47	21	68	16	5	21
1	3	4	4	2	6	2	2	4	1	....	1
18	4	22	14	12	26	18	1	19	15	2	17
17	22	39	22	15	37	35	15	50	15	10	25
66	75	141	65	45	110	46	9	55	28	....	28
2	1	3	5	2	7	2	1	3	....	....	....
323	192	515	342	143	485	439	139	578	239	57	296

PRESE

DISTRITOS.	De 86 á 40 años.			De 41 á 45 años.		
	H.	M.	Total.	H.	M.	Total.
Cuautitlan	1,252	1,272	2,524	561	547	1,108
Chalco	2,380	2,546	4,926	1,184	1,088	2,272
Ixtlahuaca	3,001	2,935	5,936	1,068	887	1,955
Jilotepec	2,526	2,475	5,001	904	877	1,781
Lerma	1,732	1,786	3,518	683	696	1,379
Otumba	1,372	1,301	2,673	715	549	1,264
Sultepec	1,965	1,887	3,852	749	638	1,387
Temascaltepec	1,855	1,678	3,533	612	501	1,113
Tenancingo	2,548	2,536	5,084	923	980	1,903
Tenango	2,497	2,582	5,079	954	939	1,893
Texcoco	2,425	2,104	4,529	1,886	1,875	3,761
Tlalnepantla	2,026	1,948	3,974	1,187	1,142	2,329
Toluca	4,622	4,767	9,389	1,752	1,686	3,438
Valle de Bravo	2,006	1,811	3,817	559	485	1,044
Zumpango	1,171	1,101	2,272	468	402	870
SUMAS	33,378	32,729	66,107	14,205	13,292	27,497

DE P

Cuautitlan	3	....	3	7	1	8
Chalco	28	10	38	11	8	19
Ixtlahuaca	30	3	33	13	2	15
Jilotepec	20	6	26	18	7	25
Lerma	7	3	10	2	1	3
Otumba	14	3	17	8	2	10
Sultepec	17	6	23	5	....	5
Temascaltepec	26	1	27	11	....	
Tenancingo	47	16	63	25	2	
Tenango	29	13	42	6	4	
Texcoco	5	....	5	....	....	
Tlalnepantla	9	2	11	5	....	
Toluca	25	12	37	12	4	
Valle de Bravo	42	33	75	....	....	
Zumpango	4	1	5	....	....	
SUMAS	306	109	415	123	31	154

Sigue en las páginas 78 y 79.

NTES.

POBLACION POR EDADES.

De 46 á 50 años.			De 51 á 55 años.			De 56 á 60 años.			De 61 á 65 años.		
H.	M.	Total.	H.	M.	Total.	H.	M.	Total.	H.	M.	Total.
774	800	1,574	362	332	694	582	603	1,185	276	197	473
1,511	1,624	3,135	659	655	1,314	1,019	1,131	2,150	451	356	807
1,576	1,664	3,240	477	445	922	851	876	1,727	286	183	469
1,456	1,463	2,919	451	447	898	1,002	993	1,995	304	243	547
1,084	1,123	2,207	350	392	742	681	861	1,542	350	256	606
935	800	1,735	408	324	732	575	510	1,085	275	210	485
1,208	1,170	2,378	470	355	825	677	637	1,314	266	177	443
991	860	1,851	306	237	543	639	488	1,127	142	87	229
1,704	1,608	3,312	574	534	1,108	936	908	1,844	390	275	665
1,448	1,667	3,115	617	567	1,184	1,059	1,078	2,137	343	350	693
1,443	1,609	3,052	1,076	1,223	2,299	877	939	1,816	601	634	1,235
1,328	1,261	2,589	753	715	1,468	760	846	1,606	444	389	833
2,671	2,997	5,668	940	983	1,923	1,627	1,764	3,391	561	507	1,068
1,125	1,121	2,246	313	302	615	665	604	1,269	202	161	363
673	739	1,412	303	281	584	470	520	990	210	177	387
19,927	20,506	20,433	8,059	7,792	15,851	12,420	12,758	25,178	5,101	4,202	9,303

ASO.

1	....	1	2	....	2	2	....	2	....	....	....
17	8	25	9	3	12	6	4	10	3	....	3
8	2	10	4	....	4	5	....	5	6	1	7
3	2	5	....	....	....	2	....	2	....	....	....
4	....	4	3	....	3	1	....	1	1	....	1
12	1	13	3	....	3	5	....	5	2	....	2
11	....	11	3	....	3	4	1	5	....	....	....
7	1	8	4	....	4	4	1	5	....	....	....
25	6	31	7	6	13	22	1	23	3	2	5
13	10	23	4	2	6	7	2	9	2	1	3
1	....	1	....	....	....	2	1	3	2	....	2
5	2	7	2	....	2	2	....	2	1	....	1
8	4	12	2	2	4	6	....	6	1	....	1
48	15	63	23	....	23	14	....	14	37	....	37
4	....	4	2	....	2	3	1	4	....	....	....
167	51	218	68	13	81	85	11	96	58	4	62

PRE$

DISTRITOS.	De 66 á 70 años.			De 71 á 75 años.		
	H.	M.	Total.	H.	M.	Tot
Cuautitlan	278	236	514	79	60	1
Chalco	420	327	747	128	85	2
Ixtlahuaca	279	198	477	72	64	1
Jilotepec	301	313	614	193	161	3
Lerma	331	283	614	91	62	1
Otumba	214	203	417	56	51	1
Sultepec	219	165 ·	384	68	52	1
Temascaltepec	145	127	272	39	18	
Tenancingo	380	305	685	87	67	1
Tenango	401	345	746	113	80	1
Texcoco	576	545	1,121	225	266	4
Tlalnepantla	285	263	548	111	114	2
Toluca	561	530	1,091	141	147	2
Valle de Bravos	198	149	347	40	45	
Zumpango	229	185	414	70	64	1
SUMAS	4,817	4,174	8,991	1,513	1,336	2,8

DE

Cuautitlan	....	1	1	......	....	......
Chalco	3	....	3	1	....	......
Ixtlahuaca	1	....	1	....	....	......
Jilotepec	....	....	....	....	....	......
Lerma	2	2	4	......	1·	
Otumba	3	....	3	1	....	
Sultepec	1	....	1	1	....	
Temascaltepec	....	....	....	....	....	......
Tenancingo	4	1	5	....	1	
Tenango	....	....	....	....	....	
Texcoco	1	....	1	....	....	......
Tlalnepantla	....	1	1	....	....	......
Toluca	....	....	....	....	....	
Valle de Bravos	42	....	42	33	....	
Zumpango	....	....	....	....	....	
SUMAS	57	5	62	36	2	

Sigue en las páginas 80 y 81.

ITES

OBLACION POR EDADES.

De 76 á 80 años.			De 81 á 85 años.			De 86 á 90 años.			De 91 á 95 años.		
H.	M.	Total.	H.	M.	Total.	H.	M.	Total.	H.	M.	Total.
63	71	134	32	18	50	16	11	27	2	1	3
133	103	236	39	26	65	28	27	55	7	13	20
82	70	152	15	20	35	11	21	32	12	5	17
52	42	94	16	8	24	12	13	25	....	1	1
84	82	166	31	27	58	23	31	54	9	6	15
74	77	151	....	3	3	5	5	10	....	....	....
81	71	152	21	13	34	43	18	61	14	13	27
61	47	108	16	9	25	12	6	18	2	2	4
105	83	188	22	22	44	20	17	37	3	2	5
124	101	225	35	30	65	34	32	66	7	7	14
217	212	429	121	122	243	76	96	172	19	25	44
84	101	185	29	27	56	12	14	26	2	6	8
209	182	391	37	43	80	73	60	133	13	14	27
57	43	100	11	7	18	17	10	27	4	....	4
71	61	132	14	20	34	6	14	20	2	6	8
1,497	1,346	2,843	439	395	834	388	375	763	96	101	197

ASO

....	....	....	....	....	....	....	....	....	....	....	....
3	....	3	....	....	....	....	....	....	....	....	....
....	....	....	1	....	1	1	....	1	....	....	....
....	....	....	....	....	....	....	....	....	....	....	....
....	....	....	....	....	....	....	....	....	....	....	....
1	....	1	....	....	....	....	....	....	....	....	....
....	....	....	....	....	....	....	....	....	....	....	....
1	....	1	....	....	....	....	....	....	....	....	....
2	....	2	....	....	....	....	....	....	....	1	1
....	....	....	....	....	....	....	....	....	....	....	....
....	....	....	....	....	....	....	....	....	....	....	....
1	1	2	1	....	1	....	....	....	....	....	....
....	....	....	....	....	....	....	....	....	....	....	....
....	....	....	....	....	....	....	....	....	....	....	....
....	....	....	....	....	....	....	....	....	....	....	....
8	1	9	2	....	2	1	....	1	....	1	1

PRES

POBLACION PC

DISTRITOS.	De 96 á 100 años.			De más de 100 años.		
	H.	M.	Total.	H.	M.	Total.
Cuautitlan	1	2	3	....	....	......
Chalco	9	12	21	....	1	
Ixtlahuaca	6	7	13	....	....	
Jilotepec	....	....	....	....	....	......
Lerma	7	4	11	....	....	......
Otumba	1	1	2	....	....	
Sultepec	7	3	10	2	....	
Temascaltepec	3	3	6	....	1	
Tenancingo	3	2	5	....	....	......
Tenango	13	13	26	....	1	
Texcoco	3	2	5	....	2	
Tlalnepantla	3	7	10	1	1	
Toluca	14	10	24	1	....	
Valle de Bravos	4	3	7	3	1	
Zumpango	3	2	5	....	....	......
SUMAS	77	71	148	7	7	

DE

Cuautitlan	....	....	....	....	....	......
Chalco	....	....	....	....	....	......
Ixtlahuaca	....	....	....	....	....	......
Jilotepec	....	....	....	....	....	......
Lerma	....	....	....	....	....	......
Otumba	....	....	....	....	....	......
Sultepec	....	....	....	....	....	......
Temascaltepec	....	....	....	....	....	......
Tenancingo	....	....	....	....	....	......
Tenango	....	....	....	....	....	......
Texcoco	....	....	....	....	....	......
Tlalnepantla	....	....	....	....	....	......
Toluca	....	....	....	....	....	......
Valle de Bravos	....	....	....	....	....	......
Zumpango	....	....	....	....	....	......
SUMAS	....	....	....	....	....	......

Sigue en las páginas 82 y 83.

T ES.

D ADES.   Entidad política de la República á que pertenece el lugar del nacimiento.

Se ignora.			TOTAL GENERAL.	Aguascalientes.			Campeche.		
.	M.	Total.		H.	M.	Total.	H.	M.	Total.
....	....	....	32,111	1	....	1	....	....	....
23	17	40	66,134	2	1	3	....	....	....
6	11	17	74,693	....	....	....	....	1	1
....	....	....	63,715	....	....	....	....	....	....
17	18	35	45,391	....	....	....	....	....	....
4	6	10	34,487	....	....	....	....	....	....
20	19	39	52,619	....	....	....	....	....	....
....	....	....	39,234	....	....	....	....	....	....
....	....	....	63,273	....	....	....	?........	....	....
23	32	.55	65,065	....	....	....	....	....	....
9	....	9	57,034	7	....	7	....	....	....
....	....	....	57,259	4	2	6	....	....	....
33	60	93	114,196	2	1	3	....	....	....
15	....	15	43,047	....	....	....	....	....	....
....	....	....	29,723	3	1	4	....	....	....
.50	163	313	837,981	19	5	24	....	1	1

S O

Se ignora.			TOTAL GENERAL.	Aguascalientes.			Campeche.		
...	....	....	51	....	....	....	....	....	....
...	....	....	288	....	....	....	....	....	....
...	....	....	241	....	....	....	....	....	....
...	....	....	309	....	....	....	....	....	....
...	....	....	92	....	....	....	....	....	....
...	....	....	126	....	....	....	....	....	....
...	....	....	195	....	....	....	....	....	....
...	....	....	238	....	....	....	....	....	....
...	....	....	519	....	....	....	....	....	....
...	....	....	376	1	....	1	....	....	....
...	....	....	36	....	....	....	....	....	....
...	....	....	142	....	....	....	....	....	....
...	....	....	294	....	....	....	....	....	....
...	....	....	695	....	....	....	....	....	....
...	....	....	35	....	....	....	....	....	....
...	....	....	3,637	. .1	....	1	....	....	....

PRESI

ENTIDAD POLITICA DE LA RI

DISTRITOS.

Cuautitlan..	1	
Chalco...	...	
Ixtlahuaca	... ...	
Jilotepec..	1	...
Lerma...		
Otumba..	...	
Sultepec..	... ...	...
Temascaltepec...	1	
Tenancingo	...	
Tenango...	... .	...
Texcoco...	17	4
Tlalnepantla..	1	1
Toluca..	2	...
Valle de Bravos...	......	
Zumpango..		
Sumas......................		

DE P

Cuautitlan..
Chalco...
Ixtlahuaca ....
Jilotepec..
Lerma...
Otumba..
Sultepec..
Temascaltepec...
Tenancingo ....
Tenango...
Texcoco...
Tlalnepantla..
Toluca..
Valle de Bravos...
Zumpango..
Sumas......................

TES

JBLICA A QUE PERTENECE EL LUGAR DEL NACIMIENTO.

	Chiapas.			Chihuahua.			Durango.			Guanajuato.	
H.	M.	Total.	H.	M.	Total.	H.	M.	Total.	H.	M.	Total.
1	1	2	.....	1	1	.....	1	1	65	72	137
.....	2	2	2	1	3	2	4	6	30	36	66
.....	.....	.....	2	.....	2	.....	.....	.....	33	30	63
.....	.....	.....	.....	.....	.....	.....	.....	.....	5	2	7
.....	.....	.....	.....	.....	.....	.....	.....	.....	7	2	9
.....	.....	.....	.....	1	1	.....	3	3	7	5	12
.....	.....	.....	.....	.....	.....	.....	.....	.....	.....	1	1
.....	.....	.....	1	.....	1	.....	.....	.....	10	4	14
.....	.....	.....	.....	.....	.....	.....	.....	.....	14	11	25
...1	.....	.....	.....	.....	.....	.....	.....	.....	7	4	11
1	.....	1	.....	.....	.....	3	1	4	57	71	128
.....	.....	.....	1	2	3	4	2	6	89	77	166
2	2	4	10	3	13	.....	2	2	139	144	283
2	2	4	.....	.....	.....	.....	.....	.....	16	9	25
.....	.....	.....	1	1	2	.....	.....	.....	18	13	31
6	7	13	17	9	26	9	13	22	497	481	978

SO

.....	.....	.....	.....	.....	.....	.....	.....	.....	6	.....	6
.....	.....	.....	.....	.....	.....	.....	.....	.....	1	.....	1
.....	.....	.....	.....	.....	.....	.....	.....	.....	4	.....	4
.....	.....	.....	.....	.....	.....	.....	.....	.....	2	.....	2
.....	.....	.....	.....	.....	.....	.....	.....	.....	4	3	7
.....	.....	.....	.....	.....	.....	.....	.....	.....	5	.....	5
.....	.....	.....	.....	.....	.....	.....	.....	.....	.....	.....	.....
.....	.....	.....	.....	.....	.....	.....	.....	.....	.....	.....	.....
.....	.....	.....	.....	.....	.....	.....	.....	.....	12	9	21
.....	.....	.....	.....	.....	.....	.....	.....	.....	6	4	10
.....	.....	.....	.....	1	1	.....	.....	.....	1	.....	1
.....	.....	.....	.....	.....	.....	.....	.....	.....	.....	.....	.....
.....	.....	.....	.....	.....	.....	.....	.....	.....	2	.....	2
.....	.....	.....	.....	1	1	.....	.....	.....	43	16	59

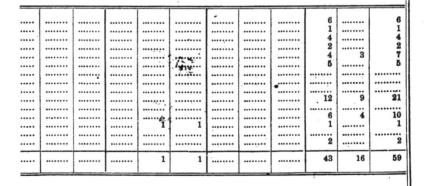

PRESE

DISTRITOS.	ENTIDAD POLITICA DE LA RI					
	Guerrero.			Hidalgo.		
	H.	M.	Total.	H.	M.	Total.
Cuautitlan..	....	....	....	286	287	573
Chalco..	36	16	52	114	90	204
Ixtlahuacá	....	1	1	24	22	46
Jilotepec..	....	....	....	138	141	279
Lerma..	1	....	1	14	9	23
Otumba...	....	....	....	519	477	996
Sultepec...	8	27	35	....	1	1
Temascaltepec......................................	3	1	4	3	4	7
Tenancingo...	48	17	65	6	11	17
Tonango..	2	2	4	....	1	1
Texcoco..	96	100	196	243	150	393
Tlalnepantla.......................................	13	16	29	289	266	555
Toluca...	27	14	41	39	35	74
Valle de Bravo.....................................	....	....	....	2	2	4
Zumpango..	....	....	....	282	267	549
SUMAS......................	234	194	428	1,959	1,763	3,722

DE F

Cuautitlan..	....	....	....	6	....	6
Chalco..	....	....	....	5	2	7
Ixtlahuaca	....	....	....	13	4	17
Jilotepec..	....	....	....	41	32	73
Lerma...	....	....	....	....	....	....
Otumba...	....	....	....	28	11	39
Sultepec...	....	....	....	....	....	
Temascaltepec......................................	1	....	1	....	....	....
Tenancingo	11	8	19	12	2	14
Tenango..	....	....	....	5	2	7
Texcoco..	....	....	....	....	....	....
Tlalnepantla.......................................	....	....	....	3	1	4
Toluca...	....	....	....	....	....	....
Valle de Bravo.....................................	....	....	....	....	....	....
Zumpango..	....	....	....	8	2	10
SUMAS......................	12	8	20	121	56	177

Sigue en las páginas 86 y 87.

NTES

UBLICA A QUE PERTENECE EL LUGAR DEL NACIMIENTO.

Jalisco.			México.			Michoacan.			Morelos.		
H.	M.	Total.	H.	M.	Total.	H.	M.	Total.	H.	M.	Total.
3	5	8	15,512	15,574	31,086	13	10	23	1	1	2
20	26	46	31,926	32,513	64,439	17	26	43	126	154	280
2	5	7	35,592	38,152	73,744	228	246	474	....	......	....
....	....	....	31,091	32,268	63,359	....	7	7	....	......	....
2	3	5	22,377	22,890	45,267	5	5	10	.4	3	7
8	10	18	17,108	16,145	33,253	3	4	7	1	1	2
....	....	....	26,855	25,697	52,552	2	2	4	1	......	1
8	4	12	19,700	19,403	39,103	11	15	26	3	2	5
1	1	2	31,415	31,525	62,940	20	16	36	38	48	86
53	23	76	31,738	33,168	64,906	5	3	8	7	8	15
22	23	45	26,332	26,201	52,533	88	59	147	46	26	72
35	20	55	27,756	27,565	55,321	76	82	158	6	10	16
2	2	4	53,448	58,794	112,242	147	194	341	14	17	31
8	3	11	21,426	21,372	42,798	87	75	162	7	3	10
			14,699	14,278	28,977	10	4	14	1	1	2
164	125	289	406,975	415,545	822,520	712	748	1,460	255	274	529

ASO

Jalisco.			México.			Michoacan.			Morelos.		
....	....	....	22	5	27	....	....	....	....	......	....
1	....	1	95	58	153	1	....	1	62	30	....
....	....	....	81	38	119	80	4	84	1	......	1
....	....	....	99	30	129	2	....	2	....	......	......y
....	....	....	31	18	49	2	....	2	....	......	....
....	....	....	62	9	71	....	....	....	....	......	....
....	....	....	155	40	195	....	....	....	....	......	....
.2	....	2	210	20	230	....	....	....	....	......	....
....	....	....	312	131	443	....	....	....	29	14	43
....	....	....	227	117	344	....	....	....	....	......	....
....	....	....	23	9	32	....	....	....	....	......	....
....	....	....	93	18	111	....	....	....	....	......	....
....	....	....	138	89	227	9	1	10	3	2	5
....	....	....	507	188	695	....	....	....	....	......	....
....	....	....	17	5	22	....	....	....	....	......	....
3	....	3	2,072	775	2,847	94	5	99	95	46	141

PRES

ENTIDAD POLITICA DE LA

DISTRITOS.					
Cuautitlan					
Chalco	1		1		
Ixtlahuaca					
Jilotepec					
Lerma					
Otumba					
Sultepec					
Temascaltepec				5	4
Tenancingo	1		1		1
Tenango					
Texcoco	4		4	10	
Tlalnepantla	1		1	2	4
Toluca	7	5	12	6	7
Valle de Bravo					
Zumpango	1	1	2		
SUMAS	15	6			

DE

DISTRITOS.		
Cuautitlan		
Chalco		
Ixtlahuaca		
Jilotepec		
Lerma		
Otumba		4
Sultepec		
Temascaltepec		
Tenancingo		
Tenango		
Texcoco		
Tlalnepantla		
Toluca		
Valle de Bravo		
Zumpango		
SUMAS		

'E S

BLICA A QUE PERTENECE EL LUGAR DEL NACIMIENTO.

	Puebla.		Querétaro.			San Luis Potosí.			Sinaloa.		
	M.	Total.	H.	M.	Total.	H.	M.	Total.	H.	M.	Total.
8	12	20	27	33	60	4	7	11	....	....	....
70	176	346	25	21	46	5	2	7	....	....	....
5	4	9	139	129	268	1	1	2	....	....	....
...	1	1	17	13	30	....	....	....	....	....	....
2	....	2	7	7	14	8	6	14	....	....	....
23	12	35	5	2	7	....	1	1	....	....	....
3	1	4	....	....	....	1	....	1	....	....	....
5	....	5	2	6	8	....	....	....	....	....	....
3	16	19	21	18	39	2	4	6	....	....	....
2	3	5	8	9	17	....	1	1	....	....	....
51	164	515	105	104	209	31	10	41	29	20	49
15	13	28	177	159	336	5	11	16	....	....	....
50	58	108	63	45	108	19	23	42	2	....	2
...	....	....	3	4	7	....	....	....	....	....	....
6	6	12	11	13	24	5	1	6	....	....	....
43	466	1,109	610	563	1,173	81	67	148	31	20	51

S O

	Puebla.		Querétaro.			San Luis Potosí.			Sinaloa.		
...	....	....	5	1	6	....	....	....	....	....	....
9	....	9	1	....	1	....	....	....	....	....	....
...	....	....	14	2	16	....	....	....	....	....	....
...	....	....	26	11	37	....	....	....	....	....	....
...	....	....	3	1	4	....	....	....	....	....	....
...	....	....	3	....	3	....	....	....	....	....	....
...	....	....	....	....	....	....	....	....	....	....	....
...	....	....	....	....	....	....	....	....	....	....	....
...	4	4	....	....	....	....	....	....	....	....	....
...	....	....	2	1	3	....	....	....	....	....	....
...	2	2	2	....	2	1	....	1	....	....	....
...	....	....	....	....	....	....	....	....	....	....	....
...	....	....	....	....	....	....	....	....	....	....	....
9	6	15	56	16	72	1	....	1	....	....	....

PRES

ENTIDAD POLITICA DE LA

DISTRITOS.	Sonora.			Tabasco.		
	H.	M.	Total.	H.	M.	Tota
Cuautitlan..	....	....	....	....	....	.....
Chalco..	....	....	....	....	....	.....
Ixtlahuaca..	....	....	....	1	1	.....
Jilotepec...	....	....	....	....	....	.....
Lerma...	....	....	....	....	....	.....
Otumba...	....	....	....	....	....	.....
Sultepec...	....	....	....	....	....	.....
Temascaltepec.....................................	....	1	1	....	....	.....
Tenancingo...	....	....	....	....	1	.....
Tenango...	....	....	....	....	....	.....
Texcoco..	2	....	2	11	10	.....
Tlalnepantla..	1	....	1	2	3	.....
Toluca..	1	2	3	1	....	.....
Valle de Bravo.....................................	....	....	....	....	....	.....
Zumpango...	....	....	....	....	....	.....
SUMAS......................	4	3	7	15	15	

DE

Cuautitlan..	....	....	....	....	....	.....
Chalco..	....	....	....	....	....	.....
Ixtlahuaca..	....	....	....	....	....	.....
Jilotepec...	....	....	....	....	....	.....
Lerma...	....	....	....	....	....	.....
Otumba...	....	....	....	....	....	.....
Sultepec...	....	....	....	....	....	.....
Temascaltepec.....................................	....	....	....	....	....	.....
Tenancingo...	....	....	....	....	....	.....
Tenango...	....	....	....	....	....	.....
Texcoco..	....	....	....	....	....	.....
Tlalnepantla..	....	....	....	....	....	.....
Toluca..	....	....	....	....	....	.....
Valle de Bravo.....................................	....	....	....	....	....	.....
Zumpango...	....	....	....	....	....	.....
SUMAS......	....	....	....	....	....	.....

Sigue en las páginas 90 y 91.

ITES

UBLICA A QUE PERTENECE EL LUGAR DEL NACIMIENTO.

Tamaulipas.			Tlaxcala.			Veracruz.			Yucatan.		
H.	M.	Total.	H.	M.	Total.	H.	M.	Total.	H.	M.	Total.
......	......	......	4	4	8	5	6	11	......	......	......
2	2	4	14	9	23	21	4	25	......	......	......
......	1	1	1	......	1	5	......	5	1	......	1
......	......	......	......	1	1	......	......	......	......	......	......
1	......	1	2	......	2	2	......	2	......	1	1
1	......	1	58	50	108	......	4	4	......	......	......
......	......	......	......	......	......	......	1	1	2	......	2
......	......	......	......	......	......	......	1	1	......	......	......
......	......	......	1	......	1	1	1	2	......	......	......
12	4	16	58	35	93	26	42	68	......	......	......
1	......	1	18	16	34	7	5	12	1	......	1
......	4	4	5	5	10	17	17	34	......	1	1
......	......	......	......	......	......	......	......	......	......	......	......
......	1	1	6	6	12	2	2	4	......	......	......
17	12	29	167	126	293	86	83	169	4	2	6

ASO

Tamaulipas.			Tlaxcala.			Veracruz.			Yucatan.		
......	......	......	1	......	2	......	......	......	......	......	......
......	......	......	......	......	......	......	......	......	......	......	......
......	......	......	......	......	......	......	......	......	......	......	......
......	......	......	2	......	2	......	......	......	......	......	......
......	......	......	......	......	......	......	......	......	......	......	......
......	......	......	......	......	......	......	......	......	......	......	......
......	......	......	......	......	......	......	......	......	......	......	......
......	......	......	......	......	......	......	......	......	......	......	......
......	......	......	......	......	......	......	......	......	......	......	......
......	......	......	......	......	......	......	......	......	......	......	......
......	......	......	3	1	4	......	......	......	......	......	......

PRE?

ENTIDAD POLITICA DE LA

DISTRITOS.	Zacatecas.			Distrito Federal.		
	H.	M.	Total.	H.	M.	Tot
Cuautitlan.	2	1	3	52	70	
Chalco	3	7	10	186	199	
Ixtlahuaca	....	....	....	9	3	
Jilotepec	....	....	....	7	16	
Lerma	....	....	....	7	10	
Otumba	2	....	2	10	7	
Sultepec	....	....	....	3	2	
Temascaltepec	2	1	3	7	6	
Tenancingo	....	....	....	10	7	
Tenango	....	....	....	32	44	
Texcoco	5	1	6	1,064	1,309	2,
Tlalnepantla	7	3	10	175	185	
Toluca	4	11	15	261	302	
Valle de Bravo	....	....	....	9	2	
Zumpango	3	5	8	21	27	
SUMAS	28	29	57	1,853	2,189	4,

DE

Cuautitlan	....	....	....	5	1	
Chalco	....	....	....	11	10	
Ixtlahuaca	....	....	....	....	....	....
Jilotepec	....	....	....	45	21	
Lerma	....	....	....	11	12	
Otumba	....	....	....	....	....	....
Sultepec	....	....	....	....	....	....
Temascaltepec	1	1	2	2	....	
Tenancingo	....	....	....	....	....	
Tenango	....	....	....	2	1	
Texcoco	....	....	....	....	....	....
Tlalnepantla	....	....	....	9	5	
Toluca	....	1	1	20	18	
Valle de Bravo	....	....	....	....	....	....
Zumpango	1	....	1	....	....	....
SUMAS	2	2	4	105	68	

Sigue en las páginas 92 y 93.

NTES

PUBLICA A QUE PERTENECE EL LUGAR DEL·NACIMIENTO.

Territorio de la Baja California.			Territorio de Tepic.			Se ignora.			TOTAL.
H.	M.	Total.	H.	M.	Total.	H.	M.	Total.	
....	....	....	....	....	....	....	....	....	32,071
....	....	....	....	1	1	....	1	2	66,005
....	....	....	....	....	....	2	3	5	74,645
....	....	....	....	....	....	....	....	....	63,707
....	....	....	....	....	....	....	....	....	45,376
....	....	....	....	....	....	....	....	....	34,467
....	....	....	....	....	....	....	....	....	52,604
....	1	1	....	....	....	....	....	....	39,217
....	....	....	....	....	....	....	....	....	63,258
....	....	....	....	....	....	....	....	....	65,049
1	....	1	1	4	5	2	24	26	57,021
....	....	....	....	1	1	....	....	....	57,126
....	2	2	1	1	2	1	2	3	114,024
....	....	....	....	....	....	2	....	2	43,027
....	....	....	....	....	....	....	....	....	29,707
1	3	4	2	7	9	8	30	38	837,304

ASO

....	....	....	....	....	....	....	....	....	51
....	....	....	....	....	....	....	....	....	288
....	....	....	....	....	....	....	....	....	241
....	....	....	....	....	....	....	....	....	309
....	....	....	....	....	....	2	1	3	88
....	....	....	....	....	....	....	....	....	124
....	....	....	....	....	....	....	....	....	195
....	....	....	....	....	....	....	....	....	237
....	....	....	....	....	....	....	....	....	519
....	....	....	....	....	....	....	....	....	376
....	....	....	....	....	....	....	....	....	36
....	....	....	....	....	....	....	....	....	142
....	....	....	....	....	....	....	....	....	288
....	....	....	....	....	....	....	....	....	695
....	....	....	....	....	....	....	....	....	35
....	....	....	....	....	....	2	1	3	3,624

PRESE

NACION O PAIS A QUE PER

DISTRITOS.	Alemania y colonias.			Argentina.		
	H.	M.	Total.	H.	M.	Total.
Cuautitlan..	1	1	2	1	....	1
Chalco..	6	1	7	....	....	....
Ixtlahuaca...	....	1	1	....	....	....
Jilotepec...	....	....	....	....	....	....
Lerma...	....	....	....	....	....	....
Otumba...	....	....	....	....	....	....
Sultepec..	6	....	6	....	....	....
Temascaltepec..	....	....	....	....	....	....
Tenancingo...	....	....	....	....	....	....
Tenango..	....	....	....	1	1	2
Texcoco..	2	....	2	....	....	....
Tlalnepantla..	2	....	2	....	....	....
Toluca..	4	1	5	2	1	3
Valle de Bravo...	1	....	1	....	....	....
Zumpango...	....	....	....	....	....	....
SUMAS.....................	22	4	26	4	2	6

DE P

Cuautitlan..	....	....	....	....	....	....
Chalco..	....	....	....	....	....	....
Ixtlahuaca...	....	....	....	....	....	....
Jilotepec...	....	....	....	....	....	....
Lerma...	....	....	....	....	....	....
Otumba...	....	....	....	....	....	....
Sultepec..	....	....	....	....	....	....
Temascaltepec..	1	....	1	....	....	....
Tenancingo...	....	....	....	....	....	....
Tenango..	....	....	....	....	....	....
Texcoco..	....	....	....	....	....	....
Tlalnepantla..	....	....	....	....	....	....
Toluca..	2	1	3	....	....	....
Valle de Bravo...	....	....	....	....	....	....
Zumpango...	....	....	....	....	....	....
SUMAS.....................	3	1	4	....	....	....

Sigue en las páginas 94 y 95.

NTES.

TENECE EL LUGAR DEL NACIMIENTO DE LOS EXTRANJEROS.

Austria-Hungría.			Bélgica.			China.			Dinamarca y colonias.		
H.	M.	Total.	H.	M.	Total.	H.	M.	Total.	H.	M.	Total.
....	....	....	1	....	1	....	....	....	....	....	....
5	2	7	....	....	....	....	....	....	....	....	....
....	....	....	....	....	....	....	....	....	1	....	1
....	....	....	....	....	....	....	....	....	....	....	....
1	....	1	....	....	....	....	....	....	....	....	....
....	....	....	....	....	....	....	....	....	....	....	....
....	....	....	....	....	....	....	....	....	....	....	....
....	....	....	....	....	....	....	....	....	....	....	....
....	....	....	....	....	....	....	....	....	....	....	....
....	....	....	....	....	....	....	....	....	....	....	....
2	....	2	....	....	....	2	....	2	....	....	....
....	....	....	....	....	....	1	....	1	1	1	2
....	....	....	....	....	....	....	....	....	....	....	....
8	2	10	1	....	1	3	....	3	2	1	3

ASO

....	....	....	....	....	....	....	....	....	....	....	....
....	....	....	....	....	....	....	....	....	....	....	....
....	....	....	....	....	....	....	....	....	....	....	....
....	....	....	....	....	....	....	....	....	....	....	....
....	....	....	....	....	....	....	....	....	....	....	....
....	....	....	....	....	....	....	....	....	....	....	....
....	....	....	....	....	....	....	....	....	....	....	....
....	....	....	....	....	....	....	....	....	....	....	....
....	1	1	....	....	....	....	....	....	....	....	....
....	....	....	....	....	....	....	....	....	....	....	....
....	1	1	....	....	....	....	....	....	....	....	....

PRESE

NACION O PAIS A QUE PER

DISTRITOS.	España y colonias.			Francia y colonias.		
	H.	M.	Total.	H.	M.	Total.
Cuautitlan	24	1	25	1	....	1
Chalco	96	11	107	1	....	1
Ixtlahuaca	31	4	35	....	....	....
Jilotepec	6	1	7	....	....	....
Lerma	5	....	5	1	....	1
Otumba	16	1	17	1	2	3
Sultepec	3	....	3	1	3	4
Temascaltepec	9	3	12	1	....	1
Tenancingo	12	2	14	1	....	1
Tenango	9	2	11	....	....	....
Texcoco	5	4	9	....	....	....
Tlalnepantla	59	10	69	14	4	18
Toluca	74	22	96	13	2	15
Valle de Bravo	5	....	5	4	4	8
Zumpango	....	2	2	....	....	....
Sumas	354	63	417	38	15	53

DE P

Cuautitlan	....	....	....	....	....	....
Chalco	....	....	....	....	....	....
Ixtlahuaca	....	....	....	....	....	....
Jilotepec	....	....	....	....	....	....
Lerma	4	....	4	....	....	....
Otumba	....	....	....	....	....	....
Sultepec	....	....	....	....	....	....
Temascaltepec	....	....	....	....	....	....
Tenancingo	....	....	....	....	....	....
Tenango	....	....	....	....	....	....
Texcoco	....	....	....	....	....	....
Tlalnepantla	....	....	....	....	....	....
Toluca	1	....	1	....	....	....
Valle de Bravo	....	....	....	....	....	....
Zumpango	....	....	....	....	....	....
Sumas	5	....	5	....	....	....

Sigue en las páginas 96 y 97.

TES

NECE EL LUGAR DEL NACIMIENTO DE LOS EXTRANJEROS.

	Guatemala.		Holanda y colonias.			Inglaterra y colonias.			Italia y colonias.		
	M.	Total.	H.	M.	Total.	H.	M.	Total.	H.	M.	Total.
...	....	....	....	....	....	....	....	....	....	....	....
...	....	....	....	....	....	1	....	1	....	....	....
...	....	....	2	1	3	3	....	3	....	....	....
...	....	....	....	....	....	....	....	....	....	1	1
...	....	....	....	....	....	....	....	....	....	....	....
...	....	....	....	....	....	2	....	2	....	....	....
...	....	....	....	....	....	....	....	....	....	....	....
...	....	....	....	....	....	....	2	2	....	....	....
...	....	....	....	....	....	....	....	....	1	....	1
2	1.	3	....	....	....	17	5	22	4	1	5
...	....	....	....	....	....	3	1	4	2	1	3
...	....	....	....	....	....	1	....	1	....	....	....
...	....	....	....	....	....	7	6	13	....	....	....
2	1	3	2	1	3	34	14	48	7	3	10

SO

....	....	....	....	....	....	....	....	....	....	....	....
....	....	....	....	....	....	....	....	....	....	....	....
....	....	....	....	....	....	....	....	....	....	....	....
....	....	....	....	....	....	....	....	....	2	....	2
....	....	....	....	....	....	....	....	....	....	....	....
....	....	....	....	....	....	....	....	....	....	....	....
....	....	....	....	....	....	....	....	....	....	....	....
....	....	....	....	....	....	....	....	....	....	....	....
....	....	....	....	....	....	....	....	....	....	....	....
....	....	....	....	....	....	....	....	....	....	....	....
....	....	....	....	....	....	....	....	....	....	....	....
....	....	....	....	....	....	....	....	....	2	....	2

PRE

NACION O PAIS A QUE

DISTRITOS.	Norte América.			Portugal y coloni		
	H.	M.	Total.	H.	M.	
Cuautitlan...	3	4	7	....	....	..
Chalco..	3	....	3	....	....	..
Ixtlahuaca......................................	2	1	3	....	....	..
Jilotepec..	1	....	1	....	....	..
Lerma..	6	1	7	....	....	..
Otumba..	....	....	....	....	....	
Sultepec.........	....	....	....	....	....	
Temascaltepec.................................	2	....	2	....	....	..
Tenancingo	....	....	....	....	....	..
Tenango...	....	....	....	1	....	
Texcoco...	....	1	1	....	....	
Tlalnepantla	8	6	14	....	....	
Toluca...	17	15	32	....	....	
Valle de Bravo.	4	....	4	....	....	
Zumpango......................................	1	....	1	....	....	..
Sumas.........................	47	28	75	1	....	

D E

Cuautitlan..	....	....	....	....	....	..
Chalco..	....	....	....	....	....	..
Ixtlahuaca	....	....	....	....	....	..
Jilotepec..	....	....	....	....	....	..
Lerma..	....	....	....	....	....	..
Otumba..	....	....	....	....	....	..
Sultepec...	....	....	....	....	....	..
Temascaltepec...............................	....	....	....	....	....	..
Tenancingo	....	....	....	....	....	..
Tenango...	....	....	....	....	....	..
Texcoco	....	....	....	....	....	..
Tlalnepantla	....	....	....	....	....	..
Toluca...	1	....	1	....	....	..
Valle de Bravo.................................	....	....	....	....	....	..
Zumpango.......................................	....	....	....	....	....	..
Sumas......	1	....	1	....	....	..

Sigue en las páginas 98 y 99.

TES

NECE EL LUGAR DEL NACIMIENTO DE LOS EXTRANJEROS.

	Salvador.			Suecia y Noruega.			Suiza.			Turquía y Egipto.	
H.	M.	Total.	H.	M.	Total.	H.	M.	Total.	H.	M.	Total.
....	....	....	....	....	....	3	....	3	....	....	....
....	....	....	....	....	....	2	1	3	....	....	....
....	....	....	1	1	2	....	....	....	....	....	....
....	....	....	....	....	....	....	....	....	....	....	....
....	....	....	....	....	....	....	....	....	....	....	....
....	....	....	....	....	....	....	....	....	....	....	....
....	....	....	....	....	....	2	....	2	....	....	....
....	....	....	....	....	....	....	....	....	....	....	....
1	....	1	....	....	....	....	....	....	....	....	....
....	....	....	....	....	....	2	....	2	2	2	4
....	....	....	....	....	....	....	....	....	....	....	....
....	....	....	....	....	....	....	....	....	....	....	....
1	....	1	1	1	2	9	1	10	2	2	4

SO

.....	....	....	....	....	....	....	....	....	....	....	....
.....	....	....	....	....	....	....	....	....	....	....	....
.....	....	....	....	....	....	....	....	....	....	....	....
.....	....	....	....	....	....	....	....	....	....	....	....
.....	....	....	....	....	....	....	....	....	....	....	....
.....	....	....	....	....	....	....	....	....	....	....	....
.....	....	....	....	....	....	....	....	....	....	....	....
.....	....	....	....	....	....	....	....	....	....	....	....
.....	....	....	....	....	....	....	....	....	....	....	....
.....	....	....	....	....	....	....	....	....	....	....	....
.....	....	....	....	....	....	....	....	....	....	....	....
.....	....	....	....	....	....	....	....	....	....	....	....
.....	....	....	....	....	....	....	....	....	....	....	....

ESTADO

PRE S

DISTRITOS.	Nacion ó país á que pertenece el lugar del nacimien de los extranjeros.					
	Venezuela.			Total de nacidos en el Extranjero.	Total de nacidos en la República.	TOTALES
	H.	M.	Total.			
Cuautitlan.............................	....	....	....	40	32,071	32,?
Chalco.................................	....	....	....	129	66,005	66,
Ixtlahuaca............................	....	....	....	48	74,645	74,(
Jilotepec.............................	....	....	....	8	63,707	63,?
Lerma.................................	....	....	....	15	45,376	45,?
Otumba...............................	....	....	....	20	34,467	34,?
Sultepec..............................	....	....	....	15	52,604	52,(
Temascaltepec.........................	....	....	....	17	39,217	39,?
Tenancingo...........................	....	....	....	15	63,258	63,?
Tenango...............................	....	....	....	16	65,049	65,(
Texcoco...............................	....	....	....	13	57,021	57,(
Tlalnepantla..........................	....	....	....	133	57,126	57,?
Toluca.................................	....	....	....	172	114,024	114,?
Valle de Bravos.......................	1	....	1	20	43,027	43,?
Zumpango.............................	....	....	....	16	29,707	29,?
SUMAS.........................	1	....	1	677	837,304	837,?

D E

Cuautitlan..............................	....	....	....	....	51	
Chalco.................................	....	....	....	....	288	?
Ixtlahuaca.............................	....	....	....	....	241	
Jilotepec..............................	....	....	....	....	309	
Lerma.................................	....	....	....	4	88	
Otumba................................	....	....	....	2	124	
Sultepec..............................	....	....	....	....	195	
Temascaltepec.........................	....	....	....	1	237	?
Tenancingo...........................	....	....	....	....	519	?
Tenango...............................	....	....	....	....	376	
Texcoco...............................	....	....	....	....	36	
Tlalnepantla..........................	....	....	....	....	142	
Toluca.................................	....	....	....	6	288	?
Valle de Bravos.......................	....	....	....	....	695	(
Zumpango.............................	....	....	....	....	35	
SUMAS.........................	....	....	....	13	3,624	3,?

Sigue en las páginas 100 y 101.

NTES.

POBLACION SEGUN EL ESTADO CIVIL.

Menores de edad.			Solteros.			Casados.			Viudos.		
H.	M.	Total.	H.	M.	Total.	H.	M.	Total.	H.	M.	Total.
5,860	5,322	11,182	3,861	3,881	7,742	5,554	5,457	11,011	744	1,432	2,176
13,108	11,228	24,336	7,758	8,240	15,998	10,521	10,279	20,800	1,424	3,551	4,975
17,494	15,435	32,929	2,894	5,373	8,267	14,210	14,112	28,322	1,483	3,675	5,158
13,648	11,935	25,583	5,246	6,251	11,497	11,099	11,047	22,146	1,272	3,217	4,489
9,772	8,276	18,048	2,868	3,377	6,245	8,940	8,862	17,802	861	2,403	3,264
7,066	6,561	13,627	4,179	3,225	7,404	5,568	5,411	10,979	884	1,370	2,254
12,659	9,615	22,274	4,553	5,565	10,118	8,688	8,502	17,190	971	2,033	3,004
7,953	6,671	14,624	3,911	4,092	8,003	7,097	7,001	14,098	817	1,691	2,508
13,202	11,686	24,888	6,300	6,556	12,856	10,806	10,462	21,268	1,286	2,975	4,261
13,466	11,278	24,744	5,444	6,664	12,108	11,577	11,527	23,104	1,047	3,357	4,404
8,176	7,922	16,098	9,467	8,760	18,227	9,554	9,590	19,144	1,469	2,096	3,565
11,265	10,263	21,528	7,233	6,784	14,017	9,017	8,893	17,910	1,240	2,535	3,775
19,488	18,877	38,365	12,131	14,783	26,914	20,911	20,560	41,471	1,898	5,528	7,426
8,761	7,837	16,598	3,231	3,252	6,483	8,496	8,383	16,879	942	1,807	2,749
5,926	5,131	11,057	3,693	3,500	7,193	4,868	4,759	9,627	596	1,247	1,843
167,844	148,037	315,881	82,769	90,303	173,072	146,906	144,845	291,751	16,934	38,917	55,851

ASO

3	1	4	13	3	16	24	3	27	4	....	4
19	17	36	59	35	94	95	30	125	14	19	33
13	9	22	34	10	44	134	25	159	12	4	16
28	26	54	67	18	85	100	38	138	20	12	32
9	9	18	20	11	31	26	12	38	2	3	5
4	1	5	29	8	37	57	11	68	16	....	16
12	15	27	69	8	77	67	17	84	7	....	7
9	5	14	75	4	79	128	9	137	5	3	8
41	20	61	186	74	260	117	45	162	20	16	36
58	39	97	66	16	82	112	61	173	11	13	24
3	6	9	8	5	13	10	2	12	2	....	2
21	4	25	42	10	52	47	13	60	3	2	5
27	23	50	48	31	79	95	57	152	8	5	13
88	21	109	98	89	187	76	68	144	121	6	127
5	1	6	3	1	4	18	4	22	2	1	3
340	197	537	817	323	1,140	1,106	395	1,501	247	84	331

PRESE

DISTRITOS.	Poblacion segun el estado civil.						
	Se ignora.			Total general.	Saben leer y escribir.		
	H.	M.	Total.		H.	M.	Total.
Cuautitlan	.....	.....	....	32,111	4,032	1,443	5,475
Chalco	13	12	25	66,134	6,727	3,269	9,996
Ixtlahuaca	5	12	17	74,693	3,951	1,471	5,422
Jilotepec	.....	.....	....	63,715	3,927	1,836	5,763
Lerma	12	20	32	45,391	3,027	1,190	4,217
Otumba	65	158	223	34,487	3,666	1,466	5,132
Sultepec	14	19	33	52,619	2,552	1,154	3,706
Temascaltepec	.....	1	1	39,234	2,517	941	3,458
Tenancingo	.....	.....	....	63,273	6,831	4,070	10,901
Tonango	281	424	705	65,065	5,888	2,548	8,436
Texcoco	.....	.....	....	57,034	9,592	6,768	16,360
Tlalnepantla	29	.....	29	57,259	7,180	3,566	10,746
Toluca	7	13	20	114,196	9,894	5,399	15,293
Valle de Bravo	142	196	338	43,047	3,421	1,330	4,751
Zumpango	2	1	3	29,723	2,903	1,213	4,116
SUMAS	570	856	1,426	837,981	76,108	37,664	113,772

DE P

Cuautitlan	.....	.....	....	51	11	2	13
Chalco	.....	.....	....	288	69	17	86
Ixtlahuaca	.....	.....	....	241	28	4	32
Jilotepec	.....	.....	....	309	63	11	74
Lerma	.....	.....	....	92	26	10	36
Otumba	.....	.....	....	126	33	6	39
Sultepec	.....	.....	....	195	16	2	18
Temascaltepec	.....	.....	....	238	32	6	38
Tenancingo	.....	.....	....	519	129	40	169
Tenango	.....	.....	....	376	47	3	50
Texcoco	.....	.....	....	36	13	1	14
Tlalnepantla	.....	.....	....	142	29	8	37
Toluca	.....	.....	....	294	68	34	102
Valle de Bravo	124	4	128	695	9	3	12
Zumpango	.....	.....	....	35	14	....	14
SUMAS	124	4	128	3,637	587	147	734

Sigue en las páginas 102 y 103.

NTES

INSTRUCCION ELEMENTAL.

Saben sólo leer.			No saben leer ni escribir.			No saben leer ni escribir por ser menores de edad.			Se ignora.			Total general.
H.	M.	Total.	H.	M.	Total.	H.	M.	Total.	H.	M.	Total.	
230	179	409	8,898	11,627	20,525	2,859	2,843	5,702	......	......	......	32,111
997	853	1,850	18,733	23,035	41,768	6,357	6,148	12,505	10	5	15	66,134
375	375	750	24,050	29,257	53,307	7,710	7,504	15,214	......	......	......	74,693
765	636	1,401	17,094	20,479	37,573	9,479	9,499	18,978	......	......	......	63,715
284	162	446	14,383	17,078	31,461	4,746	4,489	9,235	13	19	32	45,391
420	238	658	10,661	11,911	22,572	2,913	2,888	5,801	102	222	324	34,487
364	182	546	18,152	19,376	37,528	5,813	5,018	10,831	4	4	8	52,619
375	271	646	12,192	14,036	26,228	4,522	3,965	8,487	172	243	415	39,234
942	922	1,864	18,116	21,163	39,279	5,705	5,524	11,229	......	......	......	63,273
637	529	1,166	19,280	24,278	43,558	5,986	5,858	11,844	24	37	61	65,065
2,719	2,738	5,457	8,368	11,136	19,504	7,960	7,713	15,673	27	13	40	57,034
1,185	1,278	2,463	14,385	17,739	32,124	6,033	5,892	11,925	1	......	1	57,259
1,332	1,339	2,671	28,110	37,865	65,975	15,098	15,158	30,256	1	......	1	114,196
1,105	932	2,037	12,143	14,321	26,464	4,697	4,846	9,543	206	46	252	43,047
835	883	1,718	8.300	9,604	17,904	3,036	2,923	5,959	11	15	26	29,723
12,565	11,517	24,082	232,865	282,905	515,770	92,914	90,268	183,182	571	604	1,175	837,981

ASO

H	M	Total	H	M	Total	H	M	Total	H	M	Total	Total
......	......	....	32	5	37	1	....	1	......	......	......	
6	2	8	95	66	161	17	16	33	......	......	......	
4	1	5	161	38	199	....	5	5	......	......	......	
......	......	....	130	66	196	22	17	39	......	......	......	
......	......	....	26	20	46	3	5	8	2	......	2	
......	......	....	73	13	86	....	1	1	......	......	......	
1	......	1	132	31	163	6	7	13	......	......	......	
6	......	6	176	12	188	3	3	6	......	......	......	
1	......	1	219	103	322	15	12	27	......	......	......	
3	......	3	174	103	277	23	23	46	......	......	......	
......	......	....	8	8	16	2	4	6	......	......	......	
3	......	3	77	21	98	4	....	4	......	......	......	
4	7	11	88	63	151	18	12	30	......	......	......	
16	10	26	121	121	236	60	19	79	301	41	342	
......	......	....	13	13	19	1	1	2	......	......	......	
44	20	64	1,525	670	2,195	175	125	300	303	41	344	3,637

PRES

POBLACI

DISTRITOS.	Abogados.	Agentes de negocios.	Arquitectos.	Dentistas.	Farmacéuticos.	Ingenieros en
Cuautitlan	5	....	....	....	2	
Chalco	6	3	....	....	10	
Ixtlahuaca	1	....	....	....	....	
Jilotepec	2	....	....	....	1	......
Lerma	2	1	1	1	....	......
Otumba	1	....	....	....	2	......
Sultepec	3	....	....	....	....	
Temascaltepec	....	....	....	....	....	
Tenancingo	4	....	....	....	5	
Tenango	2	4	....	....	4	......
Texcoco	3	....	1	....	2	......
Tlalnepantla	5	....	1	....	2	
Toluca	57	2	....	3	18	
Valle de Bravo	2	1	....	....	....	
Zumpango	2	....	....	....	1	
SUMAS	95	11	3	4	47	

D E

Cuautitlan	....	....	....	....	....	......
Chalco	....	....	....	....	....	......
Ixtlahuaca	....	....	....	....	....	
Jilotepec	3	....	....	....	....	
Lerma	....	....	....	....	....	......
Otumba	....	....	....	....	....	......
Sultepec	1	....	....	....	....	
Temascaltepec	1	....	....	....	....	
Tenancingo	....	....	....	....	....	
Tenango	....	....	....	....	....	
Texcoco	....	....	....	....	....	
Tlalnepantla	....	....	....	....	....	
Toluca	1	....	....	....	....	......
Valle de Bravo	....	....	....	....	....	......
Zumpango	....	....	....	....	....	......
SUMAS	6	....	....	....	....	

Sigue en las páginas 104 y 105.

TES.

GUN LA OCUPACION PRINCIPAL.

PROFESIONES.

	Médicos alópatas.			Médicos homeóp.	Notarios.	Parteras.	Profesores.			Sacerdotes católicos.	Sacerdotes de otros cultos.	Veterinarios.
	H.	M.	Total.				H.	M.	Total.			
......	2	......	2	1	......	1	25	9	34	10	......	...
18	4	......	4	4	2	11	32	22	54	17	4	4
7	2	......	2	......	1	2	3	11	14	16	......	...
......	1	......	1	......	......	3	63	12	75	15	......	1
4	1	......	1	1	......	1	22	2	24	8	......	...
......	1	......	1	1	......	1	20	9	29	2	......	...
6	3	......	3	1	......	2	16	2	18	8	......	...
1	1	......	1	......	1	3	3	2	5	6	......	...
......	10	......	10	......	2	......	2	......	2	15	......	...
......	10	......	10	......	2	7	19	17	36	10	2	10
......	3	......	3	......	2	5	47	51	98	11	......	1
26	3	.....	3	1	......	2	20	10	30	11	2	...
24	21	1	22	......	6	3	64	66	130	51	3	4
3	2	......	2	......	2	7	3	4	7	12	......	...
8	2	......	2	......	......	1	9	9	18	7	1	1
97	66	1	67	9	18	49	348	226	574	199	12	21

SO

	Médicos alópatas.			Médicos homeóp.	Notarios.	Parteras.	Profesores.			Sacerdotes católicos.	Sacerdotes de otros cultos.	Veterinarios.
......	......	......	......	......	......	......	....	....	....	1	......	...
......	......	......	......	......	......	......	....	....	....	....	......	...
......	......	......	......	......	......	......	....	....	....	....	......	...
......	......	......	......	......	......	......	....	....	....	....	4	...
......	......	......	......	......	......	......	....	....	....	1	4	...
......	......	......	......	......	......	...4	....	....	....	....	......	...
......	......	......	......	......	......	......	....	....	....	....	......	...
......	......	......	......	......	......	......	....	....	....	....	......	...
......	1	......	......	......	......	......	....	....	....	1	......	...
......	......	......	......	......	......	......	....	....	....	....	......	...
......	......	......	......	......	......	......	....	....	....	....	......	...
......	1	......	......	......	......	......	....	....	....	3	......	...

PRES

POBLACI(

DISTRITOS.	Escolares.			Estudiantes.		
	H.	M.	Total.	H.	M.	Tot
Cuautitlan	2,327	687	3,014	46	....	
Chalco	3,235	1,170	4,405	15	5	
Ixtlahuaca	2,790	770	3,560	....	....	.....
Jilotepec	1,946	485	2,431	1	....	
Lerma	2,430	600	3,030	5	....	
Otumba	2,060	490	2,550	5	....	
Sultepec	1,930	690	2,620	5	....	
Temascaltepec	2,200	560	2,760	....	1	
Tenancingo	3,690	1,130	4,820	8	....	
Tenango	3,260	1,170	4,430	11	7	
Texcoco	3,544	740	4,284	12	9	
Tlalnepantla	3,200	940	4,140	35	14	
Toluca	3,810	1,480	5,290	488	145	6
Valle de Bravo	2,100	460	2,560	15	....	
Zumpango	1,697	899	2,596	....	....	.....
SUMAS	40,219	12,271	52,490	646	181	8

D E

Cuautitlan	....	....	....	....	....	.....
Chalco	....	2	2	3	2	.....
Ixtlahuaca	....	....	....	....	....	
Jilotepec	....	....	....	....	....	
Lerma	....	....	....	....	....	
Otumba	4	....	4	....	....	
Sultepec	....	....	....	....	....	
Temascaltepec	5	1	6	....	....	
Tenancingo	24	19	43	....	....	
Tenango	....	....	....	2	....	
Texcoco	....	....	....	....	....	
Tlalnepantla	....	....	....	1	....	
Toluca	1	....	1	4	....	
Valle de Bravos	....	....	....	....	....	.....
Zumpango	3	....	3	....	....	
SUMAS	37	22	59	10	2	

Sigue en las páginas 106 y 107.

NTES

SEGUN LA OCUPACION PRINCIPAL.

ADMINISTRACION.							AGRICULTURA.			MINERIA.				
Empleados públicos.			Jefes y oficiales del ejército.	Jefes y oficiales de marina.	Militares (clase de tropa).	Policía.	Administradores y dependientes del campo.	Agricultores.	Peones de campo.	Administradores y empleados de minería.	Mineros, barreteros y pepenadores.			Obreros de las fundiciones y haciendas de beneficio en general.
H.	M.	Total.									H.	M.	Total.	
66	...	66	1	...	13	...	560	......	7,087	.....	......	...	......	......
135	3	138	1	...	6	7	67	689	15,318	.....	......	...	......	......
122	6	128	......	...	......	1	104	1	19,938	.....	146	...	146	1
74	1	75	......	...	......	...	16	......	15,102	.....	......	...	......	......
33	...	33	27	...	90	...	16	......	11,084	.....	......	...	......	......
43	2	45	......	...	......	...	50	23	9,291	.....	......	...	......	......
102	1	103	......	...	1	...	......	......	11,876	.....	1,352	...	1,352	......
40	5	45	......	...	17	1	117	......	10,376	16	316	2	318	......
126	4	130	......	...	8	...	842	......	14,338	.....	1	...	1	......
130	4	134	......	...	14	...	......	......	12,827	.....	......	...	......	......
31	20	51	3	...	7	...	28	......	11,363	.....	......	...	......	......
82	3	85	......	...	18	...	82	258	11,711	.....	6	...	6	......
347	9	356	40	1	183	39	763	62	21,948	1	2	...	2	......
77	3	80	1	...	7	7	13	542	9,732	.....	39	...	39	......
47	2	49	......	...	1	...	514	......	7,181	.....	......	...	......	......
1,455	**63**	**1,518**	**73**	**1**	**365**	**55**	**3,172**	**1,575**	**189,172**	**17**	**1,862**	**2**	**1,864**	**1**

ASO.

1	...	1	......	...	......	...	....	......	16	.....	......	...	......	......
6	1	7	......	...	......	...	....	3	64	.....	......	...	......	......
1	...	1	......	...	......	...	....	3	98	.....	2	...	2	......
......	...	......	......	...	3	...	....	......	115	.....	......	...	......	......
......	...	......	......	...	......	...	2	......	12	.....	......	...	......	......
......	...	......	......	...	......	...	....	3	18	.....	......	...	......	......
2	...	2	......	...	......	...	....	1	24	.....	63	...	63	......
......	...	......	......	...	......	...	....	6	140	.....	1	...	1	......
......	...	......	......	...	......	...	6	......	65	.....	......	...	......	......
1	...	1	......	...	......	...	....	......	146	.....	......	...	......	......
2	...	2	......	...	......	...	....	......	3	.....	......	...	......	......
......	...	......	......	...	......	...	....	......	53	.....	......	...	......	......
2	...	2	1	...	......	...	4	......	98	.....	......	...	......	......
......	...	......	....f.	...	......	...	....	......	130	.....	......	...	......	......
......	...	......	......	...	......	...	....	......	1	.....	......	...	......	......
15	**1**	**16**	**1**	**...**	**3**	**...**	**12**	**10**	**983**	**.....**	**66**	**...**	**66**	**...... **

PRESI

POBLACIO

COMERCIO.

DISTRITOS.	Comerciantes.				Dependientes.		
		H.	M.	Total.	H.	M.	Total.
Cuautitlan	.....	486	36	522	75	15	90
Chalco	1	657	218	875	167	....	167
Ixtlahuaca	......	291	39	330	59	1	60
Jilotepec	......	187	46	233	....	....	....
Lerma	.....	301	25	326	37	....	37
Otumba	......	257	49	306	82	11	93
Sultepec	......	281	20	301	7	1	8
Temascaltepec	......	389	46	435	21	4	25
Tenancingo	.....	469	43	512	46	....	46
Tenango	2	801	66	867	73	1	74
Texcoco	27	1,937	1,758	3,695	120	64	184
Tlalnepantla	......	574	91	665	81	7	88
Toluca	15	1,683	439	2,122	189	7	196
Valle de Bravo	......	186	39	225	56	9	65
Zumpango	......	333	14	347	17	....	17
SUMAS	45	8,832	2,929	11,761	1,030	120	1,150

DE 1

		H.	M.	Total.	H.	M.	Total.
Cuautitlan	......	3	....	3	....	....	....
Chalco	......	28	....	28	3	....	3
Ixtlahuaca	......	82	....	82	....	....	....
Jilotepec	......	71	....	71	....	....	....
Lerma	......	24	....	24	....	....	....
Otumba	......	35	2	37	....	....	....
Sultepec	......	44	....	44	....	....	....
Temascaltepec	......	55	....	55	....	....	....
Tenancingo	......	172	30	202	....	....	....
Tenango	......	9	....	9	2	....	2
Texcoco	......	2	1	3	1	....	1
Tlalnepantla	......	27	....	27	....	....	....
Toluca	1	17	....	17	....	....	....
Valle de Bravo	......	6	....	6	....	....	....
Zumpango	......	20	1	21	....	....	....
SUMAS	1	595	34	629	6	....	6

Sigue en las páginas 108 y 109.

NTES

SEGUN LA OCUPACION PRINCIPAL.

Vendedores ambulantes.			Propietarios.			INDUSTRIAS, BELLAS ARTES, ARTES Y OFICIOS.					
						Acróbatas.			Actores.		
H.	M.	Total.	H.	M.	Total.	H.	M.	Total.	H.	M.	Total.
......	....	....	21	15	36	....	....	....	....	....	....
10	3	13	51	31	82	....	....	....	....	....	....
......	....	....	10	5	15	....	....	....	....	....	....
19	....	19	642	70	712	....	....	....	....	....	....
23	....	23	48	3	51	....	....	....	....	....	....
......	....	....	31	31	62	....	....	....	....	....	....
......	....	....	15	....	15	....	....	....	....	....	....
1	....	1	1	1	2	....	....	....	....	....	....
8	....	8	....	1	1	....	....	....	3	5	8
45	....	45	570	73	643	....	....	....	....	....	....
32	17	49	15	111	126	....	....	....	....	....	....
......	8	8	197	9	206	....	....	....	....	....	....
118	13	131	175	238	413	....	....	....	....	....	....
63	2	65	317	59	376	....	....	....	....	....	....
......	....	....	....	....	....	....	....	....	6	....	6
319	**43**	**362**	**2,093**	**647**	**2,740**	....	....	....	**9**	**5**	**14**

ASO.

5	....	5	....	....	....	....	....	....	....	....	....
......	....	....	....	....	....	....	....	....	....	....	....
......	....	....	....	....	....	....	....	....	....	....	....
......	....	....	2	....	2	....	....	....	....	....	....
......	....	....	....	....	....	....	....	....	....	....	....
......	....	....	....	....	....	3	1	4	....	....	....
......	....	....	1	....	1	....	....	....	....	....	....
......	....	....	....	....	....	8	3	11	....	....	....
......	....	....	1	1	2	....	....	....	7	5	12
......	....	....	....	....	....	....	....	....	....	....	....
......	....	....	....	....	....	....	....	....	....	....	....
5	....	**5**	**4**	**1**	**5**	**11**	**4**	**15**	**7**	**5**	**12**

PRES

POBLACI(

INI

DISTRITOS.	Administradores y empleados de establecimientos industriales.	Alfileteros.	Albañiles.	Alfareros.		
				H.	M.	Tot...
Cuautitlan	....	....	99	320	....	£
Chalco	1	....	158	22	....	
Ixtlahuaca	....	....	31	....	....	......
Jilotepec	....	....	61	25	....	......
Lerma	1	....	65	....	....	......
Otumba	....	....	84	....	....	......
Sultepec	....	....	47	3	....	
Temascaltepec	....	....	59	19	....	
Tenancingo	....	....	38	158	189	£
Tenango	....	....	92	5	....	
Texcoco	....	....	229	202	....	£
Tlalnepantla	30	1	112	6	....	
Toluca	....	2	949	368	....	£
Valle de Bravos	....	....	111	226	....	£
Zumpango	....	....	89	....	....	......
SUMAS	32	3	2,224	1,354	189	1,£

DE

Cuautitlan	....	....	....	1	....	
Chalco	....	....	2	....	....	
Ixtlahuaca	....	....	....	....	....	......
Jilotepec	....	....	....	....	....	......
Lerma	....	....	....	....	....	......
Otumba	....	....	....	....	....	......
Sultepec	:	....	....	....	....	......
Temascaltepec	....	....	....	....	....	
Tenancingo	....	....	....	....	....	
Tenango	....	2	....	....	....	
Texcoco	....	....	1	....	....	
Tlalnepantla	....	....	....	....	....	
Toluca	....	....	1	....	....	
Valle de Bravos	....	....	....	....	....	......
Zumpango	....	....	....	....	....	......
SUMAS	....	2	4	1	....	

Sigue en las páginas 110 y 111.

TES

ÉGUN LA OCUPACION PRINCIPAL.

AS, BELLAS ARTES, ARTES Y OFICIOS.

	Aparadores de calzado.						Cantantes.				
	H.	M.	Total.				H.	M.	Total.		
....	....	....	....	....	2	....	....	....	....	....	101
....	....	5	5	....	....	3	....	....	....	36	264
....	....	....	....	....	....	....	1	....	1	....	106
....	....	....	....	....	....	....	....	....	....	3	66
....	....	....	....	....	....	....	2	....	2	1	108
....	....	....	....	....	....	....	....	....	....	8	33
....	....	....	....	1	....	....	....	....	....	1	81
....	....	....	....	....	....	....	....	....	....	1	79
...►	....	....	....	....	....	....	....	....	....	3	74
....	....	....	....	....	....	....	....	....	....	43	158
....	....	....	....	....	2	....	3	5	8	91	221
....	....	....	....	....	5	....	6	....	6	109	166
....	1	....	1	2	13	12	....	....	....	194	717
....	....	....	....	2	....	....	....	....	....	....	143
3	....	....	....	....	....	....	....	....	....	....	77
3	1	5	6	5	22	15	12	5	17	490	2,394

SO

....	....	....	....	....	....	....	....	....	....	....	3
....	....	....	....	....	....	....	....	....	....	....	2
....	....	....	....	....	....	....	....	....	....	....	....
....	....	....	....	....	....	....	....	....	....	....	1
....	....	....	....	....	....	....	....	....	....	....	....
....	....	....	....	....	....	....	....	....	....	....	....
....	....	....	....	....	....	....	....	....	....	....	....
....	....	....	....	5	....	....	....	....	....	....	1
....	....	....	....	....	....	....	....	....	....	....	1
....	....	....	....	....	....	....	....	....	....	....	....
....	....	....	....	....	....	....	....	....	....	....	9
....	....	....	....	....	....	....	....	....	....	....	....
....	....	....	....	5	....	....	....	....	....	....	17

PRES

DISTRITOS.

Cuautitlan...
Chalco...
Ixtlahuaca...
Jilotepec..
Lerma...
Otumba..
Sultepec..
Temascaltepec..
Tenancingo...
Tenango...
Texcoco..
Tlalnepantla...
Toluca...
Valle de Bravo.......................................
Zumpango..

Sumas........................

DE

Cuautitlan...
Chalco...
Ixtlahuaca...
Jilotepec..
Lerma...
Otumba..
Sultepec..
Temascaltepec..
Tenancingo...
Tenango...
Texcoco..
Tlalnepantla...
Toluca...
Valle de Bravo.......................................
Zumpango..

Sumas........................

NTES

SEGUN LA OCUPACION PRINCIPAL.

RIAS, BELLAS ARTES, ARTES Y OFICIOS.

Curtidores.	Dibujantes.			Doradores.	Dulceros.			Ebanistas.	Encuadernadores.	Escritores.	Escultores.
	H.	M.	Total.		H.	M.	Total.				
2	....	....	....	—	1	....	1	....	....	....	1
17	....	1	1	....	7	5	12	....	....	....	....
16	....	....	....	....	6	1	7	....	1	....	....
12	....	....	....	....	....	....	....	....	....	....	....
2	....	....	....	1	....	....	....	....	....	....	....
1	....	....	....	....	1	2	3	....	....	....	....
15	....	....	....	....	6	....	6	....	2	....	....
21	....	....	....	....	3	3	6	....	....	....	1
21	....	....	....	....	5	3	8	....	1	5	1
22	....	....	....	....	3	....	3	....	2	....	1
185	....	....	....	....	12	20	32	....	4	....	....
84	1	....	1	14	37	4	41	3	13	....	4
29	....	....	....	....	11	3	14	....	....	....	....
....	....	....	....	....	....	....	....	....	....	....	1
427	1	1	2	15	92	41	133	3	23	5	9

ASO

....	....	....	....	....	....	....	....	....	....	....	....
1	....	....	....	....	....	....	....	....	....	....	....
....	....	....	....	....	....	....	....	....	....	....	....
....	....	....	....	....	....	....	....	....	....	....	....
1	....	....	....	....	....	....	....	....	....	....	....
....	....	....	....	....	....	....	....	....	....	....	....
....	....	....	....	....	....	....	....	....	....	....	....
....	....	....	....	....	....	....	....	....	....	....	....
....	....	....	....	....	....	....	....	....	....	....	....
....	....	....	....	....	....	....	....	....	....	....	....
....	....	....	....	....	....	....	....	....	....	....	....
....	....	....	....	....	....	....	....	....	....	....	....
....	....	....	....	....	....	....	....	....	....	....	....
2	....	....	....	....	....	....	....	....	....	....	....

PRES

DISTRITOS.	Fabricantes de carbon.			Filarmónicos.		
	H.	M.	Total.	H.	M.	Total.
Cuautitlan	....	....	....	44	....	
Chalco	....	....	....	86	....	
Ixtlahuaca	....	....	....	11	....	
Jilotepec	224	....	....	7	1	
Lerma	224	....	224	....	....	......
Otumba	20	....	20	17	....	
Sultepec	3	....	3	1	....	
Temascaltepec	....	....	....	3	....	
Tenancingo	....	....	....	7	....	
Tenango	....	....	....	14	1	
Texcoco	....	....	....	48	....	
Tlalnepantla	1,297	350	1,647	31	....	2
Toluca	....	....	....	204	8	
Valle de Bravo	....	....	....	9	....	
Zumpango	....	....	....	3	....	
Sumas	1,544	350	1,894	485	10	4

DE

Cuautitlan	....	....	....	....	....	......
Chalco	3	....	3	1	....	......
Ixtlahuaca	....	....	....	....	....	......
Jilotepec	....	....	....	....	....	......
Lerma	....	....	....	....	....	......
Otumba	....	....	....	....	....	......
Sultepec	....	....	....	....	....	......
Temascaltepec	....	....	....	....	....	......
Tenancingo	....	....	....	....	....	......
Tenango	....	....	....	....	....	......
Texcoco	....	....	....	....	....	......
Tlalnepantla	....	....	....	....	....	......
Toluca	....	....	....	....	....	......
Valle de Bravo	....	....	....	....	....	......
Zumpango	....	....	....	....	....	......
Sumas	3	....	3	1	....	

Sigue en las páginas 114 y 115.

TES

EGUN LA OCUPACION PRINCIPAL.

IAS, BELLAS ARTES, ARTES Y OFICIOS.

Floristas.			Fotógrafos.	Fundidores en general.	Fundores.	Grabadores.	Herradores.	Herreros.	Hojalateros.	Hormeros.	Jaboneros.
H.	M.	Total.									
1	....	1	....	....	....	....	4	15	2	....	1
....	1	1	....	2	....	4	4	63	16	....	....
1	....	1	....	....	....	1	....	46	2	....	....
....	....	....	....	3	....	....	....	30	....	....	....
1	1	2	....	....	....	....	4	30	1	....	....
....	....	....	....	8	....	....	....	14	2	....	....
....	....	....	....	....	....	....	....	57	5	....	....
....	....	....	....	....	....	....	33	33	1	....	1
....	....	....	....	....	....	1	....	35	13	....	....
1	....	1	3	....	1	....	4	45	23	2	4
3	17	20	2	....	....	....	70	36	....	....	....
1	....	1	1	3	....	1	....	44	7	....	5
3	3	6	13	....	2	1	19	215	47	1	9
3	....	3	1	6	....	....	6	44	4	....	2
....	1	1	....	....	....	....	1	17	7	....	....
14	23	37	20	22	3	8	145	724	130	3	22

ASO

....	....	....	....	....	....	....	....	....	1	....	....
....	....	....	....	....	....	....	....	....	....	....	....
....	....	....	....	....	....	....	....	....	....	....	....
....	....	....	....	....	....	....	....	....	....	....	....
....	....	....	....	....	4	....	....	....	4	....	....
....	....	....	....	....	....	....	....	....	....	....	....
....	....	....	....	....	....	....	....	....	....	....	....
....	....	....	....	....	....	....	....	4	1	....	....
....	....	....	....	....	....	....	....	....	....	....	....
....	....	....	....	....	5	....	....	....	....	....	....
....	....	....	....	....	....	....	....	....	....	....	....
....	....	....	....	....	9	....	....	4	6	....	....

PRESI

)BLACION

INDU

DISTRITOS.

Cuautitlan...
Chalco...
Ixtlahuaca..
Jilotepec...
Lerma...
Otumba...
Sultepec..
Temascaltepec. ....
Tenancingo ....
Tenango. ....
Texcoco...
Tlalnepantla..
Toluca...
Valle de Bravo..
Zumpango..

SUMAS........................

	2,10
4	45
	5
....	....

DE

Cuautitlan...
Chalco...
Ixtlahuaca..
Jilotepec...
Lerma...
Otumba...
Sultepec..
Temascaltepec. ....
Tenancingo ....
Tenango. ....
Texcoco...
Tlalnepantla..
Toluca...
Valle de Bravo..
Zumpango..

SUMAS........................

NTES

SEGUN LA OCUPACION PRINCIPAL.

'RIAS, BELLAS ARTES, ARTES Y OFICIOS.

	Pasamaneros.					Pintores artistas.					
	H.	M.	Total.			H.	M.	Total.			
30	......	......	......	1	2	......	......	......	8	4	......
151	......	......	......	10	26	......	1	1	5	24	......
53	......	......	......	......	3	......	......	......	13	9	......
36	......	......	......	......	5	......	......	......	3	3	......
40	......	......	......	1	2	......	......	......	3	4	......
15	......	......	......	......	6	......	......	......	......	1	......
40	......	......	......	......	1	2	......	2	......	4	......
79	......	......	......	1	2	......	......	......	1	19	......
56	......	......	......	......	10	22	......	22	......	6	......
104	......	......	......	......	22	1	......	1	7	11	......
41	......	......	......	1	9	......	......	......	15	10	......
76	......	......	......	......	10	......	......	......	......	1	......
308	2	7	9	16	49	2	......	2	68	24	3
95	......	......	......	......	7	......	......	......	3	8	......
15	......	......	......	1	8	......	......	......	......	......	......
1,139	2	7	9	31	162	27	1	28	126	128	3

ASO

......	......	......	......	......	1	......	......	......	......	......	......
1	......	......	......	......	......	......	......	......	......	......	......
......	......	......	......	......	......	......	......	......	......	......	......
......	......	......	......	......	......	......	......	......	......	......	......
......	......	......	......	......	......	......	......	......	......	......	......
......	......	......	......	......	......	......	......	......	......	......	......
......	......	......	......	......	......	......	......	......	......	......	......
......	......	......	......	......	......	......	......	......	......	......	......
......	......	......	......	......	......	......	......	......	......	......	......
......	......	......	......	......	......	......	......	......	......	......	......
9	......	......	......	......	......	......	......	......	......	......	......
......	......	......	......	......	......	......	......	......	......	......	......
10	......	......	......	......	1	......	......	......	......	......	......

PRES

POBLACIÓ

IND

DISTRITOS.	Pureros.					Sombrereros.		
	H.	M.	Total.	Relojeros.	Sastres.	H.	H.	Tota
Cuautitlan...................................	......	......	....	......	42	1	......	
·Chalco......................................	3	......	3	4	78	6	2	
Ixtlahuaca..................................	......	......	....	......	54	......	......	.....
Jilotepec....................................	......	......	....	......	55	182	......	1
Lerma.......................................	......	......	....	......	34	1	......	
Otumba......................................	......	......	....	......	22	......	......	.....
Sultepec....................................	......	......	....	1	33	2	......	
Temascaltepec.............................	......	......	....	......	29	......	......	
Tenancingo	......	......	....	1	29	40	......	·
Tenango.....................................	......	......	....	1	93	2	......	
Texcoco.....................................	......	......	....	2	51	9	......	
Tlalnepantla................................	2	......	2	......	58	4	......	
Toluca.......................................	17	2	19	15	323	19	......	
Valle de Bravo..............................	......	......	....	2	50	177	......	1
Zumpango...................................	......	......	....#...	1	23	......	......	.....
SUMAS...........................	22	2	24	27	974	443	2	4

DE

Cuautitlan...................................	......	......	....	......	.....	......	......	.....
Chalco......................................	......	......	....	......	1	......	......	.....
Ixtlahuaca..................................	......	......	....	......	.....	......	......	.....
Jilotepec....................................	......	......	....	......	.....	......	......	.....
Lerma.......................................	......	......	....	......	.....	......	......	.....
Otumba......................................	......	......	....	......	.....	......	......	.....
Sultepec....................................	......	......	. ...	......	. ...	......	......	
Temascaltepec.............................	......	......	....	......	.....	......	......	
Tenancingo	......	......	....	......	.....	......	......	
Tenango.....................................	......	......	....	1	2	......	......	
Texcoco.....................................	......	......	....	......	.....	......	......	
Tlalnepantla................................	......	......	....	......	.....	......	......	
Toluca.......................................	......	......	....	......	1	......	......	.....
Valle de Bravo..............................	......	......	....	......	1	55	......	1
Zumpango...................................	......	......	....	......	.....	......	......	
SUMAS...........................	......	......	....	1	5	55	......	1

Sigue en las páginas 118 y 119.

ITES.

SEGUN LA OCUPACION PRINCIPAL.

RIAS, BELLAS ARTES, ARTES Y OFICIOS.

Trabajadores.	Tejedores y Calaladores.	Tejedores.			Telegrafistas.	Tintoreros.			Tipógrafos.	Traductores.	Torreros.
		H.	M.	Total.		H.	M.	Total.			
3	....	110	12	122	4	....	....	....	....	....	....
12	....	38	19	57	2	2	....	2	1	....	....
14	....	3	....	3	4	....	....	....	....	....	....
8	....	17	....	17	....	....	....	....	....	....	....
2	....	42	....	42	2	....	....	....	....	....	....
3	....	17	8	25	9	....	....	....	....	....	....
8	....	1	....	1	....	....	....	....	....	....	....
11	....	409	990	1,399	1	3	....	3	....	....	....
11	....	496	92	588	....	13	....	13	....	....	....
21	....	127	15	142	....	2	....	2	....	2	....
10	....	405	46	451	2	....	....	....	....	....	....
8	....	137	1	138	10	2	....	2	....	....	....
27	8	651	166	817	9	2	....	2	52	8	1
15	....	100	121	221	1	2	2	4	....	....	....
1	....	....	....	....	....	....	....	....	....	....	....
154	8	2,553	1,470	4,023	44	26	2	28	53	10	1

ASO

....	....	2	....	2	2	....	....	....	....	....	....
....	....	....	....	....	....	....	....	....	....	....	....
....	....	....	....	....	....	....	....	....	....	....	....
....	....	....	....	....	....	....	....	....	....	....	....
....	....	1	....	1	....	....	....	....	....	....	....
....	....	....	....	....	....	....	....	....	....	....	....
....	....	....	....	....	....	....	....	....	....	....	....
....	....	....	....	....	....	....	....	....	....	....	....
....	....	....	....	....	....	....	....	....	....	....	....
....	....	....	....	....	....	....	....	....	....	....	....
....	....	....	....	....	....	....	....	....	....	....	....
....	....	....	....	....	....	....	....	....	....	....	....
....	....	1	....	1	....	....	....	....	....	....	....
....	....	4	....	4	2	....	....	....	....	....	....

PRESI

POBLACION

DISTRITOS.	INDUSTRIAS, BELLAS ARTES, ARTES Y OFICIOS.					
	Turnero.	Valero.	Vidriero.	Yesero.	Zapatero.	Adobero.
Cuautitlan............................	....	3	....	....	26	21
Chalco..............................	9	24	....	....	124	....
Ixtlahuaca..........................	....	4	....	....	106	139
Jilotepec...........................	....	14	....	....	139	
Lerma..............................	....	1	....	....	134	
Otumba............................	....	1	....	....	15	
Sultepec...........................	....	5	....	....	101	
Temascaltepec......................	1	2	....	....	57	....
Tenancingo........................	....	....	....	....	96	....
Tenango...........................	20	14	....	....	187	
Texcoco............................	1	30	2	....	25	76
Tlalnepantla.......................	....	8	....	5	106	....
Toluca.............................	....	97	....	....	606	265
Valle de Bravo.....................	....	4	....	15	96	10
Zumpango..........................	....	9	....	....	50	....
SUMAS......................	31	216	2	20	1,868	372

DE F

Cuautitlan............................	....	....	....	....	1	....
Chalco..............................	....	....	....	....	1	....
Ixtlahuaca..........................	....	....	....	....	....	
Jilotepec...........................	....	....	....	....	....	
Lerma..............................	....	....	....	....	....	
Otumba............................	....	2	....	....	....	
Sultepec...........................	....	....	....	....	1	....
Temascaltepec......................	....	....	....	....	....	
Tenancingo........................	....	....	....	....	....	
Tenango...........................	....	....	....	....	3	
Texcoco............................	....	....	....	....	1	
Tlalnepantla.......................	....	....	....	....	....	
Toluca.............................	....	....	....	....	1	
Valle de Bravo.....................	....	15	....	....	....	....
Zumpango..........................	....	....	....	....	....	
SUMAS......................	....	17	....	....	8	....

Sigue en las páginas 120 y 121.

NTES

SEGUN LA OCUPACION PRINCIPAL.

DIVERSAS OCUPACIONES.

Aguadores.			Arrieros.	Cargadores.	Carreteros.	Ganaderos.	Cocheros.	Costureras.	Domésticos.		
H.	M.	Total.							H.	M.	Total.
1	....	1	216	2	13	....	....	11	154	312	466
1	1	2	177	7	33	1	3	224	136	738	874
....	....	....	2	....	....	....	2	6	103	183	286
....	....	....	104	....	....	....	....	14	502	557	1,059
....	....	....	116	1	5	....	2	11	66	115	181
....	....	....	67	7	39	....	2	1	124	230	354
....	....	....	29	....	....	....	....	3	24	71	95
....	....	....	42	....	....	....	....	140	123	165	288
....	....	....	47	....	1	....	....	19	63	70	133
1	....	1	283	2	1	....	....	62	307	445	752
1	....	1	737	12	40	....	3	260	1,419	1,687	3,106
....	....	....	571	1	44	7	5	11	331	398	729
33	....	33	667	57	171	....	26	185	1,264	2,183	3,447
3	1	4	44	....	....	....	....	64	112	191	303
....	....	....	16	2	4	....	....	8	93	232	325
40	2	42	3,118	91	351	8	43	1,019	4,821	7,577	12,398

ASO

....	....	....	1	....	....	....	....	....	2	1	3
....	....	....	43	....	....	....	....	....	2	7	9
....	....	....	....	....	....	....	....	....	1	4	5
....	....	....	3	....	....	....	2	....	....	5	5
....	....	....	29	....	2	....	....	....	1	....	1
....	....	....	5	....	....	....	....	....	1	....	1
....	....	....	....	....	....	....	....	....	5	....	5
....	....	....	69	....	....	....	....	....	5	2	7
....	....	....	3	....	....	....	....	....	4	5	9
....	....	....	1	....	....	....	....	....	....	....	....
....	....	....	17	....	....	....	....	....	1	....	1
....	....	....	3	....	....	....	....	1	2	7	9
....	....	....	25	....	....	....	....	....	45	....	45
....	....	....	....	....	....	....	....	....	1	1	2
....	....	....	199	....	2	....	2	1	70	32	102

PRES

POBLACIÓ

DISTRITOS.	Empaquetadora.	Empleados particulares.			Hortelanos.	Jardineros.
		H.	M.	Total.		
Cuautitlan	....	66	....	66	19	.....
Chalco	....	116	1	117	2	....
Ixtlahuaca.	....	26	....	26	....	....
Jilotepec.	....	84	....	84	....	....
Lerma.	....	39	....	39	....	....
Otumba	....	28	....	28	....	....
Sultepec	....	10	....	10	1	....
Temascaltepec.	....	31	....	31	1	....
Tenancingo	....	3	....	3	....	....
Tenango	....	20	1	21	5	.....
Texcoco	....	112	18	130	17	....
Tlalnepantla	....	29	....	29	2	....
Toluca	....	173	9	182	129	....
Valle de Bravo	366	42	....	42	....	.....
Zumpango	....	113	....	113	....	.....
Sumas	366	892	29	921	176	

DE

Cuautitlan	....	....	....	....	....	....
Chalco	....	....	....	....	....	....
Ixtlahuaca.	....	....	....	....	....	....
Jilotepec.	....	....	....	....	....	....
Lerma.	....	....	....	....	....	....
Otumba	....	....	....	....	....	....
Sultepec	....	....	....	....	....	....
Temascaltepec.	....	1	....	1	....	....
Tenancingo	....	....	....	....	....	....
Tenango.	....	....	....	....	....	....
Texcoco	....	....	....	....	....	....
Tlalnepantla	....	....	....	....	1	....
Toluca	....	4	....	4	....	....
Valle de Bravo	....	....	....	....	....	....
Zumpango	....	....	....	....	....	....
Sumas	....	5	....	5	1	....

Sigue en las páginas 122 y 123.

TES.

:GUN LA OCUPACION PRINCIPAL.

DIVERSAS OCUPACIONES.

Lavanderos.			Matberos.	Matanceros.	Mesillas.	Molenderas.	Pescadores.	Porteros.			Tortilleras.
L.	M.	Total.						H.	M.	Total.	
....	28	28	....	1	....	....	....	......	......	......	142
....	220	220	....	24	....	757	41	2	......	2	457
....	6	6	....	19	... .	2	....	......	......	......	....
....	22	22	....	....	....	....	....	......	......	......	79
....	11	11	...,....	4	....	344	2	1	......	1	424
....	17	17	....	....	....	....	....	1	......	1	6
....	......	....	....	4	....	....	....	......	......	......	....
....	17	17	....	6	....	25	....	1	......	1	50
....	17	17	....	....	....	42	....	......	......	......	1
...	50	50	....	45	....	....	5	......	......	......	7
2	297	299	....	23	2	2,739	....	1	......	1	96
....	34	34	2	12	....	60	....	1	......	1	5
.. ..	326	326	....	222	12	1,030	....	3	9	12	729
....	85	85	....	22	17	17	....	......	......	......	126
....	17	17	....	2	2	....	390	......	......	......	9
2	1,147	1,149	2	384	33	5,016	438	10	9	19	2,131

SO

.....	......	....	....	....	....	....	....	......	......	......	....
.....	......	....	....	....	....	1	....	......	......	......	1
.....	......	....	....	....	....	....	....	......	.....	......	....
... ..	......	....	....	....	....	....	....	......	......	......	....
.....	......	....	....	....	....	....	....	......	......	......	....
.....	......	... ...	....	....	....	....	....	......	......	......	....
.....	......	....	....	....	....	....	....	......	......	......	....
.....	......	....	....	....	....	....	....	......	......	......	....
.....	......	....	....	....	....	....	....	......	......	......	....
.....	......	....	....	....	....	....	....	......	......	......	....
.....	......	....	....	....	....	....	....	......	......	......	....
.....	......	....	....	....	....	....	....	......	......	......	....
.....	......	....	....	....	....	....	....	......	......	......	....
.....	......	...,....	....	....	....	1	....	......	......	......	1

PRES

POBLACION SEGUN LA OCU

DISTRITOS.	Sin ocupacion.			Sin ocupacion por menores de edad.		
	H.	M.	Total.	H.	M.	Tot
Cuautitlan...	681	10,321	11,002	3,277	4,503	7,7
Chalco..	267	18,817	19,084	9,774	10,349	20,1
Ixtlahuaca.......................................	....	22,919	22,919	11,940	14,656	26,6
Jilotepec..	35	19,741	19,776	11,793	11,419	23,2
Lerma	22	13,731	13,753	7,313	7,669	14,9
Otumba	168	9,698	9,866	5,014	6,138	11,1
Sultepec..	27	16,007	16,034	10,729	8,925	19,6
Temascaltepec..................................	908	12,639	13,547	4,211	4,801	9,0
Tenancingo	888	19,227	20,115	9,349	10,835	20,1
Tenango...	2,220	20,707	22,927	10,026	10,024	20,0
Texcoco..	2,845	13,441	16,286	4,449	6,959	11,4
Tlalnepantla.....................................	901	16,509	17,410	7,505	9,431	16,9
Toluca...	1,631	36,991	38,622	13,595	15,651	29,2
Valle de Bravo..................................	538	11,756	12,294	5,029	3,791	8,8
Zumpango..	47	8,889	8,936	4,260	4,554	8,8
SUMAS..................	11,178	251,393	262,571	118,264	129,705	247,9

DE

Cuautitlan.......................................	2.	5	7	3	....	
Chalco...	2	70	72	13	17	
Ixtlahuaca...............	....	35	35	3	9	
Jilotepec..	....	66	66	23	28	
Lerma..	....	21	21	9	9	
Otumba..	....	17	17	....	1	
Sultepec..	....	25	25	12	15	
Temascaltepec...................................	....	16	16	3	3	
Tenancingo	3	32	95	15	12	
Tenango...	....	6	6	58	39	
Texcoco..	1	6	7	4	6	
Tlalnepantla	....	21	21	5	5	
Toluca...	....	82	82	20	20	
Valle de Bravo..........	....	....	....	....	....	.....
Zumpango...	....	4	4	2	1	
SUMAS..................	8	466	474	170	165	

Sigue en las páginas 124 y 125.

NTES

CION PRINCIPAL. | POBLACION POR CULTOS.

Se ignora.			Total general.	Católicos.			Protestantes.			Mahometanos.		
H.	M.	Total.		H.	M.	Total.	H.	M.	Total.	H.	M.	Total.
......	......	......	32,111	16,016	16,087	32,103	3	5	8	......	......	......
34	......	34	66,134	31,767	32,311	64,078	1,048	994	2,042	......	......	......
......	......	......	74,693	36,077	38,603	74,680	4	1	5	......	......	......
......	......	......	63,715	31,265	32,450	63,715	......	......	......	......	......	......
33	1	34	45,391	22,279	22,804	45,083	150	121	271	1	......	1
148	30	178	34,487	17,743	16,719	34,462	19	6	25	......	......	......
12	7	19	52,619	26,802	25,663	52,465	61	56	117	......	......	......
68	......	68	39,234	19,769	19,456	39,225	5	......	5	......	......	......
512	......	512	63,273	31,576	31,665	63,241	18	14	32	......	......	......
38	593	631	65,065	31,348	32,822	64,170	292	307	599	......	......	......
......	......	......	57,034	28,597	28,326	56,923	69	42	111	......	......	......
216	......	216	57,259	28,230	28,012	56,242	58	29	87	......	......	......
123	3	126	114,196	53,949	59,368	113,317	316	293	609	......	......	......
1,342	4,343	5,685	43,047	21,340	21,255	42,595	232	220	452	......	......	......
......	......	......	29,723	14,990	14,545	29,535	93	93	186	......	......	......
2,526	4,977	7,503	837,981	411,748	420,086	831,834	2,368	2,181	4,549	1	......	1

ASO

H.	M.	Total.		H.	M.	Total.	H.	M.	Total.	H.	M.	Total.
......	......	......	51	44	7	51	......	......	......	......	......	......
8	......	8	288	183	96	279	4	5	9	......	......	......
......	......	......	241	193	48	241	......	......	......	......	......	......
......	......	......	309	215	94	309	......	......	......	......	......	......
1	......	1	92	55	35	90	2	......	2	......	......	......
1	......	1	126	104	15	119	2	5	7	......	......	......
......	......	......	195	155	40	195	......	......	......	......	......	......
......	......	......	238	217	21	238	......	......	......	......	......	......
5	......	5	519	364	155	519	......	......	......	......	......	......
7	79	86	376	246	125	371	1	4	5	......	......	......
......	......	......	36	22	13	35	1	......	1	......	......	......
......	......	......	142	113	29	142	......	......	......	......	......	......
5	......	5	294	172	114	286	6	2	8	......	......	......
207	188	395	695	507	188	695	......	......	......	......	......	......
......	......	......	35	28	7	35	......	......	......	......	......	......
234	267	501	3,637	2,618	987	3,605	16	16	32	......	......	......

PRESE

POBLACION POR CUL

DISTRITOS.	Budhistas.			Sin culto.		
	H.	**M.**	**Total.**	**H.**	**M.**	**Total.**
Cuautitlan....................................	....	....	....	....	....	....
Chalco..	1	....	1	7	5	12
Ixtlahuaca...................................	....	....	....	3	3	6
Jilotepec.....................................	....	....	....	....	....	....
Lerma...	....	....	....	13	6	19
Otumba.......................................	....	....	....	....	....	....
Sultepec......................................	....	....	....	18	11	29
Temascaltepec.............................	....	....	....	4	....	4
Tenancingo..................................	....	....	....	....	....	....
Tenango......................................	....	....	....	150	94	244
Texcoco.......................................	....	....	....	....	....	....
Tlalnepantla................................	....	....	....	490	433	923
Toluca...	....	....	....	124	72	196
Valle do Bravos............................	....	....	....	....	....	....
Zumpango...................................	....	....	....	2	....	2
SUMAS......................	1	....	1	811	624	1,435

DE P

Cuautitlan....................................						
Chalco..	....	....	....	....	....	....
Ixtlahuaca...................................	....	....	....	....	....	....
Jilotepec.....................................	....	....	....	....	....	....
Lerma...	....	....	....	....	....	....
Otumba.......................................	....	....	....	....	....	....
Sultepec......................................	....	....	....	....	....	....
Temascaltepec.............................	....	....	....	....	....	....
Tenancingo..................................	....	....	....	....	....	....
Tenango......................................	....	....	....	....	....	....
Texcoco.......................................	....	....	....	....	....	....
Tlalnepantla................................	....	....	....	....	....	....
Toluca...	....	....	....	....	....	....
Valle de Bravos............................	....	....	....	....	....	....
Zumpango...................................	....	....	....	....	....	....
SUMAS......................	....	....	....	....	....	....

Sigue en las páginas 126 y 127.

E S

POBLACION SEGUN EL IDIOMA HABITUAL.

ignora.		Total general.	Castellano.			Huaxteco.			Matlatzinca.		
M.	Total.		H.	M.	Total.	H.	M.	Total.	H.	M.	Total.
.....	.....	32,111	16,018	16,092	32,110	.....	.....	.....	.....	.....	.....
.....	1	66,134	29,350	29,441	58,791	.....	.....	.....	.....	.....	.....
.....	2	74,693	15,534	15,639	31.173	.....	.....	.....	.....	.....	.....
.....	.....	63,715	31,265	32,450	63,715	.....	.....	.....	.....	.....	.....
7	17	45,391	11,688	11,618	23,306	4	3	7	.....	.....	.....
.....	.....	34,487	17,577	16,561	34,138	.....	.....	.....	.....	.....	.....
4	8	52,619	26,419	25,282	51,701	.....	.....	.....	.....	.....	.....
.....	.....	39,234	19,766	19,449	39,215	.....	.....	.....	1	1	2
.....	.....	63,273	29,995	29,918	59,913	.....	.....	.....	832	916	1,748
27	52	65,065	21,150	22,383	43,533	.....	.....	.....	126	180	306
.....	.....	57,034	25,952	25,292	51,244	.....	.....	.....	.....	.....	.....
1	7	57,259	24,078	23,574	47,652	.....	.....	.....	.....	.....	.....
28	74	114,196	40,982	44,584	85,566	.....	.....	.....	.....	.....	.....
.....	.....	43,047	15,610	14,195	29,805	.....	.....	.....	.....	.....	.....
.....	.....	29,723	14,278	13,837	28,115	.....	.....	.....	.....	.....	.....
67	161	837,981	339,662	340,315	679,977	4	3	7	959	1,097	2,056

3 O

.....	.....	51	44	7	51	.....	.....	.....	.....	.....	.....
.....	.....	288	155	69	224	.....	.....	.....	.....	.....	.....
.....	.....	241	134	25	159	.....	.....	.....	.....	.....	.....
.....	.....	309	215	94	309	.....	.....	.....	.....	.....	.....
.....	.....	92	51	35	86	.....	.....	.....	.....	.....	.....
.....	.....	126	49	11	60	.....	.....	.....	.....	.....	.....
.....	.....	195	155	40	195	.....	.....	.....	.....	.....	.....
.....	.....	238	216	21	237	.....	.....	.....	.....	.....	.....
.....	.....	519	364	155	519	.....	.....	.....	.....	.....	.....
.....	.....	376	179	78	257	.....	.....	.....	.....	.....	.....
.....	.....	36	23	13	36	.....	.....	.....	.....	.....	.....
.....	.....	142	110	27	137	.....	.....	.....	.....	.....	.....
.....	.....	294	135	81	216	.....	.....	.....	.....	.....	.....
.....	.....	695	157	55	212	.....	.....	.....	.....	.....	.....
.....	.....	35	26	7	33	.....	.....	.....	.....	.....	.....
.....	.....	3,637	2,013	718	2,731	.....	.....	.....	.....	.....	.....

PRES

POBL

DISTRITOS.

		M.	Total.
Cuautitlan	....	....	....
Chalco	....	....	....
Ixtlahuaca	....	....	....
Jilotepec	....	....	....
Lerma	•2	1	3
Otumba	....	....	....
Sultepec	....	....	....
Temascaltepec	....	....	....
Tenancingo	....	....	....
Tenango	....	....	....
Texcoco	....	....	....
Tlalnepantla	....	....	....
Toluca	....	....	....
Valle de Bravo	....	....	....
Zumpango	....	....	....
SUMAS		1	

DE P

Cuautitlan	....	....	....	....	....	....
Chalco	....	....	....	....	....	....
Ixtlahuaca	....	....	....	28	14	42
Jilotepec	....	....	....	....	....	....
Lerma	....	....	....	....	....	....
Otumba	....	....	....	....	....	....
Sultepec	....	....	....	....	....	....
Temascaltepec	....	....	....	....	....	....
Tenancingo	....	....	....	....	....	....
Tenango	....	....	....	18	18	36
Texcoco	....	....	....	....	....	....
Tlalnepantla	....	....	....	....	....	....
Toluca	....	....	....	21	16	37
Valle de Bravos	....	....	....	88	34	122
Zumpango	....	....	....	....	....	....
SUMAS	....	....	....	155	82	237

Sigue en las páginas 128 y 129.

TES

N SEGUN EL IDIOMA HABITUAL.

	Mazateco.			Mexicano.			Otomí.			Tarasco.	
	M.	Total.	H.	M.	Total.	H.	M.	Total.	H.	M.	Total.
....	....	....	3,446	3,845	7,291	 7	 9	16	....	....	....
....	....	....	1	....	1	1,920	2,068	3,988	....	....	....
....	....	....	811	885	1,696	9,923	10,414	20,337	8	7	15
....	....	....	182	158	340	2	4	6	....	....	....
....	....	....	458	449	907	....	....	....	....	....	....
....	....	....	4	5	9	....	1	1	....	....	....
....	....	....	767	845	1,612	....	151	305	....	....	....
....	....	....	10,209	10,384	20,593	154	....	....	....	....	....
....	....	....	2,711	3,076	5,787	....	....	....	....	....	....
....	....	....	267	271	538	4,390	4,615	9,005	....	....	....
....	....	....	1,517	2,045	3,562	8,650	9,496	18,146	....	....	....
23	36	59	259	257	516	2,598	2,846	5,444	....	....	....
....	....	....	790	785	1,575	9	10	19	....	....	....
23	36	59	21,422	23,005	44,427	27,653	29,614	57,267	8	7	15

SO

....	....	....	31	31	62	1	1	2	....	....	....
....	....	....	....	....	....	30	9	39	1	....	1
....	....	....	3	....	3	3	....	3	....	....	....
....	....	....	17	....	17	35	9	44	3	....	3
....	....	....	....	....	....	....	....	....	....	....	....
....	....	....	....	....	....	....	....	....	....	....	....
....	....	....	12	9	21	38	24	62	....	....	....
....	....	....	....	....	....	....	....	....	....	....	....
....	....	....	....	....	....	3	2	5	....	....	....
....	....	....	....	....	....	19	17	36	....	....	....
....	....	....	....	....	....	262	99	361	....	....	....
....	....	....	....	....	....	2	....	2	....	....	....
....	....	....	63	40	103	393	161	554	4	....	4

PRES

DISTRITOS.	POBLACION SEGUN EL IDIOI					
	Totonaco.			Zapoteco.		
	H.	M.	Total.	H.	M.	Tota
Cuautitlan	....	....	....	....	....	......
Chalco	....	....	....	....	....	......
Ixtlahuaca	....	....	....	....	....	......
Jilotepec	....	....	....	....	....	......
Lerma	3	7	10	4	....	
Otumba	....	....	....	....	....	......
Sultepec	....	....	....	....	....	......
Temascaltepec	....	....	....	....	....	......
Tenancingo	....	....	....	....	....	......
Tenango	....	....	....	....	....	......
Texcoco	....	....	....	....	....	......
Tlalnepantla	....	....	....	....	....	......
Toluca	....	....	....	....	....	......
Valle de Bravo.	....	....	....	....	....	......
Zumpango	....	....	....	....	....	......
SUMAS	3	7	10	4	....	

DE

Cuautitlan	....	....	....	....	....	......
Chalco	....	....	....	....	....	......
Ixtlahuaca	....	....	....	....	....	......
Jilotepec	....	....	....	....	....	......
Lerma	....	....	....	....	....	......
Otumba	....	....	....	....	....	......
Sultepec	....	....	....	....	....	......
Temascaltepec	....	....	....	....	....	......
Tenancingo	....	....	....	....	....	......
Tenango	....	....	....	....	....	......
Texcoco	....	....	....	....	....	......
Tlalnepantla	....	....	....	....	....	......
Toluca	....	....	....	....	....	......
Valle de Bravo.	....	....	....	....	....	......
Zumpango	....	....	....	....	....	......
SUMAS	....	....	....	....	....	......

Sigue en las páginas 130 y 131.

·NTES

HABITUAL.   IDIOMAS EXTRANJEROS.

										M.	Total.
		9	5								
			1								
1		1	..(.								
		5									
		1									
2	2										
		1		1							
		2		2				2		2	
		2	1	3	2	2	4	1		1	
		1		1							
						2	4	3		3	

ASO

			1		1							
			2	2	4							
			3	2	5							

PRESI

DISTRITOS.

Cuautitlan					
Chalco					
Ixtlahuaca					
Jilotepec					
Lerma				...	
Otumba				...	
Sultepec				....	
Temascaltepec		...		...	
Tenancingo				....	
Tenango					
Texcoco					
Tlalnepantla		... ...	..	...	
Toluca		1		2	
Valle de Bravo					
Zumpango		...			
SUMAS					

DE I

Cuautitlan		....	....
Chalco		....	....
Ixtlahuaca		...	......
Jilotepec		...	.....
Lerma		...	.....
Otumba			.....
Sultepec		...	......
Temascaltepec			......
Tenancingo			......
Tenango			......
Texcoco		....	....
Tlalnepantla			......
Toluca			
Valle de Bravo			
Zumpango			
SUMAS			

Sigue en las páginas 132 y 133.

NTES.

IDIOMAS EXTRANJEROS.

	Holandés.			Húngaro.			Inglés.			Italiano.			Total general.
	H.	M.	Total.	H.	M.	Total.	H.	M.	Total.	H.	M.	Total.	
				2		2	4	7	11				32,111
	2	1	3				6	1.	7				66,134
													74,693
													63.715
							4		4				45,391
													34,487
							2		2				52,619
							2		2				39,234
													63,273
								2	2				65,065
										2		2	57,034
							26	11	37	5		5	57,259
				1		1	20	11	31	2	1	3	114.196
							5		5				43,047
							8	6	14				29,723
	2	1	3	3		3	77	38	115	9	1	10	837,981

ASO

	Holandés.			Húngaro.			Inglés.			Italiano.			Total general.
													51
													288
													241
													309
													92
										2		2	126
													195
													238
													519
													376
													36
													142
							1		1				294
													695
													35
							1		1	2		2	3,637

PRES

POBL

DISTRITOS.	Alemana.			Argentina.		
	H.	M.	Total.	H.	M.	Total.
Cuautitlan	1	1	2	1	....	1,
Chalco	4	1	5	....	....	....
Ixtlahuaca	....	1	1	....	....	....
Jilotepec	....	....	....	....	....	....
Lerma	....	....	....	....	....	....
Otumba	....	....	....	....	....	....
Sultepec	5	....	5	....	....	....
Temascaltepec	....	....	....	....	....	....
Tenancingo	....	....	....	....	....	....
Tenango	....	....	....	1	1	2,
Texcoco	1	....	1	....	....	....
Tlalnepantla	2	....	2	....	....	....
Toluca	4	1	5	1	....	1,
Valle de Bravo	....	....	....	....	....	....
Zumpango	....	....	....	....	....	....
SUMAS	17	4	21	3	1	4

DE

Cuautitlan	....	....	....	....	....	....
Chalco	....	....	....	....	....	....
Ixtlahuaca	....	....	....	....	....	....
Jilotepec	....	....	....	....	....	....
Lerma	....	....	....	....	....	....
Otumba	....	....	....	....	....	....
Sultepec	....	....	....	....	....	....
Temascaltepec	1	....	1	....	....	....
Tenancingo	....	....	....	....	....	....
Tenango	....	....	....	....	....	....
Texcoco	....	....	....	....	....	....
Tlalnepantla	....	....	....	....	....	....
Toluca	2	2	4	....	....	....
Valle de Bravo	....	....	....	....	....	....
Zumpango	....	....	....	....	....	....
SUMAS	3	2	5	....	....	....

Sigue en las páginas 134 y 135.

TES

ON SEGUN LA NACIONALIDAD.

	Austro-Húngara.			Belga.			China.			Dinamarquesa.			Española.		
L.	M.	Total.	H.	M.	Total.	H.	M.	Total.	H.	M.	Total.	H.	M.	Total.
...	......	......	1	......	1	.....	.....	......	......	......	......	17	1	18
10	3	13	.....	.....	......	.....	.....	......	......	......	......	80	13	93
...	......	......	.....	.....	......	.....	.....	......	1	......	1	31	4	35
...	......	......	.....	.....	......	.....	.....	......	......	......	......	6	1	7
1	......	1	.....	.....	......	...,.	.....	......	......	......	......	5	......	5
...	......	......	.....	.....	......	.....	.....	......	......	...,..	......	16	1	17
...	......	......	.....	.....	......	.....	.....	......	......	......	......	......	......	12
...	......	......	.....	.....	......	.....	.....	......	......	......	......	9	3	12
...	......	......	.....	.....	......	.....	.....	......	......	......	......	12	2	14
...	......	......	.....	.....	......	.....	.....	......	......	......	......	9	2	11
...	......	......	.....	.....	......	2	.....	2	......	......	......	6	4	10
2	......	2	.....	.....	.....	1	.....	1	1	1	2	59	10	69
...	......	......	.....	.....	......	.....	.....	......	......	......	......	69	16	85
...	......	......	.....	.....	......	.....	.....	......	......	......	......	2	......	2
												1	2	3
13	3	16	1	.....	1	3	.....	3	2	1	3	322	59	381

SO

....	......	......	.....	.....	......	.....	.....	......	......	......	......	......	......	......
....	......	......	.....	.....	......	.....	.....	......	......	......	......	......	......	......
....	......	......	.....	.....	......	.....	.....	......	......	......	......	......	......	......
....	......	......	.....	.....	......	.....	.....	......	......	......	......	4	......	4
....	......	......	.....	.....	......	.....	.....	......	......	......	......	......	......	......
....	......	......	.....	.....	......	.....	.....	......	......	......	......	......	......	......
....	......	......	.....	.....	......	.....	.....	......	......	......	......	......	......	......
....	......	......	.....	.....	......	.....	.....	......	......	......	......	......	......	......
....	......	......	.....	.....	......	.....	.....	......	......	......	......	......	......	......
....	......	......	.....	.....	......	.....	.....	......	......	......	......	......	......	......
....	......	......	.....	.....	......	.....	.....	......	......	......	......	......	......	......
....	......	......	.....	.....	......	.....	.....	......	......	......	......	......	......	......
....	......	......	.....	.....	......	.....	.....	......	......	......	......	......	......	......
....	......	......	.....	.....	......	.....	.....	......	......	......	......	4	......	4

PRE

PO

DISTRITOS.	Francesa.			Guatemalteca.		
	H.	M.	Total.	H.	M.	
Cuautitlan...	1	....	1	....	....	....
Chalco...	1	3	4	....	....	....
Ixtlahuaca...	....	....	....	....	....	....
Jilotepec...	....	....	....	....	....	....
Lerma..	1	....	1	....	....	....
Otumba..	1	2	3	....	....	....
Sultepec..	1	3	4	....	....	....
Temascaltepec..	1	....	1	....	....	....
Tenancingo..	1	....	1	....	....	....
Tenango...	....	....	....	....	....	....
Texcoco...	....	....	....	....	....	....
Tlalnepantla...	14	4	18	....	....	....
Toluca...	12	2	14	2	1	....
Valle de Bravos......................................	2	2	4	....	....	....
Zumpango..	....	....	....	....	....	....
Sumas.........................	35	16	51	2	1	

D I

Cuautitlan...	....	....	....	....	....	....
Chalco...	....	....	....	....	....	....
Ixtlahuaca...	....	....	....	....	....	....
Jilotepec...	....	....	....	....	....	....
Lerma..	....	....	....	....	....	....
Otumba..	....	....	....	....	....	....
Sultepec..	....	....	....	....	....	....
Temascaltepec..	....	....	....	....	....	....
Tenancingo..	....	....	....	....	....	....
Tenango...	....	....	....	....	....	....
Texcoco...	....	....	....	....	....	....
Tlalnepantla...	....	....	....	....	....	....
Toluca...	....	....	....	....	....	....
Valle de Bravos......................................	....	....	....	....	....	....
Zumpango..	....	....	....	....	....	....
Sumas.........................	....	....	....	....	....	....

Sigue en las páginas 136 y 1▇▇.

TES

N SEGUN LA NACIONALIDAD.

Holandesa.		Inglesa.			Italiana.			Mexicana.			Norteamericana.		
M.	Total.	H.	M.	Total.	H.	M.	Total.	H.	M.	Total.	H.	M.	Total.
.....	.....	.....	.....	......	.....	.....	......	15,993	16,086	32,079	2	4	6
.....	.....	4	7	11	.....	.....	......	32,723	33,282	66,005	1	......	1
1	3	3	.....	3	.....	.....	......	36,046	38,599	74,645	2	1	3
.....	.....	.....	.....	......	.....	.....	......	31,258	32,449	63,707	1	.....	1
.....	.....	.....	1	1	.....	.....	......	22,440	22,936	45,376	6	1	7
.....	.....	.....	.....	......	.....	.....	......	17,745	16,722	34,467	......	......	......
.....	.....	2	.....	2	.....	.....	......	26,877	25,731	52,608	......	......	......
.....	.....	.....	.....	......	.....	.....	......	19,763	19,453	39,216	2	......	2
.....	.....	.....	2	2	.....	.....	......	31,581	31,677	63,258	......	......	......
.....	.....	.....	.....	......	.....	.....	......	31,804	33,245	65,049	......	......	......
.....	.....	.....	.....	......	1	.....	1	28,657	28,363	57,020	1	1	2
.....	.....	17	5	22	4	1	5	28,677	28,449	57,126	8	6	14
.....	.....	3	1	4	2	1	3	54,317	59,722	114,039	17	14	31
.....	.....	.....	.....	......	.....	.....	......	21,561	21,473	43,034	6	......	6
.....	.....	7	6	13	.....	.....	......	15,076	14,630	29,706	1	......	1
1	3	36	22	58	7	2	9	414,518	422,817	837,335	47	27	74

SO

.....	.....	.....	.....	......	.....	.....	......	44	7	51	......	......	......
.....	.....	.....	.....	......	.....	.....	......	187	101	288	......	......	......
.....	.....	.....	.....	......	.....	.....	......	193	48	241	......	......	......
.....	.....	.....	.....	......	.....	.....	......	215	94	309	......	......	......
.....	.....	.....	.....	......	.....	.....	......	53	35	88	......	......	......
.....	.....	.....	.....	......	2	.....	2	104	20	124	......	......	......
.....	.....	.....	.....	......	.....	.....	......	155	40	195	......	......	......
.....	.....	.....	.....	......	.....	.....	......	216	21	237	......	......	......
.....	.....	.....	.....	......	.....	.....	......	364	155	519	......	......	......
.....	.....	.....	.....	......	.....	.....	......	247	129	376	......	......	......
.....	.....	.....	.....	......	.....	.....	......	23	13	36	......	......	......
.....	.....	.....	.....	......	.....	.....	......	113	29	142	......	......	......
.....	.....	.....	.....	......	.....	.....	......	175	114	289	1	......	1
.....	.....	.....	.....	......	.....	.....	......	507	188	695	......	......	......
.....	.....	.....	.....	......	.....	.....	......	28	7	35	......	......	......
.....	.....	.....	.....	......	2	.....	2	2,624	1,001	3,625	1	......	1

PRES

POB

DISTRITOS.	Portuguesa.			Salvadoreña.		
	H.	M.	Total.	H.	M.	Tot
Cuautitlan	....	....	....	....	....	.....
Chalco	....	....	....	....	....	.....
Ixtlahuaca	....	....	....	....	....	.....
Jilotepec	....	....	....	....	....	.....
Lerma	....	....	....	....	....	.....
Otumba	....	....	....	....	....	.....
Sultepec	....	....	....	....	....	.....
Temascaltepec	....	....	....	....	....	.....
Tenancingo	....	....	....	....	....	.....
Tenango	1	....	1	....	....	.....
Texcoco	....	....	....	....	....	.....
Tlalnepantla	....	....	....	1	....	
Toluca	....	....	....	....	....	.....
Valle de Bravo	....	....	....	....	....	.....
Zumpango	....	....	....	....	....	.....
SUMAS	1	....	1	1	....	

DE

Cuautitlan	....	....	....	....	....	.....
Chalco	....	....	....	....	....	.....
Ixtlahuaca	....	....	....	....	....	.....
Jilotepec	....	....	....	....	....	.....
Lerma	....	....	....	....	....	.....
Otumba	....	....	....	....	....	.....
Sultepec	....	....	....	....	....	.....
Temascaltepec	....	....	....	....	....	.....
Tenancingo	....	....	....	....	....	.....
Tenango	....	....	....	....	....	.....
Texcoco	....	....	....	....	....	.....
Tlalnepantla	....	....	....	....	....	.....
Toluca	....	....	....	....	....	.....
Valle de Bravo	....	....	....	....	....	.....
Zumpango	....	....	....	....	....	.....
SUMAS	....	....	....	....	....	.....

Sigue en las páginas 138 y 139.

T E S

)N SEGUN LA NACIONALIDAD.

	Sueco-Noruega.		Suiza.			Turca.			Venezolana.			Total general.	NÚMERO DE HOGARES.
	M.	Total.	H.	M.	Total.	H.	M.	Total.	H.	M.	Total.		
..	......	......	3	......	3	......	.....	......	......	.....	......	32,111	7,041
..	......	......	1	1	2	......	.....	......	......	.....	......	66,134	13,596
1	1	2	......	......	......	......	.....	......	......	.....	......	74.693	15,417
..	......	......	......	......	......	......	.....	......	......	.....	......	63.715	11,556
..	......	......	......	......	......	......	.....	......	......	.....	......	45,391	10,013
..	......	......	......	......	......	......	.....	......	......	.....	......	34,487	7.643
..	......	......	......	......	......	......	.....	......	......	.....	......	52,619	10,973
..	......	......	3	......	3	......	.....	......	......	.....	......	39,234	9,809
..	......	......	......	......	......	......	.....	......	......	.....	......	63,273	13,692
..	......	......	......	......	......	......	.....	......	......	.....	......	65,065	12,581
..	......	......	......	......	......	......	.....	......	......	.....	......	57,034	11,678
..	......	......	2	......	2	......	.....	......	......	.....	......	57,259	11,618
..	......	......	2	......	2	2	2	4	......	.....	......	114,196	22,771
..	......	......	......	......	......	......	.....	......	1	.....	1	43,047	8,763
..	......	......	......	......	......	......	.....	......	......	.....	......	29,723	....
1	1	2	9	1	10	2	2	4	1	.....	1	837,981	167,151

S O

..	......	......	......	......	......	......	.....	......	......	.....	......	51	....
..	......	......	......	......	......	......	.....	......	......	.....	......	288	....
..	......	......	......	......	......	......	.....	......	......	.....	......	241	....
..	......	......	......	......	......	......	... ..	.....	......	......	.....	......	309	....
..	......	......	......	......	......	......	.....	......	......	.....	......	92	....
..	......	......	......	......	......	......	.....	......	......	.....	......	126	....
..	......	......	......	......	......	......	.....	......	......	.....	......	195	....
..	......	......	......	......	......	......	.....	......	......	.....	......	238	....
..	......	......	......	......	......	......	.....	......	......	.....	......	519	....
..	......	......	......	......	......	......	.....	......	......	.....	......	376	....
..	......	......	......	......	......	......	.....	......	......	.....	......	36	....
..	......	......	......	......	......	......	.....	......	......	.....	......	142	....
..	......	......	......	......	......	......	.....	......	......	.....	......	294	....
..	......	......	......	......	......	......	.....	......	......	.....	......	695	....
..	......	......	......	......	......	......	.....	......	......	.....	......	35	....
..	......	......	......	......	......	......	.....	......	......	.....	......	3,637	....

A U

DISTRITOS.	POBLACION POR SEXOS.			·	
	NÚMERO DE HABITANTES.			De 0 á 1 año.	
	Hombres.	Mujeres.	Totales.	H.	M.
Cuautitlan.............................	246	215	461	3	....
Chalco.................................	515	294	809	3	3
Ixtlahuaca............................	287	122	409	3	4
Jilotepec..............................	67	20	87	....	2
Lerma.................................	91	28	119	3	....
Otumba................................	121	82	203	1	1
Sultepec..............................	285	168	453	4	.6
Temascaltepec.........................	352	74	426	2	1
Tenancingo............................	106	24	130	....	2
Tenango...............................	308	129	437	3	2
Texcoco...............................	183	134	317	7	1
Tlalnepantla..........................	110	89	199	1	....
Toluca................................	290	226	516	14	6
Valle de Bravo........................	175	48	223	2	3
Zumpango.............................	77	26	103	....	....
SUMAS..............	3,213	1,679	4,892	46	31

TES

POBLACION POR EDADES.

	De 2 años.		De 3 años.			De 4 años.			De 5 años.		
	M.	Total.	H.	M.	Total.	H.	M.	Total.	H.	M.	Total.
1	3	4	1	3	4	4	.....	4	.....	2	2
5	1	6	2	5	7	3	1	4	5	3	8
3	2	5	3	3	6	2	3	5	2	3	5
..	.....	.....	.....	.....	.....	.....	.....	.....	1	1	2
..	.....	.....	2	2	4	.....	.....	.....	.....	2	2
1	2	3	.....	.....	.....	2	.....	2	.....	1	1
4	3	7	1	4	5	1	3	4	.....	1	1
..	.....	.....	.....	.....	.....	3	2	5	1	.....	1
..	.....	.....	.....	1	1	.....	.....	.....	1	.....	1
4	4	8	1	1	2	2	1	3	2	2	4
4	1	5	1	1	2	.....	4	4	1	2	3
1	1	2	.....	2	2	.....	4	4	.....	.....	.....
7	4	11	11	4	15	8	9	17	11	.....	11
..	.....	.....	7	4	11	.....	.....	.....	4	3	7
1	.....	1	.....	.....	.....	.....	.....	.....	.....	2	2
31	21	52	29	30	59	25	27	52	28	22	50

AUS

DISTRITOS.	De 6 á 10 años.			De 11 á 15 años.		
	H.	M.	Total.	H.	M.	Tot
Cuautitlan	14	21	35	20	22	
Chalco	22	8	30	22	26	
Ixtlahuaca	15	13	28	16	15	
Jilotepec	7	2	9	5	1	
Lerma	2	1	3	2	1	
Otumba	6	8	14	8	13	
Sultepec	23	20	43	16	19	
Temascaltepec	3	2	5	21	7	
Tenancingo	1	2	3	3	3	
Tenango	12	14	26	26	16	
Texcoco	10	10	20	9	12	
Tlalnepantla	8	3	11	11	10	
Toluca	29	31	60	26	26	
Valle de Bravos	30	12	42	35	9	
Zumpango	3	6	9	5	1	
SUMAS	185	153	338	225	181	

TES

BLACION POR EDADES.

De 16 á 20 años.			De 21 á 25 años.			De 26 á 30 años.			De 31 á 85 años.		
	M.	Total.	H.	M.	Total.	H.	M.	Total.	H.	M.	Total.
36	33	69	32	27	59	33	28	61	19	15	34
51	38	89	83	41	124	68	63	131	72	31	103
39	16	55	56	20	76	32	10	42	23	9	32
8	4	12	5	2	7	11	1	12	3	....	3
9	1	10	13	9	22	24	4	28	18	....	18
17	25	42	21	10	31	27	12	39	7	3	10
23	27	50	28	15	43	51	26	77	22	11	33
35	9	44	59	14	73	38	8	46	64	5	69
5	4	9	10	3	13	20	4	24	13	2	15
48	25	73	45	15	60	48	17	65	34	10	44
20	23	43	30	22	52	37	14	51	15	7	22
21	17	38	18	13	31	9	10	19	18	8	26
23	31	54	21	19	40	42	36	78	21	18	39
20	9	29	41	2	43	20	6	26	....	....	....
17	6	23	20	4	24	12	1	13	3	1	4
72	268	640	482	216	698	472	240	712	332	120	452

A U S

DISTRITOS.	De 36 á 40 años.			De 41 á 45 años.		
	H.	M.	Total.	H.	M.	Tot
Cuautitlan..	25	23	48	4	14	
Chalco...	69	40	109	41	6	
Ixtlahuaca	40	11	51	12	1	
Jilotepec...	5	3	8	11	2	
Lerma...	10	3	13	1	2	
Otumba	20	4	24	3	1	
Sultepec..	37	16	53	16	6	
Temascaltepec...............	47	7	54	38	5	
Tenancingo	19	2	21	6	....	
Tenango...	40	11	51	11	5	
Texcoco	25	20	45	8	4	
Tlalnepantla	12	11	23	4	3	
Toluca..	25	19	44	10	8	
Valle de Bravo.....................................	7	....	7	....	....	......
Zumpango...	5	....	5	3	3	
SUMAS........................	386	170	556	168	60	

NTES

OBLACION POR EDADES.

De 46 á 50 años.			De 51 á 55 años.			De 56 á 60 años.			De 61 á 65 años.		
H.	M.	Total.	H.	M.	Total.	H.	M.	Total.	H.	M.	Total.
21	7	28	4	5	9	12	5	17	6	....	6
37	15	52	14	3	17	13	7	20	2	2	4
15	6	21	8	1	9	9	5	14	3	....	3
7	2	9	....	....	....	4	....	4	....	....	....
4	2	6	1	....	1	2	1	3	....	....	....
8	1	9	....	....	....	....	....	....	....	1	1
25	8	33	6	....	6	13	3	16	5	....	5
2	7	9	23	3	26	16	4	20	....	....	....
16	....	16	6	....	6	4	1	5	2	....	2
20	4	24	6	1	7	6	1	7	....	....	....
6	8	14	2	1	3	7	2	9	1	1	2
4	3	7	2	2	4	....	1	1	1	....	1
20	7	27	5	2	7	7	4	11	3	....	3
5	....	5	....	....	....	4	....	4	....	....	....
4	....	4	3	1	4	....	....	....	1	1	2
194	70	264	80	19	99	97	34	131	24	5	29

AU

DISTRITOS.	De 66 á 70 años.			De 71 á 75 años	
	H.	M.	Total.	H.	M.
Cuautitlan	2	2	4	2	4
Chalco	3	1	4	....	....	..
Ixtlahuaca	6	....	6	....	....	..
Jilotepec	....	....	....	....	....	..
Lerma	....	....	....	....	....	..
Otumba	....	....	....	....	....	..
Sultepec	9	....	9	1	....	
Temascaltepec	....	....	....	....	....	
Tenancingo	....	....	....	....	....	
Tenango	....	....	....	....	....	..
Texcoco	....	1	1	....	....	...
Tlalnepantla	....	1	1	....	....	...
Toluca	4	2	6	1	....	...
Valle de Bravo	....	....	....	....	....	...
Zumpango	....	....	....	....	....	...
SUMAS	24	7	31	4	4	

E S.

LACION POR EDADES.

	De 76 á 80 años.		De 81 á 85 años.			De 86 á 90 años.			De 91 á 95 años.	
M.	Total.	H.	M.	Total.	H.	M.	Total.	H.	M.	Total.
1	3	5	....	5	....	....	....	....	....	....
....	....	....	....	....	....	....	....	....	....	....
....	....	....	....	....	....	....	....	....	....	....
....	....	....	....	....	....	....	....	....	....	....
....	....	....	....	....	....	....	....	....	....	....
....	....	....	....	....	....	....	....	....	....	....
....	....	....	....	....	....	....	....	....	....	....
....	....	....	....	....	....	....	....	....	....	....
....	....	....	....	....	....	....	....	....	....	....
....	1	1	....	1	....	....	....	....	....	....
....	....	....	....	....	....	....	....	....	....	....
....	....	....	....	....	....	....	....	....	....	....
1	4	6	....	6	....	....	....	....	....	....

A U S

POBLACION F

DISTRITOS.	De 96 á 100 años.			De más de 100 año		
	H.	M.	Total.	H.	M.	T
Cuautitlan	....	....	....	....	....	...
Chalco	....	....	....	....	....	...
Ixtlahuaca	....	....	....	....	....	...
Jilotepec	....	....	....	....	....	...
Lerma	....	....	....	....	....	...
Otumba	....	....	....	....	....	...
Sultepec	....	....	....	....	....	...
Temascaltepec	....	....	....	....	....	...
Tenancingo	....	....	....	....	....	...
Tenango	....	....	....	....	....	...
Texcoco	....	....	....	....	....	...
Tlalnepantla	....	....	....	....	....	...
Toluca	....	....	....	....	....	...
Valle de Bravo	....	....	....	....	....	...
Zumpango	....	....	....	....	....	...
SUMAS	....	....	....	....	....	...

'ES

DADES. | Entidad política de la República á que pertenece el lugar del nacimiento.

Se ignora.		TOTAL GENERAL.	Aguascalientes.			Campeche.		
M.	Total.		H.	M.	Total.	H.	M.	Total.
....	....	461	....	....	....	....	....	....
....	....	809	....	....	....	....	....	....
....	....	409	....	....	....	....	....	....
....	....	87	....	....	....	....	....	....
....	....	119	....	....	....	....	....	....
....	....	203	....	....	....	....	....	....
....	....	453	....	....	....	....	....	....
....	....	426	....	....	....	....	....	....
....	....	130	....	....	....	....	....	....
....	....	437	....	....	....	....	....	....
....	....	317	....	....	....	....	....	....
....	....	199	....	....	....	....	....	....
....	....	516	....	....	....	....	....	....
....	....	223	....	....	....	....	....	....
....	....	103	....	....	....	....	....	....
....	....	4,892	....	....	....	....	....	....

A U

ENTIDAD POLITICA DE LA

DISTRITOS.	Coahuila.			Colima.		
	H.	M.	Total.	H.	M.	T
Cuautitlan................	....	....	....	....	....	...
Chalco....................	....	....	....	....	....	...
Ixtlahuaca................................	1	....	1	....	....	...
Jilotepec.................................	....	....	....	....	....	...
Lerma..................	....	....	....	....	....	...
Otumba..................	....	....	....	....	....	...
Sultepec.................	....	....	....	....	....	...
Temascaltepec.................	....	....	....	....	....	...
Tenancingo.................	....	....	....	....	....	...
Tenango.................	....	....	....	....	....	...
Texcoco.................	....	....	....	....	....	...
Tlalnepantla.................	....	....	....	....	....	...
Toluca.................	....	....	....	....	....	...
Valle de Bravos.................	....	....	....	....	....	...
Zumpango.................	....	....	....	....	....	...
SUMAS.....................	1	....	1	....	....	...

E S .

LICA A QUE PERTENECE EL LUGAR DEL NACIMIENTO.

Chiapas.		Chihuahua.			Durango.			Guanajuato.		
M.	Total.	H.	M.	Total.	H.	M.	Total.	H.	M.	Total.
....	....	....	....	....	....	....	....	....	....	....
....	....	....	....	....	....	....	....	2	....	2
....	....	....	....	....	....	....	....	....	....	....
....	....	....	....	....	....	....	....	....	....	....
....	....	....	....	....	....	....	....	....	....	....
....	....	....	....	....	....	....	....	....	....	....
....	....	....	....	....	....	....	....	1	....	1
....	....	....	....	....	....	....	....	3	....	3
....	....	....	....	....	....	1	1	....	....	....
....	....	....	....	....	....	....	....	....	....	....
....	....	....	....	....	....	....	....	....	....	....
....	....	....	....	....	....	1	1	6	....	6

·A U

ENTIDAD POLITICA DE L.

DISTRITOS.	Guerrero.			Hidalgo.	
	H.	M.	Total.	H.	M.
Cuautitlan...	....	....	....	....	....
Chalco...	....	....	....	....	....
Ixtlahuaca...	....	....	....	4	....
Jilotepec...	....	....	....	....	....
Lerma...	....	....	....	....	1
Otumba...	....	....	....	....	
Sultepec..	....	....	....	....	....
Temascaltepec..	....	....	....	....	....
Tenancingo	....	....	....	....	....
Tenango..	....	....	....	7	....
Texcoco..	....	....	....	....	1
Tlalnepantla...	....	....	....	....	
Toluca..	....	....	....	....	....
Valle de Bravo..	4	1	5	13	2
Zumpango...	....	....	....	1	....
SUMAS..............................	4	1	5	25	4

'E S

:LICA A QUE PERTENECE EL LUGAR DEL NACIMIENTO.

	Jalisco.			México.			Michoacan.			Morelos.	
	M.	Total.	H.	M.	Total.	H.	M.	Total.	H.	M.	Total.
..	....	....	246	215	461	....	....	....	....	....	....
..	....	....	504	287	791	....	....	....	7	2	9
2	....	2	258	119	377	11	2	13	1	......	1
..	....	....	67	20	87	....	....	....	....	....	....
..	....	....	89	28	117	....	....	....	1	......	1
..	....	....	121	81	202	....	....	....	....	......	....
..	....	....	284	167	451	....	....	....	....	......	....
..	....	....	351	74	425	....	....	....	....	......	....
..	....	....	106	24	133	....	....	....	....	......	....
..	....	....	296	128	424	....	....	....	3	1	4
..	....	....	175	134	309	....	....	....	....	......	....
..	....	....	110	88	198	....	....	....	....	......	....
..	....	......	266	209	475	2	3	5	....	......	....
..	....	....	126	35	161	24	7	31	....	......	....
..	....	....	74	26	100	....	....	....	....	......	....
2	....	2	3,073	1,635	4,708	37	12	49	12	3	15

A U

ENTIDAD POLITICA DE LA

DISTRITOS.	Nuevo Leon.			Oaxaca.		
	H.	M.	Total.	H.	M.	
Cuautitlan...	....	....	....	....	....	..
Chalco..	....	....	....	....	....	..
Ixtlahuaca..	....	....	....	1	....	
Jilotepec..	....	....	....	....	....	..
Lerma...	....	....	....	....	....	..
Otumba...	....	....	....	....	....	..
Sultepec...	....	....	....	....	....	..
Temascaltepec..	....	....	....	....	....	..
Tenancingo	....	....	....	....	....	..
Tenango..	....	....	....	....	....	..
Texcoco...	....	....	....	....	....	..
Tlalnepantla..	....	....	....	....	....	..
Toluca...	....	....	....	....	....	..
Valle de Bravo.......................................	....	....	....	....	....	..
Zumpango...	....	....	....	....	....	..
SUMAS......................	....	....	....	1	....	

E S

LICA A QUE PERTENECE EL LUGAR DEL NACIMIENTO.

Puebla.		Querétaro.			San Luis Potosí.			Sinaloa.		
M.	Total.	H.	M.	Total.	H.	M.	Total.	H.	M.	Total.
....	....	....	....	....	....	....	....	....	....	....
1	2	....	....	....	....	....	....	....	....	....
....	....	2	....	2	....	....	....	....	....	....
....	....	....	....	....	....	....	....	....	....	....
....	....	....	....	....	....	....	....	....	....	....
....	....	....	....	....	....	....	....	....	....	....
....	....	....	....	....	....	....	....	....	....	....
....	....	....	....	....	....	....	....	....	....	....
....	4	1	....	1	....	....	....	....	....	....
....	1	1	1	2	....	1	1	....	....	....
....	....	8	3	11	....	....	....	....	....	....
....	....	....	....	....	....	....	....	....	....	....
1	7	12	4	16	....	1	1	....	....	....

A U

ENTIDAD POLITICA DE LA

DISTRITOS.	Sonora.			Tabasco.		
	H.	M.	Total.	H.	M.	
Cuautitlan...	....	....	....	....	....	...
Chalco...	....	....	....	....	....	...
Ixtlahuaca...	....	....	....	....	....	...
Jilotepec..	....	....	....	....	....	...
Lerma..	....	....	....	....	....	...
Otumba..	....	....	....	....	....	...
Sultepec..	....	....	....	....	....	...
Temascaltepec..	....	....	....	....	....	...
Tenancingo...	....	....	....	....	....	...
Tenango..	....	....	....	....	....	...
Texcoco..	....	....	....	....	....	...
Tlalnepantla..	....	....	....	....	....	...
Toluca..	....	....	....	....	....	...
Valle de Bravo.......................................	....	....	....	....	....	...
Zumpango..	....	....	....	....	....	...
SUMAS.........................	....	....	....	....	....	...

E S

LICA A QUE PERTENECE EL LUGAR DEL NACIMIENTO.

Tamaulipas.		Tlaxcala.			Veracruz.			Yucatan.		
M.	Total.	H.	M.	Total.	H.	M.	Total.	H.	M.	Total.
....	....	....	....	....	....	....	....	....	......	....
....	....	....	....	....	....	....	....	....	....	....
....	....	....	....	....	....	....	....	....	....	....
....	....	....	....	....	....	....	....	....	....	....
....	....	....	....	....	....	....	....	....	....	....
....	....	....	....	....	....	....	....	....	....	....
....	....	....	....	....	....	....	....	....	....	....
....	....	....	....	....	....	....	....	....	....	....
....	....	....	....	....	....	....	....	....	....	....
....	....	....	....	....	....	....	....	....	....	....
....	....	....	....	....	....	....	....	....	....	....
....	....	....	....	....	....	....	....	....	....	....
....	....	....	....	....	....	....	....	....	....	....
....	....	....	....	....	....	....	....	....	....	....

A U $

ENTIDAD POLITICA DE LA

DISTRITOS.	Zacatecas.			Distrito Federal.		
	H.	M.	Total.	H.	M.	
Cuautitlan...	....	....	....	....	....	...
Chalco...	....	...,....	....	2	2	
Ixtlahuaca...	1	....	1	3	....	
Jilotepec...	....	....	....	....	....	...
Lerma...	....	....	....	....	....	...
Otumba...	....	....	....	....	....	...
Sultepec..	....	....	....	....	....	...
Temascaltepec....................................	....	....	....	....	....	...
Tenancingo	....	....	....	....	....	...
Tenango..	....	....	....	1	....	
Texcoco..	....	....	....	....	....	
Tlalnepantla.......................................	....	....	....	....	....	...
Toluca...........	....	1	1	16	8	
Valle de Bravo....................................	....	....	....	....	....	...
Zumpango..	....	....	....	2	....	
Sumas.'........	1	1	2	24	10	

E S

ĮCA A QUE PERTENECE EL LUGAR DEL NACIMIENTO.

io de la Baja California.		Territorio de Tepic.			Se ignora.			TOTAL.
M.	Total.	H.	M.	Total.	H.	M.	Total.	
....	....	....	....	....	....	....	....	461
....	... .	....	....	....	....	....	....	806
....	....	....	......■...	....	....	....	....	407
....	....	....	....	....	....	....	....	87
....	....	....	....	....	1	....	1	119
....	....	....	....	....	....	....	....	203
....	....	....	....	....	....	....	....	451
....	....	....	....	....	....	....	....	425
....	....	....	....	....	....	....	....	130
....	....	....	....	....	....	....	....	437
....	....	....	....	....	....	....	....	317.
....	....	....	....	....	....	....	....	199
....	....	....	....	....	....	....	....	510
....	....	....	....	....	....	....	....	223
....	....	....	....	....	....	....	....	103
....	....	....	....	....	1	..:......	1	4,878

A U $

NACION O PAIS A QUE I

DISTRITOS.	Alemania y colonias.			Argentina.		
	H.	M.	Total	H.	M.	T
Cuautitlan............................	....	....	....	....	....	....
Chalco...................................	....	....	....	....	....	....
Ixtlahuaca.............................	....	....	....	....	....	....
Jilotepec................................	....	....	....	....	....	....
Lerma...........	....	....	....	....	....	....
Otumba.................................	....	....	....	....	....	....
Sultepec...............	1	1	2	....	....	....
Temascaltepec......................	....	....	....	....	....	....
Tenancingo............................	....	....	....	....	....	....
Tenango................................	....	....	....	....	....	....
Texcoco................................	....	....	....	....	....	....
Tlalnepantla.........................	....	....	....	....	....	....
Toluca.................................	....	....	....	....	....	....
Valle de Bravo......................	....	....	....	....	....	....
Zumpango.............................	....	....	....	....	....	....
SUMAS..:	1	1	2	....	....	....

ĿS

CE EL LUGAR DEL NACIMIENTO DE LOS EXTRANJEROS.

ւstria-Hungría.		Bélgica.			China.			ʾ Dinamarca y colonias.		
M.	Total	M.	M.	Total.	H.	ᴍ.	Total.	H.	M.	Total.
....	....	....	....	....	....	....	....	....	....	....
....	....	....	....	....	....	....	....	....	....	....
....	....	....	....	....	....	....	....	....	....	....
....	....	....	....	....	....	....	....	....	....	....
....	....	....	....	....	....	....	....	....	....	....
....	....	....	....	....	....	....	....	....	....	....
....	....	....	....	....	. ...	....	....	....	....	....
....	....	....	....	....	....	....	....	....	....	....
....	....	....	....	....	....	....	....	....	....	....
....	....	....	....	,.........	....	....	....	....	... .	....
....	....	....	....	....	....	....	....	....	....	....
....	....	....	....	....	....	....	....	....	....	.. ..
....	,.........	....	....	......ꜹ	....	....	....	....	....	....

A U

DISTRITOS.	NACION O PAIS A QUE					
	España y colonias.			Francia y coloni		
	H.	M.	Total.	H.	M.	
Cuautitlan...	....	....	....	....	....	..
Chalco..	1	2	3	....	....	..
Ixtlahuaca..	....	....	....	....	....	..
Jilotepec..	....	....	....	....	....	..
Lerma...	....	....	....	....	....	..
Otumba..	....	....	....	....	....	..
Sultepec..	....	....	....	....	....	..
Temascaltepec......................................	....	....	....	....	....	..
Tenancingo..	....	....	....	....	....	..
Tenango...	....	....	....	....	....	..
Texcoco...	....	.. ..	....	....	....	..
Tlalnepantla..	....	....	....	....	....	..
Toluca...	1	1	2	1	....	..
Valle de Bravos....................................	....	....	....	....	....	..
Zumpango..	....	....	....	....	....	..
SUMAS.......................	2	3	5	1	....	

E S

CE EL LUGAR DEL NAÇIMIENTO DE LOS EXTRANJEROS.

Guatemala.		Holanda y colonias.			Inglaterra y colonias.			Italia y colonias.		
M.	Total.	H.	M.	Total.	H.	M.	Total.	H.	M.	Total.
....	....	....	....	....	....	....	....	....	....	....
....	....	....	....	....	....	....	....	....	....	....
....	....	1	1	2	....	....	....	....	....	....
....	....	....	....	....	....	....	....	....	....	....
....	....	....	....	....	....	....	....	....	....	....
....	....	....	....	....	....	....	....	....	....	....
....	....	....	....	....	....	....	....	....	....	....
....	....	....	....	....	....	....	....	....	....	....
....	....	....	....	....	....	....	....	....	....	....
....	....	....	....	....	....	....	....	....	....	....
....	....	....	....	....	....	....	....	1	....	1
....	....	....	....	....	....	....	....	....	....	....
....	....	....	....	....	....	....	....	....	....	....
....	....	1	1	2	....	....	....	1	....	1

A U

NACION O PAIS A QUE

DISTRITOS.	Norte América.			Portugal y coloni		
	H.	M.	Total.	H.	M.	
Cuautitlan..	....	....	....	....	....	..
Chalco..	. ...	....	....	....	....	..
Ixtlahuaca...	....	....	....	....	....	..
Jilotepec..	....	....	....	....	....	..
Lerma...	....	....	....	....	....	..
Otumba...	....	....	....	....	....	..
Sultepec..	....	....	....	....	....	..
Temascaltepec......................................	....	....	....	....	....	..
Tenancingo..	....	....	....	....	....	..
Tenango...	....	....	....	....	....	..
Texcoco...	....	....	....	....	....	..
Tlalnepantla..	....	....	....	....	....	..
Toluca..	....	....	....	....	....	..
Valle de Bravo.....................................	....	....	....	....	....	..
Zumpango..	....	....	....	....	....	..
SUMAS........................	....	....	....	....	....	..

E S

ĈE EL LUGAR DEL NACIMIENTO DE LOS EXTRANJEROS.

Salvador.		Suecia y Noruega.			Suiza.			Turquía y Egipto.		
M.	Total.	H.	M.	Total.	H.	M.	Total.	H.	M.	Total.
....	....	....	....	....	....	....	....	....	....	....
....	....	....	....	....	....	....	....	....	....	....
....	....	....	....	....	....	....	....	....	....	....
....	....	....	....	....	....	....	....	....	....	....
....	....	....	....	....	....	....	....	....	....	....
....	....	1	....	1	....	....	....	....	....	....
....	....	....	....	....	....	....	....	....	....	....
....	....	....	....	....	....	....	....	....	....	....
....	....	....	....	....	....	....	....	....	....	....
....	....	....	....	....	....	....	....	1	1	2
....	....	....	....	....	....	....	....	....	....	....
....	....	....	....	....	....	....	....	....	....	....
....	....	1	....	1	....	....	....	1	1	2

AUS

DISTRITOS.	Nacion ó país á que pertenece el lugar del nacimient de los extranjeros.					
	Venezuela.			Total de nacidos en el Extranjero.	Total de nacidos en la República.	TOTALES
	H.	M.	Total.			
Cuautitlan...	....	....	....	....	461	4
Chalco...	....	....	....	3	806	8
Ixtlahuaca	....	....	....	2	407	4
Jilotepec...	....	....	....	....	87	
Lerma...	....	....	....	....	119	1
Otumba	....	....	....	....	203	2
Sultepec..	....	....	....	2	451	4
Temascaltepec....................................	....	....	....	1	425	4
Tenancingo	....	....	....	....	130	1
Tenango	....	....	....	....	437	4
Texcoco...	....	....	....	....	317	3
Tlalnepantla	....	....	....../...	....	199	1
Toluca..	....	....	....	6	510	5
Valle de Bravo...................................	....	....	....	....	223	2
Zumpango..	....	....	....	....	103	1
SUMAS....................	....	....	....	14	4,878	4,8

'TES

POBLACION SEGUN EL ESTADO CIVIL.

Menores de edad.			Solteros.			Casados.			Viudos.		
H.	M.	Total.	H.	M.	Total.	H.	M.	Total.	H.	M.	Total.
42	35	77	105	83	188	79	76	155	20	21	41
54	23	77	225	130	355	202	109	311	34	32	66
42	35	77	62	24	86	171	51	222	12	12	24
11	6	17	17	4	21	38	6	44	1	4	5
9	6	15	18	4	22	49	13	62	15	5	20
15	20	35	62	29	91	38	29	67	6	4	10
41	42	83	75	60	135	148	56	204	21	10	31
23	11	34	154	19	173	151	36	187	24	8	32
5	9	14	23	8	31	68	5	73	10	2	12
34	27	61	135	51	186	132	37	169	7	13	20
26	25	51	72	41	113	75	58	133	10	10	20
13	13	26	50	42	92	44	28	72	3	6	9
103	51	154	46	70	116	125	86	211	16	19	35
49	3	52	61	20	81	40	19	59	18	1	19
6	7	13	38	10	48	26	7	33	7	2	9
473	313	786	1,143	595	1,738	1,386	616	2,002	204	149	353

AUS

DISTRITOS.	Poblacion segun el estado civil.				Saben leer y escribir.		
	Se ignora.			Total general.			
	H.	M.	Total.		H.	M.	Total.
Cuautitlan............	......	.....	....	461	73	18	
Chalco...............................	......	.....	....	809	199	60	2
Ixtlahuaca............................	......	.....	....	409	86	22	1
Jilotepec.............................	......	.....	....	87	19	3	
Lerma................................	......	.....	....	119	26	4	
Otumba...............................	......	. ...	....	203	36	9	
Sultepec.............................	......	.....	....	453	61	23	
Temascaltepec	......	.....	....	426	20	4	
Tenancingo	......	....	.	130	66	10	
Tenango..............................	......	1	1	437	147	26	1
Texcoco..............................	......	.....	....	317	46	4	
Tlalnepantla..........................	......	.....	....	199	44	9	
Toluca...............................	.....:	.....|	....	516	64	30	
Valle de Bravo........................	7	5	12	223	4	1	
Zumpango.............................	.....:	.....	....	103	31	9	
SUMAS........................	7	6	13	4,892	922	232	1,1

E S

INSTRUCCION ELEMENTAL.

en sólo leer.		No saben leer ni escribir.			No saben leer ni escribir por ser menores de edad.			Se ignora.			Total general.
M.	Total.	H.	M.	Total.	H.	M.	Total.	H.	M.	Total.	
......	....	151	171	322	22	26	48	...	...?	.....	461
8	22	281	216	497	21	10	31	...	...	.....	809
1	3	186	84	270	13	15	28	...	...	... .	409
8	27	26	5	31	3	4	7	...	...	.....	87
1	1	60	20	80	5	3	8	...	...	.....	119
6	12	77	64	141	2	3	5	...	...	.....	203
4	7	211	124	335	10	17	27	...	...	.....	453
......	4	322	67	389	6	3	9	...	...	.....	426
......	1	35	11	46	4	3	7	...	...	.....	130
5	15	138	87	225	13	11	24	...	...	.....	437
......	.!......	107	104	211	30	26	56	...	...	.....	317
......	....	64	79	143	2	1	3	...	...	.....	199
......	1	171	174	345	54	22	76	...	...	.....	516
......	4	88	27	115	49	3	52	30	17	47	223
......	....	44	12	56	2	5	7	...	...	.....	103
33	97	1,961	1,245	3,206	236	152	388	30	17	47	4,892

A U

POBLAC

DISTRITOS.	Abogados.	Agentes de negocios.	Arquitectos.	Dentistas.	Farmacéuticos.	
Cuautitlan..................	1	....	....	....	....	..
Chalco...	....	....	....	....	....	..
Ixtlahuaca..	....	... .	....	....	....	..
Jilotepec...	....	....	....	....	....	..
Lerma...	....	....	....	....	....	..
Otumba...	....	....	....	....	....	..
Sultepec..	....	....	....	....	....	..
Temascaltepec..................................	....	....	....	....	....	..
Tenancingo......................................	....	....	....	....	....	..
Tenango..	....	....	....	....	•.......	..
Texcoco..	....	....	....	....	....	..
Tlalnepantla.....................................	....	....	....	....	....	..
Toluca..	3	....	....	....	....	..
Valle de Bravos.................................	....	....	....	....	....	..
Zumpango..	....	....	....	....	....	..
SUMAS........................	4	....	....	....	....	

E S.

JN LA OCUPACION PRINCIPAL.

PROFESIONES.

Médicos.	Médicos alópatas.			Médicos homeópatas.	Notarios.	Parteras.	Profesores.			Sacerdotes católicos.	Sacerdotes de otros cultos.	Vivanderos.
	H.	M.	Total.				H.	M.	Total.			
......	......	......	......	......	......	......	3	....	3	....	......	...
......2	......	......	......	......	......	......	....	....	....	....	4	...
......	......	......	......	......	......	......	1	....	1	....	......	...
......	......	......	......	......	......	......	.1	....	1	....	......	...
......1	......	......	......	......	......	......	2	....	2	....	......	...
......	......	......	......	......	......	......	....	....	....	....	......	...
......2	......	......	......	......	......	......	....	1	1	1	2	...
......	......	......	......	......	......	......	....	....	....	....	......	...
......	1	......	1	......	......	......	....	....	....	....	......	...
......2	......	......	......	......	......	......	....	....	....	....	......	...
7	1	......	1	......	......	......	6	1	7	5	2	...

A U ;

POBLAC

DISTRITOS.	Escolares.			Estudiantes.		
	H.	M.	Total.	H.	M.	
Cuautitlan	....	....	....	1	....	
Chalco	·6	3	9	2	....	
Ixtlahuaca	....	....	....	26	....	
Jilotepec	....	....	....	....	....	...
Lerma	1	....	1	....	....	...
Otumba	11	13	24	....	....	...
Sultepec	....	....	....	....	....	...
Temascaltepec	17	5	22	....	....	
Tenancingo	6	2	8	....	....	
Tenango	....	....	....	7	....	
Texcoco	....	....	....	....	....	...
Tlalnepantla	....	....	....	....	....	
Toluca	....	....	....	5	....	
Valle de Bravo	....	....	....	....	....	...
Zumpango	4	3	7	....	....	...
SUMAS	45	26	71	41	....	

Ξ S

UN LA OCUPACION PRINCIPAL.

ADMINISTRACION.						AGRICULTURA.			MINERIA.				
dos públicos.		Jefes y oficiales del ejército.	Jefes y oficiales de marina.	Militares (clase de tropa).	Policía.	Administradores y dependientes de campo.	Agricultores.	Peones de campo.	Administradores y empleados de minería.	Mineros, barreteros y pepenadores.			Obreros de las fundiciones y haciendas de beneficio en general.
M.	Total.									H.	M.	Total.	
...	7	......	...	1	...	....	1	160	.....	....	...	....	......
1	10	......	...	....	...	1	6	319	.....	....	...	....	......
...	6	......	...	....	...	....	5	181	.....	....	...	....	3
...	....	......	...	....	...	....	......	37	.....	....	...	....	......
...	....	......	...	....	...	....	......	72	.....	....	...	....	......
...	1	......	...	....	...	....	1	68	.....	....	...	....	......
...	7	......	...	....	...	....	......	187	.....	22	...	22	......
...	....	......	...	....	...	....	......	291	.....	1	...	1	......
2	6	......	...	....	...	....	......	40	.....	....	...	....	......
...	6	......	...	1	...	....	......	104	.....	....	...	....	......
...	....	......	...	....	...	....	......	87	.....	....	...	....	......
...	1	......	...	....	...	....	......	84	.....	....	...	....	......
...	2	......	...	....	...	2	......	146	.....	....	...	....	......
...	....	......	...	....	...	....	......	55	.....	....	...	....	......
...	....	......	...	....	...	1	......	25	.....	....	...	....	......
3	46	......	...	2	...	4	13	1,856	.....	23	...	23	3

AUS

		POBLACIÓ					
			COMERCIO.				
DISTRITOS.	Corredores.	Comerciantes.			Dependientes.		
		H.	M.	Total.	H.	M.	Total
Cuautitlan	.....	7	....	7	....	....	.....
Chalco	.....	21	5	26	11	....	
Ixtlahuaca	.....	9	....	9	3	....	
Jilotepec	.....	5	....	5	....	....	.....
Lerma	.....	1	....	1	2	....	
Otumba	.....	....	....	....	....	....	
Sultepec	.....	5	....	5	1	....	
Temascaltepec	.....	30	....	30	....	....	
Tenancingo	.....	44	....	44	....	....	.....
Tenango	.....	56	20	76	5	....	
Texcoco	.....	25	2	27	2	....	
Tlalnepantla	.....	3	....	3	.....	....	.....
Toluca	.....	26	....	26	....	.....	.....
Valle de Bravo	.....	15	....	15	....	....	.....
Zumpango	.....	31	....	31	1	....	
SUMAS	.....	278	27	305	25	....	

E S

;UN LA OCUPACION PRINCIPAL.

			Propietarios.			INDUSTRIAS, BELLAS ARTES, ARTES Y OFICIOS.					
ledores ambulantes.						Acróbatas.			Actores.		
	M.	Total.	H.	M.	Total.	H.	M.	Total.	H.	M.	Total.
.	....	....	....	....	....	....	....	....	....	....	....
.	....	....	....	....	....	....	....	....	....	....	....
.	....	....	....	....	....	....	....	....	....	....	....
.	....	....	....	....	....	....	....	....	....	....	....
.	....	....	....	....	....	....	....	....	....	....	....
.	....	....	....	....	....	....	....	....	....	....	....
4	....	24	3	....	3	....	....	....	....	....	....
3	....	3	....	....	....	....	....	....	....	....	....
.	....	....	3	2	5	....	....	....	....	....	....
.	....	....	....	....	....	....	....	....	....	....	....
.	....	....	....	....	....	....	....	....	....	....	....
7	....	27	6	2	8	....	....	....	....	....	....

A U $

POBLAC

I\

DISTRITOS.	Administradores y empleados de establecimientos industriales.	Alfaleros.	Albañiles.	Alfareros.		T
				H.	M.	
Cuautitlan..	....	....	7	....	....	...
Chalco...	....	....	9	....	....	...
Ixtlahuaca...	....	....	....	7	....	
Jilotepec...	....	....	....	....	....	...
Lerma...	....	....	....	....	....	
Otumba	....	....	3	....	....	...
Sultepec...	....	....	3	....	....	...
Temascaltepec......................................	....	....	....	....	....	
Tenancingo	....	....	....	....	....	
Tenango..	....	....	1	....	....	...
Texcoco	....	....	8	....	....	...
Tlalnepantla..	....	....	....	....	....	
Toluca...	....	....	....	....	....	...
Valle de Bravos....................................	....	....	....	....	....	...
Zumpango..	....	....	....	....	....	...
SUMAS......................	....	....	31	7	....	

E S

·UN LA OCUPACION PRINCIPAL.

, BELLAS ARTES, ARTES Y OFICIOS.

Aparadores de calzado.			Armeros.	Blasonadores.	Bordadoras.	Cantantes.			Chantres.	Carpinteros.
H.	M.	Total.				– H.	M.	Total.		
....	....	....	....	....	....	....	....	....	1	2
....	....	....	....	....	....	....	....	....	3	5
....	....	....	....	....	....	....	....	....	....	3
....	....	....	....	....	....	....	....	....	....	....
....	....	....	....	....	....	....	....	....	....	....
....	....	....	....	....	. ...	....	....	....	....	2
....	....	....	....	....	....	....	....	....	....	....
....	....	....	....	....	....	....	....	....	....	4
....	....	....	....	....	....	....	....	....	1	3
....	....	.-.......	....	....	....	....	......▼..	....	....	1
....	....	....	....	....	....	....	....	....	....	2
....	....	....	....	....	....	....	....	....	....	....
....	....	....	....	....	....	....	....	.. ....	...-	....
....	....	....	....	....	....	....	....	....	5	22

A U $

DISTRITOS.	Cervezas.	Cervas.	Cervezas.	Cigarrras.	Colores.	
Cuautitlan	....	....	....	....	....	...
Chalco	....	....	....	....	....	...
Ixtlahuaca	....	....	....	....	....	...
Jilotepec	....	....	....	....	....	...
Lerma	....	....	....	....	....	...
Otumba	....	....	....	....	....	...
Sultepec	....	....	....	....	....	...
Temascaltepec	....	....	....	....	....	...
Tenancingo	....	....	....	....	....	...
Tenango	....	....	....	....	....	...
Texcoco	....	....	....	....	....	...
Tlalnepantla	....	....	....	....	....	...
Toluca	....	....	....	....	1	...
Valle de Bravo	....	....	....	....	....	...
Zumpango	....	....	....	....	....	...
SUMAS	....	....	....	....	1	

TES.

AU S

POBLAC

IN

DISTRITOS.	Fabricantes de carbon.			Filarmónicos.		
	H.	M.	Total.	H.	M.	T
Cuautitlan..	....	....	....	....	....	....
Chalco..	....	....	....	....	....	....
Ixtlahuaca..	....	....	....	....	....	....
Jilotepec..	....	....	....	....	....	....
Lerma..	....	....	....	....	....	....
Otumba..	....	....	....	....	....	....
Sultepec............................	....	....	....	....	....	....
Temascaltepec.......................................	....	....	....	....	....	....
Tenancingo...	....	....	....	....	....	....
Tenango...	....	....	....	1	....	
Texcoco...	....	....	....	....	....	....
Tlalnepantla..	....	....	....	....	....	....
Toluca..	....	....	....	2	....	....
Valle de Bravo......................................	....	....	....	....	....	....
Zumpango...	....	....	....	....	....	....
SUMAS........................	....	....	....	3	....	

'ES

GUN LA OCUPACION PRINCIPAL.

S, BELLAS ARTES, ARTES Y OFICIOS.

Floristas.		Fotógrafos.	Fundidores en general.	Fundores.	Grabadores.	Herradores.	Herreros.	Hojalateros.	Hornaros.	Jaboneros.
H.	Total.									
....	....	....	....	....	....	....	1	....	....	....
....	....	....	....	....	....	....	....	....	....	....
....	....	....	....	....	....	....	2	....	....	....
....	....	....	....	....	....	....	....	....	....	....
....	....	....	....	....	....	....	....	....	....	....
....	....	....	1	....	....	....	5	....	....	....
....	....	....	....	....	....	....	....	....	....	....
....	....	....	....	....	....	....	....	....	....	....
....	....	....	....	....	....	....	3	....	....	....
....	....	....	....	....	....	....	1	....	....	....
....	....	....	....	....	....	....	....	....	....	....
....	....	....	....	....	....	....	....	....	....	....
....	....	....	1	....	....	....	12	....	....	....

A U $

POBLACI

IN

DISTRITOS.	Ladrilleros.	Laineros.	Litógrafos.	Molinos.	Obreros de establecir tos industriales.		
					H.	M.	?
Cuautitlan...	......	......	......	......	....	......	...
Chalco..	......	......	......	......	17	......	...
Ixtlahuaca......................,..................	......	......	......	......	....	......	...
Jilotepec...	......	......	......	......	....	......	...
Lerma...	......	......	......	......	....	......	...
Otumba...	......	......	......	......	....	......	...
Sultepec..	......	......	......	......	....	......	...
Temascaltepec.....................................	......	......	......	......	....	......	...
Tenancingo..	......	......	......	......	....	......	...
Tenango...	1	......	......	......	....	......	...
Texcoco..	1	......	......	......	....	......	...
Tlalnepantla.......................................	......	......	......	......	....	......	...
Toluca..	......	......	......	......	2	......	...
Valle de Bravo....................................	......	......	......	......	....	......	...
Zumpango..	......	......	......	......	....	......	...
SUMAS........................	1	......	......	......	19	......	

E S

ꞀUN LA OCUPACION PRINCIPAL.

ᴣ, BELLAS ARTES, ARTES Y OFICIOS.

	Pasamaneros.			Pasidores.	Peluqueros.	Pintores artistas.			Pintores decoradores.	Pintores.	Pintores.
	H.	M.	Total.			H.	M.	Total.			
ᴣ	....	....	....	....	....	....	....	....	....	....	....
ι	....	....	....	....	....	....	....	....	....	....	....
ι	....	....	....	....	....	....	....	....	....	....	....
ᴣ	....	....	....	....	1	....	....	....	....	....	....
	....	....	....	....	....	....	....	....	....	....	....
ι	....	....	....	....	....	....	....	....	....	....	....
	....	....	....	....	....	....	....	....	1	....	....
ι	....	....	....	....	....	....	....	....	....	....	....
	....	....	....	....	....	....	....	....	....	....	....
1	....	....	....	....	1	....	....	....	1	....	....

A U

POBLAC

IN

DISTRITOS.	Pureros.			Reidores.	Sastres.	Sombrereros.		
	H.	M.	Total.			H.	M.	T
Cuautitlan............	......	....	....	......	.....	....	....	...
Chalco............................	......	....	....	......	.....	....	....	...
Ixtlahuaca......................	......	....	....	......	1	....	....	...
Jilotepec.......................	......	....	....	......	1	....	....	...
Lerma......................:	......	....	....	......	.....	....	....	...
Otumba..........................	......	....	....	......	.....	....	....	.
Sultepec.........................	......	......	....	......	3	....	....	...
Temascaltepec	......	....	....	......	.....	....	....	...
Tenancingo	......	....	....	......	.....	....	....	...
Tenango.........................	......	....	....	......	6	....	....	...
Texcoco..........................	......	....	....	. ....	.....	....	....	...
Tlalnepantla....................	......	......	....	......	.....	....	....	...
Toluca..........................	......	....	....	......	1	....	....	...
Valle de Bravo..................	......	....	....	......	.....	38	....	...
Zumpango........................	......	....	....	......	.....	....	....	...
SUMAS......................	......	......	....	......	12	38	....	

ΓES

GUN LA OCUPACION PRINCIPAL.

ιS, BELLAS ARTES, ARTES Y OFICIOS.

	Tejedores.				Tintoreros.					
Tapiceros y Colchoneros.	H.	M.	Total.	Telegrafistas.	H.	M.	Total.	Tipógrafos.	Tundidores.	Torneros.
..	....	......	....	....	....	....	....	....	....	....	....
1	....	......	....	....	2	....	....	....	....	....	....
..	....	......	....	....	....	....	....	....	....	....	....
..	....	......	....	....	....	....	....	....	....	....	....
..	....	......	....	....	1	....	....	....	....	....	....
..	....	......	......	....	....	....	....	....	....	....	....
..	....	......	....	....	....	....	....	....	....	....	....
..	....	......	....	....	....	....	....	....	....	....	....
..	....	......	....	....	....	....	....	....	....	....	....
..	....	......	....	....	....	....	....	....	....	....	....
..	....	......	....	....	....	....	....	....	....	....	....
1	....	......	....	....	3	....	....	....	....	....	....

A U

POBLAC

DISTRITOS.	INDUSTRIAS, BELLAS ARTES, ARTES Y OFICIOS.					
	Terneros.	Valores.	Vidrieros.	Toneros.	Zapateros.	
Cuautitlan................	....	....	....	....	....	....
Chalco...	....	2	....	....	7	....
Ixtlahuaca..	....	....	....	....	2	....
Jilotepec...	....	....	....	....	7	....
Lerma.. .	....	....	....	....	....	....
Otumba...	....	....	....	....	....	....
Sultepec...	....	....	....	....	1	....
Temascaltepec	....	....	....	....	....	....
Tenancingo	....	....	....	....	....	....
Tenango...	....	....	....	....	1	....
Texcoco	....	....	....	....	....	....
Tlalnepantla	....	....	....	....	....	....
Toluca..	....	....	....	....	1	....
Valle de Bravos...	....	....	....	....	....	....
Zumpango..	....	....	....	....	....	....
SUMAS............................	....	2	....	....	19	....

TES

SEGUN LA OCUPACION PRINCIPAL.

DIVERSAS OCUPACIONES.

AUSE

POBLACION

DISTRITOS.

Cuautitlan...
Chalco...
Ixtlahuaca...
Jilotepec..
Lerma...
Otumba...
Sultepec..
Temascaltepec.......................................
Tenancingo..
Tenango...
Texcoco...
Tlalnepantla..
Toluca..
Valle de Bravo......................................
Zumpango...

SUMAS.......................

TES.

ÉGUN LA OCUPACION PRINCIPAL.

DIVERSAS OCUPACIONES.

Lavanderos.			Machacuve.	Matanceros.	Mondinas.	.	Pasadores.	Porteros.			Tortilleras.
I.	M.	Total.						H.	M.	Total.	
....	......	....	....	....	....	....	....	......	......	......	....
....	......	....	....	....	....	....	....	......	......	......	....
....	......	....	....	....	....	....	....	......	......	......	....
...	......	....	....	....	....	....	....	......	......	......	....
....	......	....	....	....	....	....	....	1	......	1	....
....	......	....	....	....	....	....	....	......	......	......	....
....	......	....	....	....	....	....	....	......	......	......	....
....	......	....	....	....	....	....	....	......	......	......	1
....	......	....	....	1	....	....	....	......	......	......	....
....	......	....	....	1	....	....	....	......	......	......	....
....	......	....	....	....	....	....	3	......	......	......	....
....	......	....	....	2	....	....	3	1	......	1	1

AUSE

POBLACION SEGUN LA OCUPA

DISTRITOS.	Sin ocupacion.			Sin ocupacion por menores de edad.		
	H.	M.	Total.	H.	M.	Total.
Cuautitlan	6	111	117	38	46	84
Chalco	....	230	230	36	17	53
Ixtlahuaca	....	82	82	30	35	65
Jilotepec	....	15	15	9	5	14
Lerma	5	20	25	8	6	14
Otumba	....	47	47	4	5	9
Sultepec	....	126	126	41	42	83
Temascaltepec	....	66	66	6	3	9
Tenancingo	....	17	17	....	3	3
Tenango	....	....	....	29	29	58
Texcoco	10	100	110	26	25	51
Tlalnepantla	6	85	91	6	3	9
Toluca	....	168	168	83	54	137
Valle de Bravo	....	....	....	....	....	....
Zumpango	....	11	11	2	5	7
SUMAS	27	1,078	1,105	318	278	596

E S

| PRINCIPAL. | | | POBLACION POR CULTOS. | | | | | | | | |
| e ignora. | | Total general. | Católicos. | | | Protestantes. | | | Mahometanos. | | |
M.	Total.		H.	M.	Total.	H.	M.	Total.	H.	M.	Total.
......	......	461	246	215	461	......	......	......	......	......	......
......	......	809	504	290	794	11	4	15	......	......	......
......	......	409	287	122	409	......	......	......	......	......	......
......	......	87	67	20	87	......	......	......	......	......	......
......	......	119	90	28	118	1	......	1	......	......	......
......	18	203	121	82	203	......	......	......	......	......	......
......	......	453	284	167	451	1	1	2	......	......	......
......	......	426	351	74	425	1	......	1	......	......	......
......	4	130	106	24	130	......	......	......	......	......	......
76	96	437	299	121	420	7	1	8	......	......	......
......	......	317	183	134	317	......	......	......	......	......	......
......	......	199	110	89	199	......	......	......	......	......	......
......	......	516	281	226	507	6	......	6	......	......	......
48	59	223	175	48	223	......	......	......	......	......	......
......	......	103	75	26	101	2	......	2	......	......	......
124	177	4,892	3,179	1,666	4,845	29	6	35	......	......	......

A U $

POBLACION POR (

DISTRITOS.	Budhistas.			Sin culto.		
	H.	M.	Total.	H.	M.	T
Cuautitlan...	....	....	....	....	....	....
Chalco...	....	....	....	....	....	....
Ixtlahuaca..	....	....	....	....	....	....
Jilotepec...	....	....	....	....	....	...
Lerma...	....	....	....	....	....	....
Otumba..	....	....	....	....	....	....
Sultepec..	....	....	....	....	....	....
Temascaltepec.......................................	....	....	....	....	....	....
Tenancingo..	....	....	....	....	....	....
Tenango...	....	....	....	....	....	....
Texcoco...	....	....	....	....	....	....
Tlalnepantla..	....	....	....	....	....	....
Toluca..	....	....	....	....	....	....
Valle de Bravo......................................	....	....	....	....	....	....
Zumpango..	....	....	....	....	....	....
SUMAS.........	....	....	....	....	....	....

'E S

POBLACION SEGUN EL IDIOMA HABITUAL.

ignora.		Total general.	Castellano.			Huaxteco.			Matlatzinca.		
M.	Total.		H.	M.	Total.	H.	M.	Total.	H.	M.	Total.
...	.....	461	246	215	461	......	......	....	....	....	....
...	.....	809	472	253	725	......	......	....	....	....	....
...	.....	409	152	53	205	......	......	....	....	....	....
...	.....	87	67	20	87	......	......	....	....	....	....
...	.....	119	56	19	75	......	......	....	....	....	....
...	.....	203	119	77	196	......	......	....	....	....	....
...	.....	453	284	167	451	......	......	....	....	....	....
...	.....	426	351	74	425	......	......	....	....	....	....
...	.....	130	106	24	130	......	......	....	....	....	....
7	9	437	279	120	399	......	......	....	....	....	....
...	.....	317	183	134	317	......	......	....	....	....	....
...	.....	199	98	79	177	......	......	....	....	....	....
...	3	516	242	173	415	......	......	....	....	....	....
...	.....	223	135	27	162	......	......	....	....	....	....
...	.....	103	77	26	103	......	......	....	....	....	....
7	12	4,892	2,867	1,461	4,328	......	......	....	....	....	....

A U S

PO

DISTRITOS.	Maya.			Mazahua.		
	H.	M.	Total.	H.	M.	T
Cuautitlan...................................	....	....	....	....	....	....
Chalco.......................................	....	....	....	....	....	....
Ixtlahuaca..................................	....	....	....	103	35	
Jilotepec....................................	....	....	....	....	....	....
Lerma.......................................	....	....	....	....	....	....
Otumba.....................................	....	....	....	....	....	....
Sultepec....................................	....	....	....	....	....	....
Temascaltepec.............................	....	....	....	....	....	....
Tenancingo.................................	....	....	....	....	....	....
Tenango.....................................	....	....	....	10	4	....
Texcoco.....................................	....	....	....	....	....	....
Tlalnepantla...............................	....	....	....	....	....	....
Toluca.......................................	....	....	....	45	52	....
Valle de Bravo.............................	....	....	....	....	....	....
Zumpango...................................	....	....	....	....	....	....
SUMAS..........................	....	....	....	158	91	

E S

N SEGUN EL IDIOMA HABITUAL.

Mazateco.		Mexicano.			Otomí.			Tarasco.		
M.	Total.	H.	M.	Total.	H.	M.	Total.	H.	M.	Total.
....	....	....	....	....	....	....	....	....	....	....
....	....	43	41	84	....	....	....	....	....	....
....	....	....	....	....	31	33	64	....	....	....
....	....	....	....	....	35	9	44	....	....	....
....	....	....	....	....	2	5	7	....	....	....
....	....	....	....	....	....	....	....	....	....	....
....	....	....	....	....	....	....	....	....	....	....
....	....	18	5	23	1	....	1	....	....	....
....	....	....	....	....	....	....	....	....	....	....
....	....	....	....	....	12	10	22	....	....	....
....	....	....	....	....	40	21	61	....	....	....
....	....	....	....	....	....	....	....	....	....	....
....	....	61	46	107	121	78	199	....	....	....

A U $

POBLACION SEGUN EL IDIC

DISTRITOS.	Totonaco.			Zapoteco.		
	H.	M.	Total.	H.	M.	T
Cuautitlan	....	....	....	....	....	....
Chalco	....	....	....	....	....	....
Ixtlahuaca	....	....	....	....	....	....
Jilotepec	....	....	....	....	....	....
Lerma	....	....	....	....	....	....
Otumba	....	....	....	....	....	....
Sultepec	....	....	....	....	....	....
Temascaltepec	....	....	....	....	....	....
Tenancingo	....	....	....	....	....	....
Tenango	....	....	....	....	....	....
Texcoco	....	....	....	....	....	....
Tlalnepantla	....	....	....	....	....	....
Toluca	....	....	....	....	....	....
Valle de Bravo.	....	....	....	....	....	....
Zumpango	....	....	....	....	....	....
SUMAS	....	....	....	....	....	....

NTES

	HABITUAL.		IDIOMAS EXTRANJEROS.									
	Se ignora.			Aleman.			Árabe.			Chino.		
H.	M.	Total.	H.	M.	Total.	H.	M.	Total.	H.	M.	Total.
....	....	....	....	....	....	....	....	....	....	....	....
....	....	....	....	....	....	....	....	....	....	....	....
....	....	....	....	....	....	....	....	....	....	....	....
....	....	....	....	....	....	....	....	....	....	....	....
....	....	....	....	....	....	....	....	....	....	....	....
....	....	....	1	1	2	....	....	....	....	....	....
....	....	....	....	....	....	....	....	....	....	....	....
....	....	....	....	....	....	....	....	....	....	....	....
....	....	....	....	....	....	....	....	....	....	....	....
....	....	....	....	....	....	....	....	....	....	....	....
....	....	....	....	....	....	1	1	2	....	....	....
....	....	....	....	....	....	....	....	....	....	....	....
....	....	....	....	....	....	....	....	....	....	....	....
....	....	....	1	1	2	1	1	2	....	....	....

AUS

DISTRITOS.	Dinamarqués.			Francés.		
	H.	M.	Total.	H.	M.	Tot
Cuautitlan..	....	....	....	....	....	.....
Chalco..	....	....	....	,........	....	.....
Ixtlahuaca..	....	....	....	....	....	.....
Jilotepec..	....	....	....	....	....	.....
Lerma..	....	....	....	....	....	.....
Otumba	....	....	....	....	....	.....
Sultepec...	....	....	....	....	....	.....
Temascaltepec...	....	....	....	1	....	
Tenancingo...	....	....	....	. ...	....	.....
Tenango...	....	....	....	....	....	.....
Texcoco	....	....	....	....	....	.....
Tlalnepantla	....	....	....	....	....	.....
Toluca..	....	....	....	1	....	
Valle de Bravo..	....	....	....	....	....	.....
Zumpango...	....	....	....	....	....	.....
SUMAS........................	....	....	....	2	....	

ΓES.

IOMAS EXTRANJEROS.

Holandés.		Húngaro.			Inglés.			Italiano.			Total general.
M.	Total.	H.	M.	Total.	H.	M.	Total.	H.	M.	Total.	
....	....	......	......	....	....	....	....	......	......	......	461
....	....	......	......	....	....	....	....	......	......	......	809
1	2	......	......	....	....	....	....	......	......	......	409
....	....	......	......	....	....	....	....	......	......	......	87
....	....	......	......	....	....	....	....	......	......	......	119
....	....	......	......	....	....	....	....	......	......	......	203
....	....	......	......	....	....	....	....	......	......	......	453
....	....	......	......	....	....	....	....	......	......	......	426
....	....	......	......	....	....	....	....	......	......	......	130
....	....	......	......	....	....	....	....	......	......	......	437
....	....	......	......	....	....	....	....	......	......	......	317
....	....	......	......	....	....	....	....	......	......	......	199
....	....	......	......	....	....	....	....	1	......	1	516
....	....	......	......	....	....	....	....	......	......	......	223
....	....	......	......	....	....	....	....	......	......	......	103
1	2	......	......	....	....	....	....	1	......	1	4,892

A U S

POE

DISTRITOS.	Alemana.			Argentina.		
	H.	M.	Total.	H.	M.	To
Cuautitlan..	....	....	....	....	....	....
Chalco...	....	....	....	....	....	....
Ixtlahuaca.......................................	....	....	....	....	....	....
Jilotepec...	....	....	....	....	....	....
Lerma...	....	....	....	....	....	....
Otumba...	....	....	....	....	....	....
Sultepec...	1	1	2	....	....	....
Temascaltepec.................................	....	....	....	....	....	....
Tenancingo.....................................	....	....	....	....	....	....
Tenango..	....	....	....	....	....	....
Texcoco..	....	....	....	....	....	....
Tlalnepantla....................................	....	....	....	....	....	....
Toluca..	....	....	....	....	....	....
Valle de Bravos...............................	....	....	....	....	....	....
Zumpango..	....	....	....	....	....	....
SUMAS......................	1	1	2	....	....	....

NTES.

CION SEGUN LA NACIONALIDAD.

Austro–Húngara.			Belga.			China.			Dinamarquesa.			Española.		
H.	M.	Total.	H.	M.	Total.	H.	M.	Total.	H.	M.	Total.	H.	M.	Total.
......	......	......	.....	.....	......	.....	.....	......	......	......	......	1	......	1
......	......	......	.....	.....	......	.....	.....	......	......	......	......	......	......	......
......	......	......	.....	.....	......	.....	.....	......	......	......	......	......	......	......
......	......	......	.....	.....	......	.....	.....	......	......	......	......	......	......	......
......	......	......	.....	.....	......	.....	.....	......	......	......	......	......	......	......
......	......	......	.....	.....	......	.....	.....	......	......	......	......	......	......	......
......	......	......	.....	.....	......	.....	.....	......	......	......	......	......	......	......
......	......	......	.....	.....	......	.....	.....	......	......	......	......	1	1	2
......	......	......	.....	.....	......	.....	.....	......	......	......	......	......	......	......
......	......	......	.....	.....	......	.....	.....	......	......	......	......	2	1	3

A U

PO

DISTRITOS.	Francesa.			Guatemalteca.		
	H.	M.	Total.	H.	M.	T
Cuautitlan..	....	....	....	....	....	....
Chalco...	....	....	....	....	....	....
Ixtlahuaca...	....	....	....	....	....	....
Jilotepec..	....	....	....	....	....	....
Lerma..	....	....	....	....	....	....
Otumba..	....	....	....	....	....	....
Sultepec..	....	....	....	....	....	....
Temascaltepec..	....	....	....	....	....	....
Tenancingo..	....	....	....	....	....	....
Tonango..	....	....	....	....	....	....
Texcoco...	....	....	....	....	....	....
Tlalnépantla..	....	....	....	....	....	....
Toluca...	1	....	1	....	....	....
Valle de Bravo...	....	....	....	....	....	....
Zumpango..	....	....	....	....	....	....
SUMAS....................	1	....	1	....	....	....

'E S

N SEGUN LA NACIONALIDAD.

lolandesa		Inglesa.			Italiana			Mexicana			Norteamericana.		
M.	Total	H	M.	Total.	H.	M	Total.	H.	M.	Total.	H.	M	Total
.....	.....	.....	.....	.....	.....	.....	.....	246	215	461	......	......	......
.....	.....	.....	.....	.....	.....	.....	.....	514	294	808	......	......	......
1	2	.....	.....	.....	.....	.....	.....	286	121	407	......	......	......
.....	.....	.....	.....	.....	.....	.....	.....	67	20	87	......	......	......
.....	.....	.....	.....	.....	.....	.....	.....	91	28	119	......	......	......
.....	.....	.....	.....	.....	.....	.....	.....	121	82	203	......	......	......
.....	.....	.....	.....	.....	.....	.....	.....	284	167	451	......	......	......
.....	.....	.....	.....	.....	.....	.....	.....	351	74	425	......	......	......
.....	.....	.....	.....	.....	.....	.....	.....	106	24	130	......	......	......
.....	.....	.....	.....	.....	.....	.....	.....	308	129	437	......	......	......
.....	.....	.....	.....	.....	.....	.....	.....	183	134	317	......	......	......
.....	.....	.....	.....	.....	.....	.....	.....	110	89	199	......	......	......
.....	.....	.....	.....	.....	1	.....	1	286	224	510	......	......	......
.....	.....	.....	.....	.....	.....	.....	.....	175	48	223	......	......	......
.....	.....	.....	.....	.....	.....	.....	.....	77	26	103	......	......	......
1	2	.....	.....	.....	1	.....	1	3,205	1,675	4,880	......	......	......

A U S

POB

DISTRITOS.	Portuguesa.			Salvadoreña.		
	H.	M.	Total	H.	M.	Tota
Cuautitlan..............................	....	....	....	....	....	......
Chalco...................................	....	....	....	....	....	......
Ixtlahuaca..............................	....	....	....	....	....	......
Jilotepec................................	....	....	....	....	....	......
Lerma....................................	....	....	....	....	....	......
Otumba..................................	....	....	....	....	....	......
Sultepec................................	....	....	....	....	....	......
Temascaltepec.........................	....	....	....	....	....	......
Tenancingo.............................	....	....	....	....	....	......
Tenango.................................	....	....	....	....	....	......
Texcoco..................................	....	....	....	....	....	......
Tlalnepantla...........................	....	....	....	....	....	......
Toluca...................................	....	....	....	....	....	......
Valle de Bravo.........................	....	....	....	....	....	......
Zumpango...............................	....	....	....	....	....	......
SUMAS.........................	....	....	....	....	....	......

Г E S

)N SEGUN LA NACIONALIDAD.

lurco-Noruega		Suiza			Turca			Venezolana.			Total general.	NÚMERO DE HOGARES.
M	Total	H	M	Total.	H	M	Total	H	M.	Total.		
..	......	......	......	......	......	.....	......	......	.....	......	461	....
..	......	......	......	......	......	.....	......	......	.....	......	809	....
..	......	......	......	......	.....	.....	......	......	.....	......	409	....
..	......	......	......	......	.....	.....	......	......	.....	......	87	....
..	......	......	......	......	......	.....	......	......	.....	......	119	....
..	......	......	......	......	......	.....	......	......	.....	......	203	....
..	......	......	......	......	......	.....	......	......	.....	......	453	....
..	......	1	......	1	......	.....	......	......	.....	......	426	....
..	......	......	......	......	......	.....	......	......	.....	......	130	....
..	......	......	......	......	......	.....	......	......	.....	......	437	....
..	......	......	......	......	......	.....	......	......	.....	......	317	....
..	......	......	......	......	......	.....	......	......	.....	......	199	....
..	......	......	......	......	1	1	2	......	.....	......	516	....
..	......	......	......	......	......	.....	......	......	.....	......	223	....
..	......	......	......	......	......	.....	......	......	.....	......	103	....
..	......	1	......	1	1	1	2	......	.....	......	4,892	....

RESUMEN.

DISTRITOS.	POBLACION DE HECHO.			POBLACION RESIDENTE.		
	Presentes.	De paso.	Total.	Presentes.	Ausentes	Total.
Cuautitlan...........	32,111	51	32,162	32,111	461	32,572
Chalco............................	66,134	288	66,422	66,134	809	66,943
Ixtlahuaca......................	74,693	241	74,934	74,693	409	75,102
Jilotepec........................	63,715	309	64,024	63,715	87	63,802
Lerma............................	45,391	92	45,483	45,391	119	45,510
Otumba........................	34,487	126	34,613	34,487	203	34,690
Sultepec........................	52,619	195	52,814	52,619	453	53,072
Temascaltepec.................	39,234	238	39,472	39,234	426	39,660
Tenancingo	63,273	519	63,792	63,273	130	63,403
Tenango........................	65,065	376	65,441	65,065	437	65,502
Texcoco	57,034	36	57,070	57,034	317	57,351
Tlalnepantla	57,259	142	57,401	57,259	199	57,458
Toluca..........................	114,196	294	114,490	114,196	516	114,712
Valle de Bravos..............	43,047	695	43,742	43,047	223	43,270
Zumpango......................	29,723	35	29,758	29,723	103	29,826
SUMAS............	837,981	3,637	841,618	837,981	4,892	842,873

MINISTERIO DE FOMENTO

DIRECCION GENERAL DE ESTADISTICA

Á CARGO DEL

DR. ANTONIO PEÑAFIEL

CENSO GENERAL DE LA REPÚBLICA MEXICANA

Verificado el 20 de Octubre de 1895.

V) ()

MÉXICO
OFICINA TIP. DE LA SECRETARIA DE FOMENTO
Calle de San Andrés número 15.

1899

CENSO

DEL

ESTADO DE QUERÉTARO.

CUADROS.

RESUMEN DE LAS HABIT

DISTRITOS.	HABITACIONES.						DEPARTAMENTOS.			
	Casas de un piso.	Casas de dos pisos.	Casas de tres pisos.	Casas de cuatro pisos.	Casas de cinco pisos.	Totales.	Viviendas.	Cuartos independientes para habitación.	Accesorias.	Totales.
Centro......................	16,625	185	14	...	...	16,824	....	1,481	398	1,879
San Juan del Rio.........	8,574	24	1	...	...	8,599	....	34	144	178
Amealco....................	4,419	3	...	...	...	4,422	....	....	......	....
Cadereyta..................	5,792	1	...	...	...	5,793	....	1	13	14
Toliman.....................	5,666	3	...	...	...	5,669	....	5	4	9
Jalpan	7,723	......	...	...	...	7,723	....	....	......	....
TOTAL.............	48,799	216	15	...	...	49,030	....	1,521	559	2,080

NOTA.—Los dos templos que aparecen en la columna *Otros cultos*, son protestantes.

ACIONES POR DISTRITOS.

Casas en construcción.	MORADAS COLECTIVAS.								TEMPLOS.								
									Culto católico.—Su categoría.						Otros cultos.—Su categoría.		
	Colegios de internos.	Cuarteles.	Hospitales.	Prisiones.	Asilos.	Hoteles.	Casas de huéspedes.	Mesones.	Catedrales.	Parroquias.	Iglesias.	Oratorios y capillas.	En construcción.	Sin culto ó ruina.	Capillas.	Oratorios.	Totales.
367	4	3	2	5	2	5	...	23	1	6	19	45	4	...	1	.....	1
131	.....	2	1	2	1	1	...	3	...	2	2	25	4	1	1	.....	1
61	.....	.....	.....	1	...	...	...	3	...	2	4	12	...	...	.....	.....	.....
412	.....	1	.....	8	...	...	...	2	...	3	4	31	1	...	.....	.....	.....
271	.....	1	1	9	...	...	...	6	...	4	...	23	1	...	.....	.....	.....
20	2	.....	.....	1	...	...	...	2	...	4	1	6	1	...	.....	.....	.....
1,262	6	7	4	26	3	6	...	39	1	21	30	142	11	1	2	.....	2

PRESE

| DISTRITOS. | POBLACION POR SEXOS. | | | | | |
| | NÚMERO DE HABITANTES. | | | De 0 á 1 año. | | |
	Hombres.	Mujeres.	Total.	H.	M.	Total.
Centro..........	39,166	40,643	79,809	2,091	1,983	4,074
San Juan del Rio..............	20,287	19,837	40,124	1,140	996	2,136
Amealco.............	10,596	10,191	20,787	662	621	1,283
Cadereyta.............	12,038	12,035	24,073	636	603	1,239
Toliman	13,012	13,521	26,533	644	582	1,226
Jalpan..............	17,390	16,132	33,522	899	785	1,684
SUMAS.............	112,489	112,359	224,848	6,072	5,570	11,642

DE P

Centro..........	497	391	888	18	17	35
San Juan del Rio..............	542	411	953	19	14	33
Amealco.............	354	218	572	12	11	23
Cadereyta.............	174	65	239	3	1	4
Toliman	575	212	787	4	6	10
Jalpan..............	162	102	264	4	6	10
SUMAS.............	2,304	1,399	3,703	60	55	115

AUSE

Centro..........	1,112	860	1,972	35	38	73
San Juan del Rio..............	943	607	1,550	15	20	35
Amealco.............	252	144	396	2	2	4
Cadereyta.............	116	76	192	....	....	....
Toliman	1,523	695	2,218	22	19	41
Jalpan..............	713	416	1,129	15	13	28
SUMAS.............	4,659	2,798	7,457	89	92	181

NTES

POBLACION POR EDADES.

	De 2 años.			De 3 años.			De 4 años.			De 5 años.	
H.	M.	Total.	H.	M.	Total.	H.	M.	Total.	H.	M.	Total.
920	922	1,842	958	1,066	2,024	1,100	1,108	2,208	1,117	1,068	2,185
575	529	1,104	622	643	1,265	642	675	1,317	668	665	1,333
268	298	566	325	334	659	346	332	678	327	273	600
383	320	703	361	386	747	405	426	831	419	409	828
421	366	787	412	424	836	630	679	1,309	653	579	1,232
468	456	924	520	455	975	571	469	1,040	451	430	881
3,035	2,891	5,926	3,198	3,308	6,506	3,694	3,689	7,383	3,635	3,424	7,059

ASO

13	11	24	8	7	15	6	9	15	5	13	18
8	4	12	6	7	13	4	5	9	4	5	9
10	2	12	13	6	19	25	9	34	10	3	13
1	....	1	....	....	....	....	....	....	....	1	1
1	3	4	2	2	4	2	4	6	....	....	....
1	3	4	2	5	7	3	3	6	9	5	14
34	23	57	31	27	58	40	30	70	28	27	55

NTES

17	19	36	18	21	39	18	26	44	16	22	38
11	10	21	9	7	16	17	12	29	10	14	24
1	....	1	....	....	....	1	1	2	....	4	4
....	2	2	1	....	1	....	....	....	....	....	....
8	10	18	11	8	19	9	18	27	10	14	24
10	7	17	15	9	24	10	4	14	5	7	12
47	48	95	54	45	99	55	61	116	41	61	102

PRESE

DISTRITOS.	De 6 á 10 años.			De 11 á 15 años.		
	H.	M.	Total.	H.	M.	Total.
Centro................................	5,003	4,761	9,764	4,343	4,166	8,509
San Juan del Rio........................	2,920	2,650	5,570	2,274	2,028	4,302
Amealco................................	1,640	1,532	3,172	1,157	1,008	2,165
Cadereyta..............................	2,034	1,833	3,867	1,378	1,218	2,596
Toliman................................	1,579	2,174	3,753	1,307	1,121	2,428
Jalpan.................................	2,584	2,230	4,814	2,123	1,780	3,903
Sumas......................	15,760	15,180	30,940	12,582	11,321	23,903

DE P

Centro.....'	32	41	73	32	36	68
San Juan del Rio........................	35	32	67	33	22	55
Amealco................................	31	16	47	9	9	18
Cadereyta..............................	1	....	1	13	1	14
Toliman................................	26	14	40	67	24	91
Jalpan.................................	12	10	22	14	9	23
Sumas......................	137	113	250	168	101	269

AUSE

Centro................................	85	82	167	121	77	198
San Juan del Rio........................	73	59	132	68	52	120
Amealco................................	26	17	43	41	26	67
Cadereyta..............................	4	1	5	9	6	15
Toliman................................	99	68	167	142	73	215
Jalpan.................................	79	48	127	57	43	100
Sumas......................	366	275	641	438	277	715

TES

OBLACION POR EDADES.

De 16 á 20 años.			De 21 á 25 años.			De 26 á 30 años.			De 31 á 35 años.		
H.	M.	Total.	H.	M.	Total.	H.	M.	Total.	H.	M.	Total.
3,794	4,595	8,389	2,800	3,342	6,142	3,841	4,503	8,344	1,936	1,948	3,884
1,849	2,074	3,923	1,294	1,511	2,805	1,777	2,034	3,811	1,010	891	1,901
1,054	1,263	2,317	754	894	1,648	1,132	1,249	2,381	488	390	878
1,198	1,379	2,577	786	901	1,687	1,069	1,299	2,368	500	475	975
1,080	1,240	2,320	764	936	1,700	1,028	1,199	2,227	675	677	1,352
1,808	2,051	3,859	1,381	1,451	2,832	1,756	1,847	3,603	865	706	1,571
0,783	12,602	23,385	7,779	9,035	16,814	10,603	12,131	22,734	5,474	5,087	10,561

ASO

35	46	81	46	29	75	79	58	137	41	21	62
56	68	124	61	47	108	86	46	132	26	16	42
31	18	49	17	15	32	34	20	54	28	21	49
20	8	28	20	8	28	22	13	35	14	4	18
72	37	109	65	26	91	109	25	134	32	6	38
23	15	38	25	17	42	16	9	25	13	3	16
237	192	429	234	142	376	346	171	517	154	71	225

TES.

142	121	263	127	99	226	157	105	262	63	54	117
152	81	233	127	74	201	130	64	194	62	27	89
34	22	56	44	16	60	31	14	45	10	7	17
15	9	24	15	6	21	11	3	14	4	....	4
210	113	323	203	74	277	246	97	343	126	36	162
100	84	184	104	51	155	102	53	155	42	20	62
653	430	1,083	620	320	940	677	336	1,013	307	144	451

PRESE

DISTRITOS.	De 36 á 40 años.			De 41 á 45 años.		
	H.	M.	Total.	H.	M.	Total.
Centro	3,199	3,487	6,686	1,458	1,375	2,833
San Juan del Rio	1,568	1,532	3,100	644	597	1,241
Amealco	848	733	1,581	278	252	530
Cadereyta	866	911	1,777	317	272	589
Toliman	933	845	1,778	458	509	967
Jalpan	1,333	1,181	2,514	510	399	909
SUMAS	8,747	8,689	17,436	3,665	3,404	7,069

DE P

Centro	63	28	91	22	15	37
San Juan del Rio	60	44	104	19	18	37
Amealco	23	13	36	19	19	38
Cadereyta	34	9	43	10	1	11
Toliman	68	22	90	16	2	18
Jalpan	13	7	20	10	6	16
SUMAS	261	123	384	96	61	157

AUSE

Centro	95	72	167	40	27	67
San Juan del Rio	86	71	157	18	15	33
Amealco	26	8	34	7	2	9
Cadereyta	10	1	11	2	3	5
Toliman	188	65	253	57	20	77
Jalpan	82	35	117	18	12	30
SUMAS	487	252	739	142	79	221

TES

OBLACION POR EDADES.

De 46 á 50 años.			De 51 á 55 años.			De 56 á 60 años.			De 61 á 65 años.		
H.	M.	Total.	H.	M.	Total.	H.	M.	Total.	H.	M.	Total.
,158	2,455	4,613	1,145	847	1,992	1,487	1,450	2,937	537	474	1,011
,019	1,039	2,058	476	412	888	766	714	1,480	279	230	509
560	435	995	217	128	345	285	217	502	86	66	152
601	577	1,178	179	186	365	436	406	842	121	111	232
641	582	1,223	377	268	645	449	380	829	293	265	558
789	720	1,509	290	201	491	387	372	759	161	98	259
,768	5,808	11,576	2,684	2,042	4,726	3,810	3,539	7,349	1,477	1,244	2,721

ASO

40	25	65	16	5	21	23	17	40	7	4	11
47	34	81	11	7	18	27	32	59	10	....	10
26	9	35	13	9	22	14	12	26	4	3	7
14	12	26	7	3	10	8	2	10	....	....	....
49	15	64	11	2	13	18	8	26	11	4	15
5	3	8	3	....	3	3	....	3	2	1	3
181	98	279	61	26	87	93	71	164	34	12	46

ITES

67	53	120	21	11	32	28	12	40	12	5	17
58	32	90	12	13	25	27	11	38	11	10	21
12	6	18	7	4	11	4	....	4	1	2	3
7	1	8	....	....	....	....	2	2	....	....	....
77	36	113	25	8	33	39	15	54	17	7	24
33	11	44	4	1	5	17	3	20	....	2	2
254	139	593	69	37	106	115	43	158	41	26	67

PRES

DISTRITOS.	De 66 á 70 años.			De 71 á 75 años.		
	H.	M.	Total.	H.	M.	Tot
Centro..	452	451	903	173	167	:
San Juan del Rio................................	311	240	551	137	129	:
Amealco...	62	51	113	24	9	
Cadereyta.......................................	165	164	329	69	44	:
Toliman...	232	266	498	188	192	:
Jalpan..	146	116	262	47	44	
SUMAS....................	1,368	1,288	2,656	638	585	1,:

DE

Centro..	6	2	8	....	2	
San Juan del Rio................................	8	4	12	4	3	
Amealco...	3	4	7	1	....	
Cadereyta.......................................	1	1	2	....	....	......
Toliman...	3	2	5	3	2	......
Jalpan..	2	....	2	....	....	......
SUMAS....................	23	13	36	8	7	

AUS

Centro..	15	6	21	2	2	
San Juan del Rio................................	6	11	17	1	2	
Amealco...	2	....	2	....	....	......
Cadereyta.......................................	....	2	2	1	1	
Toliman...	8	3	11	4	4	
Jalpan..	7	2	9	....	....	......
SUMAS....................	38	24	62	8	9	

TES

OBLACION POR EDADES.

De 76 á 80 años.			De 81 á 85 años.			De 86 á 90 años.			De 91 á 95 años.		
H.	M.	Total.	H.	M.	Total.	H.	M.	Total.	H.	M.	Total.
141	116	257	30	30	60	29	30	59	19	17	36
90	84	174	39	24	63	33	8	41	34	10	44
15	15	30	3	8	11	4	5	9	17	3	20
58	38	96	9	10	19	12	8	20	3	2	5
77	61	138	54	44	98	25	34	59	22	28	50
38	70	108	10	9	19	13	13	26	3	3	6
419	384	803	145	125	270	116	98	214	98	63	161

ASO

......	2	2	....	....	....	....	....	....	....	....	....
1	1	2	....	....	....	....	....	....	....	....	....
13	5	18	....	....	....	....	....	....	....	....	....
1	1	2	....	....	....	1	....	1	....	....	....
8	4	12	....	1	1	2	....	2	1	....	1
......	....	....	....	....	....	....	....	....	....	....	....
23	13	36	....	1	1	3	....	3	1	....	1

TES.

1	1	2	....	....	....	2	1	3	....	....	....
4	5	9	1	....	1	2	2	4	....	....	....
......	....	....	....	....	....	....	....	....	....	....	....
4	1	5	....	....	....	2	....	2	....	....	....
3	....	3	....	....	....	....	....	....	....	....	....
12	7	19	1	....	1	6	3	9	....	....	....

PRE?

POBLACION P

DISTRITOS.	De 96 á 100 años.			De más de 100 años.		
	H.	M.	Total.	H.	M.	To
Centro..	9	7	16	5	6	
San Juan del Rio...............................	25	4	29	....	....	....
Amealco..	12	7	19	1	2	....
Cadereyta...	4	2	6	....	....	....
Toliman	19	6	25	4	....	
Jalpan...	1	10	11	1	13	
Sumas......................	70	36	106	11	21	

DE

Centro..	....	....	....	....	....	....
San Juan del Rio...............................	1	....	1	....	....	....
Amealco..	....	....	....	....	....	....
Cadereyta...	....	....	....	....	....	....
Toliman	....	....	....	....	....	....
Jalpan...	....	....	....	....	....	....
Sumas......................	1	....	1	....	....	....

AU?

Centro..	....	....	....	....	....	....
San Juan del Rio...............................	....	....	....	....	....	....
Amealco..	....	....	....	....	....	....
Cadereyta...	....	....	....	....	....	....
Toliman	....	....	....	....	....	....
Jalpan...	....	....	....	....	....	....
Sumas......................	....	....	....	....	....	....

NTES

EDADES.				Entidad política de la República á que pertenece el lugar del nacimiento.					
Se ignora.			TOTAL GENERAL.	Aguascalientes.			Campeche.		
H.	M.	Total.		H.	M.	Total.	H.	M.	Total.
421	269	690	79,809	14	16	30	....	....	....
95	118	· 213	40,124	2	....	2	....	....	....
31	66	97	20,787	....	....	....	....	....	....
29	55	84	24,073	1	....	1	....	....	....
47	64	111	26,533	....	....	....	....	....	....
235	223	458	33,522	....	....	....	....	....	....
858	795	1,653	224,848	17	16	33	....	....	....

ASO

5	3	8	888	....	....	....	....	....	....
16	2	18	953	....	....	....	....	....	....
18	14	32	572	....	....	....	....	....	....
4	....	4	239	....	....	....	....	....	....
5	3	8	787	....	....	....	....	....	....
2	....	2	264	....	....	....	....	....	....
50	22	72	3,703	....	....	....	....	....	....

TES

30	6	· 36	1,972	....	....	....	....	....	....
43	15	58	1,550	....	....	....	....	....	....
3	13	16	396	....	....	....	....	....	....
37	39	76	192	....	....	....	....	....	....
16	6	22	2,218	....	....	....	....	....	....
10	11	21	1,129	....	....	....	....	....	....
139	90	229	7,457	....	....	....	....	....	....

PRESE

DISTRITOS.	ENTIDAD POLITICA DE LA RE					
	Coahuila.			Colima.		
	H.	M.	Total.	H.	M.	Total.
Centro...	....	4	4	1	4	5
San Juan del Rio..............................	....	1	1	....	....	....
Amealco..	....	....	....	....	....	....
Cadereyta.......................................	....	....	....	....	....	....
Toliman...	....	....	....	....	....	....
Jalpan...	....	....	....	....	....	....
SUMAS.......................	....	5	5	1	4	5

DE P

Centro...	....	....	....	....	....	....
San Juan del Rio..............................	....	....	....	....	....	....
Amealco..	....	....	....	....	....	....
Cadereyta.......................................	....	....	....	....	....	....
Toliman........	....	....	....	....	....	....
Jalpan...	....	....	....	....	....	....
SUMAS.......................	....	....	....	....	....	....

AUSE

Centro...	....	....	....	....	....	....
San Juan del Rio..............................	....	....	....	....	....	....
Amealco..	....	....	....	....	....	....
Cadereyta.......................................	....	....	....	....	....	....
Toliman	....	....	....	....	....	....
Jalpan...	....	....	....	....	....	....
SUMAS.......................	....	....	....	....	....	....

NTES.

PUBLICA A QUE PERTENECE EL LUGAR DEL NACIMIENTO.

Chiapas.			Chihuahua.			Durango.			Guanajuato.		
H.	M.	Total.	H.	M.	Total.	H.	M.	Total.	H.	M.	Total.
....	....	....	4	1	5	206	230	436	2,383	2,842	5,225
....	....	....	....	4	4	2	3	5	265	213	478
....	....	....	....	....	....	....	....	....	58	34	92
....	....	....	....	....	....	....	....	....	24	13	37
....	....	....	....	....	....	....	....	....	121	130	251
....	....	....	....	....	....	....	....	....	414	396	810
....	....	....	4	5	9	208	233	441	3,265	3,628	6,893

ASO

....	....	....	....	....	....	....	....	....	153	104	257
....	....	....	1	2	3	....	....	....	24	17	41
....	....	....	....	....	....	....	....	....	65	39	104
....	....	....	....	....	....	....	....	....	....	....	....
....	....	....	....	....	....	....	....	....	64	11	75
....	....	....	....	....	....	....	....	....	9	3	12
....	....	....	1	2	3	....	....	....	315	174	489

NTES

....	....	....	....	2	2	....	....	....	111	82	193
....	....	....	....	....	....	....	....	....	9	5	14
....	....	....	....	....	....	....	....	....	10	2	12
....	....	....	....	....	....	....	....	....	....	....	....
....	....	....	....	....	....	....	....	....	5	4	9
....	....	....	....	....	....	....	....	....	22	18	40
....	....	....	....	2	2	....	....	....	157	111	268

PRESE

ENTIDAD POLITICA DE LA RE

DISTRITOS.	Guerrero.			Hidalgo.		
	H.	M.	Total.	H.	M.	Total.
Centro	2	1	3	15	42	57
San Juan del Rio	1	....	1	203	247	450
Amealco	....	....	....	2	1	3
Cadereyta	....	....	....	26	26	52
Toliman	....	....	....	13	....	13
Jalpan	1	1	2	94	109	203
SUMAS	4	2	6	353	425	778

DE P

Centro	....	....	....	5	....	5
San Juan del Rio	3	....	3	89	57	146
Amealco	....	....	....	54	27	81
Cadereyta	....	....	....	31	6	37
Toliman	....	....	....	2	....	2
Jalpan	....	....	....	8	3	11
SUMAS	3	....	3	189	93	282

AUSE

Centro	....	....	....	2	6	8
San Juan del Rio	....	....	....	22	9	31
Amealco	....	....	....	2	....	2
Cadereyta	....	....	....	1	....	1
Toliman	....	....	....	2	2	4
Jalpan	4	....	4	11	4	15
SUMAS	4	....	4	40	21	61

TES

JBLICA A QUE PERTENECE EL LUGAR DEL NACIMIENTO.

Jalisco.			México.			Michoacan.			Morelos.		
H.	M.	Total.	H.	M.	Total.	H.	M.	Total.	H.	M.	Total.
39	74	113	256	337	593	81	139	220	2	1	3
18	51	69	313	259	572	26	21	47	32	1	33
.....	1	1	99	77	176	200	183	383	....	....	....
1	....	1	2	2	4	2	....	2	....	....	....
.....	....	....	15	15	30	....	....	....	....	....	....
2	1	3	1,958	1,832	3,790	....	.,......	....	....	....	....
60	127	187	2,643	2,522	5,165	309	343	652	34	2	36

.SO

H.	M.	Total.	H.	M.	Total.	H.	M.	Total.	H.	M.	Total.
1	2	3	22	21	43	10	5	15	....	....	....
5	2	7	11	7	18	1	1	2	....	....	....
.....	....	....	....	....	....	4	2	6	....	....	....
1	....	1	2	....	2	....	....	....	....	....	....
.....	....	....	4	2	6	....	....	....	....	....	....
7	4	11	39	30	69	15	8	23	....	....	....

TES

H.	M.	Total.	H.	M.	Total.	H.	M.	Total.	H.	M.	Total.
3	2	5	23	14	37	11	5	16	....	....	....
.....	....	....	39	18	57	1	....	1	....	....	....
......	....	....	2	4	6	5	8	13	....	....	....
......	....	....	....	....	....	....	....	....	....	......	....
.....	....	....	42	18	60	....	....	....	....	....	....
3	2	5	106	54	160	17	13	30	....	....	....

PRE{

ENTIDAD POLITICA DE LA

DISTRITOS.	Nuevo Leon.			Oaxaca.		
	H.	M.	Total.	H.	M.	T.
Centro..	1	7	8	2	1	
San Juan del Rio...................................	2	....	2	7	2	
Amealco...	....	....	....	....	....	....
Cadereyta...	....	....	....	....	....	....
Toliman..	....	....	....	....	....	....
Jalpan..	....	....	....	....	....	....
Sumas........................	3	7	10	9	3	

D E

Centro..	....	....	....	....	....	....
San Juan del Rio...................................	3	3	6	....	....	....
Amealco...	....	....	....	....	....	....
Cadereyta......................................	....	....	....	....	....	....
Toliman..	....	....	....	....	....	....
Jalpan..	....	....	....	....	....	....
Sumas........................	3	3·	6	....	....	....

A U S

Centro..	....	....	....	....	....	....
San Juan del Rio...................................	....	....	....	....	....	....
Amealco...	....	....	....	....	...·...	....
Cadereyta...	....	....	....	....	....	....
Toliman..	....	....	...·......	....	....	....
Jalpan..	....	....	....	....	....	....
Sumas........................	....	....	....	....	....	....

E S

LICA A QUE PERTENECE EL LUGAR DEL NACIMIENTO.

Puebla.		Querétaro.			San Luis Potosí.			Sinaloa.		
M.	Total.	H.	M.	Total.	H.	M.	Total.	H.	M.	Total.
26	59	35,818	36,552	72,370	61	121	182	2	....	2
5	15	19,284	18,901	38,185	3	3	6	....	....	....
......	....	10,216	9,873	20,089	....	....	....	....	....	....
......	....	11,973	11,988	23,961	....	....	....	....	....	....
......	....	12,861	13,375	26,236	....	....	....	....	....	....
1	1	14,209	13,021	27,230	450	432	882	....	....	....
32	75	104,361	103,710	208,071	514	556	1,070	2	....	2

O.

2	3	272	232	504	2	4	6	....	....	....
......	....	390	317	707	7	1	8	....	....	....
......	....	216	139	355	....	....	....	....	....	....
......	....	136	59	195	6	....	6	....	....	....
......	....	500	197	697	3	....	3	....	....	....
......	....	130	85	215	8	5	13	....	....	....
2	3	1,644	1,029	2,673	26	10	36	....	....	....

E S

......	....	938	732	1,670	5	2	7	....	....	....
......	....	846	552	1,398	....	....	....	....	....	....
......	....	227	130	357	....	....	....	....	....	....
......	....	115	76	191	....	....	....	....	....	....
......	....	1,513	688	2,201	3	....	3	....	....	....
......	....	472	261	733	64	42	106	....	....	....
......	....	4,111	2,439	6,550	72	44	116	....	....	....

PRI

ENTIDAD POLITICA DE L

DISTRITOS.	Sonora.			Tabasco.		
	H.	M.	Total	H.	M.	
Centro..	....	2	2	....	....	
San Juan del Rio...............................	....	....	....	....	....	
Amealco...	....	....	....	....	....	
Cadereyta...	....	....	....	....	....	
Toliman...	....	....	....	....	....	
Jalpan..	....	....	....	....	....	
SUMAS........................	....	. 2	2	....	....	.

D

	Sonora.			Tabasco.		
Centro..	1	....	1	....	....	.
San Juan del Rio...............................	....	....	....	....	....	
Amealco...	....	....	....	....	....	
Cadereyta...	....	....	....	....	....	
Toliman...	....	....	....	....	....	
Jalpan..	....	....	....	....	....	
SUMAS........................	1	....	1	....	....	

A U

	Sonora.			Tabasco.		
Centro..	....	....	....	....	....	.
San Juan del Rio...............................	....	....	....	....	....	.
Amealco...	....	....	....	....	....	.
Cadereyta...	....	....	....	....	....	.
Toliman...	....	....	....	....	....	.
Jalpan..	....	....	....	....	....	.
SUMAS........................	....	....	....	....	....	.

ΓES.

LICA A QUE PERTENECE EL LUGAR DEL NACIMIENTO.

	Tamaulipas.		Tlaxcala.			Veracruz.			Yucatan.		
	M.	Total.	H.	M.	Total.	H.	M.	Total.	H.	M.	Total.
1	3	4	4	4	8	9	22	31	....	....	....
.	....	....	4	6	10	6	2	8	....	1	1
.	....	....	....	....	....	....	....	....	....	....	....
.	....	....	....	....	....	....	....	....	....	....	....
.	....	....	....	....	....	12	31	43	....	....	....
1	3	4	8	10	18	27	55	82	....	1	1

Ο

.	....	....	....	4	4	1	....	1	....	....	....
.	....	....	....	....	....	....	....	....	....	....	....
.	....	....	....	....	....	....	....	....	....	....	....
.	....	....	....	....	....	....	....	....	....	....	....
.	....	....	....	....	....	....	....	....	....	....	....
.	....	....	....	4	4	1	....	1	....	....	....

ES

.	....	....	....	....	....	1	2	3	....	....	....
.	....	....	....	....	....	....	....	....	....	....	....
.	....	....	....	....	....	....	....	....	....	....	....
.	....	....	....	....	....	2	....	2	....	....	....
.	....	....	....	....	....	3	2	5	....	....	....

PRES

	ENTIDAD POLITICA DE LA					
DISTRITOS.	Zacatecas.			Distrito Federal.		
	H.	M.	Total.	H.	M.	To
Centro..	12	10	22	4	17	
San Juan del Rio...........................	6	7	13	9	·8	
Amealco......................................	1	1	2	2	......	
Cadereyta....................................	1	....	1	....	......	.....
Toliman	....	....	....	....	......	.....
Jalpan	....	1	1	....	......	.....
SUMAS......................	20	19	39	15	25	

DE

Centro..	....	....	....	5	......	
San Juan del Rio...........................	....	....	....	....	1	
Amealco......................................	....	....	....	....	......	....
Cadereyta....................................	....	....	....	1	......	
Toliman	....	....	....	....	......	....
Jalpan	....	....	....	....	......	....
SUMAS......................	....	....	....	6	1	

AUS

Centro..	2	....	2	3	2	
San Juan del Rio...........................	....	....	....	4	10	
Amealco......................................	....	....	....	....	......	....
Cadereyta.......	....	....	....	....	......	....
Toliman	....	....	....	....	......	
Jalpan	....	....	....	32	26	
SUMAS......................	2	....	2	39	38	

'E S

LICA A QUE PERTENECE EL LUGAR DEL NACIMIENTO.

rio de la Baja California.		Territorio de Tepic.			Se ignora.			TOTAL.
M.	Total.	H.	M.	Total.	H.	M.	Total.	
2	2	2	3	5	161	162	323	79,736
....	....	....	....	....	64	97	161	40,089
....	....	....	....	....	18	21	39	20,787
....	....	....	....	....	2	6	8	24,067
....	....	....	....	....	2	1	3	26,533
....	....	....	....	....	250	307	557	33,522
2	2	2	3	5	497	594	1,091	224,734

O

....	....	1	....	1	16	17	33	881
....	....	....	....	....	8	3	11	953
....	....	....	....	....	15	11	26	572
....	....	....	....	....	....	....	....	239
....	....	....	....	....	3	4	7	787
....	....	....	....	....	3	4	7	264
....	....	1	....	1	45	39	84	3,696

E S

2	2	....	....	....	13	9	22	1,972
....	....	....	....	....	22	13	35	1,550
....	....	....	....	....	6	....	6	396
....	....	....	....	....	....	....	....	192
....	....	....	....	....	....	1	1	2,218
....	....	....	....	....	64	47	111	1,129
2	2	....	....	....	105	70	175	7,457

PRE

DISTRITOS.	NACION O PAIS A QUE				
	Alemania y colonias.			España y coloni	
	H.	M.	Total.	H.	M.
Centro	3	2	5	39	12
San Juan del Rio	1	1	2	20	2
Amealco	....	....	....	....	....
Cadereyta	1	....	1	1	....
Toliman	....	....	....	....	....
Jalpan	....	....	....	....	....
SUMAS	5	3	8	60	14

D

Centro	1	....	1	2	....
San Juan del Rio	....	....	....	....	....
Amealco	....	....	....	....	....
Cadereyta	....	....	....	....	....
Toliman	....	....	....	....	....
Jalpan	....	....	....	....	....
SUMAS	1	....	1	2	....

AU

Centro	....	....	....	....	....
San Juan del Rio	....	....	....	....	....
Amealco	....	....	....	....	....
Cadereyta	....	....	....	....	....
Toliman	....	....	....	....	....
Jalpan	....	....	....	....	....
SUMAS	....	....	....	....	....

E S

CE EL LUGAR DEL NACIMIENTO DE LOS EXTRANJEROS.

ncia y colonias.		Inglaterra y colonias.			Italia y colonias.			Norte América.		
M.	Total.	H.	M.	Total.	H.	M.	Total.	H.	M.	Total.
2	7	3	2	5	....	1	1	1	1	2
....	4	....	....	....	....	....	....	5	2	7
....	....	....	....	....	....	....	....	....	....	....
....	1	2	....	2	1	....	1	....	....	....
....	....	....	....	....	....	....	....	....	....	....
....	....	....	....	....	....	....	....	....	....	....
2	12	5	2	7	1	1	2	6	3	9

Ɔ

....	1	1	....	1	....	....	....	2	....	2
....	....	....	....	....	....	....	....	....	....	....
....	....	....	....	....	....	....	....	....	....	....
....	....	....	....	....	....	....	....	....	....	....
....	....	....	....	....	....	....	....	....	....	....
....	....	....	....	....	....	....	....	....	....	....
....	1	1	....	1	....	....	....	2	....	2

Ɛ S

....	....	....	....	....	....	....	....	....	....	....
....	....	....	....	....	....	....	....	....	....	....
....	....	....	....	....	....	....	....	....	....	....
....	....	....	....	....	....	....	....	....	....	....
....	....	....	....	....	....	....	....	....	....	....
....	....	....	....	....	....	....	....	....	....	....
....	....	....	....	....	....	....	....	....	....	....

PRE

DISTRITOS.	Nacion ó país á que pertenece el lugar del n					
	Suiza.			Turquía y Egipto		
	H.	M.	Total.	H.	M.	
Centro	1	....	1	1	....	
San Juan del Rio	....	....	....	....	....	...
Amealco	....	....	....	....	....	...
Cadereyta	....	....	....	....	....	...
Toliman	....	....	....	....	....	...
Jalpan	....	....	....	....	....	...
SUMAS	1	....	1	1	....	

D E

Centro	....	....	....	....	....	...
San Juan del Rio	....	....	....	....	....	...
Amealco	....	....	....	....	....	...
Cadereyta	....	....	....	....	....	...
Toliman	....	....	....	....	....	...
Jalpan	....	....	....	....	....	...
SUMAS	....	....	....	....	....	...

A U S

Centro	....	....	....	....	....	...
San Juan del Rio	....	....	....	....	....	...
Amealco	....	....	....	....	....	...
Cadereyta	....	....	....	....	....	...
Toliman	....	....	....	....	....	...
Jalpan	....	....	....	....	....	...
SUMAS	....	....	....	....	....	...

TES

	los extranjeros.		POBLACION SEGUN EL ESTADO CIVIL.								
de extranjeros.	Total de nacidos en la Republica.	TOTALES GENERALES.	Menores de edad.			Solteros.			Casados.		
			H.	M.	Total.	H.	M.	Total.	H.	M.	Total.
73	79,736	79,809	12,913	11,489	24,402	8,793	9,311	18,104	15,029	14,832	29,861
35	40,089	40,124	7,223	6,118	13,341	4,153	4,057	8,210	7,691	7,584	15,275
....	20,787	20,787	4,049	3,598	7,647	1,986	1,624	3,610	4,093	4,066	8,159
6	24,067	24,073	4,845	4,305	9,150	2,994	3,044	6,038	3,665	3,681	7,346
....	26,533	26,533	4,903	4,917	9,820	2,082	2,226	4,308	5,299	5,316	10,615
....	33,522	33,522	6,374	5,227	11,601	4,583	4,068	8,651	5,192	5,125	10,317
114	224,734	224,848	40,307	35,654	75,961	24,591	24,330	48,921	40,969	40,604	81,573

SO

7	881	888	88	93	181	111	80	191	253	144	397
....	953	953	75	62	137	124	86	210	281	184	465
....	572	572	57	38	95	118	49	167	149	99	248
....	239	239	9	2	11	53	11	64	95	42	137
....	787	787	60	33	93	173	65	238	307	89	396
....	264	264	29	32	61	57	26	83	60	38	98
7	3,696	3,703	318	260	578	636	317	953	1,145	596	1,741

TES

....	1,972	1,972	247	193	440	348	234	582	456	356	812
....	1,550	1,550	158	123	281	319	169	488	370	241	611
....	396	396	50	36	86	89	·36	125	94	55	149
....	192	192	11	4	15	46	22	68	28	19	47
....	2,218	2,218	189	140	329	593	200	793	634	269	903
....	1,129	1,129	157	109	266	314	135	449	195	142	337
....	7,457	7,457	812	605	1,417	1,709	796	2,505	1,777	1,082	2,859

PRES

DISTRITOS.	POBLACION SEGUN EL ESTADO CIVIL.						
	Viudos.			Se ignora.			Total general
	H.	M.	Total.	H.	M.	Total.	
Centro...	2,069	4,392	6,461	362	619	981	79,8
San Juan del Rio.............................	1,020	1,820	2,840	200	258	458	40,1
Amealco...	419	836	1,255	49	67	116	20,7
Cadereyta.......................................	491	946	1,437	43	59	102	24,0
Toliman	631	900	1,531	97	162	259	26,5
Jalpan.	815	1,317	2,132	426	395	821	33,5
Sumas.................	5,445	10,211	15,656	1,177	1,560	2,737	224,8

DE

Centro...	34	62	96	11	12	23	8
San Juan del Rio.............................	26	61	87	36	18	54	9
Amealco...	23	28	51	7	4	11	5
Cadereyta.......................................	11	7	18	6	3	9	2
Toliman	28	22	50	7	3	10	7
Jalpan...	15	6	21	1	......	1	2
Sumas.................	137	186	323	68	40	108	3,7

AUS

Centro...	44	55	99	17	22	39	1,9
San Juan del Rio.............................	56	60	116	40	14	54	1,5
Amealco...	12	11	23	7	6	13	3
Cadereyta.......................................	4	5	9	27	26	53	1
Toliman	81	75	156	26	11	37	2,2
Jalpan...	36	13	49	11	17	28	1,1
Sumas.................	233	219	452	128	96	224	7,4

TES

INSTRUCCION ELEMENTAL.

iaben leer y escribir.			Saben sólo leer.			No saben leer ni escribir.			No saben leer ni escribir por ser menores de edad.		
L.	M.	Total.	H.	M.	Total.	H.	M.	Total.	H.	M.	Total.
128	5,400	12,828	1,482	2,238	3,720	23,381	26,028	49,409	5,995	5,986	11,981
112	1,442	3,454	416	540	956	13,532	13,492	27,024	3,591	3,483	7,074
128	450	1,478	419	261	680	7,160	7,603	14,763	1,905	1,793	3,698
160	898	2,258	228	284	512	7,587	8,029	15,616	2,773	2,695	5,468
168	1,289	2,857	904	981	1,885	7,690	8,460	16,150	2,761	2,641	5,402
154	958	2,912	585	414	999	11,129	11,099	22,228	2,832	2,537	5,369
150	10,437	25,787	4,034	4,718	8,752	70,479	74,711	145,190	19,857	19,135	38,992

S O

06	62	168	14	22	36	314	238	552	42	50	92
76	34	110	6	4	10	375	316	691	34	25	59
35	12	47	32	17	49	216	135	351	66	25	91
24	6	30	9	2	11	137	55	192	4	2	6
35	35	170	9	....	9	409	158	567	9	15	24
16	5	21	3	....	3	127	79	206	16	18	34
92	154	546	73	45	118	1,578	981	2,559	171	135	306

ES

89	175	564	34	32	66	587	495	1,082	91	107	198
28	97	325	13	16	29	597	398	995	51	61	112
37	14	51	9	4	13	193	113	306	7	8	15
54	15	69	5	8	13	56	49	105	1	2	3
51	49	400	62	30	92	1,033	528	1,561	62	68	130
11	28	139	47	14	61	477	319	796	65	40	105
70	378	1,548	170	104	274	2,943	1,902	4,845	277	286	563

PRES

DISTRITOS.	INSTRUCCION ELEMENTAL.					
	Se ignora.			Total general.	Abogados.	Agentes
	H.	M.	Total.			
Centro	880	991	1,871	79,809	60	
San Juan del Rio	736	880	1,616	40,124	5	
Amealco	84	84	168	20,787	1	....
Cadereyta	90	129	219	24,073	4	
Toliman	89	150	239	26,533	1	....
Jalpan	890	1,124	2,014	33,522	3	....
SUMAS	2,769	3,358	6,127	224,848	74	

DE

Centro	21	19	40	888	....	....
San Juan del Rio	51	32	83	953	....	....
Amealco	5	29	34	572	....	....
Cadereyta	....	....	....	239	....	....
Toliman	13	4	17	787	....	....
Jalpan	....	....	....	264	....	....
SUMAS	90	84	174	3,703	....	....

AU S

Centro	11	51	62	1,972	7	....
San Juan del Rio	54	35	89	1,550	....	....
Amealco	6	5	11	396	....	....
Cadereyta	....	2	2	192	....	....
Toliman	15	20	35	2,218	....	....
Jalpan	13	15	28	1,129	....	....
SUMAS	99	128	227	7,457	7	

ES

OBLACION SEGUN LA OCUPACION PRINCIPAL.

PROFESIONES.

Dentistas.		Farmacéuticos.	Ingenieros en general.	Maestros de obras.	Marinos.	Modistas.	Médicos alópatas.	Médicos homeópatas.	Notarios.	Parteras.
M.	Total.									
4	....	4	26	16	1	....	26	10	2	11	17
..	1	1	1	1	....	....	6	4	....	1	11
..	....	....	....	....	....	....	1	1	1	....	2
..	....	....	....	3	....	....	3	2	1	2	1
..	....	....	2	....	....	....	1	1	....	....	2
..	....	....	1	....	....	....	....	....	....	1	6
4	1	5	30	20	1	....	37	18	4	15	39

SO

1	....	1	....	....	....	....	....	1	....	....	....
..	....	....	....	....	....	....	....	....	....	....	....
..	....	....	....	....	....	....	....	....	....	....	....
..	....	....	....	....	....	....	....	....	....	....	....
..	....	....	....	....	....	....	....	....	....	....	....
1	....	1	....	....	....	....	....	1	....	....	....

ES

..	....	....	2	2	....	....	3	....	....	1	....
.	....	....	....	1	....	....	1	....	....	....	....
.	....	....	....	....	....	....	....	....	....	....	....
.	....	....	1	....	....	....	....	....	....	....	....
.	....	....	....	....	....	....	....	....	....	....	....
.	....	....	3	3	....	....	4	....	....	1	....

PRESE

DISTRITOS.	POBLACION					
	PROFESIONES.					
	Profesores.			Sacerdotes católicos.	Sacerdotes de otros cultos.	Veterinarios.
	M.	M	Total.			
Centro	35	75	110	72	1	1
San Juan del Rio	6	6	12	7	....	1
Amealco	6	1	7	5	....	....
Cadereyta	5	4	9	4	....	....
Toliman	5	5	10	4	....	....
Jalpan	6	1	7	6	....	....
Sumas	63	92	155	98	1	2

DE P

Centro	....	....	....	....	....	....
San Juan del Rio	1	....	1	1	....	....
Amealco	1	....	1	....	....	....
Cadereyta	....	....	....	....	....	....
Toliman	....	....	....	2	....	....
Jalpan	....	....	....	....	....	....
Sumas	2	....	2	3	....	....

AUSE

Centro	4	7	11
San Juan del Rio	....	....	....
Amealco	1	....	1
Cadereyta	....	....	....
Toliman	....	....	....
Jalpan	....	....	....
Sumas	5	7	

ITES

SEGUN LA OCUPACION PRINCIPAL.

Escolares.			Estudiantes.			ADMINISTRACION.					
						Empleados públicos.			Jefes y oficiales del ejército.	Militares (clase de tropa).	Policía.
H.	M.	Total.	H.	M.	Total.	H.	M.	Total.			
1,165	1,104	2,269	499	79	578	168	2	170	3	189	46
263	229	492	28	3	31	81	2	83	2	85	5
283	175	458	19	2	21	14	....	14	....	....	2
161	168	329	3	13	16	20	....	20	....	2	1
312	358	670	16	6	22	12	....	12	....	12	....
122	83	205	....	....	....	25	3	28	10	53	....
2,306	2,117	4,423	565	103	668	320	7	327	15	341	54

ASO

2	1	3	8	1	9	6	....	6	....	4	....
2	3	5	1	....	1	8	....	8	....	1	1
1	1	2	1	....	1	....	....	....	....	....	....
....	....	....	38	....	38	....	....	....	....	....	....
1	....	1	....	....	....	....	....	....	....	....	....
6	5	11	48	1	49	14	....	14	....	5	1

NTES

9	14	23	81	2	83	5	....	5	....	17	....
3	5	8	9	....	9	6	....	6	....	2	....
2	1	3	5	....	5	1	....	1	....	1	....
....	....	....	....	....	....	....	....	....	....	....	....
3	....	3	3	2	5	1	....	1	1	1	....
2	5	7	....	....	....	1	....	1	....	....	....
19	25	44	98	4	102	14	....	14	1	21	......

PRES

POBLACI

AGRICULTURA.

DISTRITOS.	Administradores y dependientes de campo.	Agricultores.			Peones de campo.		
		H.	M.	Total.	H.	M.	T
Centro............................	13	3,406	349	3,755	11,968	340	12,
San Juan del Rio....................	4	2,021	195	2,216	8,566	1,563	10,
Amealco........................	.....	1,278	234	1,512	4,974	1,177	6,
Cadereyta.......................	.....	810	39	849	4,634	1,083	5,
Toliman..........................	7	2,603	......	2,603	3,922	....	3,
Jalpan...........................	.....	1,207	243	1,450	9,193	2,391	11,
SUMAS........................	24	11,325	1,060	12,385	43,257	6,554	49,

DE

Centro............................	.....	9	.....	9	166	9	
San Juan del Rio....................	.....	7	.....	7	138	29	
Amealco........................	.....	10	.....	10	206	38	
Cadereyta.......................	.....	....	.....	....	49	5	
Toliman..........................	.....	3	.....	3	268	......	
Jalpan...........................	.....	2	.....	2	90	22	
SUMAS........................	.....	31	.....	31	917	103	1,

AUS

Centro............................	1	131	6	137	303	29	
San Juan del Rio....................	.....	77	12	89	393	74	
Amealco........................	.....	23	1	24	137	6	
Cadereyta.......................	.....	2	.....	2	38	3	
Toliman..........................	.....	129	.....	129	598	......	
Jalpan...........................	.....	23	.....	23	478	148	
SUMAS........................	1	385	19	404	1,947	260	2,

ES

GUN LA OCUPACION PRINCIPAL.

MINERIA							COMERCIO					
Mineros, barreteros y pepenadores.			Obreros de las fundiciones y haciendas de beneficio en general.			Corredores.	Comerciantes.			Dependientes.		
H.	M.	Total.	H.	M.	Total.		H.	M.	Total.	H.	M.	Total.
58	....	58	2	2	4	28	1,469	817	2,286	129	17	146
1	1	2	....	....	....	6	697	310	1,007	44	4	48
....	....	....	....	....	....	.....	184	88	272	10	1	11
8	....	8	1	....	1	1	697	152	849	7	.....	7
8	....	8	....	....	....	.....	620	178	798	10	.....	10
33	....	33	....	....	....	... .	287	148	435	5	1	6
108	1	109	3	2	5	35	3,954	1,693	5,647	205	23	228

SO

1	....	1	....	....	....	.....	57	8	65	2	.....	2
....	....	....	....	....	....	.....	234	142	376	4	.....	4
....	....	....	....	....	....	.....	15	1	16	1	.....	1
....	....	....	....	....	....	.....	96	38	134	1	.....	1
5	....	5	....	....	....	.....	113	32	145	.....	.....	.....
....	....	....	....	....	....	.....	35	1	36	.....	.....	.....
6	....	6	....	....	....	.....	550	222	772	8	.....	8

ES

1	....	1	....	....	....	.....	51	21	72	1	.....	1
....	....	....	....	....	....	.....	44	9	53	3	.....	3
....	....	....	....	....	....	.....	12	.....	12	2	.....	2
....	....	....	1	....	1	.....	4	9	13	2	.....	2
23	....	23	....	....	....	... .	420	8	428	.....	.....	.....
1	....	1	....	....	....	.....	28	1	29	.....	.....	.....
25	....	25	1	....	1	.....	559	48	607	8	.....	8

PRES

DISTRITOS.	Vendedores am				Propietarios.	
	H.	M.				
Centro...................................	24	12	36	40	209	
San Juan del Rio........................	27	....	27	13	48	
Amealco.................................	....	....	....	....	2	
Cadereyta..............................	....	....	....	8	7	
Toliman.................................	3	6	9	15	8	
Jalpan..................................	....	....	....	17	31	
SUMAS................	54	18	72	93	305	

DE P

Centro...................................	1	4	5	....	5	5
San Juan del Río........................	....	....	....	2	3	5
Amealco.................................	....	....	....	....	....	....
Cadereyta..............................	....	....	....	....	....	....
Toliman.................................	3	1	4	....	....	....
Jalpan..................................	....	....	....	....	....	....
SUMAS................	4	5	9	2	8	10

AUSE

Centro...................................	....	3	3	7	14	21
San Juan del Rio........................	15	....	15	3	7	10
Amealco.................................	....	....	....	....	2	2
Cadereyta..............................	....	....	....	....	....	....
Toliman.................................	22	1	23	....	....	....
Jalpan..................................	....	....	....	....	....	....
SUMAS................	37	4	41	10	23	33

NTES.

SEGUN LA OCUPACION PRINCIPAL.

INDUSTRIAS, BELLAS ARTES, ARTES Y OFICIOS.

Acróbatas.	Actores.	Administradores y empleados de establecimientos industriales.			Afiladores.	Albañiles.	Alfareros.	Apartadores de colado.	Canteros.	Carpinteros.	Carroceros.
		H.	M.	Total.							
......	......	37	23	60	......	483	77	......	132	399	47
......	1	2	3	5	......	94	50	......	20	152	32
......	......	......	......	......	......	37	20	......	4	19	1
......	......	......	......	......	......	71	259	......	2	48	......
......	......	......	......	......	......	77	......	......	32	61	3
17	......	......	......	......	......	45	4	......	......	64	6
17	1	39	26	65	......	807	410	......	190	743	89

ASO.

......	......	......	......	......	......	6	1	1	1	5	1
......	......	......	......	......	......	8	1	......	......	5	2
......	......	......	......	......	......	7	......	......	......	4	......
......	......	......	......	......	......	......	......	......	......	1	......
......	......	......	......	......	......	7	3	......	5	8	......
......	......	......	......	......	......	......	......	......	......	......	......
......	......	......	......	......	......	28	5	1	6	23	3

TES

......	......	2	......	2	......	15	......	......	1	21	......
......	......	......	......	......	......	16	4	......	4	24	7
......	......	......	......	......	......	1	......	......	......	......	......
......	......	......	......	......	......	......	......	......	......	22	......
......	......	......	......	......	......	5	......	......	......	8	......
......	......	......	......	......	......	5	......	......	1	8	......
......	......	2	......	2	......	42	4	......	6	75	7

PRESE

POBLACION

INDUS

DISTRITOS.

	Careros.			
	H.	M.	Total.	Careros
Centro	6	1	7	2
San Juan del Rio		......	1	......
Amealco		......	......	......
Cadereyta		......	......	......
Toliman		......	1	......
Jalpan		......	1	......
Sumas		1	10	2

DE P

Centro...
San Juan del Rio............................
Amealco......................................
Cadereyta....................................
Toliman.......................................
Jalpan..

Sumas........................

AUSE

Centro	......
San Juan del Rio	......
Amealco	......
Cadereyta	......
Toliman	......
Jalpan	......
Sumas	......

NTES

SEGUN LA OCUPACION PRINCIPAL.

TRIAS, BELLAS ARTES, ARTES Y OFICIOS.

Caloreos.	Coladores.	Cortidores.	Dibujantes.	Doradores.	Dulceros.			Ebanistas.	Encuadernadores.	Escritores.	Escultores.
					H.	M.	Total.				
2	28	138	1	....	39	11	50	....	8	2	26
....	7	131	....	10	42	51	93	....	1	2	1
....	5	6	....	....	....	....	....	....	....	....	2
....	17	30	....	....	1	3	4	....	....	....	2
1	32	23	....	....	....	....	....	....	....	....	....
....	2	16	....	....	....	....	....	....	....	....	1
3	91	344	1	10	82	65	147	....	9	4	32

ASO

....	....	1	....	....	1	....	1	....	....	....	1
....	1	....	....	....	....	....	....	....	....	....	....
12	....	....	....	....	....	....	....	....	....	....	....
1	....	6	....	....	....	....	....	....	....	....	....
....	6	....	....	....	....	....	....	....	....	....	....
13	7	7	....	....	1	....	1	....	....	....	1

NTES

1	....	8	....	....	5	1	6	....	....	....	....
....	....	7	....	....	....	....	....	....	....	....	....
....	....	....	....	....	....	....	....	....	....	....	....
....	....	6	....	....	....	....	....	....	....	....	....
....	....	....	....	....	....	....	....	....	....	....	....
1	....	21	....	....	5	1	6	....	....	....	....

PRESE

	POBLACION				
			INDUS		
DISTRITOS.	Filarmónicos.			Floristas.		
	H.	M.	Total.	H.	M.	Total.
Centro	135	4	139	2	26	28
San Juan del Rio	31	1	32	....	6	6
Amealco	10	....	10	....	....	....
Cadereyta	1	....	1	....	....	....
Toliman	4	....	4	....	1	1
Jalpan	14	....	14	1	....	1
SUMAS	195	5	200	3	33	36

DE P

Centro	3	....	3	....	....	....
San Juan del Rio	....	....	....	....	....	....
Amealco	1	....	1	....	....	....
Cadereyta	....	....	....	....	....	....
Toliman	1	....	1	....	....	....
Jalpan	....	....	....	....	....	....
SUMAS	5	....	5	....	....	....

AUSE

Centro	10	....	10	....	....	....
San Juan del Rio	6	....	6	....	....	....
Amealco	....	....	....	....	....	....
Cadereyta	....	....	....	....	....	....
Toliman	3	....	3	....	1	1
Jalpan	2	....	2	....	....	....
SUMAS	21	....	21	....	1	1

E S.

UN LA OCUPACION PRINCIPAL.

, BELLAS ARTES, ARTES Y OFICIOS.

Fosforeros.		Fotógrafos.			Fundidores en general.	Pintores.	Grabadores.	Herradores.	Herreros.	Hojalateros.
M.	Total.	H.	M.	Total.						
....	....	7	1	8	1	3	3	5	129	56
....	....	1	....	1	....	16	....	....	69	14
....	....	....	....	....	....	....	....	....	15	1
1	1	....	....	....	1	....	....	....	27	1
....	....	....	....	....	....	....	....	....	57	8
....	....	1	....	1	1	....	....	....	37	12
1	1	9	1	10	3	19	3	5	334	92

O

....	....	2	....	2	....	....	....	....	3	....
....	....	....	....	....	....	....	....	....	1	....
....	....	....	....	....	....	....	....	....	....	....
....	....	....	....	....	....	....	....	....	....	....
....	....	....	....	....	....	....	....	....	....	....
....	....	2	....	2	....	....	....	....	4	....

E S

....	....	1	....	1	....	3	....	....	6	2
....	....	....	....	....	....	1	....	....	7	2
....	....	....	....	....	....	....	....	....	2	....
....	....	....	....	....	....	....	....	....	3	....
....	....	....	....	....	....	....	....	....	6	....
....	....	1	....	1	....	4	....	....	24	4

PRES

POBLACI

IN

DISTRITOS.	Jabonares.	Ladrilleros.	Lapidarios.	Latoneros.	Litógrafos.	
Centro..	24	129	24	8	4	
San Juan del Rio........................	15	6	2	....	....	
Amealco....................................	....	2	....	....	....	....
Cadereyta..................................	2	....	....	....	....	....
Toliman.....................................	6	4	2	....	....	....
Jalpan.......................................	11	....	....	....	....	....
SUMAS......................	58	141	28	8	4	

DE

Centro..	1	1	....	....	....	....
San Juan del Rio........................	....	5	1	....	....	....
Amealco....................................	....	....	....	....	....	....
Cadereyta..................................	....	....	....	....	....	....
Toliman.....................................	....	....	....	....	....	....
Jalpan.......................................	....	....	....	....	....	....
SUMAS......................	1	6	1	....	....	

AUS

Centro..	1	....	16	....	....	
San Juan del Rio........................	1	4	1	....	....	....
Amealco....................................	....	....	....	....	....	....
Cadereyta..................................	....	....	....	....	....	....
Toliman.....................................	....	1	....	....	....	....
Jalpan.......................................	....	....	....	....	....	....
SUMAS......................	2	5	17	....	....	

E S

ÍUN LA OCUPACION PRINCIPAL.

', BELLAS ARTES, ARTES Y OFICIOS.

	ros de establecimientos industriales.		Panaderos.	Pasteleros.			Peluqueros.	Pintores artistas.	Pintores decoradores.	Plateros.	Plomeros.
	M.	Total.		H.	M.	Total.					
3	425	1,983	265	12	1	13	52	37	42	22	....
4	13	67	90	4	3	7	12	1	9	3	....
3	3	46	20	....	....	....	2	2	....	....	....
)	7	157	20	....	....	....	4	1	6	5	....
3	....	383	8	....	....	....	1	1	....	5	....
3	10	138	30	3	15	18	....	1	....	4	1
5	458	2,774	433	19	19	38	71	43	57	39	1

O

	M.	Total.	Panaderos.	H.	M.	Total.	Peluqueros.	Pintores artistas.	Pintores decoradores.	Plateros.	Plomeros.
	....	5	1	....	....	....	....	....	....	1	....
	....	3	1	....	....	....	....	....	....	....	....
	....	1	5	....	....	....	....	....	....	....	....
	....	....	3	....	....	....	....	....	....	....	....
	....	2	....	....	....	....	....	....	....	....	....
	....	11	10	....	....	....	....	....	....	1	....

E S

	M.	Total.	Panaderos.	H.	M.	Total.	Peluqueros.	Pintores artistas.	Pintores decoradores.	Plateros.	Plomeros.
)	....	9	6	....	....	....	1	....	....	1	....
)	....	8	5	....	....	....	5	3	1	....	....
	....	....	....	....	....	....	....	....	....	....	....
)	....	3	4	....	....	....	....	....	....	....	....
)	....	22	1	....	....	....	....	....	....	1	....
)	....	42	16	....	....	....	6	3	1	2	....

PRE

POBLA(

DISTRITOS.	Partid.	Religiosa.	Santos.	Sombrereros.	
				H.	M.
Centro..	1	15	272	38	8
San Juan del Rio.............................	....	1	79	8	....
Amealco..	....	....	19	....	....
Cadereyta...	....	....	39	7	1
Toliman...	....	....	39	....	....
Jalpan...	....	....	34	2	6
SUMAS.........	1	16	482	55	15

D I

Centro..	....	....	1	3	....
San Juan del Rio.....................................	....	....	1	....	....
Amealco..	....	....	....	....	....
Cadereyta...	....	....	....	....	....
Toliman..	....	....	....	1	....
Jalpan..	....	....	....	....	....
SUMAS........................	....	....	2	4	....

A U

Centro..	....	....	10	6	....
San Juan del Rio.....................................	....	....	14	....	....
Amealco..	....	....	....	....	....
Cadereyta...	....	....	1	....	....
Toliman..	....	....	19	....	....
Jalpan..	....	....	2	....	....
SUMAS........................	....	....	46	6	....

TES

GUN LA OCUPACION PRINCIPAL.

S, BELLAS ARTES, ARTES Y OFICIOS.

	Tapiceros y Colchoneros.	Tejedores.			Telegrafistas.	Tintoreros.	Tipógrafos.	Toreros.	Torneros.	Veleros.	Vidrieros.	Zapateros.
		H.	M.	Total.								
1	1	1,353	317	1,670	15	1	29	1	3	27	1	581
7	1	52	20	72	3	......	......	......	......	8	......	104
1	......	2	3	5	......	......	......	......	......	......	......	17
5	......	2	1	3	2	1	......	......	......	5	......	52
5	......	163	3	166	......	......	......	......	......	2	......	13
2	......	6	......	6	1	1	......	......	......	12	......	57
2	2	1,578	344	1,922	21	3	29	1	3	54	1	824

SO

3	......	12	......	12	......	......	......	......	......	......	......	6
.	......	1	......	1	......	......	......	......	......	......	......	1
.	......	......	......	......	......	......	......	......	......	......	......	2
.	......	1	3	4	......	......	......	......	......	......	......	......
.	......	......	......	......	......	......	......	......	......	......	......	1
3	......	14	3	17	......	......	......	......	......	......	......	10

ES

1	......	21	2	23	1	2	1	2	......	2	......	18
2	......	4	......	4	......	......	......	......	......	......	......	9
.	......	1	......	1	......	......	......	......	......	......	......	......
1	......	8	30	38	1	2	......	......	......	......	......	9
.	......	3	......	3	......	......	......	......	......	5	......	2
4	......	37	32	69	2	4	1	2	5	2	......	38

PRE$

POBLACI

DISTRITOS.	Adoberos.	Aguadores.	Arrieros.	Billeteros.		To
				H.	M.	
Centro..	4	38	194	2	1	
San Juan del Rio...............................	....	5	63	27	5	....
Amealco..	....	....	42	....	....	....
Cadereyta...	....	8	161	....	....	....
Toliman..	....	....	110	....	....	....
Jalpan..	....	....	27	....	....	....
SUMAS......................	4	51	597	29	. 6	

DE

Centro..	....	....	110	....	....	....
San Juan del Rio...............................	....	....	4	....	....	....
Amealco..	....	....	1	....	....	....
Cadereyta...	....	....	3	....	....	....
Toliman..	....	....	36	....	....	....
Jalpan..	....	....	....	....	....	....
SUMAS......................	....	....	154	....	....	....

AU$

Centro..	....	1	3	....	....	....
San Juan del Rio...............................	....	....	2	....	....	....
Amealco..	....	....	6	....	....	....
Cadereyta...	....	....	33	....	....	....
Toliman..	....	1	10	....	....	....
Jalpan..	....	1	1	....	....	....
SUMAS......................	....	2	55	....	....	....

NTES

SEGUN LA OCUPACIÓN PRINCIPAL.

DIVERSAS OCUPACIONES.

Cargadores.	Carniceros.	Cesteros.			Cocheros.	Costureras.	Domésticos.			Empleados particulares.		
		H.	M.	Total.			H.	M.	Total.	H.	M.	Total.
106	10	......	......	......	51	330	806	2,425	3,231	97	12	109
41	2	......	......	......	2	237	436	693	1,129	18	....	18
......	1	......	......	......	......	1	164	226	390	22	....	.22
1	3	......	......	......	......	74	320	609	929	44	....	44
......	......	......	......	......	11	110	430	506	936	10	....	10
......	......	......	......	......	3	34	215	462	677	3	....	3
148	16	......	......	......	67	786	2,371	4,921	7,292	194	12	206

ASO

......	......	......	......	......	5	4	31	35	....	....	....	
......	3	3	6	......	3	6	25	31	....	....	....	
......	......	......	......	......	......	......	1	1	....	....	....	
......	......	......	......	......	2	1	1	2	....	....	....	
......	......	......	......	......	......	2	5	7	....	....	....	
......	......	......	......	......	......	2	10	12	....	....	....	
......	3	3	6	......	10	15	73	88	....	....	....	

NTES

2	3	......	......	......	1	•15	30	55	85	7	....	7
1	1	......	......	......	......	5	47	23	70	3	....	3
......	......	......	......	......	......	......	18	17	35	1	....	1
......	......	......	......	......	......	4	3	6	9	....	....	....
......	......	......	......	......	1	2	31	21	52	....	....	....
......	......	......	......	......	......	......	5	9	14	....	....	....
3	4	......	......	......	2	26	134	131	265	11	....	11

PRESE

DISTRITOS.	POBLACION					
	DIVERSAS OCUPACIONES					
	Hortelanos.	Jardineros.	Lavanderas.	Matanceros.	Mensilitas.	Molenderas.
Centro	409	6	326	47	9	482
San Juan del Rio	25	....	93	12	10	163
Amealco	....	....	16	....	....	34
Cadereyta	2	....	39	7	....	107
Toliman	80	11	26	2	....	305
Jalpan	....	....	24	21	.......:	21
SUMAS	516	17	524	89	19	1,112

DE P

Centro	....	....	.......:.	1	1	5
San Juan del Río	....	....	2	....	....	....
Amealco	....	....	....	....	....	....
Cadereyta	....	1	....	....	....	....
Toliman	....	....	7	....	....	12
Jalpan	....	....	....	....	....	....
SUMAS	....	1	9	1	1	17

AUSE

Centro	•6	....	6	1	1	8
San Juan del Rio	....	....	....	....	....	....
Amealco	....	....	....	....	....	....
Cadereyta	....	....	....	....	....	....
Toliman	1	....	....	....	....	8
Jalpan	....	....	....	2	....	....
SUMAS	7	....	6	3	1	16

'ES

GUN LA OCUPACION PRINCIPAL.

'orteros. M.	Total.	Tortilleras.	Sin ocupacion. H.	M.	Total.	Sin ocupacion por menores de edad. H.	M.	Total.	Se ignora. H.	M.	Total.	Total general.
2	18	687	1,526	3,330	4,856	7,970	7,943	15,913	2,069	21,136	23,205	79,809
2	3	54	81	638	719	5,206	4,906	10,112	1,337	10,543	11,880	40,124
...	.....	12	30	24	54	2,597	2,558	5,155	733	5,631	6,364	20,787
...	3	13	77	117	194	3,131	3,162	6,293	1,108	6,422	7,530	24,073
1	6	15	65	44	109	3,398	3,396	6,794	396	8,548	8,944	26,533
...	.....	.....	213	642	855	3,671	3,279	6,950	1,723	8,724	10,447	33,522
5	30	781	1,992	4,795	6,787	25,973	25,244	51,217	7,366	61,004	68,370	224,848

O

M.	Total.	Tortilleras.	H.	M.	Total.	H.	M.	Total.	H.	M.	Total.	Total general.
...	.....	14	9	29	38	51	50	101	6	228	234	888
...	.....	7	10	.....	10	47	45	92	37	148	185	953
...	.....	16	26	11	37	44	34	78	23	116	139	572
...	.....	.....	.....	.....	.....	9	2	11	5	17	22	239
...	.....	4	13	18	31	24	21	45	27	109	136	787
...	.....	.....	3	20	23	20	23	43	.....	26	26	264
...	.....	41	61	78	139	195	175	370	98	644	742	3,703

'ES

M.	Total.	Tortilleras.	H.	M.	Total.	H.	M.	Total.	H.	M.	Total.	Total general.
...	.....	28	9	14	23	138	145	283	96	487	583	1,972
...	.....	1	4	12	16	107	103	210	85	355	440	1,550
...	.....	.....	.....	.....	.....	29	27	56	10	90	100	396
...	.....	.....	8	4	12	....	....	....	21	50	71	192
...	2	3	2	.....	2	121	141	262	66	478	544	2,218
...	.....	1	24	43	67	63	41	104	26	168	194	1,129
...	2	33	47	73	120	458	457	915	304	1,628	1,932	7,457

PRES

POBLACION

DISTRITOS.

Centro..
San Juan del Rio..
Amealco...
Cadereyta..
Toliman...
Jalpan...

SUMAS...................

DE

Centro..
San Juan del Rio..
Amealco...
Cadoreyta..
Toliman...
Jalpan...

SUMAS...................

AUS

DISTRITOS		
Centro..	1,110	2
San Juan del Rio................................	932	....
Amealco...	252	....
Cadereyta..	116	....
Toliman...	1,521	2
Jalpan...	706	5
SUMAS...................	4,637	

NTES

| POR CULTOS. | | | | | | | POBLACION SEGUN EL IDIOMA HABITUAL. | | | | | |

Sin culto.			Se ignora.			Total general.	Castellano.			Apache.		
H.	M.	Total.	H.	M.	Total.		H.	M.	Total.	H.	M.	Total.
......	......	......	23	26	49	79,809	37,994	39,474	77,468	1	1	2
......	......	......	4	3	7	40,124	19,467	19,118	38,585	......	......	......
......	......	......	1	1	2	20,787	8,484	7,988	16,472	......	......	......
......	......	......	3	......	3	24,073	9,688	9,706	19,394	......	......	......
......	......	......	......	......	......	26,533	11,946	12,335	24,281	......	......	......
......	......	......	......	......	......	33,522	17,196	15,927	33,123	......	......	......
......	......	......	31	30	61	224,848	104,775	104,548	209,323	1	1	2

ASO

......	......	......	6	......	6	888	496	391	887	......	......	......
1	......	1	23	6	29	953	500	395	895	......	......	......
......	......	......	......	......	......	572	345	210	555	......	......	......
......	......	......	......	......	......	239	153	61	214	......	......	......
......	......	......	......	......	......	787	572	209	781	......	......	......
......	......	......	......	......	......	264	147	98	245	......	......	......
1	......	1	29	6	35	3,703	2,213	1,364	3,577	......	......	......

NTES

......	......	......	......	2	2	1,972	1,042	809	1,851	......	......	......
......	......	......	11	1	12	1,550	926	596	1,522	......	......	......
......	......	......	......	......	......	396	218	119	337	......	......	......
......	......	......	......	......	......	192	112	73	185	......	......	......
......	......	......	......	......	......	2,218	1,251	528	1,779	......	......	......
1	......	1	1	......	1	1,129	704	406	1,110	......	......	......
1	......	1	12	3	15	7,457	4,253	2,531	6,784	......	......	......

PRESI

| DISTRITOS. | POBLACION | | | | | |
| | Huaxteco. | | | Mexicano. | | |
	H.	M.	Total.	H.	M.	Total.
Centro...	....	....	....	....	....	....
San Juan del Rio................................	2	....	2	....	....	....
Amealco...	1	....	1	....	....	....
Cadereyta...	....	....	....	....	....	....
Toliman..	....	....	....	....	....	....
Jalpan..	....	....	....	18	12	30
SUMAS......................	3	....	3	18	12	30

DE

Centro...	....	....	....	....	....	....
San Juan del Rio................................	....	....	....	....	....	....
Amealco...	....	....	....	....	....	....
Cadereyta...	....	....	....	....	....	....
Toliman..	....	....	....	....	....	....
Jalpan..	....	....	....	....	....	....
SUMAS......................	....	....	....	....	....	....

AUSI

Centro...	....	....	....	....	....	....
San Juan del Rio................................	....	....	....	....	....	....
Amealco...	....	....	....	....	....	....
Cadereyta...	....	....	....	....	....	....
Toliman..	....	....	....	....	....	....
Jalpan..	....	....	....	....	....	....
SUMAS......................	....	..J.....	....	....	....	....

ITES

EGUN EL IDIOMA HABITUAL. | IDIOMAS EXTRANJEROS.

Otomí.			Tarasco.			Se ignora.			Aleman.		
H.	M.	Total.	H.	M.	Total.	H.	M.	Total.	H.	M.	Total.
1,139	1,135	2,274	....	....	....	18	24	42	2	2	4
814	716	1,530	....	....	....	4	3	7	....	....	....
2,112	2,203	4,315	....	....	....	....	....	....	....	....	....
2,064	2,042	4,106	280	281	561	2	6	8	....	....	....
1,006	1,126	2,132	....	....	....	60	60	120	....	....	....
174	189	363	....	....	....	2	4	6	....	....	....
7,309	7,411	14,720	280	281	561	86	97	183	2	2	4

ASO

1	....	1	....	....	....	....	....	....	....	....	....
33	12	45	....	....	....	9	4	13	....	....	....
9	8	17	....	....	....	....	....	....	....	....	....
21	4	25	....	....	....	....	....	....	....	....	....
3	3	6	....	....	....	....	....	....	....	....	....
15	4	19	....	....	....	....	....	....	....	....	....
82	31	113	....	....	....	9	4	13	....	....	....

ITES

69	51	120	....	....	....	1	....	1	....	....	....
17	11	28	....	....	....	....	....	....	....	....	....
34	25	59	....	....	....	....	....	....	....	....	....
4	3	7	....	....	....	....	....	....	....	....	....
271	164	435	....	....	....	1	3	4	....	....	....
8	10	18	....	....	....	1	....	1	....	....	....
403	264	667	....	....	....	3	3	6	....	....	....

PRE

	IDIOMAS					
DISTRITOS.	Frances.			Inglés.		
	H.	M.	Total.	H.	M.	T
Centro..	4	1	5	7	5	
San Juan del Rio...............................	....	....	....	....	....	....
Amealco...	....	....	....	....	....	....
Cadereyta..	....	....	....	2	....	....
Toliman...	....	....	....	....	....	....
Jalpan...	....	....	....	....	....	....
SUMAS......................	4	1	5	9	5	

D E

Centro..	....	....	....	....	....	...
San Juan del Río...............................	....	....	....	....	....	...
Amealco...	....	....	....	....	....	...
Cadereyta..	....	....	....	....	....	...
Toliman...	....	....	....	....	....	...
Jalpan...	....	....	....	....	....	...
SUMAS......................	....	....	....	....	....	...

A U S

Centro..	....	....	....	....	....	....
San Juan del Rio...............................	....	....	....	....	....	....
Amealco...	....	....	....	....	....	....
Cadereyta..	....	....	....	....	....	....
Toliman...	....	....	....	....	....	....
Jalpan...	....	....	....	....	....	....
SUMAS......................	....	....	....	....	....	....

TES

	NJEROS.					POBLACION SEGUN LA NACIONALIDAD.					

	Italiano.		Turco.			Total general.	Alemana.			Española.		
	M.	Total.	H.	M.	Total.		H.	M.	Total.	H.	M.	Total.
.	1	1	1	......	1	79,809	3	2	5	34	8	42
.	......	......	......	......	......	40,124	....	2	2	19	2	21
.	......	......	......	......	......	20,787	....	....	....	....	....	....
.	......	1	......	......	......	24,073	....	....	....	1	....	1
.	......	......	......	......	......	26,533	....	....	....	....	....	....
.	......	......	......	......	......	33,522	....	....	....	....	....	....
.	1	2	1	......	1	224,848	3	4	7	54	10	64

SO

......	......	......	......	......	888	1	....	1	2	....	2
......	......	......	......	......	953	....	....	....	....	....	....
......	......	......	......	......	572	....	....	....	....	....	....
......	......	......	......	......	239	....	....	....	....	....	....
......	......	......	......	......	787	....	....	....	....	....	....
......	......	......	......	......	264	....	....	....	....	....	....
......	......	......	......	......	3,703	1	....	1	2	....	2

TES

......	......	......	......	......	1,972	....	....	....	3	....	3
......	......	......	......	......	1,550	....	....	....	....	....	....
......	......	......	......	......	396	....	....	....	....	....	....
......	......	......	......	......	192	....	....	....	....	....	....
......	......	......	......	......	2,218	....	....	....	....	....	....
......	......	......	......	......	1,129	....	....	....	....	....	....
......	......	......	......	......	7,457	....	....	....	3	....	3

PRESE

POBLA

DISTRITOS.	Francesa.			Inglesa.		
	H.	M.	Total.	H.	M.	Total.
Centro....................................	4	1	5	3	3	6
San Juan del Rio....................	....	....	....	....	....	....
Amealco................................	....	....	....	....	....	....
Cadereyta.............................	....	....	....	1	....	1
Toliman................................	....	....	....	....	....	....
Jalpan..................................	....	....	....	....	....	....
SUMAS....................	4	1	5	4	3	7

DE F

Centro....................................	1	....	1	1	....	1
San Juan del Rio....................	....	....	....	....	....	....
Amealco................................	....	....	....	....	....	....
Cadereyta.............................	....	....	....	....	....	....
Toliman................................	....	....	....	....	....	....
Jalpan..................................	....	....	....	....	....	....
SUMAS....................	1	....	1	1	....	1

AUSE

Centro....................................	....	1	1	....	....	....
San Juan del Rio....................	....	....	....	....	....	....
Amealco................................	....	....	....	....	....	....
Cadereyta.............................	....	....	....	....	....	....
Toliman................................	....	....	....	....	....	....
Jalpan..................................	....	....	....	....	....	....
SUMAS....................	....	1	1	....	....	....

NTES

CION SEGUN LA NACIONALIDAD.

Italiana.			Mexicana.			Nortéamericana.			Se ignora.			Total general.	NÚMERO DE HOGARES.
H.	M.	Total.	H.	M.	Total.	H.	M.	Total.	H.	M.	Total.		
...	1	1	39,111	40,621	79,732	3	2	5	8	5	13	79,809	17,230
...	...	.....	20,261	19,828	40,089	3	.....	3	4	5	9	40,124	8,538
...	...	.....	10,596	10,191	20,787	.....	.....	.....	......	......	......	20,787	4,312
...	...	.....	12,034	12,035	24,069	2	.....	2	......	......	......	24,073	5,275
...	...	.....	13,012	13,521	26,533	.....	.....	.....	......	......	......	26,533	5,250
...	...	.....	17,390	16,132	33,522	.....	.....	... .	......	......	......	33,522	6,154
...	1	1	112,404	112,328	224,732	8	2	10	12	10	22	224,848	46,759

ASO

...	...	.....	492	391	883	.....	.....	.....	......	......	......	888	....
...	...	.....	542	411	953	.....	.....	.....	......	......	......	953	....
...	...	.....	354	218	572	.....	.....	.....	......	......	......	572	....
...	...	.....	174	65	239	.....	.....	.....	......	......	......	239	....
...	...	.....	575	212	787	.....	.....	.....	......	......	......	787	....
...	...	.....	162	102	264	.....	.....	.....	......	......	......	264	....
...	...	.....	2,299	1,399	3,698	.....	.....	.....	......	......	......	3,703	....

NTES

...	...	.....	1,109	859	1,968	.....	.....	.....	......	......	......	1,972	....
...	...	.....	943	607	1,550	.....	.....	.....	......	......	......	1,550	....
...	...	.....	252	144	396	.....	.....	.....	......	......	......	396	....
...	...	.....	116	76	192	.....	.....	.....	......	......	......	192	....
...	...	.....	1,523	695	2,218	.....	.....	.....	......	......	......	2,218	....
...	...	.....	713	416	1,129	.....	.....	.....	......	......	......	1,129	....
...	...	.....	4,656	2,797	7,453	.....	.....	.....	......	......	......	7,457	... .

RESUMEN.

DISTRITOS.	POBLACION DE HECHO.			POBLACION RESIDENTE.		
	Presentes.	De paso.	Total.	Presentes.	Ausentes.	Total.
Centro............................	79,809	888	80,697	79,809	1,972	81,781
San Juan del Rio..............	40,124	953	41,077	40,124	1,550	41,674
Amealco..........................	20,787	572	21,359	20,787	396	21,183
Cadereyta.......................	24,073	239	24,312	24,073	192	24,265
Toliman	26,533	787	27,320	26,533	2,218	28,751
Jalpan.	33,522	264	33,786	33,522	1,129	34,651
Sumas............	224,848	3,703	228,551	224,848	7,457	232,305

MINISTERIO DE FOMENTO

RECCION GENERAL DE ESTADISTICA

Á CARGO DEL

DR. ANTONIO PEÑAFIEL

CENSO GENERAL DE LA REPUBLICA MEXICANA

Verificado el 20 de Octubre de 1895.

MÉXICO
OFICINA TIP. DE LA SECRETARIA DE FOMENTO
Calle de San Andrés número 15.
—
1899

MINISTERIO DE FOMENTO

DIRECCION GENERAL DE ESTADISTICA

Á CARGO DEL

DR. ANTONIO PEÑAFIEL

CENSO GENERAL DE LA REPÚBLICA MEXICANA

Verificado el 20 de Octubre de 1895.

3o

MÉXICO
OFICINA TIP. DE LA SECRETARIA DE FOMENTO
Calle de San Andrés número 15.

1899

CENSO

DEL

ESTADO DE ZACATECAS.

CUADROS.

P.RESE

PARTIDOS.	POBLACION POR SEXOS.					
	NÚMERO DE HABITANTES.			De 0 á 1 año.		
	Hombres.	Mujeres.	Total.	H.	M.	Total.
Zacatecas..........................	38,308	41,027	79,335	1,848	1,730	3,578
Fresnillo	26,432	27,260	53,692	1,336	1,231	2,567
Pinos..............................	25,378	24,840	50,218	1,284	1,187	2,471
Jerez..............................	24,818	25,192	50,010	1,229	1,103	2,332
Sombrerete........................	19,168	18,896	38,064	641	619	1,260
Villanueva.	18,485	18,141	36,626	855	790	1,645
Tlaltenango.......................	18,671	18,539	37,210	937	810	1,747
Nieves............................	14,699	14,521	29,220	700	578	1,278
Juchipila	9,113	8,937	18,050	331	329	660
Mazapil...........................	9,028	8,768	17,796	443	404	847
Ojocaliente.	9,426	9,200	18,626	459	449	908
Nochixtlan........................	9,218	9,200	18,418	439	352	791
SUMAS........................	222,744	224,521	447,265	10,502	9,582	20,084

DE P

Zacatecas..........................	777	394	1,171	8	17	25
Fresnillo...........................	467	353	820	17	11	28
Pinos..............................	1,096	449	1,545	9	14	23
Jerez..............................	120	123	243	8	6	14
Sombrerete........................	205	121	326	5	7	12
Villanueva.	145	163	308	5	1	6
Tlaltenango.......................	80	71	151	2	4	6
Nieves............................	95	71	166	3	2	5
Juchipila	84	38	122	1	....	1
Mazapil...........................	94	74	168	3	2	5
Ojocaliente.	130	82	212	3	3	6
Nochixtlan........................	47	34	81	1	....	1
SUMAS...............	3,340	1,973	5,313	65	67	132

Sigue en las páginas 62 y 63.

NTES.

POBLACION POR EDADES.

De 2 años.			De 3 años.			De 4 años.			De 5 años.		
H.	M.	Total.	H.	M.	Total.	H.	M.	Total.	H.	M.	Total.
833	844	1,677	863	810	1,673	918	894	1,812	1,011	972	1,983
652	644	1,296	749	603	1,352	747	755	1,502	829	750	1,579
652	616	1,268	667	671	1,338	766	730	1,496	723	691	1,414
614	647	1,261	717	625	1,342	727	676	1,403	724	657	1,381
409	414	823	423	396	819	422	466	888	507	494	1,001
511	511	1,022	438	463	901	447	467	914	533	459	992
540	583	1,123	558	519	1,077	537	515	1,052	490	441	931
380	359	739	369	343	712	426	405	831	463	406	869
227	232	459	215	210	425	216	233	449	224	201	425
267	241	508	218	263	481	268	270	538	286	275	561
247	243	490	342	260	602	287	302	589	285	272	557
240	215	455	221	233	454	240	258	498	227	217	444
5,572	5,549	11,121	5,780	5,396	11,176	6,001	5,971	11,972	6,302	5,835	12,137

ASO

H.	M.	Total.	H.	M.	Total.	H.	M.	Total.	H.	M.	Total.
18	9	27	12	15	27	12	11	23	7	7	14
6	7	13	7	7	14	9	10	19	10	9	19
9	4	13	8	13	21	14	12	26	34	21	55
....	6	6	5	....	5	3	3	6	2	....	2
1	4	5	4	2	6	7	3	10	6	3	9
3	3	6	2	2	4	4	4	8	2	5	7
1	....	1	2	2	4	....	3	3	1	2	3
....	....	....	2	1	3	2	2	4	1	1	2
....	1	1	1	....	1	2	....	2	....	2	2
2	2	4	2	4	6	2	5	7	2	1	3
1	2	3	1	1	2	2	1	3	2	4	6
1	1	2	....	....	....	1	....	1	2	3	5
42	39	81	46	47	93	58	54	112	69	58	127

PRESE

PARTIDOS.	De 6 á 10 años.			De 11 á 15 años.		
	H.	M.	Total.	H.	M.	Total.
Zacatecas	4,941	4,459	9,400	4,207	4,136	8,343
Fresnillo	3,956	3,796	7,752	3,122	2,953	6,075
Pinos	3,821	3,432	7,253	3,039	2,634	5,673
Jerez	3,535	3,477	7,012	2,741	2,746	5,487
Sombrerete	1,872	1,944	3,816	1,893	1,892	3,785
Villanueva	2,618	2,511	5,129	2,086	1,895	3,981
Tlaltenango	2,732	2,438	5,170	2,137	2,076	4,213
Nieves	2,232	2,003	4,235	1,728	1,570	3,298
Juchipila	1,195	1,115	2,310	1,039	926	1,965
Mazapil	1,293	1,206	2,499	972	1,029	2,001
Ojocaliente	1,248	1,220	2,468	1,093	1,049	2,142
Nochixtlan	1,379	1,270	2,649	1,083	978	2,061
SUMAS	30,822	28,871	59,693	25,140	23,884	49,024

DE P

Zacatecas	44	31	75	39	34	73
Fresnillo	51	42	93	46	43	89
Pinos	89	42	131	108	58	166
Jerez	15	12	27	14	14	28
Sombrerete	13	13	26	18	10	28
Villanueva	16	19	35	17	18	35
Tlaltenango	7	9	16	9	6	15
Nieves	8	5	13	10	7	17
Juchipila	7	5	12	5	7	12
Mazapil	8	10	18	6	2	8
Ojocaliente	15	9	24	11	11	22
Nochixtlán	7	6	13	3	....	3
SUMAS	280	203	483	286	210	496

Sigue en las páginas 64 y 65.

NTES

POBLACION POR EDADES.

De 16 á 20 años.			De 21 á 25 años.			De 26 á 30 años.			De 31 á 35 años.		
H.	M.	Total.	H.	M.	Total.	H.	M.	Total.	H.	M.	Total.
3,707	4,573	8,280	3,271	3,769	7,040	4,075	4,955	9,030	2,164	2,155	4,319
2,448	2,965	5,413	1,874	2,360	4,234	2,484	3,007	5,491	1,162	1,133	2,295
2,302	2,659	4,961	1,830	2,002	3,832	2,191	2,551	4,742	1,165	1,176	2,341
2,408	2,761	5,169	1,859	2,294	4,153	2,419	2,784	5,203	1,239	1,186	2,425
1,865	1,927	3,792	2,040	2,112	4,152	2,105	1,877	3,982	1,844	1,588	3,432
1,775	1,904	3,679	1,406	1,555	2,961	1,789	2,024	3,813	902	850	1,752
1,875	2,175	4,050	1,476	1,619	3,095	1,831	2,073	3,904	916	854	1,770
1,453	1,661	3,114	1,106	1,224	2,330	1,351	1,468	2,819	647	651	1,298
932	1,059	1,991	744	798	1,542	1,018	1,044	2,062	523	475	998
863	894	1,757	776	798	1,574	840	867	1,707	462	424	886
902	992	1,894	701	778	1,479	890	1,012	1,902	439	400	839
909	1,031	1,940	652	752	1,404	848	1,011	1,859	417	460	877
21,439	24,601	46,040	17,735	20,061	37,796	21,841	24,673	46,514	11,880	11,352	23,232

ASO

H.	M.	Total.	H.	M.	Total.	H.	M.	Total.	H.	M.	Total.
76	51	127	106	33	139	131	53	184	79	30	109
46	50	96	48	40	88	55	56	111	25	16	41
122	47	169	113	49	162	133	43	176	154	48	202
10	11	21	12	18	30	14	15	29	6	4	10
27	20	47	26	13	39	28	11	39	16	9	25
15	29	44	18	20	38	22	14	36	4	12	16
8	10	18	11	10	21	10	10	20	16	9	25
9	10	19	9	4	13	9	10	19	1	3	4
9	2	11	11	3	14	12	7	19	14	3	17
11	13	24	9	9	18	18	11	29	13	3	16
12	10-	22	7	1	8	27	13	40	6	2	8
2	5	7	5	6	11	6	....	6	11	6	17
347	258	605	375	206	581	465	243	708	345	145	490

PRESE

PARTIDOS.	De 36 á 40 años.			De 41 á 45 años.		
	H.	M.	Total.	H.	M.	Total.
Zacatecas...	3,469	3,986	7,455	1,391	1,361	2,752
Fresnillo...	2,032	2,235	4,267	803	794	1,597
Pinos..	1,929	1,941	3,870	894	891	1,785
Jerez	1,951	1,874	3,825	718	849	1,567
Sombrerete...	1,312	1,393	2,705	685	773	1,458
Villanueva...	1,622	1,613	3,235	554	490	1,044
Tlaltenango...	1,510	1,470	2,980	550	505	1,055
Nieves..	1,094	1,180	2,274	424	435	859
Juchipila..	873	865	1,738	317	310	627
Mazapil..	652	662	1,314	340	262	602
Ojocaliente...	795	774	1,569	248	244	492
Nochixtlan..	794	802	1,596	292	282	574
SUMAS...........................	18,033	18,795	36,828	7,216	7,196	14,412

DE P

Zacatecas...	92	29	121	35	12	47
Fresnillo...	48	17	65	21	12	33
Pinos..	86	20	106	57	24	81
Jerez	15	10	25	4	8	12
Sombrerete...	21	8	29	7	6	13
Villanueva...	10	11	21	2	5	7
Tlaltenango...	6	2	8	2	2	4
Nieves..	13	9	22	4	1	5
Juchipila..	6	2	8	3	....	3
Mazapil..	6	2	8	....	2	2
Ojocaliente...	12	7	19	3	1	4
Nochixtlan..	2	1	3	2	2	4
SUMAS.......................	317	118	435	140	75	215

Sigue en las páginas 66 y 67.

TES.

)BLACION POR EDADES. - .

	De 46 á 50 años.		De 51 á 55 años.			De 56 á 60 años.			De 61 á 65 años.		
I.	M.	Total.	H.	M.	Total.	H.	M.	Total.	H.	M.	Total.
135	2,680	4,815	755	724	1,479	1,405	1,648	3.053	422	418	840
462	1,633	3,095	569	505	1,074	1,086	1,053	2,139	360	267	627
444	1,428	2,872	578	395	973	945	875	1,820	323	287	610
255	1,409	2,664	614	451	1,065	1,005	789	1,794	378	243	621
981	1,179	2,160	513	410	923	626	611	1,237	316	337	653
075	1,081	2,156	354	336	690	785	673	1,458	247	172	419
938	993	1,931	350	283	633	701	679	1,380	198	161	359
757	793	1,550	341	286	627	601	597	1,198	192	178	370
566	515	1,081	158	133	291	304	285	589	78	72	150
442	423	865	211	169	380	343	305	648	138	115	253
534	499	1,033	161	119	280	405	345	750	137	62	199
500	560	1,060	182	147	329	404	360	764	125	92	217
089	13,193	25,282	4,786	3,958	8,744	8,610	8,220	16,830	2,914	2,404	5,318

SO.

48	26	74	22	10	32	26	11	37	10	1	11
26	15	41	11	4	15	26	9	35	8	2	10
42	18	60	58	16	74	24	5	29	19	4	23
8	6	14	2	....	2	1	7	8	....	....	....
6	5	11	4	2	6	5	2	7	6	1	7
10	9	19	9	2	11	5	4	9	....	....	....
2	....	2	2	....	2	1	1	2	....	1	1
5	4	9	3	....	3	2	2	4	3	....	3
2	3	5	6	1	7	2	1	3	1	1	2
5	1	6	1	1	2	3	1	4	1	1	1
10	7	17	3	2	5	6	5	11	6	2	8
2	2	4	2	....	2	....	....	....	1	1	1
166	96	262	123	38	161	101	48	149	53	14	67

PRESE

PARTIDOS.	De 66 á 70 años.			De 71 á 75 años.		
	H.	M.	Total.	H.	M.	Total.
Zacatecas..	487	490	977	165	115	280
Fresnillo	417	325	742	114	80	194
Pinos...	382	261	643	131	87	218
Jerez...	372	291	663	120	96	216
Sombrerete..	306	212	518	149	79	228
Villanueva...	320	213	533	61	48	109
Tlaltenango...	200	176	376	75	56	131
Nieves...	235	208	443	81	55	136
Juchipila	85	67	152	35	18	53
Mazapil...	131	82	213	47	41	88
Ojocaliente..	140	100	240	39	25	64
Nochixtlan...	148	114	262	47	19	66
SUMAS........................	3,223	2,539	5,762	1,064	719	1,783

DE P

PARTIDOS.						
Zacatecas..	4	4	8	1	2	3
Fresnillo	6	2	8	1	....	1
Pinos...	4	3	7	5	2	7
Jerez...	....	....	....	....	2	2
Sombrerete..	3	1	4	1	1	2
Villanueva...	....	2	2	1	2	3
Tlaltenango...	....	....	....	....	....	....
Nieves...	2	....	2	1	....	1
Juchipila	1	....	1	....	....	....
Mazapil...	1	3	4	2	1	3
Ojocaliente..	2	....	2	....	1	1
Nochixtlan...	....	....	....	....	....	....
SUMAS........................	23	15	38	12	11	23

Sigue en las páginas 68 y 69.

NTES

OBLACION POR EDADES.

De 76 á 80 años.			De 81 á 85 años.			De 86 á 90 años.			De 91 á 95 años.		
H.	M.	Total.	H.	M.	Total.	H.	M.	Total.	H.	M.	Total.
170	196	366	28	48	76	24	39	63	....	6	6
148	112	260	43	28	71	24	19	43	3	3	6
131	112	243	41	35	76	36	24	60	11	2	13
126	105	231	30	26	56	29	25	54	5	2	7
142	93	235	53	36	89	35	23	58	14	13	27
69	59	128	18	16	34	12	7	19	4	1	5
75	65	140	17	10	27	25	25	50	....	....	....
84	86	170	26	21	47	9	13	22	....	1	1
19	14	33	5	7	12	....	8	8	3	1	4
25	27	52	7	4	11	3	7	10	1	....	1
47	34	81	7	8	15	12	4	16	4	5	9
51	27	78	5	8	13	13	6	19	....	2	2
1,087	930	2,017	280	247	527	222	200	422	45	36	81

ASO

5	1	6	....	1	1	....	1	1	....	....	....
....	....	....	....	1	1	....	....	....	1	....	1
1	....	1	....	....	....	....	....	....	....	1	1
1	....	1	....	....	....	....	....	....	....	....	....
....	....	....	....	....	....	....	....	....	....	....	....
1	1	2	....	1	1	....	....	....	....	....	....
....	....	....	1	....	1	....	....	....	....	....	....
1	....	1	....	....	....	....	....	....	....	....	....
....	....	....	....	....	....	....	....	....	....	....	....
10	2	12	1	3	4	....	1	1	1	1	2

PRESI

POBLACION POI

PARTIDOS.	De 96 á 100 años.			De más de 100 años.		
	H.	M.	Total.	H.	M.	Total.
Zacatecas	3	....	3	....	....	....
Fresnillo	4	1	5	....	....	....
Pinos	2	2	4	....	....	....
Jerez	3	3	6	....	1	1
Sombrerete	5	6	11	....	1	1
Villanueva	1	....	1	....	....	....
Tlaltenango	....	....	....	....	....	....
Nieves	....	....	....	....	....	....
Juchipila	....	....	....	....	....	....
Mazapil	....	....	....	....	....	....
Ojocaliente	1	....	1	....	....	....
Nochixtlan	1	....	1	....	3	3
SUMAS	20	12	32	....	5	5

DE P

Zacatecas	....	....	....	....	....	....
Fresnillo	....	....	....	....	....	....
Pinos	....	....	....	....	....	....
Jerez	....	....	....	....	....	....
Sombrerete	....	....	....	....	....	....
Villanueva	....	....	....	....	....	....
Tlaltenango	....	....	....	....	....	....
Nieves	....	....	....	v........	....	....
Juchipila	....	....	....	....	....	....
Mazapil	....	....	....	....	....	....
Ojocaliente	....	....	....	....	....	....
Nochixtlan	....	....	....	....	....	....
SUMAS	....	....	....	....	....	....

Sigue en las páginas 70 y 71.

TES

DADES.   Entidad política de la República á que pertenece el lugar del nacimiento.

	Se ignora.		TOTAL GENERAL.	Aguascalientes.			Campeche.		
.	M.	Total.		H.	M.	Total.	H.	M.	Total.
16	19	35	79,335	748	845	1,593	....	....	....
8	8	16	53,692	63	44	107	....	....	....
91	151	242	50,218	202	207	409	....	......:...	....
....	72	72	50,010	2	5	7	....	....	....
10	1	11	'38,064	33	24	57	....	....	....
3	3	6	36,626	199	160	359	....	....	....
3	13	16	37,210	27	21	48.	....	....	....
....	....	....	29,220	21	14	35	....	....	....
6	20	26	18,050	111	92	203	....	....	....
....	....	....	17,796	75	77	152	....	....	....
3	4	7	18,626	415	386	801	....	....	....
1	1	2	18,418	10	12	22	....	....	....
.41	292	433	447,265	1,906	1,887	3,793	....	....	....

SO

2	5	7	1,171	67	35	102	....	....	....
....	1	1	820	4	4	8	....	....	....
6	5	11	1,545	56	21	77	....	....	....
....	....	....	243	....	....	....	....	....	....
....	....	....	326	3	2	5	....	....	....
....	1	1	308	7	9	16	....	....	....
....	....	....	151	1	2	3	....	....	....
7	8	15	166	2	2	4	....	....	....
....	....	....	122	....	....	....	....	....	....
....	....	....	168	....	....	....	....	....	....
....	....	....	212	19	11	30	....	....	....
....	1	1	81	....	....	....	....	....	....
15	21	36	5,313	159	86	245	....	....	....

PRE?

ENTIDAD POLITICA DE LA

PARTIDOS.	Coahuila.			Colima.		
	H.	M.	Total.	H.	M.	Tot
Zacatecas	7	5	12	1	....	
Fresnillo	7	7	14	1	1	
Pinos	7	4	11	2	....	
Jerez	....	....	....	....	....	.....
Sombrerete	13	5	18	....	....	.....
Villanueva	....	1	1	....	1	.....
Tlaltenango	....	....	....	....	....	.....
Nieves	7	8	15	3	11	.....
Juchipila	....	1	1	....	....	.....
Mazapil	164	153	317	1	....	.....
Ojocaliente	....	....	....	....	....	.....
Nochixtlan	....	....				
SUMAS	205	184	389	8	13	

DE

PARTIDOS.						
Zacatecas	....	1	1	....	....	.....
Fresnillo	1	....	1	....	....	.....
Pinos	....	....	....	....	....	.....
Jerez	....	....	....	....	....	.....
Sombrerete	....	....	....	....	....	.....
Villanueva	....	....	....	....	....	.....
Tlaltenango	....	....	....	....	....	.....
Nieves	....	....	....	....	....	.....
Juchipila	2	....	2	....	....	.....
Mazapil	....	....	....	....	....	.....
Ojocaliente	2	1	3	....	....	.....
Nochixtlan	....	....	....	....	....	.....
SUMAS	5	2	7	....	....	.....

Sigue en las páginas 72 y 73.

TES

BLICA A QUE PERTENECE EL LUGAR DEL NACIMIENTO.

	Chiapas.		Chihuahua.			Durango.			Guanajuato.		
	M.	Total.	H.	M.	Total.	H.	M.	Total.	H.	M.	Total.
1	......	1	10	9	19	55	71	126	138	158	296
..	......	......	1	3	4	36	37	73	13	15	28
1	......	1	6	2	8	43	44	87	94	89	183
..	......	......	......	......	......	......	1	1	14	13	27
..	......	......	25	7	32	139	108	247	26	12	38
..	......	......	1	......	1	3	3	6	14	8	22
..	......	......	1	......	1	2	5	7	......	......	......
..	......	......	3	10	13	135	164	299	9	9	18
..	......	......	......	......	......	......	......	......	6	13	19
..	......	......	2	5	7	19	28	47	46	33	79
..	......	......	1	1	2	6	1	7	22	25	47
..	......	......	......	1	1	1	3	4	......	......	......
2	......	2	50	38	88	439	465	904	382	375	757

SO

...	......	......	......	......	......	3	2	5	14	9	23
...	......	......	......	......	......	4	2	6	2	......	2
...	......	......	3	1	4	5	......	5	32	14	46
...	......	......	......	......	......	......	......	......	......	......	......
...	......	......	......	......	......	2	1	3	1	......	1
...	......	......	......	......	......	......	......	......	1	1	2
...	......	......	......	......	......	......	......	......	......	......	......
...	......	......	......	......	......	7	5	12	......	......	......
...	......	......	......	......	......	......	......	......	3	......	3
...	......	......	......	......	......	......	......	......	......	......	......
...	......	......	......	......	......	......	......	......	......	......	......
...	......	......	3	1	4	21	10	31	53	24	77

PRESE

ENTIDAD POLITICA DE LA RI

PARTIDOS.

Zacatecas..
Fresnillo...
Pinos...
Jerez...
Sombrerete...
Villanueva...
Tlaltenango...
Nieves...
Juchipila..
Mazapil..
Ojocaliente..
Nochixtlan...

SUMAS.......................

DE P

Zacatecas..
Fresnillo...
Pinos...
Jerez...
Sombrerete...
Villanueva...
Tlaltenango...
Nieves...
Juchipila..
Mazapil..
Ojocaliente..
Nochixtlan...

SUMAS.......................

NTES

UBLICA A QUE PERTENECE EL LUGAR DEL NACIMIENTO.

Jalisco.			México.			Michoacan.			Morelos.		
H.	M.	Total.	H.	M.	Total.	H.	M.	Total.	H.	M.	Total.
342	339	681	52	78	130	9	7	16	....	....	....
123	107	230	6	5	11	2	1	3	....	....	....
180	229	409	13	12	25	5	9	14	....	....	....
162	190	352	....	1	1	....	1	1	....	....	....
29	18	47	8	7	15	1	....	1	....	....	....
104	121	225	5	9	14	....	....	....	....	....	....
305	304	609	4	2	6	....	....	....	....	....	....
11	11	22	2	7	9	2	2	4	....	....	....
265	258	523	....	....	....	....	....	....	....	....	....
54	44	98	1	3	4	....	....	....	....	2	....
52	34	86	....	....	....	1	....	1	....	2	2
75	67	142	....	1	1	1	2	3	....	....	....
1,702	1,722	3,424	91	125	216	21	22	43	....	2	2

ASO

19	....	19	5	3	8	....	....	....	....	....	....
23	19	42	1	....	1	....	....	....	....	....	....
36	16	52	18	....	18	....	....	....	....	....	....
....	....	....	....	....	....	....	....	....	....	....	....
3	....	3	1	5	6	....	....	....	....	....	....
13	13	26	....	....	....	....	....	....	....	....	....
7	6	13	....	....	....	....	....	....	....	....	....
....	....	....	....	....	....	....	....	....	....	....	....
1	3	4	....	....	....	....	....	....	....	....	....
2	....	2	....	....	....	....	....	....	....	....	....
....	....	....	....	....	....	....	....	....	....	....	....
19	4	23	....	....	....	....	....	....	....	....	....
123	61	184	25	8	33	....	....	....	....	....	....

PRES

ENTIDAD POLITICA DE LA

PARTIDOS.	Nuevo Leon.			Oaxaca.		
	H.	M.	Total.	H.	M.	Tot.
Zacatecas...	6	9	15	4	1	
Fresnillo...	2	5	7	....	....	.....
Pinos...	6	2	8	....	....	.....
Jerez...	....	....	....	....	....	.....
Sombrerete..	10	4	14	....	....	.....
Villanueva...	2	1	3	....	....	.....
Tlaltenango..	....	1	1	....	....	.....
Nieves..	5	1	6	....	....	.....
Juchipila..	....	....	....	....	....	.....
Mazapil..	20	23	43	....	....	.....
Ojocaliente..	....	....	....	....	....	.....
Nochixtlan...	....	....	....	....	....	.....
SUMAS........................	51	46	97	4	1	

DE

Zacatecas...	....	....	....	....	....	.....
Fresnillo...	16	2	18	....	....	.....
Pinos...	4	....	4	....	....	.....
Jerez...	....	....	....	....	....	.....
Sombrerete..	....	....	....	....	....	.....
Villanueva...	....	....	....	....	....	.....
Tlaltenango..	....	....	....	....	....	.....
Nieves..	1	....	1	....	....	.....
Juchipila..	....	....	....	....	....	.....
Mazapil..	....	....	....	....	....	.....
Ojocaliente..	....	....	....	....	....	.....
Nochixtlan...	....	....	....	....	....	.....
SUMAS........................	21	2	23	....	....	.....

Sigue en las páginas 76 y 77.

T E S

BLICA A QUE PERTENECE EL LUGAR DEL NACIMIENTO.

Puebla.			Querétaro.			San Luis Potosí.			Sinaloa.		
H.	M.	Total.	H.	M.	Total.	H.	M.	Total.	H.	M.	Total.
6	3	9	11	7	18	555	632	1,187	....	3	3
....	1	1	....	....	....	184	165	349	1	....	1
3	....	3	10	1	11	796	738	1,534	....	....	....
....	....	....	....	....	....	2	7	9	....	....	....
....	....	....	21	7	28	37	31	68	3	....	3
....	....	....	1	....	1	8	4	12	....	....	....
....	....	....	....	....	....	2	2	4	1	....	1
1	1	2	....	....	....	34	43	77	3	3	6
1	....	1	....	....	....	1	6	7	....	....	....
1	....	1	....	....	....	1,172	1,028	2,200	....	....	....
....	....	....	2	1	3	198	186	384	....	....	....
....	....	....	....	....	....	....	....	....	....	....	....
12	5	17	45	16	61	2,989	2,842	5,831	8	6	14

S O

Puebla.			Querétaro.			San Luis Potosí.			Sinaloa.		
....	....	....	2	1	3	31	12	43	....	....	....
....	....	....	....	....	....	6	3	9	....	....	....
....	1	1	1	1	2	89	48	137	....	....	....
....	....	....	....	....	....	....	....	....	....	....	....
....	....	....	....	....	....	....	....	....	....	....	....
....	....	....	....	....	....	3	3	6	....	....	....
....	....	....	....	....	....	4	2	6	....	....	....
....	....	....	....	....	....	23	18	41	....	....	....
....	....	....	....	....	....	....	....	....	....	....	....
....	....	....	....	....	....	....	....	....	....	....	....
....	1	1	3	2	5	156	86	242	....	....	....

PRE

ENTIDAD POLITICA DE LA

PARTIDOS.	Sonora.			Tabasco.		
	H.	M.	Total.	H.	M.	T
Zacatecas...................................	2	....	2	....	....	....
Fresnillo...................................	2	....	2	....	....	....
Pinos......................................	....,...	....	....	....	....	....
Jerez......................................	....	....	....	....	....	....
Sombrerete.................................	....	....	....	....	....	....
Villanueva.................................	....	....	....	....	....	....
Tlaltenango................................	....	....	....	....	....	....
Nieves.....................................	2	1	3	....	....	....
Juchipila..................................	....	....	....	....	....	....
Mazapil....................................	....	....	....	....	....	....
Ojocaliente................................	....	....	....	....	....	....
Nochixtlan.................................	....	....	....	....	....	....
SUMAS.........................	6	1	7	....	....	....

'D E

Zacatecas...................................	....	....	....	....	....	....
Fresnillo...................................	....	....	....	....	....	....
Pinos......................................	....	....	....	....	....	....
Jerez......................................	....	....	....	....	....	....
Sombrerete.................................	....	....	....	....	....	....
Villanueva.................................	....	....	....	....	....	....
Tlaltenango................................	....	....	....	....	....	....
Nieves.....................................	....	....	....	....	....	....
Juchipila..................................	....	....	....	....	....	....
Mazapil....................................	....	....	....	....	....	....
Ojocaliente................................	....	....	....	....	....	....
Nochixtlan.................................	....	....	....	....	....	....
SUMAS.........................	....	....	....	....	....	....

Sigue en las páginas 78 y 79.

TES

BLICA A QUE PERTENECE EL LUGAR DEL NACIMIENTO.

Tamaulipas.			Tlaxcala.			Veracruz.			Yucatan.		
H.	M.	Total.	H.	M.	Total.	H.	M.	Total.	H.	M.	Total.
1	4	5	....	1	1	11	13	24	1	....	1
......	....	....	....	....	....	....	....	....	1	....	1
......	....	....	....	....	....	....	....	....	....	....	....
6	4	10	....	....	....	1	....	1	....	....	....
......	....	....	....	....	....	....	1	1	....	....	....
1	2	3	....	....	....	....	....	....	....	....	....
......	....	....	....	....	....	....	1	1	....	....	....
12	4	16	....	....	....	....	....	....	....	....	....
......	1	1	....	....	....	....	....	....	....	....	....
......	....	....	1	1	2	....	....	....	....	....	....
20	15	35	1	2	3	12	15	27	2	....	2

SO

......	....	....	....	....	....	....	....	....	....	....	....
1	....	1	....	....	....	1	....	1	....	....	....
6	....	6	....	....	....	....	....	....	....	....	....
......	....	....	....	....	....	....	....	....	....	....	....
......	....	....	....	....	....	....	....	....	....	....	....
......	....	....	....	....	....	....	....	....	....	....	....
......	....	....	....	....	....	....	....	....	....	....	....
......	....	....	....	....	....	....	....	....	....	....	....
......	....	....	....	....	....	....	....	....	....	....	....
......	....	....	....	....	....	....	....	....	....	....	....
7	....	7	....	....	....	1	....	1	....	....	....

PRE

ENTIDAD POLITICA DE LA

PARTIDOS.	Zacatecas.			Distrito Federa	
	H.	**M.**	**Total.**	**H.**	**M.**
Zacatecas...	36,196	38,619	74,815	2	2
Fresnillo...	25,976	26,866	52,842	1	......
Pinos...	23,972	23,484	47,456	6	9
Jerez...	24,636	24,973	49,609	....	......
Sombrerete...	18,743	18,646	37,389	....	......
Villanueva...	18,143	17,828	35,971	....	......
Tlaltenango..	18,320	18,201	36,521	....	......
Nieves...	14,456	14,235	28,691	....	......
Juchipila..	8,706	8,562	17,268	....	......
Mazapil..	7,447	7,367	14,814	4	......
Ojocaliente..	8,705	8,530	17,235	2	3
Nochixtlan...	9,127	9,113	18,240	1	......
SUMAS............................	214,427	216,424	430,851	16	14

D E

Zacatecas...	600	330	930	2	......
Fresnillo...	407	323	730	....	......
Pinos...	845	346	1,191	....	......
Jerez...	115	117	232	....	......
Sombrerete...	195	113	308	....	......
Villanueva...	124	140	264	....	......
Tlaltenango..	72	63	135	....	......
Nieves...	81	61	142	....	......
Juchipila..	83	35	118	....	......
Mazapil..	64	55	119	....	......
Ojocaliente..	100	69	169	1	......
Nochixtlan...	28	30	58	....	......
SUMAS............................	2,714	1,682	4,396	3	......

Sigue en las páginas 80 y 81.

E S

ICA A QUE PERTENECE EL LUGAR DEL NACIMIENTO.

o de la Baja California.		Territorio de Tepic.			Se ignora.			TOTAL.
M.	Total.	H.	M.	Total.	H.	M.	Total.	
....	....	2	1	3	16	191	207	79,180
....	....	....	....	....	....	....	....	53,676
....	....	....	....	....	....	- 1	1	50,183
....	....	....	....	....	....	....	....	50,007
1	....	1	....	1	....	....	....	37,969
....	....	2	1	3	....	....	....	36,620
....	....	6	1	7	1	....	1	37,209
....	....	....	....	....	1	....	1	29,217
....	....	4	4	8	....	....	....	18,031
....	....	....	....	....	....	....	....	17,783
....	....	....	....	....	3	22	25	18,599
....	....	....	....	....	1	....	1	18,417
....	....	15	7	22	22	214	236	446,891

O.

....	....	....	....	....	....	....	....	1,137
....	....	....	....	....	....	....	....	819
....	....	....	1	1	....	....	....	1,545
....	....	....	....	....	....	....	....	232
....	....	....	....	....	....	....	....	326
....	....	....	....	....	....	....	....	308
....	....	....	....	....	....	....	....	151
....	....	....	....	....	....	....	....	166
....	....	....	....	....	....	....	....	122
....	....	....	....	....	....	....	....	168
....	....	....	....	....	3	....	3	210
....	....	....	....	....	....	....	....	81
....	....	....	1	1	3	....	3	5,265

PRESE

NACION O PAIS A QUE PE

PARTIDOS.

Zacatecas..
Fresnillo..
Pinos..
Jeréz..
Sombrerete ....
Villanueva ....
Tlaltenango...
Nieves...
Juchipila ....
Mazapil...
Ojocaliente...
Nochixtlan..

SUMAS......................

DE P

Zacatecas..	....	....
Fresnillo..	....	....
Pinos..	....	....
Jerez..	....	....
Sombrerete..	....	....
Villanueva	....	....
Tlaltenango...		
Nieves...		
Juchipila		
Mazapil...		
Ojocaliente...		
Nochixtlán..		
SUMAS......................		

NTES.

TENECE EL LUGAR DEL NACIMIENTO DE LOS EXTRANJEROS.

Bélgica.			China.			España y colonias.			Francia y colonias.		
H.	M.	Total.	H.	M.	Total.	H.	M.	Total.	H.	M.	Total.
...	...	...	3	...	3	35	9	44	34	2	36
...	...	...	...	...	...	6	...	6	3	1	4
...	...	...	...	...	...	13	...	13	1	...	1
3	...	3	...	...	...	...	...	...	...	...	...
3	...	3	...	...	...	4	...	4	2	...	2
...	...	...	...	...	...	1	2	3	1	1	2
...	...	...	...	...	...	3	...	3	...	...	...
...	...	...	1	...	1	1	...	1	...	...	...
...	...	...	...	...	...	14	...	14	5	3	8
...	...	...	...	...	...	...	...	...	...	...	...
3	...	3	4	...	4	77	11	88	46	7	53

ASO.

...	...	...	...	...	...	2	...	2	3	...	3
...	...	...	...	...	...	1	...	1	...	...	...
...	...	...	...	...	...	5	6	11	...	...	...
...	...	...	...	...	...	...	...	...	...	...	...
...	...	...	...	...	...	...	...	...	...	...	...
...	...	...	...	...	...	...	...	...	...	...	...
...	...	...	...	...	...	...	...	...	...	...	...
...	...	...	...	...	...	...	...	...	1	...	1
...	...	...	...	...	...	...	...	...	...	...	...
...	...	...	...	...	...	8	6	14	4	...	4

PRESE

NACION O PAIS A QUE PER

PARTIDOS.	Holanda y colonias.			Inglaterra y colonias.		
	H.	M.	Total.	H.	M.	Total.
Zacatecas	1	....	1	7	3	10
Fresnillo	....	....	....	....	....	....
Pinos	....	....	....	3	....	3
Jerez	....	....	....	....	....	....
Sombrerete	....	....	....	11	3	14
Villanueva	....	....	....	....	....	....
Tlaltenango	....	....	....	....	....	....
Nieves	....	....	....	....	....	....
Juchipila	....	....	....	17	....	17
Mazapil	....	....	....	....	....	....
Ojocaliente	....	....	....	....	....	....
Nochixtlan	....	....	....	....	....	....
SUMAS	1	....	1	38	6	44

DE P

PARTIDOS.						
Zacatecas	....	....	....	3	....	3
Fresnillo	....	....	....	....	....	....
Pinos	....	....	....	....	....	....
Jerez	....	....	....	....	....	....
Sombrerete	....	....	....	....	....	....
Villanueva	....	....	....	....	....	....
Tlaltenango	....	....	....	....	....	....
Nieves	....	....	....	....	....	....
Juchipila	....	....	....	....	....	....
Mazapil	....	....	....	....	....	....
Ojocaliente	....	....	....	....	....	....
Nochixtlan	....	....	....	....	....	....
SUMAS	....	....	....	3	....	3

Sigue en las páginas 84 y 85.

NTES

TENECE EL LUGAR DEL NACIMIENTO DE LOS EXTRANJEROS.

Italia y colonias.			Japon.			Norte América.			Suecia y Noruega.		
H.	M.	Total.	H.	M.	Total.	H.	M.	Total.	H.	M.	Total.
3	....	3	....	....	....	34	10	44	....	......	....
....	....	....	....	....	....	3	2	5	....	......	....
....	....	....	1	....	1	9	4	13	....	......	....
....	....	....	....	....	....	1	1	2	....	......	.. ....
....	....	....	....	....	....	47	20	67	1	......	1
....	....	....	....	....	....	1	....	1	....	......	....
....	....	....	....	....	....	1	....	1	....	......	....
....	....	....	....	....	....	....	....	....	....	......	....
....	....	....	....	....	....	9	3	12	....	......	....
....	2	2	....	....	....	....	3	3	....	......	....
1	....	1	....	....	....	....	....	....	....	......	....
4	2	6	1	....	1	105	43	148	1	......	1

ASO.

....	....	....	....	....	....	24	....	24	....	......	....
....	....	....	....	....	....	....	....	....	....	......	....
....	....	....	....	....	....	....	....	....	....	......	....
....	....	....	....	....	....	....	....	....	....	......	....
....	....	....	....	....	....	....	....	....	....	......	....
....	....	....	....	....	....	....	....	....	....	......	....
....	....	....	....	....	....	....	....	....	....	......	....
....	....	....	....	....	....	....	....	....	....	......	....
....	....	....	....	....	....	....	....	....	....	......	....
....	....	....	....	....	....	....	....	....	....	......	....
....	....	....	....	....	....	1	....	1	....	......	....
....	....	....	....	....	....	....	....	....	....	......	....
....	....	....	....	....	....	25	....	25	....	......	....

PRES

PARTIDOS.	Nacion ó país á que pertenece el lugar del nacimient de los extranjeros.					
	Suiza.			Total de nacidos en el Extranjero.	Total de nacidos en la República.	TOTALES
	H.	M.	Total.			
Zacatecas..........................	....	....	....	155	79,180	79,3
Fresnillo..........................	....	....	....	16	53,676	53,6
Pinos.............................	....	....	....	35	50,183	50,2
Jerez.............................	....	....	....	3	50,007	50,0
Sombrerete	....	....	....	95	37,969	38,0
Villanueva........................	....	....	....	6	36,620	36,6
Tlaltenango.......................	....	....	....	1	37,209	37,2
Nieves............................	....	....	....	3	29,217	29,2
Juchipila.........................	....	....	....	19	18,031	18,0
Mazapil...........................	....	....	....	13	17,783	17,7
Ojocaliente.......................	....	....	....	27	18,599	18,6
Nochixtlan........................	....	....	....	1	18,417	18,4
SUMAS....................	....	....	....	374	446,891	447,2

DE

Zacatecas..........................	....	1	1	34	1,137	1,1
Fresnillo..........................	....	....	....	1	819	8
Pinos.............................	....	....	....		1,545	1,5
Jerez.............................	....	....	....	11	232	2
Sombrerete........................	....	....	....	....	326	3
Villanueva........................	....	....	....	....	308	3
Tlaltenango.......................	....	....	....	....	151	1
Nieves............................	....	....	....	....	166	1
Juchipila.........................	....	....	....	....	122	1
Mazapil...........................	....	....	....	....	168	1
Ojocaliente.......................	....	....	....	2	210	2
Nochixtlan........................	....	....	....	....	81	
SUMAS....................	....	1	1	48	5,265	5,3

Sigue en las páginas 86 y 87.

NTES.

POBLACION SEGUN EL ESTADO CIVIL.

Menores de edad.			Solteros.			Casados.			Viudos.		
H.	M.	Total.	H.	M.	Total.	H.	M.	Total.	H.	M.	Total.
12,425	11,044	23,469	9,741	9,607	19,348	14,354	13,958	28,312	1,741	6,417	8,158
10,323	9,397	19,720	5,511	5,381	10,892	9,667	9,778	19,445	931	2,702	3,633
9,290	8,220	17,510	5,910	5,486	11,396	9,325	8,958	18,283	849	2,164	3,013
9,110	8,494	17,604	5,848	5,679	11,527	8,761	8,621	17,382	1,099	2,398	3,497
4,755	4,624	9,379	6,276	5,681	11,957	7,119	6,739	13,858	997	1,825	2,822
5,484	5,625	12,109	4,407	4,161	8,568	6,667	6,616	13,283	927	1,739	2,666
6,652	5,552	12,204	4,509	4,531	9,040	6,595	6,476	13,071	904	1,980	2,884
4,996	4,480	9,476	3,688	3,514	7,202	5,156	5,037	10,193	854	1,478	2,332
2,818	2,526	5,344	2,506	2,147	4,653	3,337	3,150	6,487	451	1,094	1,545
3,216	2,938	6,154	2,184	1,387	3,571	3,407	3,986	7,393	221	453	674
3,457	3,009	6,466	2,058	1,871	3,929	3,609	3,506	7,115	301	814	1,115
2,990	2,647	5,637	2,205	2,048	4,253	3,547	3,490	7,037	474	945	1,419
76,516	68,556	145,072	54,843	51,493	106,336	81,544	80,315	161,859	9,749	24,009	33,758

ASO

103	105	208	231	98	329	408	128	536	31	54	85
121	105	226	140	91	231	184	122	306	22	35	57
182	134	316	329	112	441	510	164	674	65	39	104
32	37	69	31	40	71	52	38	90	5	8	13
49	39	88	63	27	90	85	40	125	8	15	23
41	39	80	37	50	87	55	56	111	12	18	30
20	20	40	22	20	42	33	25	58	5	6	11
21	13	34	24	13	37	38	33	71	6	6	12
7	6	13	25	6	31	46	14	60	6	7	13
24	21	45	23	17	40	42	25	67	5	11	16
29	21	50	34	23	57	59	29	88	8	9	17
8	6	14	14	13	27	23	10	33	2	5	7
637	546	1,183	973	510	1,483	1,535	684	2,219	175	213	388

PRES

PARTIDOS.	Poblacion segun el estad ocivil.						
	Se ignora.			Total general.	Saben leer y escribir		
	H.	M.	Total.		H.	M.	Tot
Zacatecas...	47	1	48	79,335	9,650	7,402	17,0
Fresnillo...	...	2	2	53,692	3,697	2,609	6,3
Pinos..	4	12	16	50,218	3,968	2,712	6,6
Jerez...	...	.....	.....	50,010	3,916	3,208	7,1
Sombrerete..	21	27	48	38,064	5,573	4,792	10,3
Villanueva...	...	•.....	.....	36,626	2,556	1,647	4,
Tlaltenango...	11	.....	11	37,210	3,973	2,057	6,
Nievos...	5	12	17	29,220	2,702	2,013	4,7
Juchipila...	1	20	21	18,050	1,825	1,260	3,
Mazapil...	...	4	4	17,796	1,648	1,006	2,
Ojocaliente..	1	.....	1	18,626	1,595	972	2,
Nochixtlan...	2	70	72	18,418	1,711	1,155	2,
SUMAS...........................	92	148	240	447,265	42,814	30,833	73,

DE

Zacatecas...	4	9	13	1,171	169	95	2
Fresnillo...	...	.....	.....	820	84	42	1
Pinos..	10	.....	10	1,545	155	43	1
Jerez...	...	.....	.....	243	18	21	
Sombrerete..	...	.....	.....	326	58	17	
Villanueva...	...	.....	.....	308	38	32	
Tlaltenango...	...	.....	.....	151	19	19	
Nievos...	6	6	12	166	22	10	
Juchipila...	...	5	5	122	20	9	
Mazapil...	...	.....	.....	168	21	14	
Ojocaliente..	...	.....	.....	212	21	5	
Nochixtlan...	...	.....	.....	81	21	6	
SUMAS...........................	20	20	40	5,313	646	313	9

Sigue en las páginas 88 y 89.

NTES.

INSTRUCCION ELEMENTAL.

Saben sólo leer.			No saben leer ni escribir.			No saben leer ni escribir por ser menores de edad.			Se ignora.			Total general.
H.	M.	Total.	H.	M.	Total.	H.	M.	Total.	H.	M.	Total.	
529	758	1,287	22,603	27,580	50,183	5,515	5,264	10,779	11	23	34	79,335
357	702	1,059	18,056	19,968	38,024	4,315	3,981	8,296	7	.....	7	53,692
396	487	883	16,624	17,463	34,087	4,379	4,167	8,546	11	11	22	50,218
287	340	627	15,850	17,272	33,122	4,755	4,372	9,127	10	.....	10	50,010
351	684	1,035	10,785	11,005	21,790	2,459	2,415	4,874	.....	.....	.....	38,064
364	523	887	11,849	12,393	24,242	3,716	3,578	7,294	.....	.....	.....	36,626
343	484	827	11,140	13,014	24,154	3,211	2,984	6,195	4	.....	4	37,210
182	313	495	9,475	10,081	19,556	2,331	2,102	4,433	9	12	21	29,220
579	545	1,124	5,520	5,898	11,418	1,089	1,132	2,221	100	102	202	18,050
166	358	524	5,663	5,852	11,515	1,551	1,552	3,103	.....	.....	.....	17,796
137	208	345	6,074	6,453	12,527	1,620	1,567	3,187	.....	.....	.....	18,626
367	388	755	5,823	6,403	12,226	1,293	1,240	2,533	24	14	38	18,418
4,058	5,790	9,848	139,462	153,382	292,844	36,234	34,354	70,588	176	162	338	447,265

ASO

8	9	17	511	204	715	89	84	173	.....	2	2	1,171
2	5	7	325	255	580	56	51	107	.....	.....	.....	820
41	15	56	796	270	1,066	92	93	185	12	28	40	1,545
......	......	......	81	78	159	21	24	45	.....	.....	.....	243
......	1	1	123	80	203	24	23	47	.....	.....	.....	326
3	1	4	87	112	199	17	18	35	.....	.....	.....	308
2	2	4	51	34	85	8	16	24	.....	.....	... .	151
2	4	6	54	45	99	17	12	29	.....	.....	.....	166
......	1	1	60	22	82	4	6	10	.....	....	.....	122
4	3	7	62	40	102	7	15	22	.....	2	2	168
23	22	45	77	44	121	9	11	20	.....	.....	.....	212
2	1	3	23	26	49	1	1	2	.....	.....	.....	81
87	64	151	2,250	1,210	3,460	345	354	699	12	32	44	5,313

PRESE

POBLACION

PARTIDOS.

Zacatecas....................... ....
Fresnillo ....
Pinos...
Jerez...
Sombrerete...
Villanueva...
Tlaltenango..
Nieves..
Juchipila ....
Mazapil..
Ojocaliente ....
Nochixtlan...

Sumas........................

DE E

Zacatecas..
Fresnillo........,...
Pinos..........,...
Jerez..........................,.............................
Sombrerete...
Villanueva...
Tlaltenango..
Nieves..
Juchipila ....
Mazapil..
Ojocaliente,...
Nochixtlan...

Sumas........................

NTES.

SEGUN LA OCUPACION PRINCIPAL.

PROFESIONES.

Maestros de obras.	Modistas.	Médicos alópatas.	Médicos homeópatas.	Monjes.	Parteras.	Profesores.			Sacerdotes católicos.	Sacerdotes de otros cultos.	Veterinarios.
						H.	M.	Total.			
18	30	21	1	3	14	65	58	123	47	1	....
....	9	4	....	....	7	7	5	12	21	2	....
3	7	5	....	....	14	27	13	40	9	3	....
2	1	2	....	....	12	6	2	8	16	....	....
13	8	4	....	....	8	25	8	33	9	2	....
....	....	....	1	....	1	5	1	6	11	....	....
....	7	3	....	1	4	18	14	32	13	2	....
....	6	3	....	....	2	4	3	7	8	1	....
....	5	4	....	....	1	7	3	10	4	....	....
....	....	2	....	....	3	7	11	18	5	2	....
....	....	1	....	....	3.	5	5	10	5	....	....
....	....	1	....	2	3	8	4	12	3	....	....
36	73	50	2	6	72	184	127	311	151	13	....

ASO

....	14	1	....	....	....	....	1	1	3	....	....
....	....	....	....	....	....	....	....	....	....	....	....
....	....	1	....	....	1	....	....	....	1	....	....
....	....	....	....	....	1	....	....	....	1	....	....
....	....	....	....	....	....	....	....	....	....	....	....
....	....	....	....	....	....	1	....	1	1	....	....
....	....	....	....	....	....	....	....	....	....	....	....
....	1	....	....	....	....	1	....	1	....	....	....
....	1	....	....	....	....	....	1	1	....	....	....
....	16	2	....	....	2	2	2	4	6	....	....

PRESE

PARTIDOS.	POBLACION					
	Escolares.			Estudiantes.		
	H.	M.	Total.	H.	M.	Total.
Zacatecas	765	537	1,302	293	38	331
Fresnillo	5,987	5,436	11,423	4	....	4
Pinos	21	20	41	....	....	....
Jerez	72	48	120	3	....	3
Sombrerete	549	460	1,009	3	....	3
Villanueva	3	1	4	2	....	2
Tlaltenango	114	93	207	6	....	6
Nieves	133	145	278	....	....	....
Juchipila	24	1	25	1	....	1
Mazapil	151	208	359	....	....	....
Ojocaliente	....	....	....	6	1	7
Nochixtlan	....	....	....	1	....	1
SUMAS	7,819	6,949	14,768	319	39	358

DE P

Zacatecas	2	2	4	2	....	2
Fresnillo	75	60	135	....	....	....
Pinos	....	....	....	....	....	....
Jerez	....	....	....	....	....	....
Sombrerete	....	....	....	....	....	....
Villanueva	....	....	....	1	2	3
Tlaltenango	....	....	....	....	....	....
Nieves	3	....	3	....	....	....
Juchipila	....	....	....	....	....	....
Mazapil	3	3	6	....	....	....
Ojocaliente	....	....	....	....	....	....
Nochixtlan	....	....	....	....	....	....
SUMAS	83	65	148	3	2	5

Sigue en las páginas 92 y 93.

ITES.

SEGUN LA OCUPACION PRINCIPAL.

ADMINISTRACION.								AGRICULTURA.			MINERIA.		
Empleados públicos.			Jefes y oficiales del ejército.	Jefes y oficiales de marina.	Militares (clase de tropa).	Policía.		Administradores y dependientes de campo.	Agricultores.	Peones de campo.	Administradores y empleados de minería.	Mineros, barreteros y peperadores.	Obreros de las fundiciones y haciendas del beneficio en general.
H.	M.	Total.											
335	3	338	7	.....	423	26		24	....	7,782	13	7,579	59
65	....	65	1	.....	42	5		178	....	13,109	1	519	....
104	1	105	.....	.....	12	22		340	....	8,862	26	2,394	3
73	3	76	.....	.....	21	1		....	4,189	7,929	......	2	....
59	....	59	.....	.....	11	14		266	....	7,784	114	2,362	25
46	3	49	.....	.....	13	3		2	....	10,021	......	74	....
40	....	40	.....	.....	4	4		494	....	8,744	......	131	10
37	....	37	.....	.....	13	1		....	57	6,300	28	527	....
22	....	22	.....	.....	....	2		89	....	4,113	6	261	....
37	....	37	.....	.....	15	7		110	....	3,370	17	994	....
35	2	37	.....	.....	4	.....		3	....	4,046	2	988	3
19	....	19	.....	.....	8	.....		293	....	3,898	......	5	....
872	12	884	8	.....	566	85		1,799	4,246	85,958	207	15,836	100

ASO

1	....	1	.....	.....	....	.....		....	....	356	......	61	1
....	....	....	.....	.....	....	.....		....	....	271	......	5	....
7	....	7	.....	.....	1	.....		14	....	537	......	99	....
....	....	....	.....	.....	....	.....		....	....	75	......	....	....
....	....	....	.....	.....	....	.....		....	....	97	......	33	....
1	....	1	.....	.....	....	.....		....	....	70	......	1	....
....	....	....	1	.....	....	.....		5	....	42	......	....	....
....	....	....	.....	.....	....	.....		....	....	47	......	....	....
....	....	....	.....	.....	....	.....		....	....	42	......	....	....
1	....	1	.....	.....	....	.....		3	....	58	3	4	....
....	....	....	.....	.....	....	.....		2	....	69	......	5	....
....	....	....	.....	.....	....	.....		....	....	5	......	....	....
10	....	10	1	.....	1	.....		24	....	1,669	3	208	1

PRESE

POBLACION

COMERCIO.

PARTIDOS.	Comerciantes.				Dependientes.		
		H.	M.	Total.	H.	M.	Total.
Zacatecas...	11	1,460	392	1,852	27	....	27
Fresnillo	...	299	75	374	13	....	13
Pinos...	...	465	96	561	38	....	38
Jerez...	...	288	5	293	21	....	21
Sombrerete...	9	401	131	532	120	....	120
Villanueva.	...	203	13	216	3	....	3
Tlaltenango...	...	220	61	281	....	....	....
Nieves..	...	192	29	221	4	....	4
Juchipila...	...	147	8	155	25	....	25
Mazapil...	...	201	42	243	23	....	23
Ojocaliente...	...	157	17	174	7	....	7
Nochixtlan..	...	105	13	118	....	....	....
SUMAS.......................	20	4,138	882	5,020·	281	....	281

DE F

Zacatecas...	...	128	10	138	....	....	....
Fresnillo..	...	25	....	25	....	....	....
Pinos...	...	95	1	96	1	....	1
Jerez...	...	....	....	....	....	....	....
Sombrerete...	...	16	....	16	....	....	....
Villanueva.	...	3	....	3	....	....	....
Tlaltenango...	...	5	1	6	....	....	....
Nieves..	...	1	....	1	1	....	1
Juchipila...	...	....	....	....	....	....	....
Mazapil...	...	6	....	6	....	....	....
Ojocaliente...	...	3	....	3	....	....	....
Nochixtlan..	1	10	....	10	....	....	....
SUMAS................	1	292	12	304	2	....	2

Sigue en las páginas 94 y 95.

NTES

SEGUN LA OCUPACION PRINCIPAL.

Vendedores ambulantes.			Propietarios.			Industrias, Bellas Artes, Artes y Oficios.					
						Acróbatas.			Actores.		
H.	M.	Total.	H.	M.	Total.	H.	M.	Total.	H.	M.	Total.
30	4	34	54	67	121	....	....	....	....	....	....
....	....	....	38	5	43	....	....	....	....	....	....
105	36	141	16	5	21	....	....	....	....	....	....
....	5	5	3	1	4	....	....	....	1	....	1
....	....	....	15	20	35	....	....	....	....	....	....
2	....	2	21	1	22	....	....	....	....	....	....
8	12	20	14	14	28	....	....	....	....	....	....
....	....	....	6	....	6	....	....	....	....	....	....
....	....	....	6	....	6	....	....	....	....	....	....
....	....	....	12	13	25	....	....	....	....	....	....
4	....	4	5	8	13	....	....	....	....	....	....
3	....	3	....	....	....	....	....	....	....	....	....
152	57	209	190	134	324	....	....	....	1	....	1

ASO

4	....	4	2	3	5	1	....	1	....	....	....
....	....	....	....	....	....	11	6	17	....	....	....
1	....	1	3	....	3	....	....	....	5	6	11
....	....	....	1	....	1	....	....	....	....	....	....
....	....	....	....	....	....	....	....	....	....	....	....
....	....	....	....	....	....	....	....	....	....	....	....
....	....	....	....	....	....	....	....	....	1	3	4
....	....	....	....	....	....	....	....	....	....	....	....
1	....	1	....	....	....	....	....	....	....	....	....
....	1	1	....	....	....	....	....	....	....	....	....
6	1	7	6	3	9	12	6	18	6	9	15

PRESE

PARTIDOS.	POBLACION					
	INDUE					
	Administradores y empleados de establecimientos industriales.			Afiladores.	Albañiles.	Albarderos.
	H.	M.	Total.			
Zacatecas...	22	3	25	....	329	43
Fresnillo..	59	....	59	....	80	52
Pinos...	20	....	20	5	170	91
Jerez...	1	....	1	....	60	86
Sombrerete...	2	....	2	3	170	87
Villanueva..	....	....	....	2	62	55
Tlaltenango	....	....	....	....	66	75
Nieves..	70	....	70	....	53	24
Juchipila...	5	....	5	....	43	23
Mazapil..	3	....	3	8	56	1
Ojocaliente..	1	....	1	....	43	42
Nochixtlan...	....	....	....	....	39	12
SUMAS......................	183	3	186	18	1,171	591

DE P

Zacatecas...	....	....	....	....	2	2
Fresnillo..	....	....	....	....	1	....
Pinos...	....	....	....	....	6	9
Jerez...	....	....	....	....	....	....
Sombrerete...	....	....	....	....	....	....
Villanueva..	....	....	....	....	....	....
Tlaltenango...	....	....	....	....	....	....
Nieves..	....	....	....	....	....	....
Juchipila...	....	....	....	....	....	....
Mazapil..	....	....	....	....	....	....
Ojocaliente..	1	....	1	....	....	....
Nochixtlán...	....	....	....	....	....	....
SUMAS......................	1	....	1	....	9	11

Sigue en las páginas 96 y 97.

NTES.

SEGUN LA OCUPACION PRINCIPAL.

TRIAS, BELLAS ARTES, ARTES Y OFICIOS.

Alfileteros.	Apartadores de oro i plata.	Armeros.	Blanqueadores.	Cantantes.	Canteros.	Carpinteros.	Carroceros.	Cereros.			Cerrajeros.
								H.	M.	Total.	
....	....	....	....	4	66	336	25	....	1	1	....
....	....	....	....	....	9	193	6	....	1	1	....
....	9	....	12	....	19	155	6	21	....	21	....
....	....	....	1	....	24	154	....	....	....	....	3
1	....	7	....	....	22	128	5	5	4	9	2
....	....	....	....	....	12	93	....	2	....	2	....
....	....	....	....	....	3	109	....	21	....	21	....
....	....	....	....	....	9	78	1	....	....	....	....
3	....	....	6	....	3	73	....	3	....	3	....
....	....	....	....	....	12	75	10	....	....	....	....
....	....	....	....	....	4	66	6	....	....	....	....
....	....	....	....	....	4	48	....	1	....	1	....
4	9	7	19	4	187	1,508	59	53	6	59	5

ASO

....	....	....	....	....	1	5	....	....	....	....	....
....	....	....	....	....	....	8	....	....	....	....	....
....	....	....	....	....	....	12	....	....	....	....	....
....	....	....	....	....	....	....	....	....	....	....	....
....	....	....	....	....	....	....	....	....	....	....	....
....	....	....	....	....	....	2	....	....	....	....	....
....	....	....	....	....	....	1	....	....	....	....	....
....	....	....	....	....	....	1	....	....	....	....	....
....	....	....	....	....	....	1	....	....	....	....	....
....	....	....	....	....	....	....	....	....	....	....	....
....	....	....	....	....	....	3	....	....	....	....	....
....	....	....	....	....	1	33	....	....	....	....	....

PRE

POBLAC

IN

PARTIDOS.	Cigarreros.	Cohetes.	Coheteros.	Curtidores.	Doradores.	
					H.	M.
Zacatecas..	16	1	6	80	4	......
Fresnillo..	16	......	5	27	......	......
Pinos..	....	......	4	39	......	......
Jerez..	6	2	7	128	......	......
Sombrerete..	42	......	5	36	......	......
Villanueva..	4	......	2	67	......	1
Tlaltenango...	....	......	1	28	......	......
Nieves...	76	......	21	5	......	......
Juchipila...	....	......	'10	4	......	......
Mazapil...	23	......	......	6	......	......
Ojocaliente...	1	......	......	17	......	......
Nochixtlan..	1	1	10	58	......	......
SUMAS........................	185	4	71	495	4	1

D

Zacatecas..	1	......	......	....	......	......
Fresnillo..	....	......	......	1	......	......
Pinos..	....	......	......	1	......	......
Jerez..	....	......	......	....	......	......
Sombrerete..	....	......	......	....	......	......
Villanueva..	....	......	......	1	......	......
Tlaltenango...	....	......	......	....	......	......
Nieves...	....	......	1	....	......	......
Juchipila...	....	......	......	....	......	......
Mazapil...	....	......	......	....	......	......
Ojocaliente...	....	......	......	....	......	......
Nochixtlan..	....	......	......	....	......	......
SUMAS........................	1	......	1	3	......	......

Sigue en las páginas 98 y 99.

TES

SEGUN LA OCUPACION PRINCIPAL.

RIAS, BELLAS ARTES, ARTES Y OFICIOS.

H.	M.
17	4
2	4
9	....

ISO

	1
....	....
....	....
....	... ...
....	.....
....	......
....	...
....	......
....	
......	...

PRES

PARTIDOS.	Fotógrafos.	Fundidores en general.	Fustero.	Grabadores.	Guarnicioneros.	Herradores.
Zacatecas	3	4	1	1	2	
Fresnillo	1	....	8	....	
Pinos	2	8	....	....	....	
Jerez	2	....	2	....	6	......
Sombrerete	2	8	1	....	....	
Villanueva	....	....	5	....	....	
Tlaltenango	1	....	....	....	....	
Nieves	1	2	....	....	....	......
Juchipila	....	....	....	....	....	
Mazapil	....	31	....	....	....	
Ojocaliente	....	....	....	....	....	
Nochixtlan	1	....	....	....	....	
SUMAS	13	53	17	1	8	

DE

Zacatecas	....	....	....	....	....	......
Fresnillo	....	....	....	....	....	......
Pinos	....	....	....	....	....	......
Jerez	....	....	....	....	....	......
Sombrerete	....	....	....	....	....	......
Villanueva	....	....	....	....	....	......
Tlaltenango	....	....	....	....	....	......
Nieves	....	....	....	....	....	......
Juchipila	....	....	....	....	....	......
Mazapil	....	....	....	....	....	......
Ojocaliente	....	....	....	....	....	......
Nochixtlan	....	....	....	....	....	......
SUMAS	....	....	....	....	....	......

Sigue en las páginas 100 y 101.

ITES.

SEGUN LA OCUPACION PRINCIPAL.

IAS, BELLAS ARTES, ARTES Y OFICIOS.

Barreros.	Hojalateros.	Hornaros.	Jaboneros.	Ladrilleros.	Latoneros.	Litógrafos.	Molineros.	Obreros de establecimientos industriales.			Panaderos.
								H.	M.	Total.	
241	40	....	5	9	8	6	6	621	141	762	305
127	15	1	2	....	....	....	....	140	....	140	52
105	17	....	....	17	....	....	....	29	....	29	45
91	8	2	....	20	....	....	4	7	....	7	46
49	19	2	7	14	....	....	3	102	....	102	53
57	4	....	3	3	....	....	....	2	....	2	53
78	9	....	....	....	....	....	10	89	15	104	41
52	3	....	....	2	....	1	....	458	85	543	25
37	8	....	1	....	....	....	....	107	13	120	44
48	9	....	....	14	....	....	....	16	....	16	38
50	4	....	....	4	....	....	....	18	2	20	30
22	....	....	1	....	....	....	....	26	47	73	33
957	136	5	19	83	8	7	23	1,615	303	1,918	765

ASO

2	2	....	....	2	....	....	....	19	2	21	2
3	....	....	....	....	....	....	....	....	....	....	....
10	2	....	....	....	....	....	1	....	....	....	1
....	....	....	....	....	....	....	....	....	....	....	....
1	....	....	....	....	....	....	....	....	....	....	....
4	1	....	....	....	....	....	....	....	....	....	1
....	....	1	....	....	....	....	....	....	....	....	2
....	....	....	....	....	....	....	....	1	1	2	....
....	....	1	....	....	....	....	....	2	....	2	....
....	....	....	....	....	....	....	....	3	....	3	....
1	....	....	....	....	....	....	....	....	....	....	....
....	....	....	....	....	....	....	....	....	....	....	1
21	5	1	1	2	....	....	1	25	3	28	7

PRESE

POBLACION

INDUS

PARTIDOS.	Pasteleros.			Peluqueros.	Pintores artistas.		
	H.	M.	Total.		H.	M.	Total.
Zacatecas	22	2	24	41	2	.....	2
Fresnillo	......	....	......	17	......	.....	....
Pinos	......	......	......	19	......	.....	....
Jerez	5	.....	5	18	10	.....	10
Sombrerete	9	5	14	9	......	.....	....
Villanueva	......	....	......	7	......	.....	....
Tlaltenango	......	......	......	13	......	...·..	....
Nieves	......	......	......	6	......	.....	....
Juchipila	......	......	......	12	......	.....	....
Mazapil	......	......	......	....	......	.....	....
Ojocaliente	2	......	2	6	1	1	2
Nochixtlan	......	......	....	4	......	.....	....
SUMAS	38	7	45	152	13	1	14

DE P

Zacatecas	......	......	......	....	......	.....	....
Fresnillo	......	......	......	1	......	.....	....
Pinos	......	......	......	....	......	.....	....
Jerez	......	......	......	....	......	...	....
Sombrerete	......	......	......	....	......	.....	....
Villanueva	......	......	......	....	......	.....	....
Tlaltenango	......	......	......	....	......	.....	....
Nieves	......	......	......	....	......	.....	....
Juchipila	......	......	......	3	......	.....	....
Mazapil	......	......	......	....	......	.....	....
Ojocaliente	......	......	......	....	......	.....	....
Nochixtlan	......	......	......	....	...·.	.....	....
SUMAS	......	......	......	4	......	.....	....

Sigue en las páginas 102 y 103.

NTES.

SEGUN LA OCUPACION PRINCIPAL.

TRIAS, BELLAS ARTES, ARTES Y OFICIOS.

Pintores decoradores.	Pintores.	Pururos.	Relojeros.	Sastres.	Sombrereros.			Talabarteros.	Tapiceros y Colchoneros.		
					H.	M.	Total.		H.	M.	Total.
53	24	6	9	193	25	7	32	11	1	....	1
5	6	7	3	90	8	....	8	39	....	....	....
7	13	....	5	73	17	....	17	13	....	....	....
8	17	4	....	77	16	....	16	36	....	....	....
8	7	....	2	49	6	....	6	22	....	....	....
2	8	1	....	52	56	....	56	28	....	....	....
43	5	4	....	40	50	....	50	42	....	....	....
4	2	....	....	38	3	....	3	5	....	....	....
....	6	....	1	25	4	....	4	6	....	....	....
8	12	....	....	35	13	....	13	....	....	....	....
3	....	....	....	25	1	....	1	7	....	....	....
16	3	....	....	39	508	45	553	9	1	....	1
157	103	22	20	736	707	52	759	218	2	....	2

ASO

....	....	....	....	5	....	....	....	....	....	....	....
....	....	....	....	5	....	....	....	....	....	....	....
....	....	....	....	3	....	....	....	....	....	....	....
....	....	....	....	....	....	....	....	....	....	....	....
....	....	....	....	1	....	....	....	....	....	....	....
....	....	....	....	1	....	....	....	....	....	....	....
....	....	....	....	....	....	....	....	....	....	....	....
....	....	....	....	1	....	....	....	....	....	....	....
....	....	....	....	....	....	....	....	....	....	....	....
....	....	....	....	....	....	....	....	....	....	....	....
....	....	....	....	6	2	....	2	....	....	....	....
....	....	....	....	22	2	....	2	....	....	....	....

PRES

POBLACI

INDUSTRIAS,

PARTIDOS.	Tejedores.			Telegrafistas.		
	H.	M.	Total.	H.	M.	Tot
Zacatecas	11		11	11		
Fresnillo	158		158	6		
Pinos	44		44	6		
Jerez	114		114	3		
Sombrerete	33		33	5		
Villanueva	206	3	209	2		
Tlaltenango	48		48	5		
Nieves		2	2	2		
Juchipila	5		5	3		
Mazapil	45		45			.....
Ojocaliente	18		18	5		
Nochixtlan	70		70	1		
SUMAS	752	5	757	49		

DE

Zacatecas				2	1	
Fresnillo	2		2			.....
Pinos				1		
Jerez						.....
Sombrerete	1		1			.....
Villanueva	8		8			.....
Tlaltenango						
Nieves						
Juchipila						
Mazapil						
Ojocaliente	1		1			
Nochixtlan	2		2			
SUMAS	14		14	3	1	

Sigue en las páginas 104 y 105.

NTES.

SEGUN LA OCUPACION PRINCIPAL.

		LLAS ARTES, ARTES Y OFICIOS.						DIVERSAS OCUPACIONES.			
Tlaxeros	Tipógrafos	Tonelaros	Torcros	Toneros	Vidrios	Yeseros	Zapateros	Adoberos	Aguadores		
									H.	M.	Total.
3	47	2	4	....	53	5	439	4	84	2	86
....	....	....	1	....	4	....	191	....	4	....	4
....	....	....	....	....	22	....	90	11	9	....	9
....	....	....	4	....	12	1	189	....	....	....	....
....	....	....	....	....	15	....	80	49	22	1	23
....	....	....	....	2	2	....	105	....	....	....	....
....	....	....	....	....	18	....	122	4	19	....	19
....	1	....	....	....	5	....	85	....	....	....	....
1	....	....	....	....	2	....	40	....	....	....	....
....	1	....	....	....	11	....	45	....	13	....	13
....	2	....	....	....	10	....	57	....	....	....	....
....	....	....	....	....	1	....	308	5	....	....	....
4	51	2	9	2	155	6	1,751	73	151	3	154

ASO

....	....	....	....	....	....	....	2	....	....	....	....
....	....	....	....	....	....	....	2	....	....	....	....
....	....	....	....	....	5	....	8	....	....	....	....
....	....	....	....	....	....	....	....	....	....	....	....
....	....	....	....	....	....	....	3	....	....	....	....
....	....	....	....	....	....	....	....	....	....	....	....
....	....	....	....	....	....	....	....	....	....	....	....
....	....	....	....	....	....	....	....	....	....	....	....
....	....	....	....	....	....	....	2	....	....	....	....
....	....	....	....	....	....	....	1	....	....	....	....
....	....	....	....	....	....	....	....	....	....	....	....
....	....	....	....	....	5	....	18	....	....	....	....

PRES

POBLACIO

PARTIDOS.	Arrieros.	Cargadores.	Carruajeros.	Cazadores.	Cocheros.	Costureras.
Zacatecas..	41	112	8	....	15	1
Fresnillo..	2	....	3	1	12	
Pinos..	95	15	21	....	12	1
Jerez..	23	4	....	....	13	2
Sombrerete	29	13	22	....	3	
Villanueva..	30	....	5	1	1	
Tlaltenango..	56	1	9	....	5	
Nieves..	22	5	....	....	....	2
Juchipila	23	....	32	....	....	
Mazapil...	26	....	....	7	3	
Ojocaliente...	48	....	....	....	1	
Nochixtlan..	47	....	....	....	....	
Sumas.........................	442	150	100	9	65	9

DE

Zacatecas..	7	....	....	1	....	
Fresnillo..	1	....	....	....	....	....
Pinos..	17	....	....	....	....	....
Jerez..	....	....	....	....	....	....
Sombrerete..	2	....	....	....	1	....
Villanueva..	....	....	....	....	....	....
Tlaltenango..	....	....	....	....	....	....
Nieves..	....	....	....	....	....	
Juchipila	....	....	....	....	....	....
Mazapil...	....	....	....	....	....	....
Ojocaliente...	....	....	....	....	....	....
Nochixtlan..	3	....	....	....	....	....
Sumas.........................	30	....	....	1	1	

Sigue en las páginas 106 y 107.

NTES.

SEGUN LA OCUPACION PRINCIPAL.

DIVERSAS OCUPACIONES.

Domésticos.			Empleados particulares.			Hortelanos.	Jardineros.	Lavanderos.			Marineros.
H.	M.	Total.	H.	M.	Total.			H.	M.	Total.	
588	2,027	2,615	878	30	908	53	3	2	105	107	....
81	225	306	93	5	98	25	....	....	4	4	....
189	306	495	127	....	127	20	7	....	49	49	....
154	226	380	17	1	18	19	....	....	25	25	....
140	285	425	121	....	121	82	....	....	91	91	....
197	202	399	40	....	40	39	....	....	9	9	....
234	359	593	22	5	27	23	....	....	42	42	....
111	128	239	48	....	48	4	....	....	5	5	....
36	77	113	12	5	17	53	....	....	9	9	....
118	112	230	62	....	62	16	....	....	17	17	....
72	124	196	53	....	53	6	....	....	10	10	....
36	109	145	1	1	2	22	....	....	4	4	....
1,956	4,180	6,136	1,474	47	1,521	362	10	2	370	372	....

ASO.

Domésticos.			Empleados particulares.			Hortelanos.	Jardineros.	Lavanderos.			Marineros.
H.	M.	Total.	H.	M.	Total.			H.	M.	Total.	
6	29	35	21	....	21	4	....	....	2	2	....
5	19	24	3	....	3	....	....	....	....	....	....
23	....	23	18	....	18	....	....	....	....	....	....
....	4	4	2	....	2	....	....	....	....	....	....
....	1	1	1	....	1	....	....	....	....	....	....
....	1	1	....	....	....	....	....	....	....	....	....
....	1	1	....	....	....	....	....	....	....	....	....
....	....	....	....	....	....	....	....	....	....	....	....
....	5	5	1	....	1	....	....	....	....	....	....
....	....	....	....	....	....	....	....	....	....	....	....
34	60	94	46	....	46	4	....	....	2	2	....

PRESE

POBLACION SI

PARTIDOS.	DIVERSAS OCUPACIONES.					
	Matanceros.	Mesalinas.	Molenderas.	Precedores.	Porteros.	Tortilleras.
Zacatecas...	116	9	61	....	1	
Fresnillo..	32	73	....	....	....	
Pinos..	36	....	14	....	11	
Jerez...	26	....	1	....	....	
Sombrerete..	20	43	38	....	1	
Villanueva...	45	2	....	....	1	
Tlaltenango...	61	....	3	100	....	
Nieves...	19	....	129	....	....	
Juchipila..	30	....	....	....	....	
Mazapil..	20	....	27	....	10	
Ojocaliente...	15	....	3	....	4	
Nochixtlan..	50	....	8	....	....	
SUMAS........................	470	127	284	100	28	774

DE P

Zacatecas...
Fresnillo..
Pinos..
Jerez...
Sombrerete..
Villanueva...
Tlaltenango...
Nieves...
Juchipila..............................
Mazapil..
Ojocaliente...
Nochixtlan..

SUMAS........................

NTES.

	GUN LA OCUPACION PRINCIPAL.										Población por cultos.		
Sin ocupacion.			Sin ocupacion por menores de edad.			Se ignora.			Total general.	Católicos.		
H.	M.	Total.	H.	M.	Total.	H.	M.	Total.		H.	M.	Total.
2,697	26,131	28,828	11,184	10,972	22,156	4	66	70	79,335	37,833	40,785	78,618
164	17,381	17,545	4,337	3,981	8,318	.....	......	......	53,692	26,239	27,089	53,328
4,962	17,055	22,017	6,067	6,965	13,032	86	110	196	50,218	25,233	24,720	49,953
2,149	16,749	18,898	8,521	7,870	16,391	13	1	14	50,010	24,813	25,170	49,983
2,054	13,961	16,015	3,710	3,690	7,400	37	......	37	38,064	18,977	18,781	37,758
497	12,261	12,758	6,281	5,607	11,888	.....	24	24	36,626	18,470	18,121	36,591
3,381	13,510	16,891	3,882	4,332	8,214	43	7	50	37,210	18,662	18,521	37,183
3,275	5,159	8,434	2,839	8,046	10,885	....	......	......	29,220	14,662	14,501	29,163
1,195	6,367	7,562	2,436	2,342	4,778	73	87	160	18,050	9,105	8,937	18,042
1,529	5,201	6,730	1,681	2,092	3,773	9	978	987	17,796	9,002	8,753	17,755
154	5,050	5,204	3,319	3,010	6,329	6	909	915	18,626	9,408	9,193	18,601
1,783	7,236	9,019	1,515	1,702	3,217	147	11	158	18,418	9,213	9,197	18,410
23,840	146,061	169,901	55,772	60,609	116,381	418	2,193	2,611	447,265	221,617	223,768	445,385

ASO.

32	140	172	72	102	174	5	86	91	1,171	757	394	1,151
....	214	214	46	54	100	.....	......	......	820	466	353	819
79	315	394	132	111	243	.....	20	20	1,545	1,090	449	1,539
7	80	87	32	37	69	.....	......	......	243	120	123	243
15	85	100	34	31	65	1	......	1	326	205	121	326
2	115	117	41	38	79	.....	7	7	308	145	163	308
10	51	61	12	18	30	2	......	2	151	80	71	151
12	41	53	19	15	34	3	......	3	166	91	71	162
27	30	57	8	5	13	.....	......	......	122	84	38	122
2	53	55	10	18	28	.....	......	......	168	94	74	168
8	46	54	27	22	49	7	6	13	212	129	82	211
5	29	34	4	3	7	.....	......	......	81	47	34	81
199	1,199	1,398	437	454	891	18	119	137	5,313	3,308	1,973	5,281

PRESE

POBLA

PARTIDOS.

Zacatecas..
Fresnillo.:...
Pinos...
Jerez. ....
Sombrerete ....
Villanueva. ....
Tlaltenango..
Nieves..
Juchipila ....
Mazapil..
Ojocaliente..
Nochixtlan...

                    SUMAS........................

DE P

Zacatecas..
Fresnillo. ....
Pinos...
Jerez. ....
Sombrerete..
Villanueva. ....
Tlaltenango..
Nieves..
Juchipila ....
Mazapil..
Ojocaliente..
Nochixtlan...

                    SUMAS........................

ES.

	N POR CULTOS.								Poblacion segun el idioma habitual.		
Budhistas.		Sin culto.			Se ignora.			Total general.	Castellano.		
M.	Total.	H.	M.	Total.	H.	M.	Total.		H.	M.	Total.
......	......	199	55	254	22	14	36	79,335	38,215	41,009	79,224
......	......	......	......	......	......	......	......	53,692	26,425	27,257	53,682
......	1	33	2	35	......	......	......	50,218	25,360	24,836	50,196
......	......	1	4	5	......	......	......	50,010	24,816	25,191	50,007
......	......	......	......	......	......	......	......	38,064	19,100	18,873	37,973
......	......	2	......	2	......	......	......	36,626	18,483	18,140	36,623
......	......	......	......	......	......	......	......	37,210	18,670	18,539	37,209
......	......	6	3	9	......	......	......	29,220	14,699	14,521	29,220
......	......	6	......	6	......	......	......	18,050	9,095	8,937	18,032
......	......	3	......	3	......	......	......	17,796	9,018	8,765	17,783
......	......	1	......	1	......	......	......	18,626	9,421	9,192	18,613
......	......	......	......	......	......	......	......	18,418	9,217	9,200	18,417
......	1	251	64	315	22	14	36	447,265	222,519	224,460	446,979

O.

......	......	......	......	......	......	......	......	1,171	746	393	1,139
......	......	......	......	......	......	......	......	820	467	353	820
......	......	5	......	5	......	......	......	1,545	1,096	449	1,545
......	......	......	......	......	......	......	......	243	120	123	243
......	......	......	......	......	......	......	......	326	205	121	326
......	......	......	......	......	......	......	......	308	145	163	308
......	......	......	......	......	......	......	......	151	80	71	151
......	......	......	......	......	......	......	......	166	95	71	166
......	......	......	......	......	......	......	......	122	84	38	122
......	......	......	......	......	......	......	......	168	94	74	168
......	......	1	......	1	......	......	......	212	128	82	210
......	......	......	......	......	......	......	......	81	47	34	81
......	......	6	......	6	......	......	......	5,313	3,307	1,972	5,279

PRESI

PARTIDOS.

Zacatecas...		
Fresnillo...		
Pinos..		
Jeréz..		
Sombrerete..		
Villanueva...		
Tlaltenango...		
Nieves..	....	....
Juchipila..	......	1
Mazapil..	....	....
Ojocaliente...	....	......
Nochixtlan...	....	....
SUMAS.........................	....	5

DE I

Zacatecas...	....	
Fresnillo...	....	....
Pinos..	....	....
Jerez..	....	....
Sombrerete...	....	....
Villanueva...	......	....
Tlaltenango..	....	....
Nieves..	......	......
Juchipila..	...	....
Mazapil..	...	....
Ojocaliente..	...	....
Nochixtlán...	......	....
SUMAS.........................	...	....

NTES

IDIOMAS EXTRANJEROS.

Dinamarqués.			Francés.			Holandés.			Inglés.		
H.	M.	Total.	H.	M.	Total.	H.	M.	Total.	H.	M.	Total.
....	....	....	34	2	36	1	....	1	41	13	54
....	....	....	3	1	4	....	....	....	3	2	5
....	....	....	1	....	1	....	....	....	12	4	16
....	....	....	....	....	....	....	....	....	1	1	2
1	....	1	2	....	2	....	....	....	58	23	81
....	....	....	1	1	2	....	....	....	1	....	1
....	....	....	....	....	....	....	....	....	1	....	1
....	....	....	....	....	....	....	....	....	....	....	....
....	....	....	....	....	....	....	....	....	17	....	17
....	....	....	....	....	....	....	....	....	9	3	12
....	....	....	5	3	8	....	....	....	....	3	3
....	....	....	....	....	....	....	....	....	....	....	....
1	....	1	46	7	53	1	....	1	143	49	192

ASO

....	....	....	3	1	4	....	....	....	27	....	27
....	....	....	....	....	....	....	....	....	....	....	....
....	....	....	....	....	....	....	....	....	....	....	....
....	....	....	....	....	....	....	....	....	....	....	....
....	....	....	....	....	....	....	....	....	....	....	....
....	....	....	....	....	....	....	....	....	....	....	....
....	....	....	....	....	....	....	....	....	....	....	....
....	....	....	....	....	....	....	....	....	....	....	....
....	....	....	1	....	1	....	....	....	1	....	1
....	....	....	....	....	....	....	....	....	....	....	....
....	....	....	4	1	5	....	....	....	28	....	28

PRES

IDIOMAS EXTRANJEROS.

PARTIDOS.

Zacatecas..................... ....
Fresnillo ....
Pinos..
Jerez..
Sombrerete...
Villanueva...
Tlaltenango...
Nieves...
Juchipila ....
Mazapil...
Ojocaliente ....
Nochixtlan...

Sumas........................

DE

Zacatecas...
Fresnillo...
Pinos..
Jerez..
Sombrerete..
Villanueva..
Tlaltenango...
Nieves..
Juchipila ....
Mazapil...
Ojocaliente,...
Nochixtlan..

Sumas........................

'E S

POBLACION SEGUN LA NACIONALIDAD.

-Húngara.		Belga.			China.			Española.			Francesa.		
M.	Total.	H.	M.	Total.	H.	M.	Total.	H.	M.	Total.	H.	M.	Total.
.....	.....	......	.....	......	3	......	3	35	9	44	34	2	36
.....	.....	......	.....	......	......	......	......	6	......	6	3	1	4
.....	.....	......	.....	......	......	......	......	13	......	13	1	......	1
.....	1	3	.....	3	......	......	......	4	......	4	2	......	2
.....	.....	......	.....	......	......	......	......	1	2	3	1	1	2
.....	.....	......	.....	......	......	......	......	......	......	......	......	......	......
.....	.....	......	.....	......	......	......	......	3	......	3	......	......	......
.....	.....	......	.....	......	1	......	1	1	......	1	......	......	......
.....	.....	......	.....	......	......	......	......	14	......	14	5	3	8
.....	.....	......	.....	......	......	......	......	......	......	......	......	......	......
.....	1	3	.....	3	4	......	4	77	11	88	46	7	53

O

								Española.			Francesa.		
.....	.....	......	.....	......	......	......	......	2	......	2	3	1	4
.....	.....	......	.....	......	......	......	......	1	......	1	......	......	......
.....	.....	......	.....	......	......	......	......	5	6	11	......	......	......
.....	.....	......	.....	......	......	......	......	......	......	......	......	......	......
.....	.....	......	.....	......	......	......	......	......	......	......	......	......	......
.....	.....	......	.....	......	......	......	......	......	......	......	......	......	......
.....	.....	......	.....	......	......	......	......	......	......	......	......	......	......
.....	.....	......	.....	......	......	......	......	......	......	......	1	......	1
.....	.....	......	.....	......	......	......	......	......	......	......	......	......	......
.....	.....	......	.....	......	......	......	......	8	6	14	4	1	5

PRESE

POBLA

PARTIDOS.	Holandesa.			Inglesa.			Italiana.		
	H.	M.	Total.	H.	M.	Total.	H.	M.	Total.
Zacatecas	1	...	1	7	3	10	3	...	3
Fresnillo	.....	...	......	.....	...	.....	.....	...	.....
Pinos	.....	...	......	3	...	3	.....	...	.....
Jerez	.....	...	......	.....	...	.....	.....	...	.....
Sombrerete	.....	...	......	11	3	14	.....	...	.....
Villanueva	.....	...	......	.....	...	.....	.....	...	.....
Tlaltenango	.....	...	......	.....	...	.....	.....	...	.....
Nieves	.....	...	......	.....	...	.....	.....	...	.....
Juchipila	.....	...	......	17	...	17	.....	...	.....
Mazapil	.....	...	......	.....	...	.....	.....	...	.....
Ojocaliente	.....	...	......	.....	...	.....	.....	2	2
Nochixtlan	.....	...	......	.....	...	.....	1	...	1
SUMAS	1	...	1	38	6	44	4	2	6

DE P

PARTIDOS.									
Zacatecas	.....	...	......	3	...	3	.....	...	.....
Fresnillo	.....	...	......	.....	...	.....	.....	...	.....
Pinos	.....	...	......	.....	...	.....	.....	...	.....
Jerez	.....	...	......	.....	...	.....	.....	...	.....
Sombrerete	.....	...	......	.....	...	.....	.....	...	.....
Villanueva	.....	...	......	.....	...	.....	.....	...	.....
Tlaltenango	.....	...	......	.....	...	.....	.....	...	.....
Nieves	.....	...	......	.....	...	.....	.....	...	.....
Juchipila	.....	...	......	.....	...	.....	.....	...	.....
Mazapil	.....	...	......	.....	...	.....	.....	...	.....
Ojocaliente	.....	...	......	.....	...	.....	.....	...	.....
Nochixtlan	.....	...	......	.....	...	.....	.....	...	.....
SUMAS	.....	...	......	3	...	3	.....	...	.....

Sigue en las páginas 116 y 117.

'ES.

N SEGUN LA NACIONALIDAD.

ponesa.		Mexicana.			Norteamericana.			Sueco–Noruega.			Total general.	NÚMERO DE HOGARES.
M.	Total.	H.	M.	Total.	M.	M.	Total.	H.	M.	Total.		
...	.....	38,180	41,000	79,180	34	10	44	.....	...	.....	79,335	22,307
...	.....	26,419	27,257	53,676	3	2	5	.....	...	.....	53,692	12,749
...	1	25,347	24,836	50,183	9	4	13	.....	...	.....	50,218	9,990
...	.....	24,816	25,191	50,007	1	1	2	.....	...	.....	50,010	11,061
...	.....	19,096	18,873	37,969	47	20	67	1	...	1	38,064	7,841
...	.....	18,482	18,138	36,620	1	......	1	.....	...	.....	36,626	6,748
...	.....	18,670	18,539	37,209	1	......	1	.....	...	.....	37,210	9,139
...	.....	14,696	14,521	29,217	......	......	......	.....	...	.....	29,220	5,226
...	.....	9,094	8,937	18,031	......	......	......	.....	...	.....	18,050	3,273
...	.....	9,018	8,765	17,783	9	3	12	.....	...	.....	17,796	3,484
...	.....	9,407	9,192	18,599	3	3	3	.....	...	.....	18,626	4,281
...	.....	9,217	9,200	18,417	......	......	......	.....	...	.....	18,418	4,509
...	1	222,442	224,449	446,891	105	43	148	1	...	1	447,265	100,608

O

...	.....	744	393	1,137	24	......	24	.....	...	.....	1,171	....
...	.....	466	353	819	......	......	......	.....	...	.....	820	....
...	.....	1,096	449	1,545	......	......	......	.....	...	.....	1,545	....
...	.....	115	117	232	......	......	......	.....	...	.....	243	....
...	.....	205	121	326	......	......	......	.....	...	.....	326	....
...	.....	145	163	308	......	......	......	.....	...	.....	308	....
...	.....	80	71	151	......	......	......	.....	...	.....	151	....
...	.....	95	71	166	......	......	......	.....	...	.....	166	....
...	.....	84	38	122	......	......	......	.....	...	.....	122	....
...	.....	94	74	168	......	......	......	.....	...	.....	168	....
...	.....	128	82	210	1	......	1	.....	...	.....	212	....
...	.....	47	34	81	......	......	......	.....	...	.....	81	....
...	.....	3,299	1,966	5,265	25	......	25	.....	...	.....	5,313	....

PRE

POI

PARTIDOS.	Holandesa.			Inglesa.			Italiana	
	H.	M.	Total.	H.	M.	Total.	H.	M.
Zacatecas	1	...	1	7	3	10	3	...
Fresnillo	.....	..	......	.....	...	......	.....	...
Pinos	.....	..	......	3	...	3	.....	...
Jerez	.....	..	......	.....	...	......	.....	...
Sombrerete	.....	..	......	11	3	14	.....	...
Villanueva	.....	..	......	.....	...	......	.....	...
Tlaltenango	.....	..	......	.....	...	......	.....	...
Nieves	.....	..	......	.....	...	......	.....	...
Juchipila	.....	..	......	17	...	17	.....	...
Mazapil	.....	..	......	.....	...	......	.....	...
Ojocaliente	.....	..	......	.....	...	......	.....	2
Nochixtlan	.....	..	......	.....	...	.....	1	...
SUMAS	1	...	1	38	6	44	4	2

D

Zacatecas	.....	...	......	3	...	3	.....
Fresnillo	.....	...	......	.....	...	.....	.....
Pinos	.....	...	......	.....	...	.....	.....
Jerez	.....	...	......	.....	...	.....	.....
Sombrerete	.....	...	......	.....	...	.....	.....
Villanueva	.....	...	......	.....	...	.....	.....
Tlaltenango	.....	...	......	.....	...	.....	.....
Nieves	.....	...	......	.....	...	.....	....
Juchipila	.....	...	......	.....	...	.....	....
Mazapil	.....	...	......	.....	...	.....	...
Ojocaliente	.....	...	......	.....	...	.....	...
Nochixtlan	.....	...	......	.....	...	.....	...
SUMAS	.....	...	......	3	...	3	

Sigue en las páginas 116 y 117.

A U

PARTIDOS.	POBLACION POR SEXOS.			De 0 á 1 año.	
	NÚMERO DE HABITANTES.				
	Hombres.	Mujeres.	Total.	H.	M.
Zacatecas	1,389	849	2,238	22	24
Fresnillo	754	372	1,126	13	14
Pinos	674	411	1,085	16	8
Jerez	309	227	536	8	1
Sombrerete	227	154	381	3	2
Villanueva	272	121	393	....	2
Tlaltenango	364	198	562	5	5
Nieves	306	169	475	6	3
Juchipila	309	190	499	5	6
Mazapil	488	326	814	13	21
Ojocaliente	220	78	298	2	1
Nochixtlan	364	205	569	2	3
SUMAS	5,676	3,300	8,976	95	90

TES

POBLACION POR EDADES.

De 2 años.			De 8 años.			De 4 años.			De 5 años.		
.	M.	Total.	H.	M.	Total.	H.	M.	Total.	H.	M.	Total.
17	14	31	19	14	33	14	16	30	15	18	33
3	1	4	11	8	19	8	4	12	10	3	13
8	5	13	17	8	25	11	5	16	11	16	27
....	3	3	2	4	6	7	1	8	4	4	8
....	1	1	3	1	4	2	2	4	4	2	6
2	1	3	1	1	2	3	1	4	2	....	2
1	3	4	1	4	5	1	4	5	10	1	11
2	1	3	4	5	9	5	5	10	6	4	10
9	4	13	5	3	8	7	2	9	3	6	9
9	9	18	13	6	19	10	10	20	7	5	12
....	1	1	1	1	2	1	1	2	2	3	5
2	4	6	....	2	2	2	1	3	2	1	3
53	47	100	77	57	134	71	52	123	76	63	139

A U

PARTIDOS.	De 6 á 10 años.			De 11 á 15 años.		
	H.	M.	Total.	H.	M.	
Zacatecas...	106	72	178	104	91	
Fresnillo...	36	38	74	56	40	
Pinos...	36	33	69	42	40	
Jerez...	18	13	31	23	22	
Sombrerete..	15	12	27	23	8	
Villanueva..	12	11	23	14	6	
Tlaltenango...	16	14	30	31	31	
Nieves...	25	15	40	24	25	
Juchipila...	40	19	59	20	21	
Mazapil...	44	34	78	45	28	
Ojocaliente..	9	8	17	17	11	
Nochixtlan...	14	16	30	26	19	
Sumas............................	371	285	656	425	342	

NTES

OBLACION POR EDADES.

De 16 á 20 años.			De 21 á 25 años.			De 26 á 30 años.			De 31 á 35 años.		
H.	M.	Total.	H.	M.	Total.	H.	M.	Total.	H.	M.	Total.
176	103	279	168	112	280	228	132	360	120	46	166
122	64	186	124	53	177	130	43	173	45	24	69
92	52	144	100	53	153	95	56	151	72	42	114
33	33	66	34	30	64	36	28	64	18	12	30
29	21	50	30	21	51	33	22	55	24	12	36
27	15	42	39	28	67	57	17	74	17	7	24
56	38	94	64	25	89	64	26	90	43	16	59
43	28	71	44	21	65	42	24	66	23	7	30
27	17	44	30	9	39	38	29	67	27	20	47
54	46	100	51	39	90	67	36	103	44	28	72
27	14	41	28	4	32	28	11	39	15	5	20
63	35	98	60	24	84	47	35	82	40	13	53
749	466	1,215	772	419	1,191	865	459	1,324	488	232	720

AUSE

PARTIDOS.

Zacatecas...
Fresnillo...
Pinos...
Jerez............. ....
Sombrerete...
Villanueva ....
Tlaltenango ....
Nieves...
Juchipila ....
Mazapil..
Ojocaliente..
Nochixtlan...

SUMAS.....................

NTES

POBLACION POR EDADES.

De 46 á 50 años.			De 51 á 55 años.			De 56 á 60 años.			De 61 á 65 años.		
H.	M.	Total.	H.	M.	Total.	H.	M.	Total.	H.	M.	M.
76	39	115	22	15	37	42	26	68	15	7	22
49	16	65	9	6	15	29	12	41	10	3	13
34	24	58	17	8	25	13	8	21	11	4	15
13	20	33	8	3	11	20	10	30	1	....	1
10	13	23	7	2	9	10	7	17	3	3	6
18	8	26	4	1	5	14	1	15	2	1	3
14	7	21	5	5	10	7	4	11	....	....	....
23	6	29	4	2	6	7	2	9	....	....	....
23	12	35	12	2	14	7	4	11	7	7	14
34	4	38	10	8	18	15	10	25	6	2	8
19	2	21	2	....	2	11	2	13	2	....	2
25	13	38	7	5	12	10	8	18	5	4	9
338	164	502	107	57	164	185	94	279	62	31	93

AUSE

PARTIDOS.	De 66 á 70 años.			De 71 á 75 años.		
	H.	M.	Total.	H.	M.	Total.
Zacatecas	16	10	26	6	3	9
Fresnillo	8	2	10	....	....	....
Pinos	6	5	11	2	2	4
Jerez	3	4	7	7	2	9
Sombrerete	2	....	2	3	....	3
Villanueva	5	1	6	1	2	3
Tlaltenango	2	....	2	....	....	....
Nieves	3	....	3	1	....	1
Juchipila	3	2	5	1	1	2
Mazapil	4	5	9	2	....	2
Ojocaliente	7	....	7	....	....	....
Nochixtlan	1	1	2	1	1	2
SUMAS	60	30	90	24	11	35

?ES.

BLACION POR EDADES.

De 76 á 80 años.			De 81 á 85 años.			De 86 á 90 años.			De 91 á 95 años.		
	M.	Total.	H.	M.	Total.	H.	M.	Total.	H.	M.	Total.
2	1	3	2	2	4	....	1	1	1	....	1
...	2	2	....	....	....	....	....	....	....	....	....
3	1	4	1	1	2	1	2	3	....	....	....
2	3	5	....	....	....	....	1	1	....	....	....
2	....	2	....	1	1	....	....	....	....	....	....
4	....	4	....	....	....	1	....	1	....	....	....
...	....	....	1	....	1	....	....	....	....	....	....
...	1	1	1	....	1	....	....	....	....	....	....
1	....	1	....	....	....	....	....	....	....	....	....
3	....	3	....	....	....	....	....	....	....	....	....
...	1	1	....	1	1	....	....	....	....	....	....
3	1	4	....	....	....	....	....	....	....	....	....
20	10	30	5	5	10	2	4	6	1	....	1

A U S

POBLACION P

PARTIDOS.	De 96 á 100 años.			De más de 100 año		
	H.	M.	Total.	H.	M.	T
Zacatecas..	....	....	....	....	....	....
Fresnillo...	....	....	....	....	....	....
Pinos...	....	....	....	....	....	....
Jerez...	....	....	....	....	....	....
Sombrerete	....	....	....	....	....	....
Villanueva...	....	....	....	....	....	....
Tlaltenango...	....	....	....	....	....	....
Nieves..	....	....	....	....	....	....
Juchipila	....	....	....	....	....	....
Mazapil..	....	....	....	....	....	....
Ojocaliente...	....	....	....	....	....	....
Nochixtlan..	....	....	....	....	....	....
Sumas........................	....	....	....	....	....	....

'ES

DADES.

Entidad política de la República á que pertenece el lugar del nacimiento.

	Se ignora.		TOTAL GENERAL.	Aguascalientes.			Campeche.		
	M.	Total.		H.	M.	Total.	H.	M.	Total.
2	4	6	2,238	16	8	24	....	....	....
...	....	....	1,126	4	....	4	....	....	....
...	....	....	1,085	20	10	30	....	....	....
15	7	22	536	....	....	....	....	....	....
...	....	....	381	7	6	13	....	....	....
...	....	....	393	6	3	9	....	....	....
5	....	5	562	....	....	....	....	....	....
...	....	....	475	....	....	....	....	....	....
...	....	....	499	3	2	5	....	....	....
...	....	....	814	4	....	4	....	....	....
18	2	20	298	4	2	6	....	....	....
...	....	....	569	....	....	....	....	....	....
40	13	53	8,976	64	31	95	....	....	....

A U

ENTIDAD POLITICA DE LA

PARTIDOS.	Coahuila.			Colima.		
	H.	M.	Total.	H.	M.	T
Zacatecas...	2	....	.2	....	....	....
Fresnillo...	....	....	....	....	....	....
Pinos..	....	....	....	....	....	....
Jerez..	....	....	....	....	....	....
Sombrerete...	2	1	3	1	3	
Villanueva...	....	....	....	....	....	....
Tlaltenango..	....	....	....	....	....	....
Nieves..	....	....	....	....	....	....
Juchipila..	....	....	....	....	....	....
Mazapil..	4	2	6	....	....	....
Ojocaliente...	....	....	....	....	....	....
Nochixtlan..	....	....	....	....	....	....
SUMAS.......................	8	3	11	1	3	

NTES

PUBLICA A QUE PERTENECE EL LUGAR DEL NACIMIENTO.

Chiapas.			Chihuahua.			Durango.			Guanajuato.		
H.	M.	Total.	H.	M.	Total.	H.	M.	Total.	H.	M.	Total.
......	......	......	5	2	7	6	1	7	8	6	14
......	......	......	....	....	....	....	....	....	1	....	1
......	......	......	....	....	....	7	3	10	16	3	19
......	......	......	5	3	8	8	10	18	6	2	8
......	......	......	....	....	....	....	....	....	....	....	....
......	......	......	....	....	....	16	....	16	....	....	....
......	......	......	....	....	....	....	....	....	....	....	....
......	......	......	....	....	....	7	6	13	1	....	1
......	......	......	....	....	....	....	....	....	....	....	....
......	......	......	....	....	....	....	....	....	....	....	....
......	......	......	10	5	15	44	20	64	32	11	43

A U $

ENTIDAD POLITICA DE LA

PARTIDOS.	Guerrero.			Hidalgo.		
	H.	M.	Total.	H.	M.	T
Zacatecas..	....	....	....	....	....	....
Fresnillo...	....	....	....	....	....	....
Pinos..	....	....	....	....	....	....
Jerez..	....	....	....	....	....	....
Sombrerete	....	....	....	....	....	....
Villanueva...	....	....	....	....	....	....
Tlaltenango...	....	....	....	....	....	....
Nieves...	....	....	....	....	....	....
Juchipila...	....	....	....	....	....	....
Mazapil...	....	....	....	....	....	....
Ojocaliente..	....	....	....	....	....	....
Nochixtlan...	....	....	....	....	....	....
SUMAS........................	....	....	....	....	....	....

NTES.

UBLICA A QUE PERTENECE EL LUGAR DEL NACIMIENTO.

Jalisco.			México.			Michoacan.			Morelos.		
H.	M.	Total.	H.	M.	Total.	H.	M.	Total.	H.	M.	Total.
14	9	23	2	....	2	1	1	2	....	....	....
2	....	2	....	....	....	....	....	....	....	....	....
10	4	14	....	....	....	....	....	....	....	....	....
....	....	....	....	....	....	....	....	....	....	....	....
5	7	12	....	....	....	5	4	9	....	....	....
2	2	4	....	....	....	....	....	....	....	....	....
10	4	14	....	....	....	....	....	....	....	....	....
....	....	....	....	....	....	....	....	....	....	....	....
17	4	21	....	....	....	....	....	....	....	....	....
2	....	2	....	....	....	....	....	....	....	....	....
1	....	1	....	2	2	....	....	....	....	....	....
1	1	2	....	....	....	....	....	....	....	....	....
64	31	95	2	2	4	6	5	11	....	....	....

AU S

ENTIDAD POLITICA DE LA

PARTIDOS.	Nuevo Leon.			Oaxaca.		
	H.	M.	Total.	H.	M.	To
Zacatecas................................	3	....	3	....	....	....
Fresnillo................................	....	....	....	....	....	....
Pinos....................................	....	....	....	....	....	....
Jeréz....................................	....	....	....	....	....	....
Sombrerete..............................	....	2	2	....	....	....
Villanueva...............................	....	....	....	....	....	....
Tlaltenango..............................	....	....	....	....	....	....
Nieves...................................	....	....	....	....	....	....
Juchipila................................	....	....	....	....	....	....
Mazapil.................................	....	....	....	....	....	....
Ojocaliente..............................	....	....	....	....	....	....
Nochixtlan...............................	....	....	....	....	....	....
Sumas......................	3	2	5	....	....	....

NTES.

PUBLICA A QUE PERTENECE EL LUGAR DEL NACIMIENTO.

Puebla.			Querétaro.			San Luis Potosí.			Sinaloa.		
M.	M.	Total.	M.	M.	Total.	H.	M.	Total.	H.	M.	Total.
....	....	....	....	....	....	14	14	28	....	....	....
....	....	....	....	....	....	3	3	6	....	....	....
....	....	....	....	....	....	20	10	30	....	....	....
....	....	....	....	....	....	....	....	....	....	....	....
....	....	....	3	2	5	11	3	14	....	....	....
....	....	....	....	....	....	2	....	2	....	....	....
....	....	....	....	....	....	....	....	....	....	....	....
....	....	....	....	....	....	3	1	4	....	....	....
....	....	....	.a.....	....	....	....	....	....	....	....	....
....	....	....	....	....	....	34	27	61	....	....	....
....	....	....	....	....	....	1	1	2	....	...#...	....
....	....	....	....	....	....	....	....	....	....	....	....
....	....	....	3	2	5	88	59	147	....	....	....

AUS

ENTIDAD POLITICA DE LA

PARTIDOS.	Sonora.			Tabasco.		
	H.	M.	Total.	H.	M.	Tot
Zacatecas...	....	....	....	....	....	.....
Fresnillo...	....	....	....	....	....	....
Pinos...	....	....	....	....	....	....
Jerez...	....	....	....-....	....	....	....
Sombrerete	....	....	....	....	....	....
Villanueva.......................................	....	....	....	....	....	....
Tlaltenango......................................	....	....	....	....	....	....
Nieves...	....	....	....	....	....	....
Juchipila	....	....	.........•	1	....	
Mazapil..	....	....	....	....	....	....
Ojocalient●......................................	....	....	....	....	....	....
Nochixtlan.......................................	....	....	....	....	....	....
Sumas........................	....	....	....	1	....	

NTES

PUBLICA A QUE PERTENECE EL LUGAR DEL NACIMIENTO.

Tamaulipas.			Tlaxcala.			Veracruz.			Yucatan.		
H.	M.	Total.	H.	M.	Total.	H.	M.	Total.	H.	M.	Total.
....	....	....	....	....	....	....	1	1	....	....	....
....	....	....	....	....	....	....	....	....	....	....	....
....	....	....	....	....	....	....	....	....	....	....	....
....	....	....	....	....	....	....	....	....	....	....	....
....	1	1	....	....	....	....	....	....	....	....	....
....	....	....	....	....	....	....	....	....	....	....	....
....	....	....	....	....	....	....	....	....	....	....	....
....	....	....	....	....	....	....	....	....	....	....	....
....	....	....	....	....	....	....	....	....	....	....	....
....	....	....	....	....	....	....	....	....	....	....	....
....	....	....	....	....	....	....	....	....	....	....	....
....	1	1	....	....	....	....	1	1	....	....	....

A U S

ENTIDAD POLITICA DE LA

PARTIDOS.	Zacatecas.			Distrito Federal.		
	H.	M.	Total.	H.	M.	T
Zacatecas	1,310	805	2,115	....	......	...
Fresnillo	743	369	1,112	....	......	...
Pinos	601	381	982	....	......	...
Jerez	309	227	536	....	......	...
Sombrerete	173	110	283	....	......	...
Villanueva	262	115	377	....	......	...
Tlaltenango	354	194	548	....	......	...
Nieves	287	168	455	....	......	...
Juchipila	286	184	470	....	......	...
Mazapil	435	291	726	....	......	...
Ojocaliente	213	70	283	....	......	...
Nochixtlan	363	204	567	....	......	...
SUMAS	5,336	3,118	8,454	....	......	...

NTES.

PUBLICA A QUE PERTENECE EL LUGAR DEL NACIMIENTO.

Territorio de la Baja California.			Territorio de Tepic.			Se ignora.			TOTAL.
H.	M.	Total.	H.	M.	Total.	H.	M.	Total.	
....	....	....	....	1	1	2	....	2	2,231
....	....	....	....	....	....	....	....	....	1,125
....	....	....	....	....	....	....	....	....	1,085
....	....	....	....	....	....	....	....	....	536
....	....	....	....	....	....	....	....	....	380
....	....	....	....	....	....	....	....	....	392
....	....	....	....	....	....	....	....	....	562
....	....	....	....	....	....	....	....	....	475
....	....	....	2	....	2	....	....	....	499
....	....	....	....	....	....	....	....	....	813
....	....	....	....	....	....	....	2	2	296
....	....	....	....	....	....	....	....	....	569
....	....	....	2	1	3	2	2	4	8,963

AUS

PARTIDOS.	NACION O PAIS A QUE P					
	Alemania y colonias.			Austria-Hungría.		
	H.	M.	Total.	H.	M.	Total
Zacatecas..	....	....	....	....	....	.....
Fresnillo...	....	....	....	....	....	.....
Pinos..	....	....	....	....	....	.....
Jerez..	....	....	....	....	....	.....
Sombrerete..	....	....	....	....	....	.....
Villanueva...	....	....	....	....	....	.....
Tlaltenango...	....	....	....	....	....	.....
Nieves..	....	....	....	....	....	.....
Juchipila...	....	....	....	....	....	.....
Mazapil...	....	....	....	....	....	.....
Ojocaliente..	....	....	....	....	....	.....
Nochixtlan...	....	....	....	....	....	.....
SUMAS................................	....	....	....	....	....	.....

NTES.

TENECE EL LUGAR DEL NACIMIENTO DE LOS EXTRANJEROS.

Bélgica.			China.			España y colonias.			Francia y colonias.		
H.	M.	Total.	H.	M.	Total.	H.	M.	Total.	H.	M.	Total.
....	....	....	....	....	....	2	....	2	1	....	1
....	....	....	....	....	....	1	....	1	....	....	....
....	....	....	....	....	....	....	....	....	....	....	....
....	....	....	....	....	....	....	....	....	....	....	....
....	....	....	....	....	....	....	....	....	....	....	....
....	....	....	....	....	....	....	....	....	....	1	1
....	....	....	....	....	....	....	....	....	....	....	....
....	....	....	....	....	....	....	....	....	....	....	....
....	....	....	....	....	....	1	....	1	....	....	....
....	....	....	....	....	....	....	....	....	1	1	2
....	....	....	....	....	....	....	....	....	....	....	....
....	....	....	....	....	....	4	....	4	2	2	4

AUS

	NACION O PAIS A QUE P					
PARTIDOS.	Holanda y colonias.			Inglaterra y colonias		
	H.	M.	Total.	H.	M.	Tot
Zacatecas..	....	....	....	1	....	
Fresnillo..	....	....	....	....	....	.....
Pinos..	....	....	....	....	....	.....
Jerez..	....	....	....	....	....	.....
Sombrerete..	....	....	....	....	....	.....
Villanueva.	....	....	....	....	....	.....
Tlaltenango...	....	....	....	....	....	.....
Nieves...	....	....	....	....	....	.....
Juchipila	....	....	....	....	....	....
Mazapil...................	....	....	....	....	....	.....
Ojocaliente...	....	....	....	....	....	.....
Nochixtlan..	....	....	....	....	....	....
SUMAS........................	....	....	....	1	....	

ᴛES

ᴺECE EL LUGAR DEL NACIMIENTO DE LOS EXTRANJEROS.

Italia y colonias.			Japon.			Norte América.			Suecia y Noruega.		
	M.	Total.	H.	M.	Total.	H.	M.	Total.	H.	M.	Total.
...	....	....	....	....	....	2	1	3	....	......	....
...	....	....	....	....	....	....	....	....	....	......	....
...	....	....	....	....	....	....	....	....	....	......	....
...	....	....	....	....	....	1	....	1	....	......	....
...	....	....	....	....	....	....	....	....	....	......	....
...	....	....	....	....	....	....	....	....	....	......	....
...	....	....	....	....	....	....	....	....	....	......	....
...	....	....	....	....	....	....	....	....	....	......	....
...	....	....	....	....	....	....	....	....	....	......	....
...	....	....	....	....	....	....	....	....	....	......	....
...	....	....	....	....	....	3	1	4	....	......	....

A U S

Nacion ó país á que pertenece el lugar del nacimien
de los extranjeros.

PARTIDOS.

Zacatecas....................... ....
Fresnillo ....
Pinos..:.................
Jerez..
Sombrerete..
Villanueva..
Tlaltenango..
Nieves..
Juchipila ....
Mazapil...
Ojocaliente..
Nochixtlan...

SUMAS........................

ᴚ E S.

POBLACION SEGUN EL ESTADO CIVIL.

Menores de edad.		Solteros.			Casados.			Viudos.		
M.	Total.	M.	M.	Total.	M.	M.	Total.	M.	M.	Total.
185	426	450	215	665	629	354	983	61	85	146
79	179	313	129	442	315	142	457	25	22	47
100	217	293	135	428	236	134	370	28	42	70
33	86	95	71	166	102	89	191	20	30	50
24	62	88	48	136	89	67	156	12	15	27
19	46	130	44	174	89	50	139	26	8	34
56	99	160	63	223	130	65	195	31	14	45
46	108	118	50	168	116	62	178	10	11	21
30	73	116	81	197	83	37	120	19	17	36
93	216	146	87	233	202	121	323	17	25	42
21	48	61	22	83	100	30	130	14	5	19
31	68	120	75	195	190	83	273	17	16	33
717	1,628	2,090	1,020	3,110	2,281	1,234	3,515	280	290	570

A U

PARTIDOS.	Poblacion segun el estado civil.				Saben leer y escrib		
	Se ignora.			Total general.			
	H.	M.	Total.		H.	M.	T
Zacatecas	8	10	18	2,238	476	203	
Fresnillo	1	.....	1	1,126	228	89	
Pinos	...	.....	.....	1,085	153	83	
Jerez	39	4	43	536	....	....	...
Sombrerete	...	.....	.....	381	89	35	
Villanueva	...	.....	.....	393	117	41	
Tlaltenango	...	.....	.....	562	157	52	
Nieves	...	.....	.....	475	82	36	
Juchipila	48	25	73	499	83	40	
Mazapil	...	.....	.....	814	102	51	
Ojocaliente	18	.....	18	298	79	23	
Nochixtlan	...	.....	.....	569	107	38	
SUMAS	114	39	153	8,976	1,673	691	2

NTES

INSTRUCCION ELEMENTAL.

Saben sólo leer.			No saben leer ni escribir.			No saben leer ni escribir por ser menores de edad.			Se ignora.			Total general.
H.	M.	Total.	H.	M.	Total.	H.	M.	Total.	H.	M.	Total.	
45	28	73	725	507	1,232	137	100	237	6	11	17	2,238
10	9	19	470	244	714	46	30	76	.....	.....	.....	1,126
14	8	22	441	248	689	66	64	130	.....	8	8	1,085
......	......	......	....	....	....	53	33	86	256	194	450	536
3	3	6	117	99	216	18	17	35	.....	.....	.....	381
7	2	9	137	70	207	11	8	19	.....	.....	.....	393
8	4	12	172	101	273	27	41	68	.....	.....	.....	562
10	8	18	171	98	279	43	27	70	.....	.....	.....	475
11	7	18	176	102	278	31	32	63	8	9	17	499
24	22	46	304	194	498	58	59	117	.....	.....	.....	814
7	2	9	129	44	173	5	9	14	.....	.....	.....	298
3	1	4	246	154	400	8	12	20	.....	.....	.....	569
142	94	236	3,088	1,861	4,849	503	432	935	270	222	492	8,976

A U $

POBLAC

PARTIDOS.	Abogados.	Agentes de negocios.	Arquitectos.	Dentistas.	Farmacéuticos.	
Zacatecas	2	1	1	....	2	
Fresnillo	....	....	....	....	....	....
Pinos	....	....	....	....	....	
Jerez	....	....	....	....	....	
Sombrerete	....	....	1	....	....	....
Villanueva	....	....	...,.....	....	....	
Tlaltenango	....	....	....	....	....	
Nieves..	2	....	....	....	....	....
Juchipila	....	....	....	....	....	
Mazapil	....	....	....	....	....	....
Ojocaliente	....	....	....	....	....	
Nochixtlan	....	1	....	....	....	....
Sumas	4	2	2	....	2	

'ES

GUN LA OCUPACION PRINCIPAL.

PROFESIONES.

	Mecánicos.	Médicos alópatas.	Médicos homeópatas.	Notarios.	Parteras.	Profesores.			Sacerdotes católicos.	Sacerdotes de otros cultos.	Veterinarios.
						H.	M.	Total.			
..	4	2	....	1	1	3	....	3	5	....	....
..	....	....	....	....	....	....	....	....	1	....	....
..	....	....	....	....	....	1	....	1	....	....	....
..	....	....	....	....	....	....	....	....	....	....	....
..	....	....	....	....	....	2	....	2	....	....	....
..	1	....	....	....	....	1	....	1	....	....	....
..	....	1	....	....	....	....	....	....	....	....	....
..	1	....	....	....	....	1	....	1	....	....	....
...	....	1	....	....	....	....	1	1	....	....	....
..	....	....	....	....	....	....	....	....	....	....	....
..	....	....	....	....	....	....	....	....	1	....	....
...	6	4	....	1	1	8	1	9	7	....	....

A U S

POBLAC

PARTIDOS.	Escolares.			Estudiantes.		
	H.	M.	Total.	H.	M.	T.
Zacatecas...	4	5	9	18	8	
Fresnillo...	55	49	104	....	....	....
Pinos...	....	....	....	....	....	....
Jeréz...	....	....	....	....	....	....
Sombrerete..	....	....	....	1	....	
Villanueva...	1	....	1	1	....	
Tlaltenango...	....	....	....	....	....	....
Nieves..	2	....	2	1	1	
Juchipila...	....	....	....	....	....	....
Mazapil..	5	....	5	....	....	....
Ojocaliente..	....	....	....	4	2	....
Nochixtlan..	1	....	1	....	....	....
SUMAS........................	68	54	122	25	11	

ƒTES

SEGUN LA OCUPACION PRINCIPAL.

ADMINISTRACION.							AGRICULTURA.			MINERIA.		
Empleados públicos.			Jefes y oficiales del ejército.	Jefes y oficiales de marina.	Militares (clase de tropa).	Policía.	Administradores y dependientes de campo.	Agricultores.	Peones de campo.	Administradores y empleados de minería.	Mineros, barreteros y pepenadores.	Obreros de las fundiciones y haciendas de beneficio en general.
H.	M.	Total.										
10	......	10	.....	.....	8	.....	1	....	450	......	307	1
4	....	4	.....	.....	2	.....	....	....	463	4	61	....
3	....	3	.....	.....	1	1	11	....	406	1	65	....
......	....	....	.....	.....	....	.....	....	....	256	......	....	....
5	1	6	.....	.....	....	...	9	....	109	3	37	....
3	....	3	.....	.....	2	.....	....	....	172	......	4	....
......	....	....	.....	.....	....	.....	....	5	245	......	....	....
......	....	....	.....	.....	....	.....	....	2	124	......	....	....
......	....	....	.....	.....	....	.....	....	2	114	43	19	....
4	....	4	1	.....	6	5	9	....	223	......	40	1
......	....	....	.....	.....	....	.....	....	....	89	......	16	1
2	....	2	.....	.....	....	.....	7	....	176	......	1	....
31	1	32	1	.....	19	6	46	....	2,827	51	550	3

A U S

POBLACI

COMERCIO.

PARTIDOS.	Corredores.	Comerciantes.			Dependientes.		
		H.	M.	Total.	H.	M.	To
Zacatecas..	...	46	12	58	3	....	
Fresnillo...	...	17	....	17	....	....	.....
Pinos...	...	22	....	22	1	....	
Jerez...	...	....	....	....	....	....	.....
Sombrerete	...	14	2	16	....	....	.....
Villanueva.......................................	...	13	....	13	....	....	.....
Tlaltenango.....................................	...	9	....	9	....	....	.....
Nieves...	...	8	....	8	....	....	....
Juchipila	...	12	3	15	2	....	
Mazapil..	1	19	....	19	1	....	
Ojocaliente.....................................	...	9	....	9	....	....	
Nochixtlan......................................	...	20	1	21	....	....	....
SUMAS...................	1	189	18	207	7	....	

NTES.

SEGUN LA OCUPACION PRINCIPAL.

Vandedores ambulantes.			Propietarios.			INDUSTRIAS, BELLAS ARTES, ARTES Y OFICIOS.					
						Acróbatas.			Actores.		
H.	M.	Total.	H.	M.	Total.	H.	M.	Total.	H.	M.	Total.
1	....	1	2	2	4	....	....	....	....	....	....
....	....	....	3	....	3	....	....	....	....	....	....
1	....	1	1	....	1	....	....	....	....	....	....
....	....	....	....	....	....	....	....	....	....	....	....
....	....	....	....	....	....	....	....	....	....	....	....
1	....	1	1	....	1	....	....	....	....	....	....
....	....	....	....	....	....	....	....	....	....	....	....
....	....	....	....	....	....	....	....	....	....	....	....
....	....	....	....	....	....	....	....	....	....	....	....
....	....	....	1	....	1	....	....	....	....	....	....
....	....	....	....	....	....	....	....	....	....	....	....
3	....	3	8	2	10	....	....	....	....	....	....

A·U S

POBLACI

IN

PARTIDOS.	Administradores y empleados de establecimientos industriales.			Afiladores.	Albañiles.	
	H.	M.	Total.			
Zacatecas...	....	....	....	....	13	....
Fresnillo...	....	....	....	....	2	....
Pinos...	... .	....	....	....	2	
Jerez...	....	....	....	....	....	....
Sombrerete...	....	....	....	....	....	....
Villanueva..	....	....	....	....	....	
Tlaltenango...	....	....	....	....	....	
Nieves..	....	....	....	....	....	....
Juchipila...	1	....	1	....	....	....
Mazapil..	....	....	....	1	....	....
Ojocaliente...	6	4	10	....	1	
Nochixtlan...	....	....	....	....	2	....
SUMAS.......................	7	4	11	1	20	

ES.

;UN LA OCUPACION PRINCIPAL.

S, BELLAS ARTES, ARTES Y OFICIOS.

Aprendices de calzado.	Arneses.	Bizcocheros.	Cantinas.	Costurera.	Carpinteros.	Carniceros.	Cereros.			Cerveceros.
							H.	M.	Total.	
..	....	....	....	....	1	11	2	....	....	....	....
..	....	....	....	....	1	7	....	....	....	....	....
..	....	....	....	....	....	4	....	....	....	....	....
1	....	....	....	....	....	2	....	....	....	....	....
..	....	....	....	....	2	5	....	....	....	....	....
..	....	....	....	....	....	8	....	....	....	....	....
..	....	....	....	....	1	5	....	....	....	....	....
2	....	....	....	....	....	7	....	....	....	....	....
.	....	....	....	....	....	4	....	....	....	....	....
.	....	....	....	....	....	2	....	....	....	....	....
.	....	....	....	....	1	5	....	....	....	....	....
3	....	....	....	....	6	60	2	....	....	....	....

A U S

POBLACI

IN

PARTIDOS.	Cigarreras.	Cobreros.	Coheteros.	Curtidores.	Doradores.		
					H.	M.	
Zacatecas	1	......	3	1	......	......	..
Fresnillo	....	......	2	4	......	......	..
Pinos	....	......	......	....	......	......	..
Jerez	....	......	......	....	......	......	..
Sombrerete	....	......	......	....	......	......	..
Villanueva	....	......	......	1	......	......	..
Tlaltenango	....	......	......	....	......	......	..
Nieves	....	......	......	1	......	......	..
Juchipila	....	......	......	1	......	2	..
Mazapil	....	......	......	1	......	......	..
Ojocaliente	1	......	......	....	......	......	..
Nochixtlan	....	......	......	....	......	......	..
Sumas	2	......	5	9	......	2	

NTES

SEGUN LA OCUPACION PRINCIPAL.

TRIAS, BELLAS ARTES, ARTES Y OFICIOS.

Dulceros.			Evanista.	Encuadernadores.	Escritores.	Escultores.	Filarmónicos.			Floristas.	Fosforeros.
H.	M.	Total.					H.	M.	Total.		
....	....	....	....	1	....	1	13	....	13	....	....
1	....	1	....	1	....	....	7	....	7	....	....
....	....	....	....	....	....	....	1	....	1	....	....
....	....	....	....	....	....	....	....	....	....	....	....
....	....	....	....	....	....	....	....	....	....	....	....
....	....	....	....	....	....	....	1	....	1	....	....
....	....	....	....	....	....	....	3	....	3	....	....
....	....	....	....	....	....	....	2	....	2	....	....
....	....	....	....	....	....	....	3	....	3	....	....
....	....	....	....	....	....	....	4	....	4	....	....
....	....	....	....	....	....	....	....	....	....	....	....
....	....	....	....	....	....	....	2	....	2	....	....
1	....	1	....	2	....	1	36	....	36	....	....

A U S

POBLACI

IN.

PARTIDOS.	Fotógrafos.	Fundidores en general.	Pintores.	Grabadores.	Gasistas.	
Zacatecas	....	....	....	....	....	....
Fresnillo	....	....	....	....	....	....
Pinos	....	....	....	....	....	....
Jerez	....	....	....	....	....	....
Sombrerete	1	....	....	....	....	....
Villanueva	....	....	....	....	....	....
Tlaltenango	....	....	....	....	....	....
Nieves	....	....	....	....	....	....
Juchipila	....	....	....	....	....	....
Mazapil	....	....	....	....	....	....
Ojocaliente	....	....	....	....	....	....
Nochixtlan	....	....	....	....	....	....
SUMAS	1	....	....	....	....	....

TES

EGUN LA OCUPACION PRINCIPAL.

IAS, BELLAS ARTES, ARTES Y OFICIOS.

Herreros.	Hojalateros.	Herreros.	Jaboneros.	Ladrilleros.	Latoneros.	Litógrafos.	Modistas.	Obreros de establecimientos industriales.			Panaderos.
								H.	M.	Total.	
10	3	....	....	....	....	....	....	17	8	25	8
4	....	....	....	....	....	....	....	....	....	....	1
2	....	....	....	....	....	....	....	....	....	....	2
....	....	....	....	....	....	....	....	....	....	....	....
2	....	....	....	....	....	....	....	1	....	1	1
1	....	....	....	....	....	....	....	....	....	....	2
3	....	....	....	....	....	....	....	14	....	14	....
....	....	....	....	....	....	....	....	5	....	5	1
....	....	....	....	....	....	....	....	7	....	7	1
....	....	....	....	....	....	....	....	....	....	....	1
2	....	....	....	....	....	....	....	....	....	....	2
....	....	....	....	....	....	....	....	5	....	5	2
24	3	....	....	....	....	....	....	49	8	57	21

A U $

POBLAC

IN

PARTIDOS.	Pasteleros.			Peluqueros.	Pintores artist		
	H.	M.	Total.		H.	M.	
Zacatecas	1	......	1	1	......	......	...
Fresnillo	......	......	......	....	......	......	...
Pinos	......	......	......	....	......	......	...
Jerez	......	......	......	....	......	......	...
Sombrerete	......	......	......	....	1	......	...
Villanueva	......	......	......	3	......	......	...
Tlaltenango	......	......	......	....	......	......	...
Nieves	......	......	......	....	......	......	...
Juchipila	......	......	......	....	......	....	...
Mazapil	......	......	......	....	......	......	...
Ojocaliente	......	......	......	....	......	......	...
Nochixtlan	......	......	......	....	......	......	...
SUMAS	1	......	1	4	1	......	

TES

SEGUN LA OCUPACION PRINCIPAL.

...RIAS, BELLAS ARTES, ARTES Y OFICIOS.

Pintores decoradores.	Pintores.	Pueros.	Reidoros.	Sastres.	Sombrereros.			Talabarteros.	Tapiceros y Colchoneros.		
					H.	M.	Total.		H.	M.	Total.
3	1	1	....	6	....	....	....	1	....	1	1
1	1	....	....	22	....	....	....	....	....	....	....
....	....	....	....	1	....	....	....	....	....	....	....
....	....	....	....	....	....	....	....	....	....	....	....
1	....	....	....	1	....	....	....	....	....	....	....
....	....	2	....	2	....	....	....	1	....	....	....
....	....	....	....	....	....	....	....	1	....	....	....
....	....	....	....	3	....	....	....	....	....	....	....
....	....	....	....	....	1	....	1	....	....	....	....
....	4	....	....	3	....	....	....	....	....	....	....
....	....	....	....	....	....	....	....	1	....	....	....
....	....	....	....	7	46	2	48	....	....	....	....
5	6	3	....	45	47	2	49	4	....	1	1

A U ?

POBLAC.

INDUSTRIA‡

PARTIDOS.	Tejedores.			Telegrafistas.		
	H.	M.	Total.	H.	M.	T
Zacatecas..	....	....	....	3	....	
Fresnillo..	10	....	10	5	....	
Pinos..	....	....	....	....	....	....
Jerez.............	....	....	....	....	....	....
Sombrerete...	....	....	....	....	....	....
Villanueva...	3	....	3	....	....	....
Tlaltenango	....	....	....	1	....	
Nieves..	....	....	....	2	....	
Juchipila	....	....	....	....	....	....
Mazapil..	....	....	....	....	....	....
Ojocaliente...	2	....	2	....	....	....
Nochixtlan...	3	2	5	....	....	....
Sumas.....................	18	2	20	11	....	

NTES

SEGUN LA OCUPACION PRINCIPAL.

LLAS ARTES, ARTES Y OFICIOS.								DIVERSAS OCUPACIONES.			
Tlateros.	Tipógrafos.	Tundidores.	Turcos.	Turroneros.	Veleros.	Yeseros.	Zapateros.	Adoberos.	Aguadores.		
									H.	M.	Total.
....	4	....	....	....	1	....	13	....	....	....	....
....	....	....	....	....	1	....	9	....	....	....	....
....	....	....	....	....	....	....	2	....	....	....	....
....	....	....	....	....	....	....	1	....	....	....	....
....	....	....	....	....	....	....	2	....	....	....	....
....	....	....	....	....	....	....	9	....	....	....	....
....	....	....	....	... ..	1	....	6	....	....	....	....
....	....	....	....	....	2	....	4	....	....	....	....
....	....	....	....	....	....	....	11	....	....	....	....
....	4	....	....	....	5	....	57	....	....	....	....

A U S

PARTIDOS.

Zacatecas....................... ....

Fresnillo...

Pinos...

Jerez...

Sombrerete..

Villanueva..

Tlaltenango..

Nieves..

Juchipila ....

Mazapil..

Ojocaliente..

Nochixtlan..

SUMAS.......................

ITES

SEGUN LA OCUPACION PRINCIPAL.

DIVERSAS OCUPACIONES.

Domésticos.			Empleados particulares.			Hortelanos.	Jardineros.	Lavanderos.			Nucieros.
H.	M.	Total.	H.	M.	Total.			H.	M.	Total.	
23	29	52	44	1	45	1	....	....	2	2	....
3	17	20	12	....	12	1	....	....	....	....	....
4	9	13	3	1	4	....	....	....	....	....	....
....	....	....	....	....	....	....	....	....	....	....	....
1	....	1	1	....	1	....	....	....	....	....	....
1	....	1	....	....	....	1	....	....	....	....	....
....	6	6	....	....	....	....	....	....	4	4	....
....	....	....	....	....	....	....	....	....	....	....	....
....	2	2	1	....	1	4	....	....	....	....	....
2	....	2	3	....	3	....	....	....	....	....	....
2	....	2	....	....	....	....	....	....	....	....	....
....	....	....	....	....	....	....	....	....	....	....	....
36	63	99	64	2	66	7	....	....	6	6	....

A U

PARTIDOS.	DIVERSAS OCUPACIONES.					
	Matanceros.	Mesillas.	Molenderas.	Pescadores.	Porteros.	
Zacatecas	7	....	1	....	....	...
Fresnillo	....	....	....	....	....	...
Pinos.	....	....	....	....	....	...
Jerez	....	....	....	....	....	...
Sombrerete	....	....	....	....	....	...
Villanueva	2	....	....	....	....	...
Tlaltenango	....	....	....	....	....	...
Nieves	....	....	7	....	....	
Juchipila	1	....	....	....	....	...
Mazapil	1	....	....	....	....	
Ojocaliente	1	....	....	....	....	...
Nochixtlan	1	....	....	....	....	...
SUMAS	13	....	8	....	....	

ITES.

SEGUN LA OCUPACION PRINCIPAL.

Sin ocupacion.			Sin ocupacion por menores de edad.			Se ignora.			Total general.	Poblacion por cultos.		
										Católicos.		
H.	M.	Total.	H.	M.	Total.	H.	M.	Total.		H.	M.	Total.
85	503	588	193	193	386	34	77	111	2,238	1,360	831	2,191
....	272	272	45	30	75	4	......	4	1,126	751	372	1,123
43	307	350	83	91	174	5	1	6	1,085	674	411	1,085
....	194	194	53	33	86	.....	......	......	536	309	227	536
11	122	133	23	28	51	.....	......	......	381	222	154	376
2	97	99	19	21	40	19	2	21	393	272	119	391
27	133	160	31	55	86	1	......	1	562	362	195	557
17	53	70	52	43	95	69	59	128	475	306	169	475
29	146	175	55	37	92	.....	......	......	499	308	189	497
37	226	263	83	90	173	3	1	4	814	483	326	809
1	34	35	19	24	43	48	13	61	298	220	78	298
37	184	221	16	16	32	.....	......	......	569	362	205	567
289	2,271	2,560	672	661	1,333	183	153	336	8,976	5,629	3,276	8,905

A U S

POE

PARTIDOS.	Protestantes.			Mahometanos.		
	H.	M.	Total.	H.	M.	Tot
Zacatecas	18	13	31	....	....	.....
Fresnillo	3	....	3	....	....	.....
Pinos	....	....	....	....	....	.....
Jerez	....	....	....	....	....	.....
Sombrerete	5	....	5	....	....	.....
Villanueva	....	2	2	....	....	.....
Tlaltenango	2	3	5	....	....	.....
Nieves	....	....	....	....	....	.....
Juchipila	1	1	2	....	....	.....
Mazapil	4	....	4	....	....	.....
Ojocaliente	....	....	....	....	....	.....
Nochixtlan	....	....	....	....	....	.....
SUMAS	33	19	52	....	....	.....

'E S.

<table>
<tr><th colspan="9">N POR CULTOS.</th><th colspan="3">Poblacion segun el idioma
habitual.</th></tr>
<tr><th colspan="2">Budhistas.</th><th colspan="3">Sin culto.</th><th colspan="3">Se ignora.</th><th rowspan="2">Total
general.</th><th colspan="3">Castellano.</th></tr>
<tr><th>M.</th><th>Total.</th><th>H.</th><th>M.</th><th>Total.</th><th>H.</th><th>M.</th><th>Total.</th><th>H.</th><th>M.</th><th>Total.</th></tr>
<tr><td>......</td><td>......</td><td>11</td><td>5</td><td>16</td><td>......</td><td>......</td><td>......</td><td>2,238</td><td>1,385</td><td>848</td><td>2,233</td></tr>
<tr><td>......</td><td>......</td><td>......</td><td>......</td><td>......</td><td>......</td><td>......</td><td>......</td><td>1,126</td><td>754</td><td>372</td><td>1,126</td></tr>
<tr><td>......</td><td>......</td><td>......</td><td>......</td><td>......</td><td>......</td><td>......</td><td>......</td><td>1,085</td><td>674</td><td>411</td><td>1,085</td></tr>
<tr><td>......</td><td>......</td><td>......</td><td>......</td><td>......</td><td>......</td><td>......</td><td>......</td><td>536</td><td>309</td><td>227</td><td>536</td></tr>
<tr><td>......</td><td>......</td><td>......</td><td>......</td><td>......</td><td>......</td><td>......</td><td>......</td><td>381</td><td>226</td><td>154</td><td>380</td></tr>
<tr><td>......</td><td>......</td><td>......</td><td>......</td><td>......</td><td>......</td><td>......</td><td>......</td><td>393</td><td>272</td><td>120</td><td>392</td></tr>
<tr><td>......</td><td>......</td><td>......</td><td>......</td><td>......</td><td>......</td><td>......</td><td>......</td><td>562</td><td>364</td><td>198</td><td>562</td></tr>
<tr><td>......</td><td>......</td><td>......</td><td>......</td><td>......</td><td>......</td><td>......</td><td>......</td><td>475</td><td>306</td><td>169</td><td>475</td></tr>
<tr><td>......</td><td>......</td><td>......</td><td>......</td><td>......</td><td>......</td><td>......</td><td>......</td><td>499</td><td>309</td><td>190</td><td>499</td></tr>
<tr><td>......</td><td>......</td><td>1</td><td>......</td><td>1</td><td>......</td><td>......</td><td>......</td><td>814</td><td>488</td><td>326</td><td>814</td></tr>
<tr><td>......</td><td>......</td><td>......</td><td>......</td><td>......</td><td>......</td><td>......</td><td>......</td><td>298</td><td>219</td><td>77</td><td>296</td></tr>
<tr><td>......</td><td>......</td><td>2</td><td>......</td><td>2</td><td>......</td><td>......</td><td>......</td><td>569</td><td>364</td><td>205</td><td>569</td></tr>
<tr><td>......</td><td>......</td><td>14</td><td>5</td><td>19</td><td>......</td><td>......</td><td>......</td><td>8,976</td><td>5,670</td><td>3,297</td><td>8,967</td></tr>
</table>

A U S

PARTIDOS.	Aleman.			Chino.		
	H.	M.	Total.	H.	M.	Te
Zacatecas..	....	....	....	....	....	....
Fresnillo	....	....	....	....	....	....
Pinos..	....	....	....	....	....	....
Jerez.	....	....	....	....	....	....
Sombrerete..	....	....	....	....	....	....
Villanueva.	....	....	....	....	....	....
Tlaltenango...	....	....	....	....	....	....
Nieves...	....	....	....	....	....	....
Juchipila..	....	....	....	....	....	....
Mazapil..	....	....	....	....	....	....
Ojocaliente.	....	....	....	....	....	....
Nochixtlan...	....	....	....	....	....	....
SUMAS........................	....	....	....	....	....	....

NTES.

IDIOMAS EXTRANJEROS.

Dinamarqués.			Francés.			Holandés.			Inglés.		
H.	M.	Total.	H.	M.	Total.	H.	M.	Total.	M.	M.	Total.
....	....	....	1	....	1	....	....	....	3	1	4
....	....	....	....	....	....	....	....	....	....	....	....
....	....	....	....	....	....	....	....	....	....	....	....
....	....	....	....	....	....	....	....	....	1	....	1
....	....	....	....	1	1	....	....	....	....	....	....
....	....	....	....	....	....	....	....	....	....	....	....
....	....	....	....	....	....	....	....	....	....	....	....
....	....	....	....	....	....	....	....	....	....	....	....
....	....	....	1	1	2	....	....	....	....	....	....
....	....	....	....	....	....	....	....	....	....	....	....
....	....	....	2	2	4	....	....	....	4	1	5

A U

PARTIDOS.	IDIOMAS EXTRANJEROS.					
	Italiano.			Total general.	Alemana	
	H.	M.	Total.		H.	M.
Zacatecas	......	......	......	2,238	......	......
Fresnillo	......	......	......	1,126	......	......
Pinos	......	......	......	1,085	......	......
Jerez	......	......	......	536	......	......
Sombrerete	.....	......	......	381	......	......
Villanueva	......	......	......	393	......	......
Tlaltenango	......	......	......	562	......	......
Nieves	......	......	......	475	......	......
Juchipila	......	......	......	499	......	......
Mazapil	......	......	......	814	......	......
Ojocaliente	......	......	......	298	......	......
Nochixtlan	......	......	......	569	......	......
SUMAS	......	,.....	......	8,976	......	......

TES

POBLACION SEGUN LA NACIONALIDAD.

tro–Húngara.		Belga.			China.			Española.			Francesa.		
M.	Total.	H.	M.	Total.	H.	M.	Total.	H.	M.	Total.	H.	M.	Total.
.....	.....	......	.....	......	......	......	......	2	......	2	......	......	......
.....	.....	......	.....	......	......	......	......	1	......	1	......	......	......
.....	.....	......	.....	......	......	......	......	......	......	......	......	......	......
.....	.....	......	.....	......	......	......	......	......	......	......	......	......	......
.....	.....	......	.....	......	......	......	......	......	......	......	......	......	......
.....	.....	......	.....	......	......	......	......	......	......	......	......	......	......
.....	.....	......	.....	......	......	......	......	......	......	......	......	......	......
.....	.....	......	.....	......	......	......	......	......	......	......	......	......	......
.....	.....	......	.....	......	......	......	......	......	......	......	......	......	......
.....	.....	......	.....	......	......	......	......	......	......	......	......	......	......
.....	.....	......	.....	......	......	......	......	......	......	......	......	......	......
.....	.....	......	.....	......	......	......	......	3	......	3	......	......	......

AUS

	IDIOMAS EXTRANJEROS.					
PARTIDOS.	Italiano.			Total general.	Alemana.	
	H.	M.	Total.		H.	M.
Zacatecas	......	......	......	2,238	......	......
Fresnillo	......	......	......	1,126	......	......
Pinos	......	......	......	1,085	......	......
Jerez	......	......	......	536	......	......
Sombrerete	.....	......	......	381	......	......
Villanueva	......	......	......	393	......	......
Tlaltenango	......	......	......	562	......	......
Nieves	......	......	......	475	......	......
Juchipila	......	......	......	499	......	......
Mazapil	......	......	......	814	......	......
Ojocaliente	......	......	......	298	......	......
Nochixtlan	......	......	......	569	......	......
SUMAS	......	,.....	......	8,976	......	......

NTES

POBLACION SEGUN LA NACIONALIDAD.

Austro–Húngara.			Belga.			China.			Española.			Francesa.		
H.	M.	Total.	H.	M.	Total.	H.	M.	Total.	H.	M.	Total.	H.	M.	Total.
.....	.....	.....	......	.....	......	......	....	......	2	....	2	....	....	......
.....	.....	.....	......	.....	......	......	....	......	1	....	1	....	....	......
.....	.....	.....	......	.....	......	......	....	......	....	....	....	....	....	......
.....	.....	.....	......	.....	......	......	....	......	....	....	....	....	....	......
.....	.....	.....	......	.....	......	......	....	......	....	....	....	....	....	......
.....	.....	.....	......	.....	......	......	....	......	....	....	....	....	....	......
.....	.....	.....	......	.....	......	......	....	......	....	....	....	....	....	......
.....	.....	.....	......	.....	......	......	....	......	....	....	....	....	....	......
.....	.....	.....	......	.....	......	......	....	......	....	....	....	....	....	......
.....	.....	.....	......	.....	......	......	....	......	....	....	....	....	....	......
.....	.....	.....	......	.....	......	......	....	......	3	....	3	....	....	......

A U S

PO

PARTIDOS.	Holandesa.			Inglesa.			Italiana	
	H.	M.	Total.	H.	M.	Total.	H.	M.
Zacatecas	.....	...	....	1	...	1	.....	...
Fresnillo	.....	...	....	.....	...	.....	.....	...
Pinos	.....	...	....	.....	...	.....	.....	...
Jerez	.....	...	....	.....	...	.....	.....	...
Sombrerete	.....	...	....	.....	...	.....	.....	...
Villanueva	.....	...	....	.....	...	.....	.....	...
Tlaltenango	.....	...	... ..	.....	...	.....	.....	...
Nieves..	.....	...	....	.....	. ...	.....	.....	...
Juchipila	.....	...	....	.....	...	.....	.....	...
Mazapil	.....	...	....	.....	...	.....	.....	...
Ojocaliente	.....	...	....	.....	...	.....	.....	...
Nochixtlan	.....	...	....	.....	...	.....	.....	...
SUMAS	.....	...	....	1	...	1	.....	...

TES

ON SEGUN LA NACIONALIDAD.

Japonesa.			Mexicana.			Norteamericana.			Sueco–Noruega.			Total general.	NÚMERO DE HOGARES.
l.	M.	Total.	H.	M.	Total.	H.	M.	Total.	H.	M.	Total.		
..	...	.....	1,384	848	2,232	2	1	3	...	...	.....	2,238	....
..	...	.....	753	372	1,125	......	......	......	......	...	.....	1,126	....
...	...	.....	674	411	1,085	......	......	......	......	...	.....	1,085	....
..	...	.....	309	227	536	......	......	......	......	...	.....	536	....
..	...	.....	226	154	380	1	......	1	......	...	.....	381	....
..	...	.....	272	121	393	......	......	......	......	...	.....	393	....
..	...	.....	364	198	562	......	......	......	......	...	.....	562	....
..	...	.....	306	169	475	......	......	......	......	...	.....	475	....
..	...	.....	309	190	499	......	......	......	......	...	.....	499	....
..	...	.....	488	326	814	......	......	......	......	...	.....	814	....
..	...	.....	220	78	298	......	......	......	......	...	.....	298	....
..	...	.....	364	205	569	......	......	......	......	...	.....	569	....
..	...	.....	5,669	3,299	8,968	3	1	4	.....	...	.....	8,976	....

RESUMEN.

PARTIDOS.	POBLACION DE HECHO.			POBLACION RESIDENTE.		
	Presentes.	De paso.	Total.	Presentes.	Ausentes.	Total.
Zacatecas........................	79,335	1,171	80,506	79,335	2,238	81,573
Fresnillo........................	53,692	820	54,512	53,692	1,126	54,818
Pinos............................	50,218	1,545	51,763	50,218	1,085	51,303
Jerez............................	50,010	243	50,253	50,010	536	50,546
Sombrerete.....................	38,064	326	38,390	38,064	381	38,445
Villanueva.	36,626	308	36,934	36,626	393	37,019
Tlaltenango....................	37,210	151	37,361	37,210	562	37,772
Nieves...........................	29,220	166	29,386	29,220	475	29,695
Juchipila	18,050	122	18,172	18,050	499	18,549
Mazapil.........................	17,796	168	17,964	17,796	814	18,610
Ojocaliente.....................	18,626	212	18,838	18,626	298	18,924
Nochixtlan.....................	18,418	81	18,499	18,418	569	18,987
SUMAS............	447,265	5,313	452,578	447,265	8,976	456,241

CENSO

DEL

ESTADO DE TAMAULIPAS.

CUADROS.

PRESE

DISTRITOS.	POBLACION POR SEXOS.					
	NÚMERO DE HABITANTES.			De 0 á 1 año.		
	Hombres.	Mujeres.	Totales.	H.	M.	Total.
Centro..	27,868	26,342	54,210	1,206	1,206	2,412
Norte...	33,108	32,452	65,560	1,412	1,343	2,755
Sur...	18,101	17,778	35,879	757	730	1,487
Cuarto...	24,140	23,456	47,596	1,105	1,012	2,117
SUMAS	103,217	100,028	203,245	4,480	4,291	8,771

DE P

Centro..	585	362	947	14	12	26
Norte...	413	224	637	14	4	18
Sur...	881	240	1,121	10	7	17
Cuarto...	312	240	552	17	16	33
SUMAS.................	2,191	1,066	3,257	55	39	94

AUSE

Centro..	615	334	949	13	8	21
Norte...	2,273	933	3,206	29	30	59
Sur...	446	232	678	12	2	14
Cuarto...	643	385	1,028	20	10	30
SUMAS.................	3,977	1,884	5,861	74	50	124

ꞮTES

POBLACION POR EDADES.

De 2 años.			De 8 años.			De 4 años.			De 5 años.		
H.	M.	Total.	H.	M.	Total.	H.	M.	Total.	H.	M.	Total.
948	855	1,803	957	861	1,818	873	924	1,797	906	810	1,716
951	910	1,861	978	959	1,937	986	986	1,972	1,047	915	1,962
521	506	1,027	578	533	1,111	520	481	1,001	533	476	1,009
754	718	1,472	809	698	1,507	799	856	1,655	918	755	1,673
,174	2,989	6,163	3,322	3,051	6,373	3,178	3,247	6,425	3,404	2,956	6,360

ꞲSO

11	9	20	8	8	16	13	7	20	6	9	15
7	4	11	11	9	20	6	3	9	7	3	10
7	3	10	6	10	16	8	4	12	9	8	17
8	6	14	11	4	15	5	10	15	8	4	12
33	22	55	36	31	67	32	24	56	30	24	54

ꞮTES

9	10	19	5	9	14	2	14	16	9	7	16
18	16	34	23	22	45	24	22	46	20	27	47
6	2	8	3	11	14	2	5	7	6	3	9
16	7	23	8	10	18	8	13	21	12	9	21
49	35	84	39	52	91	36	54	90	47	46	93

PRES

DISTRITOS.	De 6 á 10 años.			De 11 á 15 años.		
	H.	M.	Total.	H.	M.	Tot
Centro..	4,180	3,785	7,965	3,378	3,170	6,
Norte...	5,055	4,562	9,617	4,247	4,139	8,
Sur..	2,488	2,346	4,834	2,193	2,083	4,
Cuarto.......................................	3,801	3,234	7,035	2,814	2,566	5,
SUMAS......................	15,524	13,927	29,451	12,632	11,958	24,

DE

Centro..	52	48	100	42	26	
Norte...	28	23	51	25	27	
Sur..	32	18	50	32	16	
Cuarto.......................................	31	27	58	34	23	
SUMAS......................	143	116	259	133	92	2

AUS

Centro..	40	47	87	73	43	1
Norte...	154	130	284	207	134	3
Sur..	31	20	51	48	23	
Cuarto.......................................	58	45	103	75	40	1
SUMAS......................	283	242	525	403	240	6

ITES

OBLACION POR EDADES.

De 16 á 20 años.			De 21 á 25 años.			De 26 á 30 años.			De 31 á 35 años.		
H.	M.	Total.	H.	M.	Total.	H.	M.	Total.	H.	M.	Total.
2,995	3,082	6,077	2,385	2,449	4,834	2,589	2,704	5,293	1,512	1,271	2,783
3,560	4,029	7,589	2,804	2,980	5,784	2,528	2,912	5,440	1,629	1,525	3,154
2,049	2,158	4,207	1,780	1,867	3,647	1,892	1,967	3,859	1,021	887	1,908
2,426	2,680	5,106	1,890	2,085	3,975	2,169	2,418	4,587	1,186	1,049	2,235
1,030	11,949	22,979	8,859	9,381	18,240	9,178	10,001	19,179	5,348	4,732	10,080

ASO

59	54	113	84	45	129	90	57	147	47	17	64
49	31	80	57	26	83	56	23	79	35	9	44
103	46	149	160	38	198	182	30	212	93	14	107
25	29	54	31	25	56	38	24	62	15	15	30
236	160	396	332	134	466	366	134	500	190	55	245

ITES

95	51	146	86	30	116	73	28	101	42	18	60
367	133	500	390	93	483	280	72	352	162	33	195
71	45	116	73	28	101	49	26	75	36	14	50
89	62	151	75	55	130	63	40	103	39	14	53
622	291	913	624	206	830	465	166	631	279	79	358

PRES

DISTRITOS.	De 36 á 40 años.			De 41 á 45 años.		
	H.	M.	Total.	H.	M.	Total
Centro..	1,949	1,784	3,733	960	757	1,7
Norte...	2,256	2,155	4,411	1,159	970	2,1
Sur...	1,422	1,366	2,788	555	563	1,1
Cuarto..	1,749	1,734	3,483	765	685	1,4
SUMAS......................	7,376	7,039	14,415	3,439	2,975	6,4

DE

Centro..	51	25	76	25	9	
Norte...	35	16	51	15	12	
Sur...	109	18	127	39	6	
Cuarto..	39	24	63	12	7	
SUMAS......................	234	83	317	91	34	1

AUS

Centro.............................	57	21	78	25	12	
Norte...	185	66	251	87	29	1
Sur...	53	17	70	16	10	
Cuarto..	64	28	92	22	9	
SUMAS......................	359	132	491	150	60	2

NTES

'OBLACION POR EDADES.

	De 46 á 50 años.			De 51 á 55 años.			De 56 á 60 años.			De 61 á 65 años.	
H.	M.	Total.	H.	M.	Total.	H.	M.	Total.	H.	M.	Total.
1,143	1,054	2,197	426	396	822	686	616	1,302	321	218	539
1,389	1,472	2,861	741	582	1,323	1,080	963	2,043	481	355	836
742	763	1,505	300	227	527	369	437	806	164	141	305
1,047	1,151	2,198	423	347	770	676	699	1,375	276	243	519
4,321	4,440	8,761	1,890	1,552	3,442	2,811	2,715	5,526	1,242	957	2,199

ASO

36	14	50	15	5	20	18	9	27	8	6	14
24	18	42	9	4	13	12	8	20	9	2	11
50	11	61	9	4	13	17	2	19	5	....	5
14	11	25	3	4	7	10	7	17	3	1	4
124	54	178	36	17	53	57	26	83	25	9	34

NTES.

34	13	47	14	4	18	28	12	40	7	5	12
116	49	165	72	20	92	70	21	91	32	14	46
18	9	27	9	8	17	8	4	12	2	4	6
49	18	67	9	7	16	17	10	27	9	4	13
217	89	306	104	39	143	123	47	170	50	27	77

PRESE

DISTRITOS.

Centro..			77	76	153
Norte..	355	707	193	132	325
Sur..	138	266	48	39	87
Cuarto..	259	540	83	99	182
SUMAS......................					

DE P

Centro..
Norte..
Sur..
Cuarto..
SUMAS......................

AUSE

Centro..
Norte..
Sur..
Cuarto..
SUMAS......................

NTES

POBLACION POR EDADES.

De 76 á 80 años.			De 81 á 85 años.			De 86 á 90 años.			De 91 á 95 años.		
H.	M.	Total.	H.	M.	Total.	H.	M.	Total.	H.	M.	Total.
79	65	144	24	15	39	13	17	30	4	2	6
160	126	286	59	36	95	29	34	63	5	7	12
24	41	65	3	13	16	9	10	19	4	3	7
109	103	212	26	29	55	18	21	39	9	10	19
372	335	707	112	93	205	69	82	151	22	22	44

ASO

H.	M.	Total.	H.	M.	Total.	H.	M.	Total.	H.	M.	Total.
...	...	...	1	1	2	...	...	...	...	...	...
3	1	4	...	1	...	1	...	1	...	...	...
2	...	2	...	1	1	...	...	...	...	...	...
2	1	3	1	...	1	...	...	...	...	...	...
7	2	9	2	2	4	1	...	1	...	...	...

NTES

H.	M.	Total.	H.	M.	Total.	H.	M.	Total.	H.	M.	Total.
1	1	2	...	...	...	...	...	...	...	...	...
5	1	6	...	1	1	...	1	1	...	...	...
...	...	...	...	...	1	...	...	...	...	...	...
2	...	2	1	...	1	...	...	...	...	...	...
8	2	10	1	1	2	...	1	1	...	...	...

POBLACION POR

DISTRITOS.	De 96 á 100 años.			De más de 100 años.		
	H.	M.	Total.	H.	M.	Total.
Centro	....	6	6	1	....	1
Norte	6	1	7	1	4	5
Sur	1	3	4	....	....	....
Cuarto	7	5	12	....	....	....
SUMAS	14	15	29	2	4	6

DE P

Centro	....	....	....	....	....	....
Norte	....	....	....	....	....	....
Sur	....	....	....	....	....	....
Cuarto	....	....	....	....	....	....
SUMAS	....	....	....	....	....	....

A U S E

Centro	....	....
Norte	....	....
Sur	....	....
Cuarto	....	....
SUMAS		

ΓES.

DADES. | Entidad política de la República á que pertenece el lugar del nacimiento.

Se ignora.		TOTAL GENERAL.	Aguascalientes.			Campeche.		
M.	Total.		H.	M.	Total.	H.	M.	Total.
.. ..	....	54.210	9	7	16	....	2	2
.. ..	....	65,560	56	29	85	....	....	....
.. ..	....	35,879	23	9	32	6	4	10
.. ..	....	47,596	1	4	5	....	....	....
.. ..	....	203,245	89	49	138	6	6	12

ΞO.

.. ..	....	947	....	....	....	....	....	....
.. ..	....	637	1	1	2	....	....	....
.. ..	....	1,121	1	....	1	1	....	1
.. ..	....	552	....	....	....	....	....	....
.. ..	....	3,257	2	1	3	1	....	1

'ES.

.. ..	....	949	....	....	....	....	....	....
.. ..	....	3,206	3	4	7	....	....	....
.. ..	....	678	1	....	1	....	....	....
.. ..	....	1,028	....	....	....	....	....	....
.. ..	....	5,861	4	4	8	....	....	....

PRE

ENTIDAD POLITICA DE LA

DISTRITOS.	Coahuila.			Colima.		
	H.	M.	Total.	H.	M.	T
Centro...	18	18	36	....	....	...
Norte...	354	312	666	1	1	
Sur...	20	9	29	1	....	
Cuarto...	4	3	7	....	....	...
Sumas........................	396	342	738	2	1	

D E

Centro...	....	....	....	....	....	...
Norte...	9	7	16	....	....	...
Sur...	....	....	....	....	....	...
Cuarto...	....	....	....	....	....	...
Sumas........................	9	7	16	....	....	...

AUS

Centro...	....	....	....	....	....	...
Norte...	34	13	47	....	1	...
Sur...	3	1	4	....	....	...
Cuarto...	....	....	....	....	....	...
Sumas........................	37	14	51	....	1	

TES

BLICA A QUE PERTENECE EL LUGAR DEL NACIMIENTO.

Chiapas.			Chihuahua.			Durango.			Guanajuato.		
H.	M.	Total.	H.	M.	Total.	H.	M.	Total.	H.	M.	Total.
.....	....	....	7	3	10	8	1	9	58	29	87
1	1	2	13	16	29	41	33	74	203	62	265
2	....	2	2	2	4	3	2	5	186	102	288
.....	....	....	3	1	4	1	2	3	. 12	. 5	17
3	1	4	25	22	47	53	38	91	459	198	657

SO

.....	. ...	....	....	....	....	....	....	....	6	....	6
.....	....	....	1	....	1	....	....	....	2	4	6
.....	....	....	....	....	....	....	....	....	4	1	5
.....	....	....	....	....	....	....	....	....	2	....	2
.....	....	....	1	....	1	....	....	....	14	5	19

TES

......	....	. ...	....	....	....	....	....	....	2	1	3
......	....	....	3	....	3	....	....	....	5	5	10
......	....	....	....	....	....	....	....	....	1	2	3
.....	....	....	....	....	....	....	....	....	....	....	....
.....	....	....	3	....	3	....	....	....	8	8	16

ENTIDAD POLITICA DE LA

DISTRITOS.

Centro..	1	....
Norte..	....	....
Sur..	....	1
Cuarto...	....	....
Sumas........................		

DE

Centro..	....	1	...
Norte..	....	... ...	....
Sur..	....	2	2
Cuarto...	....	...	...
Sumas........................	....		

AU

Centro..	....	....	....	....	....	.....
Norte..	....	....	....	10	....	
Sur..	....	....	....	1	....	.....
Cuarto...	....	....	....	....	....	
Sumas........................	....	....	....		....	

NTES.

PUBLICA A QUE PERTENECE EL LUGAR DEL NACIMIENTO.

Jalisco.			México.			Michoacan.			Morelos.		
H.	M.	Total.	H.	M.	Total.	H.	M.	Total.	H.	M.	Total.
28	26	54	11	4	15	3	2	5	5	....	5
79	28	107	52	35	87	24	10	34	5	1	6
42	30	72	49	39	88	16	9	25	9	7	16
15	6	21	3	1	4	3	1	4	1	....	1
164	90	254	115	79	194	46	22	68	20	8	28

ASO

Jalisco.			México.			Michoacan.			Morelos.		
....	1	1	1	....	1	....	1	 1	....	....	....
1	....	1	....	3	3	2	1	3	1	....	1
6	1	7	8	....	8	....	....	....	....	....	....
2	3	5	....	....	....	....	....	....	....	....	....
9	5	14	9	3	12	2	2	4	1	....	1

NTES

Jalisco.			México.			Michoacan.			Morelos.		
2	....	2	1	....	1	1	....	1	....	....	....
4	....	4	5	....	5	1	....	1	1	....	....
2	1	3	3	1	4	1	....	1	1	....	....
....	....	....	....	....	....	....	....	....	....	....	....
8	1	9	9	1	10	3	....	3	1	....	1

PRES

DISTRITOS.	ENTIDAD POLITICA DE LA E					
	Nuevo Leon.			Oaxaca.		
	H.	M.	Total.	H.	M.	Total.
Centro	1,269	1,023	2,292	4	1	
Norte	2,126	1,880	4,006	31	2	3
Sur	54	37	91	5	....	
Cuarto	314	371	685	1	....	
SUMAS	3,763	3,311	7,074	41	3	4

DE

Centro	56	27	83	....	....	....
Norte	112	43	155	2	....	....
Sur	1	1	2	1	....	....
Cuarto	10	6	16	....	....	....
SUMAS	179	77	256	3	....	

AUS:

Centro	15	10	25	....	1	
Norte	235	57	292	4	....	
Sur	3	....	3	....	....	....
Cuarto	23	12	35	....	....	....
SUMAS	276	79	355	4	1	

NTES

PUBLICA. A QUE PERTENECE EL LUGAR DEL NACIMIENTO.

Puebla.			Querétaro.			San Luis Potosí.			Sinaloa.		
H.	M.	Total.	H.	M.	Total.	H.	M.	Total.	H.	M.	Total.
6	2	8	3	2	5	2,783	2,334	5,117	....	....	....
29	5	34	39	16	55	663	451	1,114	3	....	3
24	8	32	42	18	60	2,483	2,129	4,612	4	....	4
....	....	....	....	2	2	3,037	2,505	5,542	....	....	....
59	15	74	84	38	122	8,966	7,419	16,385	7	....	7

ASO

						113	64	177	....	....	....
3	....	3	....	....	....	24	7	31	....	....	....
....	....	....	2	....	2	155	54	209	1	....	1
....	....	....	....	....	....	109	77	186	....	....	....
3	....	3	2	....	2	401	202	603	1	....	1

NTES

						54	25	79	....	....	....
1	....	1	3	....	3	82	4	86	....	....	....
....	....	....	....	3	3	87	26	113	1	....	1
....	....	....	....	....	....	62	36	98	....	....	....
1	....	1	3	3	6	285	91	376	1	....	1

PRESE

DISTRITOS.	ENTIDAD POLITICA DE LA RE					
	Sonora.			Tabasco.		
	H.	M.	Total.	H.	M.	Total.
Centro..	3	1	4	....	1	1
Norte...	4	3	7	1	....	1
Sur..	....	1	1	3	3	6
Cuarto...	....	....	....	....	....	....
SUMAS	7	5	12	4	4	8

DE P

Centro..	....	....	....	....	....	....
Norte...	....	....	....	....	....	....
Sur..	....	....	....	1	....	1
Cuarto...	....	....	....	....	....	....
SUMAS......................	....	....	....	1	....	1

AUSE

Centro..	....	....	....	1	....	1
Norte...	....	....	....	....	....	....
Sur..	....	....	....	7	....	7
Cuarto...	....	....	....	....	....	....
SUMAS......................	....	....	....	8	....	8

E S

LICA A QUE PERTENECE EL LUGAR DEL NACIMIENTO.

Tamaulipas.		Tlaxcala.			Veracruz.			Yucatan.		
M.	Total.	H.	M.	Total.	H.	M.	Total.	H.	M.	Total.
22,789	46,216	....	....	....	31	19	50	1	1	2
29,032	57,682	1	....	1	51	14	65	1	....	1
13,816	27,513	1	2	3	986	1,357	2,343	2	8	10
20,532	41,216	....	....	....	7	5	12	....	1	1
86,169	172,627	2	2	4	1,075	1,395	2,470	4	10	14

O

267	661	....	....	....	1	....	1	1	....	1
132	361	....	....	....	2	1	3	....	....	....
136	423	....	....	....	42	38	80	1	....	1
150	330	....	....	....	1	....	1	....	....	....
685	1,775	....	....	....	46	39	85	2	....	2

E S

296	827	....	....	....	....	1	1	....	....	....
811	2,588	....	....	....	14	1	15	....	....	....
186	482	....	....	....	24	11	35	....	....	....
337	894	....	....	....	....	....	....	....	....	....
1,630	4,791	....	....	....	38	13	51	....	....	....

PRE

	ENTIDAD POLITICA DE LA				
DISTRITOS.	Zacatecas.			Distrito Federal	
	H.	M.	Total.	H.	M.
Centro..	23	15	38	25	15
Norte...	112	74	186	68	15
Sur..	19	10	29	25	30
Cuarto.......................................	18	14	32	1	3
SUMAS......................	172	113	285	119	63

D F

Centro..	2	....	2	3	2
Norte...	1	....	1	6	3
Sur..	1	....	1	....	2
Cuarto.......................................	2	1	3	4	3
SUMAS......................	6	1	7	13	10

A U

Centro..	....	....	....	....	....
Norte	12	....	12	6	....
Sur..	1	....	1	....	....
Cuarto.......................................	....	....	....	....	....
SUMAS......................	13	....	13	6	....

TES

BLICA A QUE PERTENECE EL LUGAR DEL NACIMIENTO.

ritorio de la Baja California.			Territorio de Tepic.			Se ignora.			TOTAL.
H.	M.	Total.	H.	M.	Total.	H.	M.	Total.	
..... 1	....	 1	 2	....	 2	....	....	....	54,022
.....	 1	 1	....	....	....	....	....	....	64,658
.....	....	....	....	....	....	....	....	....	35,424
.....	....	....	....	....	....	....	....	....	47,561
1	1	2	2	....	2	....	....	....	201,665

SO.

.....	....	....	....	....	....	....	....	....	940
..... 3	 1	 4	....	....	....	....	....	....	598
.....	....	....	....	....	....	....	....	....	753
.....	....	....	....	....	....	....	....	....	550
3	1	4	....	....	....	....	....	....	2,841

TES.

.....	....	....	....	....	....	....	....	....	941
.....	....	....	....	....	....	....	....	....	3,096
.....	....	....	....	....	....	....	....	....	662
.....	....	....	....	....	....	....	....	....	1,027
.....	....	....	....	....	....	....	....	....	5,726

P.RE

NACION O PAIS A QUE

DISTRITOS.	Alemania y colonias.			Austria-Hungrí		
	H.	M.	Total.	H.	M.	
Centro	4	1	5	1	....	
Norte	12	6	18	....	....	..
Sur	15	3	18	1	....	.
Cuarto	....	....	....	....	....	..
SUMAS	31	10	41	2	....	

D I

Centro	....	....	....	....	....	..
Norte	....	....	....	....	....	..
Sur	39	....	39	2	....	..
Cuarto	....	....	....	....	....	..
SUMAS	39	....	39	2	....	

A U

Centro	1	....	1	....	....	..
Norte	....	....	....	1	....	..
Sur	....	....	....	....	....	..
Cuarto	....	....	....	....	....	..
SUMAS	1	....	1	1	....	

TES

NECE EL LUGAR DEL NACIMIENTO DE LOS EXTRANJEROS.

Bélgica.		Colombia.			China.			Dinamarca y colonias.			España y colonias.		
M.	Total.	H.	M.	Total.	H.	M.	Total.	H.	M.	Total.	H.	M.	Total.
.....	......	......	.....	......	2	.....	2	......	......	......	64	...3	67
.....	......	......	.....	......	2	.....	2	......	......	......	50	5	55
.....	......	......	1	1	4	.....	4	......	......	......	127	22	149
.....	......	......	.....	......	.....	.....	......	......	......	......	34	......	34
.....	......	......	1	1	8	.....	8	......	......	.....	275	30	305

O

.....	......	......	.....	.....	.....	.....	......	......	.....	......	..4	2	6
.....	4	......	.....	.....	1	.....	...1	...1	.....	1	14	1	15
.....	......	......	.....	.....	.....	.....	......	......	.....	......	2	......	2
.....	4	......	.....	.....	1	.....	..1	..1	.....	1	20	3	23

TES

.....	......	......	.....	.....	.....	.....	......	......	.....	......	2	......	2
.....	......	......	.....	.....	.....	.....	......	......	.....	......	4	......	4
.....	......	......	.....	.....	.....	.....	......	......	.....	......	8	1	9
.....	......	......	.....	.....	.....	.....	......	......	.....	......	1	......	1
.....	......	......	.....	.....	.....	.....	......	......	.....	......	15	1	16

PRES

NACION O PAIS A QUE P

DISTRITOS.	Francia y colonias.			Grecia.		
	H.	M.	Total.	H.	M.	Tot.
Centro...	1	1	2	....	....	.....
Norte..	19	5	24	....	....	.....
Sur..	15	3	18	1	....	.....
Cuarto..	....	....	....	....	....	.....
SUMAS.........................	35	9	44	1	....	

DE

Centro...	2	....	2	....	....	.....
Norte..	....	1	1	....	....	.....
Sur..	2		2	1	....	.....
Cuarto..	....	....	....	....	....	.....
SUMAS.........................	4	1	5	1	....	

AUS

Centro...	....	....	....	....	....	.....
Norte..	2	....	2	....	....	.....
Sur..	2	....	2	....	....	.....
Cuarto..	....	....	....	....	....	.....
SUMAS.........................	4	....	4	....	....	.....

NTES.

TENECE EL LUGAR DEL NACIMIENTO DE LOS EXTRANJEROS.

Guatemala.			Holanda y colonias.			Inglaterra y colonias.			Italia y colonias.			Marruecos.		
H.	M.	Total.	H.	M.	Total.	H.	M.	Total.	H.	M.	Total.	H.	M.	Total.
1	2	3	.....	.....	......	6	1	7	9	1	10	......	....	......
.....	.....	......	.....	.....	......	7	1	8	9	2	11	......	....	......
.....	.....	......	.....	.....	......	21	6	27	23	10	33	1	....	1
.....	.....	......	.....	.....	......	......	......	......	......	......	......	......	....	......
1	2	3	.....	.....	......	34	8	42	41	13	54	1	....	1

ASO

						1	....	1	......	....	......	......	......	......
.....	.....	......	.....	.....	......	.....	....	......	......	....	......	......	......	......
.....	.....	......	2	.....	2	170	1	171	1	....	1	......	......	......
.....	.....	......	.....	.....	......	......	......	......	......	......	......	......	......	......
.....	.....	......	2	.....	2	171	1	172	1	....	1	......	......	......

NTES.

1	.....	1	.....	.....	......	......	....	......	2	....	2	......	......	......
.....	.....	......	.....	.....	......	1	....	1	......	......	......	......	......	......
.....	.....	......	.....	.....	......	......	....	......	......	......	......	......	......	......
.....	.....	......	.....	.....	......	......	....	......	......	......	......	......	......	......
1	.....	1	.....	.....	......	1	....	1	2	....	2	......	......	......

PRESE

NACION O PAIS A QUE PER

DISTRITOS.	Norte América.			Rusia.		
	H.	M.	Total.	H.	M.	Total.
Centro..........	51	38	89	....	....	....
Norte	371	412	783	1	....	1
Sur....................	138	62	200	....	....	....
Cuarto................	1	....	1	....	....	....
SUMAS..................	561	512	1,073	1	....	1

DE P

	Norte América.			Rusia.		
Centro.................	3	....	3	....	....	....
Norte	13	19	32	....	....	....
Sur....................	115	2	117	2	....	2
Cuarto.................	....	....	....	....	....	....
SUMAS..................	131	21	152	2	....	2

AUSE

	Norte América.			Rusia.		
Centro.................	2	....	2	....	....	....
Norte	65	37	102	....	....	....
Sur....................	5	....	5	....	....	....
Cuarto.................	....	....	....	....	....	....
SUMAS..................	72	37	109	....	....	....

ꞮES

ꞮCE EL LUGAR DEL NACIMIENTO DE LOS EXTRANJEROS.

Santo Domingo.		Suecia y Noruega.			Turquía y Egipto.			Total de nacidos en el Extranjero.	Total de nacidos en la República.	TOTALES GENERALES.
M.	Total.	H.	M.	Total.	H.	M.	Total.			
1	....	1	....	....	....	1	....	1	188	54,022	54,210
..	....	....	....	....	....	....	....	....	902	64,658	65,560
..	....	....	2	....	2	....	....	....	455	35,424	35,879
..	....	....	....	....	....	....	....	....	35	47,561	47,596
1	....	1	2	....	2	1	....	1	1,580	201,665	203,245

O

.	....	....	....	....	....	1	....	1	7	940	947
.	....	....	....	....	....	....	....	....	39	598	637
.	....	....	10	....	10	....	....	....	368	753	1,121
.	....	....	....	....	....	....	....	....	2	550	552
.	....	....	10	....	10	1	....	1	416	2,841	3,257

ES

.	....	....	....	....	....	....	....	....	8	941	949
.	....	....	....	....	....	....	....	....	110	3,096	3,206
.	....	....	....	....	....	....	....	....	16	662	678
.	....	....	....	....	....	....	....	....	1	1,027	1,028
.	....	....	....	....	....	....	....	....	135	5,726	5,861

PRES

POBLACION SEGI

DISTRITOS.	Menores de edad.			Solteros.		
	H.	M.	Total.	H.	M.	Tota
Centro..	10,307	9,036	19,343	8,017	7,231	15,2
Norte..	12,879	10,672	23,551	10,185	10,168	20,3
Sur...	6,582	5,480	12,062	6,880	6,275	13,1
Cuarto...	9,745	7,793	17,538	6,137	6,266	12,4
SUMAS......................	39,513	32,981	72,494	31,219	29,940	61,1

DE

Centro..	132	101	233	211	86	2
Norte..	91	51	142	153	70	2
Sur...	88	54	142	487	81	5
Cuarto...	93	60	153	87	75	1
SUMAS......................	404	266	670	938	312	1,2

AUS

Centro..	112	102	214	262	110	3
Norte..	349	268	617	1,179	345	1,6
Sur...	78	45	123	225	97	3
Cuarto...	157	106	263	220	119	3
SUMAS......................	696	521	1,217	1,886	671	2,5

NTES

EL ESTADO CIVIL.							INSTRUCCION ELEMENTAL.					
Casados.			Viudos.			TOTAL GENERAL.	Saben leer y escribir.			Saben sólo leer.		
H.	M.	Total.	H.	M.	Total.		H.	M.	Total.	H.	M.	Total.
8,369	7,632	16,001	1,175	2,443	3,618	54,210	5,328	3,158	8,486	348	433	781
8,741	8,833	17,574	1,303	2,779	4,082	65,560	11,670	8,858	20,528	333	494	827
3,762	3,771	7,533	877	2,252	3,129	35,879	4,260	2,512	6,772	212	237	449
7,233	7,263	14,496	1,025	2,134	3,159	47,596	3,171	1,917	5,088	84	133	217
28,105	27,499	55,604	4,380	9,608	13,988	203,245	24,429	16,445	40,874	977	1,297	2,274

ASO

H.	M.	Total.	H.	M.	Total.	TOTAL GENERAL.	H.	M.	Total.	H.	M.	Total.
209	143	352	33	32	65	947	162	34	196	9	5	14
140	74	214	29	29	58	637	190	90	280	6	7	13
271	75	346	35	30	65	1,121	488	45	533	8	3	11
107	80	187	25	25	50	552	48	13	61	.....	....	....
727	372	1,099	122	116	238	3,257	888	182	1,070	23	15	38

NTES

H.	M.	Total.	H.	M.	Total.	TOTAL GENERAL.	H.	M.	Total.	H.	M.	Total.
213	93	306	28	29	57	949	304	96	400	10	5	15
649	251	900	96	69	165	3,206	1,288	408	1,696	22	21	43
124	59	183	19	31	50	678	166	62	228	7	4	11
227	130	357	39	30	69	1,028	165	44	209	165	120	285
1,213	533	1,746	182	159	341	5,861	1,923	610	2,533	204	150	354

PRES

DISTRITOS.	INSTRUCCION ELEMENTA					
	No saben leer ni escribir.			No saben leer ni escribir p ser menores de edad.		
	H.	M.	Total.	H.	M.	Total.
Centro...	12,218	14,228	26,446	9,974	8,523	18,4
Norte..	9,695	13,264	22,959	11,410	9,836	21,2
Sur..	7,617	9,877	17,494	6,012	5,152	11,1
Cuarto..............................	11,589	13,706	25,295	9,296	7,700	16,9
SUMAS.......................	41,119	51,075	92,194	36,692	31,211	67,9

DE

Centro...	307	225	532	107	98	2
Norte..	140	83	223	77	44	1
Sur..	313	147	460	72	45	1
Cuarto...	173	167	340	91	60	1
SUMAS.......................	933	622	1,555	347	247	5

AUS

Centro..
Norte..
Sur...
Cuarto...

SUMAS.......................

PROFESIONES.

54,210
35,879
47,596

A S O

N T E S.

PRES

DISTRITOS.	PROFESIONES.			POBLACI(Escolares.		
	Sacerdotes católicos.	Sacerdotes de otros cultos.	Veterinarios.	H.	M.	Total
Centro..	12	4	....	1,513	1,124	2,6
Norte...	4	3	1	3,263	1,809	5,0
Sur...	3	....	1	1,351	1,022	2,3
Cuarto..	4	....	....	911	444	1,3
SUMAS.......................	23	7	2	7,038	4,399	11,4

DE

Centro..	....	....	....	5	1	
Norte...	1	....	....	6	6	
Sur...	....	....	....	3	6	
Cuarto..	....	....	....	1	....	
SUMAS.......................	1	....	....	15	13	

AUS

Centro..	1	1	....	28	11	
Norte...	....	....	....	42	14	
Sur...	1	....	....	23	4	
Cuarto..	1	....	....	6	4	
SUMAS.......................	3	1	....	99	33	1

NTES

SEGUN LA OCUPACION PRINCIPAL.

Estudiantes.			ADMINISTRACION.					AGRICULTURA.		MINERIA.			
			Empleados públicos.	Jefes y oficiales del ejército.	Jefes y oficiales de marina.	Militares (clase de tropa.)	Policía.	Administradores y dependientes de campo.	Peones de campo.	Administradores y empleados de minería.	Mineros, barreteros y pepenadores.		
H.	M.	Total.									H.	M.	Total.
	7	64	147	33	......	....	54	......	12,653	......	7	......	7
	12	48	453	47	......	939	85	......	13,059	1	78	......	78
......	......		198	5	......	106	58	23	7,096		......	......	......
......	......		46	1	......	....	35	23	11,754	......	......	......	......
93	19	112	844	86	......	1,045	232	23	44,562	1	85	......	85

ASO.

......	......		4	......	......	....	......	......	343	......	1	......	1
......	......		5	3	......	....	......	......	195	......	......	......	......
......	......		9	......	......	....	......	......	313	......	......	......	......
......	......		2	1	......	3	......	......	149	......	......	......	......
......	......		20	4	......	3	......	......	1,000	......	1	......	1

NTES.

......	......		......	....	......	......					1	..	1
......	......		1	118	......	......					5		5
......	......		......	....	......	......					......	......	......
......	......		......	....	......	......					......	......	......

PRES

POBLACIO

COMERCIO.

DISTRITOS.	Corredores.	Comerciantes.			Dependientes.		
		H.	M.	Total.	H.	M.	Total
Centro...	......	298	11	309	118	1	11
Norte...	26	573	10	583	206	......	20
Sur...ʌ.........	2	484	18	502	131	......	13
Cuarto...	......	182	9	191	63	......	6
SUMAS........................	28	1,537	48	1,585	518	1	51

DE

Centro...	......	24	......	24	4	......	
Norte...ʌ..	......	13	......	13	1	......	
Sur..	......	36	......	36	1	......	
Cuarto...	......	7	......	7	......	......	.....
SUMAS........................	......	80	......	80	6	......	

AUS

Centro...	......	19	1	20	22	......	
Norte...	1	63	......	63	41	......	
Sur..	1	28	1	29	2	......	
Cuarto...	......	9	......	9	8	......	
SUMAS........................	2	119	2	121	73	......	

NTES.

SEGUN LA OCUPACION PRINCIPAL.

Vendedores ambulantes.	Propietarios.			INDUSTRIAS, BELLAS ARTES, ARTES Y OFICIOS.									
				Acróbatas.			Actores.			Administradores y empleados de establecimientos de industria.	Albañiles.	Albures.	Armeros.
	H.	M.	Total.	H.	M.	Total.	H.	M.	Total.				
......	391	13	404	1	......	1	......	......	......	......	97	11	......
2	1,530	51	1,581	......	......	......	......	......	......	......	104	4	1
......	162	69	231	......	......	......	1	......	1	17	52	1	......
......	30	11	41	......	......	......	......	......	......	......	42	21	......
2	2,113	144	2,257	1	......	1	1	......	1	17	295	37	1

ASO.

......	7	......	7	......	......	......	......	......	......	......	2	......	......
......	19	......	19	......	......	......	11	7	18	......	1	......	......
......	9	2	11	1	......	1	......	......	......	......	1	1	......
......	1	......	1	8	3	11	......	......	......	......	......	4	......
......	36	2	38	9	3	12	11	7	18	......	4	5	......

NTES.

......	13	1	14	......	......	......	......	......	......	......	4	......	......
......	153	1	154	......	......	......	......	......	......	......	10	......	......
......	3	2	5	......	......	......	......	......	......	......	1	......	......
......	......	......	......	......	......	......	......	......	......	......	......	......	......
......	169	4	173	......	......	......	......	......	......	......	15	......	......

DISTRITOS.

Centro...
Norte ....
Sur...
Cuarto...

　　　　　SUMAS........................

D E. P

Centro...
Norte ....
Sur...
Cuarto...

　　　　　SUMAS........................

A U S E

Centro...
Norte ....
Sur...
Cuarto...

　　　　　SUMAS........................

TES

EGUN LA OCUPACION PRINCIPAL.

IAS, BELLAS ARTES, ARTES Y OFICIOS.

Dulceros.						Filarmónicos.					
H.	M.	Total.				H.	M.	Total.			
8	1	9	1	....	1	40	....	40	2	....	1
13	....	13	3	3	2	112	....	112	....	5	1
2	....	2	2	....	....	16	1	17	....	3	4
3	....	3	1	....	....	18	....	18	1	1	5
26	1	27	7	3	3	186	1	187	3	9	11

SO

1	....	1	....	....	....	5	....	5	....	....	....
.....	....	....	....	....	....	1	....	1	....	1	....
1	....	1	....	....	....	4	....	4	....	....	....
.....	....	....	....	....	....	2	....	2	....	....	....
2	....	2	....	....	....	12	....	12	....	1	....

TES

......	....	....	....	....	....	3	....	3	....	1	....
......	....	....	....	1	....	7	....	7	....	2	....
......	....	....	....	....	....	2	....	2	....	....	....
......	....	....	....	....	....	2	....	2	....	....	....
......	....	....	....	1	....	14	....	14	....	3	....

PRES

DISTRITOS.	Grabadores.	Herreros.	Hojalateros.	Jaboneros.	Ladrilleros.	Litógrafos.	Medianos.
				POBLACIÓ IND			
Centro	......	76	18	......	......	......	
Norte	1	83	19	......	1	2	
Sur	......	44	19	1	......	......	
Cuarto	......	31	7	4	1	......	......
Sumas	1	234	58	5	2	2	

DE

Centro	......	7	......	......	......	......	......
Norte	......	3	1	......	......	......	......
Sur	......	......	1	......	......	......	......
Cuarto	......	......	1	......	......	......	......
Sumas	......	10	3	......	......	......	......

AUS

Centro	......	4	......	......	......	......	......
Norte	......	8	2	......	......	......	......
Sur	......	......	......	......	......	......	......
Cuarto	......	2	......	......	......	......	......
Sumas	......	14	2	......	......	......	......

'TES

·EGUN LA OCUPACION PRINCIPAL.

:IAS, BELLAS ARTES, ARTES Y OFICIOS.

breros de establecimientos industriales,			Panaderos.			Panaderos.	Peluqueros.	Pintores artistas.	Pintores decoradores.	Pintores.	Pereos y cigarreros.	Relojeros.
H.	M.	Total.	H.	M.	Total.							
22	....	22	42	....	42	......	19	......	· 4	8	26	3
359	1	360	115	....	115	......	54	14	....	37	53	3
19	....	19	82	12	94	··1	20	......	14	16	22	6
24	....	24	11	4	15	......	12	......	3	4	9	1
424	1	425	250	16	266	1	105	14	21	65	110	13

·SO

1	....	1	....	......	....	......	....	..···	......	1	1	......
8	....	8	....	......	....	......	....	......	......	2	......	......
2	....	2	1	......	1	......	1	......	1	....	......	......
3	....	3	....	......	....	......	....	......	......	....	......	......
14	....	14	1	......	1	......	1	......	1	3	1	......

'TES.

.......,	....	....	1	......	1	......	1	......	......	....	2	2
23	·y·····	23	6	......	6	......	8	1	......	6	1	......
2	....	2	....	......	....	......	2	......	......	....	......	......
1	....	1	1	......	1	......	....	......	......	....	......	...··..
26	....	26	8	......	8	...··...	11	1	......	6	3	2

PRE

DISTRITOS.	Sastres.	Sombrereros.	Talabarteros.	Tejedores.		
				H.	M.	T
Centro..	53	4	23	1	....	
Norte...	105	4	35	....	1	
Sur...	52	2	10	....	....	...
Cuarto...	50	21	23	33	....	
SUMAS........................	260	31	91	34	1	

DE

Centro..	1	....	2	1	....	
Norte...	1	....	....	....	....	...
Sur...	....	....	....	....	....	...
Cuarto...	5	....	....	1	....	
SUMAS........................	7	....	2	2	....	

AU

Centro..	2	1	1	....	....	....
Norte...	8	....	1	....	....	....
Sur...	....	....	1	....	....	....
Cuarto...	1	1	1	....	....	....
SUMAS........................	11	2	4	....	....	....

NTES

SEGUN LA OCUPACION PRINCIPAL.

ELLAS ARTES, ARTES Y OFICIOS.   DIVERSAS OCUPACIONES.

Telegrafistas.			Tipógrafos.			Tundores.	Veleros.	Zapateros.	Aguadores.	Arrieros.	Cargadores.
H.	M.	Total.	H.	M.	Total.						
20	....	20	14	2	16	....	4	170	....	9	....
16	1	17	22	....	22	....	....	185	6	5	5
14	....	14	8	....	8	1	....	76	4	1	15
3	....	3	5	....	5	....	4	110	....	17	....
53	1	54	49	2	51	1	8	541	10	32	20

SO.

3	....	3	1	....	1	....	....	1	....	10	....
1	....	1	....	....	....	....	....	1	....	....	....
....	....	....	....	....	....	....	....	1	....	....	....
....	....	....	....	....	....	....	....	2	....	7	....
4	....	4	1	....	1	....	....	5	....	17	....

NTES

1	....	1	....	....	....	....	....	3	....	2	....
4	....	4	6	....	6	....	....	15	....	1	....
....	....	....	....	....	....	....	....	2	....	....	....
....	....	....	....	....	....	....	....	2	....	2	....
5	....	5	6	....	6	....	....	22	....	5	....

PRES

POBLACI(

DISTRITOS.	Carruajeros.	Cocheros.	Costureras.	Domésticos.		
				H.	M.	Total
Centro..	....	....	60	1,324	338	1,6
Norte..	....	24	148	593	158	7
Sur...	1	4	203	1,849	832	2,6
Cuarto..	....	....	224	1,125	480	1,6
SUMAS	1	28	655	4,891	1,808	6,6

DE

Centro..	....	....	....	17	2	
Norte..	....	....	....	34	....	
Sur...	....	....	4	41	19	
Cuarto..	....	....	3	4	....	
SUMAS......................	....	....	7	96	21	1

AUS

Centro..	....	....	1	22	13	3
Norte..	....	....	5	97	4	10
Sur...	....	....	2	20	7	2
Cuarto..	....	....	3	24	5	·2
SUMAS......................	....	....	11	163	29	19

NTES

SEGUN LA OCUPACION PRINCIPAL.

DIVERSAS OCUPACIONES.

| Empleados particulares. | | | Escribanos. | Jardineros. | Lavanderas. | Nacieros. | Matanceros. | Menulisas. | Moledoras. | Panaderos. | Porteros. | Tortilleras. |
H.	M.	Total.										
5	......	5	......	......	188	4	34	10	....	40	12	.....
20	......	20	1	......	53	9	40	....	16	....	14	1
154	3	157	2	......	394	56	37	4	42	25	6	.....
23	......	23	......	20	103	....	32	2	21	....	6	.....
202	3	205	3	20	738	69	143	16	79	65	38	1

ASO

....	......	....	......	......	5	....	1	1	....	....	....	.....
1	......	1	......	......	....	......	1	1	....	....	....	.....
5	......	5	......	......	6	....	....	....	....	1	....	.....
....	......	....	......	......	....	276	....	....	....	....	....	.....
6	......	6	......	......	11	276	2	1	1	....	....	.....

NTES

....	......	....	......	......	1	....	1	....	....	....	....	.....
8	......	8	......	......	2	Y	....	....	5	....	....	.....
7	......	7	......	......	3	6	1	....	....	1	....	.....
....	......	....	......	......	....	......	2	....	....	....	....	.....
15	......	15	......	......	6	7	4	....	5	1	....	.....

DISTRITOS.	POBLACION SEGUN LA OCUI			
	Sin ocupacion.			S por 1
	H.	M.	Total.	H.
Centro...	501	16,577	17,078	9,479
Norte...	669	21,208	21,877	9,637
Sur....	268	10,646	10,914	5,251
Cuarto...	374	14,571	14,945	8,862
SUMAS.......................	1,812	63,002	64,814	33,229

Centro...	6	252	258	122
Norte...	7	162	169	82
Sur.....	11	156	167	81
Cuarto...	11	175	186	94
SUMAS.......................	35	745	780	379

Centro...	16	210	226	97
Norte...	27	646	673	325
Sur....	4	168	172	67
Cuarto...	21	273	294	155
SUMAS.......................	68	1,297	1,365	644

TES

| | POBLACION POR CULTOS. | | | | | | | | | | | |

etal ieral.	Católicos.			Protestantes.			Griegos.			Mahometanos.		
	H.	M.	Total.	H.	M.	Total.	H.	M.	Total.	H.	M.	Total.
,210	27,652	26,168	53,820	159	153	312	......	......	......	......	......	......
,560	32,775	32,210	64,985	205	188	393	......	......	......	......	......	......
,879	17,784	17,572	35,356	243	179	422	......	......	......	......	......	......
,596	24,104	23,421	47,525	24	28	52	......	......	......	......	......	......
,245	102,315	99,371	201,686	631	548	1,179	......	......	......	......	......	......

SO

947	581	362	943	3	......	3	......	......	......	......	......	......
637	402	220	622	8	2	10	......	......	......	......	......	......
121	609	236	845	266	3	269	2	......	2	1	......	1
552	312	240	552	.....	......	....	......	......	......	......	......	......
257	1,904	1,058	2,962	277	5	282	2	......	2	1	......	1

TES

949	608	331	939	5	3	8	......	......	......	......	......	......
206	2,252	923	3,175	13	8	21	......	......	......	......	......	......
678	424	225	649	17	3	20	......	......	......	......	......	......
028	641	385	1,026	2	......	2	......	......	......	......	......	......
861	3,925	1,864	5,789	37	14	51	......	......	......	......	......	......

PRES

	POBLACION POR CULTOS.						
DISTRITOS.	Budhistas.			Sin culto.			Total general
	H.	M.	Total.	H.	M.	Total.	
Centro..	......	......	......	57	21	78	54,2
Norte..	......	......	......	128	54	182	65,5
Sur..	4	......	4	70	27	97	35,8
Cuarto..	......	......	......	12	7	19	47,5
SUMAS.........................	4	......	4	267	109	376	203,2

DE

Centro..	......	......	......	1	......	1	9
Norte..	......	......	......	3	2	5	6
Sur..	......	......	......	3	1	4	1,1
Cuarto..	......	......	......	......	......	......	5
SUMAS.........................	......	......	......	7	3	10	3,2

AUS

Centro..	......	......	......	2	......	2	9
Norte..	......	......	......	8	2	10	3,2
Sur..	......	......	......	5	4	9	6
Cuarto..	......	......	......	......	......	......	1,0
SUMAS.........................	......	......	......	15	6	21	5,8

N T E S

POBLACION SEGUN EL IDIOMA HABITUAL			IDIOMAS EXTRANJEROS.								
Castellano.			Aleman.			Arabe.			Dinamarqués.		
H.	M.	Total.	H.	M.	Total.	H.	M.	Total.	H.	M.	Total.
27,801	26,309	54,110	4	1	5	1	....	1	....	....	....
32,731	32,075	64,806	12	6	18	....	....	....	....	....	....
17,880	17,694	35,574	15	3	18	1	....	1	....	....	....
24,139	23,456	47,595	....	....	....	....	....	....	....	....	....
102,551	99,534	202,085	31	10	41	2	....	2	....	....	....

A S O

H.	M.	Total.	H.	M.	Total.	H.	M.	Total.	H.	M.	Total.
578	362	940	....	....	....	1	....	1	....	....	....
403	205	608	....	....	....	....	....	....	....	....	....
532	237	769	39	....	39	....	....	....	1	....	1
312	240	552	....	....	....	....	....	....	....	....	....
1,825	1,044	2,869	39	....	39	1	....	1	1	....	1

N T E S.

H.	M.	Total.	H.	M.	Total.	H.	M.	Total.	H.	M.	Total.
610	334	944	1	....	1	....	....	....	....	....	....
2,232	918	3,150	....	....	....	....	....	....	....	....	....
439	232	671	....	....	....	....	....	....	....	....	....
643	385	1,028	....	....	....	....	....	....	....	....	....
3,924	1,869	5,793	1	....	1	....	....	....	....	....	....

PRE

DISTRITOS.	Francés.			Holandés.		
	H.	M.	Total.	H.	M.	T
Centro	3	2	5	....	....	...
Norte	19	5	24	....	....	...
Sur	15	3	18	....	....	...
Cuarto	....	....	....	....	....	...
SUMAS	37	10	47	....	....	...

DE

	Francés.			Holandés.		
Centro	2	....	2	....	....	...
Norte	....	1	1	....	....	...
Sur	5	....	5	2	....	...
Cuarto	....	....	....	....	....	...
SUMAS	7	1	8	2	....	...

AU

	Francés.			Holandés.		
Centro	....	....	....	....	....	...
Norte	2	....	2	....	....	...
Sur	2	....	2	....	....	...
Cuarto	....	....	....	....	....	...
SUMAS	4	....	4	....	....	...

NTES

IDIOMAS EXTRANJEROS.

Húngaro.			Inglés.			Italiano.			Ruso.			Sueco.		
H.	M.	Total.	H.	M.	Total.	H.	M.	Total.	H.	M.	Total.	H.	M.	Total.
2	.....	2	47	29	76	8	1	9	.....	......	......	.....	.....	......
.....	.....	......	334	364	698	9	2	11	1	......	1	.....	.....	......
1	.....	1	159	68	227	23	10	33	......	......	......	2	.....	2
.....	.....	......	1	......	1	......	......	......	......	......	......	.....	.....	......
3	.....	3	541	461	1,002	40	13	53	1	......	1	2	.....	2

ASO

.....	.....	......	4	......	4	......	......	......	......	......	......	.....	.....	......
.....	.....	......	10	18	28	......	......	......	......	......	......	.....	.....	......
2	.....	2	285	3	288	1	......	1	2	......	2	10	.....	10
.....	.....	......	......	......	......	......	......	......	......	......	......	.....	.....	......
2	.....	2	299	21	320	1	......	1	- 2	......	2	10	.....	10

NTES

.....	.....	......	2	......	2	2	......	2	......	......	......	.....	.....	......
.....	.....	......	39	15	54	......	......	......	......	......	......	.....	.....	......
.....	.....	......	5	......	5	......	......	......	......	......	......	.....	.....	......
.....	.....	......	......	......	......	......	......	......	......	......	......	.....	.....	......
.....	.....	......	46	15	61	2	......	2	......	......	......	.....	.....	......

PRES

| DISTRITOS. | IDIOMAS EXTRANJEROS. | | | | | | TOT. |
| | Griego. | | | Chino. | | | GENE |
	H.	M.	Total.	H.	M.	Total.	
Centro...	......	......	......	2	......	2	54,2
Norte...	......	......	......	2	......	2	65,5
Sur...	1	......	1	4	......	4	35,8
Cuarto..	......	......	......	......	......	......	47,5
SUMAS........	1	......	1	8	......	8	203,2

· DE

Centro...	......	......	......	......	......	......	9
Norte...	......	......	......	......	......	......	6
Sur...	1	......	1	1	......	1	1,1
Cuarto..	......	......	......	......	......	......	5
SUMAS........................	1	......	1	1	......	1	3,2

AUS

Centro...	......	......	......	......	......	......	9
Norte...	......	......	......	......	......	......	3,2
Sur...	......	......	......	......	......	......	6
Cuarto..	......	......	......	......	......	......	1,0
SUMAS........................	......	......	......	......	......	......	5,8

NTES

POBLACION SEGUN LA NACIONALIDAÍ.

Alemana.			Austro–Húngara.			Colombiana.			China.			Dinamarquesa.		
H.	M.	Total.	H.	M.	Total.	H.	M.	Total.	H.	M.	Total.	H.	M.	Total.
4	1	5	2	......	2	......	......	......	2	.....	2	......	......	......
12	6	18	......	......	......	......	......	......	2	.....	2	......	......	......
15	3	18	1	......	1	......	1	1	4	.....	4	......	......	......
......	......	......	......	......	......	......	......	......	.....	.....	......	......	......	......
31	10	41	3	......	3	......	1	1	8	.....	8	......	......	......

ASO

......	......	......	......	......	......	......	......	......	.....	.....	......	.....	......	......
39	......	39	2	......	2	......	......	......	1	.....	1	1	.....	1
......	......	......	......	......	......	......	......	......	.....	.....	......	......	......	......
39	......	39	2	......	2	......	......	......	1	.....	1	1	.....	1

NTES

1	......	1	.....	......	......	......	......	......	.....	.....	......	.....	.....	......
......	......	......	1	......	1	......	......	......	.....	.....	......	.....	.....	......
......	......	......	......	......	......	......	......	......	.....	.....	......	.....	.....	......
......	......	......	......	......	......	......	......	......	.....	.....	......	.....	.....	......
1	......	1	1	......	1	......	......	......	.....	.....	......	.....	.....	......

POBLA

DISTRITOS.

Centro..	1
Norte..	
Sur..	
Cuarto..	

Sumas.......................

D E P

Centro..
Norte..
Sur..
Cuarto..

Sumas.......................

A U S E

Centro..
Norte..
Sur..
Cuarto................................A...............

Sumas.......................

NTES

CION SEGUN LA NACIONALIDAD.

Francesa.			Guatemalteca.			Griega.			Holandesa.			Inglesa.		
H.	M.	Total.	H.	M.	Total.	H.	M.	Total.	H.	M.	Total.	H.	M.	Total.
3	2	5	1	1	2	......	......	......	.....	.....	......	8	1	9
19	5	24	......	......	......	......	......	......	.....	.....	......	8	1	9
15	3	18	......	......	......	1	......	1	.....	.....	......	21	6	27
......	......	......	......	......	......	......	......	......	.....	.....	......	1	.....	1
37	10	47	1	1	2	1	......	1	.....	.....	......	38	8	46

ASO

2	......	2	......	......	......	......	......	......	.....	.....	......	1	.....	1
......	1	1	......	......	......	......	......	......	.....	.....	......	.....	.....	......
5	......	5	......	......	......	1	......	1	2	.....	2	170	1	171
......	......	......	......	......	......	......	......	......	.....	.....	......	.....	.....	......
7	1	8	......	......	......	1	......	1	2	.....	2	171	1	172

NTES

......	......	......	......	......	......	......	......	......	.....	.....	......	1	.....	1
2	......	2	......	......	......	......	......	......	.....	.....	......	.....	.....	......
2	......	2	......	......	......	......	......	......	.....	.....	......	.....	.....	......
......	......	......	......	......	......	......	......	......	.....	.....	......	.....	.....	......
4	......	4	......	......	......	......	......	......	.....	.....	......	1	.....	1

PRES

POB:

DISTRITOS.

	Italians			
	H.	M.	M.	Total.
Centro	8	1	26,304	54,0
Norte	9	2	32,070	64,7
Sur	23	10	17,671	35,4
Cuarto	......	......	23,456	47,5
SUMAS	40	13	99,501	201,7

DE

Centro		362	9
Norte		203	6
Sur		236	7
Cuarto		240	5
SUMAS		1,041	2,8

AUS

Centro	
Norte	
Sur	
Cuarto	
SUMAS	

NTES

CION SEGUN LA NACIONALIDAD.

Norteamericana.			Rusa.			Sueco-Noruega.			Se ignora.			TOTAL GENERAL.	NÚMERO DE HOGARES.
H.	M.	Total.	H.	M.	Total.	H.	M.	Total.	H.	M.	Total.		
39	28	67	......	......	......	......	......	......	1	.....	1	54,210	10,690
326	363	689	1	......	1	......	......	......	.....	.....	......	65,560	12,066
138	62	200	......	......	......	2	.....	2	2	.....	2	35,879	7,956
......	......	......	......	......	......	......	......	......	.....	.....	......	47,596	9,798
503	453	956	1	......	1	2	......	2	3	.....	3	203,245	40,510

ASO

3	.....	3	......	......	......	......	......	......	1	.....	1	947	....
10	18	28	......	......	......	......	......	......	.....	.....	......	637	....
115	2	117	2	......	2	10	......	10	.....	.....	......	1,121	....
......	......	......	......	......	......	......	......	......	.....	.....	......	552	....
128	20	148	2	......	2	10	......	10	1	.....	1	3,257	....

NTES

2	.....	2	......	......	......	......	......	......	.....	.....	......	949	....
38	15	53	......	......	......	......	......	......	.....	.....	......	3,206	....
5	......	5	......	......	......	......	......	......	.....	.....	......	678	....
......	......	......	......	......	......	......	......	......	.....	.....	......	1,028	....
45	15	60	......	......	......	......	......	......	.....	.....	......	5,861	....

RESUMEN.

DISTRITOS.	POBLACION DE HECHO.			POBLACION RESIDENTE.		
	Presentes.	De paso.	Total.	Presentes.	Ausentes.	Total.
Centro............................	54,210	947	55,157	54,210	949	55,159
Norte.............................	65,560	637	66,197	65,560	3,206	68,766
Sur..............	35,879	1,121	37,000	35,879	678	36,557
Cuarto............................	47,596	552	48,148	47,596	1,028	48,624
SUMAS...........	203,245	3,257	206,502	203,245	5,861	209,106

MINISTERIO DE FOMENTO

DIRECCION GENERAL DE ESTADISTICA

Á CARGO DEL

DR. ANTONIO PEÑAFIEL

CENSO GENERAL DE LA REPUBLICA MEXICANA

Verificado el 20 de Octubre de 1895.

MÉXICO

OFICINA TIP. DE LA SECRETARIA DE FOMENTO

Calle de San Andrés número 15.

1899

CENSO

DEL

ESTADO DE DURANGO.

CUADROS.

PRES

PARTIDOS.	POBLACION POR SEXOS.					
	NÚMERO DE HABITANTES.			De 0 á 1 año.		
	Hombres.	Mujeres.	Total.	H.	M.	Total
Durango	28,836	30,909	59,745	1,288	1,244	2,5
Mapimí	21,452	20,632	42,084	955	952	1,9
Cuencamé	11,478	11,311	22,789	509	544	1,0
Nombre de Dios	11,454	11,536	22,990	519	503	1,0
Santiago Papasquiaro	16,511	15,597	32,108	806	713	1,5
San Juan del Rio	12,928	12,496	25,424	571	544	1,1
San Juan de Guadalupe	5,238	5,235	10,473	220	231	4
El Oro	8,148	7,541	15,689	485	409	8
Nazas	5,094	5,179	10,273	240	270	5
Tamazula	12,357	11,841	24,198	624	569	1,1
San Dimas	3,294	3,126	6,420	138	141	2
Indé	6,827	6,646	13,473	340	341	6
Mezquital	3,708	3,175	6,883	130	124	2
SUMAS	147,325	145,224	292,549	6,825	6,585	13,4

DE

Durango	405	277	682	8	9
Mapimí	301	163	464	10	9
Cuencamé	92	59	151	2	1
Nombre de Dios	54	46	100	....	3
Santiago Papasquiaro	230	72	302	3	6
San Juan del Rio	94	55	149	2	2
San Juan de Guadalupe	77	55	132	3	1
El Oro	123	87	210	6	5
Nazas	53	33	86	2	1
Tamazula	91	16	107	3	1
San Dimas	54	13	67	1	....
Indé	46	13	59	....	....
Mezquital	26	21	47	....	....
SUMAS	1,646	910	2,556	40	38

Sigue en las páginas 64 y 65.

NTES.

POBLACION POR EDADES.

De 2 años.			De 3 años.			De 4 años.			De 5 años.		
H.	M.	Total.	H.	M.	Total.	H.	M.	Total.	H.	M.	Total.
683	682	1,365	730	726	1,456	802	866	1,668	886	850	1,736
580	579	1,159	555	473	1,028	507	537	1,044	535	562	1,097
308	261	569	303	292	595	325	308	633	341	302	643
316	290	606	292	294	586	319	347	666	349	367	716
452	395	847	446	440	886	482	461	943	457	442	899
354	323	677	358	335	693	403	345	748	406	406	812
130	126	256	104	135	239	158	124	282	158	161	319
250	215	465	270	233	503	251	226	477	274	230	504
148	162	310	135	162	297	144	154	298	133	160	293
383	346	729	391	357	748	346	375	721	348	326	674
78	72	150	73	76	149	64	89	153	78	90	168
224	182	406	212	195	407	236	201	437	211	209	420
94	80	174	100	75	175	122	91	213	117	97	214
4,000	3,713	7,713	3,969	3,793	7,762	4,159	4,124	8,283	4,293	4,202	8,495

ASO

De 2 años.			De 3 años.			De 4 años.			De 5 años.		
H.	M.	Total.	H.	M.	Total.	H.	M.	Total.	H.	M.	Total.
3	7	10	3	6	9	1	10	11	6	2	8
3	1	4	10	3	13	3	2	5	5	5	10
2	4	6	1	1	2	2	1	3	1	2	3
1	4	5		2	2		2	2	1	1	2
2	3	5	2		2	1	2	3			
				2	2		2	2	1	1	2
1		1	1	2	3		2	2	3	4	7
	2	2	2	1	3	1	4	5	1	2	3
	1	1		2	2	1	1	2		1	1
1		1									
				1	1		1	1			
			1	1	2	2		2	1		1
13	22	35	20	21	41	11	27	38	19	18	37

PARTIDOS.	De 6 á 10 años.			
	H.	M.	Total.	H.
Durango	3,963	3,956	7,919	3,321
Mapimí	2,849	2,613	5,462	2,339
Cuencamé	1,677	1,586	3,263	1,326
Nombre de Dios	1,645	1,581	3,226	1,313
Santiago Papasquiaro	2,383	2,191	4,574	2,015
San Juan del Rio	1,972	1,836	3,808	1,464
San Juan de Guadalupe	791	740	1,531	621
El Oro	1,296	1,097	2,393	945
Nazas	751	715	1,466	531
Tamazula	1,835	1,647	3,482	1,492
San Dimas	443	414	857	341
Indé	1,005	1,054	2,059	822
Mezquital	583	443	1,026	430
SUMAS	21,193	19,873	41,066	16,960

Durango	26	24	50	34
Mapimí	25	18	43	17
Cuencamé	8	8	16	2
Nombre de Dios	4	4	8	7
Santiago Papasquiaro	7	7	14	13
San Juan del Rio	8	4	12	11
San Juan de Guadalupe	11	6	17	2
El Oro	9	13	22	6
Nazas	4	4	8	5
Tamazula	....	....	....	3
San Dimas	1	....	1	1
Indé	1	....	1	1
Mezquital	5	1	6	....
SUMAS	109	89	198	102

Sigue en las páginas 66 y 67.

ITES

OBLACION POR EDADES.

De 16 á 20 años.			De 21 á 25 años.			De 26 á 30 años.			De 31 á 35 años.		
H.	M.	Total.	H.	M.	Total.	H..	M.	Total.	H.	M.	Total.
,918	3,606	6,524	2,409	2,869	5,278	2,767	3,241	6,008	1,542	1,522	3,064
,250	2,469	4,719	1,904	2,012	3,916	2,350	2,320	4,670	1,196	950	2,146
,062	1,257	2,319	958	1,003	1,961	1,148	1,174	2,322	615	536	1,151
,036	1,188	2,224	870	1,040	1,910	1,060	1,209	2,269	609	525	1,134
,734	1,969	3,703	1,516	1,528	3,044	1,586	1,582	3,168	802	698	1,500
,292	1,372	2,664	962	1,049	2,011	1,121	1,368	2,489	632	539	1,171
516	597	1,113	418	450	868	491	598	1,089	235	209	444
758	789	1,547	645	680	1,325	691	728	1,419	396	335	731
522	583	1,105	412	434	846	488	501	989	252	217	469
1,100	1,352	2,452	992	1,096	2,088	1,047	1,217	2,264	619	540	1,159
349	371	720	360	297	657	396	356	752	194	165	359
614	696	1,310	503	557	1,060	565	642	1,207	342	293	635
410	452	862	299	312	611	356	332	688	156	131	287
,561	16,701	31,262	12,248	13,327	25,575	14,066	15,268	29,334	7,590	6,660	14,250

ASO

47	42	89	49	28	77	60	32	92	38	13	51
41	23	64	42	24	66	39	22	61	25	6	31
7	10	17	7	3	10	8	8	16	12	3	15
3	7	10	8	5	13	5	7	12	4	1	5
23	12	35	41	6	47	47	5	52	20	3	23
18	12	30	12	4	16	12	7	19	2	2	4
10	7	17	8	10	18	16	8	24	2	1	3
10	14	24	17	9	26	20	15	35	9	1	10
4	4	8	8	2	10	5	7	12	3	1	4
13	2	15	28	5	33	10	1	11	12	1	13
6	1	7	12	3	15	10	1	11	7	2	9
3	1	4	1	2	3	8	2	10	9	3	12
5	3	8	4	1	5	2	2	4	1	....	1
190	138	328	237	102	339	242	117	359	144	37	181

PRESE

PARTIDOS.	De 86 á 40 años.			De 41 á 45 años.		
	H.	M.	Total.	H.	M.	Total.
Durango.	2,181	2,451	4,632	967	946	1,913
Mapimí.	1,742	1,640	3,382	754	683	1,437
Cuencamé	807	877	1,684	392	358	750
Nombre de Dios	873	924	1,797	388	341	729
Santiago Papasquiaro	1,113	1,113	2,226	494	427	921
San Juan del Rio	936	957	1,893	382	354	736
San Juan de Guadalupe	437	453	890	169	154	323
El Oro	497	542	1,039	282	238	520
Nazas	327	336	663	148	147	295
Tamazula	794	808	1,602	405	325	730
San Dimas	245	214	459	132	110	242
Indé	470	475	945	243	198	441
Mezquital	235	226	461	107	92	199
SUMAS	10,657	11,016	21,673	4,863	4,373	9,236

DE P

Durango	34	18	52	22	8	30
Mapimí	25	16	41	15	4	19
Cuencamé	11	6	17	8	2	10
Nombre de Dios	7	4	11	1	....	1
Santiago Papasquiaro	23	7	30	12	3	15
San Juan del Rio	9	2	11	4	2	6
San Juan de Guadalupe	10	3	13	2	1	3
El Oro	14	3	17	8	1	9
Nazas	10	....	10	....	1	1
Tamazula	5	2	7	4	....	4
San Dimas	4	2	6	5	1	6
Indé	8	2	10	2	1	3
Mezquital	3	4	7	1	....	1
SUMAS	163	69	232	84	24	108

Sigue en las páginas 68 y 69.

NTES

POBLACION POR EDADES.

De 46 á 50 años.			De 51 á 55 años.			De 56 á 60 años.			De 61 á 65 años.		
H.	M.	Total.	H.	M.	Total.	H.	M.	Total.	H.	M.	Total.
1,461	1,709	3,170	643	661	1,304	1,073	1,199	2,272	419	357	776
1,074	1,057	2,131	449	314	763	738	624	1,362	244	168	412
579	616	1,195	285	211	496	327	408	735	169	122	291
604	625	1,229	314	220	534	468	493	961	167	135	302
678	683	1,361	364	241	605	602	482	1,084	193	147	340
680	696	1,376	268	212	480	565	329	894	154	93	247
297	323	620	109	76	185	177	180	357	64	55	119
341	380	721	186	139	325	272	247	519	104	62	166
257	256	513	119	108	227	221	198	419	90	75	165
561	558	1,119	391	201	592	524	369	893	206	97	303
138	165	303	66	49	115	89	72	161	39	34	73
340	365	705	189	123	312	267	210	477	83	46	129
176	150	326	85	46	131	135	93	228	44	33	77
7,186	7,583	14,769	3,468	2,601	6,069	5,458	4,904	10,362	1,976	1,424	3,400

ASO

24	21	45	7	2	9	17	10	27	5	2	7
14	5	19	9	1	10	8	5	13	5	2	7
8	2	10	5	2	7	3	....	3	4	....	4
4	2	6	1	....	1	3	1	4	....	1	1
15	3	18	7	1	8	10	1	11	1	1	2
9	5	14	1	1	2	2	3	5	1	....	1
5	4	9	1	1	2	1	2	3	....	....	....
8	5	13	4	2	6	5	4	9	1	....	1
5	3	8	3	....	3	1	1	2	1	3	4
2	....	2	2	1	3	3	....	3	2	....	2
3	2	5	1	....	1	2	....	2	....	1	1
4	1	5	1	....	1	7	....	7	....	....	....
2	4	6	2	....	2	....	1	1	....	....	....
103	57	160	44	11	55	62	28	90	20	10	30

PRESE

PARTIDOS.	De 66 á 70 años.			De 71 á 75 años.		
	H.	M.	Total.	H.	M.	Total.
Durango..	419	384	803	128	86	214
Mapimi...	203	156	359	78	40	118
Cuencamé......................................	189	152	341	56	43	99
Nombre de Dios.............................	166	147	313	56	42	98
Santiago Papasquiaro.....................	202	168	370	62	38	100
San Juan del Rio............................	222	189	411	68	53	121
San Juan de Guadalupe	73	60	133	24	10	34
El Oro..	108	86	194	31	25	56
Nazas...	85	88	173	41	12	53
Tamazula.......................................	158	157	315	33	35	68
San Dimas.....................................	33	25	58	13	4	17
Indé..	64	57	121	31	12	43
Mezquital......................................	51	41	92	14	8	22
SUMAS......................	1,973	1,710	3,683	635	408	1,043

DE P

PARTIDOS.	H.	M.	Total.	H.	M.	Total.
Durango..	3	2	5	....	....	....
Mapimi...	2	1	3	1	....	1
Cuencamé......................................	1	....	1	....	....	....
Nombre de Dios.............................	2	....	2	....	....	....
Santiago Papasquiaro.....................	1	1	2	....	....	....
San Juan del Rio............................	1	....	1	....	....	....
San Juan de Guadalupe	....	....	....	....	....	....
El Oro..	1	1	2	....	....	....
Nazas...	....	....	....	1	....	1
Tamazula.......................................	....	....	....	2	....	2
San Dimas.....................................	....	....	....	....	....	....
Indé..	....	....	....	....	....	....
Mezquital......................................	....	....	....	....	....	....
SUMAS......................	11	5	16	4	....	4

Sigue en las páginas 70 y 71.

NTES

OBLACION POR EDADES.

De 76 á 80 años.			De 81 á 85 años.			De 86 á 90 años.			De 91 á 95 años.		
H.	M.	Total.	H.	M.	Total.	H.	M.	Total.	H.	M.	Total.
132	133	265	37	32	69	29	29	58	10	9	19
81	70	151	11	11	22	18	7	25	10	10	20
53	37	90	19	10	29	6	6	12	4	2	6
47	33	80	10	9	19	3	10	13	3	2	5
68	51	119	7	9	16	10	9	19	3	8	11
62	53	115	15	2	17	8	10	18	4	6	10
23	24	47	9	3	12	4	5	9	5	2	7
21	35	56	18	2	20	10	3	13	2	2	4
26	16	42	10	4	14	4	1	5	1	1	2
55	57	112	15	9	24	19	16	35	6	4	10
17	15	32	2	4	6	1	3	4	2	1	3
29	18	47	9	6	15	7	6	13	2	2	4
33	12	45	6	2	8	16	8	24	2	1	3
647	554	1,201	168	103	271	135	113	248	54	50	104

SO

4	....	4	....	1	1	1	....	1	....	....	....
1	....	1	....	....	....	1	....	....	....	....	....
.....	....	....	....	....	....	....	....	....	....	....	....
.....	....	....	....	....	....	....	....	....	....	....	....
1	....	1	....	....	....	....	....	....	....	....	....
1	1	2	....	....	....	....	....	....	....	....	....
.....	....	....	....	....	....	....	....	....	....	....	....
1	....	1	....	....	....	....	....	....	....	....	....
.....	....	....	....	....	....	....	....	....	....	....	....
.....	....	....	....	....	....	....	....	....	....	....	....
.....	....	....	....	....	....	....	....	....	....	....	....
.....	....	....	....	....	....	....	....	....	....	....	....
8	1	9	....	1	1	1	....	1	....	....	....

PARTIDOS.	POBI			D
	De 96 á 100 años.			D
	H.	M.	Total.	H.
Durango..	3	7	10	
Mapimí..	3	3	6	....
Cuencamé..	1	2	3	....
Nombre de Dios......................................	1	3	4	....
Santiago Papasquiaro..............................	8	4	12	
San Juan del Rio.....................................	2	3	5	
San Juan de Guadalupe............................	....	2	2	
El Oro..	....	1	1	
Nazas...	....	....	....	....
Tamazula...	2	2	4	
San Dimas..	....	1	1	....
Indé...	2	1	3	....
Mezquital...	6	....	6	....
SUMAS.......................	28	29	57	1
Durango..	....	....	....	......
Mapimí..	....	....	....	......
Cuencamé..	....	....	....	......
Nombre de Dios......................................	....	....	....	......
Santiago Papasquiaro..............................	....	....	....	......
San Juan del Rio.....................................	....	....	....	......
San Juan de Guadalupe............................	....	....	....	......
El Oro..	....	....	....	......
Nazas...	....	....	....	......
Tamazula...	....	....	....	......
San Dimas..	....	....	....	......
Indé...	....	....	....	......
Mezquital...	....	....	....	......
SUMAS.......................	....	....	....	......

Sigue en las páginas 72 y 73.

'TES

| EDADES. | | | | Entidad política de la República á que pertenece el lugar del nacimiento. | | | | | |

Se ignora.			TOTAL GENERAL.	Aguascalientes.			Campeche.		
H.	M.	Total.		H.	M.	Total.	H.	M.	Total.
24	28	52	59,745	15	15	30	1	....	1
27	31	58	42,084	329	239	568	....	....	....
19	34	53	22,789	24	27	51	....	....	....
26	26	52	22,990	2	1	3	....	....	....
26	54	80	32,108	10	3	13	....	....	....
25	30	55	25,424	5	2	7	....	....	....
4	3	7	10,473	12	7	19	....	....	....
14	9	23	15,689	3	1	4	....	....	....
9	10	19	10,273	1	1	2	....	....	....
8	17	25	24,198	3	2	5	....	....	....
3	1	4	6,420	....	....	....	....	....	....
17	18	35	13,473	4	2	6	....	....	....
1	3	4	6,883	....	....	....	....	....	....
203	264	467	292,549	408	300	708	1	....	1

ISO

Se ignora.			TOTAL GENERAL.	Aguascalientes.			Campeche.		
13	13	26	682	5	....	5	....	....	....
1	1	2	464	2	2	4	....	....	....
.....	....	....	151	....	....	....	....	... ...	....
1	....	1	100	....	....	....	....	....	....
1	1	2	302	....	....	....	...1....	....	....
.....	....	....	149	....	....	....	....	....	....
1	....	1	132	....	....	....	....	....	....
.....	....	....	210	....	....	....	....	....	....
.....	....	....	86	....	....	....	....	....	....
1	....	1	107	....	....	....	....	....	....
1	....	1	67	....	....	....	....	....	....
.....	....	....	59	....	....	....	....	....	....
.....	....	....	47	....	....	....	....	....	....
19	15	34	2,556	7	2	9	....	....	....

PRE

ENTIDAD POLITICA DE LA

PARTIDOS.	Coahuila.			Colima.		
	H.	M.	Total.	H.	M.	
Durango	24	16	40	2	2	
Mapimí	601	563	1,164	1	....	
Cuencamé	27	31	58	....	....	..
Nombre de Dios	1	1	2	1	1	
Santiago Papasquiaro	19	11	30	1	....	
San Juan del Río	10	6	16	....	....	..
San Juan de Guadalupe	17	21	38	....	....	..
El Oro	8	2	10	1	1	
Nazas	2	2	4	....	....	..
Tamazula	5	1	6	1	1	
San Dimas	....	....	....	1	....	
Indé	8	2	10	....	....	..
Mezquital	....	....	....	....	....	..
SUMAS	722	656	1,378	8	5	

D I

Durango	1	....	1	....	....	..
Mapimí	14	6	20	....	....	..
Cuencamé	7	5	12	....	....	..
Nombre de Dios	....	....	....	....	....	..
Santiago Papasquiaro	....	....	....	....	....	..
San Juan del Río	1	....	1	....	....	..
San Juan de Guadalupe	3	1	4	....	....	..
El Oro	1	....	1	....	....	..
Nazas	....	....	....	....	....	..
Tamazula	....	....	....	....	....	..
San Dimas	....	....	....	....	....	..
Indé	2	....	2	....	....	..
Mezquital	....	....	....	....	....	..
SUMAS	29	12	41	....	....	..

Sigue en las páginas 74 y 75.

TES

BLICA A QUE PERTENECE EL LUGAR DEL NACIMIENTO.

Chiapas.		Chihuahua.			Durango.			Guanajuato.		
M.	Total.	H.	M.	Total.	H.	M.	Total.	H.	M.	Total.
1	1	80	109	189	26,841	28,988	55,829	40	28	68
......	......	556	479	1,035	16,264	16,249	32,513	206	133	339
......	......	18	14	32	9,699	9,601	19,300	12	11	23
......	......	6	3	9	10,396	10,464	20,860	2	......	2
......	......	434	347	781	15,442	14,848	30,290	9	1	10
......	......	8	13	21	12,759	12,357	25,116	6	3	9
1	1	11	7	18	3,957	3,890	7,847	4	4	8
......	......	160	152	312	7,696	7,208	14,904	2	2	4
......	......	9	9	18	4,930	5,049	9,979	......	1	1
......	......	176	152	328	11,519	11,180	22,699	9	1	10
......	......	11	6	17	2,937	2,879	5,816	1	......	1
......	......	281	278	559	6,333	6,191	12,524	5	4	9
......	......	......	......	......	3,641	3,119	6,760	......	......	......
2	2	1,750	1,569	3,319	132,414	132,023	264,437	296	188	484

S O

......	......	3	2	5	306	239	545	1	1	2
......	......	9	4	13	181	128	309	4	2	6
......	......	1	......	1	59	36	95	1	......	1
......	......	......	......	......	18	32	50	1	......	1
......	......	4	1	5	208	69	277	1	......	1
......	......	3	......	3	84	48	132	......	......	......
......	......	2	......	2	10	7	17	......	......	......
......	......	19	6	25	88	71	159	......	......	......
......	......	3	......	3	33	25	58	......	......	......
......	......	4	......	4	54	12	66	......	......	......
......	......	......	......	......	30	8	38	1	......	1
......	......	13	2	15	14	11	25	2	......	2
......	......	......	......	......	19	17	36	......	......	......
......	......	61	15	76	1,104	703	1,807	11	3	14

PRE

ENTIDAD POLITICA DE L.

PARTIDOS.	Guerrero.			Hidalgo.		
	H.	M.	Total.	H.	M.	
Durango.	5	2	7	3	3	
Mapimí.	1	1	2	1	....	
Cuencamé.	....	....	....	....	....	
Nombre de Dios.	....	....	....	....	....	
Santiago Papasquiaro.	....	....	....	7	....	
San Juan del Rio.	....	....	....	....	....	
San Juan de Guadalupe	....	....	....	....	....	
El Oro.	....	....	....	1	....	
Nazas.	....	....	....	....	....	
Tamazula.	....	....	....	....	....	
San Dimas.	....	....	....	....	....	
Indé.	....	....	....	....	....	
Mezquital.	....	....	....	....	....	
SUMAS	6	3	9	12	3	

D

Durango.	....	....	....	....	....	
Mapimí.	....	....	....	....	....	
Cuencamé.	....	....	....	....	....	
Nombre de Dios.	....	....	....	....	....	
Santiago Papasquiaro.	....	....	....	....	....	
San Juan del Rio.	....	....	....	....	....	
San Juan de Guadalupe	....	....	....	....	....	
El Oro.	....	....	....	....	....	
Nazas.	....	....	....	....	....	
Tamazula.	....	....	....	....	....	
San Dimas.	....	....	....	....	....	
Indé.	....	....	....	....	....	
Mezquital.	....	....	....	....	....	
SUMAS	....	....	....	....	....	

Sigue en las páginas 76 y 77.

NTES

UBLICA A QUE PERTENECE EL. LUGAR DEL NACIMIENTO.

Jalisco.			México.			Michoacan.			Morelos.		
H.	M.	Total.	H.	M.	Total.	H.	M.	Total.	H.	M.	Total.
49	40	89	3	2	5	6	4	10	1	....	1
249	209	458	25	22	47	16	8	24	2	3	5
27	17	44	5	3	8	....	....	....	....	....	....
10	16	26	....	....	....	1	1	2	....	....	....
18	10	28	2	1	3	1	....	1	2	1	3
7	4	11	....	....	....	....	....	....	....	....	....
19	21	40	....	....	....	....	....	....	1	....	1
13	7	20	2	1	3	....	....	....	....	....	....
12	12	24	....	....	....	....	....	....	....	....	....
26	12	38	....	....	....	4	....	4	....	....	....
33	13	46	....	....	....	5	1	6	....	....	....
65	63	128	....	....	....	....	....	....	....	....	....
9	8	17	....	....	....	....	....	....	....	....	....
537	432	969	37	29	66	33	14	47	6	4	10

SO

5	....	5	....	....	....	....	....	....	....	....	....
7	....	7	....	....	....	....	....	....	....	....	....
....	....	....	....	....	....	....	....	....	....	....	....
1	....	1	....	....	....	....	....	....	....	....	....
1	1	2	....	....	....	....	....	....	....	....	....
....	....	....	....	....	....	....	....	....	....	....	....
....	....	....	....	....	....	....	....	....	....	....	....
....	....	....	....	....	....	....	....	....	....	....	....
4	....	4	....	....	....	....	....	....	....	....	....
3	3	6	....	....	....	....	....	....	....	....	....
1	....	1	....	....	....	....	....	....	....	....	....
....	....	....	....	....	....	....	....	....	....	....	....
22	4	26	....	....	....	....	....	....	....	....	....

PRE

ENTIDAD POLITICA DE LA

PARTIDOS.	Nuevo Leon.			Oaxaca.		
	H.	M.	Total.	H.	M.	T
Durango	10	16	26	1	4	
Mapimí	99	90	189	....	....	....
Cuencamé	7	7	14	....	....	....
Nombre de Dios	....	....	....	....	....	....
Santiago Papasquiaro	10	5	15	....	....	....
San Juan del Rio	2	....	2	....	....	....
San Juan de Guadalupe	1	....	1	....	....	....
El Oro	2	....	2	....	....	....
Nazas	1	1	2	....	....	....
Tamazula	1	....	1	....	....	....
San Dimas	....	....	....	....	....	....
Indé	....	....	....	....	....	....
Mezquital	....	....	....	....	....	....
SUMAS	133	119	252	1	4	

D F

Durango	....	3	3	....	....	...
Mapimí	2	....	2	....	....	...
Cuencamé	....	....	....	....	....	...
Nombre de Dios	....	....	....	....	....	...
Santiago Papasquiaro	1	....	1	....	....	...
San Juan del Rio	....	....	....	....	....	...
San Juan de Guadalupe	....	....	....	....	....	...
El Oro	....	....	....	....	....	...
Nazas	....	....	....	....	....	...
Tamazula	....	....	....	....	....	...
San Dimas	....	....	....	....	....	...
Indé	....	....	....	....	....	...
Mezquital	....	....	....	....	....	...
SUMAS	3	3	6	....	....	...

Sigue en las páginas 78 y 79.

TES.

UBLICA A QUE PERTENECE EL LUGAR DEL NACIMIENTO.

Puebla.			Querétaro.			San Luis Potosí.			Sinaloa.		
H.	M.	Total.	H.	M.	Total.	H.	M.	Total.	H.	M.	Total.
9	1	10	6	2	8	26	25	51	67	76	143
3	2	5	5	4	9	470	410	880	11	13	24
1	1	2	1	1	2	15	8	23	......	1	1
......	....	....	......	1	1	3	4	7	2	2	4
......	....	....	2	1	3	15	8	23	99	66	165
......	....	....	......	....	....	8	3	11	1	3	4
......	....	....	2	....	2	34	25	59	......	1	1
......	....	....	2	2	4	2	3	5	4	5	9
1	....	1	......	2	2	8	1	9	1	....	1
......	....	....	......	....	....	1	1	2	512	453	965
......	....	....	......	....	....	....	....	....	175	150	325
......	....	....	......	....	....	4	3	7	......	....	....
......	....	....	......	....	....	1	....	1	......	....	....
14	4	18	18	13	31	587	491	1,078	872	770	1,642

SO

Puebla.			Querétaro.			San Luis Potosí.			Sinaloa.		
....	....	....	....	....	....	8	1	9	1	....	1
....	....	....	....	....	....	4	1	5	1	....	1
1	....	1	....	....	....	1	1	2	....	....	....
....	.. ..	....	....	....	....	2	2	4	....	....	....
....	....	....	....	....	....	....	....	....	1	1	2
....	....	....	....	....	....	....	....	....	....	....	....
....	....	....	....	....	....	2	....	2	....	....	....
....	....	....	....	....	....	1	....	1	....	....	....
....	....	....	....	....	....	....	....	....	25	3	28
....	....	....	....	....	....	....	....	....	7	2	9
....	....	....	....	....	....	2	....	2	....	....	....
....	....	....	....	....	....	....	....	....	....	....	....
1	....	1	....	....	....	20	5	25	35	6	41

PRE

	ENTIDAD POLITICA DE LA					
PARTIDOS.	Sonora.			Tabasco.		
	H.	M.	Total.	H.	M.	T
Durango	2	2	4	24	14	
Mapimí	6	9	15	....	....	...
Cuencamé	....	....	....	....	....	
Nombre de Dios	....	....	....	....	....	
Santiago Papasquiaro	4	1	5	....	....	
San Juan del Río	....	....	....	....	....	...
San Juan de Guadalupe	1	....	1	....	1	
El Oro	1	3	4	....	....	...
Nazas	....	....	....	....	....	
Tamazula	13	3	16	....	....	...
San Dimas	1	....	1	....	....	...
Indé	....	....	....	....	....	
Mezquital	....	....	....	....	....	...
SUMAS	28	18	46	24	15·	

D E

Durango	....	....	....	....	....	...
Mapimí	....	....	....	....	....	...
Cuencamé	....	....	....	....	....	...
Nombre de Dios	....	....	....	....	....	...
Santiago Papasquiaro	....	....	....	....	....	...
San Juan del Río	....	....	....	....	....	...
San Juan de Guadalupe	....	....	....	....	....	...
El Oro	....	....	....	....	....	...
Nazas	....	....	....	....	....	...
Tamazula	....	....	....	....	....	...
San Dimas	1	....	1	....	....	...
Indé	2	....	2	....	....	...
Mezquital	....	....	....	....	....	...
SUMAS	3	....	3	....	....	...

Sigue en las páginas 80 y 81.

NTES

PUBLICA A QUE PERTENECE EL LUGAR DEL NACIMIENTO.

Tamaulipas.			Tlaxcala.			Veracruz.			Yucatan.		
H.	M.	Total.	H.	M.	Total.	H.	M.	Total.	H.	M.	Total.
2	1	3	....	....	....	4	6	10	2	....	2
11	4	15	....	....	....	2	....	2	....	....	....
....	....	....	....	....	....	....	....	....	....	....	....
....	....	....	....	....	....	....	....	....	....	....	....
5	2	7	....	....	....	2	....	2	....	....	....
1	....	1	....	....	....	....	....	....	....	....	....
....	....	....	....	....	....	1	....	1	....	....	....
1	....	1	....	....	....	....	....	....	....	....	....
....	....	....	1	....	1	3	....	3	....	....	....
....	....	....	....	....	....	1	....	1	....	....	....
....	....	....	....	....	....	....	....	....	....	....	....
20	7	27	1	....	1	13	6	19	2	....	2

ASO

....	....	....	....	....	....	1	....	1	....	....	....
....	....	....	....	....	....	....	....	....	....	....	....
....	....	....	....	....	....	....	....	....	....	....	....
1	....	1	....	....	....	1	....	1	....	....	....
....	....	....	....	....	....	....	....	....	....	....	....
....	....	....	....	....	....	....	....	....	....	....	....
....	....	....	....	....	....	....	....	....	....	....	....
....	....	....	....	....	....	....	....	....	....	....	....
....	....	....	....	....	....	....	....	....	....	....	....
....	....	....	....	....	....	....	....	....	....	....	....
1	....	1	....	....	....	2	....	2	....	....	....

PRESE

ENTIDAD POLITICA DE LA RE

PARTIDOS.	Zacatecas.			Distrito Federal.		
	H.	M.	Total.	H.	M.	Total.
Durango	1,212	1,167	2,379	108	200	308
Mapimí	2,362	2,095	4,457	42	36	78
Cuencamé	1,471	1,476	2,947	98	86	184
Nombre de Dios	1,013	1,041	2,054	2	....	2
Santiago Papasquiaro	353	270	623	22	12	34
San Juan del Rio	101	100	201	7	4	11
San Juan de Guadalupe	1,167	1,252	2,419	4	3	7
El Oro	211	143	354	6	3	9
Nazas	117	95	212	4	6	10
Tamazula	11	4	15	7	8	15
San Dimas	77	66	143	11	9	20
Indé	109	97	206	4	2	6
Mezquital	52	48	100	1	....	1
SUMAS	8,256	7,854	16,110	316	369	685

DE P

Durango	41	29	70	10	2	12
Mapimí	62	20	82	2	....	2
Cuencamé	15	16	31	4	1	5
Nombre de Dios	30	12	42	....	....	....
Santiago Papasquiaro	6	....	6	1	....	1
San Juan del Rio	5	7	12	1	....	1
San Juan de Guadalupe	60	47	107	....	....	....
El Oro	4	4	8	2	2	4
Nazas	15	8	23	....	....	....
Tamazula	....	....	....	....	....	....
San Dimas	12	....	12	....	....	....
Indé	4	....	4	2	....	2
Mezquital	6	4	10	1	....	1
SUMAS	260	147	407	23	5	28

Sigue en las páginas 82 y 83.

NTES.

PUBLICA A QUE PERTENECE EL LUGAR DEL NACIMIENTO.

Territorio de la Baja California.			Territorio de Tepic.			Se ignora.			TOTAL.
H.	M.	Total.	H.	M.	Total.	H.	M.	Total.	
....	1	1	6	10	16	98	100	198	59,482
....	....	....	9	....	9	....	....	....	41,840
....	....	....	....	....	....	9	14	23	22,712
....	....	....	....	....	....	2	....	2	22,976
....	....	....	3	4	7	5	4	9	32,059
....	....	....	....	....	....	....	....	....	25,410
....	....	....	....	....	....	3	1	4	10,468
....	....	....	6	1	7	....	1	1	15,655
....	....	....	....	....	....	....	....	....	10,263
2	....	2	2	1	3	30	15	45	24,159
1	....	1	2	....	2	....	....	....	6,385
....	....	....	....	....	....	....	....	....	13,455
....	....	....	2	....	2	....	....	....	6,881
3	1	4	30	16	46	147	135	282	291,745

ASO

....	....	....	....	....	....	....	....	....	659
....	....	....	....	....	....	....	....	....	451
....	....	....	....	....	....	....	....	....	148
....	....	....	....	....	....	....	....	....	98
....	....	....	....	....	....	1	....	1	298
....	....	....	....	....	....	....	....	....	149
....	....	....	....	....	....	....	....	....	130
....	....	....	....	....	....	....	....	....	199
....	....	....	....	....	....	....	....	....	85
....	....	....	....	....	....	1	1	2	104
....	....	....	....	....	....	....	....	....	67
....	....	....	....	....	....	....	....	....	55
....	....	....	....	....	....	....	....	....	47
....	....	....	....	....	....	2	1	3	2,490

PRE$

PARTIDOS.	NACION O PAIS A QUE I					
	Arabia.			Alemania y colonia:		
	H.	M.	Total.	H.	M.	To
Durango	5	1	6	26	5	
Mapimí	3	....	3	9	5	
Cuencamé	....	....	....	6	....	
Nombre de Dios	1	....	1	3	....	
Santiago Papasquiaro	2	....	2	5	1	
San Juan del Río	1	....	1	4	....	
San Juan de Guadalupe	....	....	....	1	....	
El Oro	....	....	....	4	1	
Nazas	....	....	....	....	1	
Tamazula	....	....	....	1	....	
San Dimas	....	....	....	1	....	
Indé	....	....	....	....	....	.....
Mezquital	....	....	....	1	....	
SUMAS	12	1	13	61	13	

DE

PARTIDOS.						
Durango	....	....	....	1	....	
Mapimí	....	....	....	2	....	
Cuencamé	....	....	....	1	....	
Nombre de Dios	....	....	....	....	....	.....
Santiago Papasquiaro	....	....	....	....	....	.....
San Juan del Río	....	....	....	....	....	.....
San Juan de Guadalupe	....	....	....	....	....	.....
El Oro	....	....	....	....	....	.....
Nazas	....	....	....	1	....	
Tamazula	....	....	....	....	....	.....
San Dimas	....	....	....	....	....	.....
Indé	....	....	....	....	....	.....
Mezquital	....	....	....	....	....	.....
SUMAS	....	....	....	5	....	

Sigue en las páginas 84 y 85.

NTES

TENECE EL LUGAR DEL NACIMIENTO DE LOS EXTRANJEROS.

Argentina.			Austria-Hungría.			Chile.			China.		
H.	M.	Total.	H.	M.	Total.	H.	M.	Total.	H.	M.	Total.
....	2	2	....	....	....	1	....	1	4	....	4
3	....	3	....	....	....	....	....	....	3	....	3
....	....	....	2	....	2	....	....	....	5	....	5
....	....	....	....	....	....	....	....	....	....	....	....
....	....	....	1	....	1	....	....	....	6	....	6
....	....	....	....	....	....	....	....	....	1	....	1
....	....	....	....	....	....	....	....	....	....	....	....
....	....	....	1	....	1	....	....	....	1	....	1
....	....	....	1	....	1	....	....	....	1	....	1
....	....	....	....	....	....	....	....	....	5	....	5
....	....	....	....	....	....	1	....	1	....	....	....
....	....	....	....	....	....	....	....	....	....	....	....
....	....	....	....	....	....	....	....	....	....	....	....
3	2	5	5	....	5	2	....	2	26	....	26

ASO

									1		1
....	....	....	....	....	....	....	....	....	....	....	....
....	....	....	....	....	....	....	....	....	....	....	....
....	....	....	....	....	....	....	....	....	....	....	....
....	....	....	....	....	....	....	....	....	....	....	....
....	....	....	....	....	....	....	....	....	....	....	....
....	....	....	7	4	11	....	....	....	....	....	....
....	....	....	....	....	....	....	....	....	....	....	....
....	....	....	....	....	....	....	....	....	....	....	....
....	....	....	....	....	....	....	....	....	....	....	....
....	....	....	....	....	....	....	....	....	....	....	....
....	....	....	7	4	11	....	....	....	1	....	1

PRESE

NACION O PAIS A QUE PER

PARTIDOS.	España y colonias.			Francia y colonias.		
	H.	M.	Total.	H.	M.	Total.
Durango	19	2	21	24	1	25
Mapimí	70	1	71	18	3	21
Cuencamé	4	....	4	2	....	2
Nombre de Dios	....	....	....	1	....	1
Santiago Papasquiaro	7	1	8	2	....	2
San Juan del Rio	....	....	....	2	....	2
San Juan de Guadalupe	....	....	....	1	....	1
El Oro	1	....	1	1	....	1
Nazas	3	1	4	....	....	....
Tamazula	10	3	13	3	....	3
San Dimas	....	....	....	1	....	1
Indé	6	1	7	1	....	1
Mezquital	1	....	1	....	....	....
Sumas	121	9	130	56	4	60

DE P

Durango	4	....	4	2	....	2
Mapimí	4	....	4	1	....	1
Cuencamé	....	....	....	....	....	....
Nombre de Dios	....	....	....	....	....	....
Santiago Papasquiaro	....	....	....	....	....	....
San Juan del Rio	....	....	....	....	....	....
San Juan de Guadalupe	....	....	....	....	....	....
El Oro	....	....	....	....	....	....
Nazas	....	....	....	....	....	....
Tamazula	3	....	3	....	....	....
San Dimas	....	....	....	....	....	....
Indé	1	....	1	....	....	....
Mezquital	....	....	....	....	....	....
Sumas	12	....	12	3	....	3

Sigue en las páginas 86 y 87.

NTES.

TENECE EL LUGAR DEL NACIMIENTO DE LOS EXTRANJEROS.

Guatemala.			Inglaterra y colonias.			Italia y colonias.			Norte América.		
H.	M.	Total.	H.	M.	Total.	H.	M.	Total.	H.	M.	Total.
1	....	1	28	9	37	3	2	5	76	52	128
....	....	....	5	2	7	3	2	5	65	48	113
....	....	....	4	2	6	....	....	....	33	11	44
....	....	....	1	....	1	....	....	....	7	1	8
....	....	....	1	....	1	4	....	4	16	....	16
....	....	....	1	....	1	....	....	....	4	1	5
....	....	....	....	....	....	....	....	....	2	1	3
....	....	....	7	....	7	....	....	....	12	5	17
....	....	....	....	....	....	1	....	1	2	....	2
....	....	....	5	....	5	2	....	2	8	2	10
....	....	....	2	....	2	1	....	1	24	2	26
1	....	1	3	....	3	....	....	....	3	3	6
....	....	....	....	....	....	....	....	....	....	....	....
2	....	2	57	13	70	14	4	18	252	126	378

ASO

....	....	....	4	....	4	....	....	....	11	....	11
....	....	....	....	... .	....	1	....	1	5	....	5
....	....	....	....	....	....	1	....	1	1	....	1
....	....	....	....	....	....	....	....	....	2	....	2
....	....	....	....	....	....	....	....	....	1	....	1
....	....	....	....	....	....	2	....	2	....	....	....
....	....	....	....	....	....	....	....	....	....	....	....
....	....	....	....	....	....	....	....	....	....	....	....
....	....	....	....	....	....	....	....	....	....	....	....
....	....	....	....	....	....	....	....	....	3	....	3
....	....	....	....	....	....	....	....	....	....	....	....
....	....	....	4	....	4	4	....	4	23	....	23

PRE

NACION O PAIS A QUE

PARTIDOS.	Portugal y colonias.			Rusia.		
	H.	M.	Total.	H.	M.	T.
Durango..	....	....	....	1	....	
Mapimí...	....	....	....	....	....	....
Cuencamé...........................	....	....	....	2	....	....
Nombre de Dios.............................	....	....	....	....	....	....
Santiago Papasquiaro.....................	1	....	1	....	....	....
San Juan del Rio............................	....	....	....	....	....	....
San Juan de Guadalupe	....	....	....	....	....	....
El Oro..	....	....	....	....	....	....
Nazas..	....	....	....	....	....	....
Tamazula......................................	....	....	....	....	....	....
San Dimas.....................................	....	....	....	....	....	....
Indé...	....	....	....	....	....	....
Mezquital.....................................	....	....	....	....	....	....
SUMAS.....................	1	....	1	3	....	

D E

Durango..	....	....	....	....	....	....
Mapimí...	....	....	....	....	....	....
Cuencamé......................................	....	....	....	....	....	....
Nombre de Dios..............................	....	....	....	....	....	....
Santiago Papasquiaro......................	....	....	....	....	....	....
San Juan del Rio............................	....	....	....	....	....	....
San Juan de Guadalupe	....	....	....	....	....	....
El Oro..	....	....	....	....	....	....
Nazas..	....	....	....	....	....	....
Tamazula......................................	....	....	....	....	....	....
San Dimas.....................................	....	....	....	....	....	....
Indé...	....	....	....	....	....	....
Mezquital.....................................	....	....	....	....	....	....
SUMAS.....................	....	....	....	....	....	

Sigue en las páginas 88 y 89.

T E S

NECE EL LUGAR DEL NACIMIENTO DE LOS EXTRANJEROS.

	Salvador.		Suecia y Noruega.			Suiza.			Turquía y Egipto.			Total de nacidos en el Extranjero.	Total de nacidos en la República.	TOTALES GENERALES.
.	M.	Total.	H.	M.	Total.	H.	M.	Total.	H.	M.	Total.			
..	.....	......	.....	.....	......	.....,	...	......	1	.....	1	263	59,482	59,745
..	.....	......	1	.....	1	1	2	3	.....	.....	......	244	41,840	42,084
..	.....	......	3	.....	3	3	...	3	.....	.....	......	77	22,712	22,789
..	.....	......	.....	.....	......	.....	...	......	.....	.....	......	14	22,976	22,990
..	.....	......	2	.....	2	.....	...	......	.....	.....	......	49	32,059	32,108
..	.....	......	.....	.....	......	.....	...	......	.....	.....	......	14	25,410	25,424
..	.....	......	.....	.....	......	.....	...	......	.....	.....	......	5	10,468	10,473
..	.....	......	1	.....	1	.....	...	......	.....	.....	......	34	15,655	15,689
..	.....	......	.....	.....	......	.....	...	......	.....	.....	......	10	10,263	10,273
..	.....	......	.....	.....	......	.....	...	......	.....	.....	......	39	24,159	24,198
..	.....	......	2	.....	2	1	...	1	.....	.....	......	35	6,385	6,420
..	.....	......	.....	.....	......	.....	...	......	.....	.....	......	18	13,455	13,473
..	.....	......	.....	.....	......	.....,	...	......	.....	.....	......	2	6,881	6,883
..	.....	......	9	.....	9	5	2	7	1	:....	1	804	291,745	292,549

S O

..	.....	......	.....	.....	......	.....	...	......	.....	.....	......	23	659	682
..	.....	......	.....	.....	......	.....	...	......	.....	.....	......	13	451	464
..	.....	......	.....	.....	......	.....	...	......	.....	.....	......	3	148	151
..	.....	......	.....	.....	......	.....	...	......	.....	.....	......	2	98	100
..	.....	......	.....	.....	......	.....	...	......	3	.....	3	4	298	302
..	.....	......	.....	.....	......	.....	...	......	.....	.....	......	....	149	149
..	.....	......	.....	.....	......	.....	...	......	.....	.....	......	2	130	132
..	.....	......	.....	.....	......	.....	...:	......	.....	.....	......	11	199	210
..	.....	......	.....	.....	......	.....	...	......	.....	.....	......	1	85	86
..	.....	......	.....	.....	......	.....	...	......	.....	.....	......	3	104	107
..	.....	......	.....	.....	......	.....	...	......	.....	.....	......	....	67	67
..	.....	......	.....	.....	......	.....	...	......	.....	.....	......	4	55	59
..	.....	......	.....	.....	......	.....	...	......	.....	.....	......	....	47	47
..	.....	......	.....	.....	......	.....	...	......	3	.....	3	66	2,490	2,556

PRES

POBl

PARTIDOS.	Menores de edad.			Solteros.		
	H.	M.	Total.	H.	M.	Total
Durango.	10,232	9,444	19,676	8,619	9,434	18,0
Mapimí.	7,685	6,598	14,283	5,814	5,145	10,9
Cuencamé.	4,586	3,860	8,446	2,423	2,551	4,9
Nombre de Dios.	4,497	4,205	8,702	2,510	2,281	4,7
Santiago Papasquiaro.	6,660	5,654	12,314	4,954	4,428	9,3
San Juan del Rio.	5,327	4,544	9,871	3,213	2,998	6,2
San Juan de Guadalupe	2,040	1,806	3,846	1,143	1,208	2,3
El Oro.	3,594	2,855	6,449	2,144	1,986	4,1
Nazas.	1,970	1,926	3,896	1,286	1,243	2,5
Tamazula.	4,975	4,392	9,367	4,711	4,332	9,0
San Dimas.	1,036	1,044	2,080	1,543	1,213	2,7
Indé.	2,839	2,562	5,401	1,782	1,737	3,5
Mezquital	1,355	1,051	2,406	995	630	1,6
SUMAS.	56,796	49,941	106,737	41,137	39,186	80,3

DE

Durango	71	62	133	179	96	2
Mapimí.	65	42	107	110	38	1
Cuencamé.	18	19	37	22	15	
Nombre de Dios.	12	17	29	13	8	
Santiago Papasquiaro.	21	13	34	121	33	1
San Juan del Rio.	21	13	34	42	22	
San Juan de Guadalupe	21	16	37	18	7	
El Oro.	23	30	53	54	29	
Nazas.	10	11	21	22	8	
Tamazula.	7	2	9	70	10	
San Dimas.	2	....	2	37	7	
Indé.	2	1	3	28	7	
Mezquital	6	6	12	10	8	
SUMAS.	279	232	511	726	288	1,0

Sigue en las páginas 90 y 91.

NTES

CION SEGUN EL ESTADO CIVIL.

Casados.			Viudos.			Se ignora.			TOTAL GENERAL.
H.	M.	Total.	H.	M.	Total.	H.	M.	Total.	
8,850	8,810	17,660	1,135	3,221	4,356	....	....	....	59,745
7,168	7,003	14,171	785	1,886	2,671	....	....	....	42,084
3,964	3,986	7,950	505	914	1,419	....	....	....	22,789
3,956	3,949	7,905	488	1,094	1,582	3	7	10	22,990
4,358	4,360	8,718	536	1,152	1,688	3	3	6	32,108
3,935	3,933	7,868	450	1,019	1,469	3	2	5	25,424
1,768	1,716	3,484	284	504	788	3	1	4	10,473
2,144	2,173	4,317	262	525	787	4	2	6	15,689
1,656	1,655	3,311	179	353	532	3	2	5	10,273
2,295	2,254	4,549	374	856	1,230	2	7	9	24,198
607	581	1,188	107	285	392	1	3	4	6,420
1,981	1,957	3,938	217	385	602	8	5	13	13,473
1,216	1,236	2,452	138	248	386	4	10	14	6,883
43,898	43,613	87,511	5,460	12,442	17,902	34	42	76	292,549

ASO

130	88	218	25	31	56	....	....	....	682
112	65	177	14	18	32	....	....	....	464
42	21	63	10	4	14	....	....	....	151
23	19	42	6	2	8	....	....	....	100
76	19	95	12	7	19	....	....	....	302
26	11	37	5	9	14	....	....	....	149
37	30	67	1	2	3	....	....	....	132
39	21	60	7	7	14	....	....	....	210
18	9	27	3	5	8	....	....	....	86
11	2	13	3	2	5	....	....	....	107
14	5	19	1	1	2	....	....	....	67
11	5	16	5	....	5	....	....	....	59
10	6	16	....	1	1	....	....	....	47
549	301	850	92	89	181	....	....	....	2,556

PRESE

PARTIDOS.	Saben leer y escribir.			Saben sólo leer.		
	H.	M.	Total.	H.	M.	Total.
Durango	6,973	6,635	13,608	625	1,236	1,861
Mapimí	3,982	3,111	7,093	273	430	703
Cuencamé	1,895	1,219	3,114	243	480	723
Nombre de Dios	2,092	1,080	3,172	259	594	853
Santiago Papasquiaro	2,656	1,896	4,552	268	753	1,021
San Juan del Rio	2,109	1,489	3,598	198	521	719
San Juan de Guadalupe	919	790	1.709	51	83	134
El Oro	1,239	979	2,218	86	248	334
Nazas	742	702.	1,444	57	206	263
Tamazula	1,549	1,213	2,762	114	160	274
San Dimas	635	416	1,051	65	95	160
Indé	950	767	1,717	101	259	360
Mezquital	268	140	408	46	40	86
SUMAS	26,009	20,437	46,446	2,386	5,105	7,491

DE P

Durango	160	61	221	8	8	16
Mapimí	107	41	148	4	2	6
Cuencamé	34	7	41	2	8	10
Nombre de Dios	11	5	16	....	....	....
Santiago Papasquiaro	87	19	106	5	7	12
San Juan del Rio	22	8	30	2	6	8
San Juan de Guadalupe	20	7	27	3	2	5
El Oro	39	16	55	4	3	7
Nazas	16	7	23	1	1	2
Tamazula	8	2	10	2	2	4
San Dimas	13	1	14	2	....	2
Indé	16	5	21	....	2	2
Mezquital	6	7	13	....	1	1
SUMAS	539	186	725	33	42	75

Sigue en las páginas 92 y 93.

NTES

INSTRUCCION ELEMENTAL.

No saben leer ni escribir.			No saben leer ni escribir por ser menores de edad.			Se ignora.			TOTAL GENERAL.
H.	M.	Total.	H.	M.	Total.	H.	M.	Total.	
15,682	17,534	33,216	5,556	5,504	11,060	....	....	....	59,745
14,065	13,988	28,053	3,132	3,103	6,235	....	....	....	42,084
7,554	7,905	15,459	1,786	1,707	3,493	....	....	....	22,789
7,308	8,061	15,369	1,795	1,801	3,596	....	....	....	22,990
10,946	10,495	21,441	2,641	2,453	5,094	....	....	....	32,108
8,529	8,533	17,062	2,092	1,953	4,045	....	....	....	25,424
3,498	3,585	7,083	770	777	1,547	....	....	....	10,473
5,293	5,001	10,294	1,530	1,313	2,843	....	....	....	15,689
3,495	3,363	6,858	800	908	1,708	....	....	....	10,273
8,602	8,495	17,097	2,092	1,973	4,065	....	....	....	24,198
2,163	2,147	4,310	431	468	899	....	....	....	6,420
4,553	4,492	9,045	1,223	1,128	2,351	....	....	....	13,473
2,831	2,528	5,359	563	467	1,030	....	....	....	6,883
94,519	96,127	190,646	24,411	23,555	47,966	....	....	....	292,549

ASO

208	168	376	29	40	69	....	....	....	682
152	96	248	38	24	62	....	....	....	464
47	32	79	9	12	21	....	....	....	151
38	31	69	5	10	15	....	....	....	100
127	34	161	11	12	23	....	....	....	302
63	33	96	7	8	15	....	....	....	149
43	36	79	11	10	21	....	....	....	132
68	60	128	12	8	20	....	....	....	210
32	19	51	4	6	10	....	....	....	86
77	11	88	4	1	5	....	....	....	107
38	12	50	1	....	1	....	....	....	67
29	5	34	1	1	2	....	....	....	59
19	9	28	1	4	5	....	....	....	47
941	546	1,487	133	136	269	....	....	....	2,556

PRES

PARTIDOS.				
Durango				
Mapimí				
Cuencamé				
Nombre de Dios				
Santiago Papasquiaro	1	2		
San Juan del Rio		....		
San Juan de Guadalupe		2		
El Oro	... ...	1		
Nazas		...		
Tamazula	....	1	....	
San Dimas	....	....		4
Indé	....	....		1
Mezquital	....	....	....	
SUMAS	6	21		

DE

PARTIDOS.				
Durango	....	....	....	3
Mapimí	....	....	....	3
Cuencamé	....	....	....	....
Nombre de Dios	....	....	....	
Santiago Papasquiaro	....	....	2	....
San Juan del Rio	1	2	....	....
San Juan de Guadalupe	....	....	....	....
El Oro	....	....	....	....
Nazas	....	....	....	1
Tamazula	....	....	....	1
San Dimas	....	....	....	
Indé	....	....	....	
Mezquital	....	....	....	
SUMAS	1	2		

N T E S

SEGUN LA OCUPACION PRINCIPAL.

PROFESIONES.

Maestros de obras.	Dentistas.	Médicos alópatas.	Médicos homeópatas.	Notarios.	Parteras.	Profesores.			Recurrentes de otras cultos.	Recurrentes católicos.	Veterinarios.
						H.	M.	Total.			
3	16	11	....	8	4	30	45	75	31	2	1
....	29	13	....	1	3	10	15	25	5	2	1
....	16	1	....	....	2	9	7	16	2	....	1
....	2	....	....	2	3	8	8	16	3	....	....
....	20	3	....	....	2	10	5	15	4	....	....
1	1	....	....	....	7	6	3	9	4	....	....
....	4	....	....	1	1	3	2	5	1	....	....
4	1	2	....	....	....	4	2	6	2	....	....
....	....	1	....	....	1	2	4	6	2	....	....
....	....	2	....	....	2	3	13	16	6	....	....
1	1	....	....	....	3	3	2	5	1	....	....
....	5	....	....	....	....	2	2	4	2	....	....
....	....	....	....	....	2	1	1	2	1	....	....
9	95	33	....	12	30	91	109	200	64	4	3

A S O

....	3	4	....	....	....	2	....	2	....	....	....
....	2	2	....	.	....	....	....	....	....	....	....
....	....	....	....	....	....	1	....	1	....	....	....
....	....	....	....	....	....	....	....	....	....	....	....
....	....	2	....	....	....	....	....	....	1	....	....
....	....	1	....	....	....	....	....	....	....	....	....
....	1	....	....	....	....	1	....	1	1	....	....
....	....	....	....	....	....	1	....	1	....	....	....
....	....	....	....	....	....	....	....	....	1	....	....
....	....	....	....	....	....	....	....	....	....	....	....
....	2	....	....	....	....	....	....	....	....	2	....
....	....	....	....	....	....	....	....	....	....	....	....
....	8	9	....	....	....	5	....	5	3	2	....

PRE

POBLAC

PARTIDOS.	Escolares.			Estudiantes.		
	H.	M.	Total.	H.	M.	
Durango	560	476	1,036	396	169	
Mapimí	211	131	342	15	16	
Cuencamé	100	42	142	1	....	
Nombre de Dios	122	47	169	....	....	...
Santiago Papasquiaro	167	104	271	....	....	...
San Juan del Rio	131	79	210	....	....	...
San Juan de Guadalupe	72	61	133	....	....	...
El Oro	44	27	71	....	....	...
Nazas	31	31	62	....	....	...
Tamazula	52	31	83	....	....	...
San Dimas	21	14	35	....	....	...
Indé	21	17	38	....	....	...
Mezquital	6	7	13	....	....	...
SUMAS	1,538	1,067	2,605	412	185	

D E

Durango	5	1	6	....	....	...
Mapimí	2	....	2	....	....	...
Cuencamé	....	....	....	....	....	...
Nombre de Dios	....	....	....	....	....	...
Santiago Papasquiaro	....	....	....	....	....	...
San Juan del Rio	1	2	3	....	....	...
San Juan de Guadalupe	2	....	2	....	....	...
El Oro	1	3	4	....	....	...
Nazas	....	....	....	....	....	...
Tamazula	....	....	....	....	....	...
San Dimas	....	....	....	....	....	...
Indé	....	....	....	....	....	...
Mezquital	1	....	1	....	....	...
SUMAS	12	6	18	....	....	...

Sigue en las páginas 96 y 97.

NTES

SEGUN LA OCUPACION PRINCIPAL.

ADMINISTRACION				AGRICULTURA			MINERIA		Obreros de las fundiciones y haciendas de beneficio en general.		
Empleados públicos.	Jefes y oficiales del ejército.	Militares (clase de tropa).	Policía.	Administradores y dependientes de campo.	Agricultores.	Peones de campo.	Administradores y empleados de minería.	Mineros, barreteros y repasadores.	H.	M.	Total.
105	33	313	148	20	331	10,943	8	449	....	....	....
29	1	....	23	15	360	11,006	4	517	....	....	....
20	1	....	....	11	40	5,705	10	848	....	....	....
11	1	....	8	17	203	6,245	1	182	....	....	....
13	....	....	4	7	79	7,873	38	1,251	....	....	....
6	....	....	8	16	136	7,036	6	89	....	....	....
5	1	....	5	4	49	2,634	15	213	....	....	....
2	....	....	1	3	102	3,954	2	182	....	....	....
2	1	....	6	4	166	2,678	....	66	....	....	....
5	1	....	3	....	22	6,781	15	452	....	....	....
4	1	....	2	3	18	1,629	17	164	....	....	....
3	1	....	7	13	127	3,467	2	130	....	....	....
2	1	....	1	2	12	2,210	2	8	....	....	....
207	42	313	216	115	1,645	72,161	120	4,551	....	....	....

ASO

....	....	....	....	....	24	150	....	39	....	....	....
3	....	....	....	....	3	152	....	15	....	....	....
....	....	....	....	....	....	46	....	8	....	....	....
....	....	....	....	....A...	1	24	....	2	....	....	....
....	....	....	....	....	10	89	....	17	....	....	....
....	....	....	....	....	....	38	....	16	....	....	....
....	....	....	....	....	1	31	....	2	....	....	....
....	....	....	....	....	....	55	....	10	....	....	....
....	....	....	....	....	....	14	....	7	....	....	....
....	....	....	....	....	....	49	....	23	....	....	....
....	....	....	....	....	....	22	....	7	....	....	....
....	....	....	....	....	....	15	....	14	....	....	....
....	....	....	....	....	....	13	....	1	....	....	....
3	....	....	....	....	39	698	....	161	....	....	....

PRE

POBLAC

COMERCIO.

PARTIDOS.	Corredores.	Comerciantes.			Dependientes.	Vendedores ambul:	
		H.	M.	Total.		H.	M.
Durango	24	703	273	976	152	85	6
Mapimí	7	532	93	625	84	17	2
Cuencamé	...	77	12	89	6	....	....
Nombre de Dios	...	69	22	91	9	25	5
Santiago Papasquiaro	...	191	35	226	21	11	1
San Juan del Río	...	126	16	142	13	3	....
San Juan de Guadalupe	1	84	27	111	20	....	....
El Oro	...	31	2	33	11	1	....
Nazas	...	66	8	74	4	....	....
Tamazula	1	96	25	121	27	....	....
San Dimas	1	56	21	77	7	....	....
Indé	...	29	3	32	6	....	....
Mezquital	...	11	16	27	......	....	....
SUMAS	34	2,071	553	2,624	360	142	14

D I

Durango	...	17	1	18	1	....	....
Mapimí	...	21	1	22	1	5	....
Cuencamé	...	4	3	7	......	....	....
Nombre de Dios	...	4	.....	4	......	1	2
Santiago Papasquiaro	...	15	.....	15	1	6	....
San Juan del Río	...	3	.....	3	......	....	....
San Juan de Guadalupe	...	.....	.....	....	......	....	....
El Oro	...	2	.....	2	......	....	....
Nazas	...	8	.....	8	......	....	....
Tamazula	...	1	.....	1	......	....	....
San Dimas	...	.....	.....	....	......	....	....
Indé	...	1	.....	1	......	....	....
Mezquital	...	.....	1	1	......	....	....
SUMAS	...	76	6	82	3	12	2

Sigue en las páginas 98 y 99.

NTES

SEGUN LA OCUPACION PRINCIPAL.

Banqueros.	Propietarios.			INDUSTRIAS, BELLAS ARTES, ARTES Y OFICIOS.							
				Acróbatas.			Actores.	Administradores y empleados de establecimientos industriales.	Albañiles.	Alfareros.	Armeros.
	H.	M.	Total.	H.	M.	Total.					
4	32	109	141	......	......	....	....	4	154	97	4
......	28	31	59	......	......	....	....	3	148	8	....
......	53	13	66	......	......	....	....	3	34	2	....
......	5	1	6	......	......	....	....	2	29	32	....
......	13	8	21	......	......	....	....	1	63	22	....
......	19	8	27	......	......	....	....	....	42	21	....
......	5	1	6	......	......	....	....	....	16	....	....
......	23	6	29	......	......	....	....	....	26	4	....
......	3	15	18	......	......	....	....	....	11	1	....
......	21	12	33	......	......	....	....	....	25	16	....
1	1	11	12	......	......	....	....	....	19	7	....
......	29	10	39	......	......	....	....	....	11	4	....
......	....	4	4	......	......	....	....	....	5	2	....
5	232	229	461	......	......	....	....	13	583	216	4

ASO

Banqueros.	Propietarios.			INDUSTRIAS, BELLAS ARTES, ARTES Y OFICIOS.							
				Acróbatas.			Actores.	Administradores y empleados de establecimientos industriales.	Albañiles.	Alfareros.	Armeros.
	H.	M.	Total.	H.	M.	Total.					
......	2	....	2	......	......	....	....	....	....	3	....
......	....	1	1	2	1	3	2	....	....	....	....
......	....	4	4	......	......	....	....	....	....	....	....
......	....	....	....	......	......	....	....	....	....	....	....
......	3	1	4	......	......	....	....	....	2	....	....
......	....	1	1	......	......	....	....	....	2	....	....
......	1	....	1	......	......	....	....	....	2	....	....
......	1	....	1	......	......	....	....	....	....	....	....
......	1	....	1	......	......	....	....	....	....	....	....
......	....	....	....	......	......	....	....	....	....	....	....
......	1	4	5	......	......	....	....	....	....	....	....
......	9	11	20	2	1	3	2	....	6	3	....

PRE

POBLAC

I١

PARTIDOS.	Hieneleven.	Heteleteva.	Cuatena.	Caplateva.	Carveeve.	
Durango.	....	3	98	476	37	
Mapimí.	....	1	26	197	36	..
Cuencamé.	....	....	8	56	....	..
Nombre de Dios.	....	....	3	112	2	..
Santiago Papasquiaro.	....	....	6	119	3	..
San Juan del Rio.	....	....	14	65	2	..
San Juan de Guadalupe	....	....	4	26	....	..
El Oro.	....	....	4	73	....	..
Nazas.	....	....	2	40	....	..
Tamazula.	....	....	....	41	....	..
San Dimas.	....	....	1	36	....	..
Indé.	....	....	2	38	3	..
Mezquital.	....	....	....	12	....	..
SUMAS	....	4	168	1,291	83	

D ׀

Durango.	1	....	4	6	....	..
Mapimí.	....	....	1	4	1	..
Cuencamé.	....	....	....	....	....	..
Nombre de Dios.	....	....	....	2	....	..
Santiago Papasquiaro.	....	....	....	....	....	..
San Juan del Rio.	....	....	3	....	....	..
San Juan de Guadalupe.	....	....	....	1	....	..
El Oro.	....	....	....	....	1	..
Nazas.	....	....	....	....	....	..
Tamazula.	....	....	....	2	....	..
San Dimas.	....	....	....	3	....	..
Indé.	....	....	....	....	....	..
Mezquital.	....	....	....	....	....	..
SUMAS	1	....	8	18	2	..

Sigue en las páginas 100 y 101.

NTES.

SEGUN LA OCUPACION PRINCIPAL.

TRIAS, BELLAS ARTES, ARTES Y OFICIOS.

Cigarreros.	Cobreros.	Coheteros.	Curtidores.	Dibujantes.	Dulceros.			Ebanistas.	Encuadernadores.	Escultores.	Filarmónicos.
					H.	M.	Total.				
134	1	8	97	1	6	....	6	3	5	1	148
16	7	11	11	....	11	....	11	1	....	2	97
....	....	2	8	....	5	....	5	....	....	....	28
....	....	6	21	....	2	2	4	....	....	....	33
....	....	7	11	....	9	....	9	....	....	....	56
....	....	4	17	....	8	....	8	....	....	....	43
....	....	....	....	....	2	....	2	....	....	....	12
....	....	....	10	....	8	....	8	....	....	....	19
....	....	....	....	....	3	....	3	....	....	....	26
....	2	2	3	....	....	....	....	....	....	....	20
....	....	....	20	....	3	....	3	....	....	....	8
....	....	3	10	....	1	....	1	....	....	....	11
....	....	....	5	....	2	....	2	....	....	....	8
150	10	43	213	1	60	2	62	4	5	3	509

ASO

....	2	....	....	2	....	....	....	....	....	....	6
2	....	....	....	....	....	....	....	....	....	....	4
....	....	....	....	....	1	....	1	....	....	....	....
....	....	....	....	....	....	....	....	....	....	....	....
....	....	1	....	....	....	....	....	....	....	....	1
....	2	....	....	....	....	....	....	....	....	....	....
....	4	....	....	....	1	....	1	....	....	....	3
....	....	....	....	....	....	....	....	....	....	....	2
....	....	....	....	....	....	....	....	....	....	....	....
....	....	....	....	....	....	....	....	....	....	....	....
....	....	....	....	....	....	....	....	....	....	....	....
2	6	1	2	....	2	....	2	....	....	....	16

PRE

PARTIDOS.
Durango..
Mapimí..
Cuencamé.....................................
Nombre de Dios............................
Santiago Papasquiaro.....................
San Juan del Río...........................
San Juan de Guadalupe...................
El Oro..
Nazas...
Tamazula....................................
San Dimas...................................
Indé..
Mezquital....................................
Sumas........................

DE P

Durango..	....	....	....	....	....	2
Mapimí..	....	....	....	....	....	3
Cuencamé.....................................	....	....	....	....	....	1
Nombre de Dios............................	....	....	....	....	....	....
Santiago Papasquiaro.....................	....	....	....	....	....	1
San Juan del Río...........................	....	....	....	....	....	....
San Juan de Guadalupe...................	....	....	....	....	....	1
El Oro..	....	....	....	....	....	....
Nazas...	....	....	....	....	....	....
Tamazula....................................	....	....	....	....	....	....
San Dimas...................................	....	....	....	....	....	1
Indé..	....	....	....	....	....	....
Mezquital....................................	....	....	....	....	....	....
Sumas........................	....	....	....	....	....	9

Sigue en las páginas 102 y 103.

ES

UN LA OCUPACION PRINCIPAL.

BELLAS ARTES, ARTES Y OFICIOS.

Jaboneros	Ladrilleros	Litógrafos	Modistas	Obreros de establecimientos industriales	Panaderos	Pasteleros	Peluqueros	Pintores decoradores	Pintores	Pavos
.....	125	1	31	.....	213	13	39	51	17	19
6	.....	1	5	.....	98	3	25	7	5	.....
9	.....	.....	3	.....	3	.....	3	5	1	.....
.....	3	.....	2	.....	22	1	4	3	4	.....
7	4	.....	10	.....	54	5	9	3	9	.....
1	4	.....	.....	.....	10	2	3	1	2	.....
.....	.....	.....	1	.....	15	1	2	3	1	.....
1	.....	.....	.....	.....	6	2	6	.....	3	.....
3	.....	.....	.....	.....	9	2	2	4	2	.....
.....	1	.....	1	.....	24	6	2	1	8	.....
.....	1	.....	13	.....	14	3	3	2	2	1
.....	2	.....	.....	.....	2	.....	.....	.....	1	.....
.....	.....	.....	.....	.....	1	.....	.....	.....	.....	.....
27	**140**	**2**	**66**	.....	**471**	**38**	**98**	**80**	**55**	**20**

ASO

Jaboneros	Ladrilleros	Litógrafos	Modistas	Obreros de establecimientos industriales	Panaderos	Pasteleros	Peluqueros	Pintores decoradores	Pintores	Pavos
.....	.....	2	.....	.....	.....	.....	.....	1	1	.....
.....	.....	.....	1	.....	1	.....	.....	.....	.....	.....
.....	.....	.....	.....	.....	1	.....	.....	3	1	.....
.....	.....	1	.....	.....	2	.....	.....	1	.....	.....
.....	.....	.....	.....	.....	1	.....	1	.....	.....	.....
.....	.....	.....	.....	.....	●	.....	.....	.....	.....	.....
.....	.....	.....	.....	.....	1	.....	.....	.....	.....	.....
.....	.....	**3**	.....	**1**	**7**	.....	**1**	**6**	**2**	.....

PRESE

POBLACION

INDUS

PARTIDOS.

Durango...
Mapimi..
Cuencamé...
Nombre de Dios..
Santiago Papasquiaro.................................
San Juan del Rio.......................................
San Juan de Guadalupe.............................
El Oro...
Nazas..
Tamazula...
San Dimas...
Indé..
Mezquital..

Sumas........................

DE P

PARTIDOS						
Durango..	....	....	....	6	....	1
Mapimi...	1	....	1	3	....	....
Cuencamé..	....	....	....	3	....	....
Nombre de Dios..	....	....	....	....	....	....
Santiago Papasquiaro..	....	....	....	3	....	1
San Juan del Rio...	....	....	....	....	....	....
San Juan de Guadalupe.....................................	....	....	....	2	....	....
El Oro...	....	....	....	....	....	1
Nazas..	....	....	....	2	....	....
Tamazula..	....	....	....	....	....	....
San Dimas..	....	....	....	1	....	....
Indé..	....	....	....	....	....	....
Mezquital...	....	....	....	....	....	....
Sumas........................	1	....	1	20	....	3

Sigue en las páginas 104 y 105.

NTES

SEGUN LA OCUPACION PRINCIPAL.

'RIAS, BELLAS ARTES, ARTES Y OFICIOS.

Tejedores.			Telegrafistas.	Tipógrafas.	Tradores.	Toneros.	Torneros.	Velens.	Vidrieros.	Yeseros.	Zapateros.
H.	M.	Total.									
223	60	283	9	28	....	6	....	29	....	....	460
41	......	41	8	10	....	....	....	14	....	....	125
20	204	224	4	....	....	1	....	2	....	....	61
54	24	78	2	....	....	....	....	....	....	....	74
16	33	49	4	....	....	....	....	5	....	....	39
29	......	29	3	....	....	....	....	8	....	....	91
4	......	4	....	....	....	....	....	4	....	....	49
19	......	19	1	....	....	....	....	1	....	....	60
7	......	7	....	....	....	....	....	2	....	....	38
18	......	18	3	....	....	....	....	....	....	....	11
1	......	1	1	....	....	....	....	1	....	....	3
46	......	46	....	....	....	....	....	....	....	....	41
......	.. ...	....	....	....	....	....	....	....	....	....	12
478	321	799	35	38	....	7	....	66	....	....	1,064

ASO

7	......	7	1	2	....	....	....	....	....	....	4
5	......	5	....	2	....	....	....	....	....	....	1
......	......	......	....	....	....	....	....	....	....	....	2
......	......	......	....	....	....	....	....	....	....	....	1
1	......	1	1	....	....	....	....	....	....	....	....
......	......	......	....	....	....	....	....	....	....	....	2
......	......	......	....	....	....	....	....	....	....	....	1
......	......	......	....	....	....	....	....	....	....	....	1
......	......	......	....	....	....	....	....	....	....	....	....
......	......	......	....	....	....	....	....	....	....	....	1
......	......	......	....	....	....	....	....	....	....	....	
13	......	13	2	4	....	....	....	....	....	....	13

PRES

POBLACIO

PARTIDOS.	Adoberos.	Aguadores.	Arrieros.	Cargadores.	Curtidores.	Caleros.
Durango	53	19	197	45	70	
Mapimí	22	4	74	36	36	
Cuencamé	13	1	....	· 1	6	
Nombre de Dios	23	7	9	....	1	
Santiago Papasquiaro	10	....	119	....	....	
San Juan del Río	13	....	31	....	10	
San Juan de Guadalupe	6	....	....	....	16	
El Oro	8	....	....	....	28	......
Nazas	13	....	3	....	7	......
Tamazula	2	....	17	....	....	
San Dimas	5	....	65	....	....	
Indé	16	....	1	....	6	......
Mezquital	4	....	19	....	....	
SUMAS	188	31	535	82	180	

DE

PARTIDOS.						
Durango	....	....	13	....	·23	......
Mapimí	....	....	5	....	....	......
Cuencamé	....	....	....	....	....	.....
Nombre de Dios	....	....	....	....	2	......
Santiago Papasquiaro	....	....	47	....	1	......
San Juan del Río	....	....	....	....	....	.....
San Juan de Guadalupe	....	....	2	....	....	......
El Oro	....	....	6	....	....	......
Nazas	....	....	4	....	....	......
Tamazula	....	....	....	....	....	
San Dimas	....	....	4	1	3	.....
Indé	....	....	3	....	1	.....
Mezquital	....	....	3	....	....	.....
SUMAS	....	....	87	1	30	

Sigue en las páginas 106 y 107.

TES

EGUN LA OCUPACION PRINCIPAL.

DIVERSAS OCUPACIONES.

Costureras	Domésticos.			Empleados particulares	Hortelanos	Jardineros	Lavanderas	Matanceros	Mesalinas	Molenderas	Porteros	Tortilleras
	H.	M.	Total.									
392	791	1,615	2,406	176	43	2	274	34	132	16	12	84
107	272	345	617	67	3	2	98	6	......	6	1	8
18	235	178	413	13	2	......	14	......	......	......	......	......
89	83	214	297	9	8	......	3	......	......	4	......	7
50	174	412	586	41	4	......	29	......	10	6	......	1
20	182	224	406	14	5	1	13	3	2	2	......	......
22	25	88	113	31	2	......	30	......	1	......	......	19
21	85	48	133	24	......	......	2	1	......	......	......	......
9	69	62	131	10	1	......	10	......	......	2	......	......
91	74	150	224	36	6	......	64	3	1	4	......	3
20	64	246	310	21	6	......	23	1	2	......	......	4
17	57	78	135	31	3	......	......	1	......	1	......	......
15	9	57	66	10	17	......	3	......	......	......	......	......
871	2,120	3,717	5,837	483	100	5	563	49	148	41	13	126

SO.

4	7	10	17	7	......	......	......	1	......	......	......	......
......	4	6	10	......	......	......	1	1	......	......	......	1
......	1	7	8	......	......	......	......	......	......	......	......	1
......	2	......	2	......	......	......	......	......	......	......	......	......
......	3	......	3	......	......	......	......	......	......	......	......	......
......	......	2	2	......	......	......	......	1	......	......	......	......
......	2	2	4	......	......	......	......	......	......	......	......	......
3	1	1	2	2	......	......	......	......	......	......	......	......
......	4	......	4	......	......	......	......	......	......	......	......	......
1	1	1	2	1	......	......	......	......	......	......	......	......
1	2	1	3	......	......	......	......	......	......	......	......	......
......	......	......	......	......	......	......	......	......	......	......	......	......
......	......	2	2	......	......	......	......	......	......	......	......	......
9	27	32	59	10	......	......	1	3	......	......	......	2

PRES

PARTIDOS.	POBLACION SEGUN LA OCU					
	Sin ocupacion.			Sin ocupacion por menores de edad.		
	H.	M.	Total.	H.	M.	Tot
Durango.	....	18,749	18,749	9,152	8,324	17,4
Mapimí.	....	14,037	14,037	6,601	5,716	12,3
Cuencamé.	....	7,521	7,521	3,789	3,293	7,0
Nombre de Dios.	....	7,721	7,721	3,852	3,382	7,2
Santiago Papasquiaro.	....	10,246	10,246	5,726	4,642	10,3
San Juan del Río.	....	8,331	8,331	4,554	3,789	8,3
San Juan de Guadalupe	....	3,454	3,454	1,773	1,517	3,2
El Oro	....	5,021	5,021	3,147	2,410	5,5
Nazas	....	3,408	3,408	1,671	1,623	3,2
Tamazula	....	7,824	7,824	4,297	3,620	7,9
San Dimas.	....	1,885	1,885	974	882	1,8
Indé.	....	4,330	4,330	2,540	2,182	4,7
Mezquital	....	2,160	2,160	1,266	910	2,1
SUMAS	....	94,687	94,687	49,342	42,290	91,6

DE

Durango	10	203	213	47	58	:
Mapimí.	16	95	111	26	55	
Cuencamé.	4	26	30	16	18	
Nombre de Dios.	1	29	30	8	14	
Santiago Papasquiaro.	4	53	57	17	19	
San Juan del Río.	4	38	42	13	12	
San Juan de Guadalupe	....	37	37	20	15	
El Oro	8	53	61	19	27	
Nazas	....	23	23	7	10	
Tamazula	1	13	14	4	1	
San Dimas.	....	11	11	2	....	
Indé.	3	12	15	2	1	
Mezquital	....	9	9	6	5	
SUMAS	51	602	653	187	235	4

Sigue en las páginas 108 y 109.

NTES.

| CION PRINCIPAL. | | | | POBLACION POR CULTOS. | | | | | | | | | |

Se ignora.			Total general.	Católicos.			Protestantes.			Mahometanos.		
H.	M.	Total.		H.	M.	Total.	H.	M.	Total.	H.	M.	Total.
717	......	717	59,745	28,652	30,797	59,449	139	107	246	......	....	......
155	......	155	42,084	21,253	20,459	41,712	156	153	309	......	....	......
154	......	154	22,789	11,370	11,248	22,618	101	63	164	2	....	2
13	......	13	22,990	11,392	11,475	22,867	57	61	118	......	....	......
160	......	160	32,108	16,470	15,569	32,039	31	16	47	......	....	......
39	......	.39	25,424	12,880	12,472	25,352	33	20	53	......	....	......
75	......	75	10,473	5,205	5,221	10,426	26	13	39	......	....	......
165	......	165	15,689	8,121	7,538	15,659	13	1	14	1	....	1
66	......	66	10,273	5,089	5,176	10,265	5	3	8	......	....	......
198	......	198	24,198	12,339	11,838	24,177	12	2	14	3	....	3
61	......	61	6,420	3,246	3,117	6,363	38	9	47	......	....	......
105	......	105	13,473	6,777	6,607	13,384	33	33	66	......	....	......
71	......	71	6,883	3,707	3,175	6,882	1	......	1	......	....	......
1,979	......	1,979	292,549	146,501	144,692	291,193	645	481	1,126	6	....	6

¡ASO

3	......	3	682	385	276	661	16	1	17	......	....	......
4	......	4	464	283	152	435	8	1	9	......	....	......
2	......	2	151	87	59	146	4	......	4	......	....	......
4	......	4	100	53	46	99	......	....	......	......	....	......
2	......	2	302	228	72	300	1	......	1	......	....	......
......	......	......	149	94	55	149	......	....	......	......	....	......
3	......	3	132	76	55	131	......	....	......	......	....	......
6	......	6	210	123	87	210	......	....	......	......	....	......
2	......	2	86	52	33	85	1	......	1	......	....	......
1	......	1	107	90	16	106	......	....	......	......	....	......
7	......	7	67	54	13	67	......	....	......	......	....	......
2	......	2	59	43	13	56	3	......	3	......	....	......
......	......	......	47	26	21	47	......	....	......	......	....	......
36	......	36	2,556	1,594	898	2,492	33	2	35	......	....	......

PRES

POBLACION POR C

PARTIDOS.	Budhistas.			Sin culto.		
	H.	M.	Total.	H.	M.	Tota
Durango	4	....	4	39	4	
Mapimí	....	....	....	43	20	
Cuencamé	....	....	....	5	....	
Nombre de Dios	....	....	....	5	....	
Santiago Papasquiaro	6	3	9	4	9	
San Juan del Rio	1	....	1	12	4	
San Juan de Guadalupe	1	....	1	5	1	
El Oro	1	....	1	12	2	
Nazas	....	....	....	....	....	......
Tamazula	....	....	....	3	1	
San Dimas	....	....	....	9	....	
Indé	....	....	....	15	6	
Mezquital	....	....	....	....	....	......
SUMAS	13	3	16	152	47	1

DE

Durango	....	....	....	4	....	
Mapimí	....	....	....	10	10	
Cuencamé	....	....	....	....	....	.....
Nombre de Dios	....	....	....	1	....	.....
Santiago Papasquiaro	....	....	....	....	....	.....
San Juan del Rio	....	....	....	....	....	.....
San Juan de Guadalupe	....	....	....	....	....	.....
El Oro	....	....	....	....	....	.....
Nazas	....	....	....	....	....	.....
Tamazula	....	....	....	1	....	.....
San Dimas	....	....	....	....	....	.....
Indé	....	....	....	....	....	.....
Mezquital	....	....	....	....	....	.....
SUMAS	....	....	....	16	10	

Sigue en las páginas 110 y 111.

ITES

OS. | POBLACION SEGUN EL IDIOMA HABITUAL.

Se ignora.			Total general.	Castellano.			Cora.			Otomí.		
H.	M.	Total.		H.	M.	Total.	H.	M.	Total.	H.	M.	Total.
2	1	3	59,745	28,192	30,335	58,527	......	....	....	....	.....	....
.....	......	......	42,084	21,355	20,575	41,930	......	....	....	....	.....	....
.....	......	......	22,789	11,419	11,299	22,718	......	....	....	....	.....	....
.....	......	......	22,990	11,444	11,535	22,979	......	....	....	....	.....	....
.....	......	......	32,108	16,460	15,585	32,045	......	....	....	....	.....	....
2	......	2	25,424	12,917	12,495	25,412	......	....	....	....	.....	....
1	......	1	10,473	5,233	5,234	10,467	......	....	....	....	.....	....
.....	......	......	15,689	8,123	7,539	15,662	......	....	....	....	.....	....
.....	......	......	10,273	5,089	5,179	10,268	......	....	....	....	.....	....
.....	......	......	24,198	12,323	11,820	24,143	......	....	....	....	.....	....
1	......	1	6,420	3,272	3,125	6,397	......	....	....	....	.....	....
2	......	2	13,473	6,819	6,644	13,463	......	....	....	2	1	3
.....	......	......	6,883	3,415	2,879	6,294	170	140	310	......	.....	....
8	1	9	292,549	146,061	144,244	290,305	170	140	310	2	1	3

ASO.

.....	......	......	682	387	277	664	......	....	....	....	.....	....
.....	......	......	464	291	163	454	......	....	....	....	.....	....
1	......	1	151	90	59	149	......	....	....	....	.....	....
.....	......	......	100	54	46	100	......	....	....	....	.....	....
1	......	1	302	220	72	292	......	....	....	....	.....	....
.....	......	......	149	94	55	149	......	....	....	....	.....	....
1	......	1	132	77	55	132	......	....	....	....	.....	....
.....	......	......	210	116	83	199	......	....	....	....	.....	....
.....	......	......	86	52	33	85	......	....	....	....	.....	....
.....	......	......	107	91	16	107	......	....	....	....	.....	....
.....	......	......	67	54	13	67	......	....	....	....	.....	....
.....	......	......	59	43	13	56	......	....	....	....	.....	....
.....	......	......	47	26	21	47	......	....	....	....	.....	....
3	......	3	2,556	1,595	906	2,501	......	....	....	....	.....	....

PRE

POBLACION SEGUN EL IDI

PARTIDOS.	Tarahumar.			Tarasco.		
	H.	M.	Total.	H.	M.	
Durango...	....	....	....	....	....	..
Mapimi..	....	....	....	....	....	
Cuencamé......................	....	....	....	....	....	
Nombre de Dios................................	....	....	....	....	....	
Santiago Papasquiaro.........................	6	8	14	....	....	..
San Juan del Rio...............................	....	....	....	....	....	
San Juan de Guadalupe	....	....	....	....	....	..
El Oro..	....	....	....	1	....	
Nazas...	....	....	....	....	....	..
Tamazula..	....	....	....	1	1	
San Dimas..	....	....	....	....	....	
Indé...	....	....	....	....	....	..
Mezquital...	....	....	....	....	....	..
SUMAS....................	6	8	14	2	1	

D

Durango...	....	....	....	....	....	..
Mapimi..	....	....	....	....	....	..
Cuencamé..	....	....	....	....	....	..
Nombre de Dios.................................	....	....	....	....	....	..
Santiago Papasquiaro..........................	....	....	....	....	....	..
San Juan del Rio................................	....	....	....	....	....	..
San Juan de Guadalupe	....	....	....	....	....	..
El Oro..	....	....	....	....	....	..
Nazas...	....	....	....	....	....	..
Tamazula..	....	....	....	....	....	..
San Dimas..	....	....	....	....	....	..
Indé...	....	....	....	....	....	..
Mezquital..	....	....	....	....	....	..
SUMAS....................	....	....	....	....	....	..

Sigue en las páginas 112 y 113.

NTES.

HABITUAL.			IDIOMAS EXTRANJEROS.								
Tepehua.			Aleman.			Árabe.			Chino.		
H.	M.	Total.	H.	M.	Total.	H.	M.	Total.	H.	M.	Total.
509	511	1,020	20	6	26				5		5
			10	5	15				3		3
			6		6				5		5
			2		2						
			5	2	7				4	1	5
			1		1	1		1	1		1
			1		1						
1	1	2	3		3				1		1
			2		2				1		1
13	18	31	1		1				5		5
			1		1				2		2
122	156	278	1		1						
645	686	1,331	53	13	66	1		1	27	1	28

ASO

Tepehua.			Aleman.			Árabe.			Chino.		
			1		1				1		1
			2		2						
						6		6			
			1		1						
			4		4	6		6	1		1

PRE

PARTIDOS.	Frances.			Húngaro.		
	H.	M.	Total.	H.	M.	
Durango..	17	3	20	....	....	...
Mapimí...	11	3	14	....	....	...
Cuencamé......................................	3	....	3	....	....	...
Nombre de Dios..............................	....	....	....	....	....	...
Santiago Papasquiaro......................	1	....	1	....	....	...
San Juan del Río............................	1	....	1	....	....	...
San Juan de Guadalupe....................	1	....	1	....	....	...
El Oro..	....	....	....	....	....	...
Nazas...	....	....	....	....	....	...
Tamazula......................................	1	....	1	....	....	...
San Dimas....................................	....	....	....	....	....	...
Indé...	1	....	1	....	....	...
Mezquital......................................	....	....	....	....	....	...
Sumas........................	36	6	42	....	....	...

D F

PARTIDOS.	Frances.			Húngaro.		
Durango..	1	....	1	....	....	...
Mapimí...	1	....	1	....	....	...
Cuencamé......................................	....	....	....	....	....	...
Nombre de Dios..............................	....	....	....	....	....	...
Santiago Papasquiaro......................	....	....	....	....	....	...
San Juan del Río............................	....	....	....	....	....	...
San Juan de Guadalupe....................	....	....	....	....	....	...
El Oro..	....	....	....	7	4	...
Nazas...	....	....	....	....	....	...
Tamazula......................................	....	....	....	....	....	...
San Dimas....................................	....	....	....	....	....	...
Indé...	....	....	....	....	....	...
Mezquital......................................	....	....	....	....	....	...
Sumas........................	2	....	2	7	4	

Sigue en las páginas 114 y 115.

NTES

IDIOMAS EXTRANJEROS.

Inglés.			Italiano.			Ruso.			Sueco.			Total general.
H.	M.	Total.	H.	M.	Total.	H.	M.	Total.	H.	M.	Total.	
90	53	143	3	1	4	......	......	......	......	......	......	59,745
71	48	119	2	1	3	......	......	......	......	......	......	42,084
44	12	56	......	......	......	1	......	1	......	......	......	22,789
8	1	9	......	......	......	......	......	......	......	......	......	22,990
34	1	35	1	......	1	......	......	......	......	......	......	32,108
7	1	8	......	......	......	......	......	......	......	......	......	25,424
3	1	4	......	......	......	......	......	......	......	......	......	10,473
19	1	20	......	......	......	......	......	......	......	......	......	15,689
2	......	2	......	......	......	......	......	......	......	......	......	10,273
13	2	15	......	......	......	......	......	......	......	......	......	24,198
15	1	16	2	......	2	......	......	......	2	......	2	6,420
5	1	6	......	......	......	......	......	......	......	......	......	13,473
......	......	......	......	......	......	......	......	......	......	......	......	6,883
311	122	433	8	2	10	1	......	1	2	......	2	292,549

ASO.

14	......	14	1	......	1	......	......	......	......	......	......	682
6	......	6	1	......	1	......	......	......	......	......	......	464
1	......	1	1	......	1	......	......	......	......	......	......	151
......	......	......	......	......	......	......	......	......	......	......	......	100
2	......	2	2	......	2	......	......	......	......	......	......	302
......	......	......	......	......	......	......	......	......	......	......	......	149
......	......	......	......	......	......	......	......	......	......	......	......	132
......	......	......	......	......	......	......	......	......	......	......	......	210
......	......	......	......	......	......	......	......	......	......	......	......	86
......	......	......	......	......	......	......	......	......	......	......	......	107
......	......	......	......	......	......	......	......	......	......	......	......	67
3	......	3	......	......	......	......	......	......	......	......	......	59
......	......	......	......	......	......	......	......	......	......	......	......	47
26	......	26	5	......	5	......	......	......	......	......	......	2,556

PR[

P(

PARTIDOS.	Alemana.			Austro-Húnga[	
	H.	M.	Total.	H.	M.
Durango	27	6	33	1	....
Mapimí	11	6	17	....	....
Cuencamé	2	....	2	....	....
Nombre de Dios	2	....	2	....	....
Santiago Papasquiaro	3	....	3	1	....
San Juan del Rio	1	....	1	1	....
San Juan de Guadalupe	1	....	1	....	....
El Oro	3	....	3	1	....
Nazas	2	....	2	1	....
Tamazula	....	....	....	....	....
San Dimas	1	....	1	....	....
Indé	....	....	....	....	....
Mezquital	....	....	....	....	....
SUMAS	53	12	65	5	....

D

Durango	1	....	1	....	....
Mapimí	2	....	2	....	....
Cuencamé	....	....	....	....	....
Nombre de Dios	....	....	....	....	....
Santiago Papasquiaro	....	....	....	....	....
San Juan del Rio	....	....	....	....	....
San Juan de Guadalupe	....	....	....	....	....
El Oro	....	....	....	7	4
Nazas	1	....	1	....	....
Tamazula	....	....	....	....	....
San Dimas	....	....	....	....	....
Indé	1	....	1	....	....
Mezquital	....	....	....	....	....
SUMAS	5	....	5	7	4

Sigue en las páginas 116 y 117.

NTES

CION SEGUN LA NACIONALIDAD.

Chilena.			China.			Española.			Francesa.		
H.	M.	Total.	H.	M.	Total.	H.	M.	Total.	H.	M.	Total.
1	....	1	5	....	5	10	1	11	20	3	23
....	....	....	3	....	3	45	2	47	18	3	21
....	....	....	2	....	2	4	....	4	2	....	2
....	....	....	....	....	....	....	....	....	1	....	1
....	....	....	4	....	4	7	1	8	1	....	1
....	....	....	....	....	....	....	....	....	2	....	2
....	....	....	1	....	1	....	....	....	1	....	1
....	....	....	1	....	1	3	1	4	1	....	1
....	....	....	5	....	5	10	3	13	....	....	....
1	....	1	2	....	2	....	....	....	2	....	2
....	....	....	....	....	....	6	1	7	1	....	1
....	....	....	....	....	....	1	....	1	....	....	....
2	....	2	23	....	23	86	9	95	49	6	55

ASO

....	....	....	1	....	1	....	....	....	3	....	3
....	....	....	....	....	....	....	....	....	1	....	1
....	....	....	....	....	....	....	....	....	....	....	....
....	....	....	....	....	....	....	....	....	....	....	....
....	....	....	....	....	....	....	....	....	....	....	....
....	....	....	....	....	....	....	....	....	....	....	....
....	....	....	....	....	....	....	....	....	....	....	....
....	....	....	....	....	....	3	....	3	....	....	....
....	....	....	....	....	....	....	....	....	....	....	....
....	....	....	....	....	....	....	....	....	....	....	....
....	....	....	....	....	....	....	....	....	....	....	....
....	....	....	1	....	1	3	....	3	4	....	4

PRESE

POBLA

PARTIDOS.	Inglesa.			Italiana.		
	H.	M.	Total.	H.	M.	Total.
Durango	26	10	36	3	2	5
Mapimí	7	2	9	2	1	3
Cuencamé	5	1	6	....	....	....
Nombre de Dios	3	....	3	....	....	....
Santiago Papasquiaro	....	....	....	4	....	4
San Juan del Rio	1	....	1	....	....	....
San Juan de Guadalupe	....	....	....	....	....	....
El Oro	8	1	9	....	....	....
Nazas	....	....	....	1	....	1
Tamazula	5	....	5	2	....	2
San Dimas	....	....	....	1	....	1
Indé	1	....	1	....	....	....
Mezquital	....	....	....	....	....	....
SUMAS	56	14	70	13	3	16

DE P

PARTIDOS.						
Durango	7	....	7	1	....	1
Mapimí	....	....	....	1	....	1
Cuencamé	....	....	....	1	....	1
Nombre de Dios	....	....	....	....	....	....
Santiago Papasquiaro	....	....	....	2	....	2
San Juan del Rio	....	....	....	....	....	....
San Juan de Guadalupe	....	....	....	2	....	2
El Oro	....	....	....	....	....	....
Nazas	....	....	....	....	....	....
Tamazula	....	....	....	....	....	....
San Dimas	....	....	....	....	....	....
Indé	....	....	....	....	....	....
Mezquital	....	....	....	....	....	....
SUMAS	7	....	7	7	....	7

Sigue en las páginas 118 y 119.

NTES

CION SEGUN LA NACIONALIDAD.

	Japonesa.			Mexicana.			Nicaragüense.			Norteamericana.	
H.	M.	Total.	H.	M.	Total.	H.	M.	Total.	H.	M.	Total.
....	....	....	28,679	30,846	59,525	....	....	....	63	41	104
....	....	....	21,300	20,571	41,871	....	....	....	65	47	112
....	....	....	11,417	11,298	22,715	....	....	....	42	11	53
....	....	....	11,443	11,535	22,978	....	....	....	5	1	6
....	....	....	16,461	15,593	32,054	....	....	....	30	3	33
....	....	....	12,918	12,495	25,413	....	....	....	5	1	6
....	....	....	5,234	5,234	10,468	....	....	....	2	1	3
....	....	....	8,132	7,539	15,671	....	....	....	2	1	3
....	....	....	5,084	5,178	10,262	....	....	....	2	......	2
....	....	....	12,324	11,836	24,160	....	....	....	9	2	11
....	....	....	3,259	3,126	6,385	....	....	....	27	......	27
....	....	....	6,817	6,645	13,462	....	....	....	2	......	2
....	....	....	3,706	3,175	6,881	....	....	....	1	......	1
....	....	....	146,774	145,071	291,845	....	....	....	255	108	363

ASO

	Japonesa.			Mexicana.			Nicaragüense.			Norteamericana.	
....	....	....	384	277	661	....	....	....	8	......	8
....	....	....	293	163	456	....	....	....	4	......	4
....	....	....	90	59	149	....	....	....	1	......	1
....	....	....	54	46	100	....	....	....	......	......	....
....	....	....	220	72	292	....	....	....	1	......	1
....	....	....	94	55	149	....	....	....	......	......	....
....	....	....	75	55	130	....	....	....	......	......	....
....	....	....	116	83	199	....	....	....	......	......	....
....	....	....	52	33	85	....	....	....	......	......	....
....	....	....	88	16	104	....	....	....	......	......	....
....	....	....	54	13	67	....	....	....	......	......	....
....	....	....	43	13	56	....	....	....	2	......	2
....	....	....	26	21	47	....	....	....	......	......	....
....	....	....	1,589	906	2,495	....	....	....	16	......	16

PRESE

POBLA

PARTIDOS.	Rusa.			Sueco–Noruega.		
	H.	M.	Total.	H.	M.	Total.
Durango	1	....	1	....	....	....
Mapimí	....	....	....	1	....	1
Cuencamé	2	....	2	....	....	....
Nombre de Dios	....	....	....	....	....	....
Santiago Papasquiaro	....	....	....	....	....	....
San Juan del Rio	....	....	....	....	....	....
San Juan de Guadalupe	....	....	....	....	....	....
El Oro	....	....	....	....	....	....
Nazas	....	....	....	....	....	....
Tamazula	....	....	....	....	....	....
San Dimas	....	....	....	2	....	2
Indé	....	....	....	....	....	....
Mezquital	....	....	....	....	....	....
SUMAS	3	....	3	3	....	3

DE P

Durango	....	....	....	....	....	....
Mapimí	....	....	....	....	....	....
Cuencamé	....	....	....	....	....	....
Nombre de Dios	....	....	....	....	....	....
Santiago Papasquiaro	....	....	....	....	....	....
San Juan del Rio	....	....	....	....	....	....
San Juan de Guadalupe	....	....	....	....	....	....
El Oro	....	....	....	....	....	....
Nazas	....	....	....	....	....	....
Tamazula	....	....	....	....	....	....
San Dimas	....	....	....	....	....	....
Indé	....	....	....	....	....	....
Mezquital	....	....	....	....	....	....
SUMAS	....	....	....	....	....	....

Sigue en las páginas 120 y 121.

E S

Suiza.			Turca.			Se ignora.			Total general.	NÚMERO DE HOGARES.
	M.	Total.	H.	M.	Total.	H.	M.	Total.		
...	....	....	....	....	....	....	....	....	59,745	12,485
...	....	....	....	....	....	....	....	....	42,084	9,920
2	1	3	....	....	....	....	....	....	22,789	7,134
...	....	....	....	....	....	....	....	....	22,990	4,573
...	....	....	....	....	....	....	....	....	32,108	6,289
...	....	....	....	....	....	....	....	....	25,424	6,369
...	....	....	....	....	....	....	....	....	10,473	2,688
...	....	....	....	....	....	....	....	....	15,689	2,813
...	....	....	....	....	....	....	....	....	10,273	1,982
...	....	....	....	....	....	....	....	....	24,198	4,312
1	....	1	....	....	....	....	....	....	6,420	1,795
...	....	....	....	....	....	....	....	....	13,473	4,585
...	....	....	....	....	....	....	....	....	6,883	2,141
3	1	4	....	....	....	....	....	....	292,549	67,086

S O

...	....	....	....	....	....	....	....	....	682	....
...	....	....	....	....	....	....	....	....	464	....
...	....	....	....	....	....	....	....	....	151	....
...	....	....	....	....	....	....	....	....	100	....
...	....	....	7	....	7	....	....	....	302	....
...	....	....	....	....	....	....	....	....	149	....
...	....	....	....	....	....	....	....	....	132	....
...	....	....	....	....	....	....	....	....	210	....
...	....	....	....	....	....	....	....	....	86	....
...	....	....	....	....	....	....	....	....	107	....
...	....	....	....	....	....	....	....	....	67	....
...	....	....	....	....	....	....	....	....	59	....
...	....	....	....	....	....	....	....	....	47	....
...	....	....	7	....	7	....	....	....	2,556	....

AU

PARTIDOS.	POBLACION POR SEXOS.				
	NÚMERO DE HABITANTES.			De 0 á 1 año.	
	Hombres.	Mujeres.	Total.	H.	M.
Durango...	706	468	1,174	7	11
Mapimí...	338	196	534	12	5
Cuencamé...	227	118	345	3	2
Nombre de Dios..................................	110	71	181	1	2
Santiago Papasquiaro.........................	262	94	356	3	2
San Juan del Rio................................	407	211	618	6	7
San Juan de Guadalupe......................	62	51	113	2	4
El Oro...	258	88	346	5	6
Nazas..	104	50	154	6	2
Tamazula...	125	50	175	....	1
San Dimas...	74	40	114	....	1
Indé..	169	69	238	1	2
Mezquital...	47	35	82	2	....
SUMAS......................	2,889	1,541	4,430	48	45

TES

POBLACION POR EDADES.

De 2 años.			De 3 años.			De 4 años.			De 5 años.		
H.	M.	Total.	H.	M.	Total.	H.	M.	Total.	H.	M.	Total.
5	5	10	8	5	13	12	7	19	8	6	14
1	1	2	4	4	8	1	2	3	4	4	8
4	3	7	1	1	2	3	4	7	2	1	3
.....	....	....	1	....	1	1	1	2	....	....	....
2	....	2	2	1	3	2	2	4	1	....	1
4	....	4	7	2	9	5	6	11	4	3	7
.....	....	....	1	1	2	....	1	1	1	....	1
3	....	3	1	2	3	2	....	2	4	....	4
1	2	3	2	1	3	1	1	2	4	1	5
1	1	2	....	....	....	....	1	1	....	1	1
.....	....	....	....	....	....	1	....	1	1	....	1
.....	1	1	1	1	2	....	....	....	....	....	....
1	2	3	....	....	....	4	....	4	1	....	1
22	15	37	28	18	46	32	25	57	30	16	46

A U S

PARTIDOS.	De 6 á 10 años.			De 11 á 15 años.		
	H.	M.	Total.	H.	M.	T
Durango	41	44	85	55	48	
Mapimí	17	19	36	24	21	
Cuencamé	24	17	41	17	9	
Nombre de Dios	8	13	21	9	6	
Santiago Papasquiaro	16	12	28	26	9	
San Juan del Rio	31	33	64	36	18	
San Juan de Guadalupe	7	8	15	1	3	
El Oro	18	11	29	22	11	
Nazas	10	4	14	8	7	
Tamazula	5	3	8	5	4	
San Dimas	2	3	5	6	4	
Indé	11	8	19	14	6	
Mezquital	6	5	11	4	6	
SUMAS	196	180	376	227	152	

NTES

'OBLACION POR EDADES.

De 16 á 20 años.			De 21 á 25 años.			De 26 á 30 años.			De 31 á 35 años.		
H.	M.	Total.	H.	M.	Total.	H.	M.	Total.	H.	M.	Total.
107	75	182	97	72	169	114	50	164	45	19	64
42	28	70	36	36	72	61	15	76	32	8	40
30	26	56	30	15	45	37	17	54	13	6	19
17	10	27	21	14	35	15	5	20	7	6	13
36	17	53	41	15	56	42	10	52	21	5	26
51	20	71	59	32	91	64	28	92	25	16	41
12	11	23	10	2	12	12	8	20	2	3	5
45	11	56	31	8	39	39	13	52	19	2	21
17	9	26	11	6	17	9	6	15	10	2	12
20	6	26	30	11	41	20	3	23	14	7	21
15	6	21	15	11	26	13	5	18	6	4	10
23	10	33	18	6	24	25	10	35	14	6	20
7	5	12	6	2	8	3	2	5	2	1	3
422	234	656	405	230	635	454	172	626	210	85	295

AU S

PARTIDOS.	De 36 á 40 años.			De 41 á 45 años.		
	H.	M.	Total.	H.	M.	T.
Durango..	61	42	103	32	11	
Mapimí...	39	20	59	17	8	
Cuencamé...	25	8	33	5	1	
Nombre de Dios.....................................	7	2	9	2	4	
Santiago Papasquiaro..............................	25	7	32	10	3	
San Juan del Rio....................................	39	21	60	17	2	
San Juan de Guadalupe...........................	6	4	10	3	1	
El Oro...	19	9	28	10	2	
Nazas..	6	3	9	3	2	
Tamazula..	7	3	10	2	2	
San Dimas..	9	4	13	1	1	
Indé...	24	8	32	6	1	
Mezquital .....:......................................	1	5	6	1	....	
SUMAS.......................	268	136	404	109	38	

NTES

POBLACION POR EDADES.

De 46 á 50 años.			De 51 á 55 años.			De 56 á 60 años.			De 61 á 65 años.		
H.	M.	Total.	H.	M.	Total.	H.	M.	Total.	H.	M.	Total.
37	26	63	17	7	24	20	14	34	7	5	12
19	8	27	3	1	4	13	7	20	6	2	8
17	4	21	5	....	5	3	1	4	1	....	1
10	4	14	3	3	6	1	....	1	2	1	3
9	4	13	5	2	7	10	2	12	2	2	4
23	4	27	10	3	13	10	10	20	5	....	5
2	3	5	....	1	1	1	....	1	....	....	....
14	6	20	4	3	7	12	1	13	2	....	2
8	3	11	5	....	5	3	1	4	....	....	....
7	1	8	6	....	6	3	1	4	2	1	3
3	1	4	....	....	....	1	....	1	1	....	1
10	5	15	2	....	2	8	4	12	6	....	6
6	4	10	2	1	3	....	1	1	1	1	2
165	73	238	62	21	83	85	42	127	35	12	47

AU

PARTIDOS.	De 66 á 70 años.			De 71 á 75 años		
	H.	M.	Total.	H.	M.	
Durango.	8	2	10	1	....	
Mapimí.	2	....	2	1	2	
Cuencamé.	1	2	3	3	....	
Nombre de Dios.	....	....	....	....	....	..
Santiago Papasquiaro	2	....	2	....	....	..
San Juan del Rio	3	....	3	1	2	..
San Juan de Guadalupe	2	1	3	....	....	..
El Oro.	....	....	....	....	....	..
Nazas.	....	....	....	....	....	..
Tamazula.	1	3	4	....	1	
San Dimas.	....	....	....	....	....	
Indé.	3	....	3	....	....	..
Mezquital.	....	....	....	....	....	..
SUMAS	22	8	30	6	5	

ITES

OBLACION POR EDADES.

De 76 á 80 años.			De 81 á 85 años.			De 86 á 90 años.			De 91 á 95 años.		
H.	M.	Total.	H.	M.	Total.	H.	M.	Total.	H.	M.	Total.
2	1	3	....	....	....	....	....	....	....	1	1
1	....	1	....	....	....	....	....	....	....	....	....
1	....	1	....	....	....	....	....	....	....	....	....
....	....	....	....	....	....	....	....	....	....	....	....
1	....	1	....	....	....	....	....	....	....	....	....
2	1	3	....	....	....	....	....	....	....	....	....
....	....	....	....	....	....	....	....	....	....	1	1
1	....	1	....	....	....	....	....	....	....	....	....
....	....	....	....	....	....	....	....	....	....	....	....
....	....	....	....	....	....	....	....	....	....	....	....
....	1	1	....	....	....	1	....	1	....	....	....
....	....	....	....	....	....	....	....	....	....	....	....
8	3	11	....	....	....	1	....	1	....	2	2

A U

POBLACION I

PARTIDOS.	De 96 á 100 años.			De más de 100 añc		
	H.	M.	Total.	H.	M.	
Durango...	....	....	....	....	....	...
Mapimí...	....	....	....	....	....	...
Cuencamé..	....	....	....	....	....	...
Nombre de Dios................................	....	....	....	....	....	...
Santiago Papasquiaro........................	....	....	....	....	....	...
San Juan del Río..............................	....	1	1	....	....	...
San Juan de Guadalupe.....................	....	....	....	....	....	...
El Oro...	....	....	....	....	....	...
Nazas..	....	....	....	....	....	...
Tamazula...	....	....	....	....	....	...
San Dimas.......................................	....	....	....	....	....	...
Indé..	....	....	....	....	....	...
Mezquital..	....	....	....	....	....	...
SUMAS........................	....	1	1	....	....	...

ITES.

EDADES.

Entidad política de la República á que pertenece el lugar del nacimiento.

Se ignora.			TOTAL GENERAL.	Aguascalientes.			Campeche.		
H.	M.	Total.		H.	M.	Total.	H.	M.	Total.
22	17	39	1,174	2	....	2	....	....	....
3	5	8	534	2	4	6	....	....	....
2	1	3	345	....	....	....	....	....	....
5	....	5	181	....	....	....	....	....	....
6	1	7	356	....	....	....	....	....	....
5	2	7	618	1	....	1	....	....	....
....	....	....	113	....	....	....	....	....	....
7	2	9	346	....	....	....	....	....	....
....	....	....	154	....	....	....	....	....	....
2	....	2	175	....	....	....	....	....	....
....	....	....	114	....	....	....	....	....	....
2	....	2	238	....	....	....	....	....	....
....	....	....	82	....	....	....	....	....	....
54	28	82	4,430	5	4	9	....	....	....

A U

ENTIDAD POLITICA' DE LA

PARTIDOS.	Coahuila.			Colima.		
	H.	M.	Total.	H.	M.	
Durango	1	....	1	....	....	..
Mapimí	9	6	15	....	....	..
Cuencamé	....	....	....	....	....	..
Nombre de Dios	....	....	....	....	....	..
Santiago Papasquiaro	....	....	....	....	....	..
San Juan del Río	2	....	2	....	....	..
San Juan de Guadalupe	....	....	....	....	....	..
El Oro	....	....	....	....	....	..
Nazas	....	....	....	....	....	..
Tamazula	1	....	1	....	....	..
San Dimas	....	....	....	....	....	..
Indé	1	....	1	....	....	..
Mezquital	....	....	....	....	....	..
SUMAS	14	6	20	....	....	..

TES.

BLICA A QUE PERTENECE EL LUGAR DEL NACIMIENTO.

Chiapas.		Chihuahua.			Durango.			Guanajuato.		
M.	Total.	H.	M.	Total.	H.	M.	Total.	H.	M.	Total.
....	......	5	1	6	615	430	1,045	3	....	3
....	......	9	9	18	225	141	366	1	....	1
....	......	....	.. ..	....	205	104	309	....	....	....
....	......	....	....	....	97	62	159	....	....	....
....	......	3	3	6	248	88	336	....	....	....
....	......	....	....	....	395	208	603	....	....	....
....	......	....	....	....	48	39	87	....	....	....
....	......	....	1	1	257	87	344	....	....	....
....	......	2	1	3	85	33	118	....	....	....
....	......	1	....	1	107	46	153	2	....	2
....	......	....	....	....	57	35	92	....	....	....
....	......	10	3	13	138	49	187	....	....	....
....	......	....	....	....	47	35	82	....	....	....
....	......	30	18	48	2,524	1,357	3,881	6	....	6

A U :

ENTIDAD POLITICA DE L

PARTIDOS.	Guerrero.			Hidalgo.		
	H.	M.	Total.	H.	M.	
Durango	1	....	1	....	....	..
Mapimí	....	....	....	....	....	..
Cuencamé	....	....	....	....	....	..
Nombre de Dios	....	....	....	....	....	..
Santiago Papasquiaro	....	....	....	....	....	..
San Juan del Rio	....	....	....	....	....	..
San Juan de Guadalupe	....	....	....	....	....	..
El Oro	....	....	....	....	....	..
Nazas	....	....	....	....	....	..
Tamazula	....	....	....	....	....	..
San Dimas	....	....	....	....	....	..
Indé	....	....	....	....	....	..
Mezquital	....	....	....	....	....	..
SUMAS	1	....	1	....	....	..

ITES

UBLICA A QUE PERTENECE EL LUGAR DEL NACIMIENTO.

Jalisco.			México.			Michoacan.			Morelos.		
H.	M.	Total.	H.	M.	Total.	H.	M.	Total.	H.	M.	Total.
5	4	9	2	1	3	....	2	2	....	....	....
3	5	8	1	....	1	1	....	1	....	....	....
....	....	....	....	....	....	....	....	....	....	....	....
1	....	1	....	....	....	....	....	....	....	....	....
....	....	....	....	....	....	....	....	....	....	....	....
....	....	....	....	....	....	....	....	....	....	....	....
....	....	....	....	....	....	....	....	....	....	....	....
....	....	....	....	....	....	....	....	....	....	....	....
1	....	1	3	....	3	....	....	....	....	....	....
....	....	....	....	....	....	....	....	....	....	....	....
....	....	....	....	....	....	....	....	....	....	....	....
....	....	....	....	....	....	....	....	....	....	....	....
....	....	....	....	....	....	....	....	....	....	....	....
10	9	19	6	1	7	1	2	3	....	....	....

A U S

ENTIDAD POLITICA DE LA

PARTIDOS.	Nuevo Leon.			Oaxaca.		
	H.	M.	Total.	H.	M.	T.
Durango..	2	....	2	....	....	....
Mapimi...	9	1	10	....	....	....
Cuencamé..	1	....	1	....	....	....
Nombre de Dios......................................	....	....	....	....	....	....
Santiago Papasquiaro..............................	1	....	1	....	....	....
San Juan del Rio.....................................	1	....	1	....	....	....
San Juan de Guadalupe...........................	....	....	....	....	....	....
El Oro...	....	....	....	....	....	....
Nazas..	....	....	....	....	....	....
Tamazula...	....	....	....	....	....	....
San Dimas..	....	....	....	....	....	....
Indé..	....	....	....	....	....	....
Mezquital...	....	....	....	....	....	....
SUMAS.............................	14	1	15	....	....	....

`TES.

JBLICA A QUE PERTENECE EL LUGAR DEL NACIMIENTO.

Puebla.			Querétaro.			San Luis Potosí.			Sinaloa.		
H.	M.	Total.	H.	M.	Total.	H.	M.	Total.	H.	M.	Total.
1	....	1	....	....	....	....	....	....	4	3	7
.....	....	....	....	....	....	3	2	5	....	....	....
.....	....	....	....	....	....	....	....	....	....	....	....
.....	....	....	....	....	....	....	....	....	1	....	1
.....	....	....	....	....	....	....	....	....	....	....	....
.....	....	....	....	....	....	1	....	1	....	....	....
.....	....	....	....	....	....	....	....	....	....	....	....
.....	....	....	....	....	....	....	....	....	....	....	....
.....	....	....	....	....	....	....	....	....	13	4	17
.....	....	....	....	....	....	....	....	....	10	5	15
.....	....	....	....	....	....	....	....	....	....	....	....
1	....	1	....	....	....	4	2	6	28	12	40

A U ⟨

ENTIDAD POLITICA DE LA

PARTIDOS.	Sonora.			Tabasco.		
	H.	**M.**	**Total.**	**H.**	**M.**	
Durango.	....	....	....	....	....	...
Mapimí.	....	....	....	....	....	...
Cuencamé.	....	....	....	....	....	...
Nombre de Dios.	....	....	....	....	....	...
Santiago Papasquiaro.	....	....	....	....	....	...
San Juan del Rio.	....	....	....	....	....	...
San Juan de Guadalupe.	....	....	....	....	....	...
El Oro.	....	....	....	....	....	...
Nazas.	....	. .....	....	....	....	...
Tamazula.	....	....	....	....	....	...
San Dimas.	....	....	....	....	....	...
Indé.	....	....	....	....	....	...
Mezquital	....	....	....	....	....	...
SUMAS.	....	....	....	....	....	...

T E S

ꝰBLICA A QUE PERTENECE EL LUGAR DEL NACIMIENTO.

Tamaulipas.			Tlaxcala.			Veracruz.			Yucatan.		
H.	M.	Total.	H.	M.	Total.	H.	M.	Total.	H.	M.	Total.
.....	....	....	....	....	....	....	....	....	....	....	....
.....	1	1	....	....	....	....	....	....	....	....	....
.....	....	....	....	....	....	....	....	....	....	....	....
.....	....	....	....	....	....	....	....	....	....	....	....
.....	....	....	....	....	....	....	....	....	....	....	....
.....	....	....	....	....	....	....	....	....	....	....	....
.....	....	....	....	....	....	....	....	....	....	....	....
.....	....	. ...	....	....	....	....	....	....	....	....	....
.....	....	....	....	....	....	....	....	....	....	....	....
.....	....	....	....	....	....	....	....	....	....	....	....
.....	....	....	....	....	....	....	....	....	....	....	....
.....	1	1	....	....	....	....	....	....	....	....	....

A U S

ENTIDAD POLITICA DE LA

PARTIDOS.	Zacatecas.			Distrito Federal.		
	H.	M.	Total.	H.	M.	To
Durango	42	16	58	6	4	
Mapimí	60	22	82	5	3	
Cuencamé	21	14	35	....	....	....
Nombre de Dios	7	9	16	2	....	....
Santiago Papasquiaro	1	....	1	....	....	....
San Juan del Rio	5	3	8	....	....	....
San Juan de Guadalupe	12	9	21	....	....	....
El Oro	1	....	1	....	....	....
Nazas	1	....	1	....	....	....
Tamazula	....	....	....	....	....	....
San Dimas	....	....	....	1	....	
Indé	....	....	....	19	16	
Mezquital	....	....	....	....	....	....
SUMAS	150	73	223	33	23	

NTES

PUBLICA A QUE PERTENECE EL LUGAR DEL NACIMIENTO.

Territorio de la Baja California.			Territorio de Tepic.			Se ignora.			TOTAL.
H.	M.	.Total.	H.	M.	Total.	H.	M.	Total.	
....	....	....	....	....	....	2	3	5	1,155
....	....	....	....	....	....	2	1	3	525
....	....	....	....	....	....	....	....	....	345
....	....	....	....	....	....	3	....	3	181
....	....	....	....	....	....	7	3	10	355
....	....	....	....	....	....	....	....	....	615
....	....	....	....	....	....	1	3	4	113
....	....	....	....	....	....	....	....	....	346
....	....	....	....	....	....	10	16	26	152
....	....	....	....	....	....	....	....	....	174
....	....	....	....	....	....	....	....	....	108
....	....	....	....	....	....	....	....	....	236
....	....	....	....	....	....	....	....	....	82
....	....	....	....	....	....	25	26	51	4,387

AUSE

NACION O PAIS A QUE PER

PARTIDOS.	Arabia.			Alemania y colonias.		
	H.	M.	Total.	H.	M.	Total.
Durango..	....	....	....	3	1	4
Mapimí..	....	....	....	1	....	1
Cuencamé...	....	....	....	....	....	....
Nombre de Dios..	....	....	....	....	....	....
Santiago Papasquiaro....................................	....	....	....	....	....	....
San Juan del Rio...	....	....	....	....	....	....
San Juan de Guadalupe..................................	....	....	....	....	....	....
El Oro...	....	....	....	....	....	....
Nazas..	....	....	....	2	....	2
Tamazula..	....	....	....	....	....	....
San Dimas...	....	....	....	....	....	....
Indé...	....	....	....	....	....	....
Mezquital...	....	....	....	....	....	....
SUMAS.........................	....	....	....	6	1	7

NTES

'ÆNECE EL LUGAR DEL NACIMIENTO DE LOS EXTRANJEROS.

Argentina.			Austria-Hungría.			Chile.			China.		
H.	M.	Total.	H.	M.	Total.	H.	M.	Total.	H.	M.	Total.
....	....	....	....	....	....	....	....	....	....	....	....
....	....	....	....	....	....	....	....	....	....	....	....
....	....	....	....	....	....	....	....	....	....	....	....
....	....	....	....	....	....	....	....	....	....	....	....
....	....	....	....	....	....	....	....	....	....	....	....
....	....	....	....	....	....	....	....	....	....	....	....
....	....	....	....	....	....	....	....	....	....	....	....
....	....	....	....	....	....	....	....	....	....	....	....
....	....	....	....	....	....	....	....	....	....	....	....
....	....	....	....	....	....	....	....	....	....	....	....
....	....	....	....	....	....	....	....	....	....	....	....
....	....	....	....	....	....	....	....	....	....	....	....

A U

	NACION O PAIS A QUE				
PARTIDOS.	España y colonias.			Francia y colonia	
	H.	M.	Total.	H.	M.	
Durango..	2	....	2	1	....	
Mapimi...	2	....	2	3	1	
Cuencamé..	....	....	....	....	....	...
Nombre de Dios................................	....	....	....	....	....	...
Santiago Papasquiaro.........................	....	....	....	....	....	
San Juan del Rio..........	....	....	....	1	....	
San Juan de Guadalupe......................	....	....	....	....	....	...
El Oro...	....	....	....	....	....	...
Nazas..	....	....	....	....	....	...
Tamazula..	....	....	....	....	....	...
San Dimas.......................................	....	....	....	....	....	...
Indé..	....	....	....	....	....	...
Mezquital..	....	....	....	....	....	...
SUMAS.........................	4	....	4	5	1	

TES.

NECE EL LUGAR DEL NACIMIENTO DE LOS EXTRANJEROS.

Guatemala.			Inglaterra y colonias.			Italia y colonias.			Norte América.		
H.	M.	Total.	H.	M.	Total.	H.	M.	Total.	H.	M.	Total.
.....	....	....	2	....	2	1	....	1	6	3	9
.....	....	....	1	....	1	....	....	....	1	....	1
.....	....	....	....	....	....	....	....	....	....	....	....
.....	....	....	....	....	....	....	....	....	....	....	....
.....	....	....	....	....	....	1	....	1	....	....	....
.....	....	....	....	....	....	....	....	....	1	....	1
.....	....	....	....	....	....	....	....	....	....	....	....
.....	....	....	....	....	....	....	....	....	....	....	....
.....	....	....	....	....	....	....	....	....	1	....	1
.....	....	....	....	....	....	....	....	....	4	....	4
.....	....	....	....	....	....	....	....	....	1	1	2
.....	....	....	....	....	....	....	....	....	....	....	....
.....	....	....	3	....	3	2	....	2	14	4	18

A U

	NACION O PAIS A QUE					
PARTIDOS.	Portugal y colonias.			Rusia.		
	H.	M.	Total.	H.	M.	
Durango..	....	....	....	....	....	..
Mapimí	....	....	....	....	....	..
Cuencamé...	....	....	....	....	....	..
Nombre de Dios.....................................	....	....	....	....	....	..
Santiago Papasquiaro.............................	....	....	....	....	....	..
San Juan del Rio....................................	....	....	....	....	....	..
San Juan de Guadalupe..........................	....	....	....	....	....	..
El Oro	....	....	....	....	....	..
Nazas..	....	....	....	....	....	..
Tamazula..	....	....	....	....	....	..
San Dimas..	....	....	....	....	....	..
Indé..	....	....	....	....	....	..
Mezquital...	....	....	....	....	....	..
Sumas..............................	....	....	....	....	....	..

TES

NECE EL LUGAR DEL NACIMIENTO DE LOS EXTRANJEROS.

Salvador.		Suecia y Noruega.			Suiza.			Turquía y Egipto.			Total de nacidos en el Extranjero.	Total de nacidos en la República.	TOTALES GENERALES.
M.	Total.	H.	M.	Total.	H.	M.	Total.	H.	M.	Total.			
.....	....	.....	.....	....	.....	...	....	.....	.....	....	19	1,155	1,174
.....	....	.....	.....	....	.....	...	....	.....	.....	....	9	525	534
.....	....	.....	.....	....	.....	...	....	.....	.....	....	....	345	345
.....	....	.....	.....	....	.....	...	....	.....	.....	....	....	181	181
.....	....	.....	.....	....	.....	...	....	.....	.....	....	1	355	356
.....	1	.....	.....	....	.....	...	....	.....	.....	....	3	615	618
.....	....	.....	.....	....	.....	...	....	.....	.....	....	....	113	113
.....	....	.....	.....	....	.....	...	....	.....	.....	....	....	346	346
.....	....	.....	.....	....	.....	...	....	.....	.....	....	2	152	154
.....	....	.....	.....	....	.....	...	....	.....	.....	....	1	174	175
.....	....	2	.....	2	.....	...	....	.....	.....	....	6	108	114
.....	....	.....	.....	....	.....	...	....	.....	.....	....	2	236	238
.....	....	.....	.....	....	.....	...	....	.....	.....	....	....	82	82
.....	1	2	.....	2	.....	...	....	.....	.....	....	43	4,387	4,430

AUS

POB

PARTIDOS.	Menores de edad.			Solteros.		
	H.	M.	Total.	H.	M.	Tot.
Durango	114	104	218	341	171	
Mapimí	52	47	99	141	49	
Cuencamé	55	37	92	83	31	
Nombre de Dios	18	24	42	56	20	
Santiago Papasquiaro	42	28	70	123	24	
San Juan del Río	74	65	139	189	58	
San Juan de Guadalupe	12	15	27	19	14	
El Oro	46	25	71	118	29	
Nazas	27	14	41	44	11	
Tamazula	9	9	18	75	8	
San Dimas	9	6	15	49	24	
Indé	21	18	39	117	34	
Mezquital	19	10	29	11	11	
SUMAS	498	402	900	1,366	484	1,8

NTES

;ION SEGUN EL ESTADO CIVIL.

Casados.			Viudos.			Se ignora.			TOTAL
H.	M.	Totales.	H.	M.	Total.	H.	M.	Total.	GENERAL.
230	151	381	21	42	63	....	....	....	1,174
132	82	214	13	18	31	....	....	....	534
69	42	111	20	8	28	....	....	....	345
33	25	58	3	2	5	....	....	....	181
89	29	118	8	13	21	....	....	....	356
130	79	209	14	9	23	....	....	....	618
29	18	47	2	4	6	....	....	....	113
88	29	117	6	5	11	....	....	....	346
32	24	56	1	1	2	....	....	....	154
39	28	67	2	5	7	....	....	....	175
14	9	23	2	1	3	....	....	....	114
18	16	34	13	1	14	....	....	....	238
15	13	28	2	1	3	....	....	....	82
918	545	1,463	107	110	217	....	....	....	4,430

.AUSE

PARTIDOS.	Saben leer y escribir.			Saben sólo leer.		
	H.	M.	Total.	H.	M.	Total.
Durango.	316	181	497	16	18	34
Mapimi.	155	71	226	1	7	8
Cuencamé.	81	24	105	5	3	8
Nombre de Dios.	44	24	68	....	4	4
Santiago Papasquiaro.	95	32	127	9	8	17
San Juan del Rio	34	129	163	12	14	26
San Juan de Guadalupe	13	12	25	1	1	2
El Oro.	58	17	75	4	3	7
Nazas.	35	12	47	1	6	7
Tamazula.	47	11	58	....	....	....
San Dimas.	33	23	56	....	2	2
Indé.	57	20	77	1	3	4
Mezquital.	20	9	29	....	....	....
SUMAS	988	565	1,553	50	69	119

N T E S

INSTRUCCION ELEMENTAL.

No saben leer ni escribir.			No saben leer ni escribir por ser menores de edad.			Se ignora.			TOTAL GENERAL.
H.	M.	Total.	H.	M.	Total.	H.	M.	Total.	
326	225	551	48	44	92	....	....	....	1,174
157	100	257	25	18	43	....	....	....	534
123	77	200	18	14	32	....	....	....	345
62	38	100	4	5	9	....	....	....	181
145	46	191	13	8	21	....	....	....	356
331	45	376	30	23	53	....	....	....	618
43	31	74	5	7	12	....	....	....	113
177	55	232	19	13	32	....	....	....	.346
52	25	77	16	7	23	....	....	....	154
76	34	110	2	5	7	....	....	....	175
39	14	53	2	1	3	....	....	....	114
107	41	148	4	5	9	....	....	....	238
18	23	41	9	3	12	....	....	....	82
1,656	754	2,410	195	153	348	....	....	....	4,430

AUS

POBLACI

PARTIDOS.	Abogados.	Agentes de negocios.	Arquitectos.	Dentistas.	Farmacéuticos.	Ingenieros en
Durango	7	4	1	1	....	
Mapimí	1	....	....	....	1	
Cuencamé	....	....	....	....	....	.....
Nombre de Dios	....	....	....	....	....	.....
Santiago Papasquiaro	....	....	....	....	1	
San Juan del Río	....	3	....	....	....	
San Juan de Guadalupe	....	....	....	....	....	.....
El Oro	....	....	....	....	....	
Nazas	....	....	....	....	....	
Tamazula	....	....	....	....	....	
San Dimas	2	....	....	....	....	
Indé	....	....	....	....	....	.....
Mezquital	....	....	....	....	....	.....
SUMAS	10	7	1	1	2	

. ⌐ E S

SEGUN LA OCUPACION PRINCIPAL.

PROFESIONES.

Maestros de obras.	Mecánicos.	Médicos alópatas.	Médicos homeópatas.	Notarios.	Peritos.	Profesores.			Sacerdotes católicos.	Sacerdotes de otros cultos.	Veterinarios.
						H.	M.	Total.			
....	1	2	....	....	1	5	7	12	11	....	....
....	1	1	....	....	....	....	....	....	....	1	....
....	2	....	....	....	....	....	....	....	....	....	....
....	....	....	....	....	....	....	....	....	....	....	....
....	....	1	....	....	....	1	....	1	1	....	....
....	....	1	....	....	1	....	....	....	....	....	....
....	....	....	....	....	....	1	....	1	....	....	....
....	....	1	....	....	....	....	....	....	....	....	....
....	1	....	....	....	....	....	....	....	....	....	....
....	....	....	....	....	....	....	....	....	....	....	....
....	1	....	....	....	....	....	....	....	....	....	....
....	....	....	....	....	....	....	....	....	....	....	....
....	6	6	....	....	2	7	7	14	12	1	....

A U

POBLAϹ

PARTIDOS.	Escolares.			Estudiantes.		
	H.	M.	Total.	H.	M.	
Durango	20	8	28	14	....	
Mapimí	9	5	14	....	....	
Cuencamé	5	1	6	....	....	
Nombre de Dios	3	1	4	....	....	
Santiago Papasquiaro	5	....	5	....	....	
San Juan del Rio	10	5	15	....	....	
San Juan de Guadalupe	....	....	....	....	....	
El Oro	6	4	10	....	....	
Nazas	3	2	5	....	....	
Tamazula	....	....	....	....	....	
San Dimas	3	2	5	....	....	
Indé	....	....	....	....	....	
Mezquital	....	....	....	....	....	
SUMAS	64	28	92	14	....	

TES

SGUN LA OCUPACION PRINCIPAL.

	ADMINISTRACION.			AGRICULTURA.			MINERIA.				
públicos.	Jefes y oficiales del ejército.	Militares (clase de tropa).	Policía.	Administradores y dependientes de campo.	Agricultores.	Peones de campo.	Administradores y empleados de minería.	Mineros, barreteros y pepenadores.	Obreros de las fundiciones y haciendas de beneficio en general.		
									H.	M.	Total.
15	3	45	....	3	24	180	....	11	2	....	2
5	....	....	....	....	28	135	....	19	....	....	....
....	....	....	....	....	....	118	....	14	....	....	....
....	....	....	....	....	3	53	....	7	....	....	....
....	....	....	....	....	....	164	....	8	....	....	....
...	....	....	....	....	10	206	....	40	....	....	....
1	....	....	....	....	1	31	....	4	3	....	3
...	....	....	....	....	7	182	....	15	....	....	....
...	....	....	....	....	10	47	....	4	....	....	....
...	....	....	....	....	....	47	....	33	....	....	....
...	....	....	....	....	2	8	....	32	....	....	....
...	....	....	....	....	4	124	....	5	....	....	....
1	....	....	....	....	....	17	....	1	....	....	....
22	3	45	....	3	89	1,312	....	193	5	....	5

A U

POBLA(

COMERCIO.

PARTIDOS.	Corredores.	Comerciantes.			Dependientes.	Vendedores ambul	
		H.	M.	Total.		H.	M.
Durango	1	43	1	44	3	....	....
Mapimí	...	25	.....	25	2	1	....
Cuencamé	...	4	.....	4	.....	....	....
Nombre de Dios	...	7	1	8	1	....	....
Santiago Papasquiaro	...	8	.....	8	1	1	....
San Juan del Rio	2	13	1	14	......	4	....
San Juan de Guadalupe	...	......	.....	......	......	2	....
El Oro	...	......	.....	......	......	....	....
Nazas	...	5	.....	5	......	....	....
Tamazula	...	5	.....	5	......	1	....
San Dimas	...	2	1	3	......	....	....
Indé	...	2	.....	2	......	....	....
Mezquital	...	2	.....	2	......	....	....
SUMAS	3	116	4	120	7	9	....

NTES

SEGUN LA OCUPACION PRINCIPAL.

Banqueros.	Propietarios.			INDUSTRIAS, BELLAS ARTES, ARTES Y OFICIOS.							
				Acróbatas.			Actores.	Administradores y empleados de establecimientos industriales.	Albañiles.	Albarros.	Armeros.
	H.	M.	Total.	H.	M.	Total.					
......	4	7	11	......	......	....	....	1	7	2	......
......	1	....	1	......	......	....	....	1	3	....	....
......	1	....	1	......	......	....	....	....	1	....	....
......	2	2	4	......	......	....	....	....	....	....	....
......	1	1	2	......	......	....	....	....	3	....	....
......	2	....	2	......	......	....	....	....	....	1	....
......	....	2	2	......	......	....	....	....	....	....	....
......	....	....	....	......	......	....	....	....	....	....	....
......	....	....	....	......	......	....	....	1	....	2	....
......	2	1	3	......	......	....	....	1	....	....	....
......	1	....	1	......	......	....	....	....	....	....	....
......	....	....	....	......	......	....	....	....	....	....	....
......	14	13	27	......	......	....	2	2	16	3	....

AUSE

POBLACION

INDUS

PARTIDOS.	Blanqueros.	Bortadores.	Cuateros.	Carpinteros.	Cerveseros.	Cereros.
Durango.	....	....	3	18	1	....
Mapimí.	....	....	....	11	....	....
Cuencamé.	....	....	1	1	....	....
Nombre de Dios.	....	....	....	1	....	....
Santiago Papasquiaro.	....	....	....	3	....	....
San Juan del Rio.	....	....	....	2	....	....
San Juan de Guadalupe	....	....	....	....	....	....
El Oro.	....	....	....	1	....	....
Nazas.	....	. .....	....	3	....	....
Tamazula.	....	....	....	1	....	....
San Dimas.	....	....	....	....	....	....
Indé.	....	....	....	....	....	....
Mezquital	....	....	....	....	....	....
SUMAS.	....	....	4	41	1	....

NTES.

SEGUN LA OCUPACION PRINCIPAL.

RIAS, BELLAS ARTES, ARTES Y OFICIOS.

Cigarreras.	Cobreros.	Coheteros.	Curtidores.	Dibujantes.	Dulceros.			Ebanistas.	Encuadernadores.	Escultores.	Filarmónicos.
					H.	M.	Total.				
8	1	....	....	....	1	....	1	....	....	....	11
....	3	....	2	....	....	....	....	....	....	....	4
....	....	....	....	....	1	....	1	....	....	....	3
....	....	....	....	....	....	....	....	....	....	....	1
....	....	....	....	....	....	....	....	....	....	....	2
....	....	....	1	....	....	....	....	....	....	....	1
....	....	....	....	....	....	....	....	....	....	....	2
....	....	....	....	....	....	....	....	....	....	....	....
....	....	....	....	....	....	....	....	....	....	....	....
....	....	....	....	....	....	....	....	....	....	....	1
....	....	....	....	....	....	....	....	....	....	....	1
8	4	....	3	....	2	....	2	....	....	....	26

A U S

POBLACI

INI

PARTIDOS.	Floristas.	Pedagogos.	Fundidores en general.	Fundores.	Grabadores.	Herreros.
Durango	....	....	2	....	....	
Mapimí	....	2	....	....	....	
Cuencamé	....	....	....	....	....	
Nombre de Dios	....	....	....	....	....	
Santiago Papasquiaro	....	....	....	....	....	
San Juan del Rio	....	....	....	....	....	
San Juan de Guadalupe	....	....	....	....	....	....
El Oro	....	....	....	....	....	
Nazas	....	....	....	....	....	....
Tamazula	....	....	....	....	....	....
San Dimas	....	....	....	....	....	
Indé	1	....	....	....	....	....
Mezquital	....	....	....	....	....	....
SUMAS	1	2	2	....	....	

TES.

GUN LA OCUPACION PRINCIPAL.

AS, BELLAS ARTES, ARTES Y OFICIOS.

	Jaboneros.	Ladrilleros.	Litógrafos.	Modistas.	Obreros de establecimientos industriales.	Panaderos.	Pasteleros.	Peluqueros.	Pintores decoradores.	Pintores.	Porero.
....	....	2	1	1	4	3	....	1	4	1	....
1	....	....	....	....	....	1	5	....	1	2	....
...	....	....	....	....	3	....	....	....	....	....	....
...	....	....	....	....	3	2	....	....	....	....	....
...	2	....	....	....	....	....	....	....	....	....	....
...	....	....	....	....	....	....	....	1	....	....	....
1	....	....	....	....	....	....	....	....	....	....	....
...	....	....	....	2	....	2	....	....	....	....	....
...	....	....	....	....	....	....	....	....	....	....	....
...	....	....	....	....	....	....	....	....	....	....	....
...	....	....	....	....	....	....	....	....	....	....	....
2	2	2	1	3	10	8	5	2	5	3	....

A U

POBLAC

I

PARTIDOS.	Relojeros.			Sastres.	Sombrereros.	
	H.	M.	Total.			
Durango.................................	....	....	....	8	1	
Mapimí.................................	....	....	....	8	....	
Cuencamé.............................	....	....	....	3	....	...
Nombre de Dios......................	....	....	....	2	....	...
Santiago Papasquiaro...............	....	....	....	1	....	....
San Juan del Río....................	....	....	....	4	....	...
San Juan de Guadalupe............	....	....	....	2	....	...
El Oro.................................	....	....	....	1	....	....
Nazas...................................	....	....	....	....	....	....
Tamazula..............................	....	....	....	....	....	...
San Dimas............................	....	....	....	....	....	....
Indé....................................	....	....	....	1	....	....
Mezquital.............................	....	....	....	....	....	....
Sumas.........	....	....	....	30	1	

NTES

SEGUN LA OCUPACION PRINCIPAL.

TRIAS, BELLAS ARTES, ARTES Y OFICIOS.

Tejedores.			Telegrafistas.	Tipógrafos.	Tundidores.	Tuneros.	Torneros.	Veleros.	Vidrieros.	Yeseros.	Zapateros.
H.	M.	Total.									
4	......	4	1	1	....	....	....	....	....	....	13
1	......	1	....	....	....	....	....	....	....	....	4
......	......	......	1	....	....	....	....	....	....	....	2
......	......	......	....	1	....	....	....	....	....	....	3
1	......	1	....	....	....	....	....	....	....	....	....
1	......	1	....	....	....	....	....	....	....	....	6
1	......	1	....	....	....	....	....	....	....	....	....
......	......	......	....	....	....	....	....	....	....	....	3
......	......	......	....	....	....	....	....	....	....	....	1
......	......	......	....	....	....	....	...-.....	....	....	....	2
2	......	2	....	....	....	....	....	....	....	....	3
......	......	......	....	....	....	....	....	....	....	....	1
10	......	10	2	2	....	....	....	....	....	....	40

A U S E

POBLACION

PARTIDOS.	Adobaros.	Aguadoros.	Arrioros.	Cargadoros.	Carretoroa.	Cochoros.
Durango..	4	....	13	3	11	1
Mapimí...	....	....	....	2	1	1
Cuencamé...	....	....	....	....	....	....
Nombre de Dios..................................	....	....	....	....	....	....
Santiago Papasquiaro...........................	....	....	9	....	2	....
San Juan del Río.................................	....	....	12	....	....	....
San Juan de Guadalupe........................	....	....	....	....	1	....
El Oro..	....	....	2	....	....	....
Nazas..	....	....	....	.. ..	....	....
Tamazula...	....	....	....	....	....	....
San Dimas..	....	....	9	....	....	....
Indé..	....	....	4	....	....	....
Mezquital...	....	....	4	....	....	....
Sumas.........................	4	....	53	5	15	2

ITES

SEGUN LA OCUPACION PRINCIPAL.

DIVERSAS OCUPACIONES.

Costureras.	Domésticos.			Empleados particulares.	Hortelanos.	Jardineros.	Lavanderas.	Matanceros.	Masilitas.	Molenderas.	Porteros.	Tortilleras.
	H.	M.	Total.									
6	9	19	28	8	......	......	1	....	......	......	......	1
4	6	8	14	7	......	......	2	....	......	......	......	......
....	18	15	33	1	......	......	......	....	......	......	......	......
....	....	4	4	1	......	......	......	....	......	......	......	......
....	2	5	7	....	......	......	......	....	......	......	......	......
1	16	11	27	1	......	......	......	....	......	......	......	......
....	....	1	1	....	......	......	2	....	......	......	......	......
....	....	....	....	....	......	......	......	....	......	......	......	......
1	3	2	5	....	1	......	......	....	......	......	......	......
2	....	....	....	1	......	......	......	....	......	......	......	......
2	3	6	9	1	......	......	......	....	......	......	......	......
2	5	2	7	....	......	......	......	....	......	......	......	......
....	1	1	2	3	......	......	......	....	......	......	......	......
18	63	74	137	23	......	......	5	....	......	......	......	1

A U S E

POBLACION SEGUN LA OCUPA

PARTIDOS.	Sin ocupacion.			Sin ocupacion por menores de edad.		
	H.	M.	Total.	H.	M.	Total.
Durango..................................	63	330	393	81	78	159
Mapimí....................................	1	142	143	39	35	74
Cuencamé................................	....	74	74	37	28	65
Nombre de Dios........................	10	47	57	11	16	27
Santiago Papasquiaro................	15	71	86	26	17	43
San Juan del Rio......................	8	141	149	57	51	108
San Juan de Guadalupe..............	2	32	34	11	14	25
El Oro....................................	1	65	66	33	19	52
Nazas.....................................	1	34	35	24	11	35
Tamazula................................	22	41	63	6	7	13
San Dimas...............................	1	22	23	4	4	8
Indé.......................................	2	52	54	13	12	25
Mezquital...............................	2	27	29	14	7	21
SUMAS......................	128	1,078	1,206	356	299	655

ITES

	ION PRINCIPAL.			POBLACION POR CULTOS.								
Se ignora.			Total general.	Católicos.			Protestantes.			Mahometanos.		
H.	M.	Total.		H.	M.	Total.	H.	M.	Total.	H.	M.	Total.
4	......	4	1,174	702	467	1,169	4	1	5	......	......	......
2	......	2	534	331	196	527	5	......	5	......	......	......
5	......	5	345	224	118	342	3	......	3	......	......	......
......	......	......	181	110	71	181	......	......	......	......	......	......
2	......	2	356	262	94	356	......	......	......	......	......	......
1	......	1	618	400	207	607	3	4	7	......	......	......
2	......	2	113	61	51	112	1	......	1	......	......	......
3	......	3	346	257	88	345	1	......	1	......	......	......
1	......	1	154	102	50	152	2	......	2	......	......	......
3	......	3	175	124	50	174	1	......	1	......	......	......
......	......	......	114	71	39	110	2	......	2	......	......	......
1	......	1	238	167	69	236	1	......	1	......	......	......
......	......	......	82	47	35	82	......	......	......	......	......	......
24	......	24	4,430	2,858	1,535	4,393	23	5	28	......	......	......

A U S

POBLACION POR (

PARTIDOS.	Budhistas.			Sin culto.		
	H.	M.	Total.	H.	M.	To
Durango	....	....	....	....	....	....
Mapimí	....	....	....	2	....	....
Cuencamé	....	....	....	....	....	....
Nombre de Dios	....	....	....	....	....	....
Santiago Papasquiaro	....	....	....	....	....	....
San Juan del Rio	....	....	....	4	....	....
San Juan de Guadalupe	....	....	....	....	....	....
El Oro	....	....	....	....	....	....
Nazas	....	....	....	....	....	....
Tamazula	....	....	....	....	....	....
San Dimas	....	....	....	1	1	
Indé	....	....	....	1	....	
Mezquital	....	....	....	....	....	....
SUMAS	....	....	....	8	1	

E S

POBLACION SEGUN EL IDIOMA HABITUAL.

e ignora.		Total general.	Castellano.			Cora.			Otomí.		
M.	Total.		H.	M.	Total.	H.	M.	Total.	H.	M.	Total.
......	......	1,174	692	465	1,157	......	......	......	......	......	......
......	......	534	332	195	527	......	......	......	......	......	......
......	......	345	227	118	345	......	......	......	......	......	......
......	......	181	110	71	181	......	......	......	......	......	......
......	......	356	262	94	356	......	......	......	......	......	......
......	......	618	405	211	616	......	......	... ..	......	......	......
......	......	113	62	51	113	......	......	......	......	......	......
......	......	346	258	88	346	......	......	......	......	......	......
......	......	154	102	50	152	......	......	......	......	......	......
......	......	175	124	50	174	......	......	......	......	......	......
......	......	114	69	40	109	......	......	......	......	......	......
......	......	238	169	69	238	......	......	......	......	......	......
......	......	82	47	35	82	......	......	......	......	......	......
......	......	4,430	2,859	1,537	4,396	......	......	......	......	......	......

A U

POBLACION SEGUN EL IDI

PARTIDOS.	Tarahumar.			Tarasco.		
	H.	M.	Total.	H.	M.	
Durango	....	....	....	....	....	..
Mapimi	....	....	....	....	....	..
Cuencamé	....	....	....	....	....	..
Nombre de Dios	....	....	....	....	....	..
Santiago Papasquiaro	....	....	....	....	....	..
San Juan del Río	....	....	....	....	....	..
San Juan de Guadalupe	....	....	....	....	....	..
El Oro	....	....	....	....	....	..
Nazas	....	....	....	....	....	..
Tamazula	....	....	....	....	....	..
San Dimas	....	....	....	....	....	..
Indé	....	....	....	....	....	..
Mezquital	....	....	....	....	....	..
SUMAS	....	....	....	....	....	..

ᴛES

	ABITUAL.		IDIOMAS EXTRANJEROS.								
	Tepehua.		Aleman.			Árabe.			Chino.		
.	M.	Total.	H.	M.	Total.	H.	M.	Total.	H.	M.	Total.
1	1	2	3	1	4	....	....	....	....	....	....
...	....	....	1	....	1	....	....	....	....	....	....
...	....	....	....	....	....	....	....	....	....	....	....
...	....	....	....	....	....	....	....	....	....	....	....
...	....	....	....	....	....	....	....	....	....	....	....
...	....	....	....	....	....	....	....	....	....	....	....
...	....	....	2	....	2	....	....	....	....	....	....
...	....	....	....	....	....	....	....	....	....	....	....
...	....	....	....	....	....	....	....	....	....	....	....
...	....	....	....	....	....	....	....	....	....	....	....
1	1	2	6	1	7	....	....	....	....	....	....

A U S

PARTIDOS.	Frances.			Húngaro.		
	H.	M.	Total.	H.	M.	Tot
Durango.	1	....	1	....	....	.....
Mapimí.	3	1	4	....	....	.....
Cuencamé.	....	....	....	....	....	.....
Nombre de Dios.	....	....	....	....	....	.....
Santiago Papasquiaro.	....	....	....	....	....	.....
San Juan del Rio	1	....	1	....	....	....
San Juan de Guadalupe	....	....	....	....	....	.....
El Oro.	....	....	....	....	....	.....
Nazas.	....	....	....	....	....	.....
Tamazula.	....	....	....	....	....	.....
San Dimas.	....	....	....	....	....	.....
Indé.	....	....	....	....	....	.....
Mezquital.	....	....	....	....	....	.....
SUMAS	5	1	6	....	....	.....

NTES

IDIOMAS EXTRANJEROS.

Inglés.			Italiano.			Ruso.			Sueco.			Total general.
H.	M.	Total.	H.	M.	Total.	H.	M.	Total.	H.	M.	Total.	
8	1	9	1	....	1	......	....	......	......	....	......	1,174
2	......	2	....	....	....	......	....	......	......	....	......	534
......	......	......	....	....	....	......	....	......	......	......	......	345
......	......	......	....	....	....	......	....	......	......	......	......	181
......	......	......	....	....	....	......	....	......	......	......	......	356
1	......	1	....	....	....	......	....	......	......	......	......	618
......	......	......	....	....	....	......	....	......	......	......	......	113
......	......	......	....	....	....	......	....	......	......	......	......	346
......	......	......	....	....	....	......	....	......	......	......	......	154
1	......	1	....	....	....	......	....	......	......	......	......	175
3	......	3	....	....	....	......	....	......	2	......	2	114
......	......	......	....	....	....	......	....	......	......	......	......	238
......	......	......	....	....	....	......	......	......	......	......	......	82
15	1	16	1	....	1	......	......	......	2	......	2	4,430

AUSE

POBLA

PARTIDOS.	Alemana.			Austro-Húngara.		
	H.	M.	Total.	H.	M.	Total.
Durango	3	1	4	....	....	....
Mapimí	1	....	1	....	....	....
Cuencamé	....	....	....	....	....	....
Nombre de Dios	....	....	....	....	....	....
Santiago Papasquiaro	....	....	....	....	....	....
San Juan del Río	....	....	....	....	....	....
San Juan de Guadalupe	....	....	....	....	....	....
El Oro	....	....	....	....	....	....
Nazas	2	....	2	....	....	....
Tamazula	....	....	....	....	....	....
San Dimas	....	....	....	....	....	....
Indé	....	....	....	....	....	....
Mezquital	....	....	....	....	....	....
SUMAS	6	1	7	....	....	....

NTES

CION SEGUN LA NACIONALIDAD.

	Chilena.			China.			Española.			Francesa.	
H.	M.	Total.	H.	M.	Total.	H.	M.	Total.	H.	M.	Total.
....	....	....	....	....	....	2	....	2	1	....	1
....	....	....	....	....	....	2	....	2	3	1	4
....	....	....	....	....	....	....	....	....	....	....	....
....	....	....	....	....	....	....	....	....	....	....	....
....	....	....	....	....	....	....	....	....	1	....	1
....	....	....	....	....	....	....	....	....	....	....	....
....	....	....	....	....	....	....	....	....	....	....	....
....	....	....	....	....	....	....	....	....	....	....	....
....	....	....	....	....	....	....	....	....	....	....	....
....	....	....	....	....	....	....	....	....	....	....	....
....	....	....	....	....	....	4	....	4	5	1	6

A U S

PO

PARTIDOS.	Inglesa.			Italiana.		
	H.	**M.**	**Total.**	**H.**	**M.**	**T**
Durango	2	....	2	1	....	
Mapimí	1	....	1	....	....	...
Cuencamé	....	....	....	....	....	...
Nombre de Dios	....	....	....	....	....	
Santiago Papasquiaro	....	....	....	1	....	
San Juan del Rio	....	....	....	....	....	...
San Juan de Guadalupe	....	....	....	....	....	...
El Oro	....	....	....	....	....	...
Nazas	....	....	....	....	....	...
Tamazula	....	....	....	....	....	...
San Dimas	....	....	....	....	....	...
Indé	....	....	....	....	....	...
Mezquital	....	....	....	....	....	...
SUMAS	3	....	3	2	....	

NTES

CION SEGUN LA NACIONALIDAD.

Japonesa.			Mexicana.			Nicaragüense.			Norteamericana.		
H.	M.	Total.	H.	M.	Total.	H.	M.	Total.	H.	M.	Total.
....	....	....	691	465	1,156	....	....	....	6	2	8
....	....	....	330	195	525	....	....	....	1	......	1
....	....	....	227	118	345	....	....	....	......	......	....
....	....	....	110	71	181	....	....	....	......	......	....
....	....	....	261	94	355	....	....	....	......	......	....
....	....	....	405	211	616	....	....	....	1	......	1
....	....	....	62	51	113	....	....	....	......	......	....
....	....	....	258	88	346	....	....	....	......	......	....
....	....	....	102	50	152	....	....	....	......	......	....
....	....	....	124	50	174	....	....	....	1	......	1
....	....	....	68	40	108	....	....	....	4	......	4
....	....	....	169	69	238	....	....	....	......	......	....
....	....	....	47	35	82	....	....	....	......	......	....
....	....	....	2,854	1,537	4,391	....	....	....	13	2	15

A U

PO

PARTIDOS.	Rusa.			Sueco-Noruega.		
	H.	**M.**	**Total.**	**H.**	**M.**	
Durango..	....	....	....	....	....	...
Mapimí	....	....	....	....	....	...
Cuencamé.....................................	....	....	....	....	....	...
Nombre de Dios............................	....	....	....	....	....	...
Santiago Papasquiaro...................	....	....	....	....	....	...
San Juan del Rio...........................	....	....	....	....	....	...
San Juan de Guadalupe.................	....	....	....	....	....	...
El Oro..	....	....	....	....	....	...
Nazas...	....	....	....	....	....	...
Tamazula. ...,................................	....	....	....	....	....	...
San Dimas.....................................	....	....	....	2	....	...
Indé...	....	....	....	....	....	...
Mezquital	....	....	....	....	....	...
SUMAS..........................	....	....	....	2	....	

NTES

CION SEGUN LA NACIONALIDAD.

Suiza			Turca			Se ignora			Total general.	NÚMERO DE HOGARES.
H.	M.	Total.	H.	M.	Total.	H.	M.	Total.		
....	....	....	....	....	....	....	....	....	1,174	....
....	....	....	....	....	....	....	....	....	534	....
....	....	....	....	....	....	....	....	....	345	....
....	....	....	....	....	....	....	....	....	181	....
....	....	....	....	....	....	....	....	....	356	....
....	....	....	....	....	....	....	....	....	618	....
... ...	....	....	....	....	....	....	....	....	113	....
....	....	....	....	....	....	....	....	....	346	....
....	....	....	....	....	....	....	....	....	154	....
....	....	....	....	....	....	....	....	....	175	....
....	....	....	....	....	....	....	....	....	114	....
....	....	....	....	....	....	....	....	....	238	....
....	....	....	....	....	....	....	....	....	82	....
....	....	....	....	....	....	....	....	....	4,430	....

RESUMEN.

PARTIDOS.	POBLACION DE HECHO.			POBLACION RESIDENTE.		
	Presentes.	De paso.	Total.	Presentes.	Ausentes.	Total.
Durango.........................	59,745	682	60,427	59,745	1,174	60,919
Mapimí..........................	42,084	464	42,548	42,084	534	42,618
Cuencamé.......................	.22,789	151	22,940	22,789	345	23,134
Nombre de Dios...............	22,990	100	23,090	22,990	181	23,171
Santiago Papasquiaro........	32,108	302	32,410	32,108	356	32,464
San Juan del Rio..............	25,424	149	25,573	25,424	618	26,042
San Juan de Guadalupe	10,473	132	10,605	10,473	113	10,586
El Oro...........................	15,689	210	15,899	15,689	346	16,035
Nazas............................	10,273	86	10,359	10,273	154	10,427
Tamazula........................	24,198	107	24,305	24,198	175	24,373
San Dimas......................	6,420	67	6,487	6,420	114	6,534
Indé......................	13,473	59	13,532	13,473	238	13,711
Mezquital ....,...........	6,883	47	6,930	6,883	82	6,965
SUMAS............	292,549	2,556	295,105	292,549	4,430	296,979

MINISTERIO DE FOMENTO

DIRECCION GENERAL DE ESTADISTICA

Á CARGO DEL

DR. ANTONIO PEÑAFIEL

CENSO GENERAL DE LA REPÚBLICA MEXICANA

Verificado el 20 de Octubre de 1895.

MÉXICO

OFICINA TIP. DE LA SECRETARIA DE FOMENTO

Calle de San Andrés número 15.

1899

Exchange

CENSO

DEL

ESTADO DE MICHOACAN.

PRE

DISTRITOS.	POBLACION POR SEXOS.					
	NÚMERO DE HABITANTES.			De 0 á 1 año.		
	Hombres.	Mujeres.	Totales.	H.	M.	T
Morelia..	62,577	65,192	127,769	3,198	3,058	6
Zinapécuaro.......................................	24,633	23,739	48,372	1,379	1,238	
Maravatío..	25,736	24,847	50,583	1,361	1,325	
Zitácuaro..	32,981	32,109	65,090	1,815	1,764	
Huetamo	22,674	22,881	45,555	1,275	1,229	
Tacámbaro	20,169	19,694	39,863	972	989	
Ario de Rosales..................................	19,574	19,112	38,686	962	913	
Pátzcuaro..	25,729	26,420	52,149	1,269	1,170	
Uruápam...	40,398	40,321	80,719	1,909	1,752	
Apatzingan	13,487	12,328	25,815	569	510	
Coalcoman...	7,924	7,072	14,996	358	335	
Jiquílpan..	27,966	29,171	57,137	1,369	1,288	
Zamora...	43,775	44,792	88,567	1,998	1,951	
La Piedad..	30,424	31,147	61,571	1,312	1,342	
Puruándiro..	45,271	44,865	90,136	2,212	2,339	
SUMAS.........	443,318	443,690	887,008	21,958	21,203	4:

D I

Morelia..	695	430	1,125	27	15	
Zinapécuaro.......................................	637	358	995	19	14	
Maravatío..	304	203	507	11	11	
Zitácuaro..	559	279	838	9	14	
Huetamo..	211	82	293	4	4	
Tacámbaro...	270	55	325	....	....	.....
Ario de Rosales..................................	977	329	1,306	6	12	
Pátzcuaro..	406	155	561	8	3	
Uruápam...	407	102	509	8	3	
Apatzingan	515	297	812	5	11	
Coalcoman...	12	....	12	....	....	.....
Jiquílpan	138	101	239	3	1	
Zamora...	513	297	810	7	6	
La Piedad..	234	143	377	7	4	
Puruándiro..	441	337	778	15	3	
SUMAS......................	6,319	3,168	9,487	129	101	

Sigue en las páginas 72 y 73.

NTES

POBLACION POR EDADES.

De 2 años.			De 3 años.			De 4 años.			De 5 años.		
H.	M.	Total.	H.	M.	Total.	H.	M.	Total.	H.	M.	Total.
1,693	1,789	3,482	1,839	1,779	3,618	1,874	1,952	3,826	1,697	1,651	3,348
646	621	1,267	735	707	1,442	756	666	1,422	756	685	1,441
833	853	1,686	826	812	1,638	816	784	1,600	853	709	1,562
939	957	1,896	987	959	1,946	1,024	1,043	2,067	1,024	892	1,916
696	714	1,410	736	705	1,441	765	765	1,530	690	711	1,401
640	601	1,241	600	578	1,178	535	561	1,096	579	550	1,129
574	593	1,167	575	534	1,109	542	603	1,145	576	526	1,102
870	810	1,680	845	797	1,642	828	789	1,617	755	710	1,465
1,395	1,233	2,628	1,218	1,183	2,401	1,167	1,149	2,316	1,085	1,116	2,201
393	337	730	364	350	714	382	359	741	433	368	801
296	234	530	272	257	529	275	241	516	273	218	491
924	875	1,799	908	774	1,682	897	837	1,734	883	842	1,725
1,351	1,443	2,794	1,204	1,263	2,467	1,284	1,261	2,545	1,231	1,203	2,434
955	1,033	1,988	891	896	1,787	919	989	1,908	888	895	1,783
1,408	1,491	2,899	1,293	1,426	2,719	1,356	1,479	2,835	1,250	1,311	2,561
13,613	13,584	27,197	13,293	13,020	26,313	13,420	13,478	26,898	12,973	12,387	25,360

ASO

De 2 años.			De 3 años.			De 4 años.			De 5 años.		
8	9	17	6	7	13	4	10	14	9	10	19
13	7	20	11	7	18	6	10	16	6	11	17
7	6	13	7	3	10	5	3	8	2	5	7
4	3	7	5	4	9	5	7	12	3	2	5
1	2	3	1	....	1	6	2	8	1	1	2
....	1	1	....	....	....	....	....	....	1	1	2
4	7	11	3	5	8	6	7	13	9	7	16
5	5	10	2	2	4	3	5	8	3	4	7
2	3	5	1	2	3	4	2	6	1	1	2
6	4	10	5	5	10	3	2	5	4	3	7
....	....	....	....	....	....	....	....	....	....	....	....
3	3	6	1	....	1	3	....	3	2	2	4
7	13	20	7	6	13	9	8	17	5	3	8
5	3	8	3	1	4	2	3	5	1	2	3
10	6	16	3	6	9	2	6	8	5	5	10
75	72	147	55	48	103	58	65	123	52	57	109

PRESE

DISTRITOS.	De 6 á 10 años.			De 11 á 15 años.		
	H.	M.	Total.	H.	M.	Total.
Morelia	8,686	8,430	17,116	6,751	6,344	13,095
Zinapécuaro	3,373	3,291	6,664	2,740	2,469	5,209
Maravatío	4,061	3,616	7,677	2,987	2,686	5,673
Zitácuaro	4,814	4,621	9,435	3,544	3,157	6,701
Huetamo	3,673	3,411	7,084	2,622	2,561	5,183
Tacámbaro	2,748	2,679	5,427	2,226	1,981	4,207
Ario de Rosales	2,814	2,688	5,502	2,126	1,995	4,121
Pátzcuaro	3,767	3,570	7,337	2,874	2,643	5,517
Uruápam	5,730	5,364	11,094	4,402	4,125	8,527
Apatzingan	1,892	1,728	3,620	1,569	1,406	2,975
Coalcoman	1,298	1,111	2,409	973	807	1,780
Jiquílpan	4,327	3,942	8,269	3,326	3,179	6,505
Zamora	6,231	5,927	12,158	5,114	4,797	9,911
La Piedad	4,769	4,549	9,318	3,533	3,371	6,904
Puruándiro	6,268	6,183	12,451	5,119	4,753	9,872
SUMAS	64,451	61,110	125,561	49,906	46,274	96,180

DE P

Morelia	36	38	74	38	45	83
Zinapécuaro	46	30	76	51	40	91
Maravatío	21	16	37	16	21	37
Zitácuaro	36	24	60	37	21	58
Huetamo	12	11	23	13	7	20
Tacámbaro	8	2	10	16	8	24
Ario de Rosales	41	23	64	62	14	76
Pátzcuaro	13	22	35	23	14	37
Uruápam	10	3	13	15	13	28
Apatzingan	35	24	59	30	25	55
Coalcoman	....	....	....	....	....	....
Jiquílpan	6	10	16	16	10	26
Zamora	24	23	47	39	26	65
La Piedad	11	12	23	9	11	20
Puruándiro	33	40	73	18	36	54
SUMAS	332	278	610	383	291	674

Sigue en las páginas 74 y 75.

NTES

POBLACION POR EDADES.

De 16 á 20 años.			De 21 á 25 años.			De 26 á 30 años.			De 31 á 35 años.		
H.	M.	Total.	H.	M.	Total.	H.	M.	Total.	H.	M.	Total.
6,416	7,330	13,746	5,003	5,971	10,974	6,199	7,164	13,363	3,208	3,390	6,598
2,164	2,770	4,934	1,967	2,185	4,152	2,470	2,584	5,054	1,386	1,165	2,551
2,363	3,072	5,435	1,875	2,397	4,272	2,644	2,764	5,408	1,371	1,080	2,451
3,088	3,866	6,954	2,844	3,283	6,127	3,686	3,950	7,636	1,801	1,427	3,228
2,318	2,926	5,244	1,983	2,119	4,102	2,252	2,393	4,645	983	947	1,930
1,987	2,235	4,222	1,643	1,908	3,551	2,124	2,328	4,452	1,068	976	2,044
1,953	2,149	4,102	1,662	1,795	3,457	1,962	2,188	4,150	1,047	913	1,960
2,504	3,045	5,549	1,777	2,222	3,999	2,374	2,854	5,228	1,363	1,308	2,671
4,235	4,936	9,171	2,966	3,350	6,316	4,228	4,794	9,022	2,060	1,911	3,971
1,470	1,681	3,151	1,127	1,201	2,328	1,592	1,533	3,125	695	611	1,306
877	991	1,868	626	622	1,248	751	753	1,504	346	282	628
2,953	3,760	6,713	2,023	2,615	4,638	2,507	3,198	5,705	1,298	1,312	2,610
4,294	5,391	9,685	3,201	3,950	7,151	4,160	4,880	9,040	2,222	2,278	4,500
2,961	3,649	6,610	2,182	2,703	4,885	2,903	3,360	6,263	1,419	1,408	2,827
4,610	5,217	9,827	3,452	4,001	7,453	4,437	4,862	9,299	2,312	1,925	4,237
44,193	53,018	97,211	34,331	40,322	74,653	44,289	49,605	93,894	22,579	20,933	43,512

ASO

98	63	161	84	45	129	107	63	170	55	29	84
59	42	101	67	37	104	100	48	148	48	21	69
34	26	60	35	21	56	47	27	74	23	9	32
54	41	95	83	38	121	101	44	145	59	15	74
30	14	44	21	11	32	31	5	36	22	4	26
37	4	41	28	8	36	58	6	64	27	4	31
126	55	181	142	48	190	177	50	227	78	18	96
42	28	70	48	13	61	77	18	95	28	10	38
52	15	67	46	14	60	73	16	89	31	6	37
68	47	115	59	42	101	96	52	148	55	18	73
....	....	....	1	....	1	2	....	2	....	....	....
17	21	38	17	12	29	11	8	19	9	7	16
55	43	98	54	35	89	71	37	108	46	23	69
32	22	54	36	25	61	39	15	54	13	5	18
40	54	94	56	45	101	50	34	84	27	17	44
744	475	1,219	777	394	1,171	1,040	423	1,463	521	186	707

PRESE

DISTRITOS.	De 86 á 40 años.			De 41 á 45 años.		
	H.	M.	Total.	H.	M.	Total.
Morelia	4,655	5,209	9,864	2,109	2,057	4,166
Zinapécuaro	1,953	1,870	3,823	935	736	1,671
Maravatío	1,828	1,671	3,499	793	629	1,422
Zitácuaro	2,649	2,412	5,061	990	863	1,853
Huetamo	1,524	1,640	3,164	602	554	1,156
Tacámbaro	1,678	1,576	3,254	662	569	1,231
Ario de Rosales	1,624	1,512	3,136	623	576	1,199
Pátzcuaro	1,923	1,993	3,916	823	838	1,661
Uruápam	3,441	3,400	6,841	1,238	1,050	2,288
Apatzingan	1,119	938	2,057	428	307	735
Coalcoman	·563	480	1,043	182	143	325
Jiquílpan	2,013	2,358	4,371	740	821	1,561
Zamora	3,600	3,758	7,358	1,509	1,349	2,858
La Piedad	2,456	2,441	4,897	902	889	1,791
Puruándiro	3,464	3,438	6,902	1,339	1,159	2,498
SUMAS	34,490	34,696	69,186	13,875	12,540	26,415

DE P

Morelia	77	36	113	26	11	37
Zinapécuaro	68	32	100	34	20	54
Maravatío	31	18	49	6	7	13
Zitácuaro	51	31	82	21	4	25
Huetamo	24	10	34	14	3	17
Tacámbaro	42	10	52	12	2	14
Ario de Rosales	116	32	148	48	11	59
Pátzcuaro	52	10	62	22	2	24
Uruápam	43	8	51	33	·1	34
Apatzingan	53	28	81	24	12	36
Coalcoman	6	....	6	....	....	....
Jiquílpan	10	12	22	10	2	12
Zamora	62	30	92	26	12	38
La Piedad	27	9	36	13	3	16
Puruándiro	70	40	110	27	10	37
SUMAS	732	306	1,038	316	100	416

Sigue en las páginas 76 y 77.

NTES

POBLACION POR EDADES.

De 46 á 50 años.			De 51 á 55 años.			De 56 á 60 años.			De 61 á 65 años.		
H.	M.	Total.	H.	M.	Total.	H.	M.	Total.	H.	M.	Total.
3,062	3,545	6,607	1,241	1,244	2,485	2,467	2,200	4,667	908	686	1,594
1,221	1,120	2,341	485	388	873	853	619	1,472	333	213	551
1,078	1,023	2,101	434	332	766	873	621	1,494	302	173	475
1,423	1,378	2,801	528	396	924	972	651	1,623	357	152	509
901	979	1,880	364	243	607	717	571	1,288	239	118	357
985	966	1,951	351	264	615	696	526	1,222	260	136	396
918	864	1,782	318	260	578	689	546	1,235	240	138	378
1,196	1,285	2,481	501	512	1,013	965	916	1,881	390	307	697
1,909	2,125	4,034	580	499	1,079	1,436	1,229	2,665	426	242	668
549	473	1,022	196	116	312	384	236	620	136	49	185
282	288	570	90	63	153	271	148	419	90	31	121
1,328	1,413	2,741	428	403	831	1,099	820	1,919	316	211	527
2,184	2,240	4,424	767	651	1,418	1,874	1,462	3,336	586	297	883
1,535	1,586	3,121	457	423	880	1,268	923	2,191	369	228	597
2,270	2,164	4,434	777	605	1,382	1,955	1,424	3,379	682	384	1,066
20,841	21,449	42,290	7,517	6,399	13,916	16,519	12,892	29,411	5,639	3,365	9,004

ASO

44	26	70	16	10	26	31	9	40	14	....	14
53	13	66	14	9	23	20	8	28	12	3	15
22	12	34	8	3	11	15	8	23	4	1	5
36	15	51	14	4	18	23	6	29	5	3	8
13	2	15	5	1	6	9	3	12	3	....	3
18	3	21	10	1	11	7	2	9	5	1	6
70	17	87	18	5	23	47	14	61	14	2	16
25	8	33	15	3	18	21	4	25	5	1	6
33	8	41	13	1	14	15	1	16	9	1	10
26	7	33	13	3	16	17	5	22	3	3	6
1	....	1	....	....	....	2	....	2	....	....	....
14	2	16	4	1	5	8	9	17	....	....	....
38	15	53	5	4	9	31	7	38	9	3	12
14	9	23	7	5	12	10	8	18	1	4	5
35	8	43	12	9	21	16	13	29	9	2	11
442	145	587	154	59	213	272	97	369	93	24	117

PRESE

DISTRITOS.	De 66 á 70 años.			De 71 á 75 años.		
	H.	M.	Total.	H.	H.	Total.
Morelia	802	668	1,470	232	195	427
Zinapécuaro	215	160	375	69	45	114
Maravatío	212	112	324	63	34	97
Zitácuaro	258	133	391	44	24	68
Huetamo	160	125	285	53	28	81
Tacámbaro	200	114	314	55	25	80
Ario de Rosales	186	154	340	58	39	97
Pátzcuaro	354	304	658	114	76	190
Uruápam	472	348	820	82	55	137
Apatzingan	88	39	127	22	18	40
Coalcoman	52	33	85	14	9	23
Jiquílpan	341	267	608	74	82	156
Zamora	527	314	841	134	83	217
La Piedad	400	245	645	91	41	132
Puruándiro	588	3b4	942	143	75	218
SUMAS	4,855	3,370	8,225	1,248	829	2,077

DE P

Morelia	7	2	9	4	1	5
Zinapécuaro	6	4	10	1	1	2
Maravatío	7	3	10	....	....	....
Zitácuaro	7	2	9	....	....	....
Huetamo	....	1	1	1	....	1
Tacámbaro	1	1	2	....	1	1
Ario de Rosales	7	2	9	2	....	2
Pátzcuaro	3	1	4	2	....	2
Uruápam	5	1	6	3	1	4
Apatzingan	5	2	7	....	....	....
Coalcoman	....	....	....	....	....	....
Jiquílpan	2	....	2	....	1	1
Zamora	12	2	14	2	....	2
La Piedad	1	1	2	2	....	2
Puruáudiro	6	3	9	2	....	2
SUMAS	69	25	94	19	5	24

Sigue en las páginas 78 y 79.

NTES

'OBLACION POR EDADES.

De 76 á 80 años.			De 81 á 85 años.			De 86 á 90 años.			De 91 á 95 años.		
H.	M.	Total.	H.	M.	Total.	H.	M.	Total.	H.	M.	Total.
259	246	505	86	59	145	60	59	119	25	14	39
56	45	101	14	13	27	23	10	33	3	9	12
61	42	103	15	8	23	21	17	38	9	4	13
55	48	103	15	8	23	16	16	32	8	1	9
49	50	99	16	9	25	15	15	30	6	3	9
78	55	133	22	10	32	14	15	29	12	2	14
61	57	118	15	11	26	17	18	35	2	4	6
124	103	227	34	42	76	30	25	55	5	11	16
172	171	343	38	19	57	49	59	108	12	7	19
40	28	68	7	5	12	6	4	10	....	....	....
22	10	32	3	6	9	7	1	8	....	3	3
115	78	193	26	14	40	28	21	49	9	6	15
166	153	319	26	22	48	35	30	65	12	6	18
132	91	223	19	14	33	25	11	36	3	3	6
183	130	313	26	18	44	37	25	62	12	7	19
1,573	1,307	2,880	362	258	620	383	326	709	118	80	198

ASO

H.	M.	Total.	H.	M.	Total.	H.	M.	Total.	H.	M.	Total.
2	....	2	....	1	1	....	....	....	....	....	....
1	....	1	1	....	1	....	....	....	....	....	....
1	....	1	....	....	....	....	....	....	....	....	....
1	....	1	....	....	....	....	....	....	....	....	....
....	....	....	....	....	....	1	1	....	....	....	....
....	....	....	....	....	....	....	....	....	....	....	....
1	....	1	....	....	....	....	....	....	....	....	....
1	1	2	....	....	....	....	....	....	....	....	....
4	....	4	1	....	1	1	....	1	1	....	1
2	1	3	....	....	....	....	....	....	1	....	1
....	....	....	....	....	....	....	....	....	1	....	1
1	1	2	....	....	....	1	....	1	....	....	....
1	....	1	....	....	....	....	....	....	....	....	....
3	....	3	1	....	1	....	....	....	1	....	1
18	3	21	3	1	4	2	1	8	4	....	4

PRESE

POBLACION POB

DISTRITOS.	De 96 á 100 años.			De más de 100 años.		
	H.	M.	Total.	H.	M.	Total.
Morelia	5	22	27	1	7	8
Zinapécuaro	2	2	4	....	....	....
Maravatío	6	2	8	1	2	3
Zitácuaro	4	5	9	1	2	3
Huetamo	2	3	5	2	1	3
Tacámbaro	8	3	11	1	1	2
Ario de Rosales	4	1	5	2	....	2
Pátzcuaro	2	6	8	2	1	3
Uruápam	25	10	35	7	8	15
Apatzingan	3	6	9	2	2	4
Coalcoman	1	2	3	1	....	1
Jiquilpan	7	5	12	3	2	5
Zamora	13	4	17	2	2	4
La Piedad	7	4	11	....	....	....
Puruándiro	13	12	25	2	2	4
SUMAS	102	87	189	27	30	57

DE P

Morelia ....

Zinapécuaro ....

Maravatío...

Zitácuaro..

Huetamo ....

Tacámbaro...

Ario de Rosales..

Pátzcuaro...

Uruápam ....

Apatzingan ....

Coalcoman ....

Jiquilpan..

Zamora ....

La Piedad...

Puruándiro ....

SUMAS........................

Sigue en las páginas 80 y 81.

NTES

EDADES.				Entidad política de la República á que pertenece el lugar del nacimiento.					
Se ignora.			TOTAL GENERAL.	Aguascalientes.			Campeche.		
H.	M.	Total.		H.	M.	Total.	H.	M.	Total.
101	123	224	127,769	11	5	16	2	....	2
94	128	222	48,372	....	....	....	....	....	....
50	79	129	50,583	1	....	1	....	....	....
95	101	196	65,090	5	2	7	....	....	....
31	61	92	45,555	....	....	....	....	....	....
25	46	71	39,863	....	....	....	....	....	....
24	35	59	38,686	....	1	1	....	....	....
40	83	123	52,149	6	7	13	....	....	....
116	186	302	80,719	1	....	1	....	....	....
21	23	44	25,815	....	....	....	....	....	....
1	4	5	14,996	....	....	....	....	....	....
24	48	72	57,137	1	....	1	....	1	1
50	77	127	88,567	8	8	16	....	....	....
28	53	81	61,571	7	....	7	....	....	....
63	81	144	90,136	....	....	....	....	....	....
763	1,128	1,891	887,008	40	23	63	2	1	3

ASO

H.	M.	Total.	TOTAL GENERAL.	H.	M.	Total.	H.	M.	Total.
2	....	2	1,125	....	1	1	....	....	....
1	1	2	995	....	....	....	....	....	....
2	3	5	507	....	....	....	....	....	....
5	1	6	838	....	....	....	....	....	....
....	....	....	293	....	....	....	....	....	....
....	....	....	325	....	....	....	....	....	....
....	....	....	1,306	....	....	....	....	....	....
8	1	9	561	....	....	....	....	....	....
3	2	5	509	....	....	....	....	....	....
5	3	8	812	....	....	....	....	....	....
....	....	....	12	....	....	....	....	....	....
1	....	1	239	....	....	....	....	....	....
1	....	1	810	....	....	....	....	....	....
....	1	1	377	....	1	1	....	....	....
....	....	....	778	....	....	....	....	....	....
28	12	40	9,487	....	2	2	....	....	....

PRESE

ENTIDAD POLITICA DE LA RE

DISTRITOS.	Coahuila.			Colima.		
	H.	M.	Total.	H.	M.	Total.
Morelia	1	....	1	1	4	5
Zinapécuaro	....	....	....	....	....	....
Maravatío	....	1	1	2	1	3
Zitácuaro	....	....	....	....	....	....
Huetamo	....	....	....	....	2	2
Tacámbaro	....	....	....	1	3	4
Ario de Rosales	....	....	....	....	3	3
Pátzcuaro	....	....	....	....	....	....
Uruápam	1	....	1	1	....	1
Apatzingan	....	....	....	2	9	11
Coalcoman	....	....	....	152	157	309
Jiquilpan	....	....	....	2	2	4
Zamora	....	....	....	9	13	22
La Piedad	....	....	....	1	1	2
Puruándiro	....	....	....	....	2	2
SUMAS	2	1	3	171	197	368

DE P

Morelia	....	....	....	1	....	1
Zinapécuaro	....	....	....	....	....	....
Maravatío	....	....	....	....	....	....
Zitácuaro	....	....	....	....	....	....
Huetamo	....	....	....	....	1	1
Tacámbaro	....	....	....	....	....	....
Ario de Rosales	....	1	1	....	....	....
Pátzcuaro	....	1	1	....	....	....
Uruápam	....	1	1	1	....	1
Apatzingan	....	....	....	1	1	2
Coalcoman	....	....	....	....	....	....
Jiquilpan	1	....	1	....	....	....
Zamora	....	....	....	....	....	....
La Piedad	....	....	....	1	....	1
Puruándiro	....	....	....	....	....	....
SUMAS	1	3	4	4	2	6

Sigue en las páginas 82 y 83.

N T E S

PUBLICA A QUE PERTENECE EL LUGAR DEL NACIMIENTO.

Chiapas.			Chihuahua.			Durango.			Guanajuato.		
H.	M.	Total.	H.	M.	Total.	H.	M.	Total.	H.	M	Total.
....	....	....	2	4	6	1	6	7	1,443	1,585	3,028
....	....	....	....	....	....	....	....	....	267	227	494
....	....	....	....	....	....	....	1	1	333	311	644
....	....	....	....	....	....	....	2	2	396	359	755
....	....	....	....	....	....	....	....	....	26	20	46
....	....	....	....	....	....	....	....	....	274	214	488
....	....	....	....	....	....	....	....	....	208	163	371
....	....	....	....	....	....	1	2	3	141	143	284
....	....	....	....	....	....	....	1	1	195	113	308
....	....	....	....	....	....	2	....	2	111	57	168
....	....	....	....	....	....	....	....	....	11	4	15
....	....	....	....	....	....	....	....	....	10	4	14
....	....	....	....	....	....	....	....	....	318	238	556
....	....	....	2	....	2	1	....	1	834	847	1.681
....	....	....	....	....	....	....	1	1	1,656	1,516	3,172
....	....	....	4	4	8	5	13	18	6,223	5,801	12,024

A S O

....	....	....	....	....	....	....	1	1	82	35	117
....	....	....	....	....	....	....	....	....	214	88	302
....	....	....	....	....	....	....	....	....	33	21	54
....	....	....	....	....	....	....	....	....	76	22	98
....	....	....	....	....	....	....	....	....	14	9	23
....	....	....	....	....	....	....	....	....	30	....	30
....	....	....	....	....	....	....	....	....	36	18	54
....	....	....	....	....	....	....	....	....	28	3	31
....	....	....	....	....	....	....	....	....	27	5	32
....	....	....	....	....	....	....	....	....	17	3	20
....	....	....	....	....	....	....	....	....	....	....	....
....	....	....	....	....	....	....	....	....	2	....	2
....	....	....	....	....	....	....	....	....	24	8	32
....	....	....	....	....	....	....	....	....	61	30	91
....	....	....	....	....	....	....	....	....	124	72	196
....	....	....	....	....	....	....	1	1	768	314	1,082

PRESE

ENTIDAD POLITICA DE LA RE

DISTRITOS.	Guerrero.			Hidalgo.		
	H.	M.	Total.	H.	M.	Total.
Morelia	16	20	36	6	....	6
Zinapécuaro	....	....	....	2	1	3
Maravatío	5	3	8	15	15	30
Zitácuaro	24	30	54	4	2	6
Huetamo	1,129	1,208	2,337	....	....	....
Tacámbaro	53	46	99	....	....	....
Ario de Rosales	49	40	89	....	....	....
Pátzcuaro	4	2	6	2	1	3
Uruápam	2	1	3	3	....	3
Apatzingan	10	15	25	....	....	....
Coalcoman	30	35	65	1	1	2
Jiquilpan	....	....	....	....	....	....
Zamora	1	....	1	....	....	....
La Piedad	2	....	2	....	....	....
Puruándiro	1	1	2	....	....	....
SUMAS	1,326	1,401	2,727	33	20	53

DE P

Morelia	....	....	....	....	....	....
Zinapécuaro	....	....	....	2	....	2
Maravatío	....	....	....	1	2	3
Zitácuaro	....	....	....	....	....	....
Huetamo	37	20	57	....	....	....
Tacámbaro	1	....	1	....	....	....
Ario de Rosales	2	5	7	....	....	....
Pátzcuaro	....	....	....	....	....	....
Uruápam	2	2	4	1	....	1
Apatzingan	....	....	....	....	....	....
Coalcoman	....	....	....	....	....	....
Jiquilpan	....	....	....	....	....	....
Zamora	....	....	....	....	....	....
La Piedad	....	....	....	....	....	....
Puruándiro	....	....	....	....	....	....
SUMAS	42	27	69	4	2	6

Sigue en las páginas 84 y 85.

VTES

UBLICA A QUE PERTENECE EL LUGAR DEL NACIMIENTO.

Jalisco.			México.			Michoacan.			Morelos.		
H.	M.	Total.	H.	M.	Total.	H	M.	Total.	H.	M.	Total.
80	100	180	74	90	164	60,625	63,050	123,675	1	1	2
....	2	2	23	16	39	24,290	23,468	47,758	1	......	1
7	4	11	479	422	901	24,592	23,863	48,455	....	......	....
7	6	13	862	824	1,686	31.373	30,617	61,990	8	8	16
1	4	5	239	196	435	21,256	21,445	42.701	1	......	1
6	10	16	141	139	280	19,668	19,261	38,929	....	4	4
32	25	57	12	12	24	19,071	18,670	37,741	2	......	2
16	19	35	26	21	47	25,458	26,147	51,605	....	......	....
17	26	43	6	4	10	40.147	40,166	80,313	....	......	....
506	503	1,009	84	73	157	12,762	11,667	24,429	....	......	....
121	95	216	3	....	3	7.593	6.777	14,370	....	......	....
326	213	539	15	17	32	27,604	28,919	56,523	....	......	....
456	527	983	61	36	97	42,867	43,942	86,809	....	......	....
428	383	811	3	10	13	29,123	29,894	59,017	....	......	....
82	77	159	78	70	148	43,426	43,176	86,602	....	......	....
2,085	1,994	4,079	2,106	1,930	4,036	429,855	431,062	860,917	13	13	26

ASO.

5	1	6	2	3	5	579	382	961	2	2	4
5	2	7	4	2	6	400	260	660	....	......	....
5	......	5	23	15	38	198	140	338	....	......	....
2	......	2	36	27	63	417	212	629	....	......	....
......	......	......	35	2	37	121	50	171	....	......	....
......	......	......	....	....	....	236	55	291	....	......	....
12	6	18	5	1	6	911	297	1,208	3	......	3
2	......	2	9	....	9	358	148	506	....	......	....
2	......	2	....	....	....	374	94	468	....	......	....
27	19	46	....	....	....	468	274	742	....	......	....
......	......	......	....	....	......	12	....	12	....	......	....
15	7	22	2	....	2	118	94	212	....	......	....
37	29	66	2	1	3	436	258	694	....	......	....
28	16	44	....	....	....	142	96	238	....	......	....
3	1	4	1	....	1	311	263	574	....	......	....
143	81	224	119	51	170	5,081	2,623	7,704	5	2	7

PRES

ENTIDAD POLITICA DE LA

DISTRITOS.	Nuevo Leon.			Oaxaca.		
	H.	M.	Total.	H.	M	Total
Morelia	2	1	3	9	8	
Zinapécuaro	....	1	1	....	....	....
Maravatío	....	....	....	2	....	....
Zitácuaro	....	....	....	....	....	....
Huetamo	....	....	....	....	....	
Tacámbaro	....	1	1	1	....	
Ario de Rosales	....	....	....	....	....	
Pátzcuaro	....	....	....	1	....	
Uruápam	....	....	....	....	....	
Apatzingan	....	....	....	....	....	
Coalcoman	....	....	....	....	....	
Jiquilpan	....	....	....	....	....	
Zamora	....	1	1	....	....	
La Piedad	....	....	....	....	....	
Puruándiro	....	....	....	....	....	
SUMAS	2	4	6	13	8	

DE

Morelia	....	....	....	....	1	
Zinapécuaro	1	....	1	....	....	
Maravatío	....	....	....	1	....	....
Zitácuaro	....	....	....	....	....	....
Huetamo	....	....	....	....	....	....
Tacámbaro	....	....	....	....	....	
Ario de Rosales	....	....	....	....	....	
Pátzcuaro	....	....	....	....	....	
Uruápam	....	....	....	....	....	
Apatzingan	....	....	....	....	....	
Coalcoman	....	....	....	....	....	....
Jiquilpan	....	....	....	....	....	....
Zamora	....	....	....	....	....	....
La Piedad	....	....	....	....	....	....
Puruándiro	....	....	....	....	....	
SUMAS	1	....	1	1	1	

Sigue en las páginas 86 y 87.

TES.

JBLICA A QUE PERTENECE EL LUGAR DEL NACIMIENTO.

Puebla			Querétaro			San Luis Potosí			Sinaloa		
H.	M.	Total.	H.	M.	Total.	H.	M.	Total.	H.	M.	Total.
19	34	53	44	57	101	37	35	72	....	1	1
8	4	12	14	13	27	6	6	12	....	....	....
8	8	16	246	210	456	....	....	....	....	....	....
2	....	2	52	48	100	10	13	23	....	....	....
2	2	4	1	....	1	....	2	2	2	1	3
......	3	3	4	3	7	8	7	15	....	....	....
......	1	1	185	190	375	6	1	7	....	....	....
11	5	16	3	7	10	1	3	4	....	1	1
......	....	....	3	1	4	1	....	1	1	2	3
......	....	....	1	....	1	1	1	2	....	....	....
......	....	....	....	....	....	1	1	2	1	....	1
4	1	5	3	3	6	10	8	18	2	1	3
2	....	2	5	4	9	9	3	12	....	....	....
1	....	1	2	1	3	21	21	42	....	....	....
57	58	115	563	537	1,100	111	101	212	6	6	12

SO

H.	M.	Total.	H.	M.	Total.	H.	M.	Total.	H.	M.	Total.
1	....	1	2	2	4	2	1	3	....	....	....
1	....	1	9	5	14	....	....	....	....	....	....
......	....	....	41	23	64	....	....	....	....	....	....
......	....	....	17	17	34	4	1	5	....	....	....
......	....	....	....	....	....	1	....	1	....	....	....
1	....	1	....	....	....	3	....	3	....	....	....
1	1	2	....	....	....	4	1	5	....	....	....
......	....	....	....	....	....	....	....	....	....	....	....
......	....	....	....	....	....	....	....	....	....	....	....
......	....	....	....	....	....	....	....	....	....	....	....
......	....	....	....	....	....	1	....	1	....	....	....
......	....	....	....	....	....	....	....	....	....	....	....
......	....	....	....	....	....	2	....	2	....	....	....
4	1	5	69	47	116	17	3	20	....	....	....

PRE

ENTIDAD POLITICA DE LA

DISTRITOS.	Sonora.			Tabasco.		
	H.	M.	Total.	H.	M.	T.
Morelia		4	4			
Zinapécuaro	1		1			
Maravatío	1		1			
Zitácuaro						
Huetamo	1		1			
Tacámbaro						
Ario de Rosales	1		1			
Pátzcuaro						
Uruápam						
Apatzingan						
Coalcoman						
Jiquilpan						
Zamora				1		
La Piedad						
Puruándiro						
SUMAS	4	4	8	1		

DE

Morelia						
Zinapécuaro						
Maravatío						
Zitácuaro						
Huetamo						
Tacámbaro						
Ario de Rosales						
Pátzcuaro			9			
Uruápam						
Apatzingan						
Coalcoman						
Jiquilpan						
Zamora						
La Piedad						
Puruándiro						
SUMAS						

Sigue en las páginas 88 y 89.

NTES.

PUBLICA A QUE PERTENECE EL LUGAR DEL NACIMIENTO.

Tamaulipas.			Tlaxcala.			Veracruz.			Yucatan.		
H.	M.	Total.	H.	M.	Total.	H.	M.	Total.	H.	M.	Total.
5	1	6	1	....	1	8	9	17	....	....	....
....	....	....	....	....	....	1	....	1	....	....	....
....	....	....	1	1	2	....	....	....	....	....	....
11	5	16	....	....	....	2	....	2	....	....	....
....	....	....	....	....	....	2	....	2	....	....	....
....	....	....	....	....	....	1	....	1	....	....	....
1	....	1	....	....	....	....	1	1	....	....	....
1	....	1	5	3	8	2	1	3	....	....	....
....	....	....	1	....	1	....	....	....	....	....	....
....	....	....	....	....	....	1	2	3	....	....	....
....	....	....	....	....	....	1	....	1	....	....	....
....	1	1	....	....	....	4	11	15	....	....	....
....	....	....	....	....	....	1	....	1	1	1	2
....	....	....	....	....	....	....	....	....	....	....	....
18	7	25	8	4	12	23	24	47	1	1	2

ASO

....	1	1	....	....	....	....	....	....	....	....	....
....	....	....	....	....	....	....	....	....	.. ..	....	....
....	....	....	....	....	....	....	....	....	....	....	....
....	....	....	....	....	....	....	....	....	....	....	....
....	....	....	....	....	....	....	....	....	....	....	....
....	....	....	....	....	....	2	....	2	....	....	....
....	....	....	....	....	....	....	....	....	....	....	....
....	....	....	....	....	....	....	....	....	....	....	....
....	....	....	....	....	....	2	....	2	....	....	....
....	....	....	....	....	....	....	....	....	....	....	....
....	1	1	....	....	....	4	....	4	....	....	....

PRES

ENTIDAD POLITICA DE LA

DISTRITOS.	Zacatecas.			Distrito Federal.		
	H.	M.	Total.	H.	M.	Tota
Morelia	11	16	27	99	96	1:
Zinapécuaro	1	....	1	5	....	
Maravatío	7	....	7	16	6	:
Zitácuaro	....	1	1	161	161	3:
Huetamo	1	1	2	1	....	
Tacámbaro	2	1	3	5	1	
Ario de Rosales	1	1	2	....	....	......
Pátzcuaro	1	1	2	19	12	:
Uruápam	1	2	3	....	....	......
Apatzingan	2	1	3	....	....	......
Coalcoman	3	1	4	....	....	......
Jiquílpan	....	1	1	....	....	......
Zamora	8	3	11	10	8	
La Piedad	1	....	1	4	5	
Puruándiro	1	....	1	....	....	......
SUMAS	40	29	69	320	289	(

DE

Morelia	....	....	....	4	....	
Zinapécuaro	1	....	1	....	....	....
Maravatío	....	....	....	....	2	....
Zitácuaro	....	....	....	....	....	....
Huetamo	....	....	....	....	....	....
Tacámbaro	....	....	....	....	....	
Ario de Rosales	1	....	1	....	....	
Pátzcuaro	....	....	....	....	....	
Uruápam	....	....	....	....	....	
Apatzingan	....	....	....	....	....	
Coalcoman	....	....	....	....	....	
Jiquílpan	....	....	....	....	....	....
Zamora	1	....	1	4	1	
La Piedad	....	....	....	....	....	....
Puruándiro	....	1	1	....	....	....
SUMAS	3	1	4	8	3	

Sigue en las páginas 90 y 91.

NTES

PUBLICA A QUE PERTENECE EL LUGAR DEL NACIMIENTO.

Territorio de la Baja California.			Territorio de Tepic.			Se ignora.			TOTAL.
H.	M.	Total	H.	M.	Total.	H.	M.	Total.	
....	....	....	3	1	4	....	....	....	127,629
....	....	....	1	....	1	....	....	....	48,358
....	....	....	....	....	....	....	....	....	50,561
....	....	....	....	....	....	....	....	....	64,995
....	....	....	....	....	....	....	....	....	45,543
....	....	....	....	....	....	....	....	....	39,857
....	....	....	....	....	....	....	....	....	38,676
....	....	....	....	....	....	17	37	54	52,127
....	....	....	....	....	....	7	4	11	80,707
....	....	....	1	....	1	....	....	....	25,811
....	....	....	4	2	6	....	....	....	14,992
....	....	....	....	....	....	....	....	....	57,135
....	....	....	....	....	....	....	....	....	88,548
....	....	....	....	....	....	....	....	....	61,569
....	....	....	....	....	....	....	....	....	90,133
....	....	....	9	3	12	24	41	65	886,641

ASO

....	....	....	....	....	....	....	....	....	1,109
....	....	....	....	....	....	....	....	....	995
....	....	....	....	....	....	....	....	....	505
....	....	....	....	....	....	7	....	7	838
....	....	....	....	....	....	....	....	....	290
....	....	....	....	....	....	....	....	....	325
....	....	....	....	....	....	....	....	....	1,306
....	....	....	....	....	....	2	2	4	555
....	....	....	....	....	....	....	....	....	509
....	....	....	....	....	....	....	....	....	810
....	....	....	....	....	....	....	....	....	12
....	....	....	....	....	....	....	....	....	239
....	....	....	....	....	....	....	....	....	804
....	....	....	....	....	....	....	....	....	375
....	....	....	....	....	....	....	....	....	778
....	....	....	....	....	....	9	2	11	9,450

PRESE

DISTRITOS.	NACION O PAIS A QUE PER					
	Alemania y colonias.			Arabia.		
	H.	M.	Total.	H.	M.	Total.
Morelia	3	3	6	....	....	....
Zinapécuaro	....	....	....	....	....	....
Maravatío	....	....	....	....	....	....
Zitácuaro	1	....	1	....	....	....
Huetamo	....	....	....	....	....	....
Tacámbaro	....	....	....	....	....	....
Ario de Rosales	....	....	....	....	....	....
Pátzcuaro	....	1	1	....	....	....
Uruápam	....	....	....	....	....	....
Apatzingan	....	....	....	....	....	....
Coalcoman	....	....	....	....	....	....
Jiquílpan	....	....	....	....	....	....
Zamora	....	....	....	....	....	....
La Piedad	....	....	....	....	....	....
Puruándiro	....	....	....	....	....	....
SUMAS	4	4	8	....	....	....

DE P

DISTRITOS.						
Morelia	5	....	5	....	....	....
Zinapécuaro	....	....	....	....	....	....
Maravatío	1	....	1	....	....	....
Zitácuaro	....	....	....	....	....	....
Huetamo	....	....	....	....	....	....
Tacámbaro	....	....	....	....	....	....
Ario de Rosales	....	....	....	....	....	....
Pátzcuaro	....	....	....	....	....	....
Uruápam	....	....	....	....	....	....
Apatzingan	....	....	....	....	....	....
Coalcoman	....	....	....	....	....	....
Jiquílpan	....	....	....	....	....	....
Zamora	1	....	1	2	....	2
La Piedad	....	....	....	....	....	....
Puruándiro	....	....	....	....	....	....
SUMAS	7	....	7	2	....	2

Sigue en las páginas 92 y 93.

NTES

TENECE EL LUGAR DEL NACIMIENTO DE LOS EXTRANJEROS.

Argentina.			Austria-Hungría.			Bélgica.			España y colonias.		
H.	M.	Total.	H.	M.	Total.	H.	M.	Total.	H.	M.	Total.
.....	.....	.....	.....	.....	.....	2	1	3	25	35	60
.....	.....	.....	.....	.....	.....	2	1	3	7	.....	7
.....	.....	.....	.....	.....	.....	.....	.....	.....	14	1	15
.....	.....	.....	.....	.....	.....	.....	.....	.....	12	7	19
.....	.....	.....	.....	.....	.....	.....	.....	.....	9	.....	9
.....	.....	.....	.....	.....	.....	.....	.....	.....	5	1	6
.....	.....	.....	.....	.....	.....	3	.....	3	3	4	7
.....	.....	.....	.....	.....	.....	1	.....	1	2	1	3
.....	.....	.....	.....	.....	.....	.....	.....	.....	.....	.....	.....
.....	.....	.....	.....	.....	.....	.....	.....	.....	.....	.....	.....
.....	.....	.....	.....	.....	.....	.....	.....	.....	.....	1	1
.....	.....	.....	1	.....	1	.....	.....	.....	4	.....	4
.....	.....	.....	.....	.....	.....	.....	.....	.....	2	.....	2
.....	.....	.....	.....	.....	.....	.....	.....	.....	2	.....	2
.....	.....	.....	1	.....	1	8	2	10	85	50	135

ASO

H.	M.	Total.	H.	M.	Total.	H.	M.	Total.	H.	M.	Total.
.....	1	1	.....	.....	.....	.....	.....	.....	6	.....	6
.....	.....	.....	.....	.....	.....	.....	.....	.....	1	.....	1
.....	.....	.....	.....	.....	.....	.....	.....	.....	.....	.....	.....
.....	.....	.....	.....	.....	.....	.....	.....	.....	.....	.....	.....
.....	.....	.....	.....	.....	.....	.....	.....	.....	.....	.....	.....
.....	.....	.....	.....	.....	.....	.....	.....	.....	.....	.....	.....
.....	.....	.....	.....	.....	.....	.....	.....	.....	.....	.....	.....
.....	.....	.....	.....	.....	.....	.....	.....	.....	.....	.....	.....
.....	.....	.....	.....	.....	.....	.....	.....	.....	.....	.....	.....
.....	.....	.....	.....	.....	.....	.....	.....	.....	1	.....	1
.....	.....	.....	.....	.....	.....	.....	.....	.....	.....	.....	.....
.....	1	1	.....	.....	.....	.....	.....	.....	8	.....	8

PRESE

DISTRITOS.	NACION O PAIS A QUE PER					
	Francia y colonias.			Guatemala.		
	H.	M.	Total.	H.	M.	Total.
Morelia	28	7	35	....	....	
Zinapécuaro	1	....	1	....	....	
Maravatío	6	....	6	....	....	
Zitácuaro	1	....	1	....	....	
Huetamo	....	....	....	1	....	1
Tacámbaro	....	....	....	....		
Ario de Rosales	3	....	3	....		
Pátzcuaro	4	1	5	....		
Uruápam	4	....	4	....		
Apatzingan	....	....	....	....		
Coalcoman	....	....	....	....		
Jiquílpan	....	....	....	....		
Zamora	3	1	4	....		
La Piedad	....	....	....	....		
Puruándiro	1	....	1	....	....	
SUMAS	51	9	60	1	....	1

DE P

Morelia	1	....	1	....	....	
Zinapécuaro	....	....	....	....	....	
Maravatío	....	....	....	....		
Zitácuaro	....	....	....	....		
Huetamo	1	....	1	....	....	
Tacámbaro	....	....	....	....		
Ario de Rosales	....	....	....	....		
Pátzcuaro	2	....	2	....		
Uruápam	....	....	....	....		
Apatzingan	....	....	....	....		
Coalcoman	....	....	....	....		
Jiquílpan	....	....	....	....		
Zamora	3	....	3	....	....	
La Piedad	....	....	....	....	....	
Puruándiro	....	....	....	....	....	....
SUMAS	7	....	7	....	....	....

Sigue en las páginas 94 y 95.

NTES

TENECE EL LUGAR DEL NACIMIENTO DE LOS EXTRANJEROS.

Inglaterra y colonias.			Italia y colonias.			Norte América.			Perú.		
H.	M.	Total.	H.	M.	Total.	H.	M.	Total.	H.	M.	Total.
4	4	8	6	2	8	7	10	17	......	......	......
3	......	3	......	......	......	......	......	......	......	......	......
1	......	1	......	......	......	......	......	......	......	......	......
13	3	16	......	......	......	7	1	8	......	......	......
2	......	2	......	......	......	......	......	......	......	......	......
......	......	......	......	......	......	......	......	......	......	......	......
2	2	4	......	......	......	......	......	......	......	......	......
4	2	6	......	......	......	......	......	......	......	......	......
3	......	3	1	......	1	......	......	......	......	......	......
......	......	......	3	......	3	......	......	......	......	......	......
......	......	......	......	......	......	4	......	4	......	......	......
......	......	......	1	......	1	......	......	......	......	......	......
1	......	1	5	......	5	3	1	4	......	......	......
......	......	......	......	......	......	......	......	......	......	......	......
33	11	44	16	2	18	21	12	33	......	......	......

ASO

1	......	1	......	......	......	2	......	2	......	......	......
......	......	......	......	......	......	......	......	......	......	......	......
......	......	......	......	......	......	......	......	......	......	......	......
......	......	......	......	......	......	......	......	......	......	......	......
2	......	2	......	......	......	......	......	......	......	......	......
......	......	......	......	......	......	......	......	......	......	......	......
......	......	......	......	......	......	2	......	2	......	......	......
......	......	......	1	......	1	......	......	......	1	......	1
......	......	......	......	......	......	......	......	......	......	......	......
......	......	......	......	......	......	......	......	......	......	......	......
......	......	......	......	......	......	1	......	1	......	......	......
......	......	......	......	......	......	......	......	......	......	......	......
3	......	3	1	......	1	5	......	5	1	......	1

PRESE

DISTRITOS.	NACION O PAIS A QUE PERTENECE EL LUGAR					
	Suiza.			Turquía y Egipto.		
	H.	M.	Total.	H.	M.	Total.
Morelia..	....	....	....	....	....	....
Zinapécuaro..	....	....	....	....	....	....
Maravatío...	....	....	....	....	....	....
Zitácuaro..	....	....	....	....	....	....
Huetamo...	....	....	....	....	....	....
Tacámbaro..	....	....	....	....	....	....
Ario de Rosales...................................	....	....	....	....	....	....
Pátzcuaro...	....	....	....	....	....	....
Uruápam...	....	....	....	....	....	....
Apatzingan..	....	....	....	1	....	1
Coalcoman..	....	....	....	....	....	....
Jiquilpan..	....	....	....	....	....	....
Zamora...	....	....	....	....	....	....
La Piedad...	....	....	....	....	....	....
Puruándiro..	....	....	....	....	....	....
SUMAS.......................	....	....	....	1	....	1

DE P

Morelia..	....	....	....	....	....	....
Zinapécuaro..	....	....	....	....	....	....
Maravatío...	....	....	....	....	....	....
Zitácuaro..	....	....	....	....	....	....
Huetamo...	....	....	....	....	....	....
Tacámbaro..	....	....	....	....	....	....
Ario de Rosales...................................	....	....	....	....	....	....
Pátzcuaro...	1	....	1	....	....	....
Uruápam...	....	....	....	....	....	....
Apatzingan..	....	....	....	....	....	....
Coalcoman..	....	....	....	....	....	....
Jiquilpan..	....	....	....	....	....	....
Zamora...	....	....	....	....	....	....
La Piedad...	....	....	....	....	....	....
Puruándiro..	....	....	....	....	....	....
SUMAS.......................	1	....	1	....	....	....

Sigue en las páginas 96 y 97.

NTES •

DEL NACIMIENTO DE LOS EXTRANJEROS.						POBLACION SEGUN EL ESTADO CIVIL.					
Se ignora.			Total de nacidos en el Extranjero.	Total de nacidos en la República.	TOTALES GENERALES.	Menores de edad.			Solteros.		
H.	M.	Total.				H.	M.	Total.	H.	M.	Total.
1	3	2	140	127,629	127,769	22,048	19,840	41,888	14,998	16,606	31,604
.....	.....	.....	14	48,358	48,372	8,779	7,669	16,448	5,856	5,101	10,957
.....	.....	.....	22	50,561	50,583	10,012	8,700	18,712	5,400	4,780	10,180
30	20	50	95	64,995	65,090	11,871	10,538	22,409	8,055	6,832	14,887
.....	.....	.....	12	45,543	45,555	9,090	8,095	17,185	8,245	8,316	16,561
.....	.....	.....	6	39,857	39,863	7,056	6,305	13,361	6,866	6,178	13,044
1	2	3	10	38,676	38,686	7,045	6,268	13,313	6,832	6,450	13,282
.....	.....	.....	22	52,127	52,149	9,633	8,274	17,907	6,144	6,543	12,687
.....	.....	.....	12	80,707	80,719	14,337	12,371	26,708	10,532	9,690	20,222
.....	.....	.....	4	25,811	25,815	4,672	3,796	8,468	4,312	3,407	7,719
.....	.....	.....	4	14,992	14,996	3,096	2,458	5,554	2,576	2,123	4,699
.....	.....	.....	2	57,135	57,137	10,694	8,750	19,444	7,195	8,314	15,509
.....	.....	.....	19	88,548	88,567	15,240	13,460	28,700	11,482	11,674	23,156
.....	.....	.....	2	61,569	61,571	11,338	9,986	21,324	7,376	7,793	15,169
.....	.....	.....	3	90,133	90,136	15,576	14,644	30,220	12,060	10,467	22,527
32	24	56	367	886,641	887,008	160,487	141,154	301,641	117,929	114,274	232,203

ASO

.....	.....	.....	16	1,109	1,125	105	103	208	227	116	343
.....	.....	.....	....	995	995	114	92	206	180	68	248
.....	.....	.....	2	505	507	56	46	102	81	45	126
.....	.....	.....	....	838	838	72	56	128	139	55	194
.....	.....	.....	3	290	293	31	26	57	95	31	126
.....	.....	.....	....	325	325	18	3	21	93	24	117
1	.....	1	....	1,306	1,306	84	58	142	501	123	624
1	.....	1	6	555	561	38	37	75	152	45	197
.....	.....	.....	....	509	509	30	18	48	166	26	192
.....	.....	.....	2	810	812	62	54	116	207	108	315
.....	.....	.....	....	12	12	....	....	....	2	....	2
.....	.....	.....	....	239	239	22	18	40	53	43	96
.....	.....	.....	6	804	810	73	59	132	176	98	274
.....	.....	.....	2	375	377	33	26	59	72	53	125
.....	.....	.....	....	778	778	77	61	138	129	119	248
1	.....	1	37	9,450	9,487	815	657	1,472	2,273	954	3,227

PRESE

POBLACION SEGUN EL ESTA

DISTRITOS.	Casados.			Viudos.		
	H.	M.	Total.	H.	M.	Total.
Morelia	22,610	21,696	44,306	2,801	6,882	9,683
Zinapécuaro	8,752	8,735	17,487	1,195	2,176	3,371
Maravatío	9,134	9,179	18,313	1,183	2,180	3,363
Zitácuaro	10,927	10,975	21,902	2,095	3,732	5,827
Huetamo	4,497	4,526	9,023	842	1,944	2,786
Tacámbaro	5,437	5,413	10,850	810	1,796	2,606
Ario de Rosales	4,925	4,737	9,662	767	1,645	2,412
Pátzcuaro	9,013	9,114	18,127	922	2,473	3,395
Uruápam	14,145	14,006	28,151	1,370	4,242	5,612
Apatzingan	3,951	3,872	7,823	552	1,253	1,805
Coalcoman	2,049	1,958	4,007	203	533	736
Jiquílpan	9,168	9,427	18,595	909	2,680	3,589
Zamora	15,613	15,686	31,299	1,440	3,972	5,412
La Piedad	10,655	10,606	21,261	1,055	2,762	3,817
Puruándiro	15,969	16,094	32,063	1,655	3,652	5,307
Sumas	146,845	146,024	292,869	17,799	41,922	59,721

DE P

Morelia	310	167	477	35	43	78
Zinapécuaro	292	158	450	51	40	91
Maravatío	148	90	238	19	22	41
Zitácuaro	296	116	412	49	51	100
Huetamo	73	20	93	12	5	17
Tacámbaro	141	20	161	18	8	26
Ario de Rosales	345	109	454	47	39	86
Pátzcuaro	195	62	257	19	10	29
Uruápam	174	47	221	29	11	40
Apatzingan	202	99	301	44	36	80
Coalcoman	9		9	1		1
Jiquílpan	54	28	82	9	11	20
Zamora	225	111	336	39	29	68
La Piedad	118	49	167	11	15	26
Puruándiro	214	120	334	21	37	58
Sumas	2,796	1,196	3,992	404	357	761

Sigue en las páginas 98 y 99.

NTES

DO CIVIL.				INSTRUCCION ELEMENTAL.								
Se ignora.			Total general.	Saben leer y escribir.			Saben sólo leer.			No saben leer ni escribir.		
H.	M.	Total.		H.	M.	Total.	H.	M.	Total.	H.	M.	Total.
120	168	288	127,769	10,643	8,665	19,308	2,076	3,033	5,109	37,347	41,313	78,660
51	58	109	48,372	2,771	1,401	4,172	689	795	1,484	16,392	17,014	33,406
7	8	15	50,583	3,087	1,194	4,281	725	671	1,396	16,678	17,893	34,571
33	32	65	65,090	3,241	1,424	4,665	886	679	1,565	22,121	23,314	45,435
...	...	...	45,555	2,043	927	2,970	347	367	714	15,382	16,638	32,020
...	2	2	39,863	1,920	1,073	2,993	273	368	641	14,352	14,576	28,928
5	12	17	38,686	2,072	1,322	3,394	374	486	860	13,317	13,644	26,961
17	16	33	52,149	3,076	2,291	5,367	789	855	1,644	16,740	18,325	35,065
14	12	26	80,719	5,062	3,313	8,375	930	1,069	1,999	26,880	28,625	55,505
...	...	...	25,815	1,392	701	2,093	237	212	449	9,518	9,264	18,782
...	...	...	14,996	523	383	906	26	35	61	5,819	5,272	11,091
...	...	...	57,137	3,841	2,925	6,766	727	1,290	2,017	18,058	19,830	37,888
...	...	...	88,567	6,030	4,637	10,667	906	1,359	2,265	28,949	30,653	59,602
...	...	...	61,571	3,951	3,033	6,984	730	1,400	2,130	20,043	20,769	40,812
11	8	19	90,136	5,780	3,705	9,485	1,733	2,145	3,878	29,266	29,945	59,211
258	316	574	887,008	55,432	36,994	92,426	11,448	14,764	26,212	290,862	307,075	597,937

ASO

H.	M.	Total.	Total general.	H.	M.	Total.	H.	M.	Total.	H.	M.	Total.
18	1	19	1,125	190	89	279	16	17	33	426	265	691
...	...	...	995	87	31	118	17	8	25	459	261	720
...	...	...	507	66	22	88	11	10	21	181	135	316
3	1	4	838	94	22	116	10	3	13	426	222	648
...	...	...	293	40	4	44	1	3	4	156	66	222
...	...	...	325	53	5	58	5	...	5	210	48	258
...	...	...	1,306	139	28	167	6	8	14	801	242	1,043
2	1	3	561	91	15	106	11	5	16	282	119	401
8	...	8	509	102	13	115	6	5	11	279	72	351
...	...	...	812	111	23	134	13	5	18	372	234	606
...	...	...	12	6	...	6	...	...	...	6	...	6
...	1	1	239	62	46	108	6	3	9	59	44	103
...	...	...	810	148	79	227	11	14	25	318	153	471
...	...	...	377	50	24	74	6	9	15	158	96	254
...	...	...	778	72	38	110	4	5	9	328	259	587
31	4	35	9,487	1,311	439	1,750	123	95	218	4,461	2,216	6,677

PRESE

DISTRITOS.	INSTRUCCION ELEMENTAL.						
	No saben leer ni escribir por ser menores de edad.			Se ignora.			Total general.
	H.	M.	Total.	H.	M.	Total.	
Morelia	12,435	12,088	24,523	76	93	169	127,769
Zinapécuaro	4,731	4,471	9,202	50	58	108	48,372
Maravatío	5,241	5,084	10,325	5	5	10	50,583
Zitácuaro	6,619	6,571	13,190	114	121	235	65,090
Huetamo	4,902	4,949	9,851	...	...	......	45,555
Tacámbaro	3,624	3,677	7,301	...	...	......	39,863
Ario de Rosales	3,808	3,657	7,465	3	3	6	38,686
Pátzcuaro	5,120	4,945	10,065	4	4	8	52,149
Uruápam	7,526	7,314	14,840	...	...	......	80,719
Apatzingan	2,340	2,151	4,491	...	...	......	25,815
Coalcoman	1,556	1,382	2,938	...	...	......	14,996
Jiquílpan	5,340	5,126	10,466	...	...	......	57,137
Zamora	7,890	8,143	16,033	...	...	......	88,567
La Piedad	5,700	5,945	11,645	...	...	......	61,571
Puruándiro	8,492	9,070	17,562	...	...	......	90,136
SUMAS	85,324	84,573	169,897	252	284	536	887,006

DE P

Morelia	63	58	121	...	1	1	1,125
Zinapécuaro	74	58	132	...	...	......	995
Maravatío	29	33	62	17	3	20	507
Zitácuaro	29	32	61	...	...	......	838
Huetamo	14	9	23	...	...	......	293
Tacámbaro	2	2	4	...	...	......	325
Ario de Rosales	31	51	82	...	...	......	1,306
Pátzcuaro	22	16	38	...	...	......	561
Uruápam	20	12	32	...	...	......	509
Apatzingan	19	35	54	...	...	......	812
Coalcoman	......	....	....	...	...	......	12
Jiquílpan	11	8	19	...	...	......	239
Zamora	36	51	87	...	...	......	810
La Piedad	20	14	34	...	...	......	377
Puruándiro	37	35	72	...	...	......	778
SUMAS	407	414	821	17	4	21	9,487

Sigue en las páginas 100 y 101.

NTES

POBLACION SEGUN LA OCUPACION PRINCIPAL.

PROFESIONES.

Abogados.	Agentes de negocios.	Arquitectos.	Dentistas.	Farmacéuticos.	Ingenieros en general.	Maestros de obras.	Mecánicos.	Médicos alópatas.	Médicos homeópatas.	Notarios.	Parteras.
106	4	6	3	36	12	....	24	32	1	2	27
5	....	....	....	4	2	....	4	2	....	2	3
4	....	1	....	3	....	....	3	5	....	....	2
6	....	....	....	1	4	....	22	9	....	1	3
5	....	....	....	1	2	....	....	7	1	....	9
11	....	....	....	1	....	....	3	4	....	1	9
2	....	....	2	3	2	....	3	....	2	1	8
14	1	....	2	7	1	....	2	9	....	1	8
11	1	....	1	4	1	....	4	11	....	1	13
3	....	....	....	....	....	....	3	2	....	....	2
....	....	....	....	....	....	....	....	1	....	....	2
7	....	1	2	5	....	....	2	8	....	2	6
18	2	....	2	7	1	....	3	14	....	4	15
13	2	2	....	9	....	....	3	9	....	4	13
7	3	....	....	4	....	1	2	6	....	2	8
212	13	10	10	85	25	1	78	119	4	21	128

SO

5	4	....	....	1	1	....	3	1	....	....	....
....	....	....	....	....	....	....	....	....	....	....	1
....	....	1	....	....	....	....	....	1	....	....	1
1	1	....	....	....	....	....	....	....	....	....	....
....	....	....	....	2	....	....	3	....	....	....	1
1	....	....	....	....	....	....	2	1	....	....	....
....	....	....	....	1	....	....	....	2	....	....	....
....	....	....	....	....	1	....	....	1	....	....	....
....	....	....	....	....	....	....	....	....	....	....	....
....	....	....	....	....	....	....	....	....	....	....	....
....	....	1	....	2	1	....	....	....	....	....	....
....	....	1	....	....	1	....	....	1	....	....	....
....	....	....	....	....	....	....	1	2	1	....	....
7	5	3	....	6	4	....	9	9	1	....	3

PRES

POBLACION

PROFESIONES.

DISTRITOS.	Profesores.			Sacerdotes católicos.	Sacerdotes de otros cultos.	Veterinarios.
	H.	M.	Total.			
Morelia	71	158	229	78	. 3	4
Zinapécuaro	9	16	25	12	....	....
Maravatío	10	14	24	13	....	2
Zitácuaro	12	8	20	8	6	1
Huetamo	8	7	15	5	....	....
Tacámbaro	8	11	19	13	....	....
Ario de Rosales	5	5	10	7	....	....
Pátzcuaro	9	10	19	21	....	1
Uruápam	24	22	46	27	....	1
Apatzingan	10	7	17	4	....	....
Coalcoman	5	2	7	6	....	....
Jiquílpan	25	20	45.	25	....	1
Zamora	48	48	96	49	....	....
La Piedad	13	16	29	18	....	....
Puruándiro	21	14	35	17	....	....
Sumas	278	358	636	303	9	10

DE P

	H.	M.	Total.			
Morelia	1	1	2	2	....	....
Zinapécuaro	....	....	....	1	....	....
Maravatío	....	....	....	....	....	....
Zitácuaro	1	2	3	....	1	....
Huetamo	....	....	....	....	....	....
Tacámbaro	....	....	....	1	....	....
Ario de Rosales	....	....	....	....	....	....
Pátzcuaro	....	....	....	1	....	....
Uruápam	....	....	....	1	....	1
Apatzingan	....	....	....	....	....	....
Coalcoman	....	....	....	....	....	....
Jiquílpan	....	....	....	....	....	....
Zamora	....	1	1	1	....	....
La Piedad	....	....	....	....	....	....
Puruándiro	1	1	2	....	....	....
Sumas	3	5	8	7	1	1

Sigue en las páginas 102 y 103.

NTES

SEGUN LA OCUPACION PRINCIPAL.

Escolares.			Estudiantes.			ADMINISTRACION.					
						Empleados públicos.			Jefes y oficiales del ejército.	Militares (clase de tropa).	Policía.
H.	M.	Total.	H.	M.	Total.	H.	M.	Total.			
441	309	750	753	334	1,087	329	6	335	98	345	45
111	52	163	23	3	26	74	....	74	2	25	....
117	24	141	22	1	23	39	....	39	....	16	....
290	119	409	17	2	19	123	....	123	9	16	....
119	53	172	18	....	18	38	....	38	1	1	....
25	22	47	12	....	12	58	....	58	2	20	3
64	43	107	35	4	39	12	....	12	3	30	....
85	40	125	79	11	90	54	1	55	18	132	6
284	148	432	36	5	41	97	....	97	2	79	5
20	15	35	7	4	11	37	1	38	2	23	1
1	....	1	3	....	3	32	....	32	1	20	....
20	6	26	109	30	139	50	1	51	5	34	5
97	85	182	224	23	247	75	3	78	5	76	30
....	....	....	69	15	84	54	2	56	2	39	11
....	....	....	105	49	154	58	2	60	5	59	5
1,674	916	2,590	1,512	481	1,993	1,130	16	1,146	155	915	111

ASO

2	2	4	11	1	12	6	....	6	....	....	....
....	....	....	1	....	1	3	....	3	....	....	....
....	....	....	....	....	....	....	....	....	....	....	....
....	....	....	1	....	1	1	....	1	....	....	....
....	....	....	....	....	....	2	....	2	....	....	....
....	....	....	2	....	2	4	....	4	....	....	....
....	....	....	1	....	1	2	....	2	....	....	....
....	....	....	8	....	8	1	....	1	....	5	....
....	....	....	1	....	1	....	....	....	....	....	....
2	3	5	1	....	1	2	....	2	2	....	....
....	....	....	....	....	....	....	....	....	....	....	....
2	....	2	4	3	7	1	....	1	....	....	....
1	....	1	5	....	5	1	....	1	....	....	1
....	....	....	1	....	1	....	....	....	....	....	....
....	....	....	....	1	1	1	....	1	....	....	....
7	5	12	36	5	41	24	....	24	2	5	1

PRESE

POBLACION

DISTRITOS.	AGRICULTURA.		MINERIA.			
	Administradores y dependientes de campo.	Peones de campo.	Administradores y empleados de minería.	Mineros, barreteros y pepenadores.	Obreros de las fundiciones y haciendas de beneficio en general.	Corredores.
Morelia	1,225	24,267	....	22	....	22
Zinapécuaro	319	12,231	....	7	....	....
Maravatío	231	13,008	....	12	7	....
Zitácuaro	281	15,104	....	1,774	....	....
Huetamo	149	11,324	1	1	....	....
Tacámbaro	193	10,808	....	4	....	2
Ario de Rosales	427	10,042	....	12	....	1
Pátzcuaro	920	10,139	....	4	....	1
Uruápam	1,009	17,675	....	....	....	3
Apatzingan	206	7,001	....	....	....	.....
Coalcoman	171	3,321	....	2	....	....
Jiquílpan	317	11,628	....	....	....	10
Zamora	389	17,970	....	....	....	10
La Piedad	436	12,947	....	....	....	10
Puruándiro	254	22,352	....	....	....	3
SUMAS	6,527	199,817	1	1,838	7	62

DE P

Morelia	17	245	1	4	....	....
Zinapécuaro	9	316	....	....	....	....
Maravatío	6	137	....	2	....	....
Zitácuaro	10	271	....	1	....	....
Huetamo	....	92	....	....	....	....
Tacámbaro	2	116	....	....	....	....
Ario de Rosales	18	590	....	....	2	....
Pátzcuaro	1	145	....	4	....	....
Uruápam	13	130	....	....	....	....
Apatzingan	17	223	....	....	....	....
Coalcoman	....	2	....	....	....	....
Jiquílpan	7	39	....	....	....	1
Zamora	8	240	....	....	....	....
La Piedad	8	89	....	....	....	....
Puruándiro	....	207	....	....	....	....
SUMAS	116	2,842	1	11	2	1

Sigue en las páginas 104 y 105.

NTES

SEGUN LA OCUPACION PRINCIPAL.

COMERCIO.									Propietarios.		
Comerciantes.			Dependientes.			Vendedores ambulantes.					
H.	M.	Total.	H.	M.	Total.	H.	M.	Total.	H.	M.	Total.
2,184	813	2,997	51	9	60	25	31	56	45	223	268
501	132	633	37	....	37	2	5	7	2	12	14
399	84	483	40	....	40	....	....	....	5	30	35
492	160	652	75	....	75	2	....	2	19	11	30
176	94	270	41	....	41	9	1	10	62	23	85
360	140	500	32	....	32	5	1	6	27	17	44
385	134	519	27	....	27	5	1	6	67	39	106
598	145	743	17	....	17	5	9	14	11	37	48
920	167	1,087	40	....	40	22	5	27	20	29	49
295	80	375	12	....	12	1	1	2	52	12	64
140	21	161	2	....	2	1	....	1	12	3	15
676	116	792	32	2	34	31	....	31	35	43	78
981	228	1,209	28	....	28	93	18	111	35	94	129
762	112	874	19	....	19	11	....	11	33	65	98
589	125	714	31	3	34	62	9	71	11	27	38
9,458	2,551	12,009	484	14	498	274	81	355	436	665	1,101

ASO

H.	M.	Total.	H.	M.	Total.	H.	M.	Total.	H.	M.	Total.
71	13	84	1	....	1	1	....	1	10	5	15
104	5	109	....	....	....	....	....	....	....	....	....
25	1	26	2	....	2	....	....	....	2	....	2
100	8	108	....	....	....	....	....	....	....	....	....
42	....	42	....	....	....	....	....	....	....	....	....
27	1	28	....	....	....	1	....	1	....	....	....
109	5	114	....	....	....	7	....	7	2	....	2
44	4	48	....	....	....	....	....	....	....	3	3
71	3	74	1	....	1	2	....	2	1	....	1
84	10	94	....	....	....	....	....	....	3	3	6
1	....	1	....	....	....	....	....	....	1	....	1
8	....	8	....	....	....	....	....	....	....	1	1
36	5	41	1	....	1	2	....	2	1	3	4
24	1	25	....	....	....	2	....	2	....	....	....
29	1	30	....	....	....	7	....	7	....	....	....
775	57	832	5	....	5	22	....	22	20	15	35

PRESE

POBLACION

INDUS

DISTRITOS.	Auditores.	Acróbatas.			Actores.		
		H.	M.	Total.	H.	M.	Total.
Morelia	......	8	......	8	......	......	....
Zinapécuaro	......	......	......	....	......	......	....
Maravatío	......	......	......	....	......	......	....
Zitácuaro	......	......	......	....	2	......	2
Huetamo	......	......	......	....	......	......	....
Tacámbaro	......	......	......	....	......	......	....
Ario de Rosales	......	......	......	....	......	......	....
Pátzcuaro	......	......	......	....	......	......	....
Uruápam	1	2	......	2	......	......	....
Apatzingan	......	......	......	....	......	......	....
Coalcoman	......	......	......	....	......	......	....
Jiquílpan	......	......	......	....	......	......	....
Zamora	4	......	......	....	......	......	....
La Piedad	......	......	......	....	......	......	....
Puruándiro	......	1	......	1	......	......	....
SUMAS	5	11	......	11	2	......	2

DE P

Morelia	......	1	1	2	......	......	....
Zinapécuaro	......	......	......	....	3	2	5
Maravatío	......	......	......	....	......	......	....
Zitácuaro	......	......	......	....	......	......	....
Huetamo	......	......	......	....	......	......	....
Tacámbaro	......	......	......	....	......	......	....
Ario de Rosales	......	1	......	1	10	8	18
Pátzcuaro	......	......	......	....	3	3	6
Uruápam	......	......	......	....	......	......	....
Apatzingan	......	......	......	....	2	1	3
Coalcoman	......	......	......	....	......	......	....
Jiquílpan	......	......	......	....	......	......	....
Zamora	......	10	4	14	......	......	....
La Piedad	......	......	......	....	4	......	4
Puruándiro	......	......	......	....	......	......	....
SUMAS	......	12	5	17	22	14	36

Sigue en las páginas 106 y 107.

NTES

SEGUN LA OCUPACION PRINCIPAL.

TRIAS, BELLAS ARTES, ARTES Y OFICIOS.

Administradores y propietarios de establecimientos industriales.	Albañiles.	Alfareros.			Alfileres.	Armeros.	Bordadores.			Cantantes.		
		H.	M.	Total.			H.	M.	Total.	H.	M.	Total.
2	594	984	246	1,230	1	......	......	2	2	2	4	6
....	123	126	8	134	......	......	......	......	......	....	....	....
1	124	78	....	78	......	......	......	......	......	....	....	....
1	160	73	....	73	......	......	......	......	......	....	....	....
....	52	18	37	55	......	......	......	......	......	....	....	....
....	73	16	....	16	......	......	......	......	......	....	....	....
....	88	3	....	3	......	......	......	......	......	....	....	....
....	131	22	2	24	......	......	......	3	3	....	....	....
....	186	11	120	131	......	2	......	......	......	4	1	5
....	45	4	....	4	......	......	......	......	......	....	....	....
....	22	6		6	......	......	......	......	......	....	....	....
....	182	20	....	20	......	......	......	......	......	5	....	5
....	220	615	646	1,261	......	......	1	......	1	5	2	7
....	139	83	2	85	......	......	......	......	......	5	2	7
3	162	415	113	528	......	......	......	......	......	....	....	....
7	2,301	2,474	1,174	3,648	1	2	1	5	6	21	9	30

ASO

....	3	3	....	3	......	......	......	......	......	....	....	....
....	3	1	....	1	......	......	......	......	......	....	....	....
....	4	1	....	1	......	......	......	......	......	....	....	....
....	5	4	....	4	......	......	......	......	......	....	....	....
....	....	....	....	....	......	......	......	......	......	....	....	....
....	1	....	....	....	......	......	......	......	......	....	....	....
....	9	3	....	3	......	......	......	......	......	....	....	....
....	....	4	....	4	......	......	......	......	......	....	....	....
....	....	1	....	1	......	......	......	......	......	....	....	....
....	3	....	....	....	......	......	......	......	......	....	....	....
....	3	....	....	....	......	......	......	......	......	....	....	....
....	1	....	....	....	......	......	......	......	......	....	....	....
....	....	5	....	5	......	......	......	......	......	....	....	....
....	32	22	....	22	......	......	......	......	......	....	....	....

PRESE

POBLACION

INDUS

DISTRITOS.	Cantores.	Carpinteros.	Curveros.	Cereros.		
				H.	M.	Total.
Morelia	164	735	13	11	1	12
Zinapécuaro	6	172	4	5	1	6
Maravatío	5	122	2	4	....	4
Zitácuaro	3	216	....	1	....	1
Huetamo	....	65	....	....	....	....
Tacámbaro	9	128	....	1	....	1
Ario de Rosales	2	114	....	....	....	....
Pátzcuaro	20	420	....	1	2	3
Uruápam	23	657	1	3	1	4
Apatzingan	4	84	....	....	....	....
Coalcoman	....	35	....	....	....	....
Jiquílpan	31	220	1	4	....	4
Zamora	48	394	6	9	2	11
La Piedad	33	167	24	5	2	7
Puruándiro	20	279	4	3	....	3
SUMAS	368	3,808	55	47	9	56

DE P

DISTRITOS.						
Morelia	2	5	....	....	....	....
Zinapécuaro	2	4	....	....	....	....
Maravatío	....	9	....	2	....	2
Zitácuaro	....	11	....	....	....	....
Huetamo	....	3	....	....	....	....
Tacámbaro	....	....				
Ario de Rosales	1	15	....	....	....	....
Pátzcuaro	....	8	....	....	....	....
Uruápam	....	5	....	....	....	....
Apatzingan	1	3	....	....	....	....
Coalcoman	....	....				
Jiquílpan	....	1	....	1	....	1
Zamora	....	3	2	....	....	....
La Piedad	2	4	....	....	....	....
Puruándiro	....	6	....	....	....	....
SUMAS	8	77	2	3	....	3

Sigue en las páginas 108 y 109.

NTES.

SEGUN LA OCUPACION PRINCIPAL. ·

TRIAS, BELLAS ARTES, ARTES Y OFICIOS.

Correros.	Cigarreros.			Cohetero.	Coheteros.			Curtidores.	Dibujantes.		
	H.	M.	Total.		H.	M.	Total.		H.	M.	Total.
4	27	265	292	5	32	....	32	177	....	1	1
....	19	17	36	....	14	....	14	76	....	....	....
2	7	8	15	....	6	....	6	39	....	....	....
....	9	2	11	....	6	....	6	52	....	....	....
....	25	20	45	....	18	7	25	43	....	1	1
2	1	6	7	....	6	....	·6	27	....	....	....
2	10	18	28	....	7	3	10	43	....	....	....
3	4	1	5	80	29	....	29	61	....	....	....
....	29	28	57	1	59	3	·62	112	....	....	....
1	3	2	5	....	1	....	1	32	....	....	....
....	8	1	9	....	1	....	1	20	....	....	....
1	61	29	90	....	33	6	39	89	....	....	....
3	86	46	132	1	54	4	58	122	....	....	....
2	95	41	136	....	24	2	26	140	....	....	....
....	37	7	44	....	38	2	40	94	....	....	....
20	421	491	912	87	328	27	355	1,127	....	2	2

ASO

....	....	2	2	....	3	....	3	` 5	....	....	....
....	....	....	....	....	1	....	1	....	....	....	....
....	3	....	4	....	....	....	....	1	....	....	....
....	....	....	....	....	....	....	....	2	....	....	....
....	....	....	....	....	....	....	....	1	....	....	....
....	....	....	....	....	....	....	....	1	....	....	....
....	....	....	....	....	4	....	4	2	....	....	....
....	1	....	1	....	1	....	1	3	....	....	....
....	1	1	2	....	6	....	6	1	....	....	....
....	....	....	....	....	....	....	....	....	....	....	....
....	....	....	....	1	2	....	2	1	....	....	....
....	2	....	2	....	....	....	....	1	....	....	....
....	....	....	....	....	2	....	2	....	....	....	....
....	7	4	11	1	19	....	19	20	....	....	....

PRESE

POBLACION

INDU

DISTRITOS.	Doradores.			Dulceros.		
	H.	M.	Total.	H.	M.	Total.
Morelia	....	....	....	24	35	59
Zinapécuaro	....	....	....	8	5	13
Maravatío	....	....	....	4	6	10
Zitácuaro	....	....	....	3	....	3
Huetamo	....	....	....	3	1	4
Tacámbaro	....	....	....	5	1	6
Ario de Rosales	....	....	....	8	....	8
Pátzcuaro	1	....	1	12	14	26
Uruápam	....	....	....	7	6	13
Apatzingan	....	....	....	16	2	18
Coalcoman	....	....	....	4	....	4
Jiquílpan	....	....	....	30	14	44
Zamora	3	....	3	21	19	40
La Piedad	....	....	....	32	7	39
Puruándiro	3	....	3	17	8	25
SUMAS	7	....	7	194	118	312

DE I

Morelia	....	....	....	2	1	3
Zinapécuaro	....	....	....	....	....	....
Maravatío	....	....	....	....	....	....
Zitácuaro	1	....	1	....	....	....
Huetamo	1	....	....	....	....	....
Tacámbaro	....	....	....	....	....	....
Ario de Rosales	....	....	....	....	....	....
Pátzcuaro	....	....	....	....	....	....
Uruápam	2	....	2	....	....	....
Apatzingan	....	....	....	....	....	....
Coalcoman	....	....	....	....	....	....
Jiquílpan	....	....	....	....	....	....
Zamora	3	....	3	1	....	1
La Piedad	1	1	2	....	....	....
Puruándiro	....	....	....	4	....	4
SUMAS	7	1	8	7	1	8

Sigue en las páginas 110 y 111.

NTES

SEGUN LA OCUPACION PRINCIPAL.

TRIAS, BELLAS ARTES, ARTES Y OFICIOS.

Ebanistas.	Encuadernadores.	Escritores.	Escultores.	Filarmónicos.			Floristas.			Fosforeros.		
				H.	M.	Total.	H.	M.	Total.	H.	M.	Total.
1	25	3	6	245	17	262	3	43	46	2	5	7
				19	1	20		1	1			
	3			17		17		3	3			
	1			12		12		2	2			
	1		1	37		37						
	2		1	27		27		1	1			
	4			16		16						
1	2		5	107	2	109	1	8	9			
	2		2	178	6	184	1	17	18			
	1			23		23		4	4			
				11		11						
			1	53	2	55	1	1	2			
	8		4	97	4	101	1	6	7		2	2
	1		3	86	4	90	3	3	6			
	1		1	123		123	1	3	4		2	2
2	51	3	24	1,051	36	1,087	11	92	103	2	9	11

ASO

	1			4		4						
				1		1				1		1
				1		1						
				2		2	1	1	2			
				2		2						
				4		4						
				6		6						
	1											
				7		7						
				1		1				2		2
				2		2		2	2			
	2			30		30	1	3	4	3		3

PRESE

POBLACION

INDUS

DÍSTRITOS.	Pedreros.	Fundidores en general.	Fusteros.	Grabadores.	Herradores.	Herreros.
Morelia	21	12	10	......	11	226
Zinapécuaro	......	......	2	......	......	83
Maravatío	1	......	......	......	......	56
Zitácuaro	2	6	3	......	......	100
Huetamo	......	......	13	......	......	42
Tacámbaro	......	......	9	......	......	67
Ario de Rosales	......	5	6	......	......	54
Pátzcuaro	1	......	1	......	1	59
Uruápam	3	6	10	......	......	127
Apatzngan	......	......	4	......	......	33
Coalcoman	1	......	2	1	1	20
Jiquílpan	1	......	11	......	1	67
Zamora	5	......	10	......	2	151
La Piedad	1	......	8	1	10	92
Puruándiro	5	......	21	......	......	96
SUMAS	41	29	110	2	26	1,273

DE P

Morelia	3	1	......	......	......	2
Zinapécuaro	1	......	......	......	......	2
Maravatío	2	......	......	......	......	3
Zitácuaro	......	2	......	......	......	3
Huetamo	......	......	1	......	......	1
Tacámbaro	......	......	......	......	......	......
Ario de Rosales	1	4	......	......	......	3
Pátzcuaro	2	......	......	......	......	2
Uruápam	5	......	......	......	......	......
Apatzingan	......	......	......	......	......	1
Coalcoman	......	......	......	......	......	......
Jiquílpan	1	......	......	......	......	......
Zamora	......	......	2	......	......	3
La Piedad	......	......	......	......	......	......
Puruándiro	......	......	......	......	......	5
SUMAS	15	7	3	......	......	25

Sigue en las páginas 112 y 113.

NTES

SEGUN LA OCUPACION PRINCIPAL.

TRIAS, BELLAS ARTES, ARTES Y OFICIOS.

Bojalateros	Herreros	Jaboneros			Ladrilleros	Latoneros	Litógrafos	Molitas	Obreros de establecimientos industriales.		
		H.	M.	Total.					H.	M.	Total.
69	7	27	....	27	9	....	10	58	1,335	586	1,921
11	....	9	....	9	1	....	....	....	387	34	421
3	....	....	....	....	....	....	....	....	473	4	477
5	....	1	....	1	3	....	....	9	203	16	219
7	....	12	1	13	3	....	....	....	22	18	40
10	....	4	....	4	2	....	1	1	45	2	47
1	....	7	1	8	12	....	....	18	57	11	68
9	2	6	....	6	9	1	....	1	138	31	169
22	....	2	....	2	....	....	....	....	175	29	204
2	....	5	....	5	3	....	....	1	4	3	7
1	....	2	....	2	3	....	....	1	28	4	32
8	....	10	....	10	9	....	....	5	64	6	70
20	....	13	....	13	11	....	1	5	194	4	198
18	....	18	....	18	11	....	....	....	81	2	83
14	....	13	....	13	12	....	....	7	142	16	158
200	9	129	2	131	88	1	12	106	3,348	766	4,114

ASO.

4	....	....	....	....	....	....	....	2	11	5	16
1	....	....	....	....	....	....	....	....	3	....	3
....	....	....	....	....	....	....	....	....	3	....	3
....	....	....	....	....	....	....	....	....	12	4	16
....	....	....	....	....	....	....	....	....	2	....	2
....	....	....	....	....	....	....	....	....	3	....	3
....	....	....	....	....	....	....	....	....	5	....	5
....	....	....	....	....	....	....	....	....	1	1	2
....	....	....	....	....	....	....	....	1	4	1	....
....	....	....	....	....	....	....	....	....	....	....	....
....	....	....	....	....	....	....	....	....	....	....	....
....	....	1	....	1	1	....	....	....	....	....	....
2	....	....	....	....	....	....	....	....	....	....	....
....	....	1	....	1	1	....	....	....	5	....	5
7	....	2	....	2	2	....	....	3	49	11	60

P R E S E

DÍSTRÍTOS.

	2	1	3
Morelia.......................................	....	....	....
Zinapécuaro..............................	....	....	....
Maravatío....................................	....	....	....
Zitácuaro....................................	....	....	....
Huetamo	....	....	....
Tacámbaro..................................	....	....	....
Ario de Rosales	....	....	....
Pátzcuaro...................................	....	....	....
Uruápam....................................	....	....	....
Apatzingan	....	....	....
Coalcoman..................................	....	....	....
Jiquílpan....................................			
Zamora.......................................			
La Piedad			
Puruándiro.................................			
SUMAS......................			

D E P

Morelia.......................................
Zinapécuaro ....
Maravatío....................................
Zitácuaro....................................
Huetamo ....
Tacámbaro..................................
Ario de Rosales ....
Pátzcuaro...................................
Uruápam.....................................
Apatzingan ....
Coalcoman ....
Jiquílpan....................................
Zamora.......................................
La Piedad ....
Puruándiro.................................
SUMAS......................

NTES

SEGUN LA OCUPACION PRINCIPAL.

TRIAS, BELLAS ARTES, ARTES Y OFICIOS.

Partidos.	Pateaguen.	Pintores decoradores.			Plateros.			Pinteros.	Pureros.		
		H.	M.	Total.	H.	M.	Total.		H.	M.	Total.
9	76	108	5	113	38	....	38	1	11	ʻ13	24
....	9	9	....	9	11	....	11	....	4	....	4
....	9	13	....	13	16	....	16	....	1	....	1
....	14	19	....	19	10	....	10	....	....	....	....
....	7	1	....	1	31	3	34	....	....	....	....
5	14	6	....	6	10	....	10	....	....	....	....
....	13	2	....	2	19	....	19	2	....	....	....
....	23	15	....	15	15	....	15	....	....	....	....
....	20	27	....	27	41	4	45	....	8	....	8
....	8	2	....	2	3	....	3	....	....	....	....
....	5	....	....	....	2	....	2	....	2	....	2
2	15	8	....	8	28	....	28	....	12	....	12
....	27	22	....	22	37	....	37	....	16	....	16
....	29	10	....	10	15	....	15	....	19	1	20
....	31	16	....	16	14	....	14	....	2	....	2
16	300	258	5	263	290	7	297	3	75	14	89

ASO

....	....	4	....	4	1	....	1	....	....	....	....
....	....	....	....	....	1	....	1	....	....	....	....
....	....	1	....	1	1	....	1	....	....	....	....
....	....	1	....	1	....	....	....	....	....	....	....
....	....	....	....	....	....	....	....	....	....	....	....
....	....	....	....	....	....	....	....	....	....	....	....
....	....	2	....	2	2	....	2	....	....	....	....
2	1	....	....	....	....	....	....	....	....	....	....
....	....	....	....	....	....	....	....	....	....	....	....
....	1	2	....	2	....	....	....	....	....	....	....
....	....	....	....	....	....	....	....	....	....	....	....
....	1	....	....	....	....	....	....	....	....	....	....
2	3	10	....	10	5	....	5	....	....	....	....

PRES

POBLACIO

IND

DISTRITOS.			Sombrereros.			
			H.	M.	Total.	
Morelia	9	466	187	12	199	10
Zinapécuaro	....	74	11	....	11	2
Maravatío	2	64	4	....	4	1
Zitácuaro	2	72	2	....	2	1
Huetamo	....	29	31	58	89	7
Tacámbaro	....	74	17	8	25	5
Ario de Rosales	....	51	20	6	26	5
Pátzcuaro	1	86	402	72	474	3
Uruápam	....	96	229	24	253	13
Apatzingan	....	31	5	....	5	3
Coalcoman	....	16	....	....		
Jiquílpan	....	111	138	25	163	8
Zamora	6	212	76	5	81	6
La Piedad	1	139	111	3	114	4
Puruándiro	....	98	73	1	74	4
SUMAS	21	1,619	1,306	214	1,520	76

DE

Morelia	....	5	3	....	3	
Zinapécuaro	....	1	....	....	....	......
Maravatío	....	4	1	....	1	......
Zitácuaro	....	1	....	....	....	
Huetamo	....	....	....	....		
Tacámbaro	....	....	2	....	2	
Ario de Rosales	....	1	5	....	5	
Pátzcuaro	....	....	1	....	1	
Uruápam	1	....	4	....	4	......
Apatzingan	1	5	....	....	....	......
Coalcoman	....	....	....	....		......
Jiquílpan	....	2	....	....	....	
Zamora	....	2	1	....	1	
La Piedad	....	2	....	....	....	......
Puruándiro	....	1	3	....	3	
SUMAS	2	24	20	....	20	1

Sigue en las páginas 116 y 117.

NTES

SEGUN LA OCUPACION PRINCIPAL.

TRIAS, BELLAS ARTES, ARTES Y OFICIOS.

Tapiceros y Colchoneros.	Taquigrafos.	Tejedores.			Telegrafistas.			Tintoreros.	Tipografos.	Torneros.	Torneros.
		H.	M.	Total.	H.	M.	Total.				
1	1	30	6	36	5	7	12	1	69	2	....
....	....	2	....	2	3	....	3	....	2	1	....
....	....	1	8	9	12	....	12	....	....	....	....
....	....	....	....	....	6	1	7	....	2	....	....
....	....	1	5	6	1	....	1	....	....	....	....
....	....	1	....	1	2	....	2	....	4	....	....
....	....	5	2	7	3	....	3	....	1	....	....
....	....	371	16	387	6	1	7	....	2	....	....
....	....	488	476	964	3	....	3	....	3	....	25
....	....	6	....	6	5	....	5	....	1	....	....
....	....	14	2	16	2	....	2	....	1	....	....
....	....	360	139	499	2	1	3	....	....	....	....
....	....	335	160	495	3	....	3	....	13	1	....
....	....	263	66	329	5	1	6	....	2	....	....
....	....	221	78	299	1	1	2	....	2	....	....
1	1	2,098	958	3,056	59	12	71	1	102	4	25

ASO

....	....	2	....	2	....	....	....	....	1	....	....
....	....	....	....	....	....	....	....	....	....	1	....
....	....	....	....	....	....	....	....	....	....	....	....
....	....	....	1	1	....	....	....	....	....	....	....
....	....	....	....	....	....	....	....	....	....	....	....
....	....	1	....	1	1	....	1	....	1	....	....
....	....	9	....	9	1	....	1	....	....	....	....
....	....	....	2	2	....	....	....	....	....	....	....
....	....	7	3	10	....	....	....	....	1	....	....
....	....	1	....	1	....	....	....	....	....	....	....
....	....	1	....	1	....	....	....	....	....	....	....
....	....	21	6	27	2	....	2	....	3	1	....

PRES

POBLACIO

DISTRITOS.	INDUSTRIAS, BELLAS ARTES, ARTES Y OFICIOS.							
	Veleros.			Vidrieros.	Toneleros.	Zapateros.		
	H.	M.	Total.			H.	M.	Total.
Morelia	39	......	39	...	1	851	1	8!
Zinapécuaro	10	......	10	...	...	147	......	1⁴
Maravatío	7	5	12	...	...	109	......	1(
Zitácuaro	13	3	16	...	...	138	......	1:
Huetamo	1	1	2	...	...	146	......	1⁴
Tacámbaro	6	......	6	...	...	128	2	1:
Ario de Rosales	3	......	3	...	...	140	10	1!
Pátzcuaro	8	......	8	...	...	247	3	2!
Uruápam	20	3	23	...	...	352	31	3!
Apatzingan	1	......	1	...	...	115	3	1:
Coalcoman	7	......	7	...	...	44	......	⁴
Jiquílpan	18	......	18	...	...	340	25	3(
Zamora	......	......	......	...	...	497	8	5(
La Piedad	13	......	13	2	...	413	30	4⁴
Puruándiro	8	1	9	...	...	533	4	5:
SUMAS	154	13	167	2	1	4,200	117	4,3:

DE

Morelia	......	......	......	...	...	10	......	1
Zinapécuaro	......	......	......	...	...	5	......	
Maravatío	......	......	......	...	...	3	......	
Zitácuaro	......	......	......	...	...	5	......	
Huetamo	......	......	......	...	...	5	......	
Tacámbaro	1	......	1	...	...	4	......	
Ario de Rosales	......	......	......	...	1	6	......	
Pátzcuaro	......	......	......	...	...	1	......	
Uruápam	......	......	......	...	...	10	......	1
Apatzingan	......	......	......	...	...	13	......	1
Coalcoman	......	......	......	...	...	....	......	....
Jiquílpan	1	......	1	...	...	3	......	
Zamora	......	......	......	...	...	11	......	1
La Piedad	......	......	......	...	...	7	......	
Puruándiro	......	......	......	...	...	9	......	
SUMAS	2	......	2	...	1	92	......	9

Sigue en las páginas 118 y 119.

NTES

SEGUN LA OCUPACION PRINCIPAL.

DIVERSAS OCUPACIONES.

	Aguadores.										Domésticos.		
	H.	M.	Total.								H.	M.	Total.
3	80	......	80	497	1	149	27	6	8	533	1,183	2,854	4,037
1	1	......	1	151	......	......	3	.....	.....	49	273	340	613
......	2	......	2	138	......	......	2	.....	.....	33	235	345	580
1	......	......	......	142	......	......	3	1	1	103	360	418	778
......	2	......	2	38	......	......	.....	.....	.....	307	359	454	813
......	6	......	6	55	......	6	.....	1	.....	50	204	409	613
......	7	......	7	95	......	1	2	5	.....	69	324	484	808
1	1	1	2	130	......	11	.....	1	4	165	366	643	1,009
......	4	3	7	409	......	5	1	1	.....	149	436	351	787
......	4	......	4	92	......	......	.....	1	.....	101	157	335	492
......	1	......	1	30	......	......	.....	2	.....	12	25	32	57
6	1	2	3	767	......	13	1	2	.....	180	176	593	769
4	29	2	31	928	......	19	.....	7	11	256	620	966	1,586
......	18	1	19	538	......	6	4	1	7	198	358	498	856
4	16	4	20	562	......	2	.....	1	.....	93	474	541	1,015
20	172	13	185	4,572	1	212	43	29	31	2,298	5,550	9,263	14,813

ASO

......	......	......	......	81	......	......	.....	.....	.....	4	14	35	49
......	......	......	......	44	......	......	.....	.....	.....	....	7	7	14
......	......	......	......	6	......	......	.....	.....	.....	....	....	7	7
......	......	......	......	27	......	......	.....	.....	.....	6	10	9	19
......	......	......	......	17	......	......	.....	.....	.....	....	2	1	3
......	......	......	......	64	......	......	.....	.....	.....	....	2	4	6
......	......	......	......	48	......	1	.....	.....	.....	1	3	3	6
......	......	......	......	95	......	......	.....	.....	.....	1	2	3	5
......	......	......	......	47	......	......	5	.....	.....	3	4	8	12
......	......	......	......	41	......	......	.....	.....	.....	1	8	12	20
......	......	......	......	7	......	......	.....	.....	.....	....	1	....	1
......	......	......	......	15	......	......	.....	.....	.....	1	....	7	7
......	......	......	......	46	......	......	.....	.....	.....	7	7	8	15
......	......	......	......	32	......	......	.....	.....	.....	3	3	3	6
......	......	......	......	38	......	1	.....	.....	.....	2	2	4	6
......	......	......	......	608	......	1	6	.....	.....	29	65	111	176

PRESE

DISTRITOS.

		M.	Total.
Morelia	68	4	124
Zinapécuaro	23	......	2
Maravatío	79	......	100
Zitácuaro	1	50	......	2
Huetamo	18	......	....
Tacámbaro	16		
Ario de Rosales	47		
Pátzcuaro	39		
Uruápam	71		
Apatzingan	19		
Coalcoman	4		
Jiquílpan	15		
Zamora	84		
La Piedad	2	72		
Puruándiro	36		
SUMAS			

DEP

Morelia...
Zinapécuaro...
Maravatío..
Zitácuaro...
Huetamo ....
Tacámbaro ....
Ario de Rosales...
Pátzcuaro..
Uruápam ....
Apatzingan ....
Coalcoman...
Jiquílpan ....
Zamora ....
La Piedad..
Puruándiro..

                SUMAS........................

NTES

SEGUN LA OCUPACION PRINCIPAL.

DIVERSAS OCUPACIONES.

Lavanderos.			Marchantes.	Molenderos.	Mosolinas.	Moiendoras.	Pescadores.			Porteros.			Tortilleras.
H.	M.	Total.					H.	M.	Total.	H.	M.	Total.	
.....	565	565	.....	142	5	209	169	.....	169	3	.....	3	296
.....	14	14	.....	37	1	24	1	.....	1	.....	.....	.....	45
.....	14	14	.....	9	1	15	.....	.....	.....	1	.....	1	6
.....	27	27	.....	2	.....	74	.....	.....	.....	1	1	2	14
.....	232	232	.....	10	.....	58	.....	.....	.....	.....	.....	.....	43
.....	48	48	.....	54	.....	11	.....	.....	.....	1	.....	1	17
.....	44	44	.....	45	.....	144	.....	.....	.....	.....	.....	.....	20
1	61	62	.....	77	.....	40	241	.....	241	.....	.....	.....	91
2	42	44	.....	207	.....	29	.....	.....	.....	.....	.....	.....	85
1	48	49	.....	50	36	19	.....	.....	.....	.....	.....	.....	45
.....	17	17	.....	14	.....	8	.....	.....	.....	.....	.....	.....	4
.....	107	107	35	156	12	107	239	49	288	.....	.....	.....	153
.....	195	195	.....	161	16	89	69	1	70	.....	.....	.....	242
.....	103	103	.....	157	9	39	10	1	11	1	.....	1	174
2	60	62	.....	89	1	63	1	.....	1	.....	.....	.....	30
6	1,577	1,583	35	1,210	81	929	730	51	781	7	1	8	1,265

ASO

.....	3	3	.....	2	.....	2	.....	.....	.....	.....	.....	.....	5
.....	.....	.....	.....	.....	.....	.....	.....	.....	.....	.....	.....	.....	.....
.....	.....	.....	.....	.....	.....	1	.....	.....	.....	.....	.....	.....	1
.....	1	1	.....	.....	.....	.....	.....	.....	.....	.....	.....	.....	.....
.....	.....	.....	.....	.....	.....	.....	.....	.....	.....	.....	.....	.....	.....
.....	1	1	.....	.....	.....	.....	.....	.....	.....	.....	.....	.....	.....
.....	.....	.....	.....	2	.....	.....	3	.....	3	.....	.....	.....	1
.....	.....	.....	.....	2	.....	.....	.....	.....	.....	.....	.....	.....	.....
.....	2	2	1	9	11	.....	.....	.....	.....	.....	.....	.....	12
.....	.....	.....	.....	1	1	.....	.....	.....	.....	.....	.....	.....	.....
.....	3	3	.....	.....	1	2	.....	.....	.....	.....	.....	.....	1
.....	1	1	.....	.....	.....	.....	.....	.....	.....	.....	.....	.....	.....
.....	1	1	.....	1	.....	1	.....	.....	.....	.....	.....	.....	.....
.....	12	12	1	17	13	6	3	.....	3	.....	.....	.....	20

PRESE

DISTRITOS.	POBLACION SEGUN LA OCUPA					
	Sin ocupacion.			Sin ocupacion por menores de edad.		
	H.	M.	Total.	H.	M.	Total.
Morelia	7,337	42,954	50,291	14,981	14,378	29,359
Zinapécuaro	4,395	18,351	22,746	4,739	4,556	9,295
Maravatío	4,674	19,112	23,786	5,223	5,084	10,307
Zitácuaro	6,155	24,454	30,609	6,619	6,571	13,190
Huetamo	4,639	16,454	21,093	4,902	4,949	9,851
Tacámbaro	3,759	15,255	19,014	3,612	3,667	7,279
Ario de Rosales	3,241	14,357	17,598	3,808	3,657	7,465
Pátzcuaro	5,068	19,989	25,057	5,120	4,945	10,065
Uruápam	8,131	31,049	39,180	7,526	7,314	14,840
Apatzingan	2,581	9,453	12,034	2,340	2,151	4,491
Coalcoman	2,294	5,580	7,874	1,556	1,382	2,938
Jiquílpan	5,971	22,350	28,321	5,340	5,126	10,466
Zamora	9,988	33,417	43,405	7,890	8,143	16,033
La Piedad	6,738	23,776	30,514	5,700	5,945	11,645
Puruándiro	9,250	34,485	43,735	8,492	9,070	17,562
SUMAS	84,221	331,036	415,257	87,848	86,938	174,786

DE P

Morelia	20	224	244	100	121	221
Zinapécuaro	47	285	332	74	58	132
Maravatío	32	153	185	36	36	72
Zitácuaro	40	211	251	32	37	69
Huetamo	17	68	85	12	11	23
Tacámbaro	32	47	79	4	2	6
Ario de Rosales	83	256	339	34	55	89
Pátzcuaro	35	116	141	23	21	44
Uruápam	31	76	107	20	12	32
Apatzingan	42	203	245	19	35	54
Coalcoman	....	....	....	....	....	....
Jiquílpan	24	78	102	11	8	19
Zamora	55	208	263	36	51	87
La Piedad	17	118	135	20	14	34
Puruándiro	60	289	349	37	35	72
SUMAS	525	2,332	2,857	458	496	954

Sigue en las páginas 122 y 123.

NTES.

CION PRINCIPAL.

Se ignora.			Total general.	Católicos.			Protestantes.			Budhistas.		
H.	M.	Total.		H.	M.	Total.	H.	M.	Total.	H.	M.	Total.
230	169	399	127,769	62,380	65,148	127,528	112	18	130	.....	.....	......
88	63	151	48,372	24,630	23,739	48,369	3	....	3	.....	.....	. ....
53	39	92	50,583	25,726	24,842	50,568	5	3	8	.....	.....	......
102	100	202	65,090	31,294	30,548	61,842	1,048	1,015	2,063	.....	.....	......
2	......	2	45,555	22,440	22,727	45,167	152	100	252	.....	.....	......
9	1	10	39,863	20,159	19,691	39,850	5	....	5	1	.....	1
1	22	23	38,686	19,560	19,106	38,666	12	3	15	.....	.....	......
10	8	18	52,149	25,722	26,418	52,140	7	2	9	.....	.....	......
......	9	9	80,719	40,348	40,286	80,634	41	31	72	.....	.....	......
......	......	......	25,815	13,458	12,326	25,784	26	....	26	.....	.....	......
......	......	......	14,996	7,921	7,072	14,993	3	....	3	.....	.....	......
......	......	......	57,137	27,965	29,171	57,136	1	....	1	.....	.....	......
3	1	1	88,567	43,769	44,788	88,557	6	3	9	.....	.....	......
......	1	4	61,571	30,422	31,144	61,566	2	3	5	.....	.....	......
11	9	20	90,136	45,271	44,865	90,136	....	....	....	.....	.....	......
509	422	931	887,008	441,065	441,871	882,936	1,423	1,178	2,601	1	.....	1

ASO

1	2	3	1,125	689	429	1,118	4	1	5	.....	.....	......
......	......	......	995	637	358	995	....	....	....	.....	.....	......
13	3	16	507	302	203	505	2	....	2	.....	.....	......
6	......	6	838	538	264	802	12	12	24	.....	.....	......
4	......	4	293	205	82	287	2	....	2	.....	.....	......
......	......	......	325	269	55	324	1	....	1	.....	.....	......
......	......	......	1,306	974	329	1,303	1	....	1	.....	.....	......
2	2	4	561	404	155	559	2	....	2	.....	.....	......
19	......	19	509	407	102	509	....	....	....	.....	.....	......
......	......	......	812	513	297	810	1	....	1	.....	.....	......
......	......	......	12	12	....	12	....	....	....	.....	.....	......
5	......	5	239	138	101	239	....	....	....	.....	.....	......
......	......	......	810	513	297	810	....	....	....	.....	.....	......
......	1	1	377	233	143	376	1	....	1	.....	.....	......
......	......	......	778	441	337	778	....	....	....	.....	.....	......
50	8	58	9,487	6,275	3,152	9,427	26	13	39	.....	.....	......

PRESE

DISTRITOS.	POBLACION POR CULTOS.						
	Sin culto.			Se ignora.			Total general.
	H.	M.	Total.	H.	M.	Total.	
Morelia	75	15	90	10	11	21	127,769
Zinapécuaro	......	......	......	......	......	......	48,372
Maravatío	5	2	7	......	......	......	50,583
Zitácuaro	253	179	432	385	367	752	65,090
Huetamo	79	53	132	3	1	4	45,555
Tacámbaro	......	......	......	5	3	8	39,863
Ario de Rosales	2	1	3	......	2	2	38,696
Pátzcuaro	......	......	......	......	......	......	52,149
Uruápam	2	......	2	7	4	11	80,719
Apatzingan	3	2	5	......	......	......	25,815
Coalcoman	......	......	......	......	......	......	14,996
Jiquílpan	......	......	......	......	......	......	57,137
Zamora	......	1	1	......	......	......	88,567
La Piedad	......	......	......	......	......	......	61,571
Puruándiro	......	......	......	......	......	......	90,136
SUMAS	419	253	672	410	388	798	887,008

DEP

Morelia	1	......	1	1	......	1	1,125
Zinapécuaro	......	......	......	......	......	......	995
Maravatío	......	......	......	......	......	......	507
Zitácuaro	4	2	6	5	1	6	838
Huetamo	4	......	4	......	......	......	293
Tacámbaro	......	......	......	......	......	......	325
Ario de Rosales	2	......	2	......	......	......	1,306
Pátzcuaro	......	......	......	......	......	......	561
Uruápam	......	......	......	......	......	......	509
Apatzingan	1	......	1	......	......	......	812
Coalcoman	......	......	......	......	......	......	12
Jiquílpan	......	......	......	......	......	......	239
Zamora	......	......	......	......	......	......	810
La Piedad	......	......	......	......	......	......	377
Puruándiro	......	......	......	......	......	......	778
SUMAS	12	2	14	6	1	7	9,487

Sigue en las páginas 124 y 125.

NTES

POBLACIÓN SEGUN EL IDIOMA HABITUAL.

Castellano.			Mazahua.			Mexicano.			Otomí.		
H.	M.	Total.	H.	M.	Total.	H.	M.	Total.	H.	M.	Total.
60,343	62,970	123,313	....	....	....	1	1	2	10	8	18
24,630	23,739	48,369	....	....	....				....	....	....
25,637	24,757	50,394	33	34	67	14	14	28	46	42	88
29,279	28,253	57,532	2,556	2,699	5,255	4	8	12	1,122	1,141	2,263
22,672	22,881	45,553	....	....	....				....	....	....
20,142	19,683	39,825	....	....	....				....	....	....
19,284	18.837	38,121	....	....	....	....	....	....	3	7	10
19,517	20,300	39,817	....	....	....	4	5	9	....	....	....
28,038	28,400	56,438	....	....	....				....	....	....
13,484	12,327	25,811	....	....	....				....	....	....
7,920	7,072	14,992	....	....	....				....	....	....
27,966	29,171	57,137	....	....	....				....	....	....
40,374	41,140	81,514	....	....	....				....	....	....
30,424	31,147	61,571	....	....	....				....	....	....
45,268	44,864	90,132	....	....	....				....	1	1
414,978	415,541	830,519	2,589	2,733	5,322	23	28	51	1,181	1,199	2,380

ASO

682	428	1,110	....	....	....	....	......	......	1	1	2
513	287	800	50	27	77	1	......	1	73	44	117
301	202	503	....	....	....				3	1	4
546	269	815	9	9	18	....	......	....	4	1	5
201	82	283	3	....	3	3	......	3	2	....	2
270	55	325	....	....	....	....	......	....	....	....	....
966	329	1,295	....	....	....	....	......	....	....	....	....
380	138	518	....	....	....				3	....	3
381	96	477	....	....	....	....	......	....	....	....	....
514	297	811	....	....	....	....	......	....	....	....	....
12	....	12	....	....	....	....	......	....	....	....	....
138	101	239	....	....	....	....	......	....	....	....	....
506	296	802	....	....	....	....	......	....	....	....	....
234	143	377	....	....	....	....	......	....	....	....	....
441	337	778	....	....	....	....	......	....	....	....	....
6,085	3,060	9,145	62	36	98	4	......	4	86	47	133

PRESE

DISTRITOS.	POBLACION SEGUN EL IDIOMA HABITUAL.					
	Tarasco.			Se ignora.		
	H.	M.	Total.	H.	M.	Total.
Morelia	2,166	2,189	4,355	....	....	....
Zinapécuaro	....	....	....	....	....	....
Maravatío	1	....	1	....	....	....
Zitácuaro	3	6	9	....	....	....
Huetamo	....	....	....	....	....	....
Tacámbaro	27	11	38	....	....	....
Ario de Rosales	285	264	549	....	....	....
Pátzcuaro	6,188	6,102	12,290	....	....	....
Uruápam	12,360	11,921	24,281	....	....	....
Apatzingan	....	1	1	....	....	....
Coalcoman	....	....	....	....	....	....
Jiquílpan	....	....	....	....	....	....
Zamora	3,395	3,651	7,046	....	....	....
La Piedad	....	....	....	....	....	....
Puruándiro	3	....	3	....	....	....
Sumas	24,428	24,145	48,573	....	....	....

DE P

Morelia	2	1	3	....	...*.....	....
Zinapécuaro	....	....	....	....	....	....
Maravatío	....	....	....	....	....	....
Zitácuaro	....	....	....	....	....	....
Huetamo	....	....	....	....	....	....
Tacámbaro	....	....	....	....	....	....
Ario de Rosales	11	....	11	....	....	....
Pátzcuaro	18	17	35	....	....	....
Uruápam	23	6	29	....	....	....
Apatzingan	....	....	....	....	....	..........a
Coalcoman	....	....	....	....	....	....
Jiquílpan	....	....	....	....	....	....
Zamora	4	1	5	....	....	....
La Piedad	....	....	....	....	....	....
Puruándiro	....	....	....	....	....	....
Sumas	58	25	83	....	....	....

Sigue en las páginas 126 y 127.

NTES

IDIOMAS EXTRANJEROS.

Aleman.			Árabe.			Chino.			Dinamarqués.		
H.	M.	Total.	H.	M.	Total.	H.	M.	Total.	H.	M.	Total.
4	1	5	....	....	....	1	....	1	....	....	....
....	....	....	....	....	....	....	....	....	....	....	....
....	....	....	....	....	....	....	....	....	....	....	....
....	....	....	....	....	....	....	....	....	....	....	....
....	....	....	....	....	....	....	....	....	....	....	....
....	1	1	....	....	....	....	....	....	....	....	....
....	....	....	1	....	1	....	....	....	....	....	....
....	....	....	....	....	....	....	....	....	....	....	....
....	....	....	....	....	....	....	....	....	....	....	....
....	....	....	....	....	....	....	....	....	....	....	....
....	....	....	....	....	....	....	....	....	....	....	....
4	2	6	1	....	1	1	....	1	....	....	....

ASO

7	....	7	....	....	....	....	....	....	....	....	....
....	....	....	....	....	....	....	....	....	....	....	....
....	....	....	....	....	....	....	....	....	....	....	....
....	....	....	....	....	....	....	....	....	....	....	....
....	....	....	....	....	....	....	....	....	....	....	....
....	....	....	....	....	....	....	....	....	....	....	....
1	....	1	....	....	....	....	....	....	....	....	....
....	....	....	....	....	....	....	....	....	....	....	....
....	....	....	....	....	....	....	....	....	....	....	....
1	....	1	....	....	....	....	....	....	....	....	....
....	....	....	....	....	....	....	....	....	....	....	....
9	....	9	....	....	....	....	....	....	....	....	....

PRESE

DISTRITOS.	Francés.			Inglés.		
	H.	M.	Total.	H.	M.	Total.
Morelia..	29	5	34	15	17	32
Zinapécuaro......................................	....	....	....	3	....	3
Maravatío...	4	....	4	1	....	1
Zitácuaro...	4	....	4	13	2	15
Huetamo	....	....	....	2	....	2
Tacámbaro..	....	....	....	....	....	....
Ario de Rosales................................	1	....	1	1	2	3
Pátzcuaro...	4	1	5	4	2	6
Uruápam.....	....	....	....	....	....	....
Apatzingan	....	....	....	....	....	....
Coalcoman	....	....	....	4	....	4
Jiquílpan	....	....	....	....	....	....
Zamora..	....	....	....	4	1	5
La Piedad..	....	....	....	....	....	....
Puruándiro	....	....	....	....	....	....
Sumas......................	42	6	48	47	24	71

DE P

Morelia..	....	....	....	3	....	3
Zinapécuaro......................................	....	....	....	....	....	....
Maravatío...	....	....	....	....	....	....
Zitácuaro...	....	....	....	....	....	....
Huetamo	....	....	....	2	....	2
Tacámbaro..	....	....	....	....	....	....
Ario de Rosales............... :	....	....	....	....	....	....
Pátzcuaro...	2	....	2	2	....	2
Uruápam..	....	....	....	2	....	2
Apatzingan	....	....	....	....	....	....
Coalcoman	....	....	....	....	....	....
Jiquílpan	....	....	....	....	....	....
Zamora..	2	....	2	....	....	....
La Piedad..	....	....	....	....	....	....
Puruándiro	....	....	....	....	....	....
Sumas......................	4	....	4	9	....	9

Sigue en las páginas 128 y 129.

NTES

IDIOMAS EXTRANJEROS.

Italiano.			Portugués.			Sueco.			Se ignora.			Total general.
H.	M.	Total.	H.	M.	Total.	H.	M.	Total.	H.	M.	Total.	
5	1	6	....	....	....	....	....	....	3	......	3	127,769
......	......	......	....	....	....	....	....	....	......	......	......	48,372
......	......	......	....	....	....	....	....	....	......	......	......	50,583
......	......	......	....	....	....	....	....	....	......	......	......	65,090
......	......	......	....	....	....	....	....	....	......	......	......	45,555
......	......	......	....	....	....	....	....	....	......	2	2	39,863
......	......	......	....	....	....	....	....	....	......	......	......	38,686
......	......	......	....	....	....	....	....	....	12	9	21	52,149
2	......	2	....	....	....	....	....	....	......	......	......	80,719
......	......	......	....	....	....	....	....	....	......	......	......	25,815
......	......	......	....	....	....	....	....	....	......	......	......	14,996
2	......	2	....	....	....	....	....	....	......	......	......	57,137
......	......	......	....	....	....	....	....	....	......	......	......	88,567
......	......	......	....	....	....	....	....	....	......	......	......	61,571
......	......	......	....	....	....	....	....	....	......	......	......	90,136
9	1	10	....	....	....	....	....	....	15	11	26	887,008

ASO

......	......	......	....	....	....	......	....	....	......	......	......	1,125
......	......	......	....	....	....	....	....	....	......	......	......	995
......	......	......	....	....	....	....	....	....	......	......	......	507
......	......	......	....	....	....	....	....	....	......	......	......	838
......	......	......	....	....	....	......	....	....	......	......	......	293
......	......	......	....	....	....	....	....	....	......	......	......	325
......	......	......	....	....	....	....	....	....	......	......	......	1,306
......	......	......	....	....	....	1	....	1	......	......	......	561
......	......	......	....	....	....	....	....	....	......	......	......	509
1	......	1	....	....	....	....	....	....	......	......	......	812
......	......	......	....	....	....	....	....	....	......	......	......	12
......	......	......	....	....	....	....	....	....	......	......	......	239
......	......	......	....	....	....	....	....	....	......	......	......	810
......	......	......	....	....	....	....	....	....	......	......	......	877
......	......	......	....	....	....	....	....	....	......	......	......	778
1	......	1	....	....	....	1	....	1	......	......	......	9,487

PRESE

POBLA

DISTRITOS.

Morelia		
Zinapécuaro		
Maravatío	....	...
Zitácuaro	....	...
Huetamo	....	....
Tacámbaro	....	....
Ario de Rosales	....	....
Pátzcuaro	....	...
Uruápam	.. ....	
Apatzingan	....	...
Coalcoman	....	....
Jiquílpan	...	....
Zamora	....	...
La Piedad	....	...
Puruándiro	...	.... ..

SUMAS.......................

DE P

Morelia
Zinapécuaro
Maravatío
Zitácuaro
Huetamo
Tacámbaro
Ario de Rosales
Pátzcuaro
Uruápam
Apatzingan
Coalcoman
Jiquílpan
Zamora
La Piedad
Puruándiro

SUMAS.......................

NTES

CION SEGUN LA NACIONALIDAD.

Argentina.			Austro–Húngara.			Belga.			China.		
H.	M.	Total.	H.	M.	Total.	H.	M.	Total.	H.	M.	Total.
....	....	....	....	....	....	2	1	3	1	....	1
....	....	....	....	....	....	....	....	....	....	....	....
....	....	....	....	....	....	....	....	....	....	....	....
....	....	....	....	....	....	....	....	....	....	....	....
....	....	....	....	....	....	....	....	....	....	....	....
....	....	....	....	....	....	3	....	3	....	....	....
....	....	....	....	....	....	1	....	1	....	....	....
....	....	....	....	....	....	....	....	....	....	....	....
....	....	....	....	....	....	....	....	....	....	....	....
....	....	....	1	....	1	....	....	....	....	....	....
....	....	....	....	....	....	....	....	....	....	....	....
....	....	....	....	....	....	....	....	....	....	....	....
....	....	....	1	....	1	6	1	7	1	....	1

ASO

....	1	1	....	....	....	....	....	....	....	....	....
....	....	....	....	....	....	....	....	....	....	....	....
....	....	....	....	....	....	....	....	....	....	....	....
....	....	....	....	....	....	....	....	....	....	....	....
....	....	....	....	....	....	....	....	....	....	....	....
....	....	....	....	....	....	....	....	....	....	....	....
....	....	....	....	....	....	....	....	....	....	....	....
....	....	....	....	....	....	....	....	....	....	....	....
....	....	....	....	....	....	....	....	....	....	....	....
....	....	....	....	....	....	....	....	....	....	....	....
....	....	....	....	....	....	....	....	....	....	....	....
....	....	....	....	....	....	....	....	....	....	....	....
....	1	1	....	....	....	....	....	....	....	....	....

PRESE

POBLA

DISTRITOS.	Española.			Francesa.		
	H.	M.	Total.	H.	M.	Total.
Morelia	17	34	51	37	8	45
Zinapécuaro	6	....	6	....	....	....
Maravatío	16	1	17	4	....	4
Zitácuaro	4	1	5	4	....	4
Huetamo	9	....	9	....	....	....
Tacámbaro	....	....	....	....	....	....
Ario de Rosales	....	....	....	3	....	3
Pátzcuaro	3	4	7	4	1	5
Uruápam	2	1	3	4	....	4
Apatzingan	....	....	....	....	....	....
Coalcoman	....	....	....	....	....	....
Jiquílpan	....	1	1	....	....	....
Zamora	4	....	4	3	1	4
La Piedad	2	....	2	....	....	....
Puruándiro	2	....	2	1	....	1
SUMAS	65	42	107	60	10	70

DE P

	7	....	7	1	....	1
Morelia	7	....	7	1	....	1
Zinapécuaro	....	....	....	....	....	....
Maravatío	1	....	1	....	....	....
Zitácuaro	....	....	....	....	....	....
Huetamo	....	....	....	1	....	1
Tacámbaro	....	....	....	....	....	....
Ario de Rosales	....	....	....	....	....	....
Pátzcuaro	....	....	....	2	....	2
Uruápam	....	....	....	....	....	....
Apatzingan	....	....	....	....	....	....
Coalcoman	....	....	....	....	....	....
Jiquilpan	....	....	....	....	....	....
Zamora	....	....	....	3	....	3
La Piedad	1	....	1	....	....	....
Puruándiro	....	....	....	....	....	....
SUMAS	9	....	9	7	....	7

Sigue en las páginas 132 y 133.

NTES

CION SEGUN LA NACIONALIDAD.

Guatemalteca.			Inglesa.			Italiana.			Japonesa.		
H.	M.	Total.	H.	M.	Total.	H.	M.	Total.	H.	M.	Total.
....	....	....	7	6	13	2	1	3	....	....	....
....	....	....	3	....	3	....	....	....	....	....	....
....	....	....	1	....	1	....	....	....	....	....	....
....	....	....	23	5	28	....	....	....	....	....	....
1	....	1	2	....	2	....	....	....	....	....	....
....	....	....	....	....	....	....	....	....	....	....	....
....	....	....	2	2	4	....	....	....	....	....	....
....	....	....	4	2	6	....	....	....	....	....	....
....	....	....	3	....	3	1	....	1	....	....	....
....	....	....	....	....	....	3	....	3	....	....	....
....	....	....	....	....	....	....	....	....	....	....	....
....	....	....	1	....	1	1	....	1	....	....	....
....	....	....	....	....	....	5	....	5	....	....	....
....	....	....	....	....	....	....	....	....	....	....	....
....	....	....	....	....	....	....	....	....	....	....	....
1	....	1	46	15	61	12	1	13	....	....	....

ASO

....	....	....	1	....	1	....	....	....	....	....	....
....	....	....	....	....	....	....	....	....	....	....	....
....	....	....	....	....	....	....	....	....	....	....	....
....	....	....	2	....	2	....	....	....	....	....	....
....	....	....	....	....	....	....	....	....	....	....	....
....	....	....	2	....	2	....	....	....	....	....	....
....	....	....	....	....	....	1	....	1	....	....	....
....	....	....	....	....	....	....	....	....	....	....	....
....	....	....	....	....	....	....	....	....	....	....	....
....	....	....	....	....	....	....	....	....	....	....	....
....	....	....	....	....	....	....	....	....	....	....	....
....	....	....	5	....	5	1	....	1	....	....	....

PRESI

POBLA

DISTRITOS.	Mexicana.			Norteamericana.		
	H.	M.	Total.	H.	M.	Total.
Morelia	62,500	65,130	127,630	7	12	19
Zinapécuaro	24,624	23,739	48,363	....	......	....
Maravatío	25,715	24,845	50,560	....	......	....
Zitácuaro	32,950	32,103	65,053	....	......	....
Huetamo	22,662	22,881	45,543	....	......	....
Tacámbaro	20,169	19,694	39,863	.. ..	......	....
Ario de Rosales	19,569	19,110	38,679	....	......	....
Pátzcuaro	25,711	26,408	52,119	....	......	....
Uruápam	40,387	40,320	80,707	....	......	....
Apatzingan	13,483	12,328	25,811	....	......	....
Coalcoman	7,920	7,072	14,992	4	......	4
Jiquílpan	27,965	29,170	57,135	....	......	....
Zamora	43,758	44,790	88,548	3	1	4
La Piedad	30,422	31,147	61,569	....	......	....
Puruándiro	45,268	44,865	90,133	....	......	....
SUMAS	443,103	443,602	886,705	14	13	27

DE I

	H.	M.	Total.	H.	M.	Total.
Morelia	681	429	1,110	....	......	....
Zinapécuaro	637	358	995	....	......	....
Maravatío	302	203	505	....	......	....
Zitácuaro	559	279	838	....	......	....
Huetamo	208	82	290	....	......	....
Tacámbaro	270	55	325	....	......	....
Ario de Rosales	977	329	1,306	....	......	....
Pátzcuaro	403	155	558	....	......	....
Uruápam	404	102	506	....	......	....
Apatzingan	513	297	810	....	......	....
Coalcoman	12	....	12	....	......	....
Jiquílpan	138	101	239	....	......	....
Zamora	507	297	804	....	......	....
La Piedad	232	143	375	1	......	1
Puruándiro	441	337	778	......	......	....
SUMAS	6,284	3,167	9,451	1	......	1

Sigue en las páginas 134 y 135.

NTES

CION SEGUN LA NACIONALIDAD.

Peruana.			Suiza.			Turca.			Se ignora.			Total general.	NÚMERO DE HOGARES.
H.	M.	Total.	H.	M.	Total.	H.	M.	Total.	H.	M.	Total.		
......	.....	......	......	.....	......	......	......	......	......	......	......	127,769	24,749
......	.....	......	......	.....	......	......	......	......	......	......	......	48,372	8,563
......	.....	......	......	.....	......	......	......	......	......	1	1	50,583	8,807
......	.....	......	......	.....	......	......	......	......	......	......	......	65,090	12,117
......	.....	......	......	.....	......	......	......	......	......	......	......	45,555	8,258
......	.....	......	......	.....	......	......	......	......	......	......	......	39,863	7,022
......	.....	......	......	.....	......	......	......	......	......	......	......	38,686	6,999
......	.....	......	......	.....	......	......	......	......	4	4	8	52,149	10,127
......	.....	......	......	.....	......	......	......	......	......	......	......	80,719	16,656
......	.....	......	......	.....	......	1	......	1	......	......	......	25,815	5,113
......	.....	......	......	.....	......	......	......	......	......	......	......	14,996	2,395
......	.....	......	......	.....	......	......	......	......	......	......	......	57,137	11,023
......	.....	......	......	.....	......	......	......	......	......	......	......	88,567	17,630
......	.....	......	......	.....	......	......	......	......	......	......	......	61,571	11,505
......	.....	......	......	.....	......	......	......	......	......	......	......	90,136	16,970
......	.....	......	......	.....	......	1	......	1	4	5	9	887,008	167,934

ASO

......	.....	......	......	.....	......	......	......	......	......	......	......	1,125	....
......	.....	......	......	.....	......	......	......	......	......	......	......	995	....
......	.....	......	......	.....	......	......	......	......	......	......	......	507	....
......	.....	......	......	.....	......	......	......	......	......	......	......	838	....
......	.....	......	......	.....	......	......	......	......	......	......	......	293	....
......	.....	......	......	.....	......	......	......	......	......	......	......	325	....
......	.....	......	......	.....	......	......	......	......	......	......	......	1,306	....
......	.....	......	1	.....	1	......	......	......	......	......	......	561	....
......	.....	......	......	.....	......	......	......	......	......	......	......	509	....
1	.....	1	......	.....	......	......	......	......	......	......	......	812	....
......	.....	......	......	.....	......	......	......	......	......	......	......	12	....
......	.....	......	......	.....	......	......	......	......	......	......	......	239	....
......	.....	......	......	.....	......	......	......	......	......	......	......	810	....
......	.....	......	......	.....	......	......	......	......	......	......	......	377	....
......	.....	......	......	.....	......	......	......	......	......	......	......	778	....
1	.....	1	1	.....	1	......	......	......	......	......	......	9,487	....

A U S

DISTRITOS.	POBLACION POR SEXOS.					
	NÚMERO DE HABITANTES.			De 0 á 1 año.		
	Hombres.	Mujeres.	Totales.	H.	M.	To
Morelia	1,208	607	1,815	18	11	
Zinapécuaro	316	231	547	8	4	
Maravatío	451	287	738	11	19	
Zitácuaro	403	280	683	7	7	
Huetamo	160	79	239	2	4	
Tacámbaro	199	107	306	5	6	
Ario de Rosales	253	120	373	4	2	
Pátzcuaro	374	197	571	4	6	
Uruápam	722	448	1,170	17	13	
Apatzingan	273	149	422	5	5	
Coalcoman	15	9	24	....	....	....
Jiquílpan	930	215	1,145	4	5	
Zamora	969	457	1,426	9	7	
La Piedad	726	278	1,004	8	5	
Puruándiro	940	398	1,338	6	11	
SUMAS	7,939	3,862	11,801	108	105	

TES

POBLACION POR EDADES.

De 2 años.			De 3 años.			De 4 años.			De 5 años.		
H.	M.	Total.	H.	M.	Total.	H.	M.	Total.	H.	M.	Total.
13	14	27	15	5	20	8	13	21	9	9	18
5	3	8	3	6	9	4	4	8	4	4	8
9	8	17	7	2	9	4	7	11	4	8	12
6	9	15	8	4	12	7	3	10	7	3	10
2	1	3	1	1	2	....	3	3	1	1	2
3	4	7	2	2	4	1	....	1	2	2	4
5	2	7	3	....	3	3	3	6	1	1	2
6	6	12	1	2	3	4	3	7	4	3	7
7	6	13	7	12	19	19	10	29	6	13	19
1	....	1	2	2	4	3	2	5	1	2	3
....	....	....	....	....	....	1	1	2	....	....	....
3	3	6	1	2	3	3	5	8	3	3	6
10	3	13	6	3	9	9	7	16	5	7	12
7	6	13	3	8	11	3	10	13	6	8	14
6	8	14	9	3	12	7	6	13	7	5	12
83	73	156	68	52	120	76	77	153	60	69	129

A U S

DISTRITOS.	De 6 á 10 años.			De 11 á 15 años.		
	H.	M.	Total.	H.	M.	T
Morelia	54	51	105	85	47	
Zinapécuaro	23	20	43	29	25	
Maravatío	30	29	59	46	31	
Zitácuaro	21	22	43	25	25	
Huetamo	5	6	11	8	8	
Tacámbaro	7	10	17	14	7	
Ario de Rosales	10	13	23	20	15	
Pátzcuaro	17	22	39	26	15	
Uruápam	46	54	100	50	66	
Apatzingan	12	17	29	25	18	
Coalcoman	1	1	2	2	1	
Jiquilpan	13	13	26	40	22	
Zamora	27	43	70	67	47	
La Piedad	28	27	55	28	24	
Puruándiro	40	24	64	52	32	
SUMAS	334	352	686	517	383	

ITES

'OBLACION POR EDADES.

De 16 á 20 años.			De 21 á 25 años.			De 26 á 30 años.			De 31 á 35 años.		
H.	M.	Total.	H.	M.	Total.	H.	M.	Total.	H.	M.	Total.
155	83	238	188	81	269	205	87	292	103	43	146
33	35	68	27	28	55	51	38	89	23	14	37
54	51	105	57	28	85	71	32	103	39	10	49
51	52	103	52	28	80	61	48	109	31	13	44
22	12	34	29	10	39	26	13	39	9	5	14
21	24	45	33	16	49	32	11	43	15	2	17
35	19	54	33	20	53	42	13	55	17	6	23
42	27	69	47	22	69	55	35	90	32	9	41
72	56	128	79	52	131	116	52	168	70	30	100
36	32	68	31	18	49	47	13	60	24	7	31
2	3	5	4	1	5	....	....	....	....	1	1
144	34	178	188	31	219	171	29	200	87	15	102
140	68	208	156	71	227	175	58	233	88	29	117
113	37	150	117	28	145	132	35	167	82	19	101
130	71	201	137	53	190	171	55	226	75	24	99
1,050	604	1,654	1,178	487	1,665	1,355	519	1,874	695	227	922

AUSE

DISTRITOS.	De 86 á 40 años.			De 41 á 45 años.		
	H.	M.	Total.	H.	M.	Total.
Morelia	125	56	181	64	25	89
Zinapécuaro	26	15	41	11	5	16
Maravatío	46	24	70	10	8	18
Zitácuaro	50	22	72	16	6	22
Huetamo	17	5	22	12	3	15
Tacámbaro	21	10	31	4	7	11
Ario de Rosales	23	9	32	11	4	15
Pátzcuaro	46	16	62	21	10	31
Uruápam	76	31	107	53	13	66
Apatzingan	33	13	46	16	6	22
Coalcoman	....	....	....	2	....	2
Jiquilpan	109	16	125	44	12	56
Zamora	98	40	138	50	15	65
La Piedad	72	21	93	35	13	48
Puruándiro	100	35	135	41	13	54
SUMAS	842	313	1,155	390	140	530

NTES

POBLACION POR EDADES.

De 46 á 50 años.			De 51 á 55 años.			De 56 á 60 años.			De 61 á 65 años.		
H.	M.	Total.	H.	M.	Total.	H.	M.	Total.	H.	M.	Total.
59	32	91	29	15	44	38	19	57	20	12	32
36	13	49	7	3	10	15	6	21	2	2	4
17	19	36	11	3	14	17	4	21	8	1	9
18	15	33	8	2	10	18	10	28	6	2	8
9	3	12	1	....	1	9	2	11	5	....	5
15	4	19	8	....	8	12	2	14	1	....	1
17	3	20	5	2	7	12	2	14	4	....	4
26	7	33	9	4	13	15	2	17	3	1	4
48	16	64	14	5	19	20	11	31	5	1	6
14	6	20	3	4	7	14	3	17	2	1	3
3	1	4	....	....	....	....	....	....	....	....	....
55	5	60	21	6	27	34	8	42	6	2	8
46	24	70	27	9	36	29	13	42	11	3	14
46	17	63	15	4	19	18	10	28	4	1	5
70	18	88	15	8	23	37	13	50	10	1	11
479	183	662	173	65	238	288	105	393	87	27	114

AUS

DISTRITOS.	De 66 á 70 años.			De 71 á 75 años.		
	H.	M.	Total.	H.	M.	Tot
Morelia	10	1	11	5	....	....
Zinapécuaro	1	2	3	....	....	....
Maravatío	5	2	7	2	1	....
Zitácuaro	2	1	3	....	....	....
Huetamo	....	2	2	....	.. ..	....
Tacámbaro	1	....	1	1	....	....
Ario de Rosales	3	2	5	....	1	....
Pátzcuaro	3	3	6	2	2	....
Uruápam	6	3	9	2	1	....
Apatzingan	....	....	....	....	....	....
Coalcoman	....	....	....	....	....	....
Jiquílpan	2	2	4	1	....	....
Zamora	6	4	10	....	....	....
La Piedad	7	1	8	....	1	....
Puruándiro	7	2	9	1	2	....
SUMAS	53	25	78	14	8	

ITES.

OBLACION POR EDADES.

De 76 á 80 años.			De 81 á 85 años.			De 86 á 90 años.			De 91 á 95 años.		
H.	M.	Total.	H.	M.	Total.	H.	M.	Total.	H.	M.	Total.
3	....	3	....	....	....	....	....	....	....	....	....
1	....	1	....	....	....	....	....	....	....	....	....
1	....	1	....	....	....	....	....	....	....	....	....
1	1	2	....	....	....	....	3	3	....	....	....
....	....	....	....	....	....	....	....	....	....	....	....
1	....	1	....	....	....	....	....	....	....	....	....
1	....	1	....	....	....	....	1	1	....	1	1
3	1	4	....	....	....	....	....	....	1	....	1
3	1	4	1	....	1	....	....	....	1	....	1
2	....	2	....	....	....	....	....	....	....	....	....
....	....	....	....	....	....	....	....	....	....	....	....
1	....	1	....	....	....	....	....	....	....	....	....
2	1	3	....	....	....	....	....	....	....	....	....
2	1	3	....	....	....	....	....	....	....	....	....
2	1	3	....	....	....	....	....	....	....	....	....
23	6	29	1	....	1	....	4	4	2	1	3

A U S

POBLACION P

DISTRITOS.	De 96 á 100 años.			De más de 100 años		
	H.	M.	Total.	H.	M.	To
Morelia..	....	....	....	....	....	....
Zinapécuaro....................................	....	....	....	....	....	....
Maravatío.......................................	....	....	....	....	....	....
Zitácuaro.......................................	....	....	....	....	....	....
Huetamo	1	....	1	....	....	....
Tacámbaro......................................	....	....	....	....	....	....
Ario de Rosales...............................	....	....	....	....	....	....
Pátzcuaro.......................................	....	....	....	....	....	....
Uruápam	....	....	....	....	....	....
Apatzingan	....	....	....	....	....	....
Coalcoman	....	....	....	....	....	....
Jiquílpan	....	....	....	....	....	....
Zamora	....	1	1	....	....	....
La Piedad.......................................	....	....	....	....	....	....
Puruándiro......................................	....	....	....	....	....	....
SUMAS.........................	1	1	2	....	....	....

NTES.

EDADES.				Entidad política de la República á que pertenece el lugar del nacimiento.					
Se ignora.			TOTAL GENERAL.	Aguascalientes.			Campeche.		
H.	M.	Total.		H.	M.	Total.	H.	M.	Total.
2	3	5	1,815	2	....	2	....	....	....
7	4	11	547	....	....	....	....	....	....
2	....	2	738	....	....	....	....	....	....
8	4	12	683	....	....	....	....	....	....
1	....	1	239	....	....	....	....	....	....
....	....	....	306	....	....	....	....	....	....
4	1	5	373	....	....	....	....	....	....
7	1	8	571	....	....	....	....	....	....
4	2	6	1,170	....	....	....	....	....	....
2	....	2	422	....	....	....	....	....	....
....	....	....	24	....	....	....	....	....	....
....	2	2	1,145	....	....	....	....	....	....
8	4	12	1,426	1	....	1	....	....	....
....	2	2	1,004	....	....	....	....	....	....
17	13	30	1,338	....	....	....	....	....	....
62	36	98	11,801	3	....	3	....	....	....

A U S

ENTIDÁD POLITICA DE LA

DISTRITOS.	Coahuila.			Colima.		
	H.	M.	Total.	H.	M.	Tot
Morelia...	....	....	....	....	....	.....
Zinapécuaro.......................................	....	....	....	....	....	.....
Maravatío..	....	....	....	....	....	
Zitácuaro..	....	....	....	....	1	
Huetamo	....	....	....	....	....	.....
Tacámbaro...	....	....	....	....	....	.....
Ario de Rosales..................................	....	....	....	....	....	.....
Pátzcuaro..	....	....	....	....	....	.....
Uruápam.....	....	....	....	....	....	.....
Apatzingan..	....	....	....	....	....	
Coalcoman	....	....	....	2	4	
Jiquílpan..	....	....	....	....	....	.....
Zamora	....	....	....	2	....	
La Piedad..	....	....	....	....	....	.....
Puruándiro	....	....	....	....	2	
SUMAS.........................	....	....	....	4	7	

NTES

PUBLICA A QUE PERTENECE EL LUGAR DEL NACIMIENTO.

Chiapas.			Chihuahua.			Durango.			Guanajuato.		
H.	M.	Total.	H.	M.	Total.	H.	M.	Total.	H.	M.	Total.
....	....	....	....	....	....	....	1	1	96	37	133
....	....	....	....	....	....	....	....	....	8	2	10
....	....	....	....	....	....	....	....	....	9	2	11
....	....	....	....	....	....	....	....	....	5	3	8
....	....	....	....	....	....	....	....	....	....	....	....
....	....	....	....	....	....	....	....	....	3	3	6
....	....	....	....	....	....	....	....	....	9	....	9
....	....	....	....	....	....	....	....	....	4	3	7
....	....	....	....	....	....	....	....	....	1	....	1
....	....	....	....	....	....	....	....	....	3	....	3
....	....	....	....	....	....	....	....	....	....	....	....
....	....	....	....	....	....	....	....	....	1	1	2
....	....	....	....	....	....	....	....	....	5	5	10
....	....	....	....	....	....	....	....	....	16	10	26
....	....	....	....	....	....	....	....	....	30	11	41
....	....	....	....	....	....	....	1	1	190	77	267

A U:

ENTIDAD POLITICA DE LA

DISTRITOS.	Guerrero.			Hidalgo.		
	H.	M.	Total.	H.	M.	T
Morelia	1	....	1	....	....	....
Zinapécuaro	....	1	1	....	....	....
Maravatío	....	....	....	....	....	....
Zitácuaro	....	....	....	1	3	....
Huetamo	12	12	24	....	....	....
Tacámbaro	....	....	....	1	....	....
Ario de Rosales	....	3	3	....	....	....
Pátzcuaro	....	1	1	....	....	....
Uruápam	....	....	....	....	....	....
Apatzingan	....	....	....	....	....	....
Coalcoman	....	....	....	....	....	....
Jiquílpan	....	....	....	....	....	....
Zamora	....	....	....	....	....	....
La Piedad	....	....	....	....	1	....
Puruándiro	2	....	2	....	....	....
SUMAS	15	17	32	2	4	

NTES.

PUBLICA A QUE PERTENECE EL LUGAR DEL NACIMIENTO.

Jalisco.			México.			Michoacan.			Morelos.		
H.	M.	Total.	H.	M.	Total.	H.	M.	Total.	H.	M.	Total.
5	4	9	38	36	74	1,031	523	1,554	1	1	2
....	....	....	2	....	2	306	227	533	....	....	......
....	....	....	9.	6	15	426	273	699	....	....	......
....	1	1	16	16	32	370	254	624	....	....	......
....	....	....	2	....	2	142	66	.208	....	....	......
..:.....	....	....	....	....	....	194	104	298	....	....	......
....	1	1	....	....	....	243	116	359	....	....	......
1	1	2	....	....	....	366	191	557	....	....	. ....
1	....	1	6	5	11	711	443	1,154	....	....	......
5	7	12	....	....	....	264	142	406	....	....	......
2	....	2	....	....	....	11	5	16	....	....	......
4	3	7	....	....	....	924	211	1,135	....	....	......
18	10	28	9	1	10	929	439	1,368	....	....	......
13	10	23	3	4	7	693	252	945	....	....	......
2	....	2	6	1	7	899	383	1,282	....	....	......
51	37	88	91	69	160	7,509	3,629	11,138	1	1	2

AUS

ENTIDAD POLITICA DE LA

DISTRITOS.	Nuevo Leon.			Oaxaca.		
	H.	M.	Total.	H.	M.	To
Morelia	1	....	1	1	....	
Zinapécuaro	....	....	....	....	....	....
Maravatío	....	....	....	....	....	....
Zitácuaro	....	....	....	....	....	....
Huetamo	....	....	....	....	....	....
Tacámbaro	....	....	....	....	....	....
Ario de Rosales	....	....	....	....	....	....
Pátzcuaro	....	....	....	....	....	....
Uruápam	....	....	....	....	....	....
Apatzingan	....	....	....	....	....	....
Coalcoman	....	....	....	....	....	....
Jiquílpan	....	....	....	....	....	....
Zamora	....	....	....	....	....	....
La Piedad	1	....	1	....	....	....
Puruándiro	....	....	....	....	....	....
SUMAS	2	....	2	1	....	

NTES.

PUBLICA A QUE PERTENECE EL LUGAR DEL NACIMIENTO.

Puebla.			Querétaro.			San Luis Potosí.			Sinaloa.		
H.	M.	Total.	H.	M.	Total.	H.	M.	Total.	H..	M.	Total.
3	....	3	6	. ...	6	3	....	3	....	....	....
....	1	1	....	....	....	....	....	....	....	....	....
....	....	....	5	6	11	....	....	....	....	....	....
....	....	....	2	....	2	....	....	....	....	....	....
....	....	....	....	....	....	....	....	....	....	....	....
....	....	....	....	....	....	....	....	....	....	....	....
....	....	....	....	....	....	....	....	....	....	....	....
....	....	....	....	....	....	1	....	1	....	....	....
1	....	1	....	....	....	....	....	....	....	....	....
....	....	....	....	....	....	....	....	....	1	....	1
....	....	....	....	....	....	....	....	....	....	....	....
....	....	....	....	....	....	....	....	....	....	....	....
....	....	....	....	1	1	....	....	....	....	....	....
4	1	5	13	7	20	4	....	4	1	....	1

A U

ENTIDAD POLITICA DE L/

DISTRITOS.	Sonora.			Tabasco.		
	H.	M.	Total.	H.	M.	
Morelia	....	....	....	....	....	..
Zinapécuaro	....	....	....	....	....	..
Maravatío	....	....	....	....	....	..
Zitácuaro	....	....	....	....	....	..
Huetamo	....	....	....	....	....	..
Tacámbaro	....	....	....	....	....	..
Ario de Rosales	....	....	....	....	....	..
Pátzcuaro	....	....	....	....	....	..
Uruápam	....	....	....	....	....	..
Apatzingan	....	....	....	....	....	..
Coalcoman	....	....	....	....	....	..
Jiquilpan	....	....	....	....	....	..
Zamora	....	....	....	....	....	..
La Piedad	....	....	....	....	....	..
Puruándiro	....	....	....	....	....	..
SUMAS	....	....	....	....	....	..

NTES

PUBLICA A QUE PERTENECE EL LUGAR DEL NACIMIENTO.

Tamaulipas.			Tlaxcala.			Veracruz.			Yucatan.		
H.	M.	Total.	H.	M.	Total.	H.	M.	Total.	H.	M.	Total.
....	....	....	....	....	....	1	1	2	....	....	....
....	....	....	....	....	....	....	....	....	....	....	....
....	....	....	....	....	....	....	....	....	....	....	....
....	....	....	....	....	....	....	....	....	....	....	....
....	....	....	....	....	....	....	....	....	....	....	....
....	....	....	....	....	....	....	....	....	....	....	....
....	....	....	....	....	....	....	....	....	....	....	....
....	....	....	....	....	....	....	....	....	....	....	....
....	....	....	....	....	....	....	....	....	....	....	....
....	....	....	....	....	....	....	....	....	....	....	....
....	....	....	....	....	....	....	....	....	....	....	....
....	....	....	....	....	....	....	....	....	....	....	....
....	....	....	....	....	....	1	1	2	....	....	....

A U S

ENTIDAD POLITICA DE LA

DISTRITOS.	Zacatecas.			Distrito Federal.		
	H.	M.	Total.	H.	M.	T.
Morelia	5	....	5	10	4	
Zinapécuaro	....	....	....	....	....	....
Maravatío	....	....	....	1	....	
Zitácuaro	....	....	....	4	....	
Huetamo	....	....	....	1	....	
Tacámbaro	....	....	....	....	....	....
Ario de Rosales	....	....	....	....	....	....
Pátzcuaro	....	....	....	....	....	....
Uruápam	....	....	....	....	....	....
Apatzingan	....	....	....	....	....	....
Coalcoman	....	....	....	....	....	....
Jiquílpan	....	....	....	....	....	....
Zamora	....	....	....	4	2	
La Piedad	....	....	....	....	1	
Puruándiro	....	....	....	1	....	
SUMAS	5	....	5	21	7	

NTES

PUBLICA A QUE PERTENECE EL LUGAR DEL NACIMIENTO.

Territorio de la Baja California.			Territorio de Tepic.			Se ignora.			TOTAL.
H.	M.	Total.	H.	M.	Total.	H.	M.	Total.	
....	....	....	....	....	....	....	....	....	1,811
....	....	....	....	....	....	....	....	....	547
....	....	....	....	....	....	....	....	....	737
....	....	....	....	....	....	2	1	3	679
....	....	....	....	....	....	....	....	....	235
....	....	....	....	....	....	....	....	....	305
....	....	....	....	....	....	....	....	....	372
....	....	....	....	....	....	2	....	2	569
....	....	....	....	....	....	2	....	2	1,170
....	....	....	....	....	....	....	....	....	422
....	....	....	....	....	....	....	....	....	24
....	....	....	....	....	....	....	....	....	1,145
....	....	....	....	....	....	....	....	....	1,425
....	....	....	....	....	....	....	....	....	1,004
....	....	....	....	....	....	....	....	....	1,338
....	....	....	....	....	....	6	1	7	11,783

A U S

NACION O PAIS A QUE

DISTRITOS.	Alemania y colonias.			Arabia.		
	H.	M.	Total.	H.	M.	T.
Morelia	1	....	1	....	....	....
Zinapécuaro	....	....	....	....	....	....
Maravatío	....	....	....	....	....	....
Zitácuaro	....	....	....	....	....	....
Huetamo	....	....	....	....	....	....
Tacámbaro	....	....	....	....	....	....
Ario de Rosales	....	....	....	....	....	....
Pátzcuaro	....	....	....	....	....	....
Uruápam	....	....	....	....	....	....
Apatzingan	....	....	....	....	....	....
Coalcoman	....	....	....	....	....	....
Jiquílpan	....	....	....	....	....	....
Zamora	....	....	....	1	....	....
La Piedad	....	....	....	....	....	....
Puruándiro	....	....	....	....	....	....
SUMAS	1	....	1	1	....	

E S

ECE EL LUGAR DEL NACIMIENTO DE LOS EXTRANJEROS.

Argentina.		Austria-Hungría.			Bélgica.			España y colonias.		
M.	Total.	H.	M.	Total.	H.	M.	Total.	H.	M.	Total.
....	....	....	....	....	....	....	....	1	....	1
....	....	....	....	....	....	....	....	....	....	....
....	....	....	....	....	....	....	....	....	....	....
....	....	....	....	....	....	....	....	1	....	1
....	....	....	....	...·......	....	....	....	2	....	2
....	....	....	....	....	....	....	....	....	....	....
....	....	....	....	....	....	....	....	1	....	1
....	....	....	....	....	....	1	1	....	....	....
....	....	....	....	....	....	....	....	....	....	....
....	....	....	....	....	....	....	....	....	....	....
....	....	....	....	....	....	....	....	....	....	....
....	....	....	....	....	....	....	....	....	....	....
....	....	....	....	....	....	....	....	....	....	....
....	....	....	....	....	....	....	....	....	....	....
....	....	....	....	....	....	1	1	5	....	5

A U

DISTRITOS.	NACION O PAIS A QUE					
	Francia y colonias.			Guatemala.		
	H.	M.	Total.	H.	M.	1
Morelia	1	....	1	....	....	...
Zinapécuaro..	....	....	....	....	....	...
Maravatío...	....	....	....	....	....	...
Zitácuaro..	....	....	....	....	....	...
Huetamo	....	....	....	....	....	...
Tacámbaro...	1	....	1	....	....	...
Ario de Rosales.......................................	....	....	....	....	....	...
Pátzcuaro...	....	....	....	....	....	...
Uruápam	....	....	....	....	....	...
Apatzingan...	....	....	....	....	....	...
Coalcoman	....	....	....	....	....	...
Jiquílpan...	....	....	....	....	....	..
Zamora	....	....	....	....	....	..
La Piedad...	....	....	....	....	....	..
Puruándiro	....	....	....	....	....	..
SUMAS............................	2	....	2	....	....	..

-NTES

- TENECE EL LUGAR DEL NACIMIENTO DE LOS EXTRANJEROS.

Inglaterra y colonias.			Italia y colonias.			Norte América.			Perú.		
H.	M.	Total.	H.	M.	Total.	H.	M.	Total.	H.	M.	Total.
1	....	1	....	....	....	....	....	....	....	....	....
....	....	....	....	....	....	....	....	....	....	....	....
....	....	....	....	....	....	1	....	1	....	....	....
2	1	3	....	....	....	....	....	....	....	....	....
....	....	....	....	....	....	....	....	....	....	....	....
....	....	....	....	....	....	....	....	....	....	....	....
....	....	....	....	....	....	1	....	1	....	....	....
....	....	....	....	....	....	....	....	....	....	....	....
....	....	....	....	....	....	....	....	....	....	....	....
....	....	....	....	....	....	....	....	....	....	....	....
....	....	....	....	....	....	....	....	....	....	....	....
....	....	....	....	....	....	....	....	....	....	....	....
....	....	....	....	....	....	....	....	....	....	....	....
3	1	4	....	....	....	2	....	2	....	....	....

A U

DISTRITOS.	NACION O PAIS A QUE PERTENECE EL					
	Suiza.			Turquía y Egipto		
	H.	M.	Total.	H.	M.	T
Morelia	....	....	....	....	....	...
Zinapécuaro	....	....	....	....	....	...
Maravatío	....	....	....	....	....	...
Zitácuaro	....	....	....	....	....	...
Huetamo	....	....	....	....	....	...
Tacámbaro	....	....	....	....	....	...
Ario de Rosales	....	....	....	....	....	...
Pátzcuaro	....	....	....	....	....	...
Uruápam	....	....	....	....	....	...
Apatzingan	....	....	....	....	....	...
Coalcoman	....	....	....	....	....	...
Jiquilpan	....	....	....	....	....	...
Zamora	....	....	....	....	....	...
La Piedad	....	....	....	....	....	...
Puruándiro	....	....	....	....	....	...
SUMAS	....	....	....	....	....	...

NTÉS

DEL NACIMIENTO DE LOS EXTRANJEROS.						POBLACION SEGUN EL ESTADO CIVIL.					
Se ignora.			Total de nacidos en el Extranjero.	Total de nacidos en la República.	TOTALES GENERALES.	Menores de edad.			Solteros.		
H.	M.	Total.				H.	M.	Total.	H.	M.	Total.
.....	.....	.....	4	1,811	1,815	149	110	259	525	207	732
.....	.....	.....	....	547	547	58	46	104	94	70	164
.....	.....	.....	1	737	738	87	74	161	132	84	216
.....	.....	.....	4	679	683	68	45	113	135	94	229
1	1	2	4	235	239	17	15	32	85	41	126
.....	.....	.....	1	305	306	24	26	50	91	43	134
.....	.....	....,	1	372	373	36	29	65	145	59	204
.....	.....	....,	2	569	571	45	44	89	127	60	187
.....	.....	.....	....	1,170	1,170	125	118	243	283	156	439
.....	.....	.....	....	422	422	37	30	67	105	51	156
.....	.....	.....	....	24	24	4	3	7	6	3	9
.....	.....	.....	....	1,145	1,145	35	29	64	496	94	590
.....	.....	.....	1	1,425	1,426	76	81	157	442	181	623
.....	.....	.....	....	1,004	1,004	62	65	127	294	91	385
.....	.....	.....	....	1,338	1,338	87	64	151	399	127	526
1	1	2	18	11,783	11,801	910	779	1,689	3,359	1,361	4,720

AÚSE

POBLACION SEGUN EL ESTA

DISTRITOS.	Casados.			Viudos.		
	H.	M.	Total.	H.	M.	Total.
Morelia............................	488	234	722	44	56	100
Zinapécuaro......................	135	81	216	25	33	58
Maravatío.........................	212	101	313	19	28	47
Zitácuaro.........................	174	94	268	26	47	73
Huetamo..........................	52	13	65	6	10	16
Tacámbaro........................	75	29	104	9	9	18
Ario de Rosales..................	60	24	84	12	8	20
Pátzcuaro.........................	177	76	253	23	17	40
Uruápam..........................	281	134	415	33	39	72
Apatzingan.......................	118	49	167	13	19	32
Coalcoman........................	3	2	5	2	1	3
Jiquilpan.........................	362	73	435	37	18	55
Zamora............................	414	149	563	37	46	83
La Piedad.........................	338	97	435	32	25	57
Puruándiro.......................	399	173	572	42	34	76
SUMAS....................	3,288	1,329	4,617	360	390	750

NTES

DO CIVIL.				INSTRUCCION ELEMENTAL.							
Se ignora.			Total general.	Saben leer y escribir.			Saben sólo leer.			No saben leer ni escribir.		
H.	M.	Total.		H.	M.	Total.	H.	M.	Total.	H.	M.	Total.
2	...	2	1,815	568	195	763	44	32	76	527	323	850
4	1	5	547	73	37	110	16	11	27	192	155	347
1	...	1	738	157	48	205	15	16	31	233	168	401
...	...	..	683	102	49	151	12	12	24	239	194	433
...	...	...	239	49	8	57	6	4	10	99	54	153
...	...	...	306	55	28	83	3	2	5	126	63	189
...	...	...	373	55	26	81	10	6	16	171	75	246
2	...	2	571	127	52	179	9	9	18	219	112	331
...	1	1	1,170	206	81	287	27	18	45	423	278	701
...	...	...	422	74	39	113	3	4	7	184	92	276
...	...	...	24	11	2	13	....	1	1	3	5	8
...	1	1	1,145	446	82	528	16	9	25	454	107	561
...	...	...	1,426	401	157	558	32	22	54	494	243	737
...	...	...	1,004	283	63	346	30	6	36	383	170	553
13	...	13	1,338	247	50	297	39	18	57	611	285	896
22	3	25	11,801	2,854	917	3,771	262	170	432	4,358	2,324	6,682

AUSE

DISTRITOS.	INSTRUCCION ELEMENTAL.						
	No saben leer ni escribir por ser menores de edad.			Se ignora.			Total general.
	H.	M.	Total.	H.	M.	Total.	
Morelia	67	55	122	2	2	4	1,815
Zinapécuaro	29	25	54	6	3	9	547
Maravatío	38	48	86	8	7	15	738
Zitácuaro	42	24	66	8	1	9	683
Huetamo	6	13	19	...	...	......	239
Tacámbaro	15	14	29	...	...	......	306
Ario de Rosales	17	13	30	...	...	......	373
Pátzcuaro	19	24	43	...	...	......	571
Uruápam	66	71	137	...	...	......	1,170
Apatzingan	12	14	26	...	...	......	422
Coalcoman	1	1	2	...	...	......	24
Jiquílpan	14	17	31	...	...	......	1,145
Zamora	42	35	77	...	...	......	1,426
La Piedad	30	39	69	...	...	......	1,004
Puruándiro	43	45	88	...	...	......	1,338
SUMAS	441	438	879	24	13	37	11,801

TES.

POBLACION SEGUN LA OCUPACION PRINCIPAL.

PROFESIONES.

Abogados.	Agentes de negocios.	Arquitectos.	Dentistas.	Farmacéuticos.	Ingenieros en general.	Maestros de obras.	Mecánicos.	Médicos alópatas.	Médicos homeópatas.	Notarios.	Parteras.
11	1	....	....	3	2	....	3	11	....	....	2
....	....	....	....	....	....	....	....	....	....	....	1
....	....	....	....	....	1	....	....	....	....	....	....
....	....	....	....	....	....	....	2	2	....	....	....
....	....	....	....	....	....	....	....	....	1	....	....
1	....	....	....	....	....	....	....	1	....	....	....
1	....	....	....	1	....	....	....	1	....	....	....
....	....	....	....	....	....	....	1	1	....	....	....
....	....	....	2	....	....	....	....	1	....	....	1
3	....	....	....	....	1	....	·1	1	....	....	....
....	....	1	....	3	....	....	....	....	....	....	1
16	1	1	2	7	4	....	7	18	1	....	5

A U

POBLA(

		PROFESIONES.		
DISTRITOS.	Profesores.		Sacerdotes católicos.	Sacerdotes de otros cultos.
	H.	M.	Total.		
Morelia	7	10	17	8	....	...
Zinapécuaro	....	1	1	1	....	...
Maravatío	....	....	....	1	....	...
Zitácuaro	1	4	5	1	1	...
Huetamo	....	....	....	2	....	...
Tacámbaro	....	....	....	1	....	...
Ario de Rosales	1	....	1	1	....	...
Pátzcuaro	....	....	....	2	....	...
Uruápam	1	1	2	1	....	...
Apatzingan	....	....	....	1	....	...
Coalcoman	....	....	....	....	....	...
Jiquílpan	....	1	1	10	....	...
Zamora	12	2	14	24	....	..
La Piedad	....	1	1	5	....	..
Puruándiro	....	....	....	3	....	..
SUMAS	22	20	42	61	1	..

ITES.

EGUN LA OCUPACION PRINCIPAL.

Escolares.			Estudiantes.			ADMINISTRACION.					
						Empleados públicos.			Jefes y oficiales del ejército.	Militares (clase de tropa).	Policía.
H.	M.	Total.	H.	M.	Total.	H.	M.	Total.			
4	1	5	97	4	101	17	....	17	14	75	....
1	3	4	4	1	5	2	....	2	....	....	....
1	....	1	15	....	15	2	....	2	1	1	....
....	....	....	9	1	10	6	....	6	....	....	....
....	....	....	3	2	5	....	....	....	....	....	....
....	2	2	4	....	4	3	....	3	2	1	1
....	....	....	4	6	10	....	....	....	....	....	....
....	....	....	3	2	5	1	....	1	....	1	....
1	1	2	6	2	8	4	....	4	....	6	....
....	....	....	1	....	1	7	....	7	....	....	....
....	....	....	3	....	3	....	....	....	....	....	....
....	....	....	13	1	14	1	....	1	2	5	1
4	6	10	34	4	38	7	....	7	1	14	1
....	....	....	10	....	10	8	....	8	2	3	....
....	....	....	8	2	10	7	....	7	3	8	1
11	13	24	214	25	239	65	....	65	25	114	4

A U

POBLA(

DISTRITOS.	AGRICULTURA.		MINERIA.		
	Administradores y dependientes de campo.	Peones de campo.	Administradores y empleados de minería.	Mineros, barreteros y repasadores.	Obreros de las fundiciones y haciendas de beneficio en general.
Morelia	55	263	1	3	....
Zinapécuaro	10	164	....	....	....
Maravatío	11	178	....	1	....
Zitácuaro	9	205	....	13	....
Huetamo	1	86	.. ..	....	. ...
Tacámbaro	5	105	....	....	....
Ario de Rosales	11	141	....	1	....
Pátzcuaro	17	151	.. ..	....	....
Uruápam	32	279	....	....	....
Apatzingan	9	132	....	....	....
Coalcoman	1	3	....	....	....
Jiquílpan	6	188	....	....	....
Zamora	19	263	....	....	....
La Piedad	12	264	....	....	....
Puruándiro	16	429	....	....	....
SUMAS	214	2,851	1	18	....

NTES.

SEGUN LA OCUPACION PRINCIPAL.

COMERCIO.									Propietarios.		
Comerciantes.			Dependientes.			Vendedores ambulantes.					
H.	M.	Total.	H.	M.	Total.	H.	M.	Total.	H.	M.	Total.
111	7	118	4	....	4	2	....	2	5	6	11
15	2	·17	1	....	1	....	....	....	2	....	2
29	....	29	....	....	....	2	....	2	2	5	7
30	3	33	2	....	2	....	....	....	1	2	3
9	1	10	....	....	....	....	....	....	5	....	5
19	2	21	1	....	1	....	....	....	1	1	2
16	....	16	....	....	....	2	....	2	3	....	3
44	4	48	....	....	....	1	....	1	2	1	3
53	3	56	6	....	6	1	1	2	....	....	....
22	2	24	1	....	1	....	....	....	2	1	3
2	....	2	....	....	....	....	....	....	....	....	....
150	....	150	1	....	1	3	....	3	3	4	7
69	2	71	1	....	1	6	....	6	1	3	4
41	5	46	1	....	1	1	....	1	....	2	2
31	1	32	....	....	....	1	....	1	1	2	3
641	32	673	18	....	18	19	1	20	28	27	55

A U $

POBLAC

I

DISTRITOS.	Acróbatas.			Actores.	
	H.	M.	Total.	H.	M.
Morelia				1	
Zinapécuaro					
Maravatío					
Zitácuaro					
Huetamo					
Tacámbaro					
Ario de Rosales					
Pátzcuaro					
Uruápam					
Apatzingan					
Coalcoman					
Jiquílpan					
Zamora					
La Piedad					
Puruándiro	4	1	5		
SUMAS	4	1	5	1	

NTES

SEGUN LA OCUPACION PRINCIPAL.

TRIAS, BELLAS ARTES, ARTES Y OFICIOS.

Administradores y empleados de establecimientos industriales.	Albañiles.	Alfareros.			Afiladores.	Armeros.	Bordadores.			Cantantes.		
		H.	M.	Total.			H.	M.	Total.	M.	M.	Total.
....	17	14	1	15	......	....	......	....	......	....	....	....
....	1	·1	....	1	......	......	......	......	......	....	....	....
....	7	7	1	8	......	......	......	......	......	....	....	....
....	6	1	....	1	......	......	......	......	......	....	....	....
....	1	1	....	1	......	......	......	......	......	....	....	....
....	2	....	....	....	......	......	......	......	......	....	....	....
....	1	....	....	....	......	......	......	......	......	....	....	....
2	10	....	....	....	......	......	......	......	......	....	....	....
....	8	....	....	....	......	......	......	......	......	....	....	. ...
....	3	1	....	1	......	1	......	......	......	....	....	....
....	....	....	....	....	......	......	......	......	......	....	....	....
....	6	....	....	....	......	......	......	......	......	....	....	....
1	8	2	1	3	......	......	......	......	......	....	....	....
....	1	1	....	1	......	......	......	......	......	....	....	....
....	8	4	3	7	......	......	......	......	......	....	....	....
3	79	32	6	38	......	1	......	......	......	....	....	....

A U

POBLAC

I

DISTRITOS.	Curtidores.	Carpinteros.	Carroceros.	Cereros.	
				H.	M.
Morelia	4	25	....	....	....
Zinapécuaro	....	6	....	....	....
Maravatío	....	20	....	2	....
Zitácuaro	....	4	....	....	....
Huetamo	....	1	....	....	....
Tacámbaro	....	4	....	....	....
Ario de Rosales	....	3	....	....	....
Pátzcuaro	....	16	....	....	....
Uruápam	5	23	....	....	....
Apatzingan	....	2	....	1	....
Coalcoman	....	1	....	....	....
Jiquílpan	1	12	....	....	....
Zamora	2	24	1	....	....
La Piedad	5	10	1	....	....
Puruándiro	1	4	....	....	....
SUMAS	18	155	2	3	....

NTES

SEGUN LA OCUPACION PRINCIPAL.

TRIAS, BELLAS ARTES, ARTES Y OFICIOS.

Cerveceros.	Cigarreros.			Coheteros.	Coheteros.			Curtidores.	Dibujantes.		
	H.	M.	Total.		H.	M.	Total.		H.	M.	Total.
1	....	2	2	....	3	....	3	3	....	....	....
....	2	....	2	...●...	....	....	....	2	....	....	....
....	....	....	....	....	2	....	2	1	....	....	....
....	....	....	....	....	....	....	....	2	....	....	....
....	1	....	1	....	....	....	....	3	....	....	....
....	....	....	....	....	....	....	....	....	....	....	....
....	....	....	....	2	2	....	2	1	....	....	....
....	....	....	....	....	4	....	4	2	....	....	....
....	....	....	....	....	....	....	....	....	....	....	....
....	5	....	5	....	1	....	1	6	....	....	....
1	4	....	4	....	....	....	....	2	....	....	....
....	4	....	4	....	1	....	1	7	....	....	....
....	4	....	4	....	....	....	....	3	....	....	....
2	20	2	22	2	13	....	13	32	....	....	....

A U ᛌ

POBLACᛌ

Iᛀ

DISTRITOS.	Doradores.			Dulceros.		
	H.	M.	Total.	H.	M.	Tᵀ
Morelia..	....	....	....	....	....	....
Zinapécuaro.................................	....	....	....	....	....	....
Maravatío....................................	....	....	....	1	....	
Zitácuaro....................................	....	....	....	1	....	
Huetamo......................................	....	....	....	....	....	....
Tacámbaro...................................	....	....	....	....	....	....
Ario de Rosales............................	....	....	..........▼	....	....	....
Pátzcuaro....................................	....	....	....	....	....	....
Uruápam.....................................	....	....	....	....	....	....
Apatzingan..................................	....	....	....	1	....	
Coalcoman...................................	....	....	....	....	....	....
Jiquílpan....................................	....	....	....	1	....	
Zamora.......................................	....	....	....	1	....	
La Piedad....................................	....	....	....	....	....	....
Puruándiro	....	....	....	2	....	
SUMAS........................	....	....	....	7	....	

NTES

SEGUN LA OCUPACION PRINCIPAL.

TRIAS, BELLAS ARTES, ARTES Y OFICIOS.

Ebanistas.	Encuadernadores.	Marfimos.	Bastidores.	Filarmónicos.			Floristas.			Fosforeros.		
				H.	M.	Total.	H.	M.	Total.	H.	M.	Total.
......	1	......	....	18	1	19	1	....	1	......	......	....
......	......	......	....	....	....	....	....	....	....	......	......	....
......	......	......	....	3	....	3	....	....	....	......	......	....
......	......	......	....	....	....	....	....	......	....	......	......	....
......	......	......	....	1	....	1	....	....	....	......	......	....
......	......	......	....	1	....	1	....	....	....	......	......	....
.....	......	......	....	3	....	3	....	....	....	......	......	....
......	......	......	....	1	....	1	....	....	....	......	......	....
......	......	......	....	5	....	5	....	1	1	......	......	....
......	1	......	....	....	....	....	....	....	....	......	......	....
......	......	......	....	....	....	....	....	....	....	......	......	....
......	......	......	....	3	....	3	....	....	....	......	......	....
.....	......	1	1	12	....	12	....	....	....	......	......	....
......	......	......	....	5	....	5	....	....	....	......	......	....
......	......	......	....	9	....	9	....	....	....	......	......	....
......	2	1	1	61	1	62	1	1	2	......	......	....

A U S

POBLACI

IN

DISTRITOS.	Telégrafos.	Fundidores en general.	Fusteros.	Grabadores.	Herradores.	
Morelia	5	....	....	....	....	
Zinapécuaro	....	....	1	....	....	
Maravatio	....	1	....	....	....	
Zitácuaro	....	....	....	1	....	
Huetamo	....	....	2	....	....	.....
Tacámbaro	....	....	....	....	....	
Ario de Rosales	....	1	....	....	....	.....
Pátzcuaro	....	....	....	....	....	
Uruápam	....	....	....	....	....	
Apatzingan	....	....	....	....	....	
Coalcoman	....	....	....	....	....	
Jiquílpan	2	....	....	....	....	
Zamora	2	....	3	....	....	
La Piedad	....	....	....	....	....	
Puruándiro	....	....	2	....	....	
SUMAS	9	2	8	1	....	

NTES

SEGUN LA OCUPACION PRINCIPAL.

TRIAS, BELLAS ARTES, ARTES Y OFICIOS.

Hojalateros.	Herreros.	Jaboneros.			Ladrilleros.	Latoneros.	Litógrafos.	Modistas.	Obreros de establecimientos industriales.		
		H.	M.	Total.					H.	M.	Total.
1	....	1	....	1	....	....	....	....	22	5	27
....	....	....	....	....	....	....	....	....	13	....	13
1	....	....	....	....	....	....	....	....	11	....	11
....	....	....	....	....	....	....	....	....	....	....	....
1	....	1	....	1	....	....	....	....	1	....	1
....	....	....	....	....	....	....	....	....	....	....	....
1	....	....	....	....	....	....	....	....	....	....	....
....	....	1	....	1	....	....	....	....	4	....	4
1	....	....	....	....	....	....	....	....	2	1	3
....	....	....	....	....	....	....	....	1	1	....	1
....	....	....	....	....	....	....	....	....	....	....	....
....	....	1	....	1	....	....	....	1	1	....	1
....	....	....	....	....	....	....	....	....	2	....	2
....	....	1	....	1	....	....	....	....	2	....	2
....	....	1	....	1	....	....	....	....	2	....	2
5	....	6	....	6	....	....	....	2	61	6	67

AUSE

POBLACION

INDUS

DISTRITOS.	Panaderos.			Pasamaneros.		
	H.	M.	Total.	H.	M.	Total.
Morelia	9	1	10	....	....	....
Zinapécuaro	7	....	7	....	....	....
Maravatío	1	....	1	....	....	....
Zitácuaro	1	....	1	....	....	....
Huetamo	3	....	3	....	....	....
Tacámbaro	4	....	4	....	....	....
Ario de Rosales	4	....	4	....	....	....
Pátzcuaro	4	....	4	....	....	....
Uruápam	5	....	5	....	....	....
Apatzingan	6	1	7	....	....	....
Coalcoman	....	....	....	....	....	....
Jiquílpan	23	....	23	....	....	....
Zamora	11	....	11	....	....	....
La Piedad	20	....	20	....	....	....
Puruándiro	8	....	8	....	....	....
SUMAS	106	2	108	....	....	....

NTES

SEGUN LA OCUPACION PRINCIPAL.

TRIAS, BELLAS ARTES, ARTES Y OFICIOS.

Pueblos.	Peluqueros.	Pintores decoradores.			Plateros.			Plomeros.	Pureros.		
		H.	M.	Total.	H.	M.	Total.		H.	M.	Total.
....	3	1	....	. 1	....	....	....	....	1	....	1
....	1	....	....	....	....	....	....	. ...	....	....	....
....	1	....	....	....	....	....	....	....	....	....	....
....	....	....	....	....	....	....	....	....	....	....	....
....	....	....	....	....	....	....	....	....	....	....	....
....	....	....	....	....	....	....	....	....	....	....	....
....	....	....	....	....	....	....	....	....	....	....	....
....	1	1	....	 1	....	....	....	....	....	....	....
....	1	....	....	....	1	....	1	....	....	....	....
....	....	....	....	....	....	....	....	....	....	....	....
....	....	....	....	....	....	....	....	....	....	....	....
....	1	1	....	1	2	....	2	....	1	....	1
....	....	2	....	2	2	....	2	....	2	....	2
....	2	....	....	....	....	....	....	.. ..	1	....	1
....	2	....	....	....	....	....	....	....	....	....	....
....	12	5	....	5	5	....	5	....	5	....	5

AUSE

POBLACION

INDUS

DISTRITOS.	Bajeros.	Sastre.	Sombrereros.			Tablajeros.
			H.	M.	Total.	
Morelia	....	21	6	....	6	5
Zinapécuaro	....	1	....	....	....	....
Maravatío	....	4	....	....	....	3
Zitácuaro	....	1	....	....	....	1
Huetamo	....		....	....	....	4
Tacámbaro	....	3	....	....	....	2
Ario de Rosales	....	....	....	....	....	4
Pátzcuaro	....	2	....	....	....	....
Uruápam	....	4	4	....	4	9
Apatzingan	....	1	....	....	....	2
Coalcoman	....	1	....	....	....	....
Jiquílpan	1	18	....	....	....	6
Zamora	1	9	4	....	4	8
La Piedad	....	17	....	....	....	5
Puruándiro	....	6	5	....	5	2
SUMAS	2	88	19	....	19	51

NTES

SEGUN LA OCUPACION PRINCIPAL.

TRIAS, BELLAS ARTES, ARTES Y OFICIOS.

Tejedores y Colchoneros.	Taquigrafos.	Tejedores.			Telegrafistas.			Tisadores.	Tipografos.	Torcros.	Torneros.
		H.	M.	Total.	H.	M.	Total.				
....	....	....	....	....	2	....	2	....	5	....	....
....	....	....	....	....	1	....	1	....	....	....	....
....	....	2	....	2	1	....	1	....	....	....	....
....	....	....	....	....	2	1	3	....	....	....	....
....	....	....	....	....	....	....	....	....	....	....	....
....	....	....	....	....	....	....	....	....	....	....	....
....	....	....	....	....	....	....	....	....	....	....	....
....	....	15	2	17	....	....	....	....	....	....	....
....	....	....	....	....	1	....	1	....	....	....	....
....	....	10	1	11	....	....	....	....	....	....	....
....	....	9	2	11	....	....	....	....	....	....	....
....	....	7	....	7	....	....	....	....	....	....	....
....	....	8	....	8	....	....	....	....	1	....	....
....	....	51	5	56	7	1	8	....	6	....	....

AUSE

POBLACION

DISTRITOS.	Veleros.			Vidrieros.	Toneros.	Zapateros.		
	H.	M.	Total.			H.	M.	Total.
Morelia	2	......	2	...	...	39	......	39
Zinapécuaro	......	......	......	. .	...	....	......	....
Maravatío	......	......	......	...	...	10	......	10
Zitácuaro	......	......	......	...	...	10	......	10
Huetamo	......	......	......	...	...	3	......	3
Tacámbaro	......	......	......	...	...	1	......	1
Ario de Rosales	......	......	......	...	...	2	......	2
Pátzcuaro	1	......	1	...	...	10	......	10
Uruápam	1	......	1	...	...	18	......	18
Apatzingan	......	......	......	...	...	4	1	5
Coalcoman	......	......	......	...	...	....	......	....
Jiquílpan	......	......	......	...	...	20	......	20
Zamora	......	......	......	...	...	21	......	21
La Piedad	1	......	1	...	...	17	1	18
Puruándiro	......	......	......	...	...	25	......	25
SUMAS	5	......	5	...	...	180	2	182

Industrias, Bellas Artes, Artes y Oficios.

NTES

SEGUN LA OCUPACION PRINCIPAL.

	Aguadores.											Domésticos.		
Alfareros.	H.	M.	Total.	Arrieros.	Billeteros.	Cargadores.	Carretoneros.	Cazadores.	Cocheros.	Costureras.	H.	M.	Total.
3				50		2				10	37	46	83
				7			1			1	11	16	27
				6							9	16	25
				8						1	8	13	21
				9						4	2	1	3
				4						1	3	3	6
				15						3	2	6	8
				16					1	2	14	7	21
				46				1		3	6	3	9
				17						2	4	5	9
				306							6	5	11
				192		1				5	23	35	58
				166					3	7	6	9	15
				142						2	21	21	42
3				984		3	1	1	3	41	152	186	338

AUSE

POBLACION

DISTRITOS.	Empleados particulares.			Hortelanos.			Jardineros.
	H.	M.	Total.	H.	M.	Total.	
Morelia	6	......	6	4	......	4	......
Zinapécuaro	......	......	......	......	......	......	......
Maravatío	2	......	2	10	......	10	......
Zitácuaro	1	......	1	......	......	......	......
Huetamo	2	......	2	......	......	......	......
Tacámbaro	......	......	......	......	......	......	......
Ario de Rosales	1	......	1	......	......	......	......
Pátzcuaro	5	......	5	2	......	2	......
Uruápam	2	......	2	......	......	......	......
Apatzingan	4	......	4	......	......	......	......
Coalcoman	1	......	1	......	......	......	......
Jiquílpan	2	......	2	1	......	1	......
Zamora	13	......	13	......	......	......	......
La Piedad	......	......	......	......	......	......	......
Puruándiro	1	......	1	1	......	1	......
SUMAS	40	......	40	18	......	18	......

TES

GUN LA OCUPACION PRINCIPAL.

DIVERSAS OCUPACIONES.

	Lavanderos.		Marineros.	Molenderos.	Mentitas.	Molenderas.	Pescadores.			Porteros.			Tortilleras.
	M.	Total.					H.	M.	Total.	H.	M.	Total.	
..	3	3	1	8	.....	~ 7	3	1	4	1	......	1	2
..	1	1	.....	1	.....	......	....	......	....	......	...	......	......
..	....	....	.....	2	.....	......	....	......	....	......	......	......	......
..	1	1	.....	......	.....	......	....	......	....	......	......	......	......
..	1	1	.....	1	.....	1	....	......	....	......	......	......	......
..	....	....	.....	2	.....	......	....	......	....	......	......	......	......
..	1	1	.....	1	.....	5	....	......	....	......	......	......	2
..	....	....	.....	1	.....	1	....	......	....	......	......	......	......
..	1	1	.....	3	.....	......	....	......	....	......	......	......	1
..	....	....	.....	1	.....	......	....	......	....	......	......	......	......
..	....	....	.....	......	.....	......	....	......	....	......	......	......	......
..	1	1	3	9	.....	......	9	1	10	......	......	......	......
..	11	11	.....	9	.....	2	1	......	1	......	......	......	1
..	3	3	1	10	1	......	....	......	....	......	1	1	2
..	....	....	.....	8	1	2	....	......	....	......	......	......	1
..	23	23	5	56	2	18	13	2	15	1	1	2	9

A U S

POBLACION SEGUN LA OCU

DISTRITOS.	Sin ocupacion.			Sin ocupacion por menores de edad.		
	H.	M.	Total.	H.	M.	Total
Morelia	73	415	488	97	78	1
Zinapécuaro	22	181	203	32	24	
Maravatío	44	199	243	44	64	1
Zitácuaro	22	230	252	43	24	
Huetamo	9	55	64	6	13	
Tacámbaro	12	83	95	15	15	
Ario de Rosales	16	86	102	17	13	
Pátzcuaro	31	154	185	19	24	
Uruápam	96	358	454	66	71	1
Apatzingan	35	121	156	12	14	
Coalcoman	1	8	9	1	1	
Jiquílpan	67	182	249	14	17	
Zamora	84	348	432	42	35	
La Piedad	52	206	258	30	39	
Puruándiro	96	316	412	43	45	
Sumas	660	2,942	3,602	481	477	9

E S

PRINCIPAL.			POBLACION POR CULTOS.								
le ignora.		Total general.	Católicos.			Protestantes.			Budhistas.		
M.	Total.		H.	M.	Total.	H.	M.	Total.	H.	M.	Total.
5	11	1,815	1,208	607	1,815	....	....	....	.....	.....	.....
......	3	547	316	231	547	....	....	....	.....	.....	.....
2	7	738	451	286	737	....	1	1	.....	.....	.....
......	2	683	333	245	578	28	21	49	.....	.....	.....
1	2	239	156	79	235	· 3	....	3	.....	.....	.....
......	......	306	199	107	306	....	....	....	.....	.....	.....
......	......	373	252	120	372	1	....	1	.....	.....	.....
......	1	571	374	197	571	....	....	....	.....	.....	.....
......	1	1,170	721	448	1,169	1	....	1	.....	.....	.....
......	......	422	273	149	422	....	....	....	.....	.....	.....
......	.....	24	15	9	24	....	....	....	.....	.....	.....
......	......	1,145	930	215	1,145	....	....	....	.....	.....	.....
......	......	1,426	969	457	1,426	....	....	....	.....	.....	.....
1	1	1,004	726	278	1,004	....	....	....	.....	.....	.....
......	13	1,338	940	398	1,338	....	....	....	.....	.....	.....
9	41	11,801	7,863	3,826	11,689	33	22	55	.....	.....	.....

AUS

POBLACION POR CULTOS.

DISTRITOS.	Sin culto.			Se ignora.			Tota general
	H.	M.	Total.	H.	M.	Total.	
Morelia..	......	......	......	......	......	......	1,8
Zinapécuaro...	......	......	......	......	......	......	5
Maravatío..	......	......	......	......	......	......	7
Zitácuaro...	29	7	36	13	7	20	6
Huetamo	1	......	1	......	......	......	2
Tacámbaro...	......	......	......	......	......	......	3
Ario de Rosales.....................................	......	......	......	......	......	......	3
Pátzcuaro..	......	......	......	......	......	......	5
Uruápam..	......	......	......	......	......	......	1,1
Apatzingan	......	......	......	......	......	......	4
Coalcoman...	......	......	......	......	......	......	
Jiquílpan...	......	......	......	......	......	......	1,1
Zamora	......	......	......	......	......	......	1,4
La Piedad..	......	......	......	......	......	......	1,0
Puruándiro...	......	......	......	......	......	......	1,3
SUMAS......................	30	7	37	13	7	20	11,8

NTES.

POBLACION SEGUN EL IDIOMA HABITUAL.

Castellano.			Mazahua.			Mexicano.			Otomí.		
H.	M.	Total.	H.	M.	Total.	H.	M.	Total.	H.	M.	Total.
1,131	573	1,704	....	....	....	....	......	....	....	....	....
316	231	547	....	....	....	....	......	....	....	....	....
450	287	737	....	....	....	....	......	....	....	....	....
383	265	648	7	11	18	....	......	....	11	3	14
160	79	239	....	....	....	....	......	....	....	....	....
199	107	306	....	....	....	....	......	....	....	....	....
253	120	373	....	....	....	....	......	....	....	....	....
317	173	490	....	....	....	....	......	....	....	....	....
598	357	955	....	....	....	....	......	....	....	....	....
273	149	422	....	....	....	....	......	....	....	....	....
15	9	24	....	....	....	....	......	....	....	....	....
930	215	1,145	....	....	....	....	......	....	....	....	....
967	457	1,424	....	....	....	....	......	....	....	....	....
726	278	1,004	....	....	....	....	......	....	....	....	....
940	398	1,338	....	....	....	....	......	....	....	....	....
7,658	3,698	11,356	7	11	18	....	......	....	11	3	14

A U

POBLACION SEGUN EL IDIOMA HABITUA

DISTRITOS.	Tarasco.			Se ignora.		
	H.	M.	Total.	H.	M.	
Morelia	76	34	110	....	....	.
Zinapécuaro	....	....	....	....	....7...	.
Maravatío	....	....	....	....	....	.
Zitácuaro	....	....	....	....	....	.
Huetamo	....	....	....	....	....	.
Tacámbaro	....	....	....	....	....	.
Ario de Rosales	....	....	....	....	....	.
Pátzcuaro	57	24	81	....	....	.
Uruápam	124	91	215	....	....	.
Apatzingan	....	....	....	....	....	.
Coalcoman	....	....	....	....	....	.
Jiquílpan	....	....	....	....	....	.
Zamora	1	....	1	....	....	.
La Piedad	....	....	....	....	....	.
Puruándiro	....	....	....	....	....	.
SUMAS	258	149	407	....	....	.

TES

IDIOMAS EXTRANJEROS.

Aleman.			Árabe.			Chino.			Dinamarqués.		
H.	M.	Total.	H.	M.	Total.	H.	M.	Total.	H.	M.	Total.
1	....	1	....	....	....	....	....	....	....	....	....
.....	....	....	....	....	....	....	....	....	....	....	....
.....	....	....	....	....	...,.....	....	....	....	....	....	....
.....	....	....	....	....	....	....	....	....	....	....	....
.....	....	....	....	....	....	....	....	....	....	....	....
.....	....	....	....	....	....	....	....	....	....	....	....
.....	....	....	....	....	....	....	....	....	....	....	....
.....	....	....	....	....	....	....	....	....	....	....	....
.....	....	....	....	....	....	....	....	....	....	....	....
.....	....	....	....	....	....	....	....	....	....	....	....
.....	....	....	1	....	1	....	....	....	....	....	....
.....	....	....	....	....	....	....	....	....	....	....	....
.....	....	....	....	....	....	....	....	....	....	....	....
1	....	1	1	....	1	....	....	....	....	....	....

A U

DISTRITOS.	Frances.			Inglés.	
	M.	M.	Total.	M.	M.
Morelia...	....	....	....	....	....
Zinapécuaro..	....	....	....	....	....
Maravatío...	....	....	....	1	....
Zitácuaro...	....	....	....	2	1
Huetamo...	....	....	....	....	....
Tacámbaro...	....	....	....	....	....
Ario de Rosales..................................	....	....	....	....	....
Pátzcuaro...	....	....	....	....	....
Uruápam...	....	....	....	....	....
Apatzingan...	....	....	....	....	....
Coalcoman..	....	....	....	....	....
Jiquílpan...	....	....	....	....	....
Zamora...	....	....	....	....	....
La Piedad...	....	....	....	....	....
Puruándiro...	....	....	....	....	....
SUMAS........................	....	....	....	3	1

ITES

DIOMAS EXTRANJEROS.

Italiano.			Portugués.			Sueco.			Se ignora.			Total general.
H.	M.	Total.	H.	M.	Total.	H.	M.	Total.	H.	M.	Total.	
....	....	......	....	....	....	....	....	....	......	......	......	1,815
....	....	......	....	....	....	....	....	....	......	......	......	547
....	....	......	....	....	....	....	....	....	......	......	......	738
....	....	......	....	....	....	....	....	....	......	......	......	683
....	....	......	....	....	....	....	....	....	......	......	......	239
....	....	......	....	....	....	....	....	....	......	......	......	306
....	. ....	......	....	....	....	....	....	....	......	......	......	373
....	....	......	....	....	....	....	....	....	......	......	......	571
....	....	......	....	....	....	....	....	....	......	......	......	1,170
....	....	......	....	....	....	....	....	....	......	......	......	422
....	....	......	....	....	....	....	....	....	......	......	......	24
....	....	......	....	....	....	....	....	....	......	......	......	1,145
....	....	......	....	....	....	....	....	....	......	......	......	1,426
....	....	......	....	....	....	....	....	....	......	......	......	1,004
....	....	......	....	....	....	....	....	....	......	......	......	1,338
....	....	......	....	....	....	....	....	....	......	......	......	11,801

AU

PC

DISTRITOS.	Alemana.			Árabe.		
	H.	M.	Total.	H.	M.	
Morelia	1	....	1	....	....	.
Zinapécuaro	....	....	....	....	....	.
Maravatío	....	....	....	....	....	.
Zitácuaro	....	....	....	....	....	.
Huetamo	....	....	....	....	....	.
Tacámbaro	....	....	....	....	....	.
Ario de Rosales	....	....	....	....	....	.
Pátzcuaro	....	....	....	....	....	.
Uruápam	....	....	....	....	....	.
Apatzingan	....	....	....	....	....	.
Coalcoman	....	....	....	....	....	.
Jiquílpan	....	....	....	....	....	.
Zamora	....	....	....	1	....	.
La Piedad	....	....	....	....	....	.
Puruándiro	....	....	....	....	....	.
SUMAS	1	....	1	1	....	

TES.

ON SEGUN LA NACIONALIDAD.

Argentina.			Austro-Húngara.			Belga.			China.		
H.	M.	Total.	H.	M.	Total.	H.	M.	Total.	H.	M.	Total.
.....	....	....	....	....	....	....	....	....	....	....	....
.....	....	....	....	....	....	....	....	....	....	....	....
.....	....	....	....	....	....	....	....	....	....	....	....
.....	....	....	....	....	....	....	....	....	....	....	....
.....	....	....	....	....	....	....	....	....	....	....	....
.....	....	....	....	....	....	....	1	1	....	....	....
.....	....	....	....	....	....	....	....	....	....	....	....
.....	....	....	....	....	....	....	....	....	....	....	....
.....	....	....	....	....	....	....	....	....	....	....	....
.....	....	....	....	....	....	....	....	....	....	....	....
.....	....	....	....	....	....	....	....	....	....	....	....
.....	....	....	....	....	....	....	1	1	....	....	....

A U

PO

DISTRITOS.	Española.			Francesa.		
	H.	M.	Total.	H.	M.	
Morelia............................	....	....	....	....	....	...
Zinapécuaro.....................	....	....	....	....	....	...
Maravatío........................	....	....	....	....	....	...
Zitácuaro........................	....	....	....	....	....	...
Huetamo	2	....	2	....	....	...
Tacámbaro	....	....	....	....	....	...
Ario de Rosales.................	1	....	1	....	....	...
Pátzcuaro........................	....	....	....	....	....	...
Uruápam	....	....	....	....	....	...
Apatzingan	....	....	....	....	....	...
Coalcoman.......................	....	....	....	....	....	...
Jiquílpan	....	....	....	....	....	...
Zamora	....	....	....	....	....	...
La Piedad........................	....	....	....	....	....	...
Puruándiro.......................	....	....	....	....	....	...
SUMAS......................	3	....	3	....	....	...

NTES.

CION SEGUN LA NACIONALIDAD.

Guatemalteca.			Inglesa.			Italiana.			Japonesa.		
H.	M.	Total.	H.	M.	Total.	H.	M.	Total.	H.	M.	Total.
....	....	....	....	....	....	....	....	....	....	....	....
....	....	....	....	....	....	....	....	....	....	....	....
....	....	....	....	....	....	....	....	....	....	....	....
....	....	....	2	1	3	....	....	....	....	....	....
....	....	....	....	....	....	....	....	....	....	....	....
....	....	....	....	....	....	....	....	....	....	....	....
....	....	....	....	....	....	....	....	....	....	....	....
....	....	....	....	....	....	....	....	....	....	....	....
....	....	....	....	....	....	....	....	....	....	....	....
....	....	....	....	....	....	....	....	....	....	....	....
....	....	....	....	....	....	....	....	....	....	....	....
....	....	....	....	....	....	....	....	....	....	....	....
....	....	....	....	....	....	....	....	....	....	....	....
....	....	....	2	1	3	....	....	....	....	....	....

A U S

POI

DISTRITOS.	Mexicana.			Norteamericana.		
	H.	M.	Total.	H.	M.	T.
Morelia	1,207	607	1,814	....	......	...
Zinapécuaro	316	231	547	....	......	...
Maravatío	450	287	737	1	......	...
Zitácuaro	401	279	680	....	......	...
Huetamo	158	79	237	....	......	...
Tacámbaro	199	107	306	....	......	...
Ario de Rosales	252	120	372	....	......	...
Pátzcuaro	373	196	569	1	......	
Uruápam	722	448	1,170	....	......	...
Apatzingan	273	149	422	....	......	...
Coalcoman	15	9	24	....	......	...
Jiquílpan	930	215	1,145	....	......	...
Zamora	968	457	1,425	....	......	...
La Piedad	726	278	1,004	....	......	...
Puruándiro	940	398	1,338	....	......	...
Sumas	7,930	3,860	11,790	2	......	

N T E S.

CION SEGUN LA NACIONALIDAD.

Peruana.			Suiza.			Turca.			Se ignora.			Total general.	NÚMERO DE HOGARES.
H.	M.	Total.	H.	M.	Total.	H.	M.	Total.	H.	M.	Total.		
......	.....	......	......	.....	......	......	......	......	......	......	......	1,815	....
......	.....	......	......	.....	......	......	......	......	......	......	......	547	....
......	.....	......	......	.....	......	......	......	......	......	......	......	738	....
......	.....	......	......	.....	......	......	......	......	......	......	......	683	....
......	.....	......	......	.....	......	......	......	......	......	......	......	239	....
......	.....	......	......	.....	......	......	......	......	......	......	......	306	....
......	.....	......	......	.....	......	......	......	......	......	......	......	373	....
......	.....	......	......	.....	......	......	......	......	......	......	......	571	....
......	.....	......	......	.....	......	......	......	......	......	......	......	1,170	....
......	.....	......	......	.....	......	......	......	......	......	......	......	422	....
......	.....	......	......	.....	......	......	......	......	......	......	......	24	....
......	.....	......	......	.....	......	......	......	......	......	......	......	1,145	....
......	.....	......	......	.....	......	......	......	......	......	......	......	1,426	....
......	.....	......	......	.....	......	......	......	......	......	......	......	1,004	....
......	.....	......	......	.....	......	......	......	......	......	......	......	1,338	....
......	.....	......	......	.....	......	......	......	......	......	....	......	11,801	....

RESUMEN.

DISTRITOS.	POBLACION DE HECHO.			POBLACION RESIDENTE.		
	Presentes.	De paso.	Total.	Presentes.	Ausentes	Total.
Morelia	127.769	1.125	128.894	127.769	1.815	129,584
Zinapécuaro	48.372	995	49.367	48.372	547	48.919
Maravatío	50,583	507	51,090	50,583	738	51,321
Zitácuaro	65,090	838	65,928	65,090	683	65,773
Huetamo	45,555	263	45,818	45,555	239	45,794
Tacámbaro	39,863	325	40,188	39,863	306	40,169
Ario de Rosales	38,686	1,306	39,992	38,686	373	39,059
Pátzcuaro	52,149	561	52,710	52,149	571	52,720
Uruápam	80,719	509	81,228	80,719	1.170	81,889
Apatzingan	25,815	812	26,627	25,815	422	26,237
Coalcoman	14,996	12	15,008	14,996	24	15,020
Jiquilpan	57,137	239	57,376	57,137	1.145	58,282
Zamora	88,567	810	89,377	88,567	1,426	89,993
La Piedad	61,571	377	61,948	61,571	1,004	62,575
Purnándiro	90,136	778	90,914	90,136	1,338	91,474
SUMAS	887.008	9.487	896.495	887,008	11,801	898,809